After Effects CS6影视特效与栏目包装实战全攻略(第2版)

张艳钗　符应彬　主　编
李文锋　黎瑞成　赵宝春　副主编

清华大学出版社
北　京

内 容 简 介

本书是专为影视特效及栏目包装后期制作人员编写的全实例型图书，所有的案例都是作者多年设计工作的积累。本书的最大特点是实例的实用性强，理论与实践结合紧密，通过精选最常用、最实用的影视动画案例进行技术剖析和操作详解。

全书按照由浅入深的写作方法，从基础内容开始，以大量的实例为主，详细讲解了在影视制作中应用最为普遍的基础动画设计、合成与三维空间特效、蒙版与遮罩动画、文字动画制作、色彩控制与素材抠像、音频特效的应用、超级粒子的应用、光线特效制作、电影特效表现、绘制风格艺术表现、主题宣传片头、娱乐节目风格表现、电视栏目包装的制作、视频的渲染与输出等，全面详细地讲解了影视后期动画的制作技法。

本书配套的多媒体DVD教学光盘，提供有本书所有案例的素材、结果源文件和制作过程的多媒体交互式语音视频教学文件，以帮助读者迅速掌握使用After Effects CS6进行影视后期合成与特效制作的精髓，并跨入高手的行列。

本书内容全面、实例丰富、讲解透彻，可作为影视后期与画展制作人员的参考手册，还可以用作高等院校和动画专业以及相关培训班的教学实训用书。

图书在版编目(CIP)数据

After Effects CS6影视特效与栏目包装实战全攻略/张艳钗，符应彬主编．—2版．—北京：清华大学出版社，2016（2022.1重印）

ISBN 978-7-302-45157-0

Ⅰ．①A…　Ⅱ．①张…　②符…　Ⅲ．①图像处理软件　Ⅳ．①TP391.41

中国版本图书馆CIP数据核字(2016)第232926号

责任编辑：章忆文　陈立静
装帧设计：刘孝琼
责任校对：吴春华
责任印制：杨　艳
出版发行：清华大学出版社
　　网　　址：http://www.tup.com.cn, http://www.wqbook.com
　　地　　址：北京清华大学学研大厦A座　　**邮　　编**：100084
　　社 总 机：010-62770175　　**邮　　购**：010-62786544
　　投稿与读者服务：010-62776969, c-service@tup.tsinghua.edu.cn
　　质量反馈：010-62772015, zhiliang@tup.tsinghua.edu.cn
印 装 者：涿州汇美亿浓印刷有限公司
经　　销：全国新华书店
开　　本：210mm × 285mm　　**印　张**：17　　**字　数**：413千字
　　(附 DVD 1 张)
版　　次：2013年2月第1版　2016年11月第2版　　**印　次**：2022 年1月第 8 次印刷
定　　价：65.00 元

产品编号：070153-01

前言

1．软件简介

After Effects CS6是Adobe公司最新推出的影视编辑软件，其特效功能非常强大，可以高效且精确地制作出多种引人注目的动态图形和震撼人心的视觉效果。

After Effects软件还保留有Adobe软件优秀的兼容性。在After Effects中可以非常方便地调入Photoshop和Illustrator的层文件；Premiere的项目文件也可以近乎完美地再现于After Effects中；甚至还可以调入Premiere的EDL文件。

现在，After Effects已经被广泛地应用于数字和电影的后期制作中，而新兴的多媒体和互联网也为After Effects软件提供了宽广的发展空间。相信在不久的将来，After Effects软件必将成为影视领域的主流软件。

2．本书内容介绍

本书首先对After Effects CS6软件的工作界面和基本操作进行了介绍，然后按照由浅入深的写作方法，从基础内容开始，以大量的实例为主，详细讲解了在影视制作中应用最为普遍的基础动画设计、三维空间特效制作、蒙版遮罩动画、文字特效的制作、色彩控制与素材抠像、音频特效的应用、超级粒子的应用、光线特效制作、电影特效表现、绘制风格艺术表现、主题宣传片头、娱乐节目风格表现、电视栏目包装的制作、视频的渲染与输出等，全面详细地讲解了影视后期动画的制作技法，对读者迅速掌握After Effects 的使用方法、迅速掌握影视特效的专业制作技术非常有益。

本书各章内容具体如下。

第1章主要讲解视频编辑入门知识，图像的分辨率、色彩深度、图像类型，视频编辑的镜头表现手法，电影蒙太奇表现手法及数字视频基础知识，同时还讲解了非线性编辑的流程及After Effects的操作界面。

第2章主要讲解基础动画的控制。本章从基础入手，让零起点读者轻松起步，迅速掌握动画制作核心技术，掌握After Effects动画制作的技巧。

第3章主要讲解合成与三维空间动画的制作。本章通过几个实例，详细讲解合成与三维空间动画的制作，掌握多合成及三维空间动画的制作技巧。

第4章主要讲解蒙版和遮罩的使用方法，蒙版图层的创建；图层模式的应用技巧；蒙版图形的羽化设置；蒙版节点的添加、移动及修改技巧，另外讲解了轨道跟踪的使用技巧。

第5章主要讲解与文字相关的内容，包括文字工具的使用，字符面板的使用，创建基础文字和路径文字的方法，文字的编辑与修改，机打字、路径字、清新文字等各种特效文字的制作方法和技巧。

第6章主要讲解色彩控制与素材抠像，包括Hue/Saturation(色相/饱和度)特效的应用方法、4-Color Gradient(四色渐变)特效的参数调节以及Color Key(色彩键)抠像的运用。

第7章主要讲解音频特效的使用方法，Audio Spectrum(声谱)、Audio Waveform(音波)、Radio Waves(无线电波)特效的应用，通过固态层创建音乐波形图，音频参数的修改及设置。

第8章主要讲解粒子的应用方法、高斯模糊特效的使用、粒子参数的修改以及粒子的替换，并利用粒子制作出各种绚丽夺目的效果。通过对本章内容的学习，掌握粒子的运用技巧。

第9章主要讲解运用特效来制作各种光线，包括使用Bezier Warp(贝赛尔弯曲)特效调节出弯曲光线以及通过使用Vegas(描绘)特效制作出光线沿图像边缘运动的画面效果。

第10章主要讲解电影特效中一些常见特效的制作方法，通过讲解电影特效中的几个常见特效的制作方法，掌握电影中常见特效的制作方法和技巧。

第11章主要讲解绘制风格艺术表现，通过固态层绘制路径、利用3D Stroke(3D笔触)特效为路径描边，添加粒子动画，关键帧的多次建立。

第12章主要针对主题宣传片头艺术制作的案例，通过添加Hue/Saturation(色相/饱和度)、Color Key(色彩键)、Shine(光)特效，制作出流动的烟雾、镂空版字以及发光体等效果。

第13章主要讲解具有娱乐风格案例的制作方法，如今许多娱乐节目都以令人开心、快乐、充满激情为主题进行节目的包装，使人看后心情愉悦，而这些包装的制作方法通过After Effects软件自带的功能可以完全表现出来。

第14章主要讲解电视栏目包装表现，以几个实例来讲解与电视包装相关的制作过程。通过本章的学习，让读者不仅可以看到成品的包装，而且可以学习到其中的制作方法和技巧。

第15章讲解影片的渲染和输出的相关设置，以及常见的几种格式的输出方法，掌握影片渲染与输出的方法和技巧。

本书中每个实例都添加了实例说明、学习目标等，对所用到的知识点进行了比较详细的说明。当然，对于制作过程中需要注意之处或使用的技巧等，都在文中及时给予了指出，以提醒读者注意。

本书配套的多媒体DVD教学光盘，506分钟超长教学时间，近4G超大容量，55堂全程同步高清语音多媒体教学录像，包括基础动画设计、合成与三维空间特效、蒙版与遮罩、文字动画制作、色彩控制与素材抠像、音频特效的应用、超级粒子的应用、光线特效制作、电影特效表现、绘制风格艺术表现、主题宣传片头、娱乐节目风格表现、电视栏目包装的制作、视频的渲染与输出等，全面详细地讲解了影视后期动画的制作技法，真正做到多媒体教学与图书互动，使读者从零起步，快速跨入高手行列！

对于初学者来说，本书是一本图文并茂、通俗易懂、细致全面的学习操作手册。对电脑动画制作、影视动画设计和专业创作人士来说，本书是一本最佳的参考资料。

本书由张艳钗、符应彬任主编，李文锋、黎瑞成、赵宝春任副主编。在此感谢所有创作人员对本书付出的艰辛。

在创作的过程中，由于时间仓促，错误在所难免，希望广大读者批评指正。如果在学习过程中发现问题，或有更好的建议，欢迎发邮件到smbook@163.com与我们联系。

编　者

目录 Contents

Contents 目录

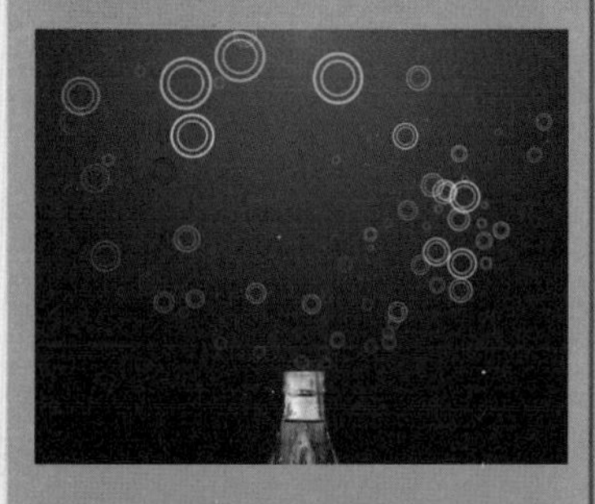

目录 Contents

Contents 目录

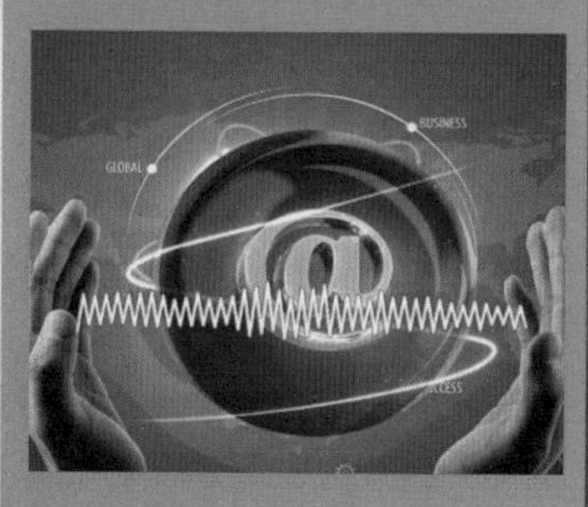

目录 Contents

Contents 目录

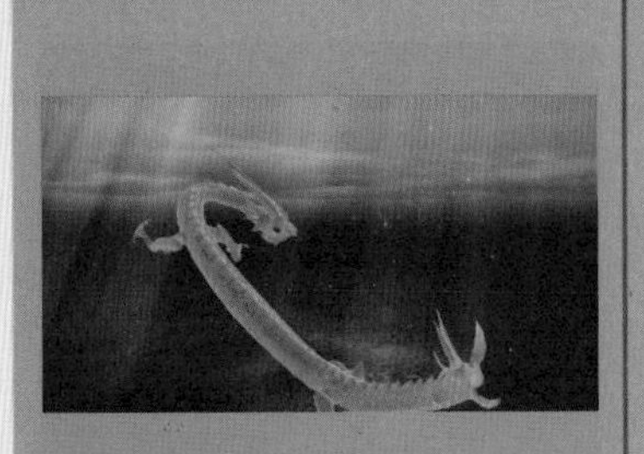

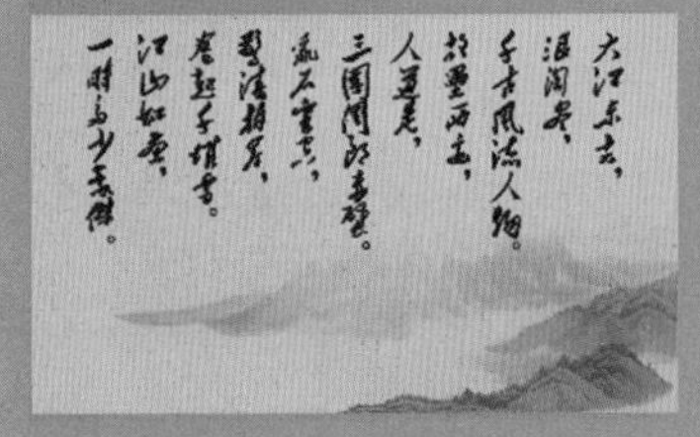

AE

第1章

After Effects CS6入门必读

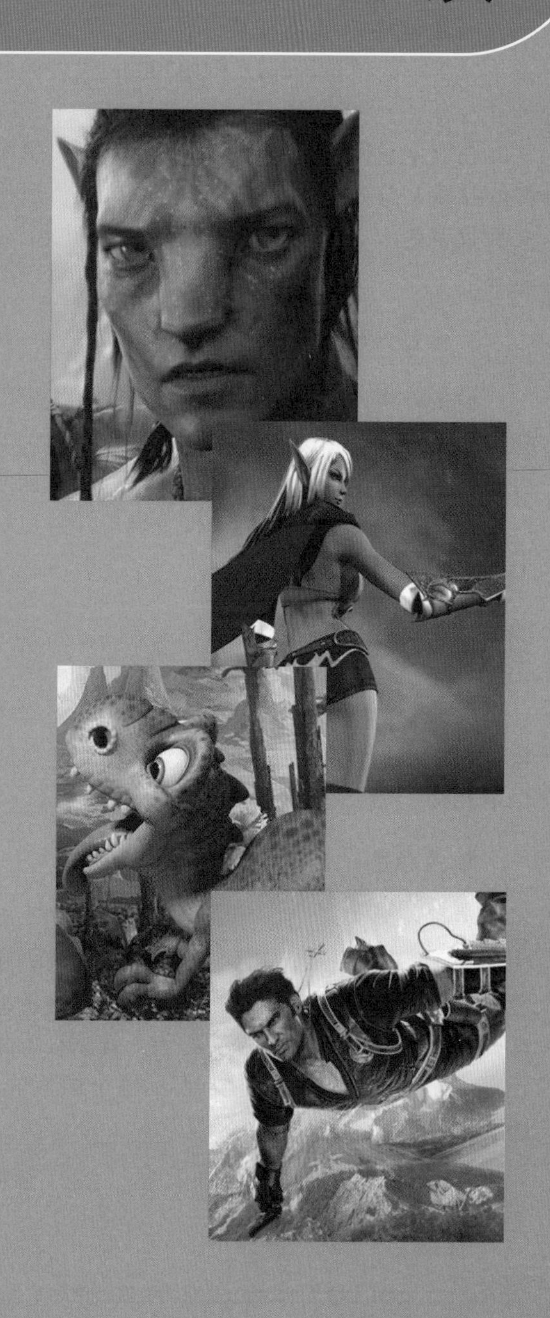

内容摘要

本章主要讲解视频编辑入门知识，图像的分辨率、色彩深度、图像类型，视频编辑的镜头表现手法，电影蒙太奇表现手法及数字视频基础知识，同时还讲解了非线性编辑的流程，以及After Effects的操作界面。

教学目标

- 了解影视制作必备常识。
- 掌握影视镜头的表现手法。
- 掌握电影蒙太奇的表现手法。
- 了解帧、频率、场和电视制式的概念。
- 了解After Effects 操作界面。

1.1 影视制作必备常识

1.1.1 图像的分辨率

分辨率就是指在单位长度内所含有的像素点的多少，可以分为以下几种类型。

1. 屏幕分辨率

屏幕分辨率又称为屏幕频率，是指打印灰度级图像和分色所用的网屏上每英寸的点数，它是用每英寸上有多少行来测量的。

2. 图像分辨率

图像分辨率就是每英寸图形含有多少点和像素，分辨率的单位为dpi，例如200dpi代表该图像每英寸含有200个点和像素。

在数字化图像中，分辨率的大小直接影响到图像的品质，分辨率越高，图像就越清晰，所产生的文件也就越大，在工作中所需的内存和CPU时间就越多。

3. 设备分辨率

设备分辨率是指每单位输出长度所代表的点数和像素。它与图像分辨率的不同之处：图像分辨率可以更改，而设备分辨率则不可以更改。如常见的PC显示器、扫描仪、数码相机等设备，各自都有一个固定的分辨率。

1.1.2 色彩深度

色彩深度是指存储每个像素色彩所需要的位数，它决定了色彩的丰富程度。常见的色彩深度有以下几种。

1. 真彩色

组成一幅彩色图像的每个像素值中，有R、G、B三个基色分量，每个基色分量直接决定其基色的强度。这样合成产生的色彩就是真实的原始图像的色彩。平常所说的32位彩色，就是在24位之外还有一个8位的Alpha通道，表示每个像素的256种透明度等级。

2. 增强色

用16位来表示一种颜色，它所能包含的色彩远多于人眼所能分辨的数量，共能表示65536种不同的颜色。因此大多数操作系统都采用16位增强色选项。这种色彩空间的建立依据的是人眼对绿色最敏感的特性，所以其中红色分量占4位，蓝色分量占4位，绿色分量就占8位。

3. 索引色

用8位来表示一种颜色。一些较老的计算机硬件或文件格式只能处理8位的像素。3个色频在8位的显示设置上所能表现的色彩范围实在是太少了，因此8位的显示设备通常会使用索引色来表现色彩。其图像的每个像素值不分R、G、B分量，而是把它作为索引进行色彩变幻，系统会根据每个像素的8位数值去查找颜色。8位索引色能表示256种颜色。

1.1.3 图像类型

平面设计软件制作的图像大致可以分为两种，即位图图像和矢量图像。下面对这两种图像进行逐一介绍。

1. 位图图像

位图图像的优点：位图能够制作出色彩和色调变化丰富的图像，可以逼真地表现自然界的景象，同时也可以很容易地在不同软件之间交换文件。

位图图像的缺点：它无法制作真正的3D图像，并且图像缩放和旋转时会产生失真的现象，同时文件较大，对内存和硬盘空间容量的需求也较高，用数码相机和扫描仪获取的图像都属于位图。

2. 矢量图像

矢量图像的优点：矢量图像也可以说是向量式图像，用数学的矢量方式来记录图像内容，以线条和色块为主。例如，一条线段的数据只需要记录两个端点的坐标、线段的粗细和色彩等，因此它的文件所占的容量较小，也可以很容易地进行放大、缩小或旋转等操作，并且不会失真，精确度较高并可以制作3D图像。

矢量图像的缺点：不易制作色调丰富或色彩变化太多的图像，而且绘制出来的图形不是很逼真，无法像照片一样精确地描写自然界的景象，同时也不易在不同的软件间交换文件。

1.2 镜头的一般表现手法

镜头是影视创作的基本单位，一个完整的影视作品，是由一个一个的镜头完成的，离开独立的镜头，也就没有了影视作品。通过多个镜头的组合与设计的表现，完成整个影视作品镜头的制作，所以说，镜头的应用技巧也直接影响影视作品的最终效果。那么在影视拍摄中，常用镜头是如何表现的呢？下面来详细讲解常用镜头的使用技巧。

1.2.1 推镜头

推镜头是拍摄中比较常用的一种拍摄手法，它主要利用摄像机前移或变焦来完成，逐渐靠近要表现的主体对象，使人感觉一步一步走近要观察的事物，并近距离观看某个事物。它可以表现同一个对象从远到近的变化，也可以表现一个对象到另一个对象的变化。这种镜头的运用，主要突出要拍摄的对象或是对象的某个部位，从而更清楚地看到整体与局部的关系。

如图1.1所示为推镜头的应用效果。

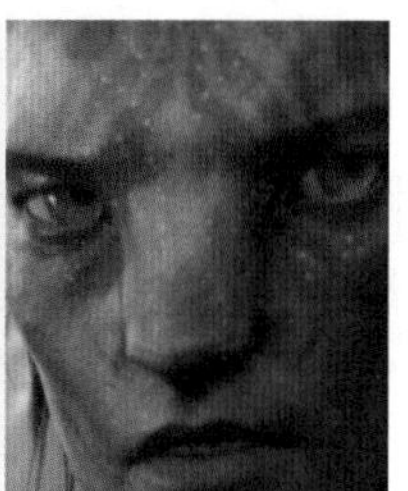

图1.1 推镜头的应用效果

1.2.2 移镜头

移镜头也称为移动拍摄，它是将摄像机固定在移动的物体上做各个方向的移动来拍摄不动的物体，使不动的物体产生运动效果，摄像时将拍摄画面逐步呈现，形成巡视或展示的视觉感受。它将一些对象连贯起来加以表现，形成动态效果而组成影视动画展现出来，可以表现出逐渐认识的效果，并能使主题逐渐明了。比如我们坐在奔驰的车上，看窗外的景物，本来是不动的，但却感觉景物在动，这种拍摄手法多用于静物表现动态时的拍摄。

如图1.2所示为移镜头的应用效果。

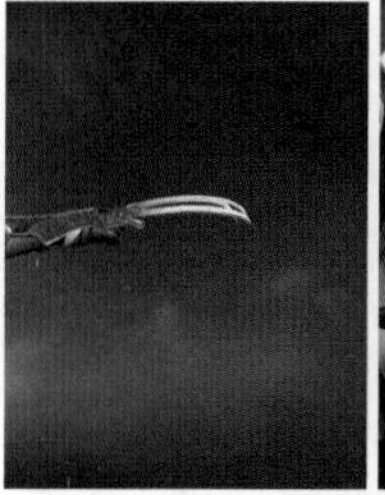

图1.2 移镜头的应用效果

1.2.3 跟镜头

跟镜头也称为跟拍，在拍摄过程中找到兴趣点，然后跟随进行拍摄。比如在一个酒店中，开始拍摄的只是整个酒店中的大场面，然后跟随一个服务员开始拍摄在桌子间走来走去的镜头。跟镜头一般要表现的对象在画面中的位置保持不变，只是跟随它所走过的画面有所变化，就如一个人跟着另一个人穿过大街小巷一样，周围的事物在变化，而本身的跟随是没有变化的。跟镜头也是影视拍摄中比较常见的一种方法，它可以很好地突出主体，表现主体的运动速度、方向及体态等信息，给人一种身临其境的感觉。

如图1.3所示为跟镜头的应用效果。

图1.3 跟镜头的应用效果

1.2.4 摇镜头

摇镜头也称为摇拍，在拍摄时相机不动，只摇动镜头做左右、上下、移动或旋转等运动，使人感觉从对象的一个部位到另一个部位逐渐观看。比如一个人站立不动转动脖子来观看事物，我们常说的环视四周，其实就是这个道理。

摇镜头也是影视拍摄中经常用到的，比如电影中进入一个洞穴中，然后上下、左右或环周拍摄应用的就是摇镜头。摇镜头主要用来表现事物的逐渐呈现，一个又一个的画面从进入镜头来完成整个事物发展的观察。

如图1.4所示为摇镜头的应用效果。

图1.4　摇镜头的应用效果

1.2.5　旋转镜头

旋转镜头是指被拍摄对象呈旋转效果的画面，镜头沿镜头光轴或接近镜头光轴的角度旋转拍摄，摄像机快速作超过360°的旋转拍摄，被拍对象与摄像机处于同一载体上作360°的旋转拍摄，这种拍摄手法多表现人物的晕眩感觉，是影视拍摄中常用的一种拍摄手法。

如图1.5所示是旋转镜头的应用效果。

图1.5　旋转镜头的应用效果

1.2.6　拉镜头

拉镜头与推镜头正好相反，它主要是利用摄像机后移或变焦来完成，逐渐远离要表现的主体对象，使人感觉正一步一步远离要拍摄的事物，远距离观看某个事物的整体效果。它可以表现同一个对象从近到远的变化，也可以表现一个对象到另一个对象的变化。这种镜头的应用，主要突出要拍摄对象与整体的效果，从而更清楚地看到局部到整体的关系，把握全局。比如常见影视中的峡谷内部拍摄到整个外部拍摄，应用的就是拉镜头；再如观察一个古董，从整体通过变焦看到细部特征，也是应用拉镜头。

如图1.6所示为拉镜头的应用效果。

图1.6　拉镜头的应用效果

1.2.7　甩镜头

甩镜头是快速地将镜头摇动，极快地转移到另一个景物，从而将画面切换到另一个内容，而中间的过程则产生模糊一片的效果，这种拍摄可以说明一种内容的突然过渡。

如《冰河世纪》结尾部分松鼠撞到门上的一个镜头，通过甩镜头的应用，表现出人物撞到门而产生的撞击效果的程度和眩晕效果。

如图1.7所示为甩镜头的应用效果。

图1.7　甩镜头的应用效果

1.2.8　晃镜头

晃镜头的应用相对于前面几种要少一些，它主要应用在特定的环境中，让画面产生上下或左右或前后等的摇摆效果，主要用于表现精神恍惚、头晕目眩、乘车船等的摇晃效果。比如表现一个喝醉酒的人物场景时，就要用到晃镜头；再如坐船或车由于道路不平所产生的颠簸效果，也要用到晃镜头。

如图1.8所示为晃镜头的应用效果。

图1.8　晃镜头的应用效果

1.3　电影蒙太奇表现手法

蒙太奇是法语Montage的译音，原为建筑学用语，意为构成、装配。到了20世纪中期，电影艺术家将它引入电影艺术领域，意思转变为剪辑、组合剪接，即影视作品创作过程中的剪辑组合。在无声电影时代，蒙太奇表现技巧和理论的内容只局限于画面之间的剪接，在后来出现了有声电影之后，影片的蒙太奇表现技巧和理论又包括了声画蒙太奇和声音蒙太奇技巧与理论，含义便更加广泛了。“蒙太奇”的含义有狭义和广义之分。狭义的蒙太奇专指对镜头画面、声音、色彩诸元素编排组合的手段，其中最基本的意义是画面的组合。而广义的蒙太奇不仅指镜头画面的组接，也指影视剧作开始直到作品完成整个过程中艺术家的一种独特艺术思维方式。

1.3.1 蒙太奇技巧的作用

蒙太奇组接镜头与音效的技巧是决定一个影片成功与否的重要因素，在影片中的表现有下列内容。

1. 表达寓意，创造意境

镜头的分割与组合，声画的有机组合，相互作用，可以给观众在心理上产生新的含义。单个的镜头、单独的画面或者声音只能表达其本身的具体含义，而如果我们使用蒙太奇技巧和表现手法的话，就可以使一系列没有任何关联的镜头或者画面产生特殊的含义，表达出创作者的寓意，甚至还可以产生特定的含义。

2. 选择和取舍，概括与集中

一部几十分钟的影片是从许多素材镜头中挑选出来的。这些素材镜头不仅内容、构图、场面调度均不相同，甚至连摄像机的运动速度都有很大的差异，有时候还存在一些重复。编导就必须根据影片所要表现的主题和内容，认真对素材进行分析和研究，慎重大胆地进行取舍和筛选，重新进行镜头的组合，尽量增强画面的可视性。

3. 引导观众注意力，激发联想

由于每一个单独的镜头都只能表现一定的具体内容，但组接后就有了一定的顺序，可以严格地规范和引导、影响观众的情绪和心理，启迪观众进行思考。

4. 可以创造银幕(屏幕)上的时间概念

运用蒙太奇技巧可以对现实生活和空间进行裁剪、组织、加工和改造，使得影视时空在表现现实生活和影片内容的领域极为广阔，延伸了银幕(屏幕) 的空间，达到了跨越时空的目的。

5. 蒙太奇技巧使得影片的画面形成不同的节奏

蒙太奇可以把客观因素(信息量、人物和镜头的运动速度、色彩声音效果、音频效果以及特技处理等) 和主观因素(观众的心理感受)综合研究，通过镜头之间的剪接，将内部节奏和外部节奏、视觉节奏和听觉节奏有机地结合在一起，使影片的节奏丰富多彩、生动自然而又和谐统一，产生强烈的艺术感染力。

1.3.2 镜头组接蒙太奇

这种镜头的组接不考虑音频效果和其他因素，根据其表现形式，我们将这种蒙太奇分为两大类：叙述蒙太奇和表现蒙太奇。

1. 叙述蒙太奇

叙述蒙太奇在影视艺术中又被称为叙述性蒙太奇，它是按照情节的发展时间、空间、逻辑顺序以及因果关系来组接镜头、场景和段落，表现了事件的连贯性，推动情节的发展，引导观众理解内容，是影视节目中最基本、最常用的叙述方法。其优点是脉络清晰、逻辑连贯。叙述蒙太奇的叙述方法在具体的操作中还分为连续蒙太奇、平行蒙太奇、交叉蒙太奇以及重复蒙太奇等几种具体方式。

- 连续蒙太奇。这种影视的叙述方法类似于小说叙述手法中的顺序方式。一般来讲，它有一个明朗的主线，按照事件发展的逻辑顺序，有节奏地连续叙述。这种叙述方法比较简单，在线索上也比较明朗，能使所要叙述的事件通俗易懂。但同时也有自己的不足，一个影片中过多地使用连续蒙太奇手法会给人拖沓冗长的感觉。因此我们在进行非线性编辑的时候，需要考虑到这些方面的内容，最好与其他叙述方式有机结合，互相配合使用。
- 平行蒙太奇。这是一种分叙式表达方法，将两个或者两个以上的情节线索分头叙述，但仍统一在一个完整的情节之中。这种方法有利于概括集中，节省篇幅，扩大影片的容量，由于平行表现，相互衬托，可以形成对比、呼应，产生多种艺术效果。
- 交叉蒙太奇。这种叙述手法与平行蒙太奇不一样：平行蒙太奇手法只重视情节的统一和主题的一致，以及事件的内在联系和主线的明朗；而交叉蒙太奇强调的是并列的多个线索之间的交叉关系和事件的统一性和对比性，以及这些事件之间的相互影响和相互促进，最后将几条线索汇合为一。这种叙述手法能造成强烈的对比和激烈的气氛，加强矛盾冲突的尖锐性，引起悬念，是控制观众情绪的一个重要手段。

- 重复蒙太奇。这种叙述手法是让代表一定寓意的镜头或者场面在关键时刻反复出现，造成强调、对比、呼应、渲染等艺术效果，以达到加深寓意之效。

2．表现蒙太奇

这种蒙太奇表现在影视艺术中也被称作对称蒙太奇，它是以镜头序列为基础，通过相连或相叠镜头在形式或者内容上的相互对照、冲击，从而产生单独一个镜头本身不具有的或者更为丰富的含义，以表达创作者的某种情感，也给观众在视觉上和心理上造成强烈的印象，增强感染力。激发观众的联想，启迪观众思考。这种蒙太奇技巧的目的不是叙述情节，而是表达情绪、表现寓意和揭示内在的含义。这种蒙太奇表现形式又有以下几种。

- 隐喻蒙太奇。这种叙述手法通过镜头(或者场面)的队列或交叉表现进行分类，含蓄而形象地表达创作者的某种寓意或者对某个事件的主观情绪。它往往是将不同的事物之间具有某种相似的特征表现出来，目的是引起观众的联想，让他们领会创作者的寓意，领略事件的主观情绪色彩。这种表现手法就是将巨大的概括力和简洁的表现手法相结合，具有强烈的感染力和形象表现力。在我们要制作的节目中，必须将要隐喻的因素与所要叙述的线索相结合，这样才能达到我们想要表达的艺术效果。用来隐喻的要素必须与所要表达的主题一致，并且能够在表现手法上补充说明主题，而不能脱离情节生硬插入，因而要求这一手法必须运用得贴切、自然、含蓄和新颖。
- 对比蒙太奇。这种蒙太奇表现手法就是在镜头的内容上或者形式上造成一种对比，给人一种反差感受。通过内容的相互协调和对比冲突，表达作者的某种寓意或者某些话所表现的内容、情绪和思想。
- 心理蒙太奇。这种表现技巧是通过镜头组接，直接而生动地表现人物的心理活动、精神状态，如人物的回忆、梦境、幻觉以及想象等心理，甚至是潜意识的活动，这种手法往往用在表现追忆的镜头中。

心理蒙太奇表现手法的特点是：形象的片断性、叙述的不连贯性，多用于交叉、队列以及穿插的手法表现，带有强烈的主观色彩。

1.3.3 声画组接蒙太奇

在1927年以前，电影都是无声电影。画面上主要是以演员的表情和动作来引起观众的联想，达到声画的默契。后来又通过幕后语言配合或者人工声响如钢琴、留声机、乐队的伴奏与屏幕结合，进一步提高了声画融合的艺术效果。为了真正达到声画一致，把声音作为影视艺术的表现元素，则是利用录音、声电光感应胶片技术和磁带录音技术，才把声音作为影视艺术的一个有机组成部分合并到影视节目之中。

1．影视语言

影视艺术是声画艺术的结合物，离开二者中的任何一个都不能成为现代影视艺术。在声音元素里，包括了影视的语言因素。在影视艺术中，对语言的要求是不同于其他艺术形式的，它有着自己特殊的要求和规则。

我们将它归纳为以下几个方面。

1) 语言的连贯性，声画和谐

在影视节目中，如果把语言分解开来，会发现它不像一篇完整的文章，段落之间也不一定有着严密的逻辑性。但如果我们将语言与画面相配合，就可以看出节目整体的不可分割性和严密的逻辑性。这种逻辑性，表现在语言和画面上是互相渗透、有机结合的。在声画组合中，有些时候是以画面为主，说明画面的抽象内涵；有些时候是以声音为主，画面只是作为形象的提示。根据以上分析，影视语言有以下特点和作用：深化和升华主题，将形象的画面用语言表达出来；语言可以抽象概括画面，将具体的画面表现为抽象的概念；语言可以表现不同人物的性格和心态；语言还可以衔接画面，使镜头过渡流畅；语言还可以代替画面，将一些不必要的画面省略掉。

2) 语言的口语化、通俗化

影视节目面对的观众是多层次化的，除了特定的一些影片外，都应该使用通俗语言。所谓的通俗语言，就是影片中使用的口头语、大白话。如果语言不通俗、费解、难懂，会让观众在观看时分心，这种听觉上的障碍会妨碍到视觉功能，也就会影响到观众对画面的感受和理解，当然也就不能取得良好的视听效果。

3) 语言简练概括

影视艺术是以画面为基础的，所以，影视语言必须简明扼要，点明则止。剩下的时间和空间都要用画面来表达，让观众在有限的时空里自由想象。

解说词对画面也必须简要，如果充满节目，会使观众的听觉和视觉都处于紧张状态，顾此失彼，这样就会对听觉起干扰和掩蔽的作用。

4) 语言准确贴切

由于影视画面是展示在观众眼前的，任何细节对观众来说都是一览无余的，因此对于影视语言的要求是相当精确的。每句台词，都必须经得起观众的考验。这就不同于广播的语言，即使不够准确还能够混过听众的听觉。在视听画面的影视节目前，观众既看清画面，又听见声音效果，互相对照，稍有差错，就能够被观众轻易发现。

如果对同一画面可以有不同的解说和说明，就要看你的认识是否正确和运用的词语是否妥帖。如果发生矛盾，则很有可能是由语言的不准确表达造成的。

2．语言录音

影视节目中的语言录音包括对白、解说、旁白、独白等。为了提高录音效果，必须注意解说员的声音素质、录音的技巧以及方式。

1) 解说员的素质

一个合格的解说员必须充分理解剧本，对剧本内容的重点做到心中有数，对一些比较专业的词语必须理解，读的时候还要抓住主题，确定语音的基调，即总的气氛和情调。在台词对白上必须符合人物的性格，解说时语言要流利，不能含混不清，多听电台好的广播节目可以提高我们这方面的鉴赏力。

2) 录音

录音在技术上要求尽量创造有利的物质条件，保证良好的音质音量，尽量在专业的录音棚进行录制。在进行解说录音的时候，需要对画面进行编辑，然后让配音员观看后配音。

3) 解说的形式

在影视节目中，解说的形式多种多样，需要根据影片的内容而定。解说大致可以分为三类：第一人称解说、第三人称解说以及第一人称解说与第三人称解说交替的自由形式。

3．影视音乐

在电影史上，默片电影一出现就与音乐有着密切的联系。早在1896年，卢米埃尔兄弟的影片就使用了钢琴伴奏的形式，后来逐渐完善，将音乐逐渐渗透到影片中，而不再是外部的伴奏形式。再到后来有声电影出现后，影视音乐发展到了一个更加丰富多彩的阶段。

1) 影视音乐的特点和作用

一般音乐都是作为一种独特的听觉艺术形式来满足人们的艺术欣赏要求。而一旦成为影视音乐，它将丧失自己的独立性，成为某一个节目的组成部分，服从影视节目的总要求，以影视的形式表现。

影视音乐的目的性：影视节目的内容、对象、形式的不同，决定了各种影视节目音乐的结构和目的的表现形式各有特点，即使同一首歌或者同一段乐曲，在不同的影视节目中也会产生不同的作用和目的。

影视音乐的融合性：融合性也就是影视音乐必须和其他影视因素结合，因为音乐本身在表达感情的程度上往往不够准确，但如果与语言、音响和画面融合，就可以突破这种局限性。

2) 音乐的分类

按照影视节目的内容，音乐可划分为：如故事片音乐、新闻片音乐、科教片音乐、美术片音乐以及广告片音乐。

按照音乐的性质，音乐可划分为：抒情音乐、描绘性音乐、说明性音乐、色彩性音乐、戏剧性音乐、幻想性音乐、气氛性音乐以及效果性音乐。

按照影视节目的段落划分，音乐类型有：片头主体音乐、片尾音乐、片中插曲以及情节性音乐。

3) 音乐与画面的结合形式

音乐与画面同步：表现为音乐与画面紧密结合，音乐情绪与画面情绪基本一致，音乐节奏与画面节奏完全吻合。音乐强调画面提供的视觉内容，起到解释画面、烘托气氛的作用。

音乐与画面平行：音乐不是直接地追随或者解释画面内容，也不是与画面处于对立状态，而是以自身独特的表现方式从整体上揭示影片的内容。

音乐与画面的对立：音乐与画面之间在情绪、气氛、节奏乃至在内容上的互相对立，使音乐具有寓意性，从而深化影片的主题。

4) 音乐设计与制作

专门谱曲：这是音乐创作者和导演充分交换对影片的构思创作意图后设计的。其中包括：音乐的风格，主题音乐的特征，主题音乐的特征，主题音乐的性格特征，音乐的布局以及高潮的分布，音乐与语言、音响在影视中的有机安排，音乐的情绪等要素。

音乐资料改编：根据需要将现有的音乐进行改编，但所配的音乐要与画面的时间保持一致，有头有尾。改编的方法有很多，如将曲子中间一些不需要的段落舍去，去掉重复的段落，还可以对音乐的节奏进行调整，这在非线性编辑系统中是相当容易实现的。

影视音乐的转换技巧：在非线性编辑中，画面需要转换技巧，音乐也需要转换技巧，并且很多画面转换技巧对于音乐同样是适用的。

- 切：音乐的切入点和切出点最好选择在解说和音响之间，这样不容易引起注意，音乐的开始也最好选择这个时候，这样会切得不露痕迹。
- 淡：在配乐的时候，如果找不到合适长度的音乐，可以取其中的一段，或者头部或者尾部。在录音的时候，可以对其进行淡入处理或者淡出处理。

1.4 数字视频基础

1.4.1 视频基础

所谓视频，是由一系列单独的静止图像组成，每秒钟连续播放静止图像，利用人眼的视觉残留现象，在观者眼中就产生了平滑而连续活动的影像。

- 帧：一帧是扫描获得的一幅完整图像的模拟信号，是视频图像的最小单位。
- 帧率：每秒钟扫描多少帧。对于PAL制式电视系统，帧率为25帧；而NTSC制式电视系统，帧率为30帧。
- 场：视频的一个扫描过程，有逐行扫描和隔行扫描两种。对于逐行扫描，一帧即是一个垂直扫描场；对于隔行扫描，一帧由两行构成，即奇数场和偶数场，是用两个隔行扫描场表示一帧。

1.4.2 电视制式简介

电视的制式就是电视信号的标准。它的区分主要在帧频、分辨率、信号带宽以及载频、色彩空间的转换关系上。不同制式的电视机只能接收和处理相应制式的电视信号。但现在也出现了多制式或全制式的电视机，为处理不同制式的电视信号提供了极大的便利。全制式电视机可以在各个国家的不同地区使用。目前各个国家的电视制式并不统一，全世界目前有三种彩色制式。

1. PAL制式

PAL制式即逐行倒相正交平衡调幅制，它是德国在1962年制定的彩色电视广播标准，克服了NTSC制式色彩失真的缺点。中国、新加坡、澳大利亚、新西兰和西德、英国等一些国家和地区使用PAL制式。根据不同的参数细节，它又可以分为G、I、D等制式，其中PAL-D是我国大陆采用的制式。

2. NTSC制式(N制)

NTSC制式(N制)是由美国国家电视标准委员会于1952年制定的彩色广播标准，它采用正交平衡调幅技术(正交平衡调幅制)；NTSC制式有色彩失真的缺陷。美国、加拿大等很多西半球国家以及中国台湾、日本、韩国等采用这种制式。

3. SECAM制式

SECAM是法文“顺序传送彩色信号与存储恢复彩色信号制”的缩写，是由法国在1956年提出，1966年制定的一种新的彩色电视制式。它也克服了NTSC制式相位失真的缺点，采用时间分隔法来逐行依次传送两个色差信号。目前法国、东欧国家、中东部分国家使用SECAM制式。

1.4.3 视频时间码

一段视频片段的持续时间和它的开始帧和结束帧通常用时间单位和地址来计算，这些时间和地址被称为时间码(简称时码)。时码用来识别和记录视频数据流中的每一帧，从一段视频的起始帧到终止帧，每一帧都有一个唯一的时间码，这样在编辑的时候利用它可以准确地在素材上定位出某一帧的位置，方便地安排编辑和实现视频和音频的同步。这种同步方式叫作帧同步。“动画和电视工程师协会”采用的时码标准为SMPTE，其格式为：小时:分钟:秒:帧。比如一个PAL制式的素材片段表示为00:01:30:13，意思是它持续1分钟30秒零12帧，换算成帧单位就是2263帧，如果播放的帧速率为25帧/秒，那么这段素材可以播放约一分零三十点五秒。

电影、电视行业中使用的帧率各不相同，但它们都有各自对应的SMPTE标准。如PAL制式采用25fps或24fps，NTSC制式采用30fps或29.97fps。早期是黑白电视采用29.97fps而非30fps，这样就会产生一个问题，即在时码与实际播放之间产生0.1%的误差。为了解决这个问题，于是设计出帧同步技术，这样可以保证时码与实际播放时间一致。与帧同步格式对应的是帧不同步格式，它会忽略时码与实际播放帧之间的误差。

1.4.4 压缩编码的种类

视频压缩是视频输出工作中不可缺少的一部分，由于计算机硬件和网络传输速率的限制，视频在存储或传输时会出现文件过大的情况，为了避免这种情况，在输出文件的时候会选择合适的方式对文件进行压缩，这样才能很好地解决传输和存储时出现的问题。压缩就是将视频文件的数据信息通过特殊的方式进行重组或删除来达到减小文件大小的过程。压缩可以分为以下几种方式。

- 软件压缩：通过电脑安装的压缩软件来压缩，这是使用较为普遍的一种压缩方式。
- 硬件压缩：通过安装一些配套的硬件压缩卡来完成，它具有比软件压缩更高的效率，但成本较高。
- 有损压缩：在压缩的过程中，为了压缩到更小的空间，对素材进行有损压缩，丢失一部分数据或是画面色彩，达到压缩的目的。这种压缩可以更小地压缩文件，但会牺牲更多的文件信息。
- 无损压缩：它与有损压缩相反，在压缩过程中，不会丢失数据，但一般压缩的程度较小。

1.4.5 压缩编码的方式

压缩不是单纯地为了减少文件的大小，而是要在保证画面的同时来达到压缩的目的，不能只管压缩而不计损失，要根据文件的类别来选择合适的压缩方式，这样才能更好地达到压缩的目的。常用的视频和音频压缩方式有以下几种。

1．Microsoft Video 1

这种方式针对模拟视频信号进行压缩，是一种有损压缩方式；支持8位或16位的影像深度，适用于Windows平台。

2．Intel Indeo(R) Video R3.2

这种方式适合制作在CD-ROM播放的24位的数字电影，和Microsoft Video 1相比，它能得到更高的压缩比和质量以及更快的回放速度。

3．DivX MPEG-4(Fast-Motion)和DivX MPEG-4(Low-Motion)

这两种压缩方式是Premiere Pro增加的算法，它们是压缩基于DivX播放的视频文件。

4．Cinepak Codec by Radius

这种压缩方式可以压缩彩色或黑白图像，适合压缩24位的视频信号，制作用于CD-ROM播放或网上发布的文件。和其他压缩方式相比，利用它可以获得更高的压缩比和更快的回放速度，但压缩速度较慢，而且只适用于Windows平台。

5．Microsoft RLE

这种方式适合压缩具有大面积色块的影像素材，例如动画或计算机合成图像等。它使用RLE(Spatial 8-bit run-length encoding) 方式进行压缩，是一种无损压缩方案。它适用于Windows平台。

6．Intel Indeo 5.10

这种方式适合于所有基于MMX技术或Pentium Ⅱ以上处理器的计算机。它具有快速的压缩选项，并可以灵活设置关键帧，具有很好的回放效果，适用于Windows平台，作品适于网上发布。

7．MPEG

在非线性编辑里最常用的是MJPEG算法，即Motion JPEG。它是将视频信号50场/秒(PAL制式) 变为25帧/秒，然后按照25帧/秒的速度使用JPEG算法对每一帧压缩，通常压缩倍数在3.5～5倍时可以达到Betacam的图像质量。MPEG算法是适用于动态视频的压缩算法，它除了对单幅图像进行编码外，还利用图像序列中的相关原则， 将帧间的冗余去掉，这样可以大大提高视频的压缩比。目前MPEG-I用于VCD节目中， MPEG-II用于 VOD、

DVD节目中。

其他还有较多方式，比如：Planar RGB、Cinepak、Graphics、Motion JPEG A和Motion JPEG B、DV NTSC和DV PAL、Sorenson、Photo-JPEG、H.263、Animation、None等。

压缩不是单纯地为了减少文件的大小，而是要在保证画面效果的同时达到压缩的目的，不能只管压缩而不计损失，要根据文件的类别来选择合适的压缩方式，这样才能更好地达到压缩的目的。

1.5 非线性编辑流程

一般非线性编辑的操作流程可以简单地分为导入、编辑处理和输出影片三个大的部分。由于非线性编辑软件的不同，又可以细分为更多的操作步骤。以Premiere Pro CS5来说，可以简单地分为五个步骤，具体说明如下。

1. 总体规划和准备

在制作影视节目前，首先要清楚自己的创作意图和表达的主题，应该有一个分镜头稿本，由此确定作品的风格。它的主要内容包括素材的取舍、各个片段持续的时间、片段之间的连接顺序和转换效果，以及片段需要的视频特效、抠像处理和运动处理等。

确定了自己创作的意图和表达的主题手法后，还要着手准备需要的各种素材，包括静态图片、动态视频、序列素材、音频文件等，并可以利用相关的软件进行修改，达到需要的尺寸和效果，还要注意格式的转换，注意制作符合Premiere CS4所支持的格式，比如使用DV所支持的格式，又如使用DV拍摄的素材可以通过IEEE 1394卡进行采集转换到电脑中，并按照类别放置在不同的文件夹目录下，以便于素材的查找和导入。

2. 创建项目并导入素材

前期的工作做完以后，接下来制作影片。首先要创建新项目，并根据需要设置符合影片的参数，比如编辑模式是使用PAL制式或NTSC制式来编辑视频，这时候时基数应设置为25；设置视频画面的大小，比如PAL制式的标准默认尺寸是720×576像素，NTSC制式为720×480像素；指定音频的采样频率等参数设置，创建一个新项目。

新项目创建完成后，根据需要可以创建不同的文件夹，并根据文件夹的属性导入不同的素材，如静态素材、动态视频、序列素材、音频素材等。并进行前期的编辑，如素材入点和出点、持续时间等。

3. 影片的特效制作

创建项目并导入素材后，就开始了最精彩的制作部分，根据分镜头稿本将素材添加到时间线并进行剪辑编辑，添加相关的特效处理，如视频特效、运动特效、键控特效、视频切换等特效，制作完美的影片效果，然后添加字幕效果和音频文件，完成整个影片的制作。

4. 保存和预演

保存影片是将影片的源文件保存起来，默认的保存格式为.ppj格式，同时保存了Premiere Pro CS5当时所有窗口的状态，比如窗口的位置、大小和参数，便于以后进行修改。

保存影片源文件后，可以对影片的效果进行预演，以此检查影片的各种实际效果是否达到设计的目的，以免在输出成最终影片时出现错误。

5. 输出影片

预演只是查看效果，并不生成最后的文件，要制作出最终的影片效果，就需要将影片输出生成为一个可以单独播放的最终作品，或者转录到录像带、DV机上。Premiere Pro CS5可以生成的影片格式有很多种，比如静态素材bmp、gif、tif、tga等格式的文件，也可以输出像Animated GIF、avi、Quick Time等视频格式的文件，还可以输出像Windows Waveform音频格式的文件。常用的是“.avi”文件，它可以在许多多媒体软件中播放。

1.6 视频采集基础

视频采集卡又被称为视频卡或视频捕捉卡，根据不同的应用环境和不同的技术指标，目前可供选择的视频采集卡有多种不同的规格。用它可以将视频信息数字化并将数字化的信息存储或播放出来。绝大部分的视频捕捉卡可以在捕捉视频信息的同时录制伴音，还可以保证同步保存、同步播放。另外，很多视频采集卡还提供了硬件压缩功能，采集速度快，可以实现每秒30帧的全屏幕视频采集。视压缩格式的不同，有些经过这类采集卡压缩的视频文件在回放时，还需要相应的解压硬件才能实现。这些视频采集卡有时又称为压缩卡。利用视频采集卡可以将原来的录像带转换为电脑可以识别的数字化信息，然后制作成VCD；还可以直接从摄像机、摄像头中获取视频信息，从而编辑、制作自己的视频节目。

视频采集卡有高低档次的区别，同时，采集的视频质量与采集卡的性能参数有很大关系，主要体现在：采集图像的分辨率、图像的深度、帧率以及可提供的采集数据率和压缩算法等。这些性能参数是决定采集卡的性能和档次的主要因素。视频采集卡按其功能和用途可以分为广播级视频高档采集卡、专业级中档采集卡和民用级低档采集卡。

1. 广播级视频高档采集卡

广播级视频高档采集卡可以采集RGB分量视频输入的信号，生成真彩全屏的数字视频，一般采用专用的SCSL接口卡，因此不受PC总线速率的限制，这样就可以达到较高的数据采集率。最高采集分辨率为720×576的PAL制25帧/秒，或640×480或720×480的NTSC制30帧/秒的高分辨率的视频文件。这种卡的优点是采集的图像分辨率高，视频信噪比高；缺点是视频文件庞大，每分钟数据量至少为200MB。广播级模拟信号采集卡都带分量输入输出接口，用来连接BetaCam摄/录像机，多用于电视台或影视的制作。但是这种卡价格昂贵，一般普通用户很难接受。

2. 专业级中档采集卡

专业级中档采集卡适于要求中低质量的用户选择，价格都在10000元以下。专业级中档采集卡的级别比广播级视频高档采集卡的性能稍微低一些，两者的分辨率是相同的，但压缩比稍微大一些，其最小压缩比一般在6：1以内，输入/输出接口为AV复合端子与S端子。目前的专业级视频采集卡都增加了IEEE 1394输入接口，用于采集DV视频文件。此类产品适用于广告公司、多媒体公司制作节目及多媒体软件。

3. 民用级低档采集卡

民用级视频采集卡的动态分辨率一般最大为384×288，PAL制25帧/秒或是320×240，NTSC制30帧/秒，采集的图像分辨率和数据率都较低，颜色较少，也不支持MPEG-1压缩，但它们的价格都较低，一般在2000元以下，是低端普通用户的首选。另外，有一类视频捕捉卡是比较特殊的，这就是VCD制作卡，从用途上来说它应该算在专业级里，而从图像指标上来说只能算民用级产品。用于DV采集的采集卡是一种IEEE 1394接口的采集卡，价格从从几十元到几百元不等。如图1.9所示为一款IEEE 1394采集卡。

图1.9　IEEE 1394卡

1.7 After Effects CS6操作界面简介

After Effects CS6的操作界面越来越人性化，近几个版本将界面中的各个窗口和面板合并到了一起，不再是单独的浮动状态，这样在操作时免去了拖来拖去的麻烦。

1.7.1 启动After Effects CS6

选择“开始 ”|“所有程序”| After Effects CS6命令，便可启动After Effects CS6 软件。如果已经在桌面上创建了After Effects CS6 的快捷方式，则可以直接用鼠标双击桌面上的After Effects CS6 快捷图标Ae，也可启动该软件，如图1.10所示。

图1.10　After Effects CS6启动画面

等待一段时间后，After Effects CS6 被打开，新的After Effects CS6 工作界面呈现出来，如图1.11所示。

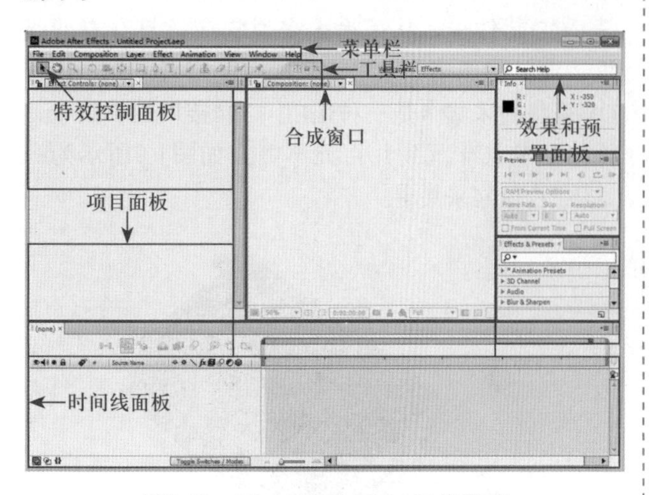

图1.11　After Effects CS6 工作界面

1.7.2　After Effects CS6工作界面介绍

After Effects CS6在界面上更加合理地分配了各个窗口的位置，根据制作内容的不同，可以将界面设置成不同的模式，如动画、绘图、特效等。执行菜单栏中的Windows(窗口) |Workspace(工作界面) 命令，可以看到其子菜单中包含多种工作模式子选项，包括All Panels(所用面板) 、Animation(动画) 、Effects(特效) 等模式，如图1.12所示。

执行菜单栏中的Windows(窗口)|Workspace(工作界面)|Animation(动画)命令，操作界面则切换到动画工作界面中，整个界面以“动画控制窗口”为主，突出显示了动画控制区，如图1.13所示。

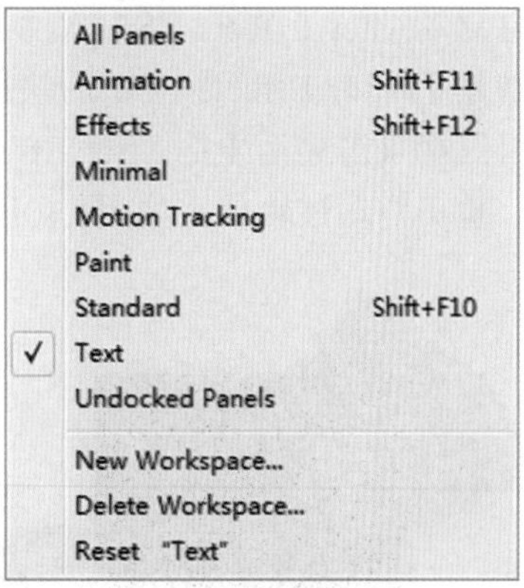

All Panels
Animation　Shift+F11
Effects　Shift+F12
Minimal
Motion Tracking
Paint
Standard　Shift+F10
✓ Text
Undocked Panels
New Workspace...
Delete Workspace...
Reset "Text"

图1.12　多种工作模式

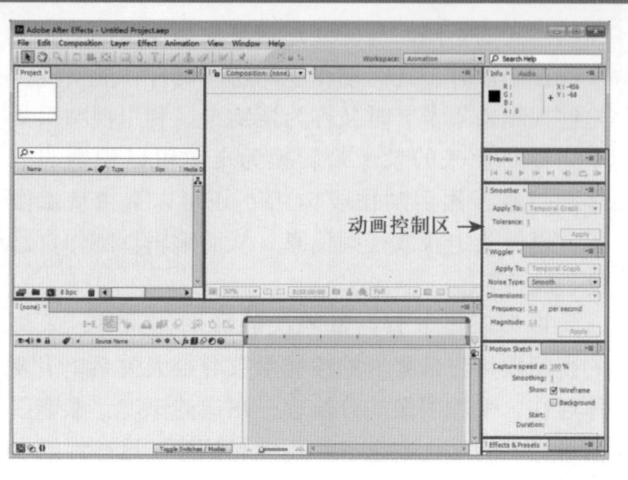

图1.13　动画控制界面

执行菜单栏中的Windows(窗口) | Workspace(工作界面) | Paint(绘图) 命令，操作界面则切换到绘图控制界面中，整个界面以“绘图控制窗口”为主，突出显示了绘图控制区域，如图1.14所示。

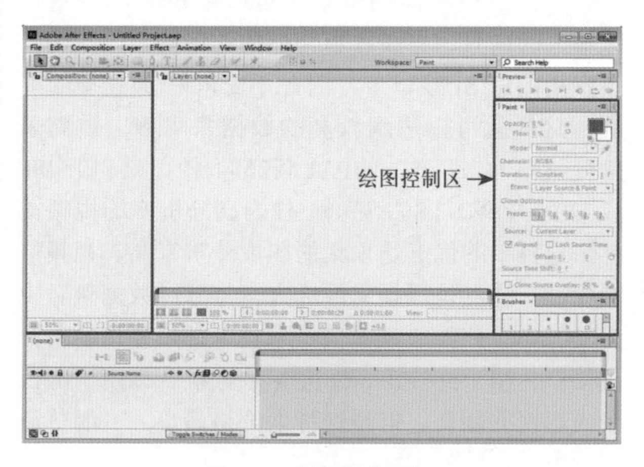

图1.14　绘图控制界面

AE

第2章 基础动画控制

内容摘要

本章主要讲解基础动画的控制。After Effects最基本的动画制作离不开位置、缩放、旋转、不透明度的设置，本章就从基础入手，让零起点读者轻松起步，迅速掌握动画制作核心技术，掌握After Effects动画制作的技巧。

教学目标

- 了解位置参数及动画制作。
- 了解缩放参数及动画制作。
- 了解旋转参数及动画制作。
- 了解不透明度参数及动画制作。

2.1 Position(位置)——基础位移动画

实例说明

本例主要讲解利用Position(位置)属性制作蒙版动画效果。动画基本流程如图2.1所示。

图2.1　动画基本流程

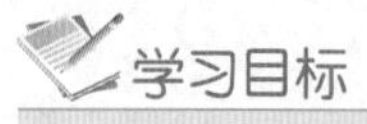

学习目标

1. **了解Position(位置)参数设置。**
2. **掌握矩形工具的使用及蒙版创建。**

操作步骤

(1) 执行菜单栏中的File(文件)|Open Project(打开项目)命令，选择配套光盘中的“工程文件\第2章\动画位移\动画位移练习.aep”文件，将“动画位移练习.aep”文件打开。

(2) 在时间线面板中选择“背景”层，在工具栏中选择Rectangle Tool(矩形工具)■，在图层上绘制一个矩形路径，如图2.2所示。

图2.2　绘制路径

(3) 在时间线面板中选择“背景”层，将时间调整到00:00:00:00帧的位置，按P键打开Position(位置)属性，设置Position(位置)的值为(360，-296)，单击Position(位置)左侧的码表按钮，在当前位置设置关键帧，如图2.3所示。

(4) 将时间调整到00:00:01:00帧的位置，设置Position(位置)的值为(360，288)，系统会自动设置关键帧，如图2.4所示；合成窗口效果如图2.5所示。

图2.3　设置位置关键帧

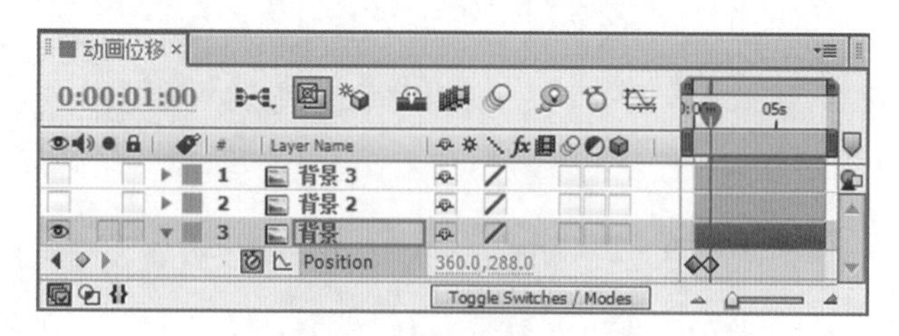

图2.4　设置位置1秒关键帧

(5) 选择“背景2”层，在工具栏中选择Rectangle Tool(矩形工具)■，在图层上绘制一个矩形路径，如图2.6所示。

图2.5　设置位置关键帧后的效果

图2.6　绘制矩形路径

(6) 在时间线面板中选择“背景2”层，将时间调整到00:00:00:00帧的位置，按P键打开Position(位置)属性，设置Position(位置)的值为(360，-296)，单击Position(位置)左侧的码表按钮，在当前位置设置关键帧，如图2.7所示。

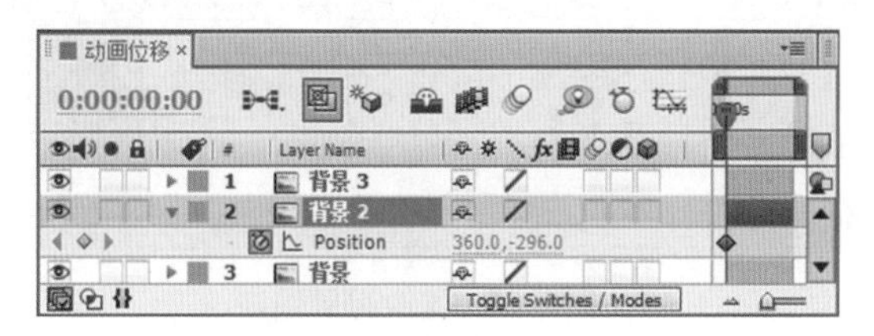

图2.7　设置“背景2”关键帧

(7) 将时间调整到00:00:01:00帧的位置，设置Position(位置)的值为(360，288)，系统会自动设置关键帧，如图2.8所示；合成窗口效果如图2.9所示。

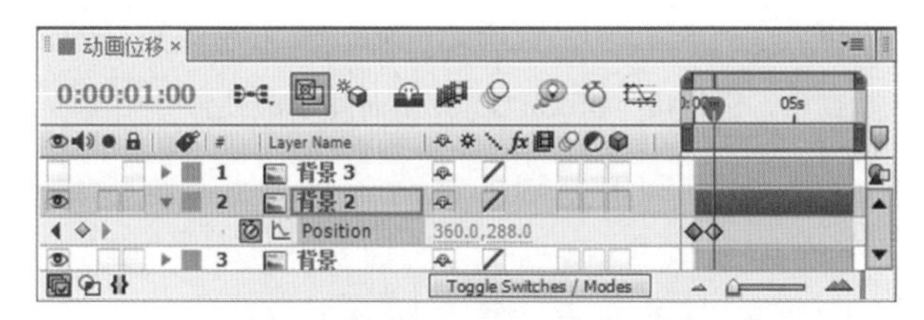

图2.8　设置“背景2”1秒关键帧

图2.9　设置“背景2”位置后的效果

(8) 选择“背景3”层，在工具栏中选择Rectangle Tool(矩形工具)，在图层上绘制一个矩形路径，如图2.10所示。

图2.10　设置“背景3”蒙版

(9) 选择“背景3”层，将时间调整到00:00:00:00帧的位置，按P键打开Position(位置)属性，设置Position(位置)的值为(360，-296)，单击Position(位置)左侧的码表按钮，在当前位置设置关键帧，如图2.11所示。

图2.11　设置“背景3”关键帧

(10) 将时间调整到00:00:01:00帧的位置，设置Position(位置)的值为(360，288)，系统会自动设置关键帧，如图2.12所示；合成窗口效果如图2.13所示。

图2.12　设置“背景3”1秒关键帧

图2.13　设置“背景3”位置后的效果

(11) 在时间线面板中依次选择“背景”“背景2”“背景3”层，执行菜单栏中的Animation(动画)|Keyframe Assistant(关键帧辅助) |Sequence Layers(序列图层)命令，打开Sequence Layers(序列图层)对话框，设置Duration(持续时间)为00:00:06:24，单击OK(确定)按钮，如图2.14所示；设置关键帧辅助后的效果如图2.15所示。

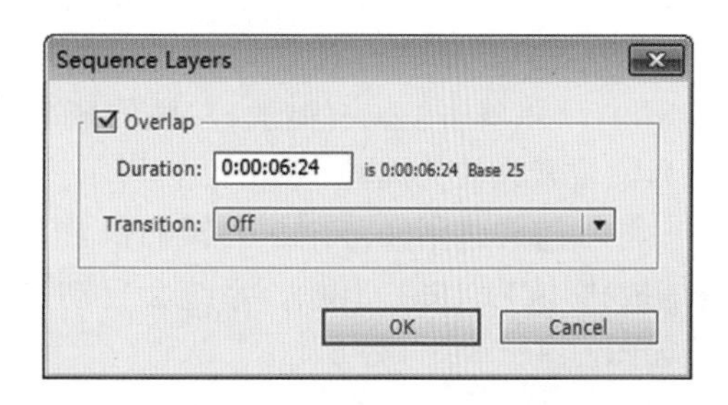

图2.14　设置关键帧辅助

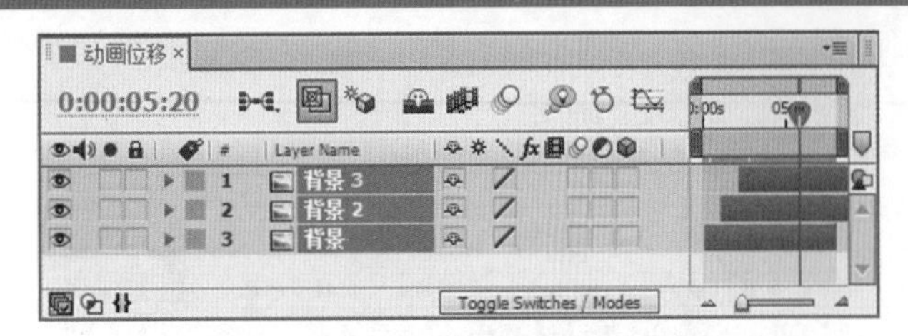

图2.15　设置关键帧辅助后的效果

(12) 这样就完成了基础位移动画的整体制作，按小键盘上的“0”键，即可在合成窗口中预览动画。

2.2　Scale(缩放)——基础缩放动画

实例说明

本例主要讲解利用Scale(缩放)属性制作基础缩放动画效果，完成的动画流程画面如图2.16所示。

图2.16　动画流程画面

学习目标

会使用Scale(缩放)。

操作步骤

(1) 执行菜单栏中的File(文件)|Open Project(打开项目)命令，选择配套光盘中的“工程文件\第2章\基础缩放动画\基础缩放动画练习.aep”文件，将“基础缩放动画练习.aep”文件打开。

(2) 在时间线面板中，将时间调整到00:00:00:00帧的位置，选择“美”层，然后按S键展开Scale(缩放)属性，设置Scale(缩放)的值为(800，800)，并单击Scale(缩放)左侧的码表按钮，在当前位置设置关键帧，如图2.17所示。

(3) 将时间调整到00:00:00:05帧的位置，设置Scale(缩放)的值为(100，100)，系统会自动设置关键帧，如图2.18所示。

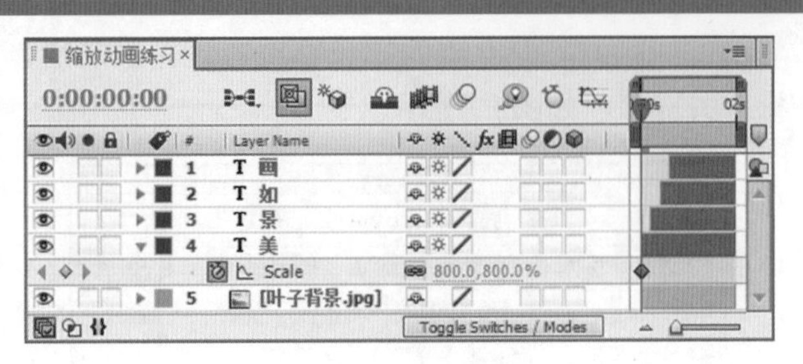

图2.17　修改缩放值

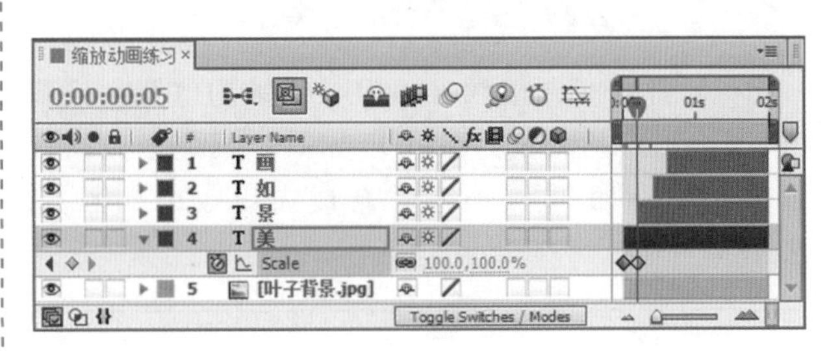

图2.18　00:00:00:05帧时间参数设置

(4) 下面利用复制、粘贴命令，快速制作其他文字的缩放效果。在时间线面板中单击“美”层Scale(缩放)名称位置，选择所有缩放关键帧，然后按Ctrl + C组合键复制关键帧，如图2.19所示。

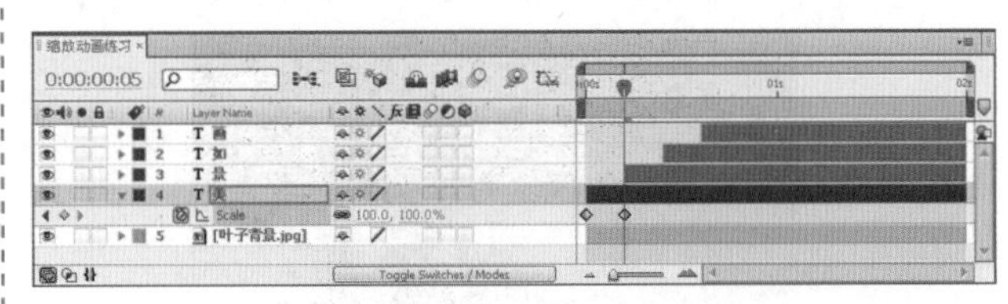

图2.19　选择缩放关键帧

(5) 选择“景”层，确认当前时间为00:00:00:05帧时间处，按Ctrl + V组合键，将复制的关键帧粘贴在“景”层中，效果如图2.20所示。

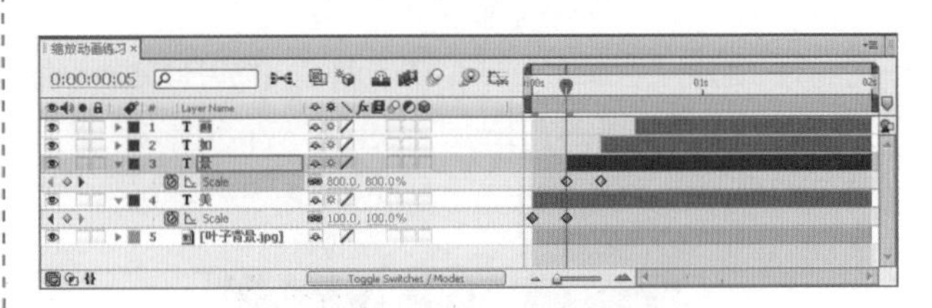

图2.20　粘贴后的效果

(6) 将时间调整到00:00:00:10帧位置，选择“如”层，按Ctrl + V组合键粘贴缩放关键帧；再将时间调整到00:00:00:15帧位置，选择“画”层，按Ctrl + V组合键粘贴缩放关键帧，以制作其他文字的缩放动画，如图2.21所示。

(7) 这样就完成了基础缩放动画的整体制作，按小键盘上的“0”键，即可在合成窗口中预览动画。

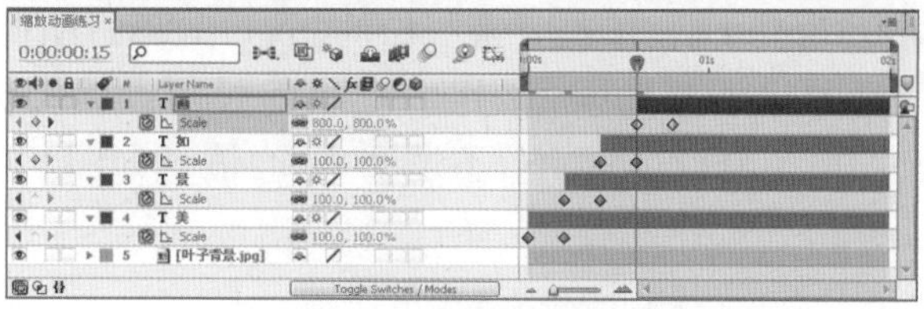

图2.21　制作其他缩放动画

2.3　Rotation(旋转)——基础旋转动画

实例说明

本例主要讲解利用Rotation(旋转)属性制作齿轮动画效果，完成的动画流程画面如图2.22所示。

图2.22　动画流程画面

学习目标

掌握Rotation(旋转)的设置。

操作步骤

(1) 执行菜单栏中的File(文件)|Open Project(打开项目)命令，选择配套光盘中的“工程文件\第2章\旋转动画\旋转动画练习.aep”文件，将“旋转动画练习.aep”文件打开。

(2) 将时间调整到00:00:00:00帧的位置，选择“齿轮1”“齿轮2”“齿轮3”“齿轮4”和“齿轮5”层，按R键打开Rotation(旋转)属性，设置Rotation(旋转)的值为0%，单击Rotation(旋转)左侧的码表按钮，在当前位置设置关键帧，如图2.23所示。

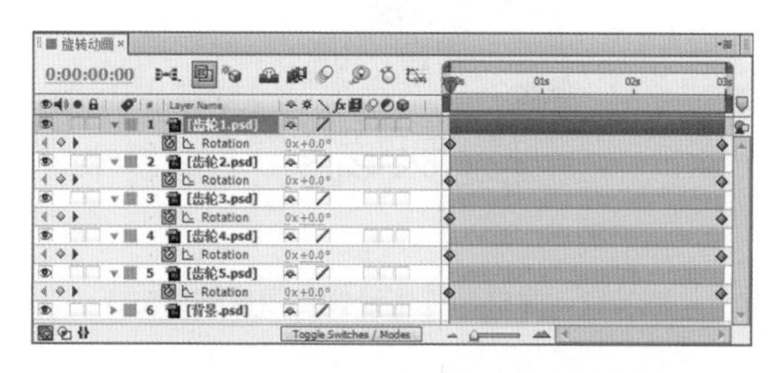

图2.23　00:00:00:00帧位置旋转参数设置

(3) 将时间调整到00:00:02:24帧的位置，设置“齿轮1”层的Rotation(旋转)的值为-1x；设置“齿轮2”层的Rotation(旋转)的值为-1x；设置“齿轮3”层的Rotation(旋转)的值为-1x；设置“齿轮4”层的Rotation(旋转)的值为1x；设置“齿轮5”层的Rotation(旋转)的值为1x，如图2.24所示。

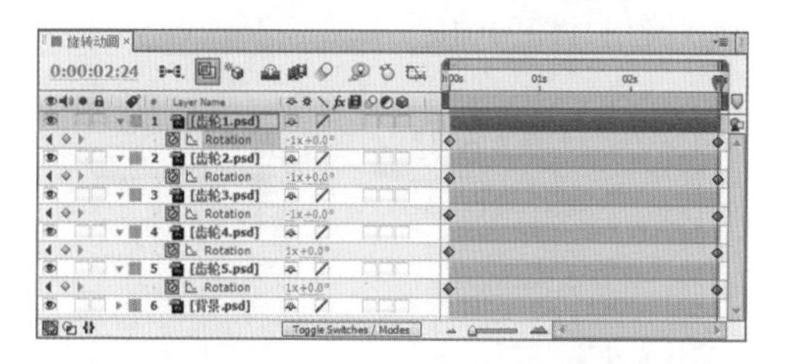

图2.24　00:00:02:24帧的位置旋转参数设置

(4) 这样就完成了基础旋转动画的整体制作，按小键盘上的“0”键，即可在合成窗口中预览动画。

2.4　Opacity(不透明度)——不透明度动画

实例说明

下面通过实例，详细讲解不透明度动画的制作过程。通过本实例的制作，掌握不透明度的设置方法及动画制作技巧。本例最终的动画流程效果如图2.25所示。

图2.25　不透明度动画流程效果

学习目标

了解Opacity(不透明度)属性。

操作步骤

(1) 执行菜单栏中的File(文件)| Open Project(打开项目)命令，打开“打开”对话框，选择配套光盘中的“工程文件\第2章\不透明度动画\不透明度动画练习.aep”文件。

(2) 将时间调整到00:00:00:00帧的位置，在时间线面板中，使用Ctrl键选择“夏”“天”“来”

和“了”四个文字层，然后按T键，展开Opacity(不透明度)，单击四个图层的Opacity(不透明度)左侧的码表按钮，在当前时间设置关键帧，并且修改Opacity(不透明度)的值，“夏”层的Opacity(不透明度)为0%，“天”层的Opacity(不透明度)为0%，“来”层的Opacity(不透明度)为0%，“了”层的Opacity(不透明度)为0%，如图2.26所示。

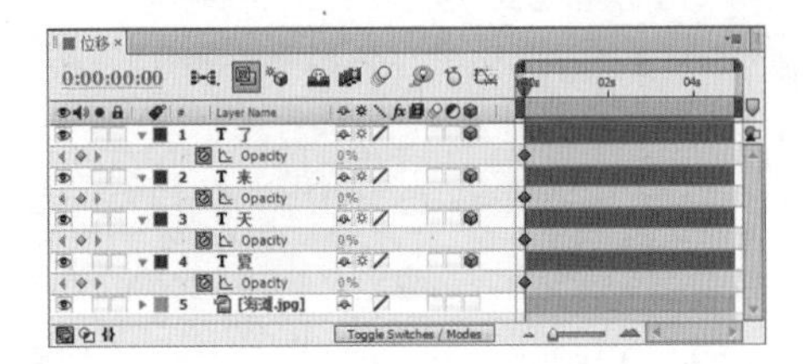

图2.26　设置关键帧

(3) 添加完关键帧位置后，素材的位置也将跟着变化，此时，Composition(合成)窗口中的素材效果如图2.27所示。

图2.27　素材的变化效果(一)

(4) 将时间调整到00:00:01:00帧的位置。修改Opacity(不透明度)的值，“夏”层的Opacity(不透明度)为100%，单击“天”层的Opacity(不透明度)左侧的记录关键帧按钮，在当前时间设置关键帧，但不修改Opacity(不透明度)的值，如图2.28所示。

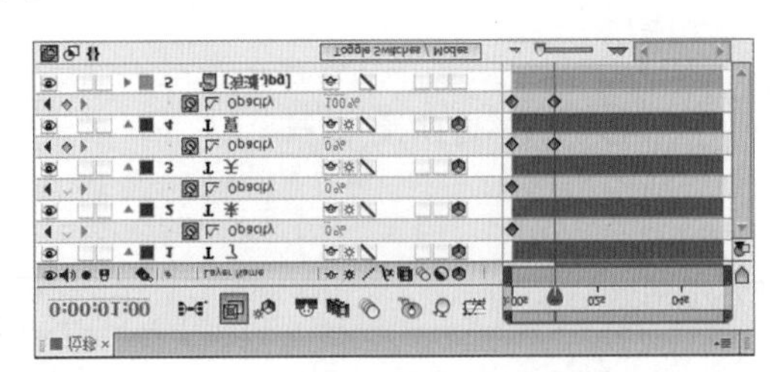

图2.28　修改位置添加关键帧

(5) 修改完关键帧位置后，素材的位置也将跟着变化，此时，Composition(合成)窗口中的素材效果如图2.29所示。

(6) 将时间调整到00:00:02:00帧的位置。修改Opacity(不透明度)的值，“天”层的Opacity(不透明度)为100%，单击“来”层的Opacity(不透明度)左侧的记录关键帧按钮，在当前时间设置关键帧，但不修改Opacity(不透明度)的值，如图2.30所示。

图2.29　素材的变化效果(二)

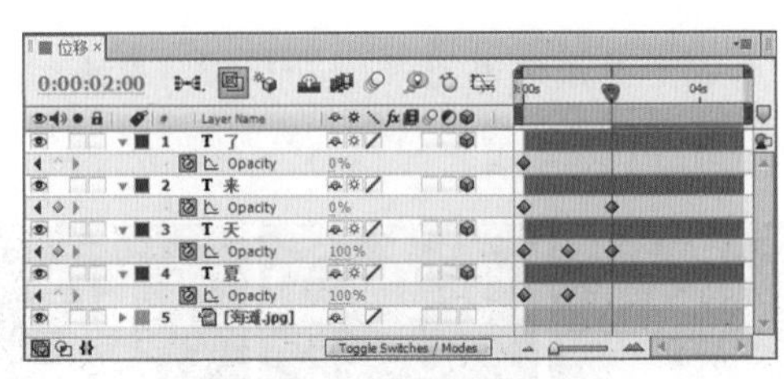

图2.30　关键帧位置设置及图像效果(一)

(7) 将时间调整到00:00:03:00帧的位置。修改Opacity(不透明度)的值，“来”层的Opacity(不透明度)为100%，单击“了”层的Position(位置)左侧的记录关键帧按钮，在当前时间设置关键帧，但不修改Opacity(不透明度)的值，如图2.31所示。

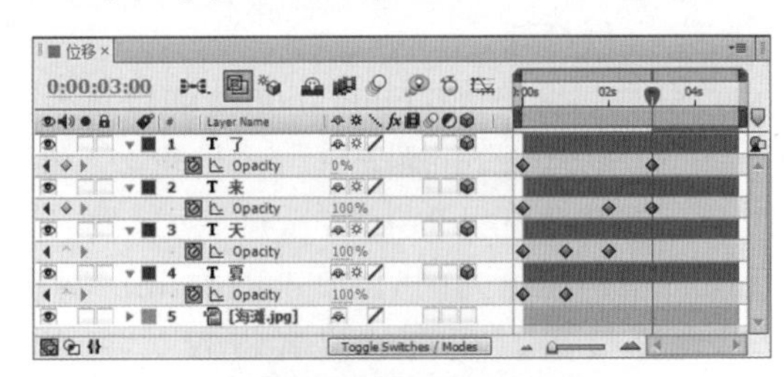

图2.31　关键帧位置设置及图像效果(二)

(8) 将时间调整到00:00:04:00帧的位置。修改

Opacity(不透明度)的值，“了”层的Opacity(不透明度)为100%，如图2.32所示。

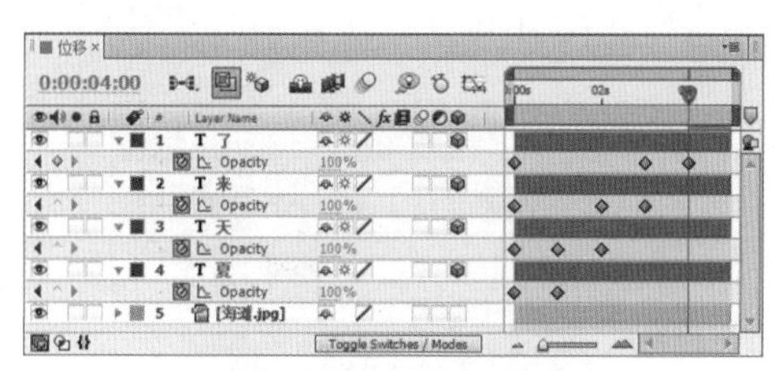

图2.32　关键帧位置设置及图像效果(三)

(9) 这样就完成了不透明度动画的制作，按空格键或小键盘上的“0”键，可以预览动画的效果，其中的几帧画面如图2.33所示。

图2.33　不透明度动画效果

2.5　制作卷轴动画

实例说明

本例主要讲解利用Position(位置)属性制作卷轴动画效果。完成的动画流程画面如图2.34所示。

图2.34　动画流程画面

学习目标

1. 掌握Position(位置)。
2. 掌握Opacity(不透明度)。

操作步骤

(1) 执行菜单栏中的File(文件)|Open Project(打开项目)命令，选择配套光盘中的“工程文件\第2章\卷轴动画\卷轴动画练习.aep”文件，将“卷轴动画练习.aep”文件打开。

(2) 打开“卷轴动画”合成，在Project(项目)面板中选择“卷轴/南江1”合成，将其拖动到时间线面板中。

(3) 在时间线面板中，选择“卷轴/南江1”层，将时间调整到00:00:01:00帧的位置，按P键打开Position(位置)属性，设置Position(位置)的值为(379，288)，单击Position(位置)左侧的码表按钮，在当前位置设置关键帧。

(4) 将时间调整到00:00:01:15帧的位置，设置Position(位置)的值为(684，288)，系统会自动设置关键帧，如图2.35所示；合成窗口效果如图2.36所示。

图2.35　设置位置关键帧

图2.36　设置位置后的效果

(5) 在时间线面板中选择“卷轴/南江1”层，将时间调整到00:00:00:15帧的位置，按T键打开Opacity(不透明度)属性，设置Opacity(不透明度)的值为0%，单击Opacity(不透明度)左侧的码表按钮，在当前位置设置关键帧。

(6) 将时间调整到00:00:01:00帧的位置，设置Opacity(不透明度)的值为100%，系统会自动设置关键帧。

(7) 在Project(项目)面板中选择“卷轴/南江2”合成，将其拖动到“卷轴动画”合成的时间线面板中。以上同样的方法制作动画，如图2.37所示；合成窗口效果如图2.38所示。

图2.37 设置卷轴2参数

图2.38 设置卷轴后的效果

(8) 这样就完成了卷轴动画的整体制作，按小键盘上的“0”键，即可在合成窗口中预览动画。

2.6 制作跳动音符

实例说明

本例主要讲解利用Scale(缩放)动画制作跳动音符效果，完成的动画流程画面如图2.39所示。

图2.39 动画流程画面

学习目标

1. 掌握Scale(缩放)设置。
2. 掌握Glow(发光)特效的使用。

操作步骤

(1) 执行菜单栏中的File(文件)|Open Project(打开项目)命令，选择配套光盘中的“工程文件\第2章\跳动音符\跳动音符练习.aep”文件，将“跳动音符练习.aep”文件打开。

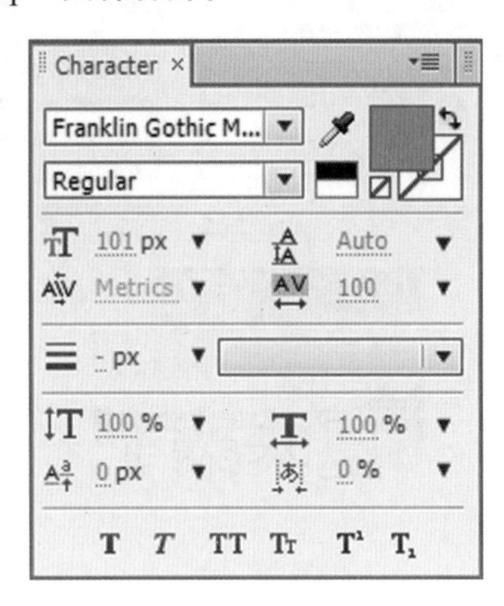

图2.40 设置字体

(2) 执行菜单栏中的Layer(层)|New(新建)|Text(文本)命令，输入“IIIIIIIIIIIII”，在Character(字符)面板中，设置文字字体为Franklin Gothic Medium Cond，字号为101px，字符间距为100，字体颜色为蓝色(R：17；G：163；B：238)，如图2.40所示；画面效果如图2.41所示。

图2.41 设置字体后的效果

(3) 将时间调整到00:00:00:00帧的位置，在工具栏中选择Rectangle Tool(矩形工具)，在文字层上绘制一个矩形路径，如图2.42所示。

(4) 展开“IIIIIIIIIIIII”层，单击Text(文本)右侧的三角形 Animate: 按钮，从弹出的菜单中选择Scale(缩放)命令，单击Scale(缩放)左侧的Constrain Proportions(约束比例)按钮，取消约束，设置Scale(缩放)的值为(100，-234)；单击Animator 1(动画 1)右侧的三角形 Add: 按钮，从弹出的菜单中选择Selector(选择器)|Wiggly(摇摆)命令，如

图2.43所示。

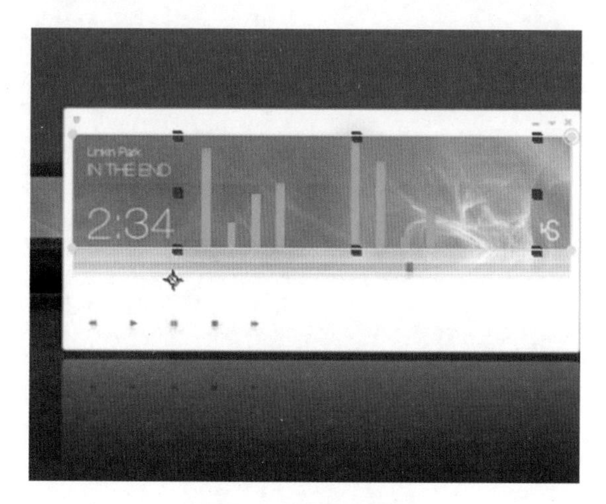

图2.42　绘制矩形蒙版

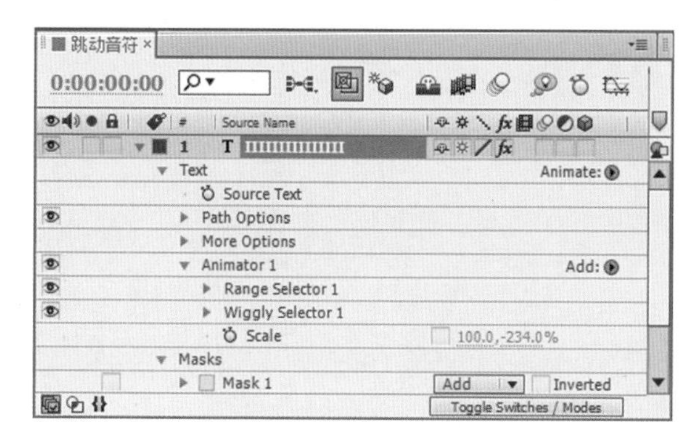

图2.43　设置参数

(5) 为“IIIIIIIIIIIII”层添加Glow(发光)特效。在Effects & Presets(效果和预置)面板中展开Stylize(风格化)特效组，然后双击Glow(发光)特效。

(6) 在Effect Controls(特效控制)面板中修改Glow(发光)特效的参数，设置Glow Radius(发光半径)的值为45，如图2.44所示；合成窗口效果如图2.45所示。

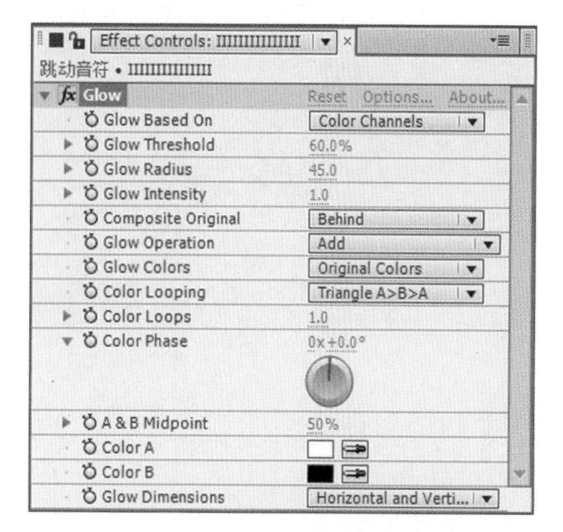

图2.44　设置发光特效参数

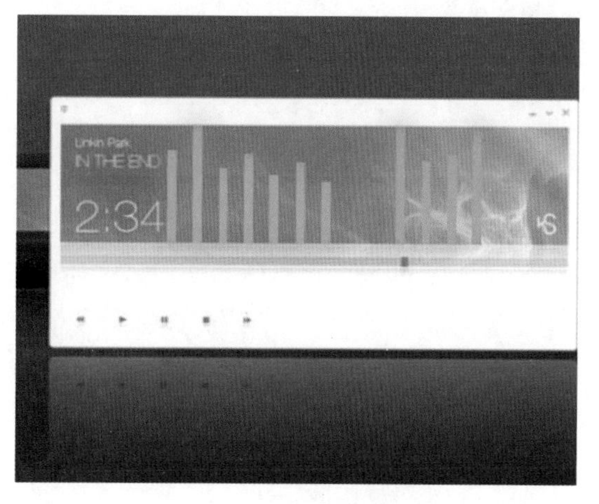

图2.45　设置发光后效果

(7) 这样就完成了跳动音符的动画整体制作，按小键盘上的“0”键，即可在合成窗口中预览动画。

AE

第3章

合成与三维空间动画控制

内容摘要

本章主要讲解合成与三维空间动画的制作。利用After Effects进行动画制作时，多合成多时间线的应用是动画制作的关键，特别是较大的动画制作离不开多合成的使用，另外三维层对制作三维效果非常重要。本章通过几个实例，详细讲解合成与三维空间动画的制作。通过本章的学习，掌握多合成及三维空间动画的制作技巧。

教学目标

- 掌握三维层的使用。
- 掌握多合成多时间线的应用。
- 掌握摄像机的使用。
- 掌握虚拟物体的使用技巧。
- 了解After Effects 操作界面。

3.1 魔方旋转动画

实例说明

本例主要讲解利用三维层制作魔方旋转动画效果。本例最终的动画流程效果如图3.1所示。

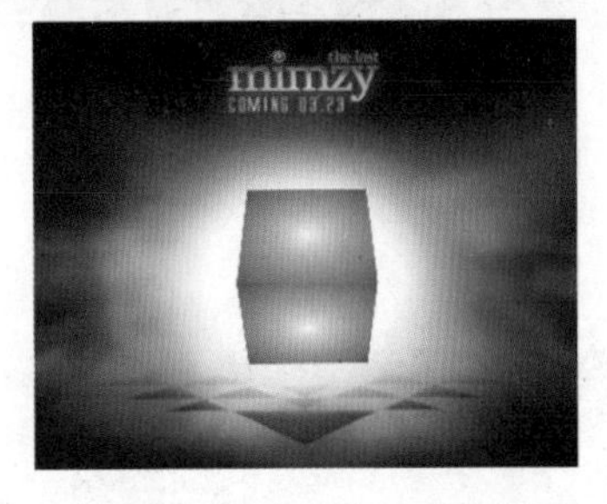

图3.1 动画流程画面

学习目标

1. 掌握三维层的使用。
2. 了解Parent(父子约束)。

操作步骤

(1) 执行菜单栏中的File(文件)|Open Project(打开项目)命令，选择配套光盘中的“工程文件\第3章\魔方旋转动画\魔方旋转动画练习.aep”文件，将“魔方旋转动画练习.aep”文件打开。

(2) 执行菜单栏中的Layer(层)|New(新建)|Solid(固态层)命令，打开Solid Settings(固态层设置)对话框，设置Name(名称)为“魔方1”，Width(宽)为“200”，Height(高)为“200”，Color(颜色)为灰色(R：183；G：183；B：183)。

(3) 选择“魔方1”层，在Effects & Presets(效果和预置)面板中展开Generate(创造)特效组，然后双击Ramp(渐变)特效。

(4) 在Effect Controls(特效控制)面板中，修改Ramp(渐变)特效的参数，设置Start of Ramp(渐变开始)的值为(100，103)，Start Color(开始色)为白色，End of Ramp(渐变结束)的值为(231，200)，End Color(结束色)为暗绿色(R：31；G：70；B：73)，从Ramp Shape(渐变类型)下拉菜单中选择Radial Ramp(径向渐变)。

(5) 打开“魔方1”层三维开关，选中“魔方1”层，设置Position(位置)的值为(350，400，0)，设置X Rotation(X轴旋转)的值为90°，如图3.2所示。

(6) 选中“魔方1”层，按Ctrl+D键复制出另一个新的图层，将该图层文字更改为“魔方2”，设置Position(位置)的值为(350，200，0)，X Rotation(X轴旋转)的值为90°，如图3.3所示。

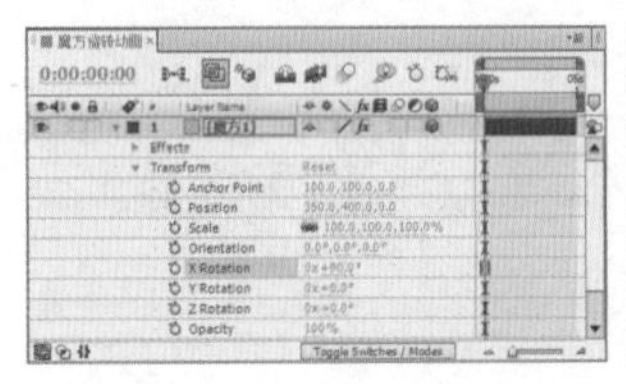

图3.2 设置“魔方1”参数

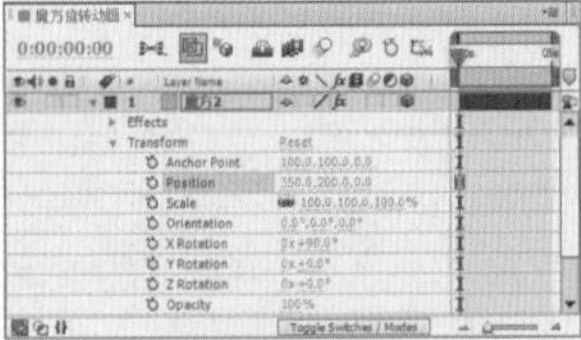

图3.3 设置“魔方2”参数

(7) 选中“魔方2”层，按Ctrl+D键复制出另一个新的图层，将该图层文字重命名为“魔方3”，设置Position(位置)的值为(350，300，-100)，X Rotation(X轴旋转)的值为0，如图3.4所示。

(8) 选中“魔方3”层，按Ctrl+D键复制出另一个新的图层，将该图层文字重命名为“魔方4”，设置Position(位置)的值为(350，300，100)，如图3.5所示。

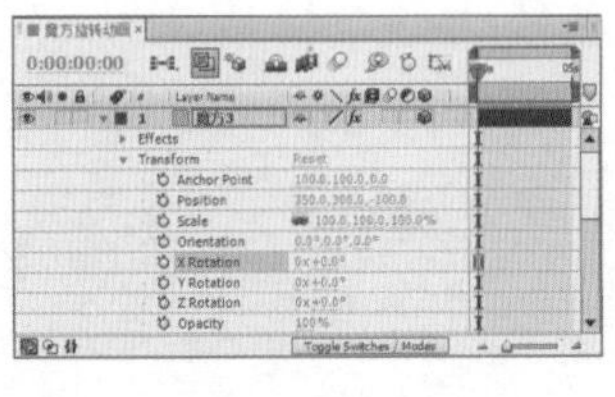

图3.4 设置“魔方3”参数

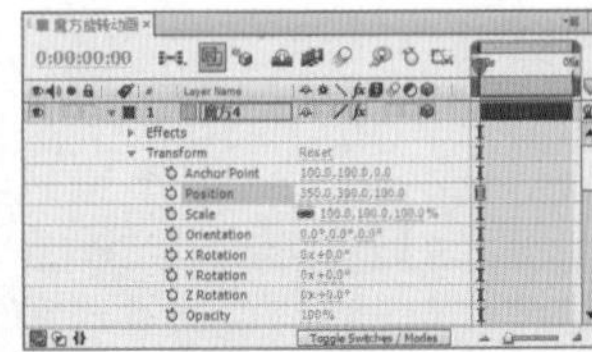

图3.5 设置“魔方4”参数

(9) 选中“魔方4”层，按Ctrl+D键复制出另一个新的图层，将该图层文字重命名为“魔方5”，设置Position(位置)的值为(450，300，0)，Y Rotation(Y轴旋转)的值为90°，如图3.6所示。

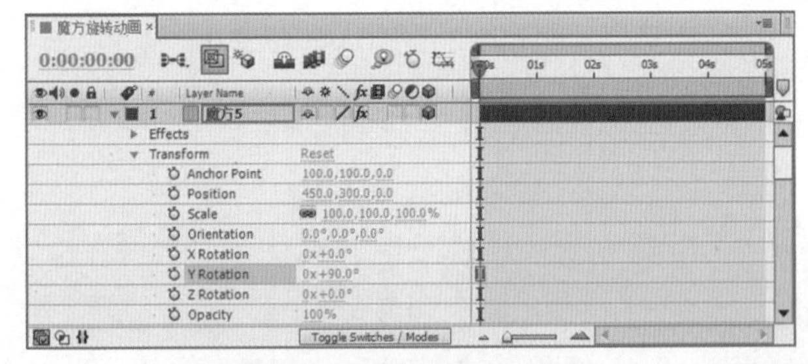

图3.6 设置“魔方5”参数

(10) 选中“魔方5”层，按Ctrl+D键复制出另一个新的图层，将该图层文字重命名为“魔方6”，设置Position(位置)的值为(250，300，0)，Y Rotation(Y轴旋转)的值为90°，如图3.7所示；合成窗口效果如图3.8所示。

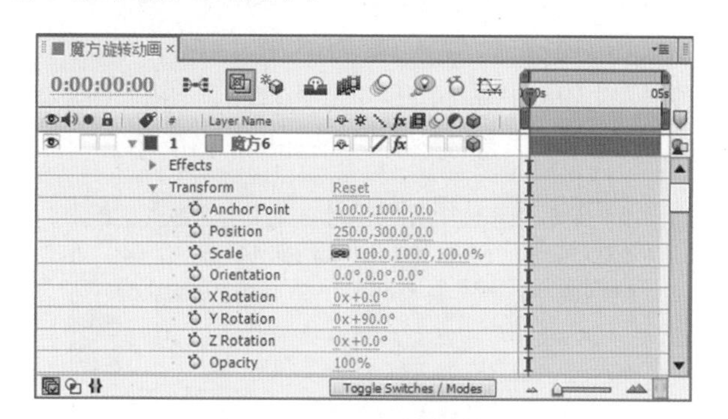

图3.7　设置位置及旋转参数

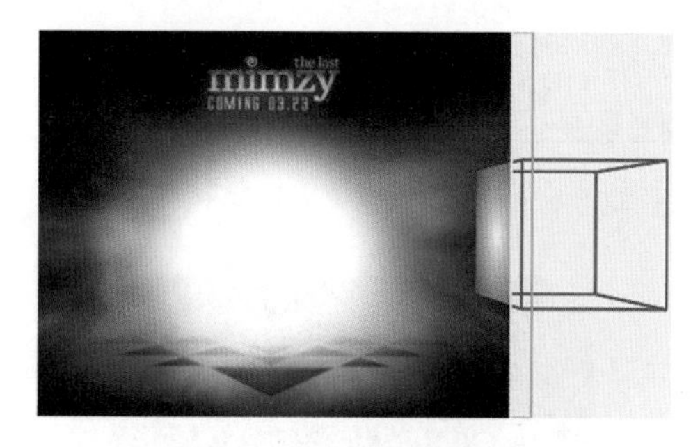

图3.8　参数设置后的效果

(11) 在时间线面板中，选择“魔方2”“魔方3”“魔方4”“魔方5”和“魔方6”层，将其设置为“魔方1”层的子物体，如图3.9所示。

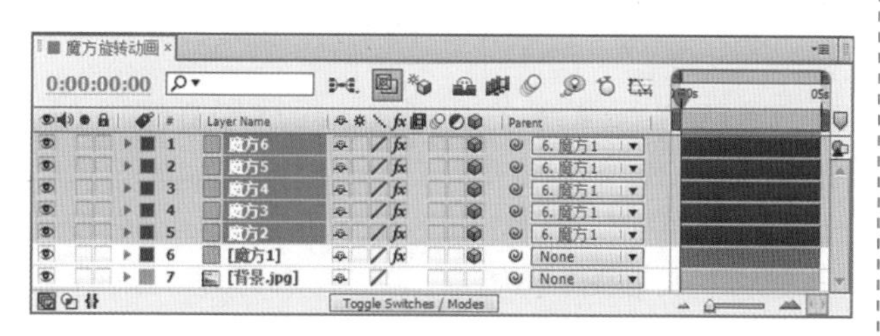

图3.9　设置父子约束

(12) 将时间调整到00:00:00:00帧的位置，选中“魔方1”层，按R键打开Rotation(旋转)属性，设置Orientation(方向)的值为(320，0，0)，Z Rotation(Z轴旋转)的值为0，单击Z Rotation(Z轴旋转)左侧的码表按钮，在当前位置设置关键帧。

(13) 将时间调整到00:00:04:24帧的位置，设置Z Rotation(Z轴旋转)的值为2x，系统会自动设置关键帧，如图3.10所示。

(14) 这样就完成了魔方旋转动画的整体制作，按小键盘上的“0”键，即可在合成窗口中预览动画。

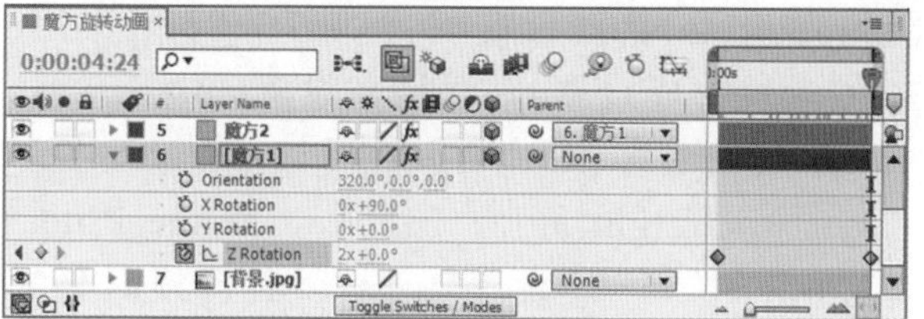

图3.10　设置Z旋转关键帧

3.2　穿梭云层效果

实例说明

本例主要讲解利用摄像机制作穿梭云层效果。本例最终的动画流程效果如图3.11所示。

图3.11　动画流程画面

学习目标

1. **了解Solid(固态层)命令。**
2. **掌握Camera(摄像机)的使用。**
3. **掌握Ramp(渐变)特效的使用。**
4. **掌握Null Object(虚拟物体层)。**

操作步骤

(1) 执行菜单栏中的File(文件)|Open Project(打开项目)命令，选择配套光盘中的“工程文件\第3章\穿梭云层\穿梭云层练习.aep”文件，将“穿梭云层练习.aep”文件打开。

(2) 执行菜单栏中的Composition(合成)| New

Composition(新建合成)命令，打开Composition Settings(合成设置)对话框，设置Composition Name(合成名称)为“穿梭云层”，Width(宽)为“720”，Height(高)为“576”，Frame Rate(帧率)为“25”，并设置Duration(持续时间)为00:00:03:00秒。

(3) 执行菜单栏中的Layer(层)|New(新建)|Solid(固态层)命令，打开Solid Settings(固态层设置)对话框，设置Name(名称)为“背景”，Color(颜色)为蓝色(R：0；G：81；B：253)。

(4) 为“背景”层添加Ramp(渐变)特效。在Effects & Presets(效果和预置)面板中展开Generate(创造)特效组，然后双击Ramp(渐变)特效。

(5) 在Effect Controls(特效控制)面板中，修改Ramp(渐变)特效的参数，设置Start of Ramp(渐变开始)的值为(360，206)，Start Color(开始色)为蓝色(R：0；G：48；B：255)，End of Ramp(渐变结束)的值为(360，532)，End Color(结束色)为浅蓝色(R：107；G：131；B：255)，如图3.12所示；合成窗口效果如图3.13所示。

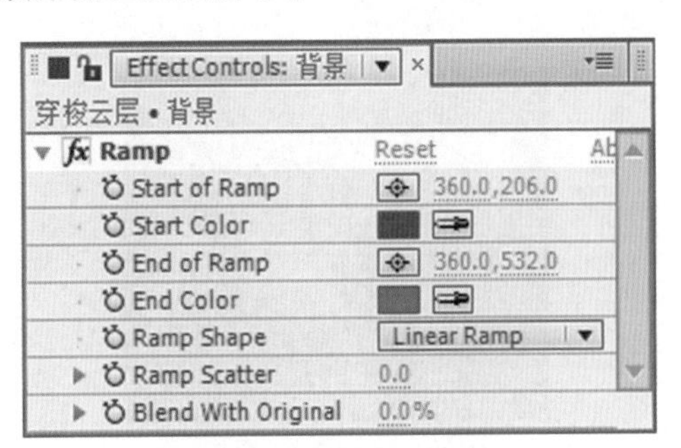

图3.12 设置渐变参数

图3.13 设置渐变后的效果

(6) 在Project(项目)面板中，选择“云.tga”素材，将其拖动到“穿梭云层”合成的时间线面板中。

(7) 打开“云.tga”层三维开关，选中“云.tga”层，按Ctrl+D组合键复制出另外四个新的图层，将图层分别重命名为“云2”“云3”“云4”“云5”。选中“云.tga”层，设置Position(位置)的值为(256，162，-1954)；“云2”层Position(位置)的值为(524，418，-1807)；“云3”层Position(位置)的值为(162，446，-1393)；“云4”层Position(位置)的值为(520，160，-1058)；“云5”层Position(位置)的值为(106，136，-182)，如图3.14所示；合成窗口效果如图3.15所示。

图3.14 设置位置参数

图3.15 设置位置参数后的效果

(8) 执行菜单栏中的Layer(层)|New(新建)|Camera(摄像机)命令，打开Camera Settings(摄像机设置)对话框，选中Enable Depth of Field(启用景深)复选框，如图3.16所示。

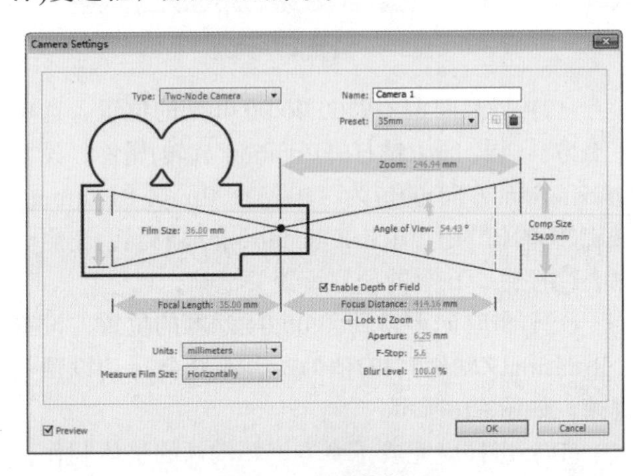

图3.16 设置摄像机

(9) 执行菜单栏中的Layer(层)|New(新建)|Null Object(虚拟物体)命令，创建虚拟物体“Null 2”。在时间线面板中设置“Camera 1(摄像机1)”层的子物体为“Null 2”，如图3.17所示。

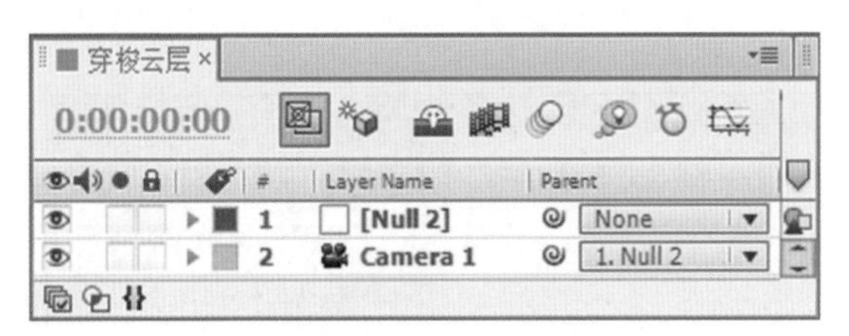

图3.17　设置子物体

(10) 将时间调整到00:00:00:00帧的位置，打开“Null”层三维开关，按P键打开Position(位置)属性，设置Position(位置)的值为(360，288，-592)，单击Position(位置)左侧的码表按钮，在当前位置设置关键帧。

(11) 将时间调整到00:00:03:00帧的位置，设置Position(位置)的值为(360，288，743)，系统会自动设置关键帧，如图3.18所示；合成窗口效果如图3.19所示。

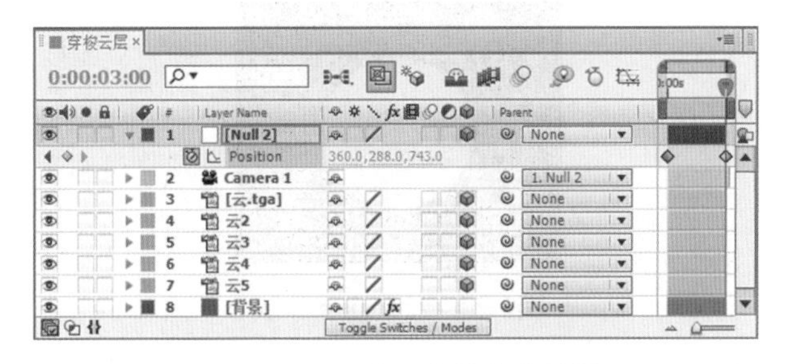

图3.18　设置虚拟物体的关键帧

图3.19　设置虚拟物体关键帧后的效果

(12) 这样就完成了利用摄像机制作穿梭云层效果的整体制作，按小键盘上的“0”键，即可在合成窗口中预览动画。

3.3　上升的粒子

实例说明

本例主要讲解利用CC Particle World(CC粒子仿真世界)特效制作上升的粒子效果。本例最终的动画流程效果如图3.20所示。

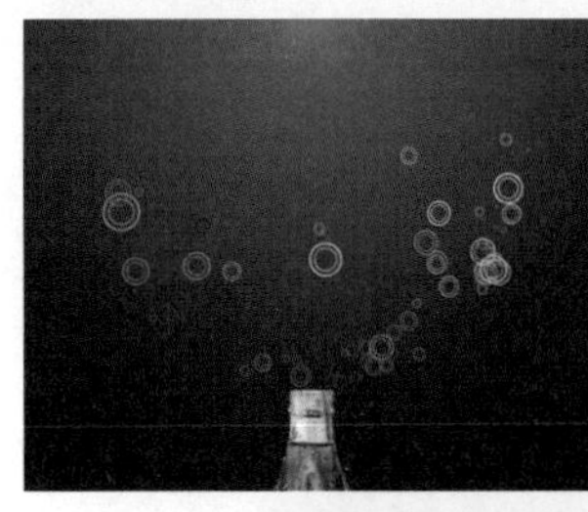

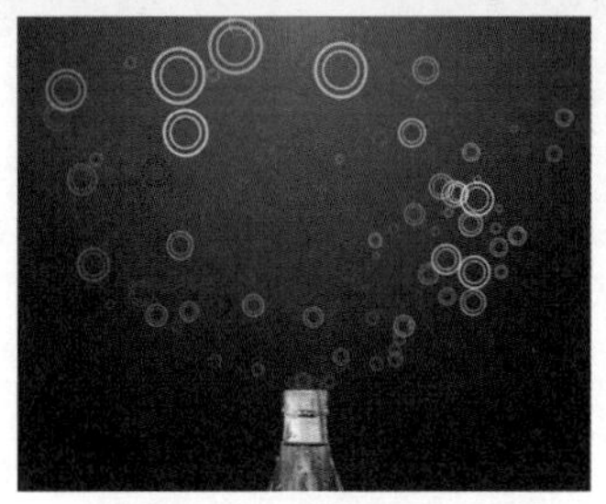

图3.20　动画流程画面

学习目标

1. 掌握CC Particle World(CC粒子仿真世界)特效的使用。

2. 掌握Ramp(渐变)特效的使用。

操作步骤

(1) 执行菜单栏中的Composition(合成)| New Composition(新建合成)命令，打开Composition Settings(合成设置)对话框，设置Composition Name(合成名称)为“圆环”，Width(宽)为“720”，Height(高)为“576”，Frame Rate(帧率)为“25”，并设置Duration(持续时间)为00:00:03:00秒，如图3.21所示。

(2) 执行菜单栏中的File(文件)| Import(导入)| File(文件)命令，打开Import File(导入文件)对话框，选择配套光盘中的“工程文件\第3章\上升的粒子\瓶子.psd”素材，如图3.22所示。单击【打开】按钮，将素材导入Project(项目)面板中。

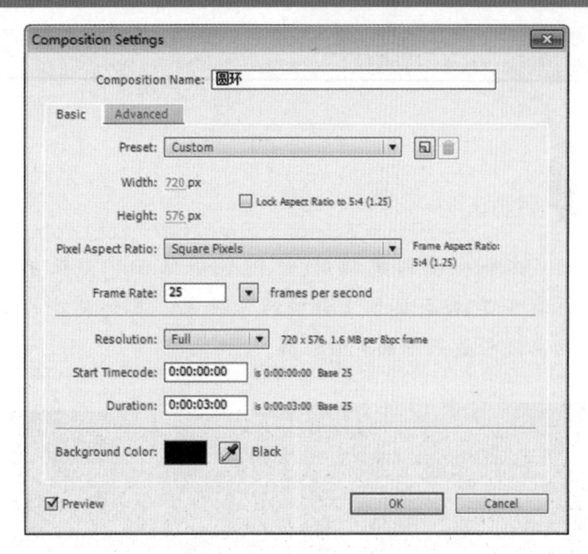

图3.21　合成设置

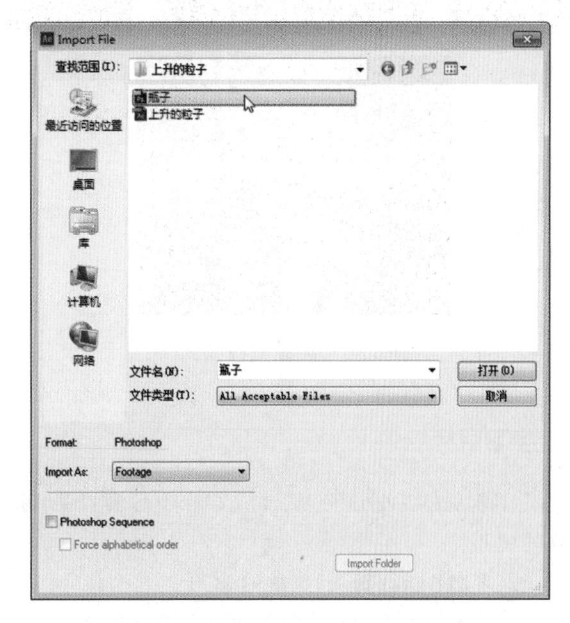

图3.22　Import File(导入文件)对话框

(3) 制作圆环合成。打开“圆环”合成，在“圆环”合成的时间线面板中，按Ctrl + Y组合键，打开Solid Settings(固态层设置)对话框，设置Name(名称)为“大圆环”，Color(颜色)为白色，如图3.23所示。

(4) 单击OK(确定)按钮，在时间线面板中将会创建一个名为“大圆环”的固态层。为“大圆环”固态层绘制蒙版，选择“大圆环”固态层，单击【工具栏】中的Ellipse Tool(椭圆工具)按钮，在“圆环”合成窗口中，绘制正圆蒙版，如图3.24所示。

(5) 在时间线面板中，按M键，打开“大圆环”固态层的Mask 1(蒙版1)选项，选择Mask 1(蒙版1)按Ctrl+D组合键，将复制出Mask 2(蒙版2)，然后展开Mask 2(蒙版2)选项的所有参数，在Mask 2(蒙版2)右侧的下拉列表框中选择Subtract(相减)选项，设置Mask Expansion(蒙版扩展)的值为-20 pixels，如图3.25所示。此时的画面效果如图3.26所示。

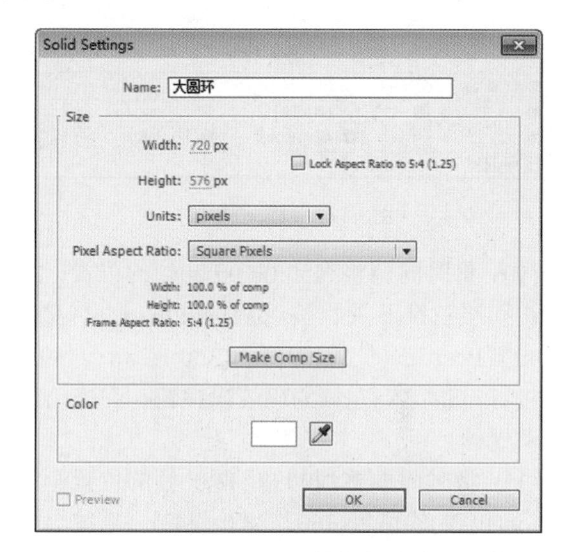

图3.23　Solid Settings(固态层)设置对话框

图3.24　绘制正圆蒙版

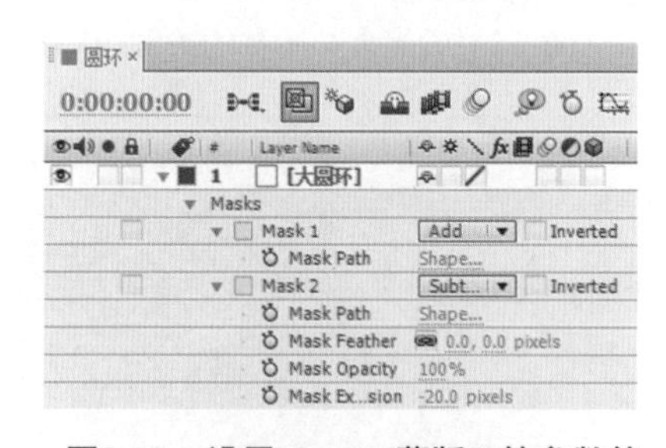

图3.25　设置Mask2(蒙版2)的参数值

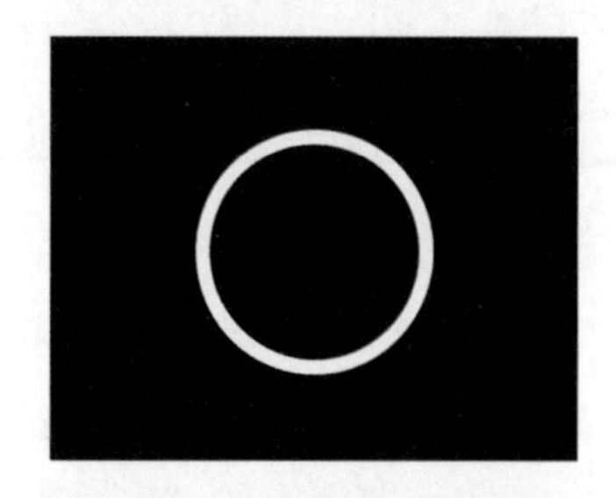

图3.26　设置后的画面效果

(6) 选择“大圆环”固态层，按Ctrl + D组合键，将其复制一份，然后将复制层重命名为“小圆环”，然后按S键，打开“小圆环”固态层的Scale(缩放)选项，设置Scale(缩放)的值为(70，70)，如图3.27所示。修改Scale(缩放)值后的画面效果如图3.28所示。

图3.27　复制“小圆环”固态层

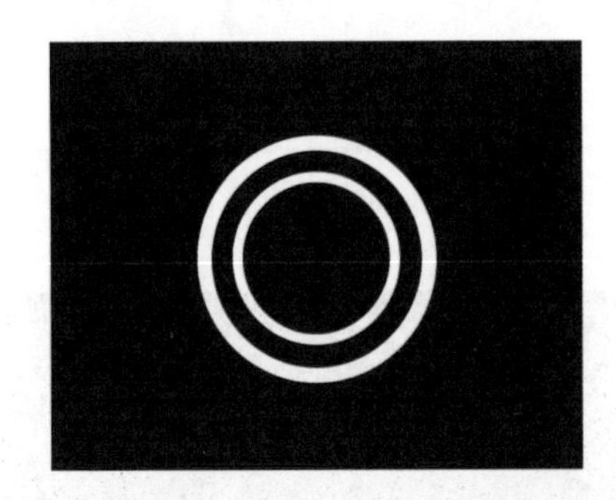

图3.28　复制“小圆环”固态层后的效果

(7) 制作上升的粒子。执行菜单栏中的Composition(合成)| New Composition(新建合成)命令，打开Composition Settings(合成设置)对话框，新建一个Composition Name(合成名称)为“上升的粒子”，Width(宽)为“720”，Height(高)为“576”，Frame Rate(帧率)为“25”，Duration(持续时间)为00:00:03:00秒的合成。

(8) 打开“上升的粒子”合成，在Project(项目)面板中选择“圆环”合成和“瓶子.psd”素材，将其拖动到“上升的粒子”合成的时间线面板中，然后单击“圆环”左侧的眼睛图标，将“圆环”层隐藏，如图3.29所示。

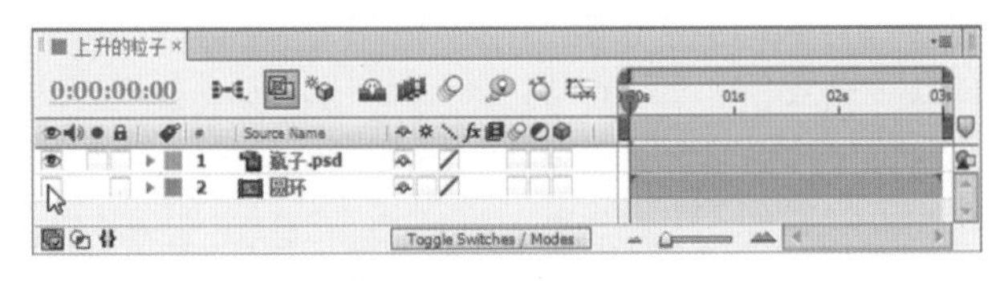

图3.29　添加素材

(9) 选择“瓶子.psd”素材，单击其左侧的灰色三角形按钮，展开Transform(转换)选项组，设置Position(位置)的值为(360，529)，Scale(缩放)的值为(53，53)，如图3.30所示。调整后的画面效果如图3.31所示。

(10) 新建“粒子”固态层，按Ctrl＋Y组合键，打开Solid Settings(固态层设置)对话框，新建一个Name(名称)为“粒子”，Color(颜色)为白色的固态层。

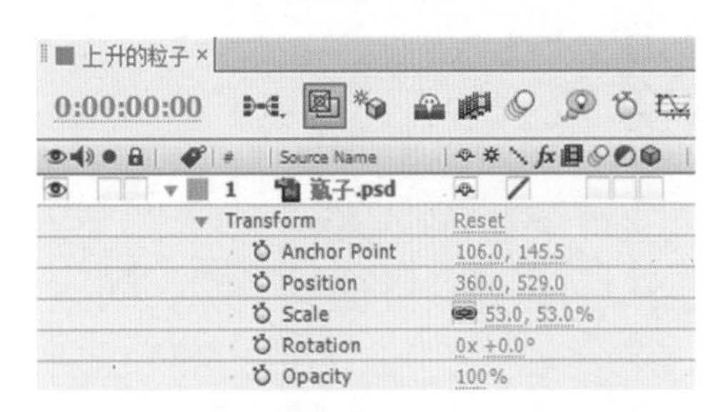

图3.30　设置“瓶子.psd”的位置和缩放值

图3.31　调整后瓶子的画面效果

(11) 选择“粒子”固态层，在Effects & Presets(效果和预置)面板中展开Simulation(模拟)特效组，然后双击CC Particle World(CC粒子仿真世界)特效，如图3.32所示。添加特效后的画面效果如图3.33所示。

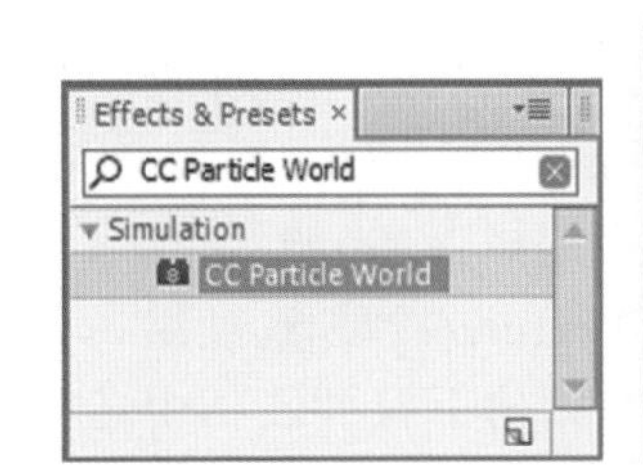

图3.32　添加CC粒子仿真世界特效

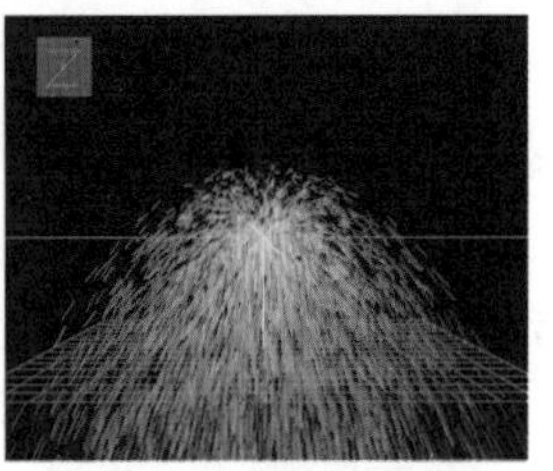

图3.33　添加特效后的画面效果

(12) 在Effect Controls(特效控制)面板中，从Grid(网格)右侧的下拉菜单中选择Off(关闭)命令，设置Birth Rate(出生率)的值为1；展开Producer(发生器)选项组，设置Position Y(Y轴位置)的值为0.21；展开Physics(物理学)选项组，在Animation(动画)右侧的下拉菜单中选择Jet Sideways(向一个方向喷射)，设置Velocity(速度)的值为2，Gravity(重力)的值为-1，Resistance(阻力)的值为3，Extra(追加)的值为2，参数设置如图3.34所示。此时的画面效果如图3.35所示。

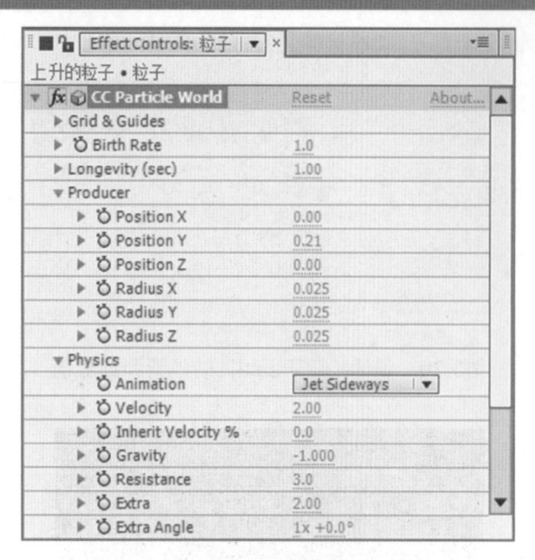

图3.34　参数设置1

图3.35　设置参数后的画面效果

(13) 在Effects Controls(特效控制)面板中，展开Particle(粒子)选项组，在Particle Type(粒子类型)右侧的下拉列表框中选择Textured Square(纹理广场)选项，然后展开Texture(纹理)选项组，在Texture Layer(纹理层)右侧的下拉列表框中选择“3.圆环”选项；设置Birth Size(产生粒子尺寸)的值为0.3，Death Size(死亡粒子尺寸)的值为1，Size Variation(尺寸变化)的值为100%，Max Opacity(最大不透明度)的值为100%，Birth Color(产生粒子颜色)的值为红色(R：255；G：0；B：0)，Death Color(死亡粒子颜色)的值为黄色(R：255；G：255；B：0)，Volume Shade(体积阴影)的值为100%，参数设置如图3.36所示。设置完成后，其中一帧的画面效果如图3.37所示。

(14) 制作背景。在“上升的粒子”合成的时间线面板中，按Ctrl＋Y组合键，打开Solid Settings(固态层设置)对话框，新建一个Name(名称)为“背景”，Color(颜色)为白色的固态层。

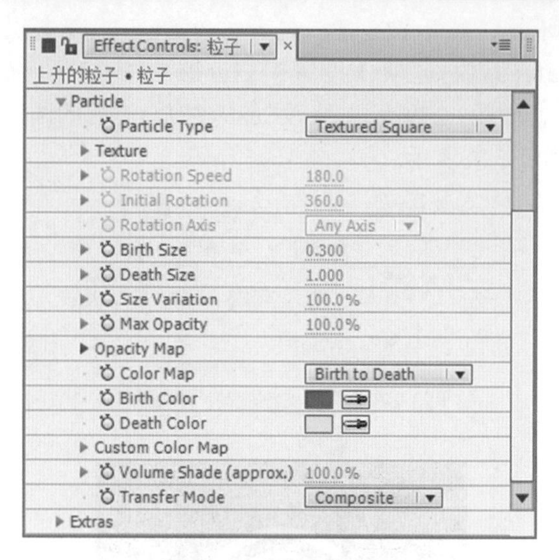

图3.36　参数设置2

图3.37　其中一帧的画面效果

(15) 选择“背景”固态层，在Effects & Presets(效果和预置)面板中展开Generate(创造)特效组，然后双击Ramp(渐变)特效，如图3.38所示。添加特效后的画面效果如图3.39所示。

(16) 在Effects Controls(特效控制)面板中，从Ramp Shape(渐变形状)右侧的下拉列表框中选择Radial Ramp(径向渐变)，设置Start Color(起始颜色)的值为红色(R：255；G：0；B：0)，End Color(结束颜色)的值为黑色，参数设置如图3.40所示。此时的画面效果如图3.41所示。

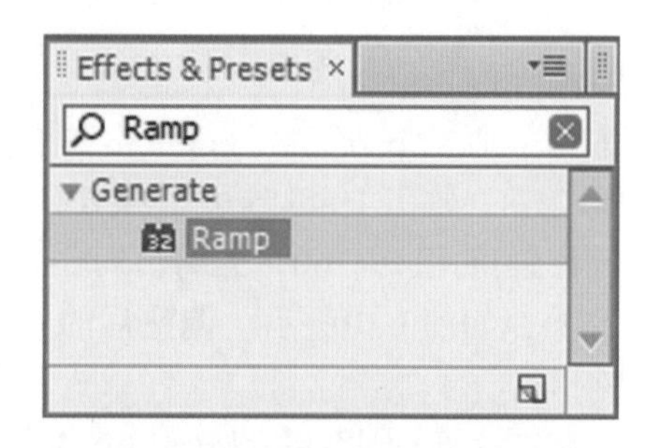

图3.38　添加Ramp(渐变)特效

图3.39　添加特效后的画面效果

Effect Controls: 背景
上升的粒子 • 背景
Ramp　Reset　About...
Start of Ramp　360.0, 0.0
Start Color
End of Ramp　360.0, 576.0
End Color
Ramp Shape　Radial Ramp
Ramp Scatter　0.0
Blend With Original　0.0%

图3.40　为Ramp(渐变)特效设置参数

图3.41　调整渐变参数后的画面效果

(17) 这样就完成了上升的粒子的整体制作，按小键盘上的“0”键，即可在合成窗口中预览动画。

3.4　地球自转

实例说明

本例主要讲解利用CC Sphere(CC 球体)特效制作地球自转效果。本例最终的动画流程效果如图3.42所示。

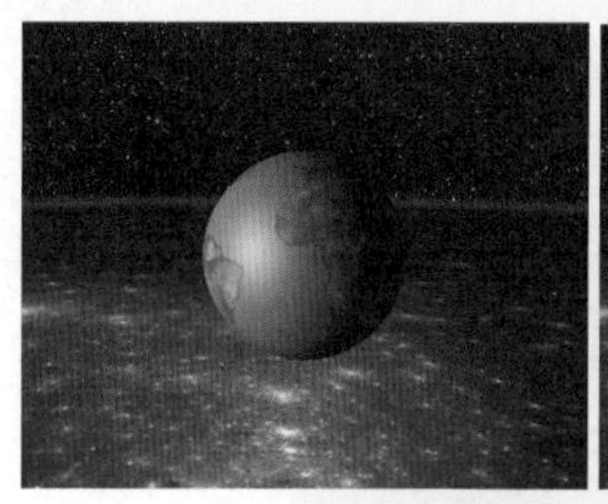

图3.42　动画流程画面

学习目标

1. 掌握CC Sphere(CC 球体)特效的使用。
2. 掌握Hue/Saturation(色相/饱和度)的设置。

操作步骤

(1) 执行菜单栏中的File(文件)|Open Project(打开项目)命令，选择配套光盘中的“工程文件\第3章\地球自转动画\地球自转动画练习.aep”文件，将“地球自转动画练习.aep”文件打开。

(2) 选择“世界地图.jpg”层，按S键打开Scale(缩放)属性，设置Scalc(缩放)的值为(36，36)。为“世界地图.jpg”层添加Hue/Saturation(色相/饱和度)特效。在Effects & Presets(效果和预置)面板中展开Color Correction(色彩校正)特效组，然后双击Hue/Saturation(色相/饱和度)特效。

(3) 在Effect Controls(特效控制)面板中，修改Hue/Saturation(色相/饱和度)特效的参数，设置Master Hue(主色相)的值为1x+14.0°，Master Saturation(主饱和度)的值为100，如图3.43所示；合成窗口效果如图3.44所示。

(4) 为“世界地图.jpg”层添加CC Sphere(CC 球体)特效。在Effects & Presets(效果和预置)面板中展开Perspective(透视)特效组，然后双击CC Sphere(CC 球体)特效。

(5) 在Effect Controls(特效控制)面板中，修改CC Sphere(CC 球体)特效的参数，展开Rotation(旋转)选项组，将时间调整到00:00:00:00帧的位置，设置Rotation Y(Y轴旋转)的值为0，单击Rotation Y(Y轴旋转)左侧的码表按钮，在当前位置设置关键帧，如图3.45所示。

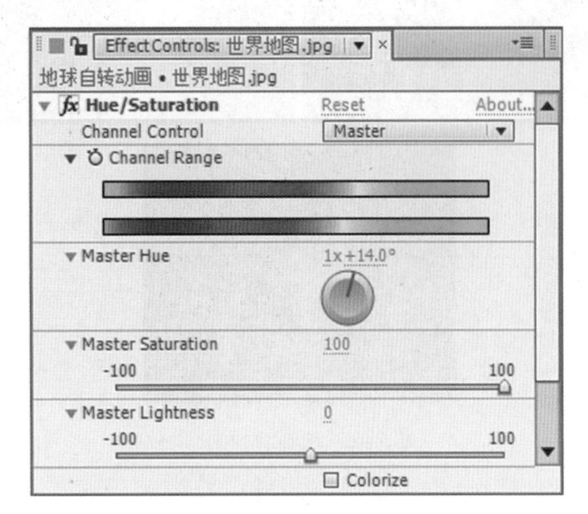

图3.43　设置色相/饱和度参数

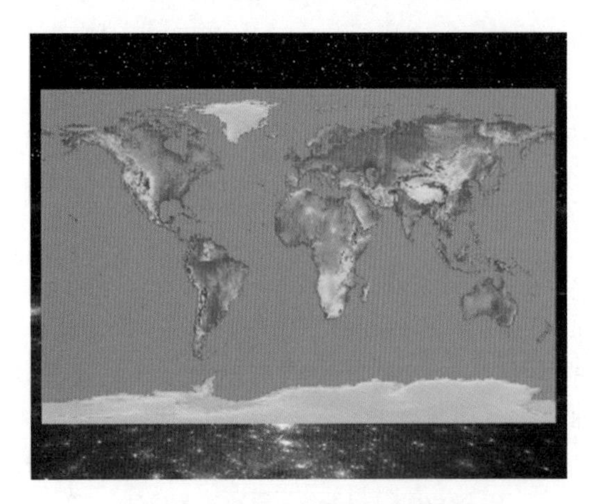

图3.44　设置色相/饱和度后的效果

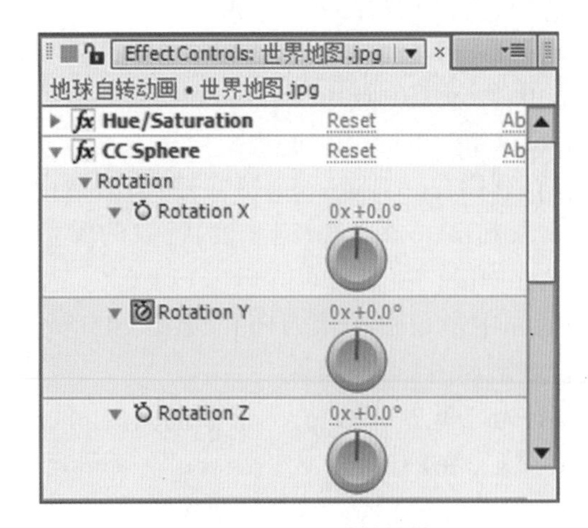

图3.45　设置0秒关键帧

(6) 将时间调整到00:00:04:24帧的位置，设置Rotation Y(Y轴旋转)的值为1x+0.0°，系统会自动设置关键帧，如图3.46所示。

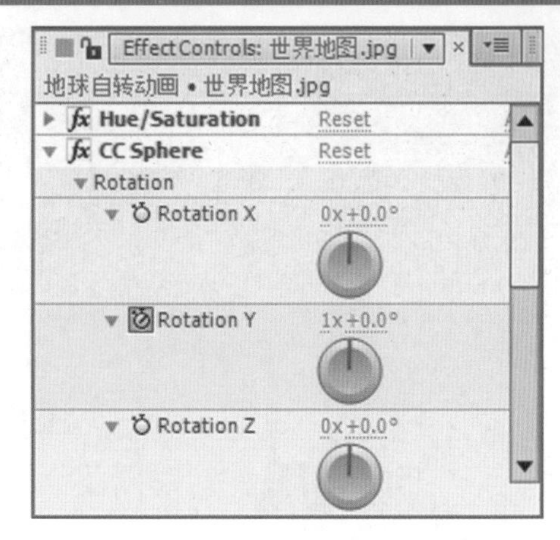

图3.46　设置4秒24帧关键帧

(7) 设置Radius(半径)的值为360，展开Shading(明暗)选项组，设置Ambient(环境)的值为0，Specular(反光)的值为33.0，Roughness(粗糙度)的值为0.227，Metal(质感)的值为0，如图3.47所示；合成窗口效果如图3.48所示。

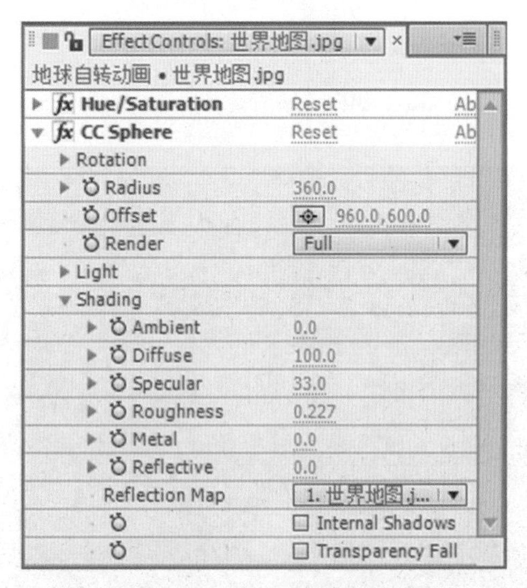

图3.47　设置球体参数

图3.48　设置球体后的效果

(8) 这样就完成了地球自转的整体制作，按小键盘上的“0”键，即可在合成窗口中预览动画。

3.5 摄像机动画

实例说明

本例首先应用Camera(摄像机)命令创建一台摄像机，然后通过三维属性设置摄像机动画，并使用Light(灯光)命令制作出层次感，然后利用Shine(光)特效制作出流光效果。本例最终的动画流程效果如图3.49所示。

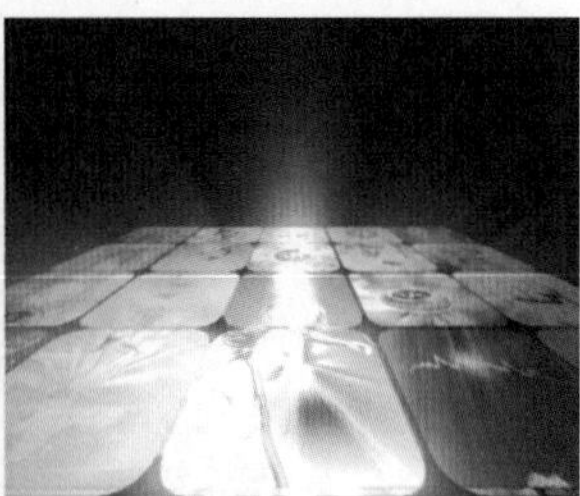

图3.49 最终效果

学习目标

1. 掌握Camera(摄像机)的创建方法。
2. 了解三维属性。
3. 了解Light(灯光)命令。
4. 掌握Shine(光)特效的使用。

操作步骤

(1) 执行菜单栏中的Composition(合成)| New Composition(新建合成)命令，打开Composition Settings(合成设置)对话框，设置Composition Name(合成名称)为“摄像机动画”，Width(宽)为“352”，Height(高)为“288”，Frame Rate(帧率)为“25”，并设置Duration(持续时间)为00:00:05:00秒。

(2) 执行菜单栏中的File(文件)| Import(导入)| File(文件)命令，打开Import File(导入文件)对话框，选择配套光盘中的“工程文件\第3章\摄像机动画\方块图.jpg”素材，单击【打开】按钮，将图片导入。

(3) 在Project(项目)面板中选择“方块图.jpg”素材，然后将其拖动到时间线面板中，并打开三维属性，如图3.50所示。

图3.50 添加素材

(4) 执行菜单栏中的Layer(图层)| New(新建)| Camera(摄像机)命令，打开Camera Settings(摄像机设置)对话框，如图3.51所示。

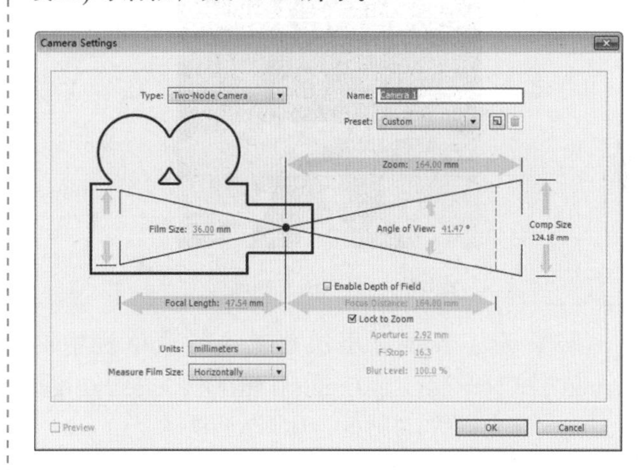

图3.51 Camera Settings(摄像机设置)对话框

(5) 将时间调整到00:00:00:00帧的位置，在时间线面板中，展开Camera 1(摄像机 1)参数，设置Point of Interest(目标兴趣点)的值为(176，177，0)，Position(位置)的值为(176，502，-146)，并为这两个选项设置关键帧，如图3.52所示。

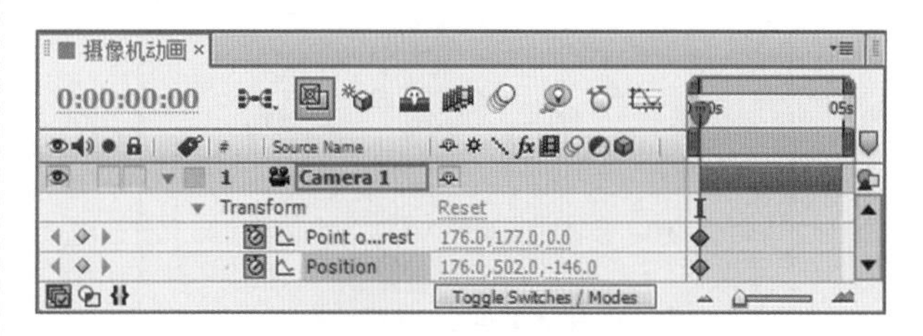

图3.52 设置关键帧

(6) 按End键，将时间调到时间线的末尾，即00:00:04:24帧处，设置Point of Interest(目标兴趣点)的值为(176，-189，0)，Position(位置)的值为(176，250，-146)，如图3.53所示。

(7) 此时，拖动时间滑块可以看到，方块图由于摄像机的作用，产生图像推近的效果，其中的几帧图像如图3.54所示。

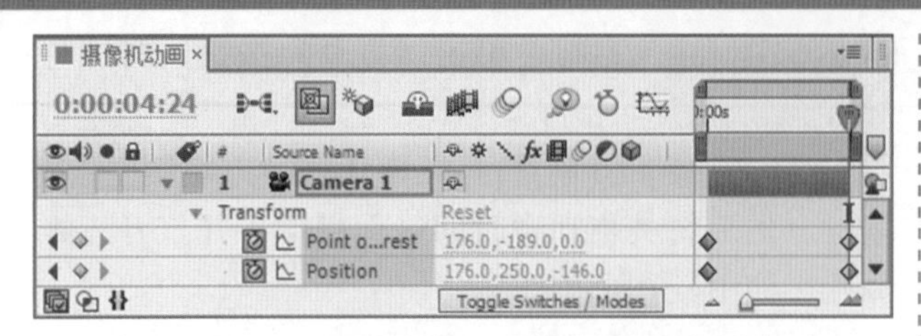

图3.53　00:00:04:24帧位置参数设置

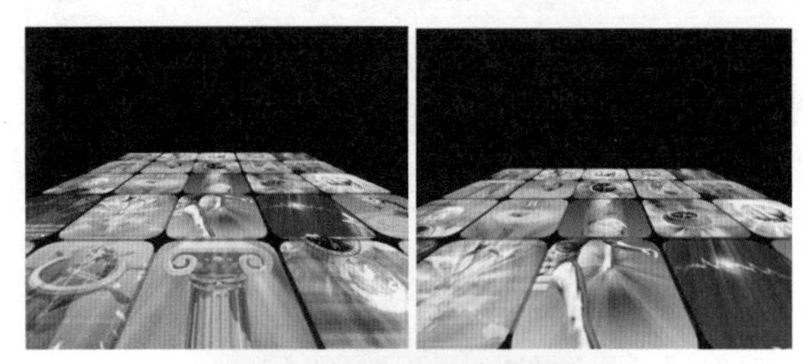

图3.54　其中的几帧画面

(8) 为了表现出层次感，执行菜单栏中的Layer(层)| New(新建)| Light(灯光)命令，打开Light Settings(灯光设置)对话框，如图3.55所示。

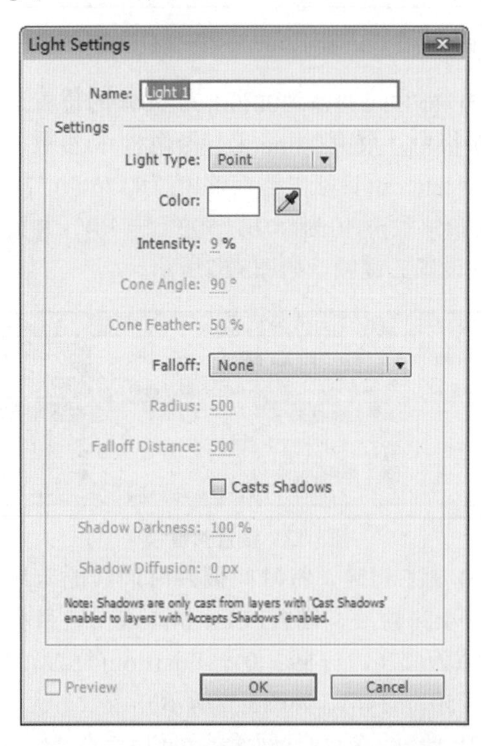

图3.55　Light Settings(灯光设置)对话框

(9) 在时间线面板中，展开Light(灯光)参数，设置Position(位置)的值为(180，58，-242)，Intensity(强度)的值为120%，如图3.56所示。此时，从合成窗口中，可以看到添加灯光后的图像效果，已经产生了很好的层次感。

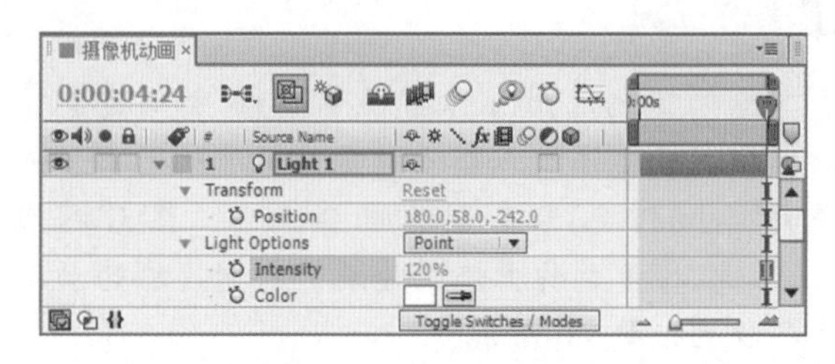

图3.56　设置灯光参数

(10) 创建一个新的合成文件。执行菜单栏中的Composition(合成)| New Composition(新建合成)命令，打开Composition Settings(合成设置)对话框，设置Composition Name(合成名称)为“光特效”，Width(宽)为“352”，Height(高)为“288”，Frame Rate(帧率)为“25”，并设置Duration(持续时间)为00:00:05:00秒。

(11) 在Project(项目)面板中选择“摄像机动画”合成素材，然后将其拖动到时间线面板中，如图3.57所示。

图3.57　添加素材

(12) 在Effects & Presets(效果和预置)面板中展开Trapcode特效组，然后双击Shine(光)特效，如图3.58所示。此时从合成窗口中，可以看到很强的光线效果，如图3.59所示。

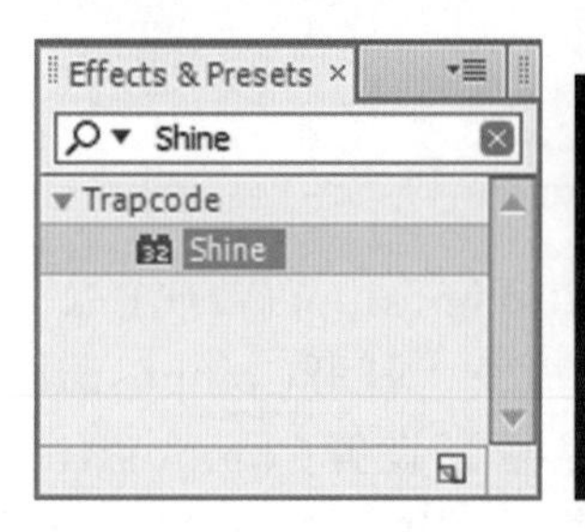

图3.58　双击Shine(光)特效　图3.59　应用光线效果

(13) 制作光效动画。将时间调整到00:00:00:00帧的位置，在Effect Controls(特效控制)面板中，设置Ray Length(光线长度)为6，Boost Light(光线亮度)的值为2；展开Colorize(着色)选项，从Colorize(着色)下拉列表框中选择3-Color Gradient(三色渐变)选项，设置Highlights(高光色)为白色，Midtones(中间色)为浅绿色(R：136；G：255；B：153)，Shadows(阴影色)为深绿色(R：0；G：114；B：0)，并设置Transfer Mode(转换模式)为Add(相加)，然后设置Source Point(源点)的值为(176，265)，并为该项设置关键帧，如图3.60所示。此时从合成窗口中可以看到添加光线后的效果，如图3.61所示。

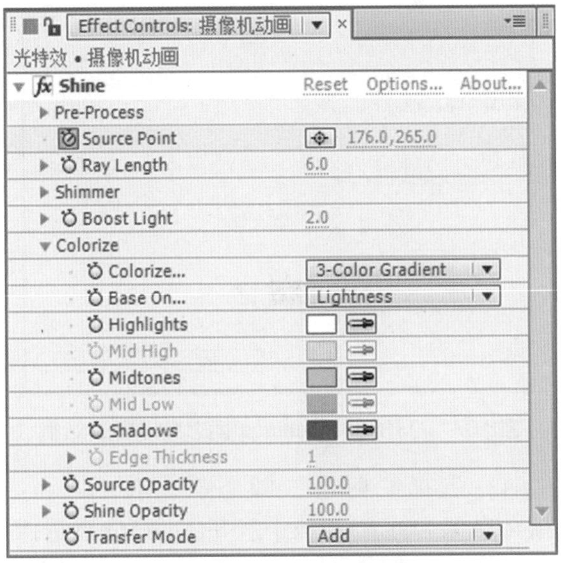

Effect Controls: 摄像机动画
光特效 • 摄像机动画
Shine　Reset　Options...　About...
Pre-Process
Source Point　176.0,265.0
Ray Length　6.0
Shimmer
Boost Light　2.0
Colorize
Colorize...　3-Color Gradient
Base On...　Lightness
Highlights
Mid High
Midtones
Mid Low
Shadows
Edge Thickness　1
Source Opacity　100.0
Shine Opacity　100.0
Transfer Mode　Add

图3.60　光效参数设置

图3.61　添加光效后的效果

(14) 按End键，将时间调整到结束位置，即00:00:04:24帧处，在Effect Controls(特效控制)面板中，修改Source Point(源点)的值为(176，179)，如图3.62所示。合成窗口中的图像效果如图3.63所示。

(15) 这样就完成了摄像机动画的制作，按小键盘上的“0”键，即可在合成窗口中预览动画效果。

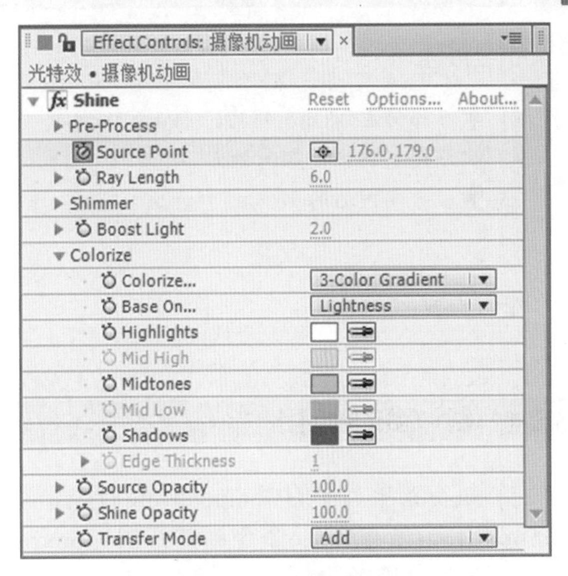

图3.62　修改源点位置

图3.63　图像效果

3.6　空间网格

实例说明

本例主要讲解空间网格动画的制作。首先应用Grid(网格)特效制作出网格效果，通过对Basic 3D(基本3D)特效的调节使网格具有空间感，完成空间网格的整体制作。本例最终的动画流程效果如图3.64所示。

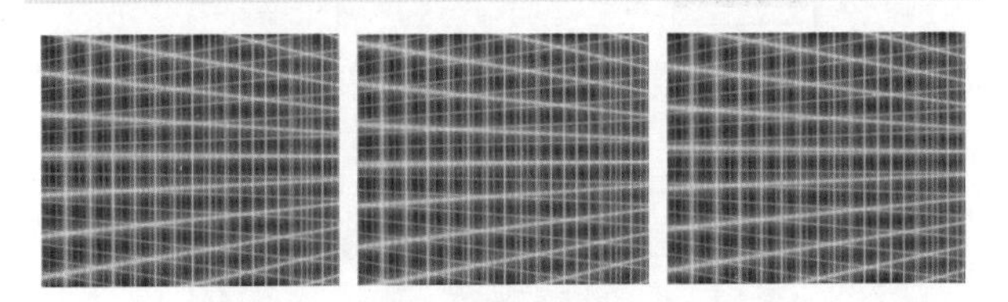

图3.64　空间网格最终动画流程效果

学习目标

1. **学习如何添加Gird(网格)、Basic 3D特效。**
2. **掌握改变网格的颜色的方法。**
3. **掌握空间网格的制作技巧。**

操作步骤

3.6.1 制作跳动的网格

(1) 执行菜单栏中的Composition(合成)| New Composition(新建合成)命令，打开Composition Settings(合成设置)对话框，设置Composition Name(合成名称)为“网格跳动”，Width(宽)为“1000”，Height(高)为“500”，Frame Rate(帧率)为“25”，并设置Duration(持续时间)为00:00:10:00秒，如图3.65所示。

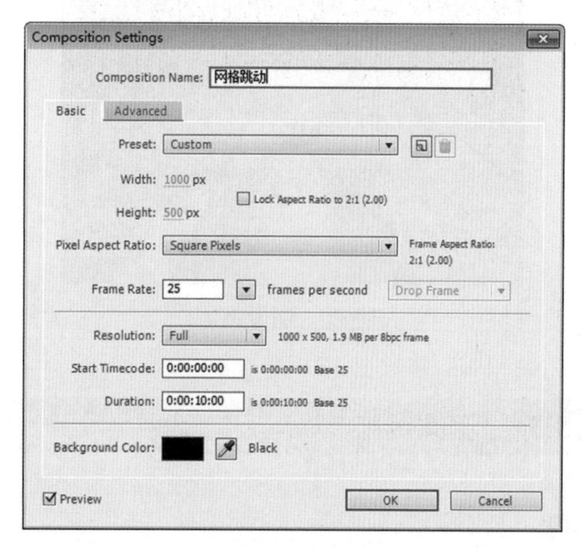

图3.65 合成设置

(2) 单击OK(确定)按钮，在项目面板中，将会新建一个名为“网格跳动”的合成，如图3.66所示。

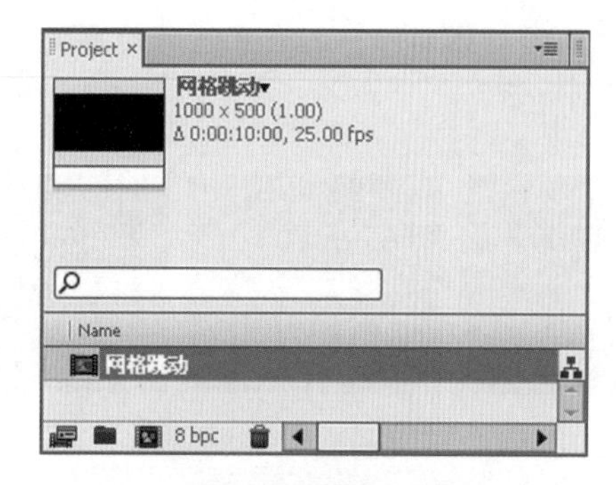

图3.66 新建合成

(3) 按Ctrl + Y组合键，此时将打开Solid Settings(固态层设置)对话框，修改Name(名称)为“网格”，设置Color(颜色)为黑色，如图3.67所示。

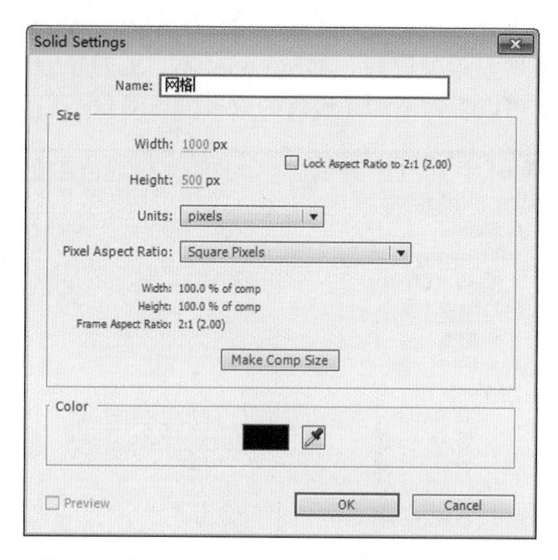

图3.67 打开Solid Settings(固态层设置)对话框

(4) 选择“网格”固态层，在Effects & Presets(效果和预置)面板中展开Generate(创造)特效组，双击Grid(网格)特效，如图3.68所示，效果如图3.69所示。

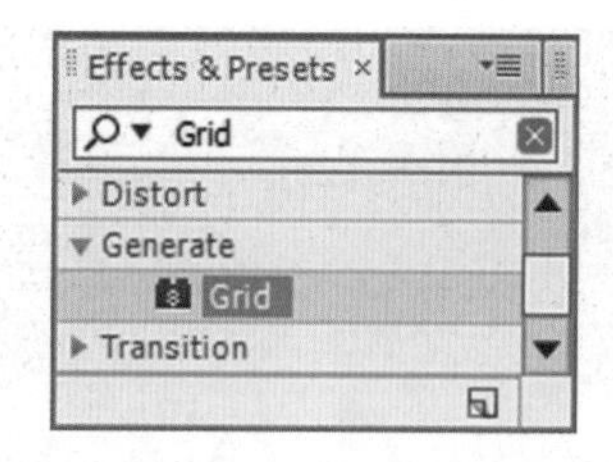

图3.68 添加特效

(5) 在Effect Controls(特效控制)面板中，为Grid(网格)特效设置参数，从Size From(大小来自)下拉列表框中选择Width & Height Sliders(宽度和高度滑块)，设置Width(宽度)的值为20，Height(高度)的值为20，Border(边框)的值为3，修改Color(颜色)为白色，如图3.70所示。修改后的画面效果如图3.71所示。

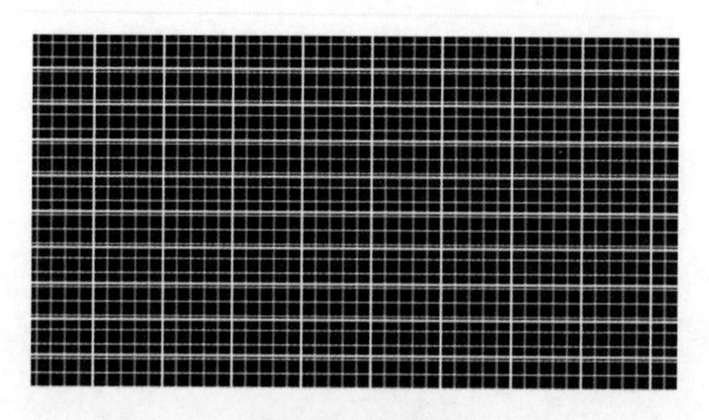

图3.69 效果图

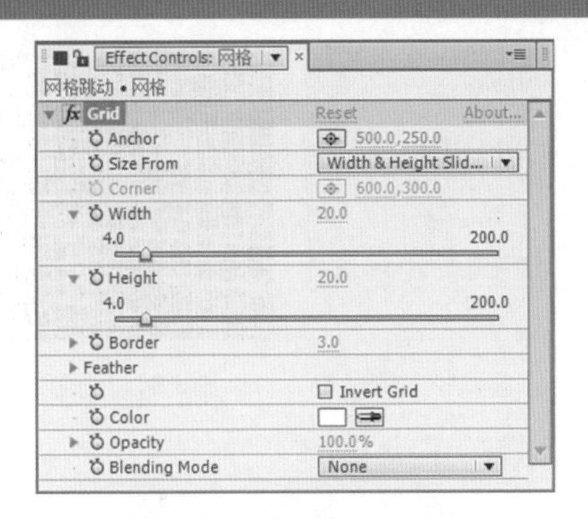

图3.70 设置特效的参数

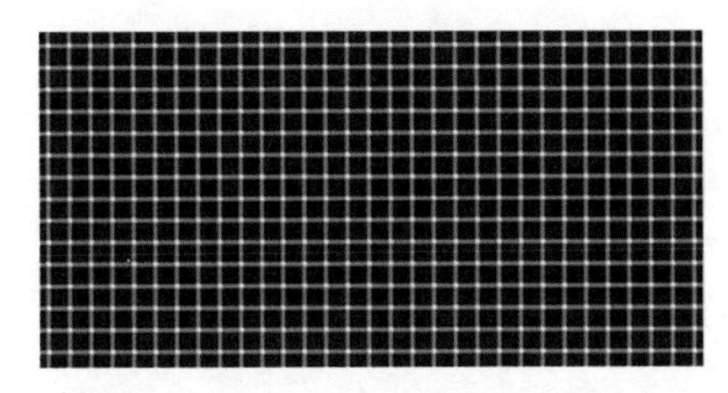

图3.71 画面效果

提示

Anchor(定位点)：通过右侧的参数，可以调节网格水平和垂直的网格数量。Size From：从右侧的下拉菜单中可以选择不同的起始点。根据选择的不同，会激活下方不同的选项。下拉菜单中共包括Corner Point(边角点)、Width Slider(宽度滑动)和Width & Height Sliders(宽度和高度滑块)三个选项。Border(边框)：设置网格的粗细。Invert Grid(反转网格)：选中该复选框，将反转显示网格效果。Color(颜色)：设置网格线的颜色。Opacity(不透明度)：设置网格的不透明度。

(6) 选择“网格”层，将时间调整到00:00:00:00帧的位置，在Effect Controls(特效控制)面板中，单击Anchor(定位点)左侧的码表按钮，在当前位置设置关键帧。

(7) 将时间调整到00:00:09:24帧的位置，在当前位置修改Anchor(定位点)的值为(500，1000)，如图3.72所示。

图3.72 为Anchor(定位点)设置关键帧

3.6.2 制作网格叠加

(1) 执行菜单栏中的Composition(合成)| New Composition(新建合成)命令，打开Composition Settings(合成设置)对话框，设置Composition Name(合成名称)为“网格叠加”，Width(宽)为“352”，Height(高)为“288”，Frame Rate(帧率)为“25”，并设置Duration(持续时间)为00:00:10:00秒，如图3.73所示。

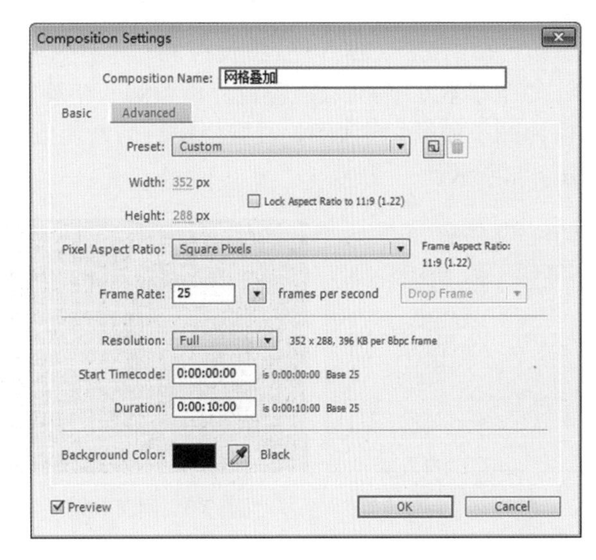

图3.73 Composition Settings(合成设置)对话框

(2) 在项目面板中选择“网格跳动”合成，将其拖动到“网格叠加”合成的时间线面板中，如图3.74所示。

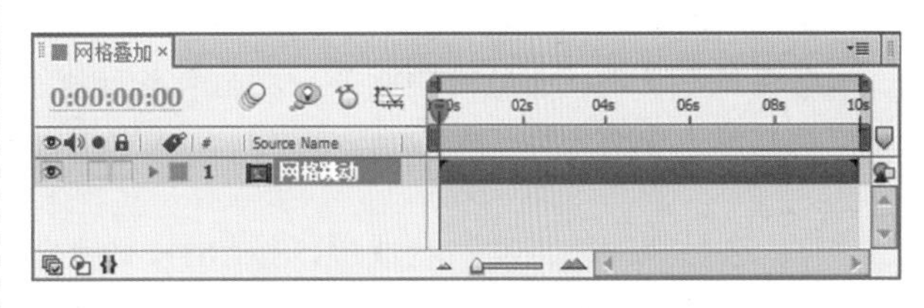

图3.74 导入素材

(3) 选择“网格跳动”合成层，在Effects & Presets(效果和预置)面板中展开Obsolete(旧版本)特效组，双击Basic 3D(基本3D)特效，如图3.75所示，效果如图3.76所示。

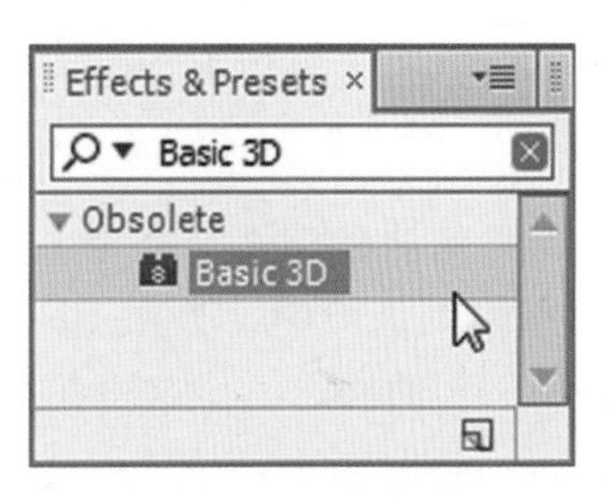

图3.75 添加特效

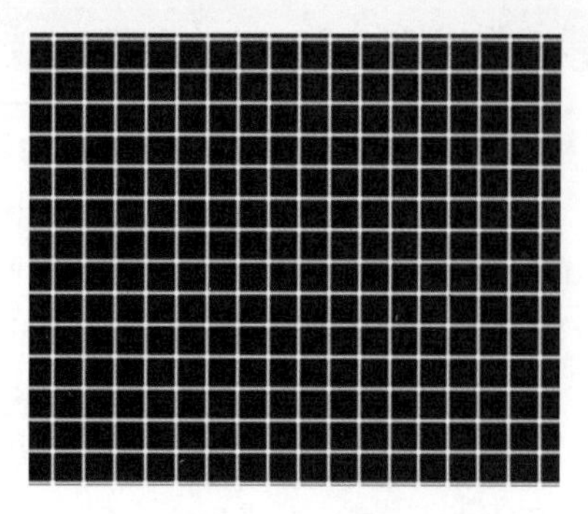

图3.76　效果图

(4) 在Effect Controls(特效控制)面板中，为Basic 3D(基本3D)特效设置参数，设置Swivel(旋转)的值为50，如图3.77所示。设置完成后的画面效果如图3.78所示。

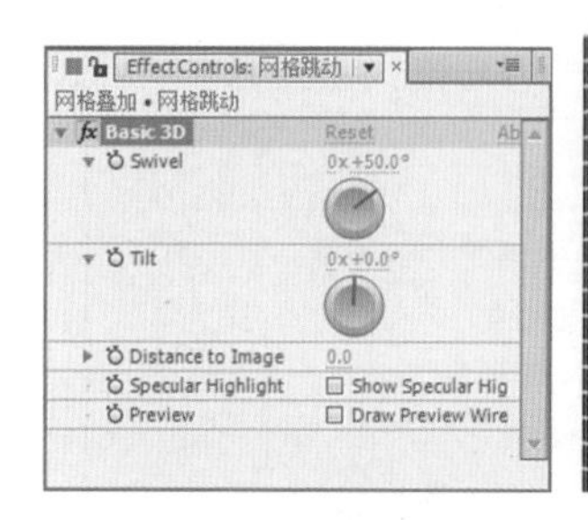

图3.77　参数设置

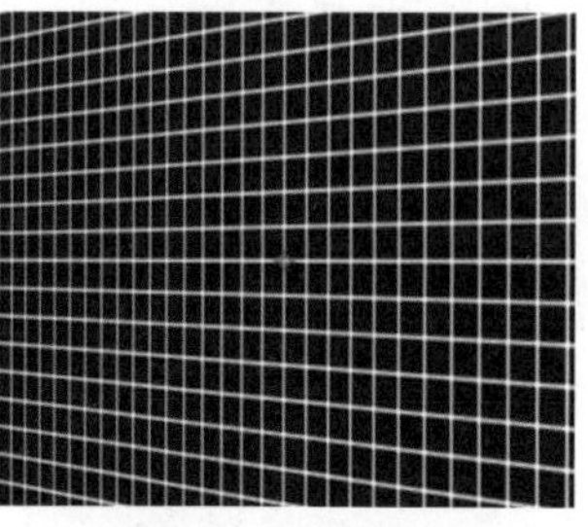

图3.78　画面效果

Swivel(旋转)：调整图像水平旋转的角度。Tilt(倾斜)：调整图像垂直旋转的角度。Distance to Image(距离图像)：设置图像拉近或推远的距离。Specular Highlight(镜面反光)：模拟阳光照射在图像上而产生的光晕效果，看起来就好像在图像上方发生的一样。

(5) 选择“网格跳动”合成层，按Ctrl + D组合键，复制“网格跳动”合成层，将复制出的“网格跳动”合成层重命名为“网格跳动2”，如图3.79所示。

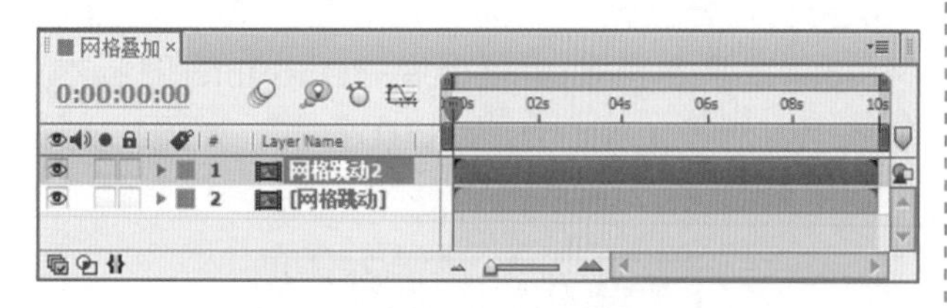

图3.79　重命名为“网格跳动2”

(6) 选择“网格跳动2”合成层，在Effect Controls(特效控制)面板中，为Basic 3D(基本3D)特效设置参数，设置Swivel(旋转)的值为123，Distance to Image(图像距离)的值为-45，如图3.80所示。设置完成后的画面效果如图3.81所示。

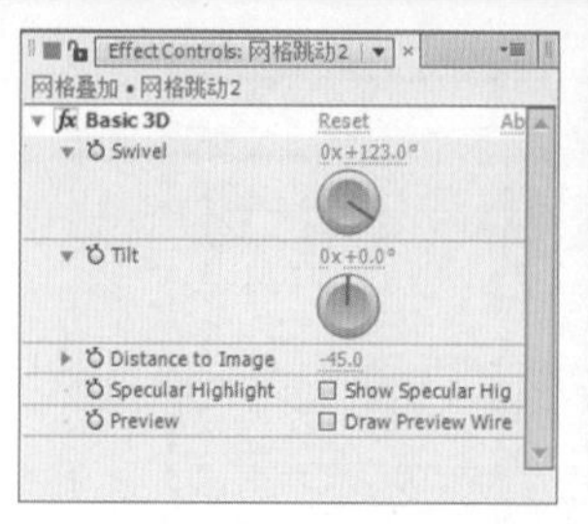

图3.80　修改特效的参数

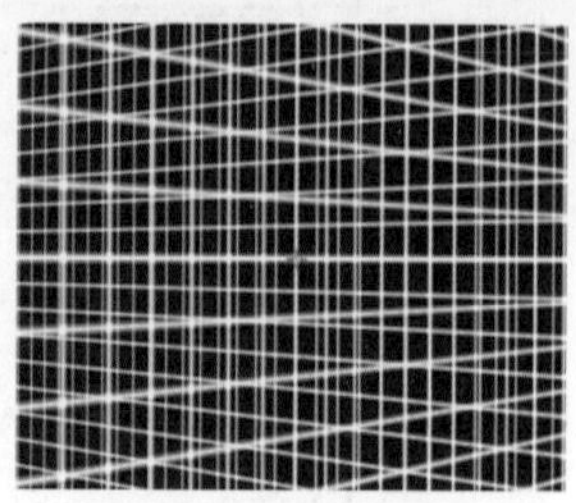

图3.81　画面效果

(7) 选择“网格跳动”“网格跳动2”两个合成层，按T键，同时打开两个合成层的Opacity(不透明度)，然后在时间线面板的空白处单击，取消选择。设置“网格跳动”合成层的Opacity(不透明度)的值为50%，“网格跳动2”合成层的Opacity(不透明度)的值为70%，如图3.82所示。

图3.82　设置两个合成层的Opacity(不透明度)

3.6.3　制作网格光晕

(1) 新建一个Composition Name(合成名称)为“模糊网格”，Width(宽)为“352”，Height(高)为“288”，Frame Rate(帧率)为“25”，Duration(持续时间)为00:00:10:00秒的合成，如图3.83所示。

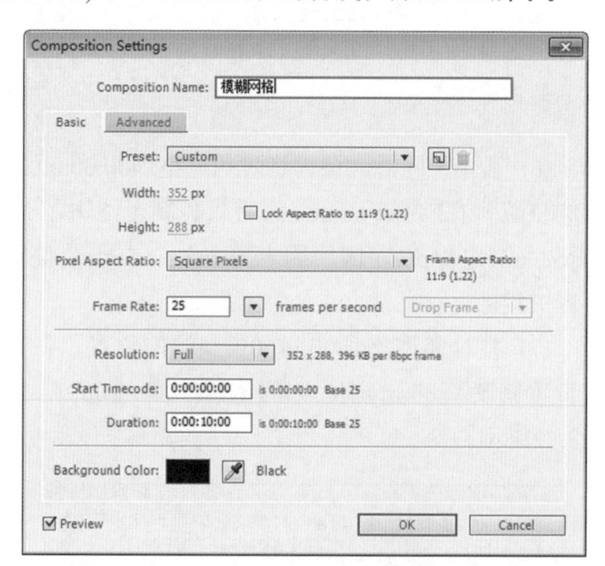

图3.83　合成设置

(2) 按Ctrl+Y组合键，此时将打开Solid Settings(固态层设置)对话框，修改Name(名称)为

“背景”，设置Color(颜色)为黑色，如图3.84所示。

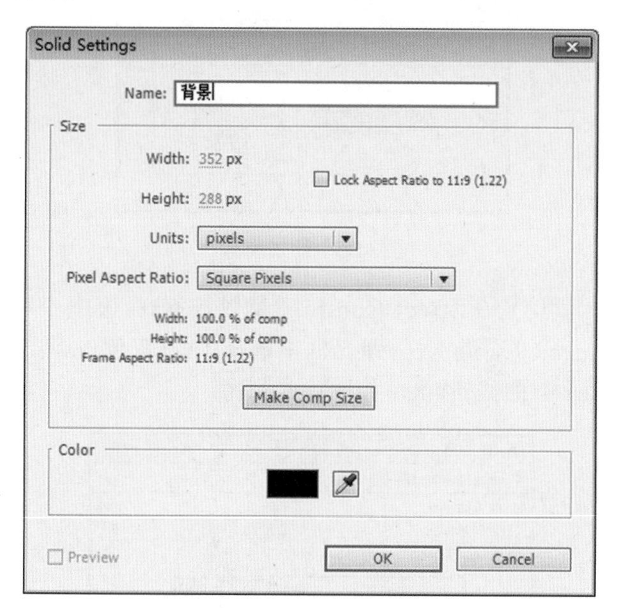

图3.84　固态层设置对话框

(3) 在项目面板中选择“网格叠加”合成，将其拖动到“模糊网格”合成的时间线面板中，并放在顶层，如图3.85所示。

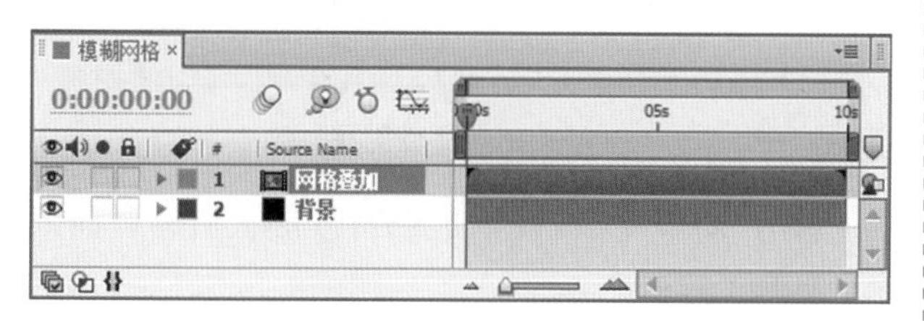

图3.85　导入素材

(4) 选择“网格叠加”合成层，按Ctrl + D组合键，复制“网格叠加”合成层，将复制出的“网格叠加”合成层重命名为“网格叠加2”，如图3.86所示。

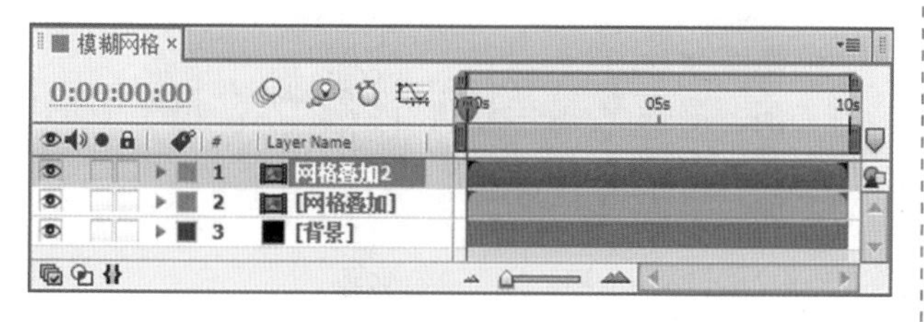

图3.86　复制并重命名为“网格叠加2”

(5) 选择“网格叠加2”合成层，在Effects & Presets(效果和预置)面板中展开Blur & Sharpen(模糊与锐化)特效组，双击Gaussian Blur(高斯模糊)特效，如图3.87所示，效果如图3.88所示。

图3.87　添加特效

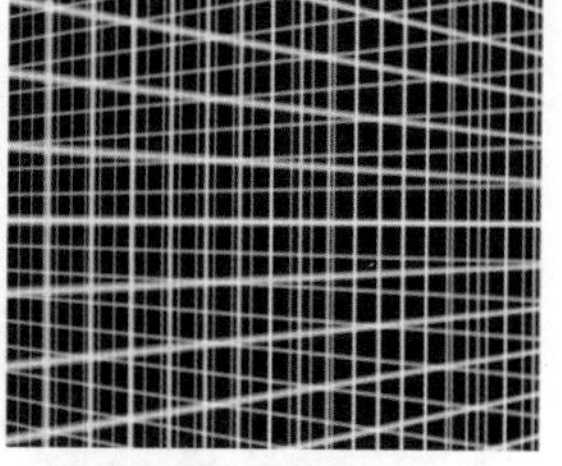

图3.88　效果图

(6) 在Effect Controls(特效控制)面板中，为Gaussian Blur(高斯模糊)特效设置参数，设置Blurriness(模糊量)的值为14.0，如图3.89所示。修改后的画面效果如图3.90所示。

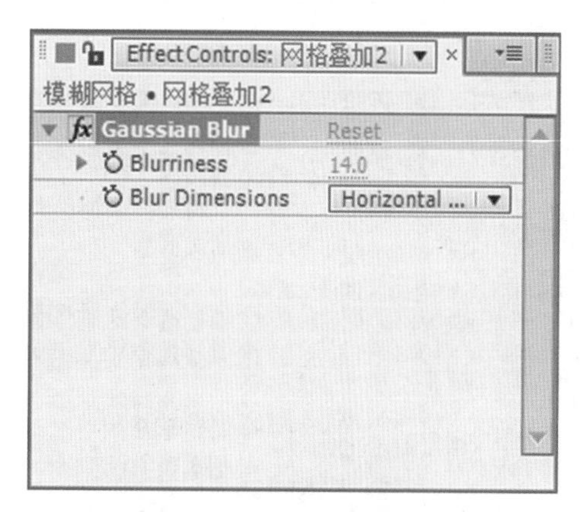

图3.89　设置特效的参数

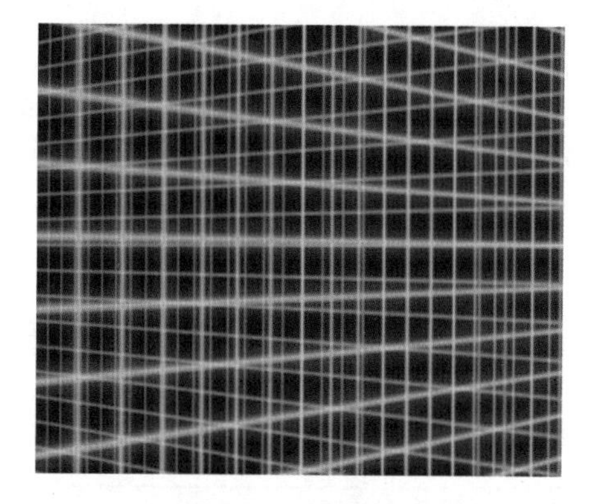

图3.90　画面效果

(7) 选择“网格叠加2”合成层，按Ctrl + D组合键，复制“网格叠加2”合成层，将复制出的“网格叠加2”合成层重命名为“网格叠加3”，如图3.91所示。

图3.91　复制出“网格叠加3”

(8) 选择“网格叠加”合成层，按T键，打开该层的Opacity(不透明度)选项，设置Opacity(不透明度)的值为90%，如图3.92所示。

图3.92　设置Opacity(不透明度)的值为90%

(9) 这样就完成了网格光晕的效果，完成后的画面效果如图3.93所示。

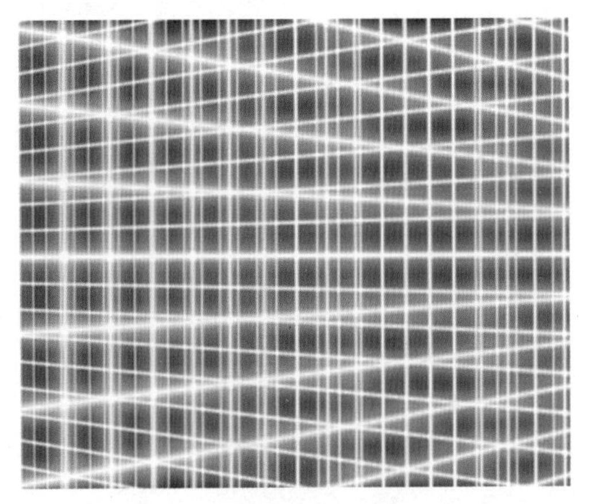

图3.93　完成后的画面效果

(10) 新建一个Composition Name(合成名称)为“空间网格”，Width(宽)为“352”，Height(高)为“288”，Frame Rate(帧率)为“25”，Duration(持续时间)为00:00:10:00秒的合成。

(11) 在项目面板中选择“模糊网格”合成，将其拖动到“空间网格”合成的时间线面板中，如图3.94所示。

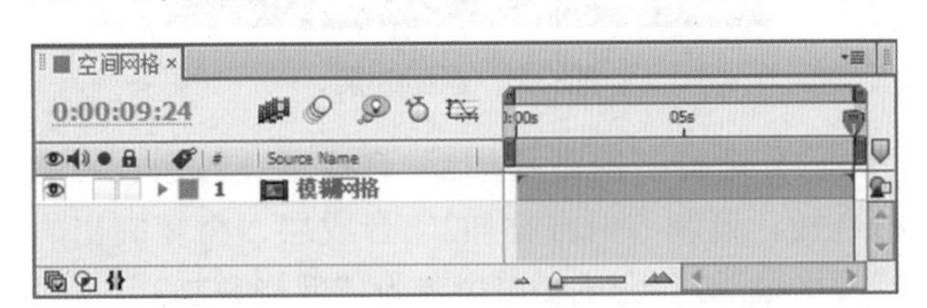

图3.94　导入素材

(12) 选择“模糊网格”合成层，在Effects & Presets(效果和预置)面板中展开Color Correction(色彩校正)特效组，双击Curves(曲线)特效，如图3.95所示。

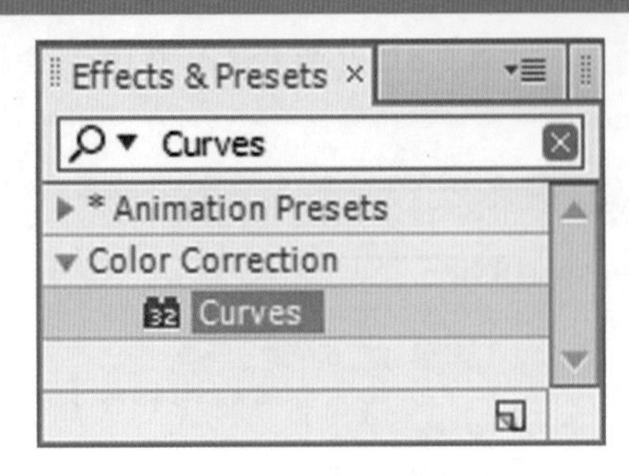

图3.95　添加特效

(13) 在Effect Controls(特效控制)面板中，从Channel(通道)下拉列表框中选择Blue(蓝色)，调节Curves(曲线)形状，如图3.96所示。

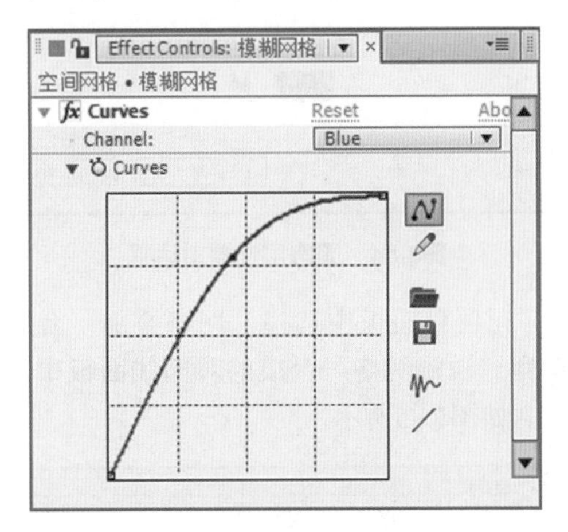

图3.96　调节形状

(14) 调节完Curves(曲线)特效形状后的画面效果，如图3.97所示。

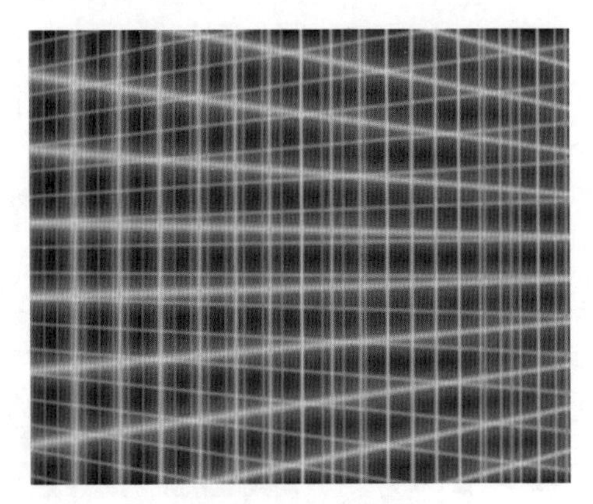

图3.97　画面效果

(15) 这样就完成了“空间网格”的整体制作，按小键盘上的“0”键播放预览。最后将文件保存并输出成动画。

AE

第4章

蒙版和遮罩

内容摘要

本章主要讲解蒙版和遮罩的使用方法，蒙版图层的创建；图层模式的应用技巧；矩形蒙版工具的使用；蒙版图形的羽化设置；蒙版节点的添加、移动及修改技巧，另外讲解了轨道跟踪的使用技巧。通过本章的学习，掌握蒙版与遮罩的制作方法与使用技巧。

教学目标

- 了解蒙版层的创建。
- 掌握图层模式的使用。
- 掌握遮罩工具的使用。
- 掌握轨道跟踪的使用。

4.1 电视屏幕效果

实例说明

下面讲解利用Mask Path(蒙版路径)制作电视屏幕效果。本例最终的动画流程效果如图4.1所示。

图4.1 动画流程画面

学习目标

1. 了解Rectangle Tool(矩形工具)▭。
2. 掌握蒙版扩展的调整应用。

操作步骤

(1) 执行菜单栏中的File(文件)| Import(导入)| File(文件)命令，或在Project(项目)面板中双击，打开Import File(导入文件)对话框，选择配套光盘中的“工程文件\第4章\电视屏幕.psd”素材，效果如图4.2所示。

(2) 单击【打开】按钮，此时将弹出一个文件名称的对话框，单击Import Kind(导入类型)下拉列表框右侧的下拉按钮，从弹出的下拉列表中，选择Composition(合成)选项，如图4.3所示。

(3) 单击OK(确定)按钮，此时会在Project(项目)面板中看到导入的素材，如图4.4所示。

(4) 双击Project(项目)面板中的“电视屏幕”合成，打开其时间线面板。调整时间到00:00:00:00帧的位置，如图4.5所示。

图4.2 导入文件对话框

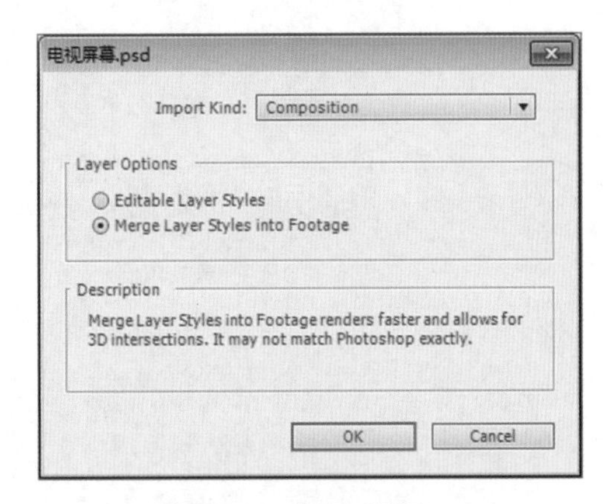

图4.3 设置对话框

图4.4 导入后的效果

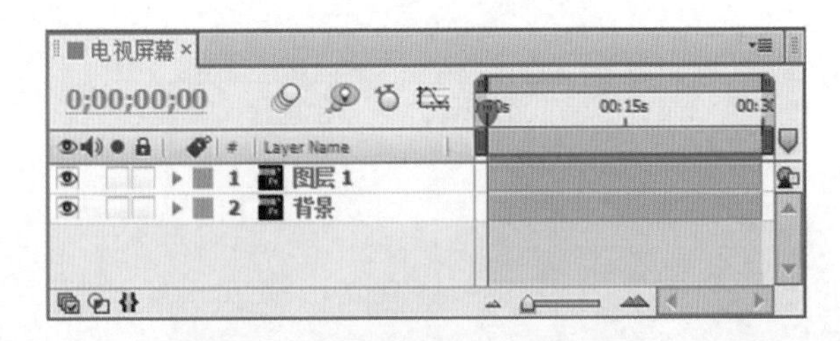

图4.5 “电视屏幕”时间线面板

(5) 选择“图层1”层，单击工具栏中的Rectangle Tool(矩形工具)按钮，在Composition(合成)面板中绘制一条方形，具体大小与位置如图4.6所示。

图4.6 方形蒙版的绘制

(6) 修改羽化值。在时间线面板中，展开Masks(蒙版)层列表项，修改Mask Feather(蒙版羽化)的值为(20，20)，如图4.7所示。

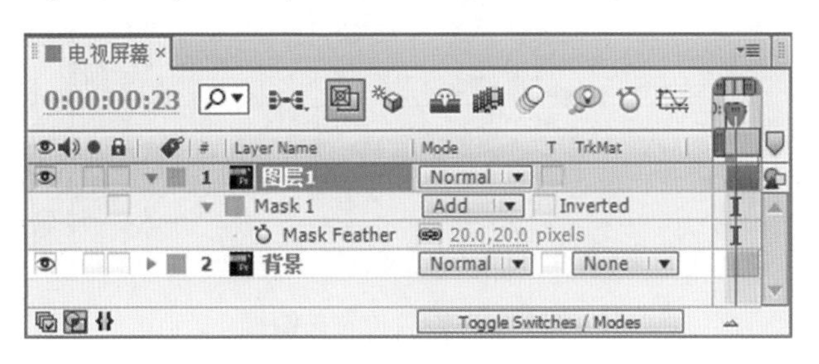

图4.7 设置蒙版羽化

(7) 在00:00:00:00帧的位置，单击Mask Expansion(蒙版扩展)属性左侧的码表按钮，在当前时间设置一个关键帧，修改Mask Expansion(蒙版扩展)的值为0，如图4.8所示。

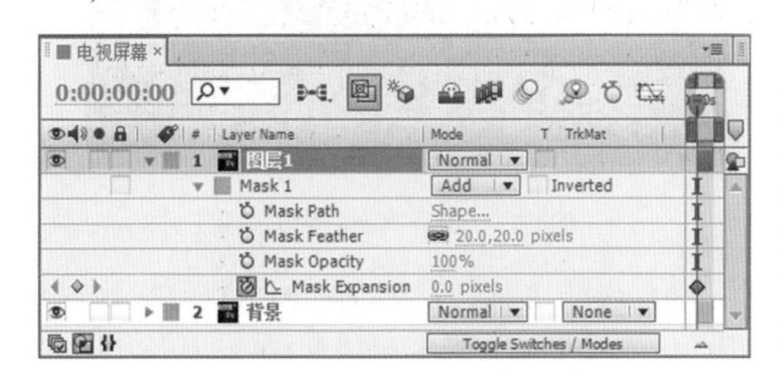

图4.8 建立关键帧修改蒙版扩展属性

(8) 调整时间到00:00:00:13帧的位置，修改Mask Expansion(蒙版扩展)值为72。调整时间到00:00:01:00帧的位置，修改Mask Expansion(蒙版扩展)值为100。调整时间到00:00:02:00帧的位置，修改Mask Expansion(蒙版扩展)值为200。调整时间到00:00:02:24帧的位置，修改Mask Expansion(蒙版扩展)值为500，如图4.9所示。

图4.9 时间线面板的设置

(9) 这样就完成了电视屏幕效果动画。按空格键或小键盘上的“0”键预览动画，其中的几帧动画效果如图4.10所示。

图4.10 其中的几帧动画效果

4.2 雷达扫描

实例说明

本例主要讲解利用Mask(蒙版)工具制作雷达扫描效果。本例最终的动画流程效果如图4.11所示。

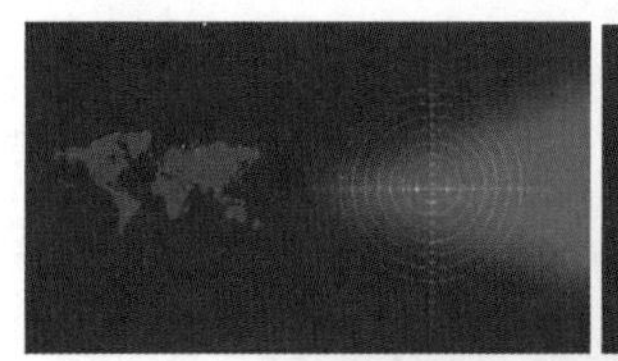
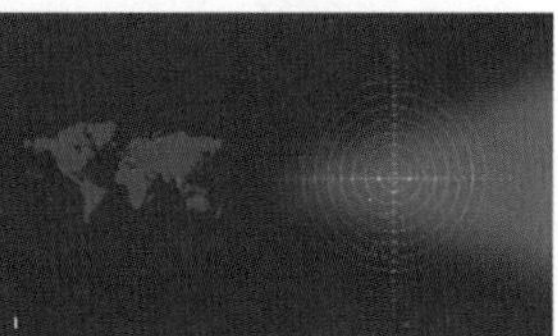
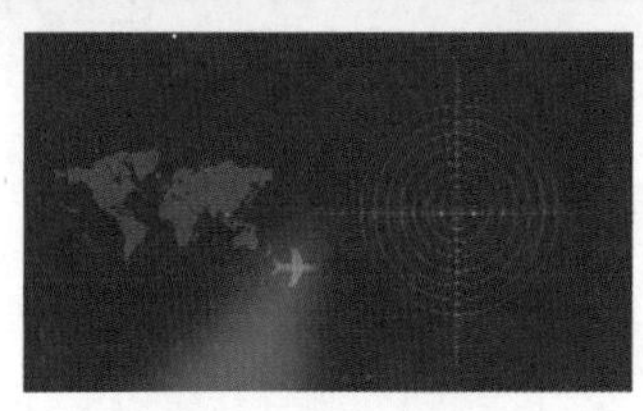

图4.11 动画流程画面

学习目标

1. 了解Mask(蒙版)属性的使用。
2. 掌握遮罩羽化的使用。

操作步骤

(1) 执行菜单栏中的File(文件)|Open Project(打开项目)命令，选择配套光盘中的“工程文件\第4章\雷达扫描\雷达扫描练习.aep”文件，将文件打开。

(2) 执行菜单栏中的Composition(合成)| New Composition(新建合成)命令，打开Composition Settings(合成设置)对话框，设置Composition Name(合成名称)为“飞机”，Width(宽)为“720”，Height(高)为“405”，Frame Rate(帧率)为“25”，并设置Duration(持续时间)为00:00:20:00秒。

(3) 打开“飞机”合成，在Project(项目)面板中，选择“图层 1/飞机.psd”素材，将其拖动到“飞机”合成的时间线面板中，将该层重命名为“飞机”。

(4) 在时间线面板中，选择“飞机”层，在工具栏中选择Rectangle Tool(矩形工具)，在图层上绘制一个路径，选中Inverted(反转)复选框。按S键打开Scale(缩放)属性，设置Scale(缩放)的值为18；按A键打开Anchor Point(定位点)属性，设置Anchor Point(定位点)的值为(160，120)；按R键打开Rotation(旋转)属性，设置Rotation(旋转)的值为-5°。将时间调整到00:00:00:00帧的位置，按P键打开Position(位置)属性，设置Position(位置)的值为(-6，264)。单击Position(位置)左侧的码表按钮，在当前位置设置关键帧，如图4.12所示，合成窗口效果如图4.13所示。

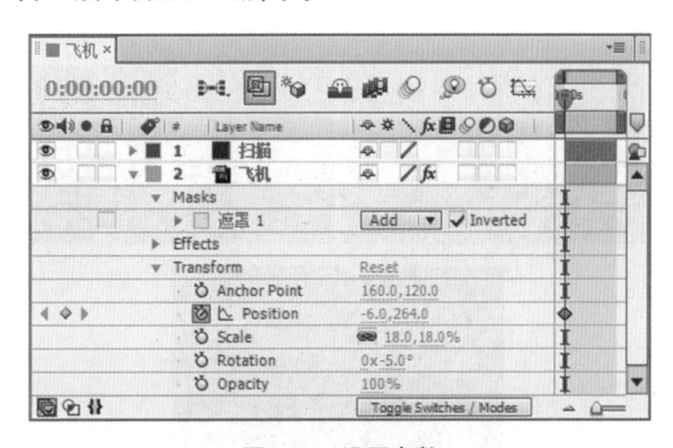

图4.12 设置参数

图4.13 合成窗口效果

(5) 将时间调整到00:00:19:24帧的位置，设置Position(位置)的值为(692，264)，系统会自动设置关键帧，如图4.14所示，合成窗口效果如图4.15所示。

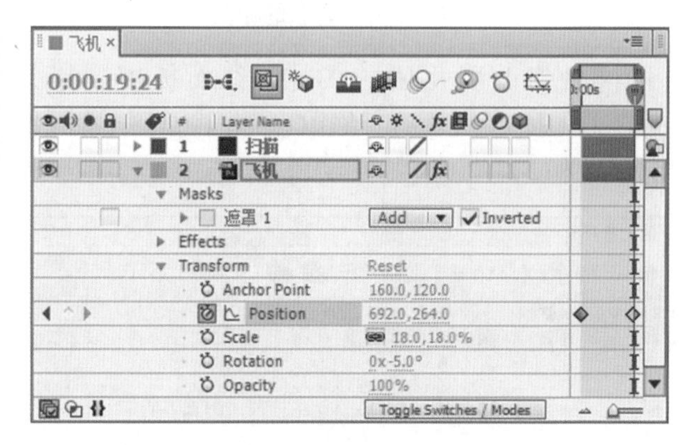

图4.14 设置位置关键帧

图4.15 设置关键帧后的效果

(6) 为“飞机”层添加Tint(色调)特效。在Effects & Presets(效果和预置)面板中展开Color Correction(色彩校正)特效组，然后双击Tint(色调)特效。

(7) 在Effects Controls(特效控制)面板中，修改Tint(色调)特效的参数，设置Map Black To(映射黑色到)为墨绿色(R：22；G：53；B：2)，Map White To(映射白色到)为墨绿色(R：22；G：53；B：2)，如图4.16所示。

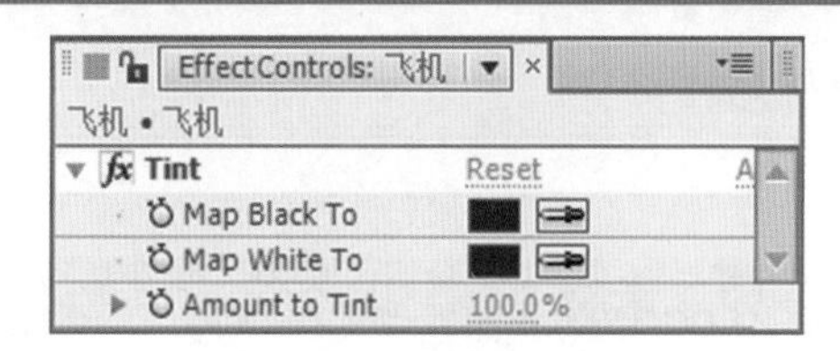

图4.16　设置浅色调参数

(8) 在时间线面板中，设置“飞机”层的Track Matte(轨道蒙版)为Alpha Matte“扫描”，如图4.17所示。

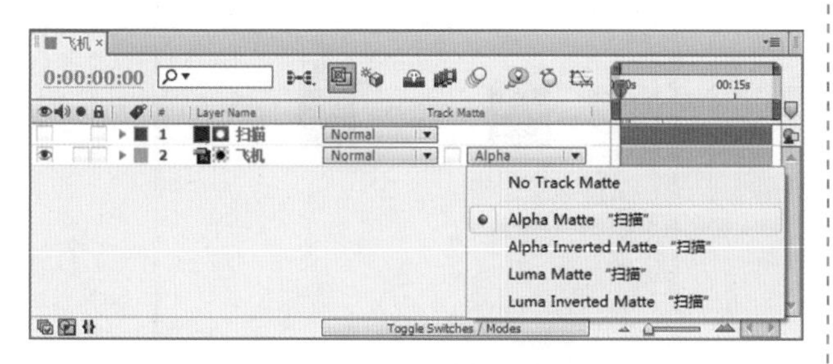

图4.17　设置轨道蒙版

(9) 打开“雷达扫描”合成，在Project(项目)面板中，选择“飞机”合成，将“图层 1/土地和坐标.psd”和“图层 2/土地和坐标.psd”素材，拖动到“雷达扫描”合成的时间线面板中。

(10) 在时间线面板中，设置“飞机”层的Mode(模式)为Add(添加)。执行菜单栏中的Layer(图层)|New(新建)|Solid(固态层)命令，打开Solid Settings(固态层设置)对话框，设置Name(名称)为“扫描蒙版”，Color(颜色)为墨绿色(R：29；G：53；B：2)。

(11) 在“扫描蒙版”层，在工具栏中选择Pen Tool(钢笔工具)按钮，在图层上绘制一个路径。按F键打开Mask Feather(遮罩羽化)属性，设置Mask Feather(遮罩羽化)的值为60。将时间调整到00:00:00:00帧的位置，按R键打开Rotation(旋转)属性，设置Rotation(旋转)的值为0，单击Rotation(旋转)左侧的码表按钮，在当前位置设置关键帧，如图4.18所示，合成窗口效果如图4.19所示。

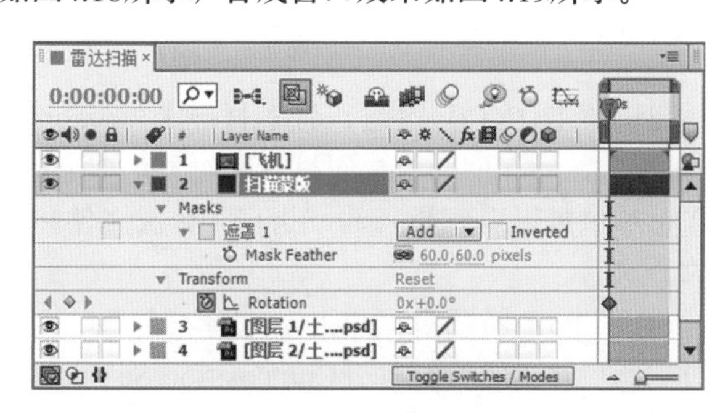

图4.18　设置旋转关键帧

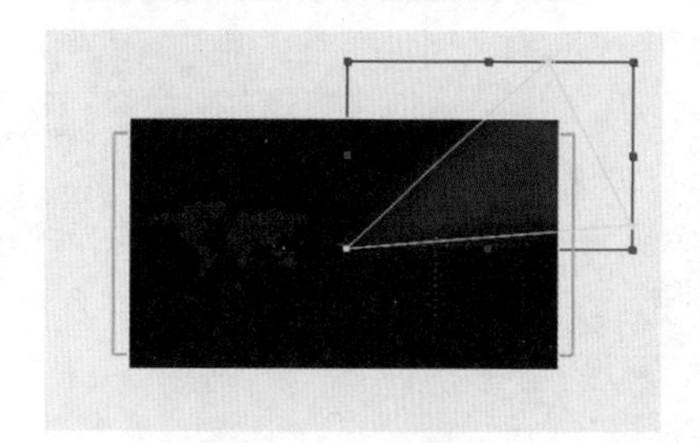

图4.19　绘制路径

(12) 将时间调整到00:00:19:24帧的位置，设置Rotation(旋转)的值为(2x+343.0°)，设置“扫描蒙版”层的Mode(模式)为Add(添加)，如图4.20所示，合成窗口效果如图4.21所示。

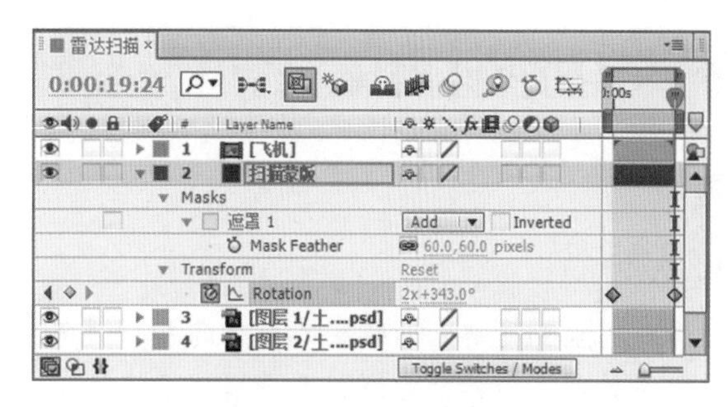

图4.20　设置叠加模式

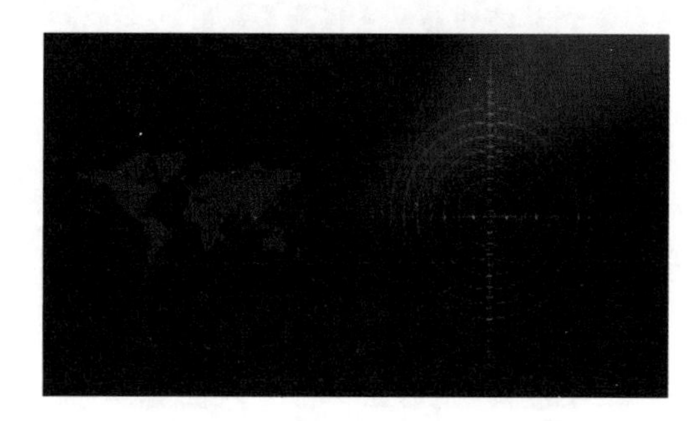

图4.21　设置叠加模式后的效果

(13) 执行菜单栏中的Layer(图层)|New(新建)|Solid(固态层)命令，打开Solid Settings(固态层设置)对话框，设置Name(名称)为“底层”，Color(颜色)为墨绿色(R：29；G：53；B：2)。

(14) 在时间线面板中，设置“底层”层的Mode(模式)为Add(添加)，如图4.22所示，合成窗口效果如图4.23所示。

图4.22　图层排列

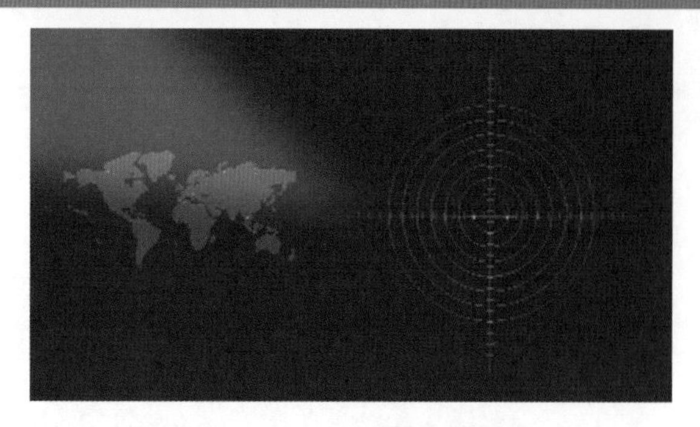

图4.23　合成窗口的效果

(15) 这样就完成了雷达扫描的整体制作，按小键盘上的“0”键，即可在合成窗口中预览动画。

4.3　打开的折扇

实例说明

本例主要讲解打开的折扇动画的制作。通过蒙版属性的多种修改方法，并应用到了路径节点的添加及调整方法，制作出一把慢慢打开的折扇动画。本例最终的动画流程效果如图4.24所示。

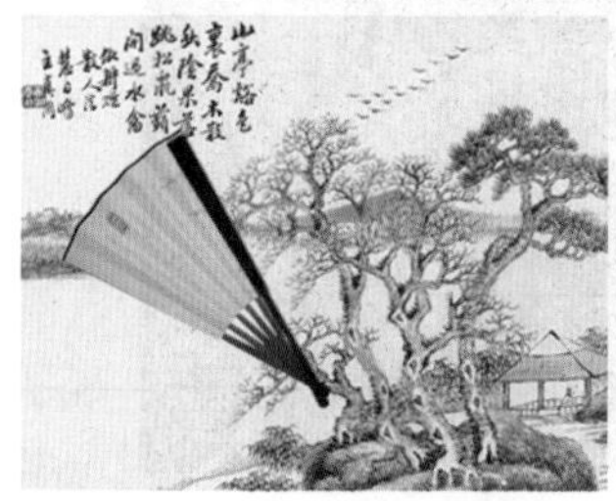

图4.24　打开的折扇动画效果

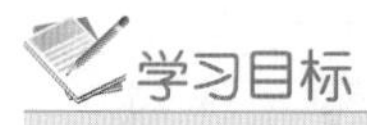

学习目标

1. 掌握Pen Tool(钢笔工具)的使用。
2. 掌握路径锚点的修改。
3. 掌握定位点的调整。

操作步骤

4.3.1　导入素材

(1) 执行菜单栏中的File(文件)| Import(导入)| File(文件)命令，打开Import File(导入文件)对话框，选择配套光盘中的“工程文件 \ 第4章 \ 打开的折扇 \ 折扇.psd”文件，如图4.25所示。

图4.25　导入文件对话框

(2) 在Import File(导入文件)对话框中，单击“打开”按钮，将打开“折扇.psd”对话框，在Import Kind(导入类型)下拉列表框中选择Composition(合成)选项，如图4.26所示。

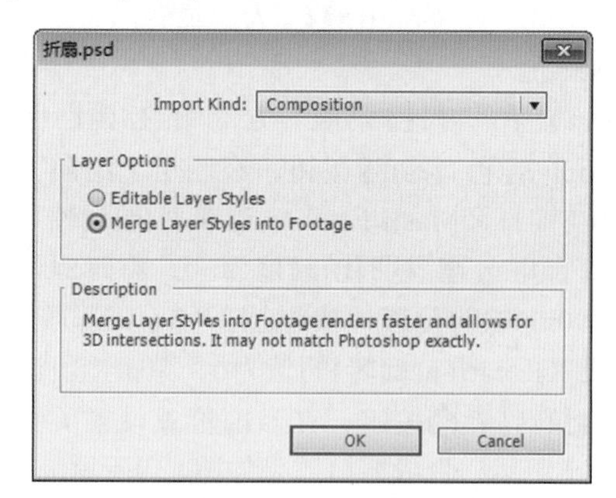

图4.26　合成命令

(3) 单击OK(好)按钮，将素材导入Project(项目)面板中，导入后的合成素材效果如图4.27所示。从图4.27中可以看到导入的“折扇”合成文件和一个文件夹。

(4) 在Project(项目)面板中，选择“折扇”合成文件，按Ctrl+K组合键打开Composition Settings(合成设置)对话框，设置Duration(持续时间)为3秒。

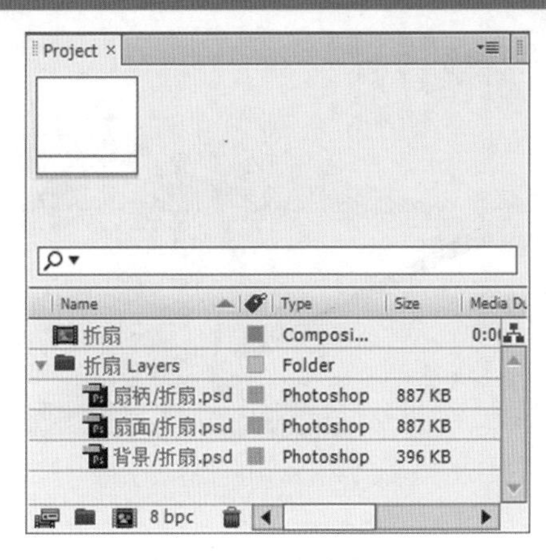

图4.27　导入的素材

(5) 双击打开“折扇”合成，从Composition(合成)窗口可以看到层素材的显示效果，如图4.28所示。

图4.28　素材显示效果

(6) 此时，从时间线面板中，可以看到导入合成中所带的三个层，分别是“扇柄”“扇面”和“背景”，如图4.29所示。

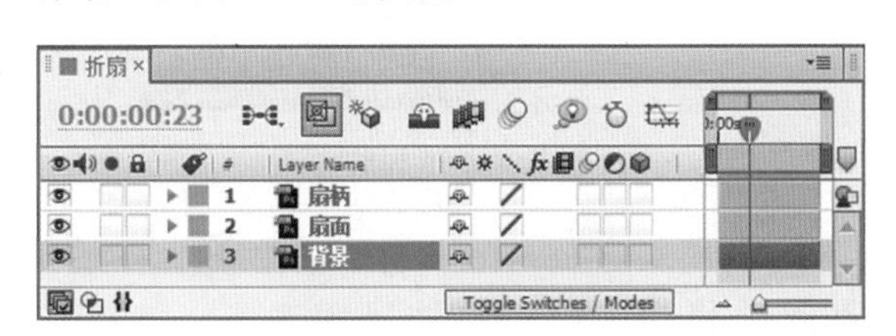

图4.29　层分布效果

4.3.2　制作扇面动画

(1) 选择“扇柄”层，然后单击工具栏中的Pan Behind Tool(定位点工具)按钮，在Composition(合成)窗口中，选择中心点并将其移动到扇柄的旋转位置，如图4.30所示。也可以通过时间线面板中的“扇柄”层参数来修改定位点的位置，如图4.31所示。

图4.30　操作过程

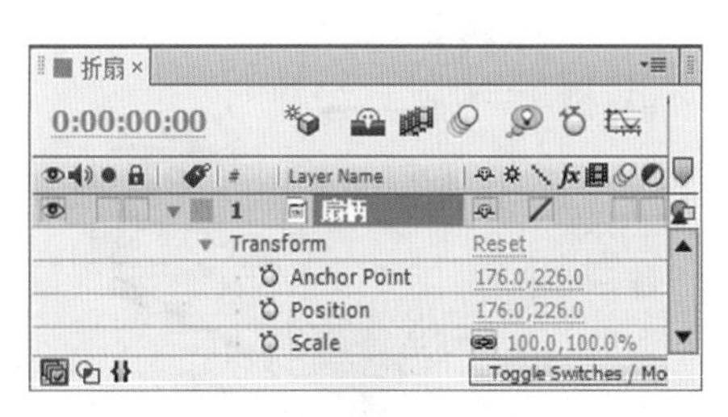

图4.31　定位点参数设置

(2) 将时间调整到00:00:00:00帧的位置，添加关键帧。在时间线面板中，单击Rotation(旋转)左侧的码表，在当前时间为Rotation(旋转)设置一个关键帧，并修改Rotation(旋转)的角度值为-129°，如图4.32所示。这样就将扇柄旋转到合适的位置，此时的扇柄位置如图4.33所示。

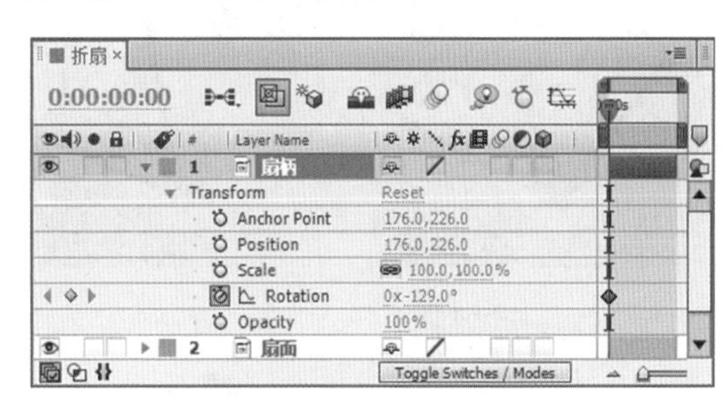

图4.32　关键帧设置

图4.33　旋转扇柄位置

(3) 将时间调整到00:00:02:00帧的位置，在Timeline(时间线)面板中，修改Rotation(旋转)的角度值为0，系统将自动在该处创建关键帧，如图4.34所示。此时，扇柄旋转后的效果如图4.35所示。

图4.34　参数设置

图4.35　扇柄旋转效果

(4) 此时，拖动时间滑块或播放动画，可以看到扇柄的旋转动画效果，其中的几帧画面如图4.36所示。

图4.36　旋转动画中的几帧画面效果

(5) 选择“扇面”层，单击工具栏中的Pen Tool(钢笔工具)按钮，绘制一个蒙版轮廓，如图4.37所示。

(6) 将时间调整到00:00:00:00帧的位置，在时间线面板中，在“Mask 1 ”选项中，单击Mask Shape(蒙版形状)左侧的码表，在当前时间添加一个关键帧，如图4.38所示。

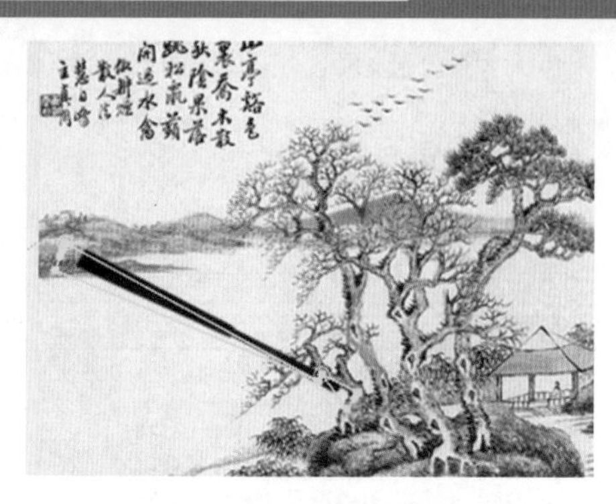

图4.37　绘制蒙版轮廓

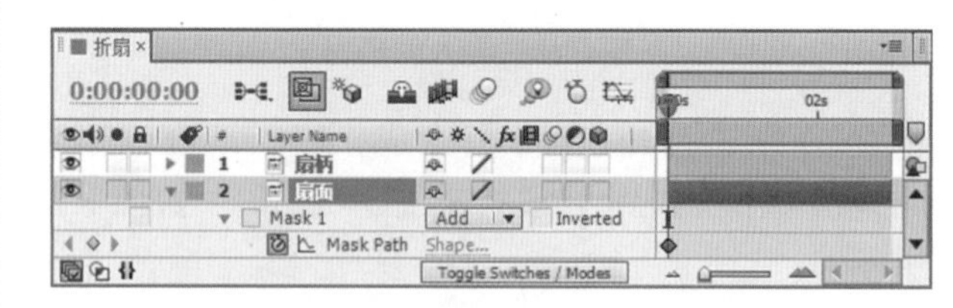

图4.38　00:00:00:00帧位置添加关键帧

(7) 将时间调整到00:00:00:12帧的位置，在Composition(合成)窗口中，利用Selection Tool(选择工具)选择节点并进行调整，并在路径适当的位置利用Add Vertex Tool(添加节点工具)添加节点，添加效果如图4.39所示。

图4.39　添加节点

(8) 利用Selection Tool(选择工具)，将添加的节点向上移动，以完整地显示扇面，如图4.40所示。

图4.40　移动节点位置

(9) 将时间调整到00:00:01:00帧的位置，在Composition(合成)窗口中，利用前面的方法，使用Selection Tool(选择工具)选择节点并进行调整，并在路径适当的位置利用Add Vertex Tool(添加节点工具)添加节点，以更好地调整蒙版轮廓，系统将在当前时间位置自动添加关键帧，调整后的效果如图4.41所示。

图4.41　00:00:01:00帧位置的调整效果

(10) 分别将时间调整到00:00:01:12帧的位置和00:00:02:00帧的位置，利用前面的方法调整并添加节点，制作扇面展开动画，两帧的调整效果分别如图4.42、图4.43所示。

图4.42　调整效果(一)

图4.43　调整效果(二)

(11) 经过上面的操作，制作出了扇面的展开动画效果，此时，拖动时间滑块或播放动画可以看到扇面的展开动画效果，其中的几帧画面如图4.44所示。

图4.44　扇面展开动画中的几帧画面效果

4.3.3　制作扇柄动画

(1) 从播放的动画中可以看到，虽然扇面出现了动画展开效果，但扇柄(手握位置)并没有出现，不符合现实，下面来制作扇柄(手握位置)的动画效果。选择“扇面”层，然后单击工具栏中的Pen Tool(钢笔工具)按钮，使用钢笔工具在图像上绘制一个蒙版轮廓，如图4.45所示。

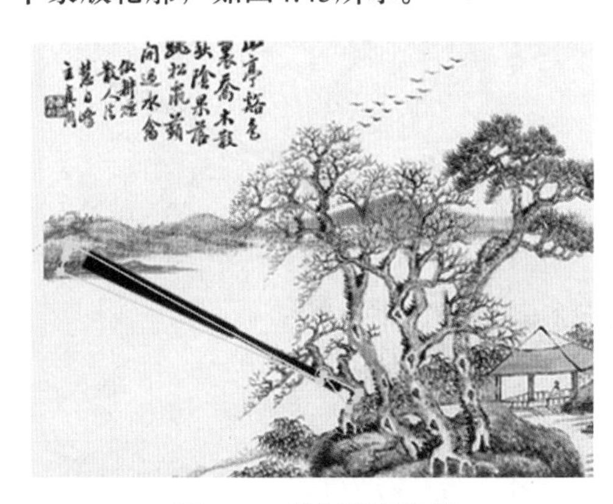

图4.45　绘制蒙版轮廓

(2) 将时间设置到00:00:00:00帧的位置，在时间线面板中，展开“扇面”层选项列表，在“Mask2”选项组中，单击Mask Shape(蒙版形状)左侧的码表，在当前时间添加一个关键帧，如图4.46所示。

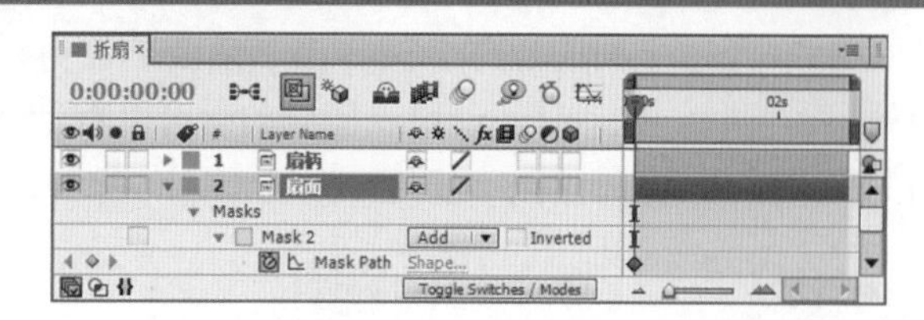

图4.46　添加关键帧

(3) 将时间调整到00:00:01:00帧的位置，参考扇柄旋转的轨迹，调整蒙版路径的形状，如图4.47所示。

图4.47　调整效果(三)

(4) 将时间调整到00:00:02:00帧的位置，参考扇柄旋转的轨迹，使用Selection Tool(选择工具)选择节点并进行调整，并在路径适当的位置利用Add Vertex Tool(添加节点工具)添加节点，调整后的效果如图4.48所示。

图4.48　调整效果(四)

(5) 此时，从时间线面板可以看到所有关键帧的位置及效果，如图4.89所示。

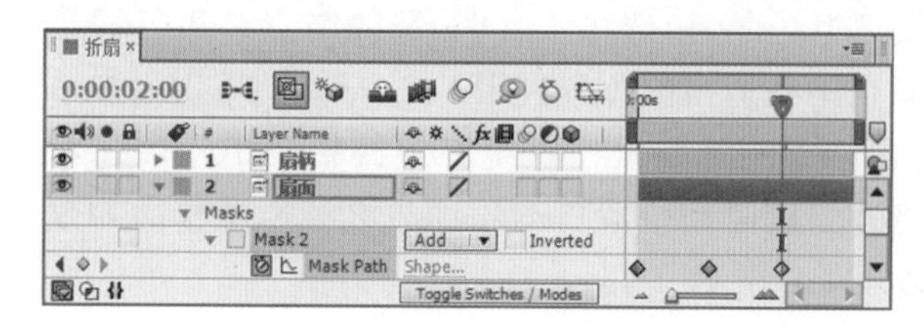

图4.49　关键帧的位置及效果

(6) 至此，就完成了打开的折扇动画的制作，按小键盘上的“0”键，可以预览动画效果。其中的几帧画面如图4.50所示。

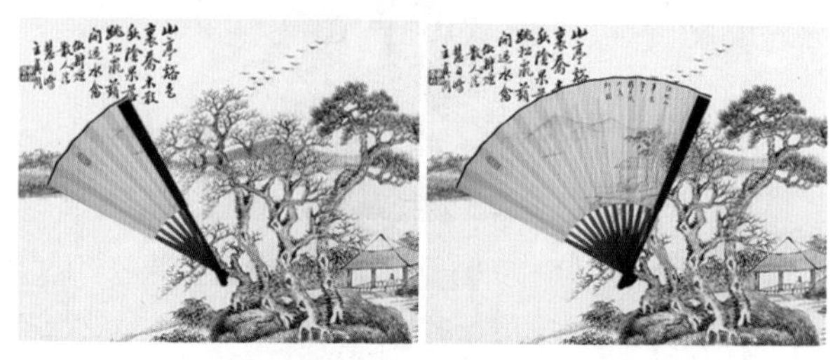

图4.50　折扇打开的几帧画面效果

第5章 文字动画设计

内容摘要

文字是一个动画的灵魂，一段动画中有了文字的出现才能使动画的主题更加突出。所以对文字进行编辑，为文字添加特效能够给整体的动画添加点睛之笔。本章主要讲解与文字相关的内容，包括文字工具的使用，字符面板的使用，创建基础文字和路径文字的方法，文字的编辑与修改，机打字、路径字、清新文字等各种特效文字的制作方法和技巧。

教学目标

- 了解文字工具。
- 掌握文字属性设置。
- 掌握各种文字特效动画的制作。

5.1 机打字效果

实例说明

本例主要讲解利用Character Offset(字符偏移)属性制作机打字效果。本例最终的动画流程效果如图5.1所示。

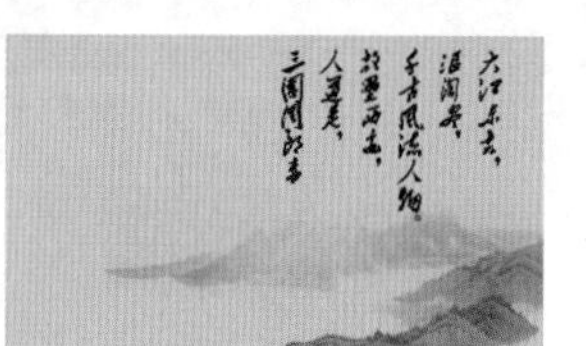

图5.1 动画流程画面

学习目标

1.了解Character Offset(字符偏移)属性。
2.掌握Opacity(不透明度)的应用。

操作步骤

(1) 执行菜单栏中的File(文件)|Open Project(打开项目)命令，选择配套光盘中的“工程文件\第5章\机打字效果\机打字练习.aep”文件，将文件打开。

(2) 执行菜单栏中的Layer(图层)|New(新建)|Text(文本)命令，新建文字层。此时，Composition(合成)窗口中将出现一个闪动的光标效果，在时间线面板中将出现一个文字层，输入：“大江东去， 浪淘尽， 千古风流人物。 故垒西边， 人道是， 三国周郎赤壁。 乱石穿空， 惊涛拍岸， 卷起千堆雪。 江山如画， 一时多少豪杰。”在Character(字符)面板中，设置文字字体为草檀斋毛泽东字体，字号为32px，字体颜色为黑色，参数如图5.2所示，合成窗口效果如图5.3所示。

(3) 将时间调整到00:00:00:00帧的位置，展开文字层，单击Text(文字)右侧的三角形按钮，从弹出的菜单中选择Character Offset(字符偏移)命令，设置Character Offset(字符偏移)的值为20；单击Animate 1(动画1) 右侧的三角形按钮，从弹出的菜单中选择Opacity(不透明度)选项，设置Opacity(不透明度)的值为0%。设置Start(开始)的值为0，单击Start(开始)左侧的码表按钮，在当前位置设置关键帧，合成窗口效果如图5.4所示。

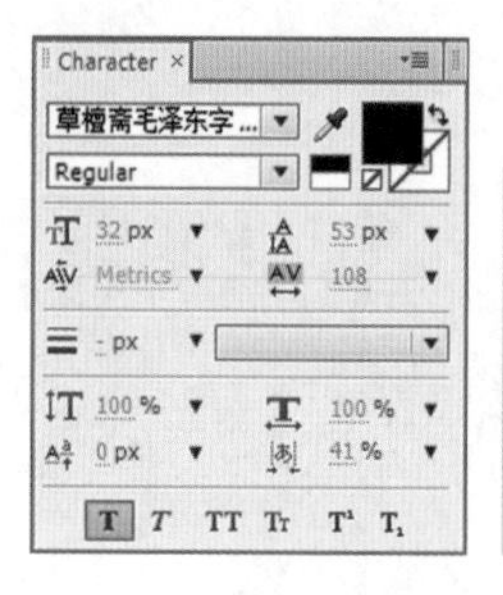

图5.2 设置字体参数

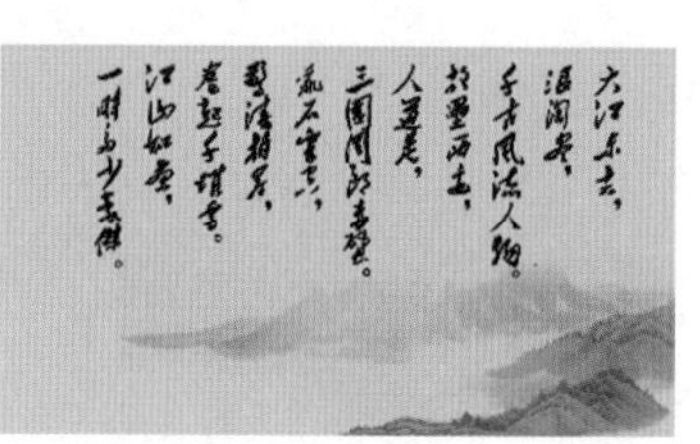

图5.3 设置字体后的效果

图5.4 设置帧关键帧后的效果

(4) 将时间调整到00:00:02:00帧的位置，设置Start(开始)的值为100，系统会自动设置关键帧，如图5.5所示。

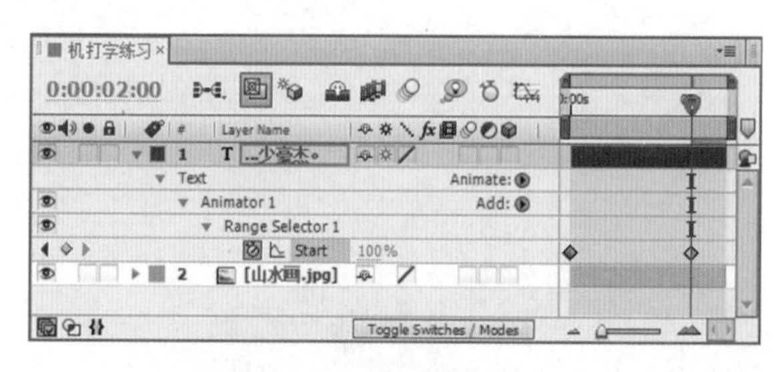

图5.5 设置文字参数

(5) 这样就完成了机打字动画效果的整体制作，按小键盘上的“0”键，即可在合成窗口中预览动画。

5.2 跳动的路径文字

实例说明

本例主要讲解利用Path Text(路径文字)特效制作跳动的路径文字效果，完成的动画流程画面如图5.6所示。

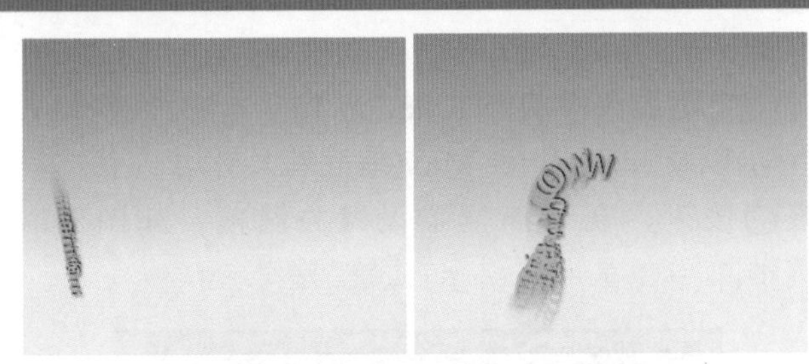

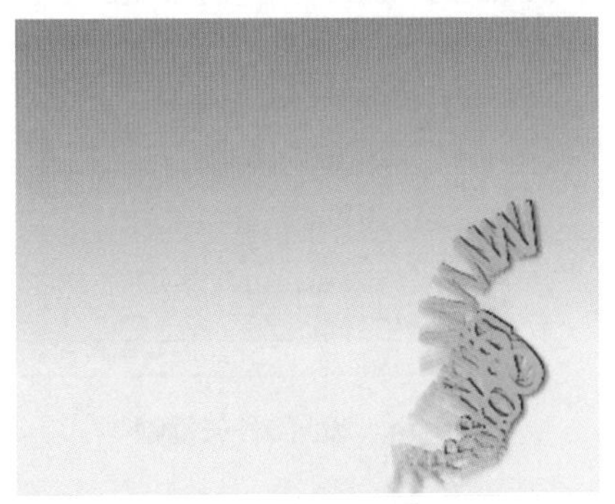

图5.6　动画流程画面

学习目标

1. 了解Path Text(路径文字)。
2. 掌握Echo(拖尾)特效的使用。
3. 掌握Drop Shadow(投影)特效的使用。
4. 掌握Color Emboss(彩色浮雕)特效的使用。

操作步骤

(1) 执行菜单栏中的Composition(合成)| New Composition(新建合成)命令，打开Composition Settings(合成设置)对话框，设置Composition Name(合成名称)为“跳动的路径文字”，Width(宽)为“720”，Height(高)为“576”，Frame Rate(帧率)为“25”，并设置Duration(持续时间)为00:00:10:00秒。

(2) 执行菜单栏中的Layer(层)|New(新建)|Solid(固态层)命令，打开Solid Settings(固态层设置)对话框，设置Name(名称)为“路径文字”，Color(颜色)为黑色。

(3) 选中“路径文字”层，在工具栏中选择Pen Tool(钢笔工具)，在“路径文字”层上绘制一个路径，如图5.7所示。

(4) 为“路径文字”层添加Path Text(路径文字)特效。在Effects & Presets(效果和预置)面板中展开Obsolete(旧版本)特效组，然后双击Path Text(路径文字)特效，在Path Text对话框中输入“Rainbow”。

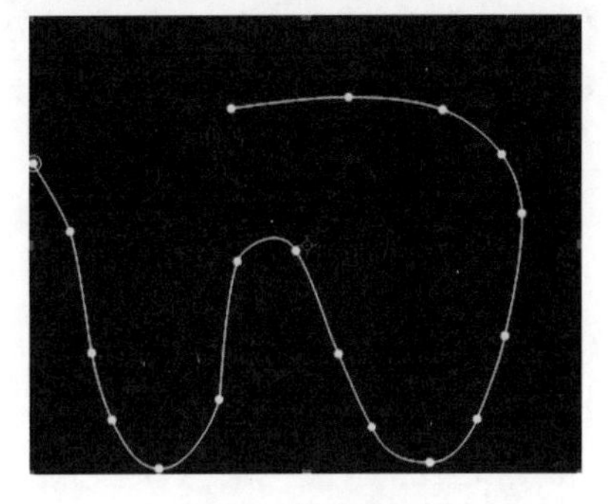

图5.7　绘制路径

(5) 在Effect Controls(特效控制)面板中，修改Path Text(路径文字)特效的参数，从Custom Path(自定义路径)下拉列表框中选择Mask1(蒙版1)选项；展开Fill and Stroke(填边与描边)选项组，设置Fill Color(填充色)为浅蓝色(R：0；G：255；B：246)；将时间调整到00:00:00:00帧的位置，设置Size(大小)的值为30，Left Margin(左侧空白)的值为0，单击Size(大小)和Left Margin(左侧空白)左侧的码表按钮，在当前位置设置关键帧，如图5.8所示，合成窗口效果如图5.9所示。

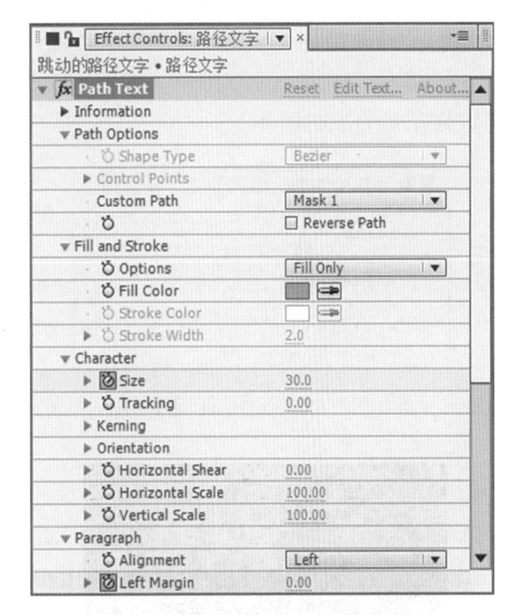

图5.8　设置大小和左侧空白的关键帧

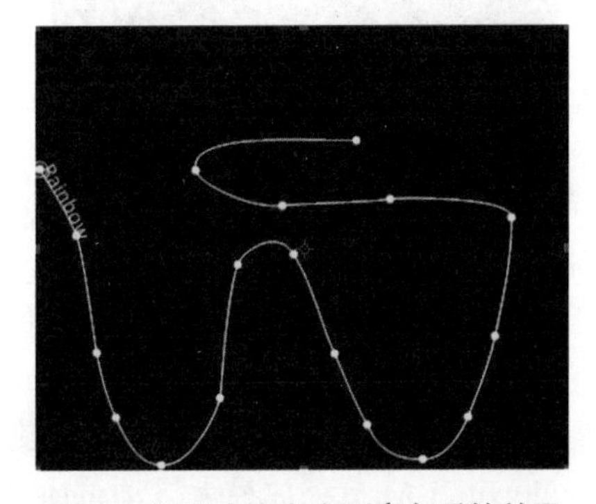

图5.9　设置大小和左侧空白后的效果

(6) 将时间调整到00:00:02:00帧的位置，设置Size(大小)的值为80，系统会自动设置关键帧，如图5.10所示，合成窗口效果如图5.11所示。

图5.10　设置大小关键帧

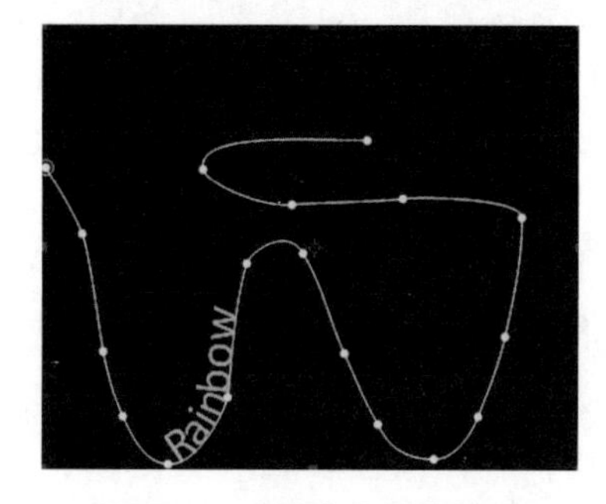

图5.11　设置大小后的效果

(7) 将时间调整到00:00:06:15帧的位置，设置Left Margin(左侧空白)的值为2090，如图5.12所示，合成窗口效果如图5.13所示。

图5.12　设置左侧空白关键帧

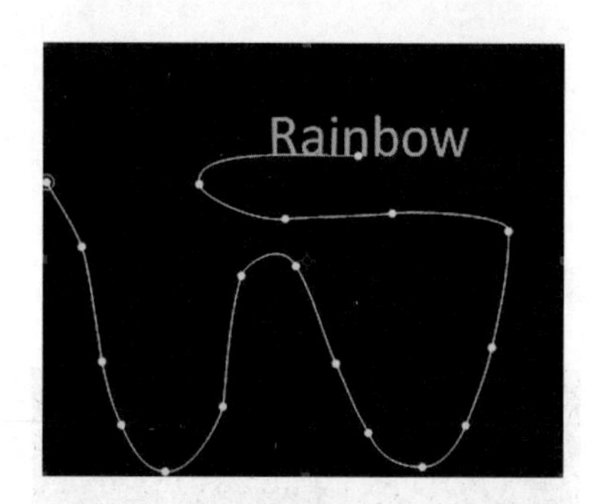

图5.13　设置左侧空白关键帧后的效果

(8) 展开Advanced(高级)|Jitter Setting(抖动设置)选项组，将时间调整到00:00:00:00帧的位置，设置Baseling Jitter Max(基线最大抖动)、Kerning Jitter Max(字距最大抖动)、Rotation Jitter Max(旋转最大抖动)及Scale Jitter Max(缩放最大抖动)的值为0，单击Baseline Jitter Max(基线最大抖动)、Kerning Jitter Max(字距最大抖动)、Rotation Jitter Max(旋转最大抖动)以及Scale Jitter Max(缩放最大抖动)左侧的码表按钮，在当前位置设置关键帧，如图5.14所示。

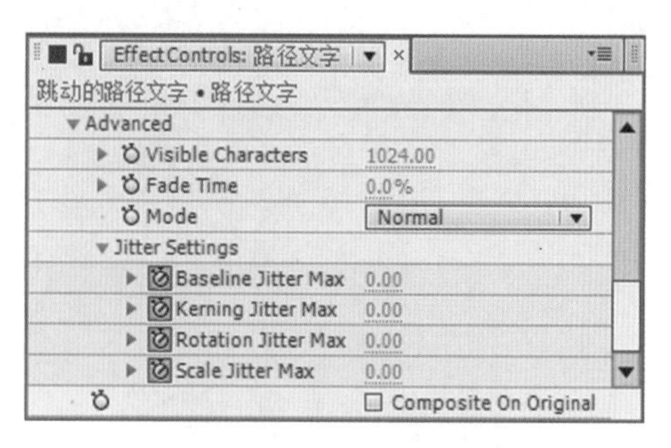

图5.14　设置0秒关键帧

(9) 将时间调整到00:00:03:15帧的位置，设置Baseline Jitter Max(基线最大抖动)的值为122，Kerning Jitter Max(字距最大抖动)的值为164，Rotation Jitter Max(旋转最大抖动)的值为132，Scale Jitter Max(缩放最大抖动)的值为150，如图5.15所示。

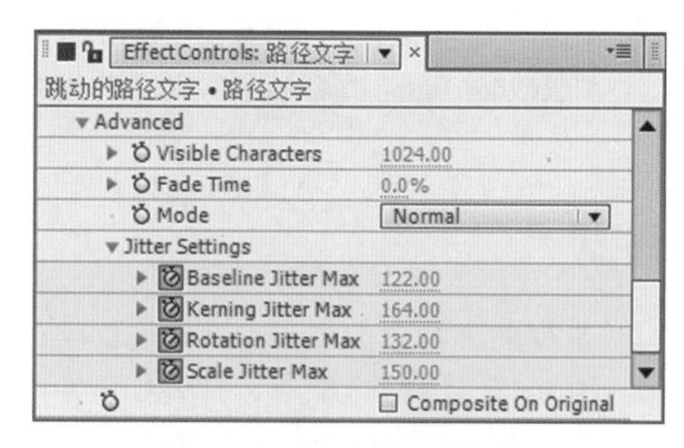

图5.15　设置3秒15帧关键帧

(10) 将时间调整到00:00:06:00帧的位置，设置Baseline Jitter Max(基线最大抖动)、Kerning Jitter Max(字距最大抖动)、Rotation Jitter Max(旋转最大抖动)以及Scale Jitter Max(缩放最大抖动)的值为0，系统会自动设置关键帧，如图5.16所示，合成窗口效果如图5.17所示。

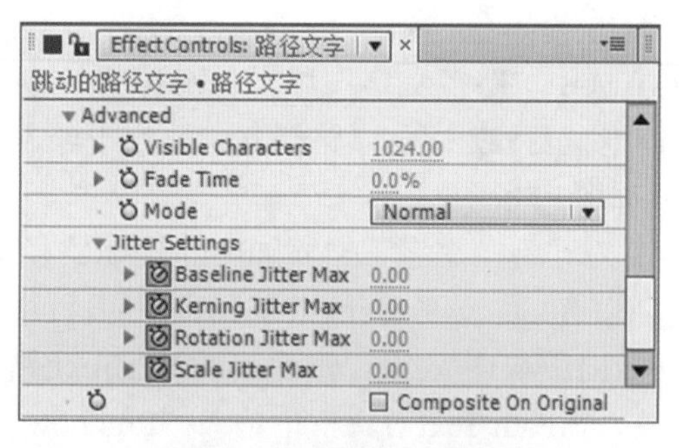

图5.16　设置6秒关键帧

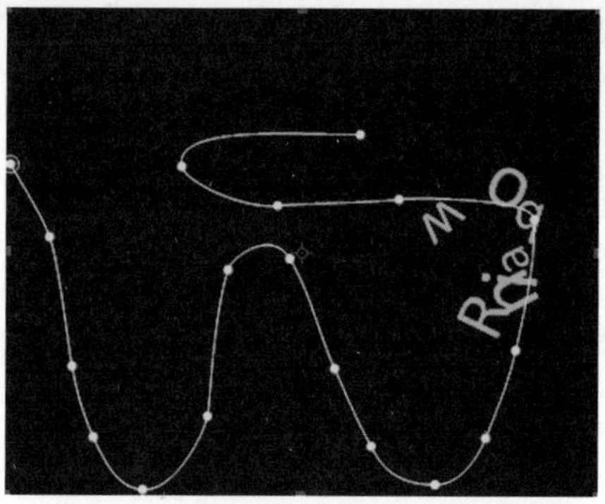

图5.17 设置路径文字特效后的效果

(11) 为“路径文字”层添加Echo(拖尾)特效。在Effects & Presets(效果和预置)面板中展开Time(时间)特效组，然后双击Echo(拖尾)特效。

(12) 在Effect Controls(特效控制)面板中，修改Echo(拖尾)特效的参数，设置Number of Echoes(重影数量)的值为12，Decay(衰减)的值为0.7，如图5.18所示，合成窗口效果如图5.19所示。

图5.18 设置拖尾参数

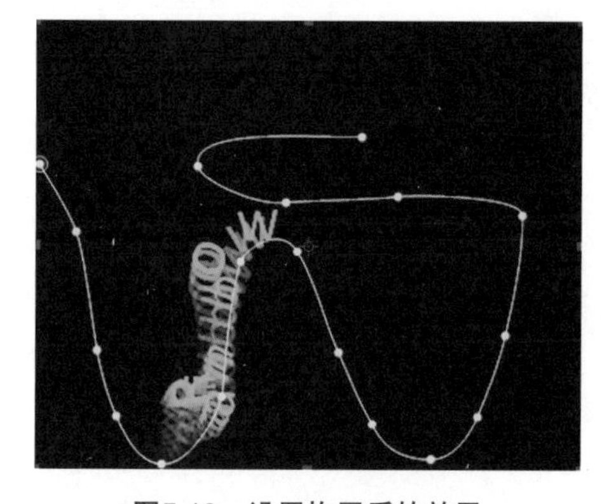
图5.19 设置拖尾后的效果

(13) 为“路径文字”层添加Drop Shadow(投影)特效。在Effects & Presets(效果和预置)面板中展开Perspective(透视)特效组，然后双击Drop Shadow(投影)特效。

(14) 在Effect Controls(特效控制)面板中，修改Drop Shadow(投影)特效的参数，设置Softness(柔化)的值为15，如图5.20所示，合成窗口效果如图5.21所示。

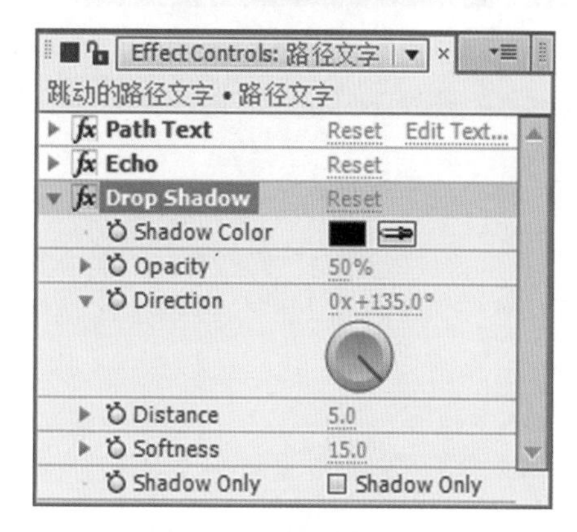

图5.20 设置投影参数

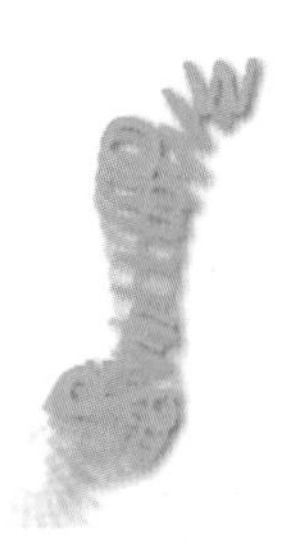
图5.21 设置投影后的效果

(15) 为“路径文字”层添加Color Emboss(彩色浮雕)特效。在Effects & Presets(效果和预置)面板中展开Stylize(风格化)特效组，然后双击Color Emboss(彩色浮雕)特效。

(16) 在Effect Controls(特效控制)面板中，修改Color Emboss(彩色浮雕)特效的参数，设置Relief(起伏)的值为1.5，Contrast(对比度)的值为169，如图5.22所示，合成窗口效果如图5.23所示。

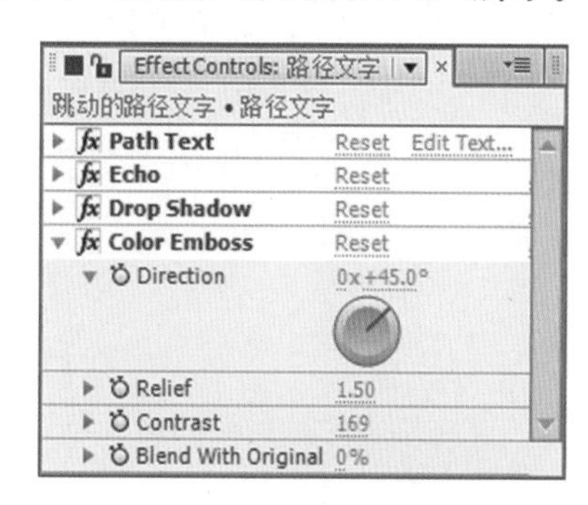

图5.22 设置彩色浮雕参数

(17) 执行菜单栏中的Layer(层)|New(新建)|Solid(固态层)命令，打开Solid Settings(固态层设置)对话框，设置Name(名称)为“背景”，Color(颜色)为白色。

Rainbow

图5.23　设置彩色浮雕后的效果

(18) 为“背景”层添加Ramp(渐变)特效。在Effects & Presets(效果和预置)面板中展开Generate(创造)特效组，然后双击Ramp(渐变)特效。

(19) 在Effect Controls(特效控制)面板中，修改Ramp(渐变)特效的参数，设置Start Color(开始色)为蓝色(R：11；G：170；B：252)，End of Ramp(渐变结束)的值为(380，400)，End Color(结束色)为淡蓝色(R：221；G：253；B：253)，如图5.24所示，合成窗口效果如图5.25所示。

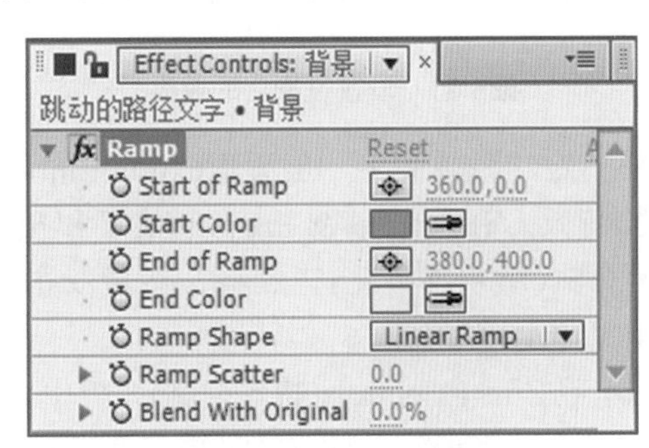

图5.24　设置渐变参数

图5.25　设置渐变的效果

(20) 在时间线面板中将“背景”层拖动到“路径文字”层下面。这样就完成了跳动的路径文字整体制作，按小键盘上的“0”键，即可在合成窗口中预览动画。

5.3　清新文字

实例说明

本例主要讲解利用Scale(缩放)属性制作清新文字效果。本例最终的动画流程效果如图5.26所示。

图5.26　动画流程画面

学习目标

1. 了解Scale(缩放)属性的使用。
2. 了解Opacity(不透明度)属性的使用。
3. 了解Blur(模糊)的应用。

操作步骤

(1) 执行菜单栏中的File(文件)|Open Project(打开项目)命令，选择配套光盘中的“工程文件\第5章\清新文字\清新文字练习.aep”文件，将文件打开。

(2) 执行菜单栏中的Layer(图层)|New(新建)|Text(文本)命令，新建文字层。此时，Composition(合成)窗口中将出现一个闪动的光标效果，在时间线面板中将出现一个文字层，输入“Fantastic Eternity”。在Character(字符)面板中，设置文字字体为ChopinScript，字号为94px，字体颜色为白色，参数如图5.27所示，合成窗口效果如图5.28所示。

(3) 选择文字层，在Effects & Presets(效果和预置)面板中展开Generate(创造)特效组，双击Ramp(渐变)特效。

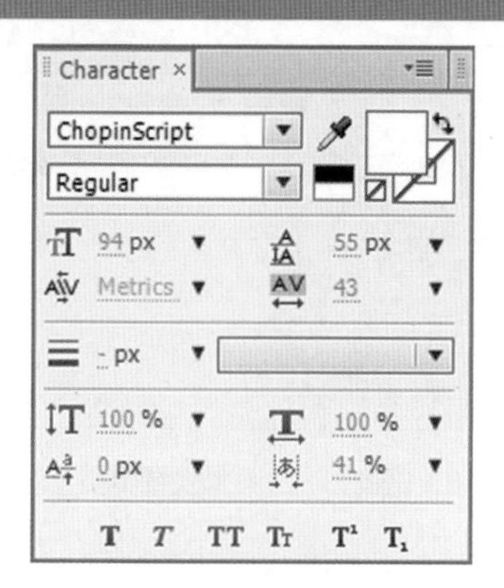

图5.27 设置字体参数

图5.28 设置字体参数后的效果

(4) 在Effects & Presets(效果和预置)面板中修改Ramp(渐变)特效参数，设置Start of Ramp(渐变开始)的值为(88，82)，Start Color (开始色)为绿色(H：156；S：255；B：86)，End of Ramp(渐变结束)的值为(596，267)，End Color (结束色)为白色，如图5.29所示，合成窗口效果如图5.30所示。

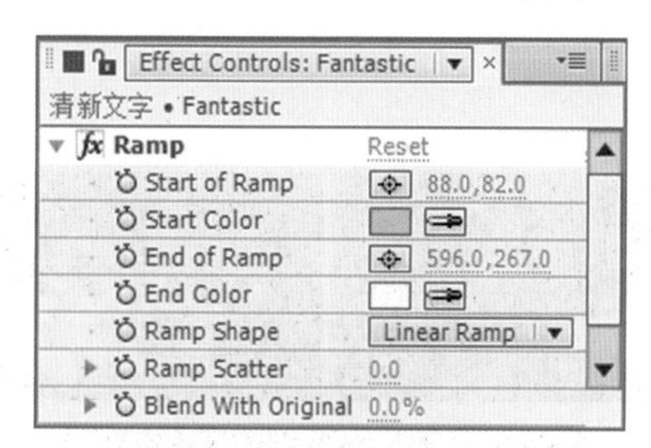

图5.29 设置渐变参数

图5.30 设置渐变参数后的效果

(5) 选择文字层，在Effects & Presets(效果和预置)面板中展开Perspective(透视)特效组，双击Drop Shadow(阴影)特效。

(6) 在Effects & Presets(效果和预置)面板中修改Drop Shadow(阴影)特效参数，设置Shadow Color(阴影颜色)为暗绿色(H：89；S：140；B：30)，Softness(柔和)的值为18，如图5.31所示，合成窗口效果如图5.32所示。

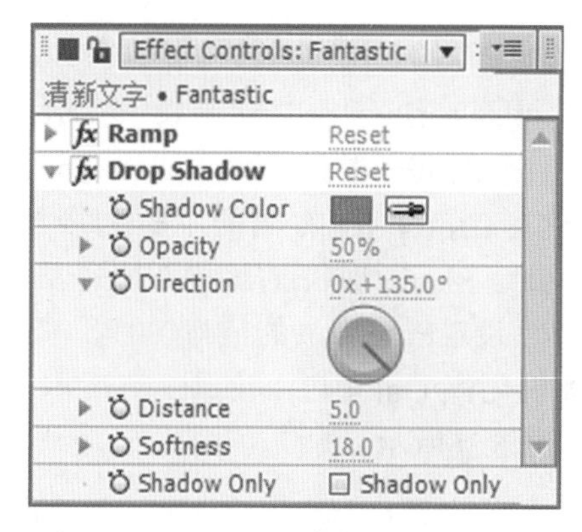

图5.31 设置阴影参数

图5.32 设置阴影参数后的效果

(7) 在时间线面板中展开文字层，单击Text(文本)右侧的Animate(动画)按钮，在弹出的菜单中选择Scale(缩放)命令，设置Scale(缩放)的值为300，单击Animate 1(动画1)右侧的三角形按钮，从弹出的菜单中选择Opacity(不透明度)和Blur(模糊)命令，设置Opacity(不透明度)的值为0%，Blur(模糊)的值为200，如图5.33所示，合成窗口效果如图5.34所示。

图5.33 设置属性参数

图5.34　设置属性参数后的效果

(8) 展开Animator1(动画1) 选项组|Range Selector1(范围选择器1) 选项组|Advanced(高级)选项，在Units(单位)右侧的下拉列表框中选择Index(索引)，Shape(形状)右侧的下拉列表框中选择Ramp Up，设置Ease Low的值为100%，Randomize Order(随机化)为On(开启)，如图5.35所示，合成窗口效果如图5.36所示。

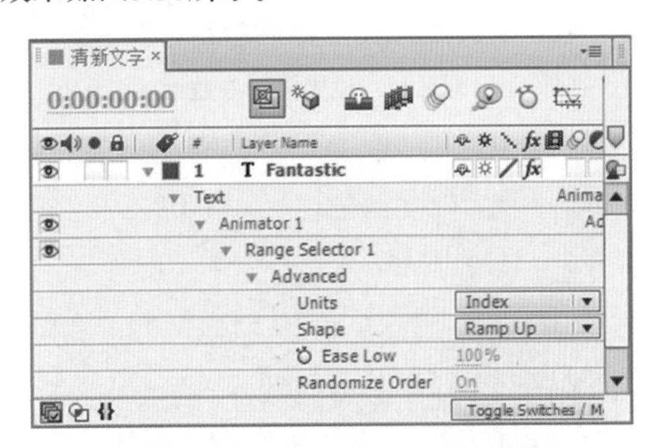

图5.35　设置Advanced(高级)参数

图5.36　设置高级参数后的效果

(9) 调整时间到00:00:00:00帧的位置，展开Range Selector1(范围选择器)选项，设置End(结束)的值为10，Offset(偏移)的值为-10，单击Offset(偏移)左侧的码表按钮，在此位置设置关键帧。

(10) 调整时间到00:00:02:00帧的位置，设置Offset(偏移)的值为23，系统自动添加关键帧，如图5.37所示，合成窗口效果如图5.38所示。

(11) 这样就完成了清新文字的整体制作，按小键盘上的“0”键，即可在合成窗口中预览动画。

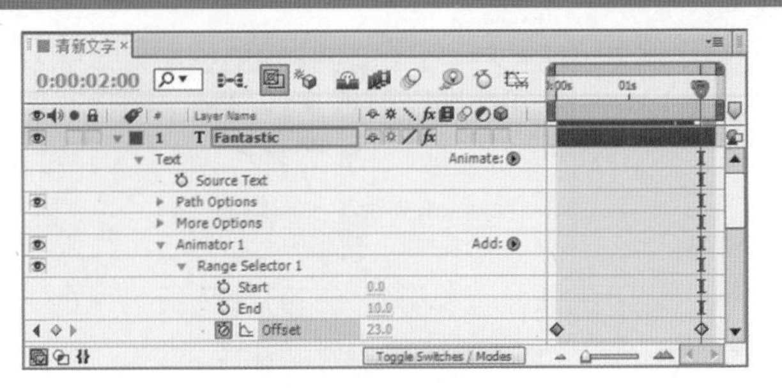

图5.37　添加关键帧

图5.38　设置关键帧后的效果

5.4　炫金字母世界

实例说明

本例主要讲解利用Particular(粒子)特效制作炫金字母世界效果。本例最终的动画流程效果如图5.39所示。

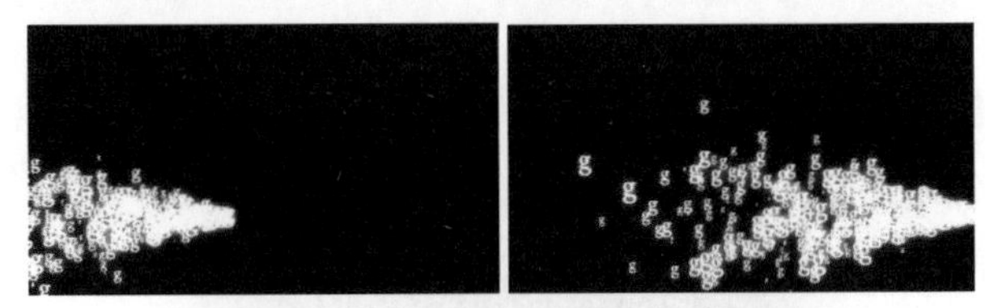

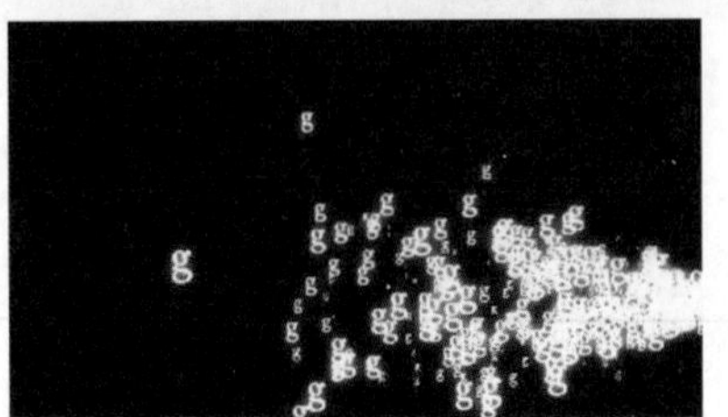

图5.39　动画流程画面

学习目标

1. 掌握Particular(粒子)特效的使用。
2. 掌握Glow(发光)特效的使用。

操作步骤

(1) 执行菜单栏中的Composition(合成)| New Composition(新建合成)命令，打开Composition Settings(合成设置)对话框，设置Composition Name(合成名称)为“字母”，Width(宽)为“20”，Height(高)为“40”，Frame Rate(帧率)为“25”，并设置Duration(持续时间)为00:00:06:00秒。

(2) 执行菜单栏中的Layer(图层)|New(新建)|Text(文本)命令，输入“g”。在Character(字符)面板中，设置文字字体为GBInnMing-Bold，字号为48px，字体颜色为白色，如图5.40所示，合成窗口效果如图5.41所示。

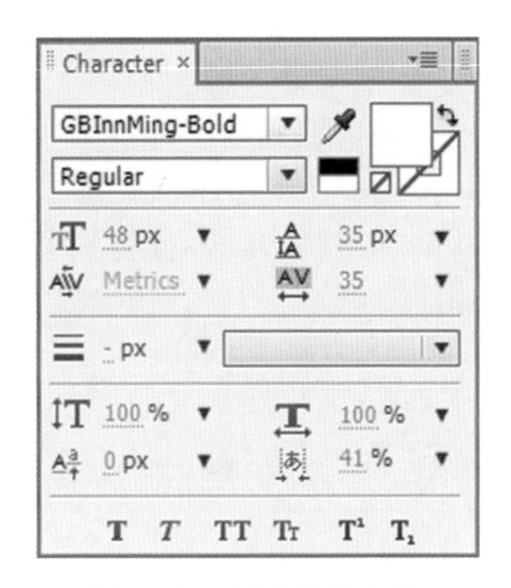

图5.40　设置字体参数

图5.41　设置合成文字大小后的效果

(3) 执行菜单栏中的Composition(合成)| New Composition(新建合成)命令，打开Composition Settings(合成设置)对话框，设置Composition Name(合成名称)为“炫金字母世界”，Width(宽)为“20”，Height(高)为“40”，Frame Rate(帧率)为“25”，并设置Duration(持续时间)为00:00:06:00秒。

(4) 打开“炫金字母世界”合成，在Project(项目)面板中，选择“字母”合成，将其拖动到“炫金字母世界”合成的时间线面板中，单击“字母”关闭按钮，如图5.42所示。

图5.42　设置关闭按钮

(5) 执行菜单栏中的Layer(图层)|New(新建)|Solid(固态层)命令，打开Solid Settings(固态层设置)对话框，设置Name(名称)为“数字流”，Color(颜色)为黑色。

(6) 为“数字流”层添加Particular(粒子)特效。在Effects & Presets(效果和预置)中展开Trapcode特效组，然后双击Particular(粒子)特效，如图5.43所示。

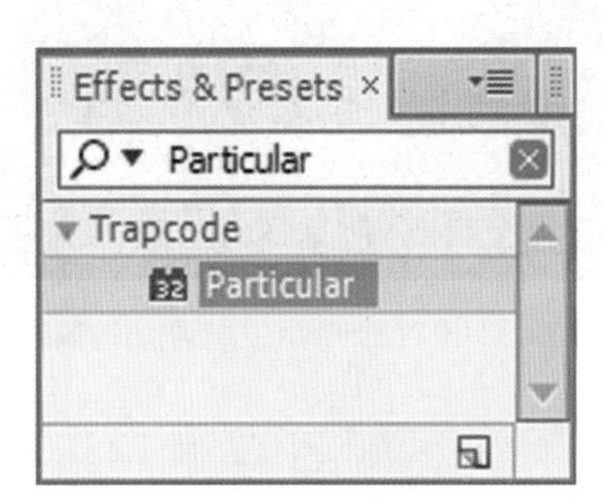

图5.43　添加特效

(7) 在Effect Controls(特效控制)面板中，修改Particular(粒子)特效的参数，展开Emitter(发射器)选项组，设置Particles/sec(每秒发射粒子数)的值为500，Velocity Random(随机速度)的值为82，Velocity from Motion(从运动速度)的值为10。将时间调整到00:00:00:00帧的位置，设置Position XY(XY轴位置)的值为(-136，288)，单击Position XY(XY轴位置)左侧的码表按钮，在当前位置设置关键帧。

(8) 将时间调整到00:00:01:00帧的位置，设置Position XY(XY轴位置)的值为(599.4，288)，系统会自动设置关键帧，如图5.44所示，合成窗口效果如图5.45所示。

(9) 展开Particle(粒子)选项组，设置Life(生命)的值为1，Life Random(生命随机)的值为50，从Particle Type(粒子类型)右侧下拉列表框中选择Sprite(幽灵)选项，展开Texture(纹理)选项组，从Layer(图层)右侧下拉列表框中选择“2.字母”选项，Size(大小)的值为5，Size Random(大小随机)的值为100，如图5.46所示，合成窗口效果如图5.47所示。

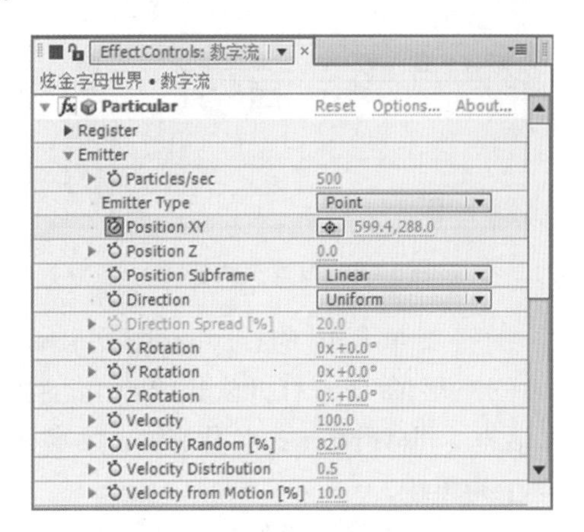

图5.44　设置Emitter(发射器)参数

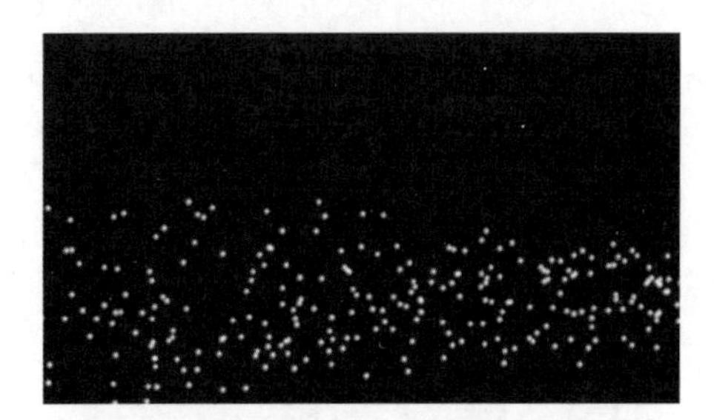

图5.45　设置Emitter(发射器)后的效果

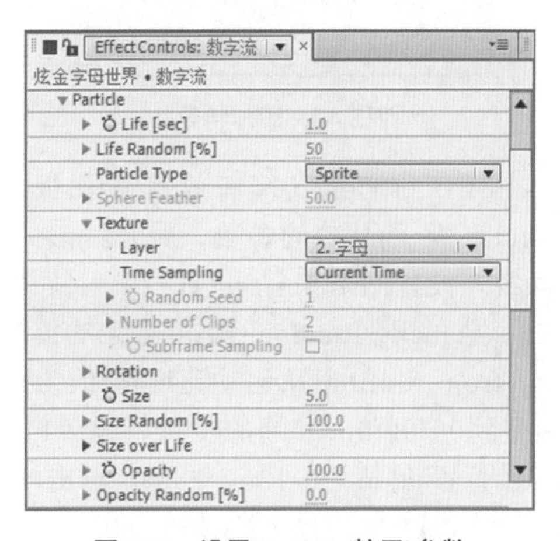

图5.46　设置Particle(粒子)参数

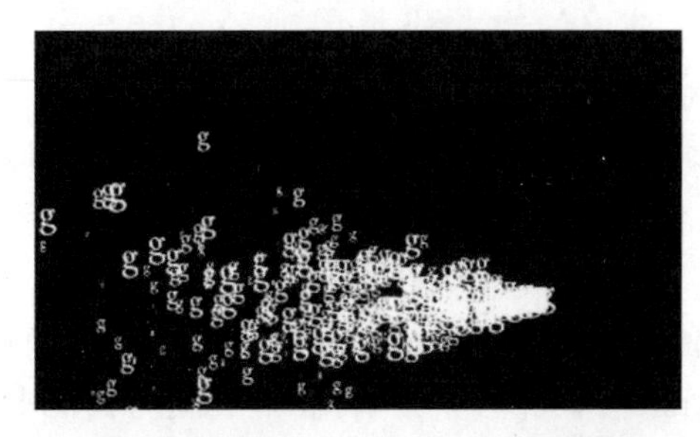

图5.47　设置Particle(粒子)后的效果

(10) 为“数字流”层添加Glow(发光)特效。在Effects & Presets(效果和预置)面板中展开Stylize(风格化)特效组，然后双击Glow(发光)特效。

(11) 在Effect Controls(特效控制)面板中，修改Glow(发光)特效的参数，设置Glow Threshold(发光阈值)的值为40%，Glow Radius(发光半径)的值为15，Glow Intensity(发光强度)的值为2，从Glow Colors(发光色)右侧下拉菜单中选择A&BColors(A和B颜色)选项，Color A(颜色A)为橘色(R：255；G：138；B：0)，Color B(颜色B)为棕色(R：119；G：104；B：7)，如图5.48所示，合成窗口效果如图5.49所示。

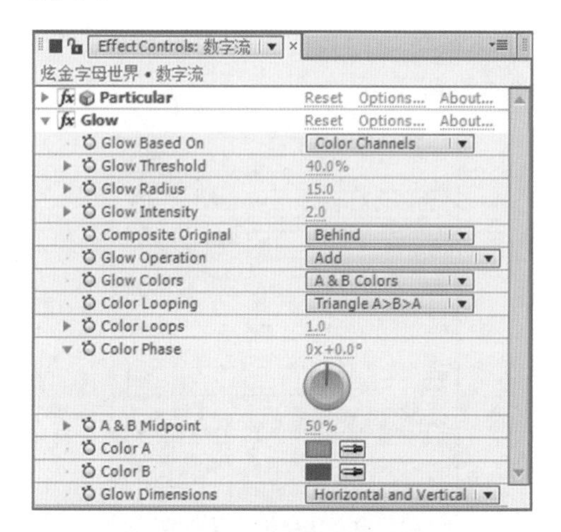

图5.48　设置发光参数

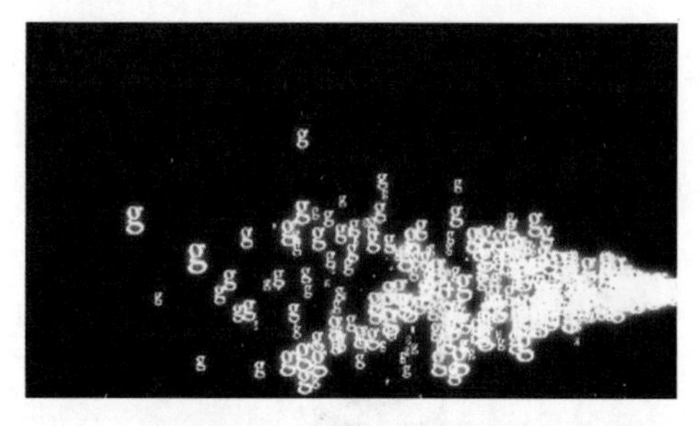

图5.49　合成窗口的效果

(12) 这样就完成了“炫金字母世界”的整体制作，按小键盘上的“0”键，即可在合成窗口中预览动画。

5.5　卡片翻转文字

实例说明

本例主要讲解利用Scale(缩放)文本属性制作卡片翻转效果。本例最终的动画流程效果如图5.50所示。

图5.50　动画流程画面

学习目标

1.学习Enable Per-character 3D属性的使用。
2.掌握Scale(缩放)属性的使用。
3.掌握Rotation(旋转)属性的使用。
4.掌握Blur(模糊)属性的使用。

操作步骤

(1) 执行菜单栏中的File(文件)|Open Project(打开项目)命令，选择配套光盘中的“工程文件\第5章\卡片翻转文字\卡片翻转文字练习.aep”文件，将文件打开。

(2) 在时间线面板中展开文字层，单击Texe(文本)右侧的 Animate: 动画按钮，在弹出的菜单中依次选择Enable Per-character 3D、Scale(缩放)，如图5.51所示。

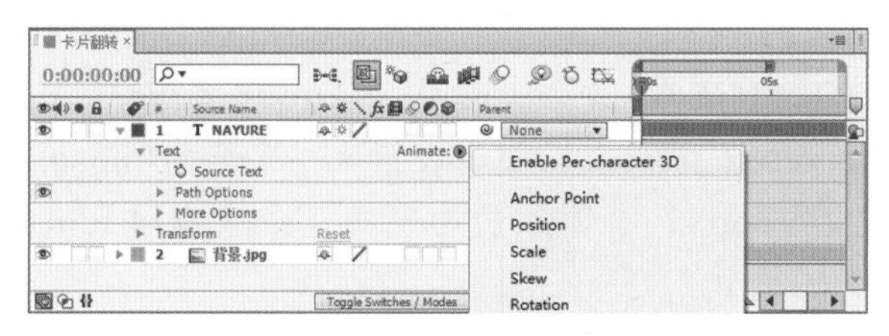

图5.51　执行命令(一)

(3) 此时在Text选项中出现一个Animator1(动画1)的选项组，单击Animator1(动画1)右侧 Add: 相加按钮，在弹出的菜单中依次选择Rotation(旋转)、Opacity(不透明度)、Blur(模糊)，如图5.52所示。

(4) 展开Animator1(动画1)选项组|Range Selector1(范围选择器1)选项组|Advanced(高级)选项，在Shape右侧的下拉列表框中选择Ramp Up，如图5.53所示。

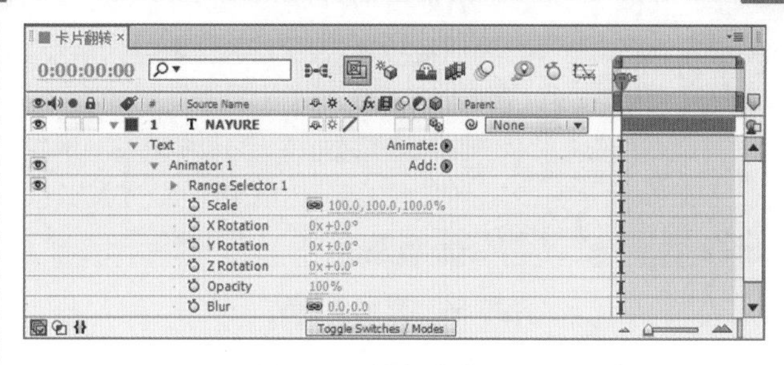

图5.52　执行命令(二)

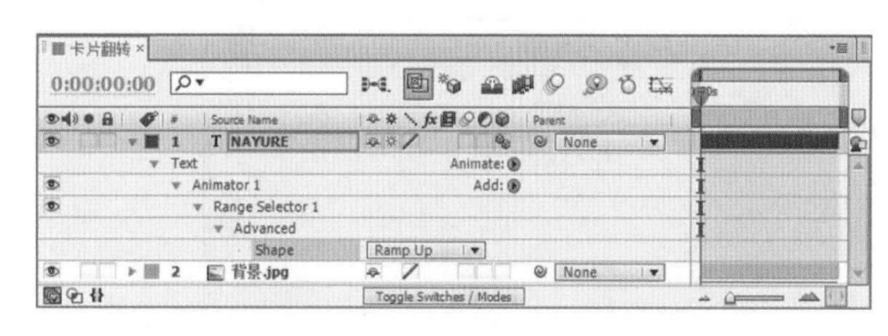

图5.53　设置Advanced(高级)选项组中的参数

(5) 在Animator1(动画1) 选项下，设置Scale(缩放)的值为400%，Opacity(不透明度)的值为0%，Y Rotation(Y轴旋转)的值为-1x，Blur(模糊)的值为5，如图5.54所示。

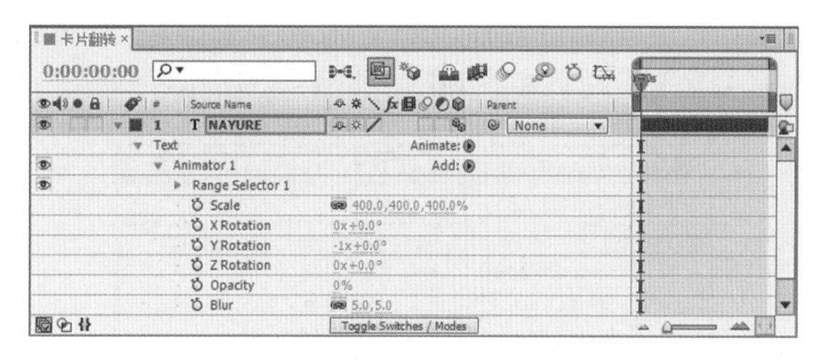

图5.54　设置参数

(6) 调整时间到00:00:00:00帧的位置，展开Range Selector1(范围选择器)选项，设置Offset(偏移)的值为-100%，单击Offset(偏移)左侧的码表按钮，在此位置设置关键帧，如图5.55所示。

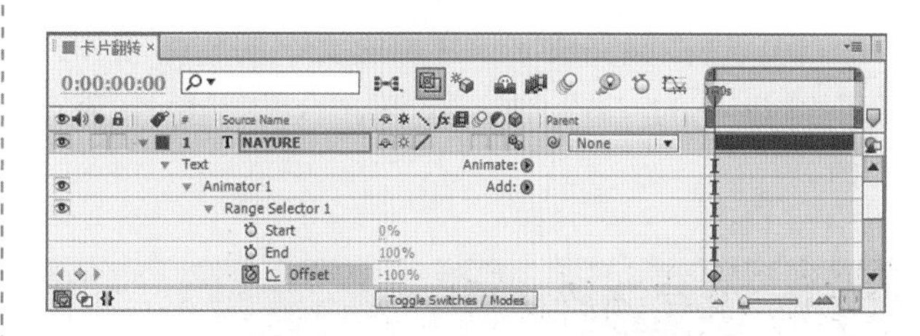

图5.55　设置参数，添加关键帧

(7) 调整时间到00:00:05:00帧的位置，设置Offset(偏移)的值为100%，系统自动添加关键帧，如图5.56所示。

(8) 选择文字层，在Effects & Presets(效果和预置)面板中展开Generate(创造)特效组，双击Ramp(渐变)特效，如图5.57所示。

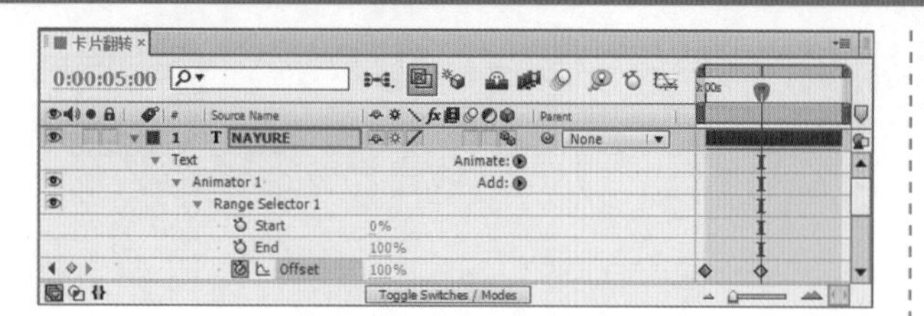

图5.56　添加关键帧

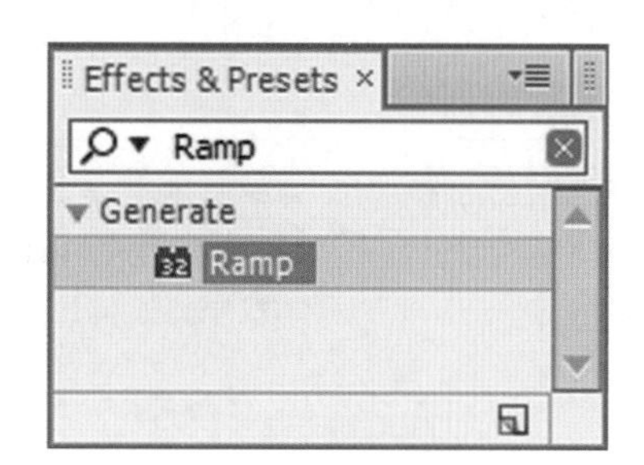

图5.57　添加特效

(9) 在Effects & Presets(效果和预置)面板中修改Ramp(渐变)特效参数，设置Start of Ramp(渐变开始)的值为(112，156)，Start Color (起始颜色)为淡蓝色(H：154；S：100；B：86)，End of Ramp(渐变结束)的值为(606，272)，End Color(结束颜色)为黄色(H：51；S：76；B：100)，如图5.58所示。

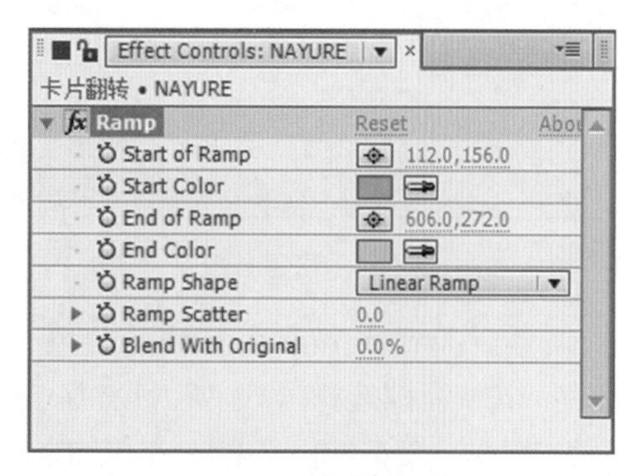

图5.58　设置渐变参数

(10) 这样就完成了卡片翻转文字的整体制作，按小键盘上的“0”键，即可在合成窗口中预览动画。

5.6　文字飞舞动画

实例说明

本例主要讲解利用CC Particle World(CC粒子仿真世界)特效制作文字飞舞动画效果，完成的动画流程画面如图5.59所示。

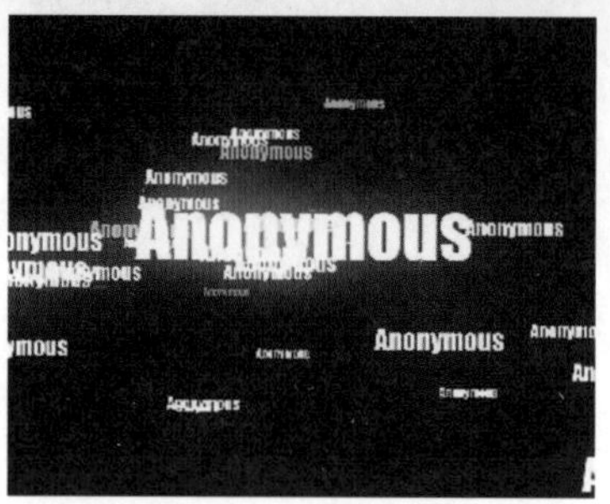

图5.59　动画流程画面

学习目标

掌握CC Particle World(CC粒子仿真世界)的使用。

操作步骤

(1) 执行菜单栏中的Composition(合成)| New Composition(新建合成)命令，打开Composition Settings(合成设置)对话框，设置Composition Name(合成名称)为“文字飞舞动画”，Width(宽)为“720”，Height(高)为“576”，Frame Rate(帧率)为“25”，并设置Duration(持续时间)为00:00:05:00秒。

(2) 执行菜单栏中的Layer(层)|New(新建)|Text(文本)命令，输入“Anonymous”。在Character(字符)面板中，设置文字字体为Impact，字号为86px，字体颜色为白色，合成窗口效果如图5.60所示。

图5.60　设置字体后的效果

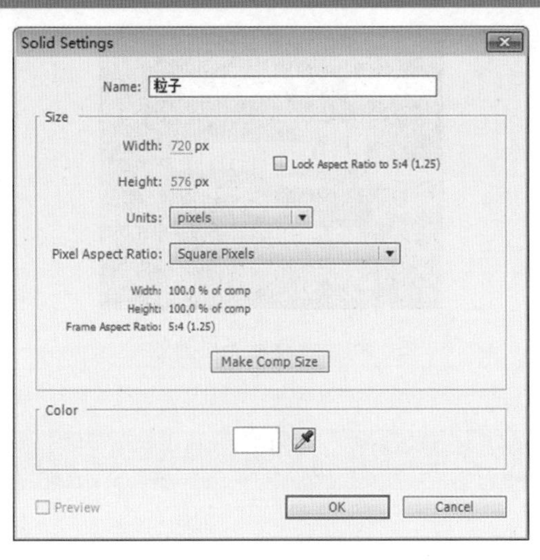

图5.61　设置固态层

(3) 执行菜单栏中的Layer(层)|New(新建)|Solid(固态层)命令，打开Solid Settings(固态层设置)对话框，设置Name(名称)为“粒子”，Color(颜色)为白色，如图5.61所示。

(4) 为“粒子”层添加CC Particle World(CC粒子仿真世界)特效。在Effects & Presets(效果和预置)面板中展开Simulation(模拟)特效组，然后双击CC Particle World(CC粒子仿真世界)特效。

(5) 在Effect Controls(特效控制)面板中，修改CC Particle World(CC粒子仿真世界)特效的参数，设置Birth Rate(出生速率)的值为0.3，Longevity(寿命)的值为1.49；展开Producer(产生点)选项组，设置Radius X(X轴半径)的值为1.195，Radius Y(Y轴半径)的值为0.41，Radius Z(Z轴半径)的值为3.445，如图5.62所示。

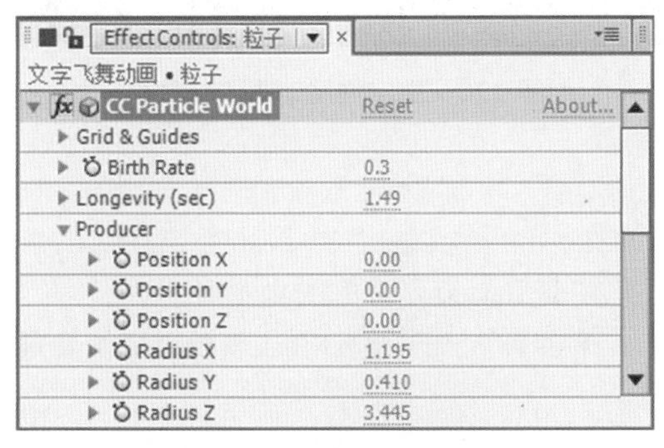

图5.62　设置发生器参数

(6) 展开Physics(物理学)选项组，设置Velocity(速率)的值为0.31，Gravity(重力)的值为0，如图5.63所示。

(7) 展开Particle(粒子)选项组，从Particle Type(粒子类型)下拉列表框中选择Textured QuadPolygon(纹理方形)选项；展开Texture(材质)选项组，从Texture Layer(材质层)下拉列表框中选择“2.Anonymous”，设置Rotation Speed(旋转速度)的值为0，Initial Rotation(初始旋转)的值为0，Birth Size(生长大小)的值为5.51，Death Size(消逝大小)的值为2，Size Variation(大小变化)的值为85%，Max Opacity(最大不透明度)的值为85%，如图5.64所示；合成窗口效果如图5.65所示。

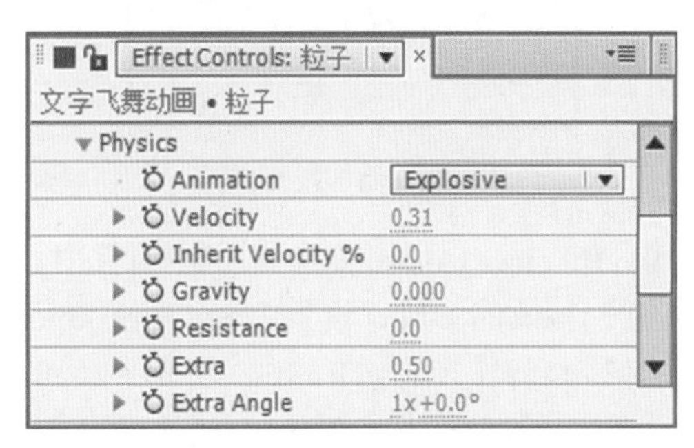

图5.63　设置物理性参数

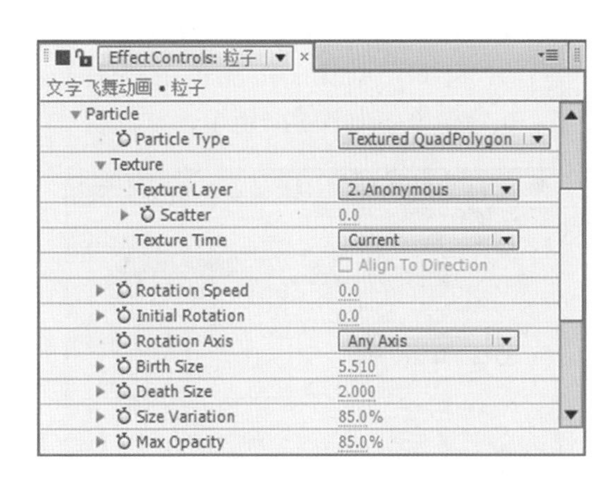

图5.64　设置粒子参数

图5.65　设置参数后效果

(8) 执行菜单栏中的Layer(层)|New(新建)|Solid(固态层)命令，打开Solid Settings(固态层设置)对话框，设置Name(名称)为“发光”，Color(颜色)为白色。

(9) 为“发光”层添加Glow(发光)特效。在Effects & Presets(效果和预置)面板中展开Stylize(风格化)特效组，然后双击Glow(发光)特效，如图5.66所示。

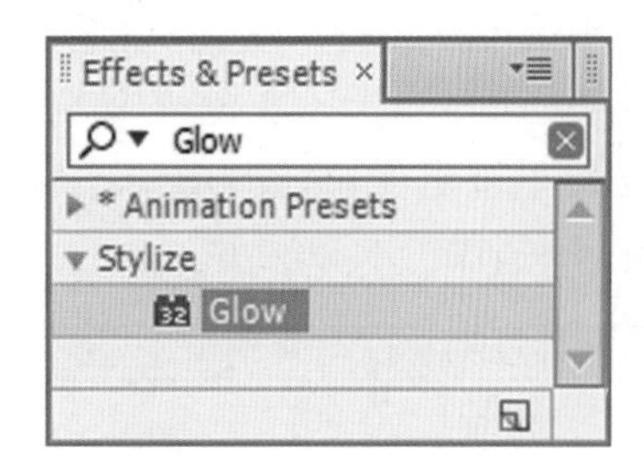

图5.66　添加发光特效

(10) 在Effect Controls(特效控制)面板中，修改Glow(发光)特效的参数，设置Glow Threshold(发光阈值)的值为40%，Glow Radius(发光半径)的值为116，Glow Intensity(发光强度)的值为1.2，从Glow Colors(发光色)下拉列表框中选择A & B Colors(A和B颜色)选项，设置Color A(颜色 A)为黄色(R：255；G：243；B：108)，Color B(颜色 B)为红色(R：227；G：0；B：0)，如图5.67所示。

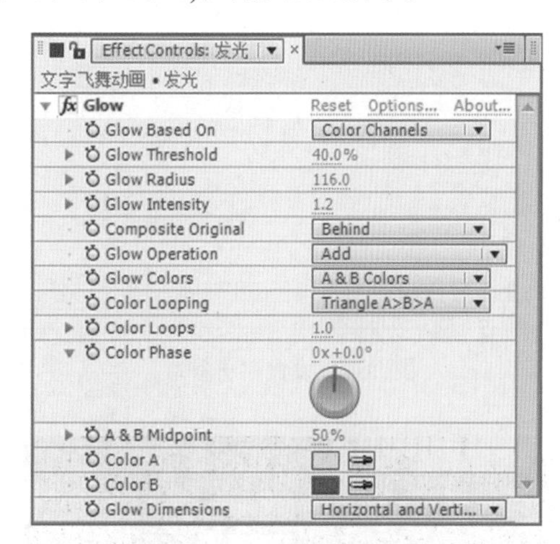

图5.67　设置发光参数

(11) 在时间线面板中，开启“发光”层的作用于下一层功能，如图5.68所示；合成窗口效果如图5.69所示。

(12) 这样就完成了文字飞舞动画的整体制作，按小键盘上的“0”键，即可在合成窗口中预览动画。

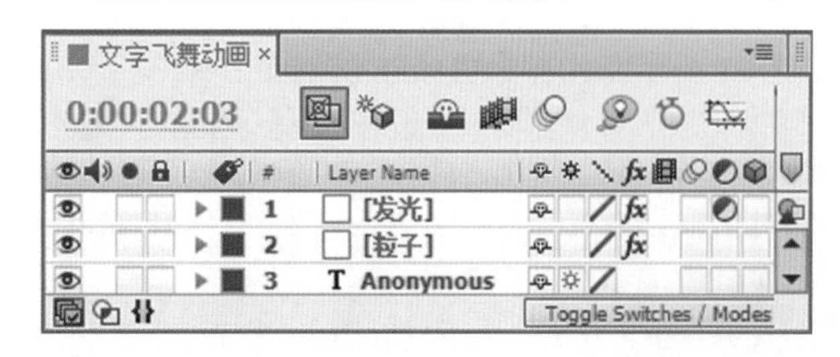

图5.68　设置作用于下一层功能

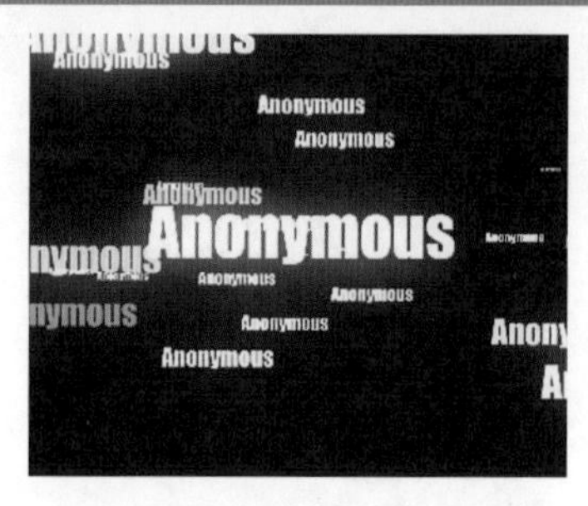

图5.69　设置发光后的效果

5.7　文字拖尾

实例说明

本例主要讲解利用Starglow(星光)特效制作文字拖尾效果。本例最终的动画流程效果如图5.70所示。

图5.70　文字拖尾动画流程效果

学习目标

1. 掌握Starglow(星光)特效的使用。

2. 掌握Horizontal Type Tool(横排文字工具)T的使用。

3. 掌握Ellipse Tool(椭圆工具)的使用。

操作步骤

5.7.1　新建合成

(1) 执行菜单栏中的Composition(合成)| New

Composition(新建合成)命令，打开Composition Settings(合成设置)对话框，设置Composition Name(合成名称)为“文字拖尾”，Width(宽)为“720”，Height(高)为“576”，Frame Rate(帧率)为“25”，并设置Duration(持续时间)为00:00:02:00秒，如图5.71所示。

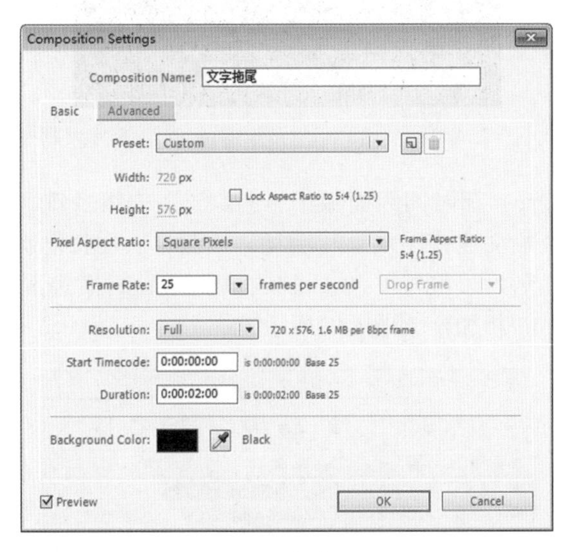

图5.71　合成设置

(2) 单击OK(确定)按钮，在Project(项目)面板中将会创建一个名为“文字拖尾”的合成，在Project(项目)面板中双击打开Import File(导入文件)对话框，打开配套光盘中的“工程文件\第5章\文字拖尾\背景.jpg”素材，单击打开按钮，将素材导入到项目面板中，导入后，将“背景.jpg”拖曳进时间线面板，效果如图5.72所示。

图5.72　导入素材

5.7.2　制作文字拖尾动画

(1) 为“哈利波特”图层绘制遮罩，单击工具栏中的Ellipse Tool(椭圆工具)按钮，在“文字拖尾”合成窗口中，绘制椭圆遮罩，如图5.73所示。

图5.73　绘制椭圆遮罩

提示

使用椭圆工具绘制椭圆遮罩后可以双击遮罩选区，按Shift键进行等比例缩放选区操作。

(2) 在时间线面板中，按两次M键，打开“哈利波特”图层的遮罩参数，设置Mask Feather(遮罩羽化)的值为(300，300)，设置Mask Expansion(遮罩扩展)的值为120，如图5.74所示。此时的画面效果如图5.75所示。

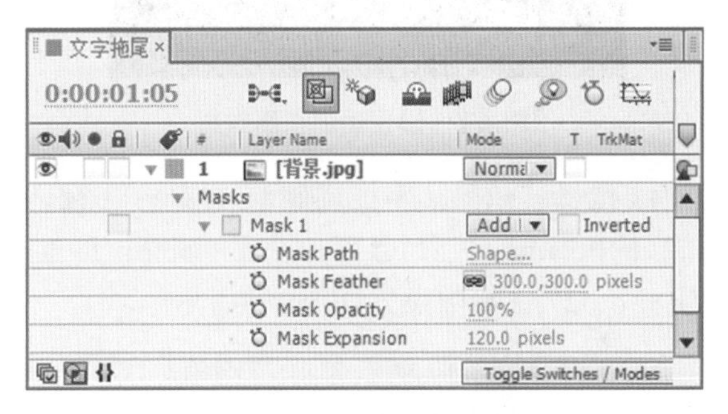

图5.74　设置遮罩羽化的值

图5.75　设置遮罩羽化后的画面效果

(3) 创建文字。单击工具栏中的Horizontal Type Tool(横排文字工具)T按钮，输入文字“炫酷文字拖尾效果”。按Ctrl + 6组合键，打开Character(字符)面板，设置字体为FZWeiBei-S03S，Fill Color(填充颜色)为淡黄色(R：233；G：233；B：220)，字符大小为72px，字符间距为-30，参数设置如图5.76所示，画面效果如图5.77所示。

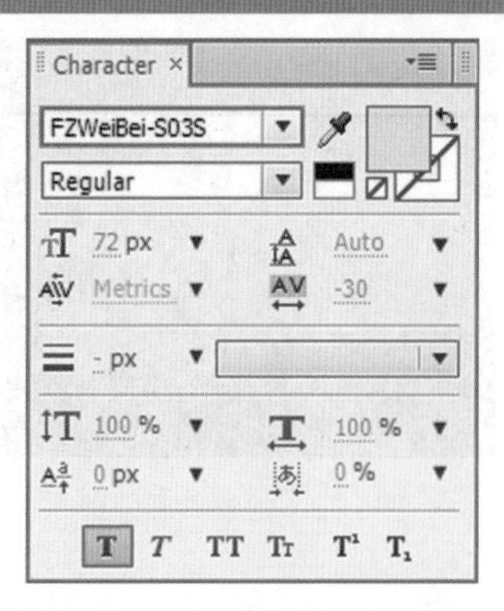

图5.76　字符面板参数设置

图5.77　设置后的画面效果

(4) 选择“炫酷文字拖尾效果”层，按P键，打开该层的Position(位置)选项，设置Position(位置)的值为(82，327)，参数设置如图5.78所示。

图5.78　调整文字层的位置

(5) 选择“炫酷文字拖尾效果”层，在Effects & Presets(效果和预置)面板中展开Perspective(透视)特效组，双击Drop Shadow(阴影)特效，如图5.79所示。默认效果如图5.80所示。

图5.79　添加投影特效

图5.80　投影效果

(6) 在时间线面板中，按Ctrl + D组合键，将“炫酷文字拖尾效果”层复制一层，然后将复制层重命名为“拖尾”，并将其右侧的Mode(模式)修改为Add(相加)，如图5.81所示。

图5.81　复制图层

(7) 为“拖尾”层添加Starglow(星光)特效。在Effects & Presets(效果和预置)面板中展开Trapcode特效组，然后双击Starglow(星光)特效，如图5.82所示。添加后的画面效果如图5.83所示。

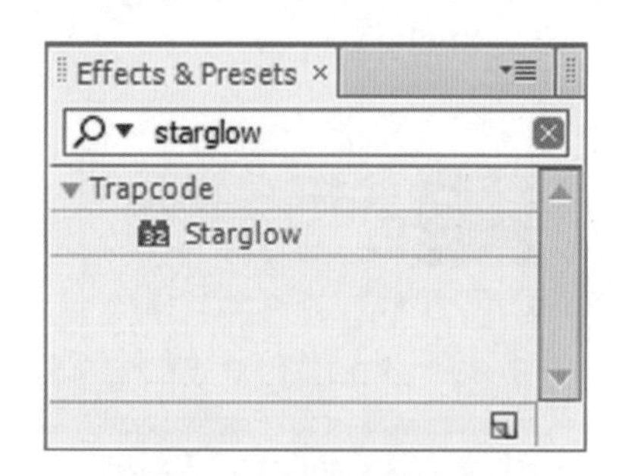

图5.82　添加星光特效

图5.83　添加后的画面效果

(8) 在Effect Controls(特效控制)面板中，修改Starglow(星光)特效的参数，在Input Channel(输入通道)右侧的下拉列表框中选择Alpha(通道)，设置Streak Length(闪光长度)的值为15，Boost Light(光线亮度)的值为70，然后展开Individual Lengths(单个光线长度)选项组，设置Left(左侧)的值为7，其他参数都设置为0，参数设置如图5.84所示，此时的画面效果如图5.85所示。

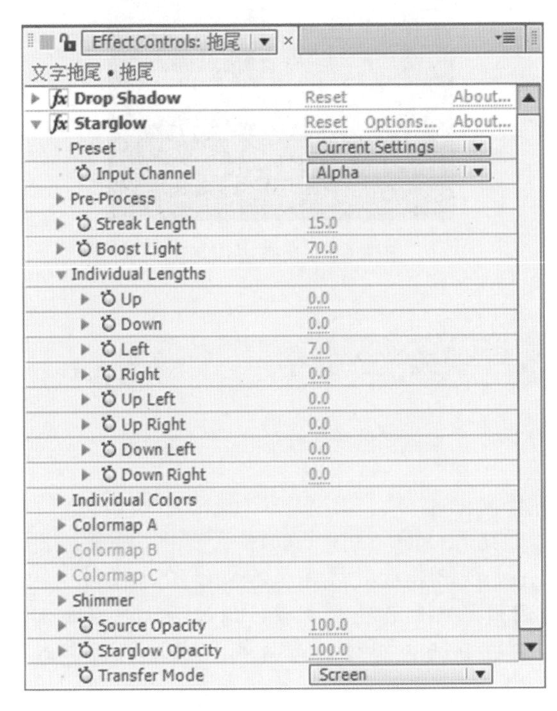

图5.84　为星光设置参数

图5.85　拖尾效果

(9) 单击👁隐藏“拖尾”层，再选择“炫酷文字拖尾效果”层，单击工具栏中的Rectangle Tool(矩形工具)□按钮，在“文字拖尾”合成窗口中，绘制矩形遮罩，如图5.86所示。

(10) 将时间调整到00:00:00:00帧的位置，然后在时间线面板中，按M键，打开Mask Path(遮罩路径)选项，然后单击Mask Path(遮罩路径)左侧的码表⏱按钮，在当前位置设置关键帧，如图5.87所示。

图5.86　绘制矩形遮罩

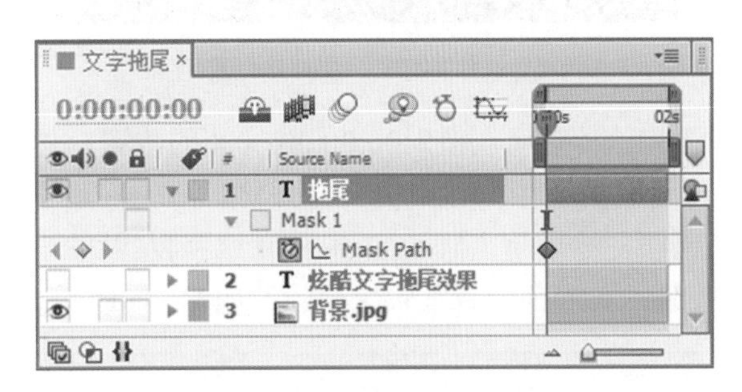

图5.87　为遮罩路径设置关键帧

(11) 将时间调整到00:00:01:24帧的位置，将矩形移到右侧，如图5.88所示。

图5.88　移动矩形

提示

在修改矩形遮罩的形状时，可以使用Selection Tool(选择工具)，在遮罩的边框上双击，使其出现选框，然后拖动选框的控制点，修改矩形遮罩的形状。

(12) 为“拖尾”层绘制矩形遮罩。选择“拖尾”层，单击“拖尾”层前面的👁取消隐藏，再单击工具栏中的Rectangle Tool(矩形工具)□按钮，选择“炫酷文字拖尾效果”层，在合成窗口中，绘制矩形遮罩，如图5.89所示。

图5.89 为“拖尾”层绘制矩形遮罩

(13) 将时间调整到00:00:00:00帧的位置，然后在时间线面板中，按M键，打开Mask Path(遮罩路径)选项，然后单击Mask Path(遮罩路径)左侧的码表按钮，在当前位置设置关键帧，如图5.90所示。

图5.90 在00:00:00:00帧设置关键帧

(14) 将时间调整到00:00:01:24帧的位置，修改Mask Path(遮罩路径)的位置，如图5.91所示。

图5.91 修改Mask Path(遮罩路径)的位置

(15) 显示所有层，这样就完成了“文字拖尾”的整体制作，按小键盘上的“0”键，在合成窗口中预览动画，其中几帧效果如图5.92所示。

图5.92 动画流程画面

5.8 螺旋飞入文字

实例说明

本例主要讲解螺旋飞入文字动画的制作。首先利用蒙版制作亮光背景，通过为文字层添加文本属性制作出文字的螺旋飞入效果，通过添加Shine(光)特效制作出文字的扫光，完成最终动画制作。本例最终的动画流程效果如图5.93所示。

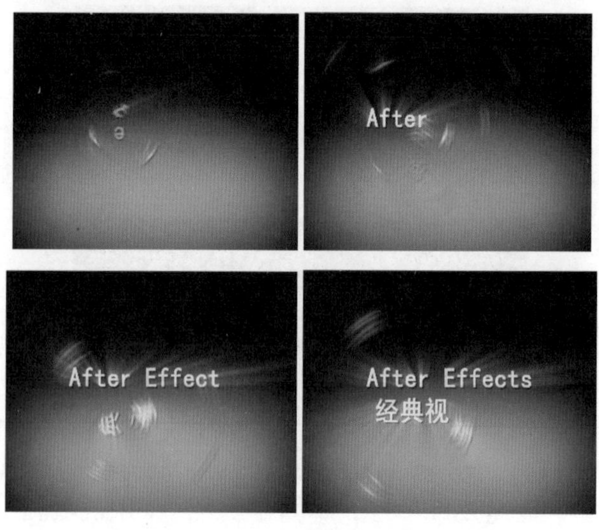

图5.93 螺旋飞入文字最终动画流程效果

学习目标

1.学习利用蒙版制作亮光背景的方法。

2.学习利用 Animate Text(动画文本)制作螺旋飞入文字动画的方法。

3.掌握利用Shine(光)特效添加文字特效光的技巧。

操作步骤

5.8.1　新建合成

(1) 执行菜单栏中的Composition(合成)| New Composition(新建合成)命令，打开Composition Settings(合成设置)对话框，设置Composition Name(合成名称)为“螺旋飞入的文字”，设置Width(宽)为“720”，Height(高)为“576”，Frame Rate(帧率)为“25”，并设置Duration(持续时间)为00:00:04:00秒，如图5.94所示。

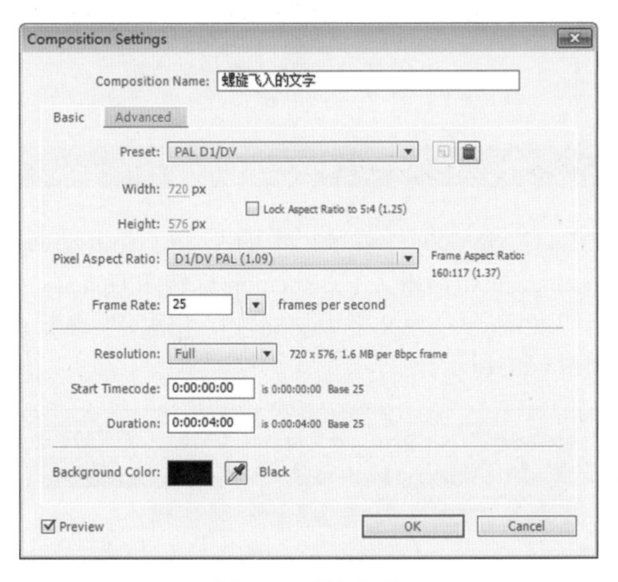

图5.94　建立合成

(2) 按Ctrl + Y组合键，打开Solid Settings(固态层设置)对话框，设置Name(名称)为“背景层”，Color(颜色)为蓝色(R：0；G：192；B：255)，如图5.95所示。

(3) 单击工具栏中的Ellipse Tool(椭圆工具)按钮，在合成窗口中，绘制椭圆蒙版，如图5.96所示。

(4) 在时间线面板中，按F键，打开Mask Feather(蒙版羽化)选项，设置Mask Feather(蒙版羽化)的值为(200，200)，如图5.97所示。

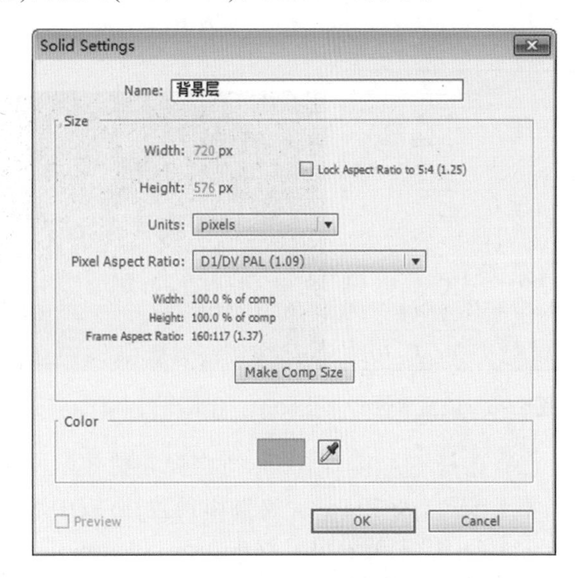

图5.95　建立固态层

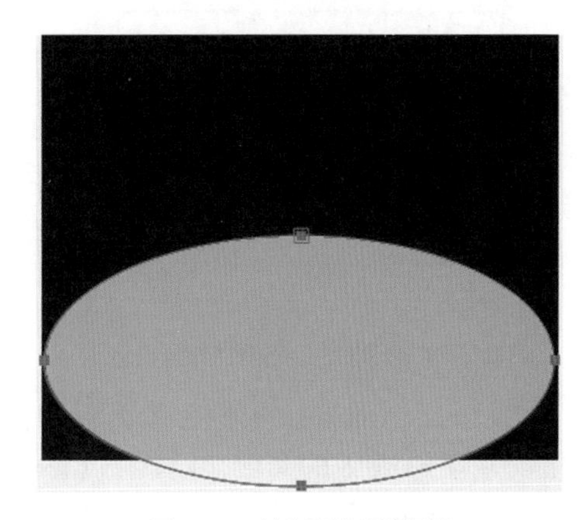

图5.96　绘制椭圆形蒙版

图5.97　设置属性

5.8.2　添加文字层及特效

(1) 单击工具栏中的Horizontal Type Tool(横排文字工具)按钮，输入文字“After Effects经典视频特效”，设置字体为SimHei，Fill Color(填充颜色)为黄色(R：255；G：210；B：0)，大小为

65px，并单击Faux Bold(粗体) **T** 按钮，如图5.98所示；此时合成窗口中的文字效果如图5.99所示。

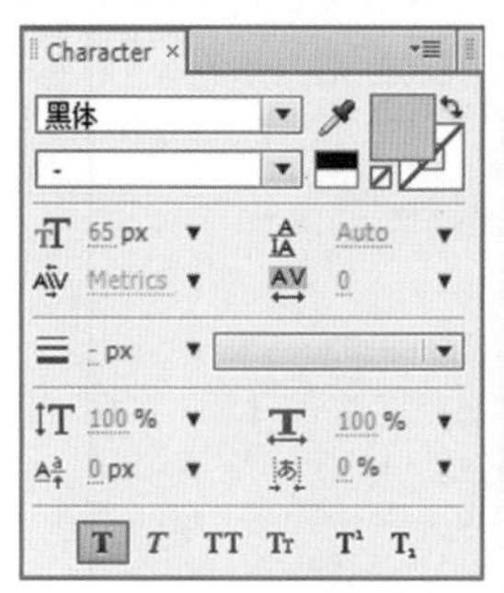

图5.98 设置属性

图5.99 合成窗口中的文字效果

(2) 选择“After Effects经典视频特效”文字层，在Effects & Presets(效果和预置)面板中展开Perspective(透视)特效组，双击Drop Shadow(阴影)特效，如图5.100所示。

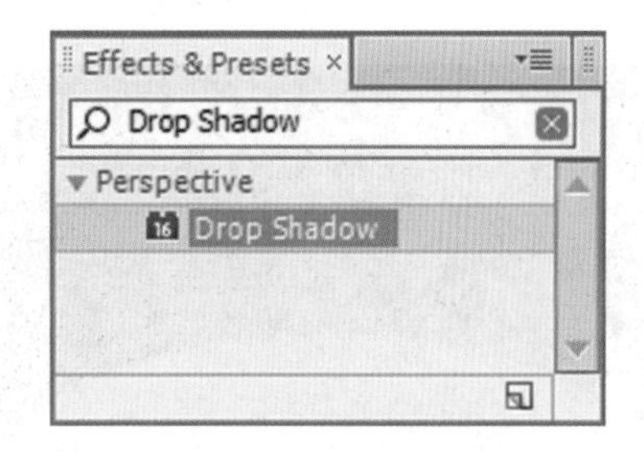

图5.100 添加特效

(3) 在Effect Controls(特效控制)面板中，修改Drop Shadow(阴影)特效的参数，设置Softness(柔化)的值为4，如图5.101所示。

(4) 在Effects & Presets(效果和预置)面板中展开Trapcode特效组，双击Shine(光)特效，如图5.102所示。

(5) 将时间调整到00:00:00:00帧的位置，在Effect Controls(特效控制)面板中，修改Shine(光)特效的参数，单击Source Point(源点)左侧的码表 ⏱ 按钮，在当前位置设置关键帧，并修改Source Point(源点)的值为(60，288)；展开Colorize(着色)选项组，在Colorize(着色)下拉列表框中选择None(无)选项；然后在Transfer Mode(转换模式)下拉列表框中选择Add(相加)，如图5.103所示。

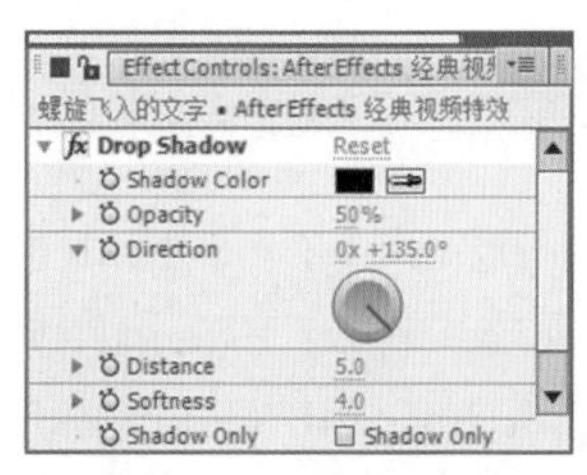

图5.101 设置特效参数

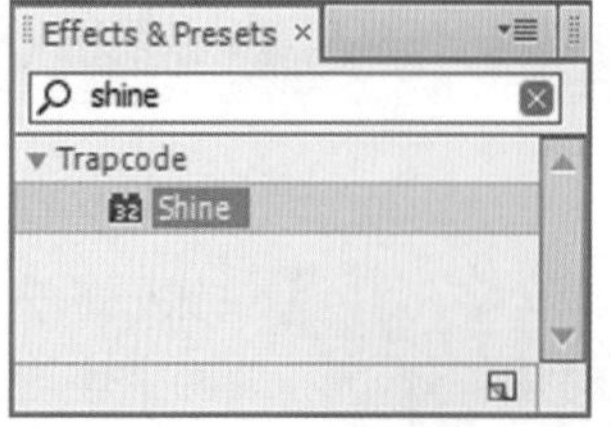

图5.102 添加特效

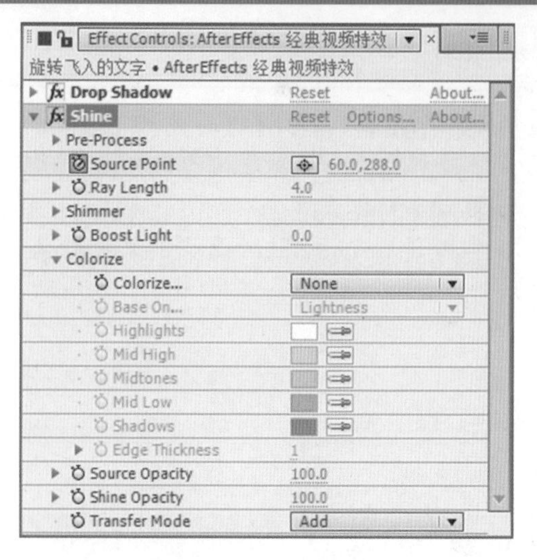

图5.103 设置参数

(6) 将时间调整到00:00:03:24帧的位置，修改Source Point(源点)的值为(360，288)，如图5.104所示。

图5.104 设置光属性的关键帧动画

5.8.3 建立文字动画

(1) 分别执行菜单栏中的Animation(动画)| Animate Text(动画文本)| Rotation(旋转)和Opacity(不透明度)命令，为文字添加旋转和不透明度参数，如图5.105所示。

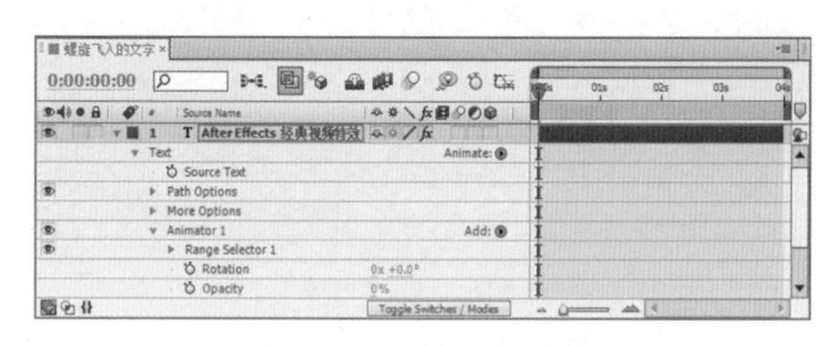

图5.105 添加文字动画

(2) 将时间调整到00:00:00:00帧的位置，展开“After Effects经典视频特效”层的More Options(更多选项)选项组，从Anchor Point Grouping(定位点编组)下拉列表框中选择Line(线性)，设置Grouping Alignment(编组对齐)的值为(-46，0)；展开Animator1(动画1) |Range Selector1(范围选择器1) 选项组，设置End(结束)的值为68%，Offset(偏移)的值为-55%，Rotation(旋转)的值为4x，单击

Offset(偏移)左侧的码表按钮，在当前位置设置关键帧，如图5.106所示。

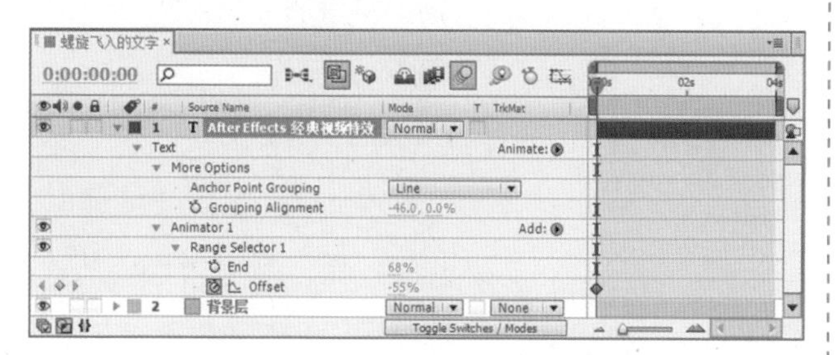

图5.106　设置文字动画的关键帧

(3) 将时间调整到00:00:03:10帧的位置，修改Offset(偏移)的值为100%；展开Advanced(高级)选项组，从Shape(形状)下拉列表框中选择Ramp Up(上倾斜)，如图5.107所示。此时拖动时间滑块可看到动画，效果如图5.108所示。

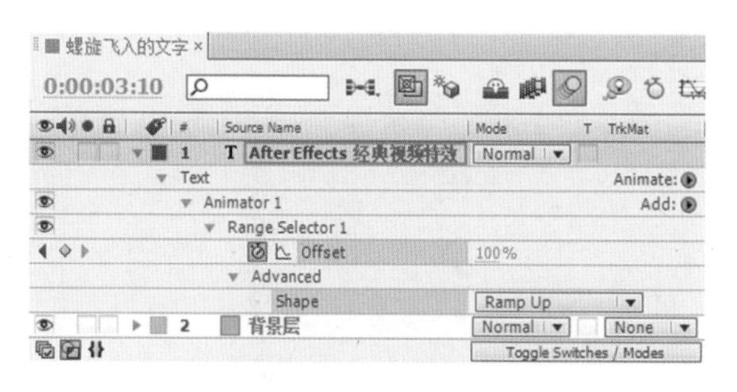

图5.107　设置文字属性

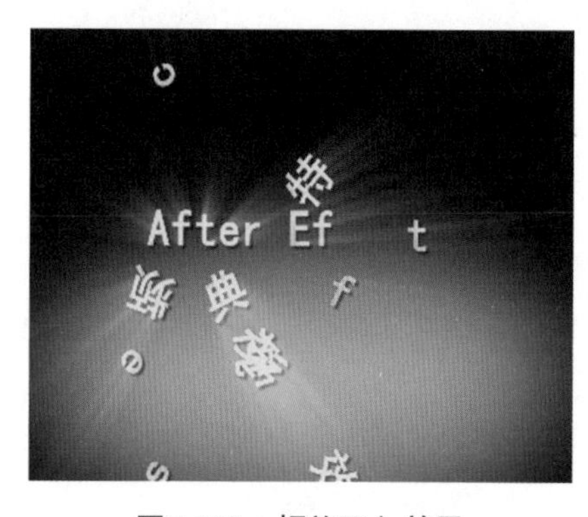

图5.108　螺旋飞入效果

(4) 在时间线面板中，首先单击“After Effects经典视频特效”右侧属性区的运动模糊图标，打开运动模糊选项，然后再打开时间线面板中间部分的运动模糊开关按钮，如图5.109所示；设置动态模糊后的效果如图5.110所示。

图5.109　开启动态模糊

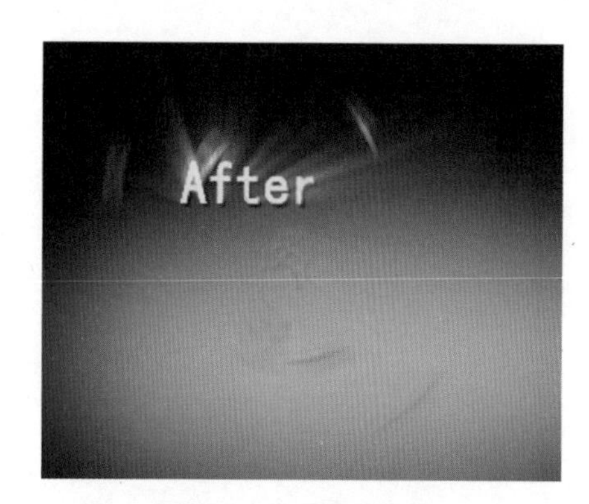

图5.110　画面效果

(5) 这样就完成了“螺旋飞入文字”的整体制作，按小键盘上的“0”键，在合成窗口中预览动画，如图5.111所示。

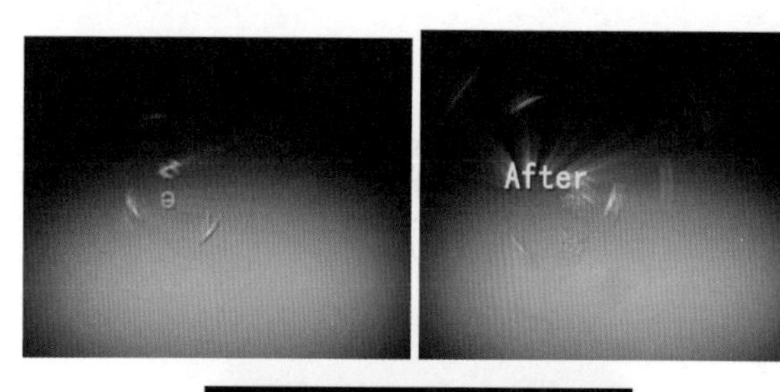

图5.111　螺旋飞入文字动画效果

AE

第6章

色彩控制与素材抠像

内容摘要

在影视制作中，进行图像的处理时经常需要对图像颜色进行调整，色彩的调整主要是通过对图像的明暗、对比度、饱和度以及色相的调整，来达到改善图像质量的目的，以更好地控制影片的色彩信息，制作出理想的视频画面效果。本章重点讲解色彩控制与素材抠像的应用技巧。

教学目标

- 掌握Change to Color(改变到颜色)特效改变颜色的方法。
- 掌握Color Balance(HLS)(色彩平衡(HLS))特效给图片替换颜色。
- 学习Color Key(色彩键)特效的抠图应用。
- 学习4-Color Gradient(四色渐变)特效给图片调色的方法。

6.1 色彩调整动画

实例说明

本例主要讲解利用Color Balance(HLS)(色彩平衡(HLS))特效制作色彩调整动画效果。本例最终的动画流程效果如图6.1所示。

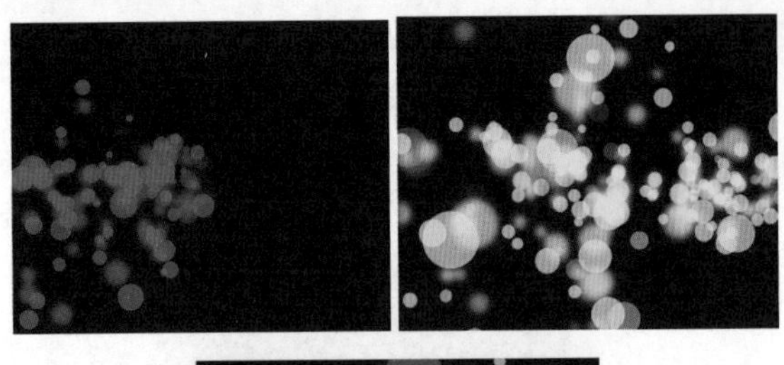

图6.1 动画流程画面

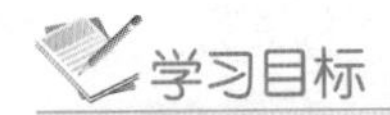

学习目标

掌握Color Balance(HLS)(色彩平衡(HLS))特效的使用。

操作步骤

(1) 执行菜单栏中的File(文件)|Open Project(打开项目)命令，选择配套光盘中的“工程文件\第6章\色彩调整动画\色彩调整动画练习.aep”文件，将文件打开。

(2) 在Timeline(时间线)面板中，选择“视频”层，然后在Effects & Presets(效果和预置)面板中展开Color Correction(色彩校正)选项，最后双击Color Balance(HLS)(色彩平衡(HLS))特效。

(3) 在Effect Controls(特效控制)面板中，修改Color Balance(HLS)(色彩平衡(HLS))特效的参数，将时间调整到00:00:00:15帧的位置，设置Hue(色调)的值为95，单击Hue(色调)左侧的码表按钮，在当前位置设置关键帧。

(4) 将时间调整到00:00:01:15帧的位置，设置Hue(色调)的值为148；将时间调整到00:00:02:11帧的位置，设置Hue(色调)的值为220；将时间调整到00:00:01:15帧的位置，设置Hue(色调)的值为252，系统会自动设置关键帧，如图6.2所示，合成窗口效果如图6.3所示。

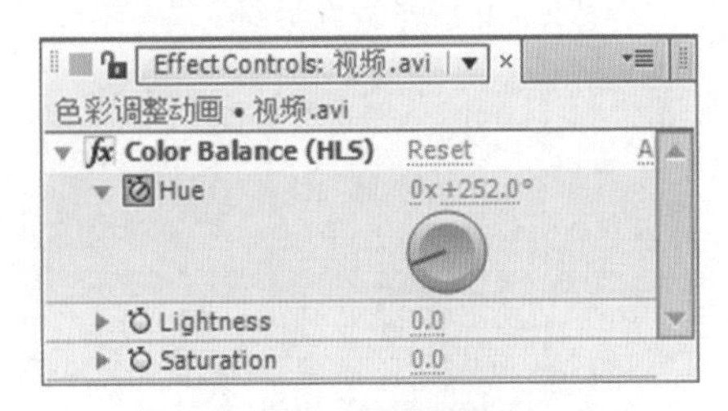

图6.2 设置关键帧

图6.3 设置关键帧后的效果

(5) 这样就完成了色彩调整动画的整体制作，按小键盘上的“0”键，即可在合成窗口中预览动画。

6.2 改变影片颜色

实例说明

本例主要讲解利用Change to Color(改变到颜色)特效制作改变影片颜色效果。本例最终的动画流程效果如图6.4所示。

图6.4 动画流程画面

学习目标

掌握Change to Color(改变到颜色)特效的使用。

操作步骤

(1) 执行菜单栏中的File(文件)|Open Project(打开项目)命令，选择配套光盘中的“工程文件\第6章\改变影片颜色\改变影片颜色练习.aep”文件，将文件打开。

(2) 为“动画学院大讲堂.mov”层添加Change to Color(改变到颜色)特效。在Effects & Presets(效果和预置)面板中展开Color Correction(色彩校正)特效组，然后双击Change to Color(改变到颜色)特效。

(3) 在Effects Controls(特效控制)面板中，修改Change to Color(改变到颜色)特效的参数，设置From(从)为蓝色(R：0；G：55；B：235)，如图6.5所示，合成窗口效果如图6.6所示。

图6.5　设置参数

图6.6　设置参数后的效果

(4) 这样就完成了改变影片颜色的整体制作，按小键盘上的“0”键，即可在合成窗口中预览动画。

6.3　色彩键抠像

实例说明

下面通过实例讲解利用Color Key(色彩键)特效键控抠像的方法及操作技巧。本例最终的动画流程效果如图6.7所示。

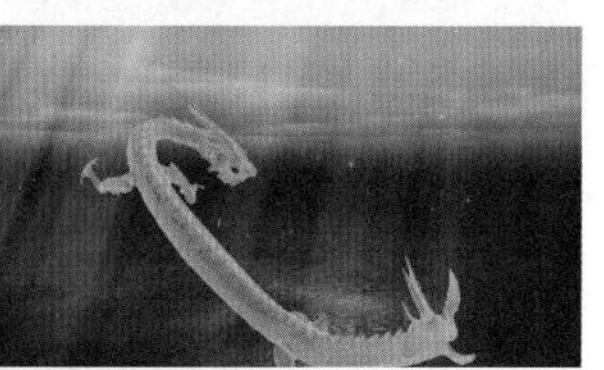

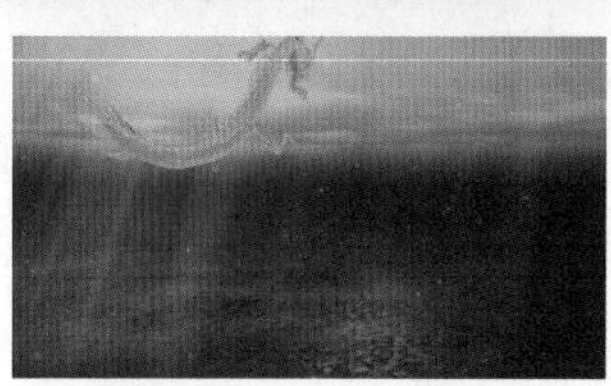

图6.7　动画流程画面

学习目标

掌握Color Key(色彩键)特效的使用。

操作步骤

(1) 导入素材。执行菜单栏中的File(文件)|Import(导入)| File(文件)命令，或按Ctrl + I组合键，打开Import File(导入文件)对话框，选择配套光盘中的“工程文件\ 第6章 \ 色彩键抠像 \水背景.avi、龙.mov”文件，以“水背景.avi”为合成，然后将其添加到时间线面板中，选择“龙.mov”按S键，设置Scale(缩放)值为(110，110)，如图6.8所示。

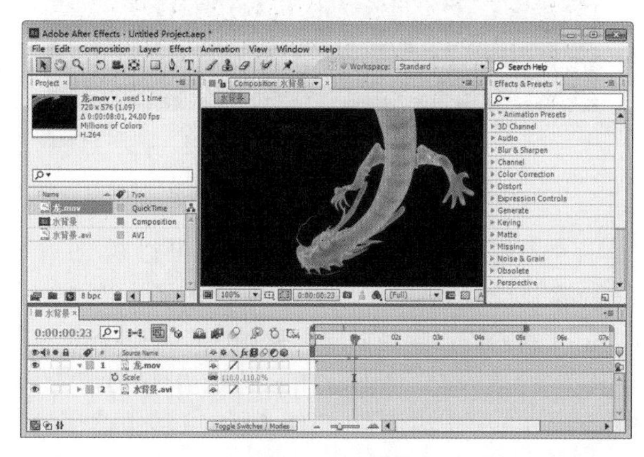

图6.8　添加素材

(2) 在时间线面板中，确认选择“红鲤鱼”层，然后在Effects & Presets(效果和预置)面板中展开Keying(键控)选项，然后双击Color Key(色彩键)特效，如图6.9所示。

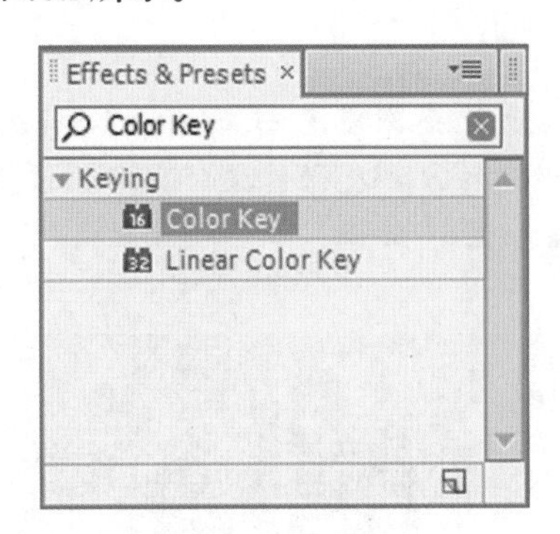

图6.9 双击特效

(3) 此时，该层图像就应用了Color Key(色彩键)特效，打开Effect Controls(特效控制)面板，可以看到该特效的参数设置，如图6.10所示。

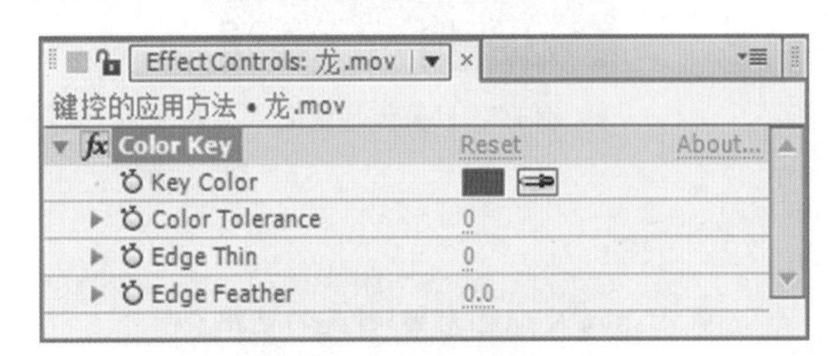

图6.10 特效控制面板

(4) 单击Color Key(色彩键)右侧的吸管工具，然后在合成窗口中单击素材上的白色部分，吸取白色，如图6.11所示。

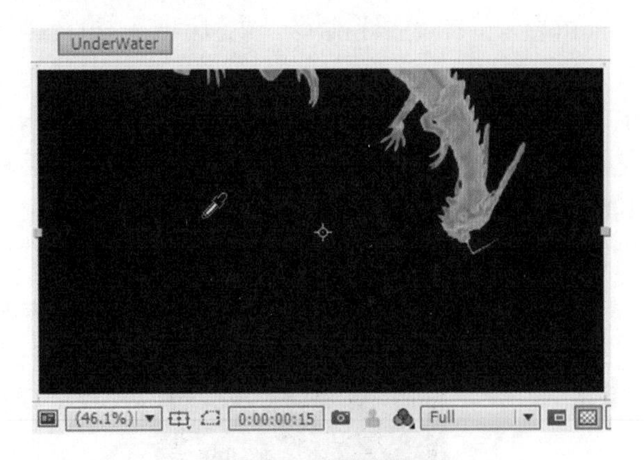

图6.11 吸取颜色

(5) 使用吸管吸取颜色后，可以看到有些白色部分已经透明，可以看到背景了，在Effect Controls(特效控制)面板中，修改Color Tolerance(颜色容差)的值为45，Edge Thin(边缘薄厚)的值为1，Edge Feather(边缘羽化)的值为1，以制作柔和的边缘效果，如图6.12所示。

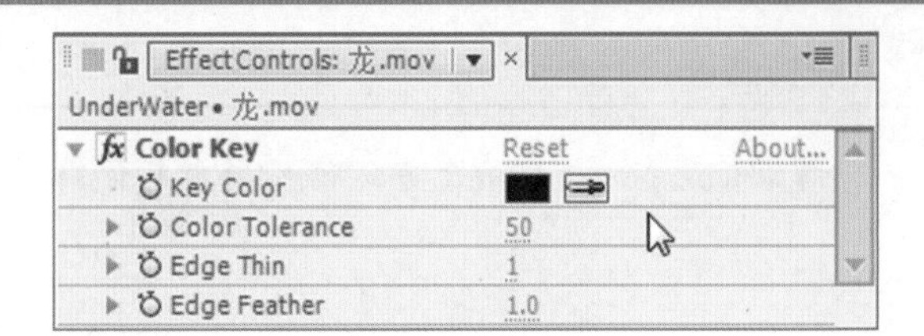

图6.12 修改参数

(6) 这样，利用键控中的Color Key(色彩键)特效完成抠像，因为素材本身是动画，可以预览动画效果，其中几帧的画面如图6.13所示。

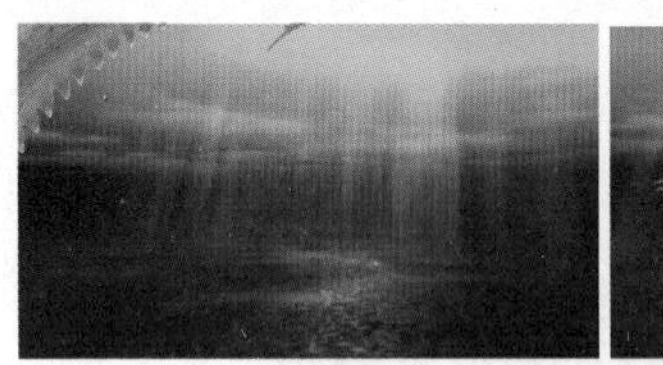
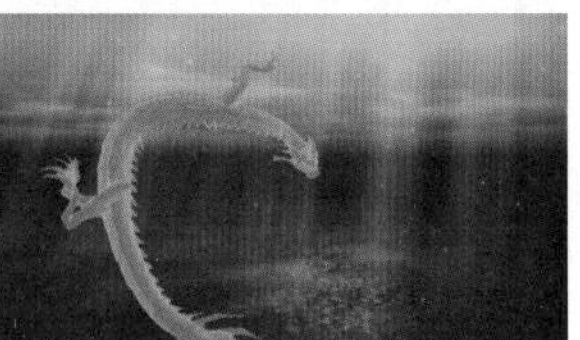
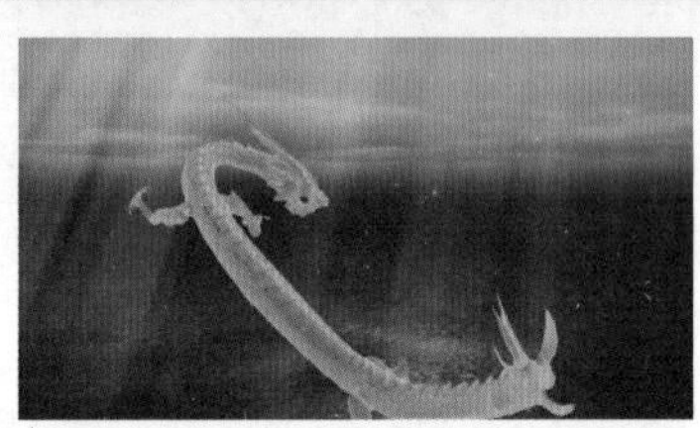

图6.13 键控应用中的几帧画面效果

6.4 彩色光效

实例说明

本例主要讲解利用4-Color Gradient(四色渐变)特效制作彩色光效效果，完成的动画流程画面如图6.14所示。

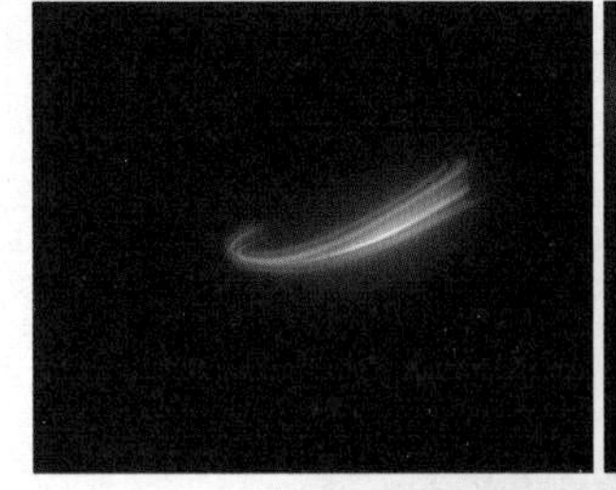
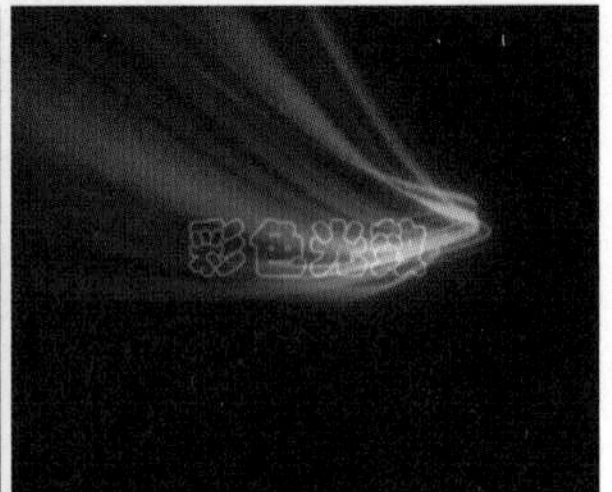

图6.14 动画流程画面

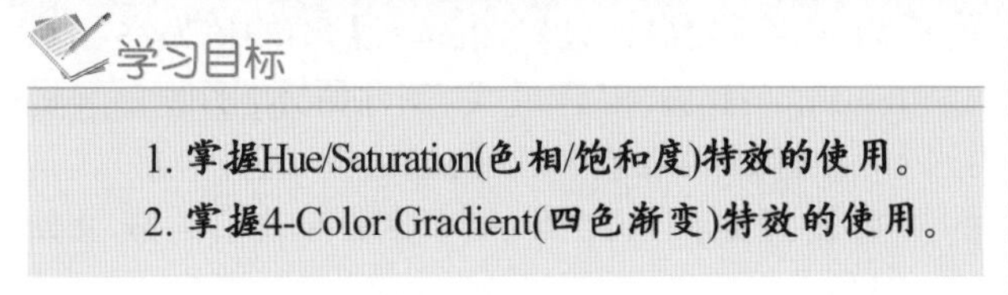

学习目标

1. 掌握Hue/Saturation(色相/饱和度)特效的使用。
2. 掌握4-Color Gradient(四色渐变)特效的使用。

操作步骤

6.4.1　导入素材

(1) 执行菜单栏中的Composition(合成)| New Composition(新建合成)命令，打开Composition Settings(合成设置)对话框，设置Composition Name(合成名称)为“彩色光效”，Width(宽)为“352”，Height(高)为“288”，Frame Rate(帧率)为“25”，并设置Duration(持续时间)为6秒，如图6.15所示。

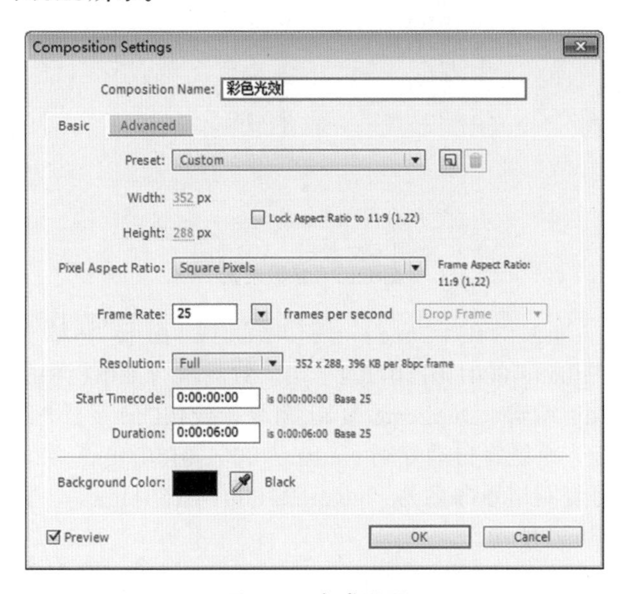

图6.15　合成设置

(2) 执行菜单栏中的File(文件)| Import(导入)| File(文件)命令，或在Project(项目)面板中双击，打开Import File(导入文件)对话框，选择配套光盘中的“工程文件\第6章\彩色光效\guang\guang.0001.tga”素材，在打开的Import File(导入文件)对话框中选中Targa Sequence(TGA 序列)复选框，如图6.16所示。

(3) 单击【打开】按钮，此时将打开Interpret Footage：guang.[0001-0150].tga对话框，在Alpha(透明)通道选项组中选中Premultiplied-Matted With Color单选按钮，设置颜色为黑色，将素材黑色背景抠除，如图6.17所示。

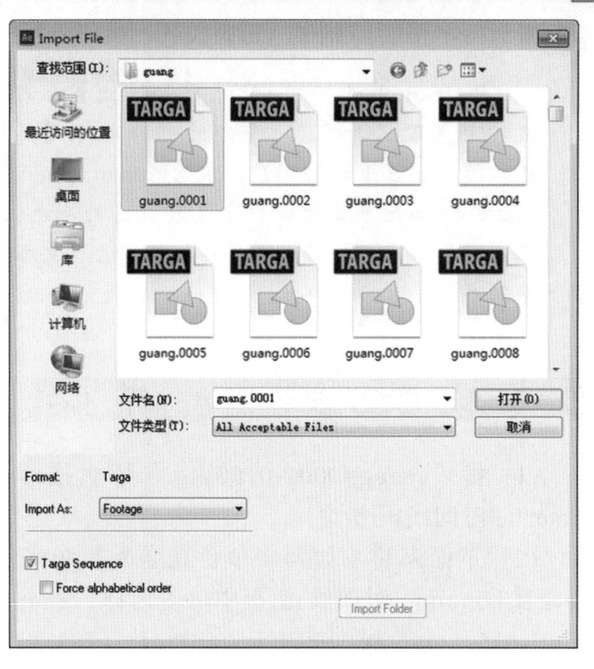

图6.16　导入TGA序列图

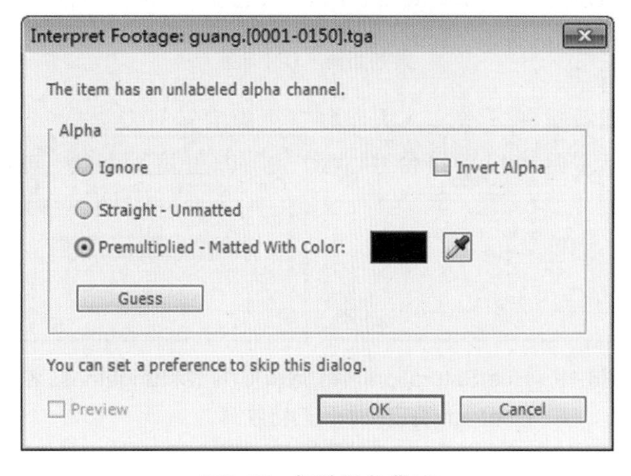

图6.17　抠除黑色背景

(4) 单击OK(确定)按钮，素材将以序列的方式导入项目库中，导入后的效果如图6.18所示。

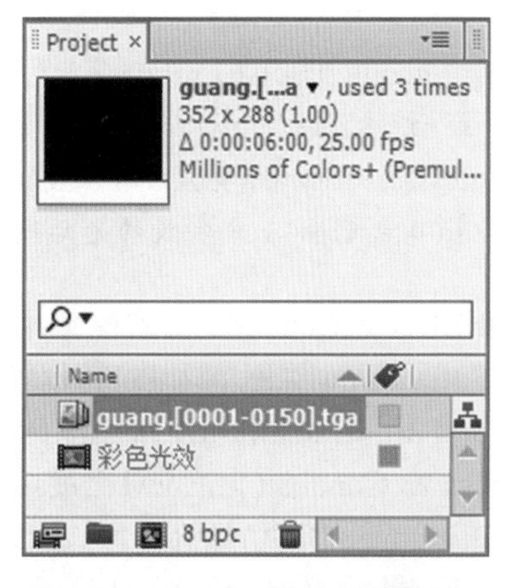

图6.18　TGA序列导入后的效果

提示

Premultiplied-Matted With Color单选按钮右边的颜色默认为黑色，若抠除的颜色不是黑色，可以单击颜色块，在弹出的Premultiplied-Matte-Color拾色器对话框中选取所需的颜色，或用颜色块右侧的【吸管工具】直接吸取要抠除的颜色。

6.4.2 制作彩色光效

(1) 将“guang.[0001-0150].tga”素材拖动到Timeline(时间线)面板中。

(2) 下面来讲解如何将单色光变为彩色光。首先在Timeline(时间线)面板中单击选择“guang.[0001-0150].tga”层，在Effects & Presets(效果和预置)面板中展开Color Correction(色彩校正)特效组，然后分别双击Hue/Saturation(色相/饱和度)特效和Brightness & Contrast(亮度&对比度)特效，如图6.19所示。

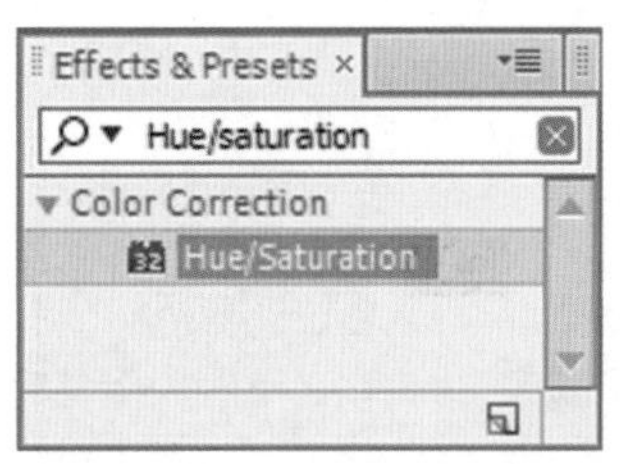

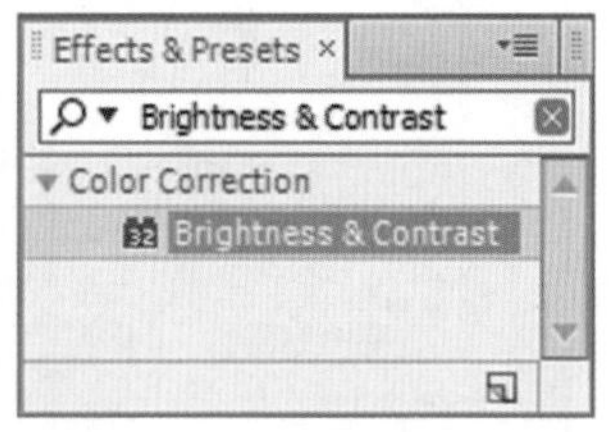

图6.19 Hue/Saturation(色相/饱和度)特效和Brightness & Contrast(亮度&对比度)特效

(3) 在Effects & Presets(效果和预置)面板中展开Generate(创造)特效组，然后双击4-Color Gradient(四色渐变)特效。

提示

为“guang.[0001-0150].tga”素材加特效时要注意Hue/Saturation(色相/饱和度)、Brightness & Contrast(亮度&对比度)和4-Color Gradient(四色渐变)三个特效的先后顺序。

(4) 在Effects Controls(特效控制)面板中，首先为Hue/Saturation(颜色/饱和度)特效设置参数，设置Master Saturation(饱和度)的值为-100；然后为Brightness & Contrast(亮度&对比度)特效设置参数，设置Brightness(亮度)的值为19，Contrast(对比度)的值为41；最后为4-Color Gradient(四色渐变)特效设置参数，设置Point1的值为(100，34)，Point2的值为(179，69)，Point3的值为(48，102)，Point4的值为(169，126)，设置Blend(混合)的值为33；单击Blending Mode(混合模式)下方的 None 按钮，在打开的菜单中选择Multiply(正片叠底)。具体参数设置如图6.20所示，添加特效后的效果如图6.21所示。

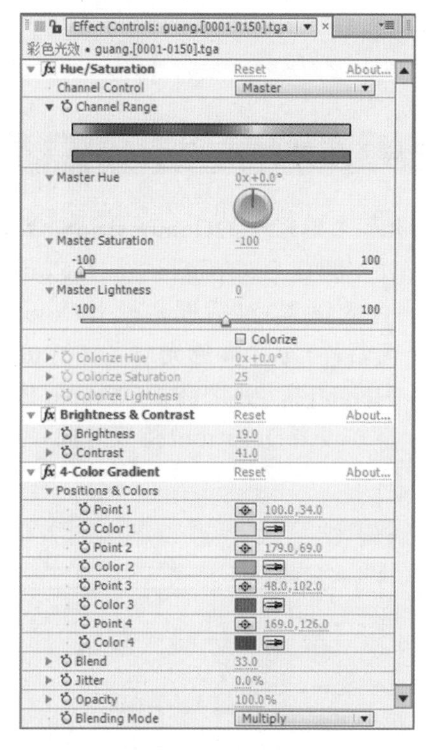

图6.20 参数设置

图6.21 添加特效后的效果

(5) 在Timeline(时间线)面板中单击“guang[0001-0150].tga”层，然后执行菜单栏中的Edit(编辑)| Duplicate(复制)命令，或按Ctrl + D快捷键，系统将自动复制“guang.[0001-0150].tga”层，将复制层重命名为“guang2.[0001-0150].tga”，如图6.22所示。

(6) 修改“guang2.[0001-0150].tga”层Brightness & Contrast(亮度&对比度)特效的参数，设置Contrast(对比度)的值为15。修改4-Color Gradient(四色渐变)特效的参数，将Blending Mode(混合模式)修改为Color(颜色)。具体参数设置如图6.23所示，效果如图6.24所示。

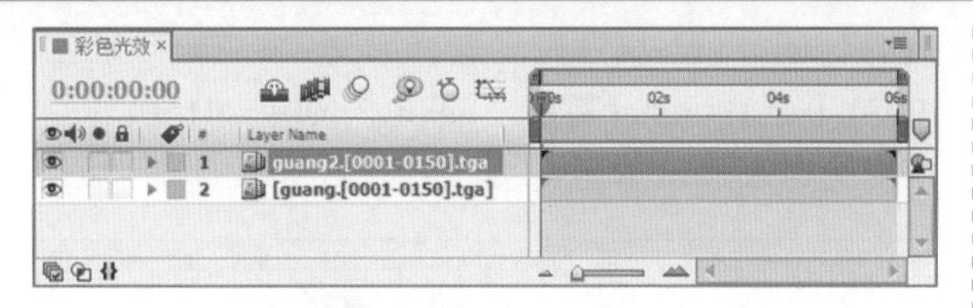

图6.22　复制图层“guang2.[0001-0150].tga”

Effect Controls: guang2.[0001-0150].tga
彩色光效 • guang2.[0001-0150].tga
Hue/Saturation　Reset　About
Brightness & Contrast　Reset　About
Brightness　19.0
Contrast　15.0
4-Color Gradient　Reset　About
Positions & Colors
Point 1　159.0,125.0
Color 1
Point 2　194.0,115.0
Color 2
Point 3　151.0,159.0
Color 3
Point 4　180.0,146.0
Color 4
Blend　33.0
Jitter　0.0%
Opacity　100.0%
Blending Mode　Color

图6.23　参数设置

图6.24　效果图

(7) 在Timeline(时间线)面板中，将“guang2.[0001-0150].tga”层的Mode(模式)修改为Linear Light(线性光)，将“guang.[0001-0150].tga”的Mode(模式)修改为Classic Color Dodge(典型颜色减淡)，如图6.25所示。

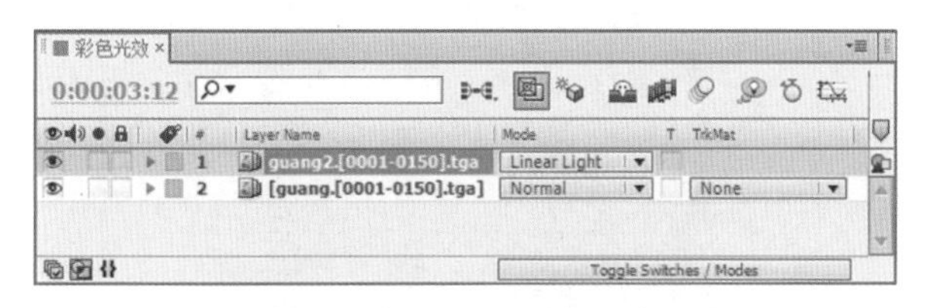

图6.25　修改各层的Mode(模式)

(8) 制作完以上步骤后光效变为彩色，添加特效前的画面效果与添加特效后的画面效果的对比如图6.26、图6.27所示。

图6.26　添加特效前的效果　图6.27　添加特效后的效果

6.4.3　添加Solid(固态层)

(1) 在Timeline(时间线)面板中的空白处右击鼠标，在弹出的快捷菜单中选择New(新建)| Solid(固态层)命令，此时将打开Solid Settings(固态层设置)对话框。

除了在Timeline(时间线)面板中的空白处右击鼠标，在弹出的快捷菜单中选择New(新建)| Solid(固态层)命令外，还可以按Ctrl＋Y组合键，快速创建固态层。

(2) 单击OK(确定)按钮，将创建的Solid(固态层)放在Timeline(时间线)面板的顶层。

(3) 为Solid(固态层)添加4-Color Gradient(四色渐变)，设置Point 1的值为(189，201)，Point 2的值为(139，18)，Point 3的值为(-49，187)，Point 4的值为(260，108)；添加Brightness & Contrast(亮度&对比度)特效，设置Brightness(亮度)的值为-90.0，Contrast(对比度)的值为38。具体参数设置如图6.28所示，效果如图6.29所示。

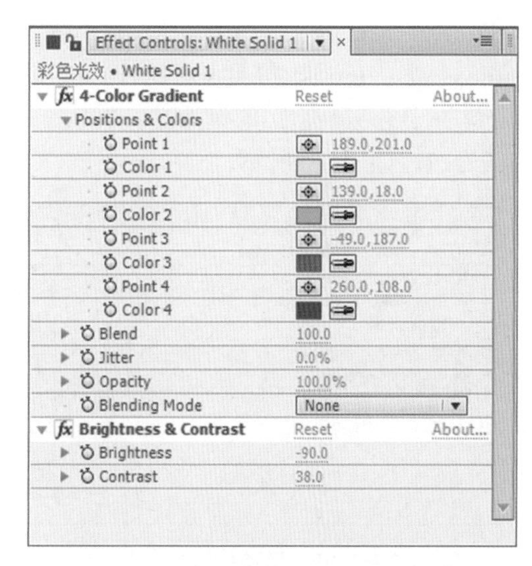

图6.28　Solid(固态层)特效的参数设置

图6.29　效果图

(4) 将Solid(固态层)的Mode(模式)修改为Add(叠加)。修改后的效果如图6.30所示。

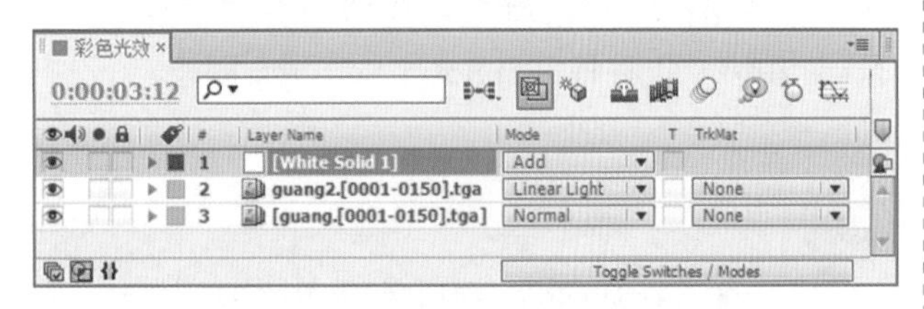

图6.30　Mode(模式)修改为Add(叠加)

(5) 复制“guang2.[0001-0150].tga”层，将其放在Timeline(时间线)面板的顶层，并重命名为“guang3.[0001-0150].tga”，将“guang3.[0001-0150].tga”的Mode(模式)改为Normal(正常)，如图6.31所示。

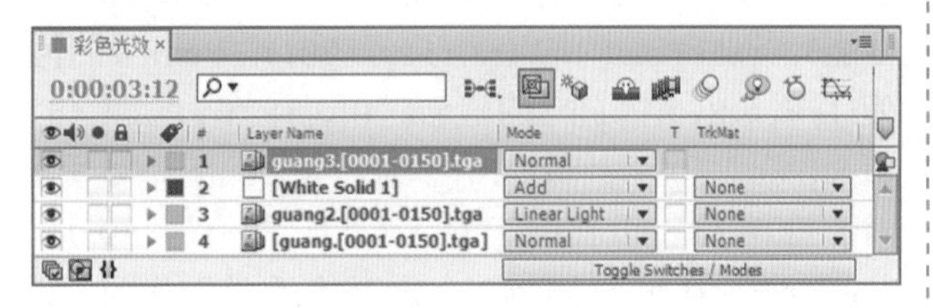

图6.31　复制“guang3.[0001-0150].tga”层

(6) 为“guang3.[0001-0150].tga”层的Brightness & Contrast(亮度&对比度)特效设置参数，设置Brightness(亮度)的值为25，Contrast(对比度)的值为27，如图6.32所示。

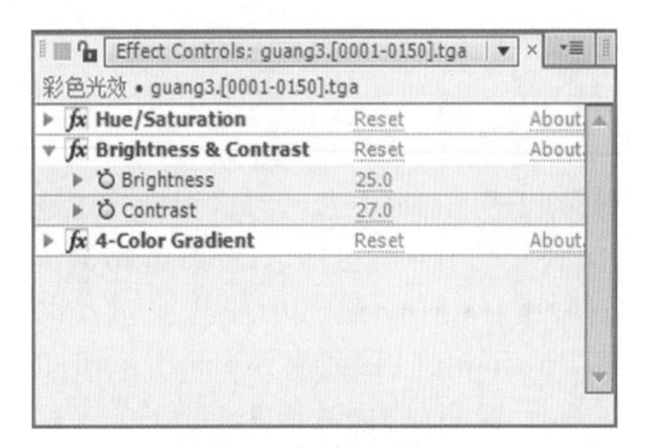

图6.32　设置特效参数

(7) 单击选择Solid(固态层)，在Solid(固态层)右侧的Track Matte属性栏里选择Alpha Matte“guang3.[0001-0150].tga”(利用“guang3.[0001-0150].tga”层的通道来显示本层)，如图6.33所示。

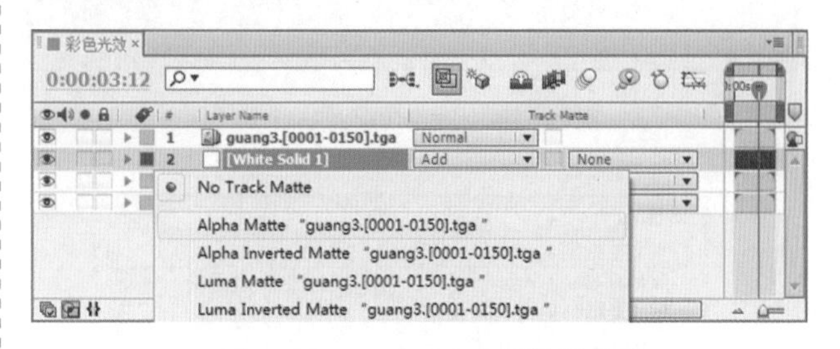

图6.33　Track Matte属性栏设置

(8) 添加Solid(固态层)前的画面效果与添加Solid(固态层)后的画面效果的对比如图6.34、图6.35所示。

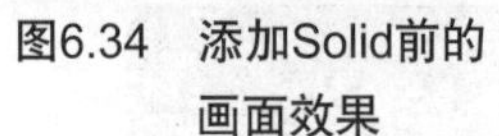

图6.34　添加Solid前的画面效果　　图6.35　添加Solid后的画面效果

6.4.4　添加文字

(1) 在Timeline(时间线)面板选择“guang2.[0001-0150].tga”层，按F3键，打开该层的Effects Controls(特效控制)面板，将时间调整到00:00:03:00帧的位置，单击Point 1、Point 2、Point 3、Point 4前面的码表按钮，为4-Color Gradient(四色渐变)特效在当前位置设置关键帧。具体参数设置如图6.36所示。

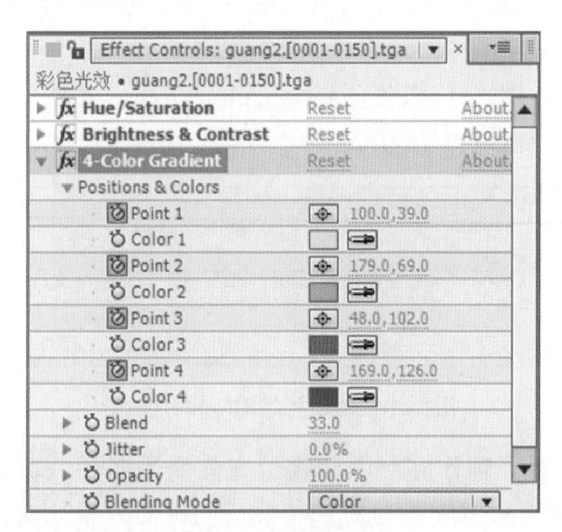

图6.36　设置关键帧

(2) 将时间调整到00:00:01:00帧的位置。设置Point 1的值为(159，125)，Point 2的值为(194，115)，Point 3的值为(151，159)，Point 4的值为(180，146)。具体参数设置如图6.37所示。

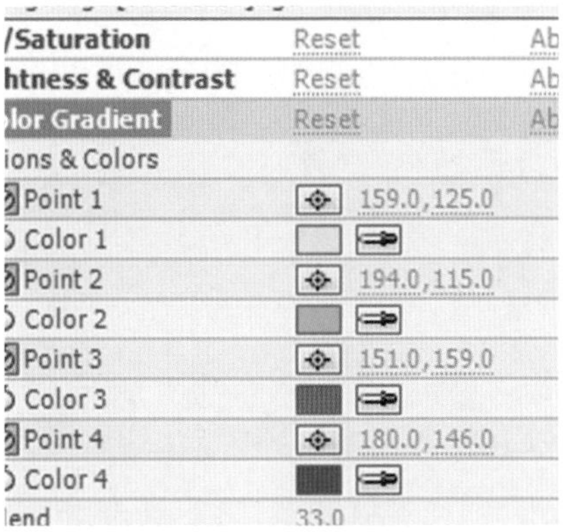

图6.37　添加关键帧

(3) 执行菜单栏中的Layer(图层)|New(新建)|Text(文本)命令，输入“彩色光效”。在Character(字符)面板中，设置文字字体为STCaiyun，字号为36px，字体颜色为白色，参数如图6.38所示，合成窗口效果如图6.39所示。

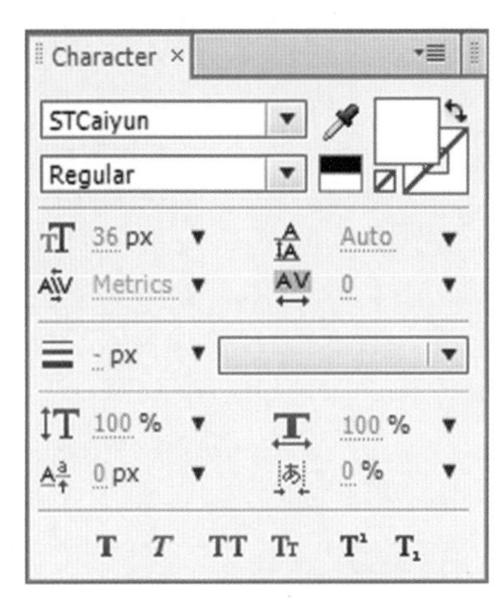

图6.38　设置字体参数

图6.39　设置字体参数后的效果

提示

如果计算机中没有安装此种字体，可以任意选择其他种类的字体。

(4) 将时间调整到00:00:04:07帧的位置。在Timeline(时间线)面板中单击“彩色光效”层，将其拖动到Timeline(时间线)面板的底层，按T键，打开Opacity(不透明度)选项，在当前位置设置关键帧，如图6.40所示。

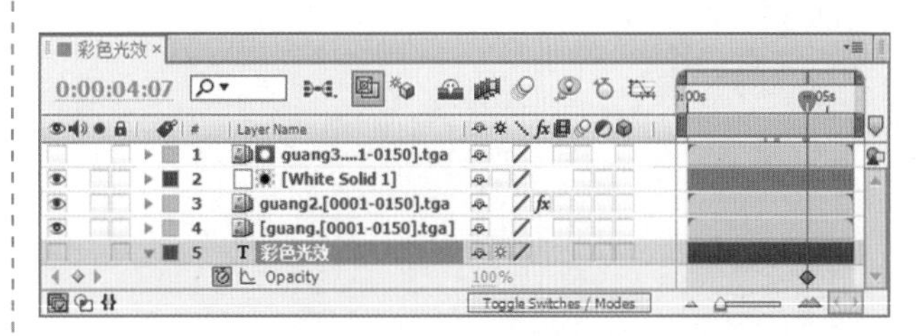

图6.40　设置关键帧

(5) 将时间调整到00:00:03:07帧的位置，在当前位置修改Opacity(不透明度)的参数为0%，系统将在此自动创建关键帧，如图6.41所示。

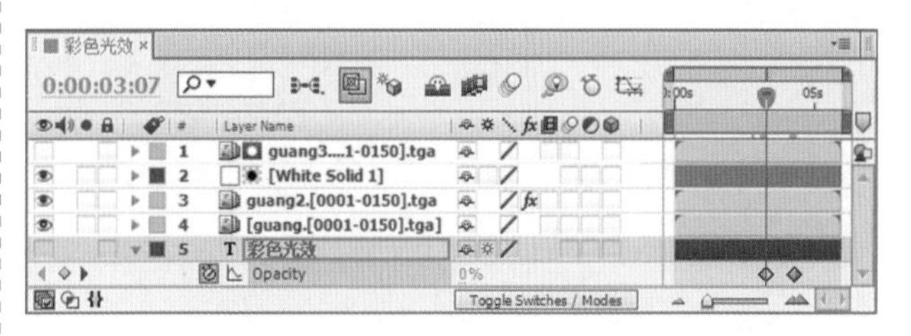

图6.41　在00:00:03:07帧的位置设置关键帧

(6) 这样就完成了“利用4-Color Gradient(四色渐变)特效制作彩色光效”的整体制作，按小键盘上的“0”键，即可在合成窗口中预览动画。

AE

第7章

音频特效的应用

内容摘要

本章主要讲解音频特效的使用方法，Audio Spectrum(声谱)、Audio Waveform(音波)、Radio Waves(无线电波)特效的应用，通过固态层创建音乐波形图，音频参数的修改及设置。

教学目标

- 学习用Audio Spectrum(声谱)制作跳动声波。
- 学习用Audio Waveform(音波)制作电光线。
- 掌握用Radio Waves(无线电波)制作水波浪。
- 掌握音频特效参数的修改。

7.1 电光线效果

实例说明

本例主要讲解利用Audio Waveform(音波)特效制作电光线效果。本例最终的动画流程效果如图7.1所示。

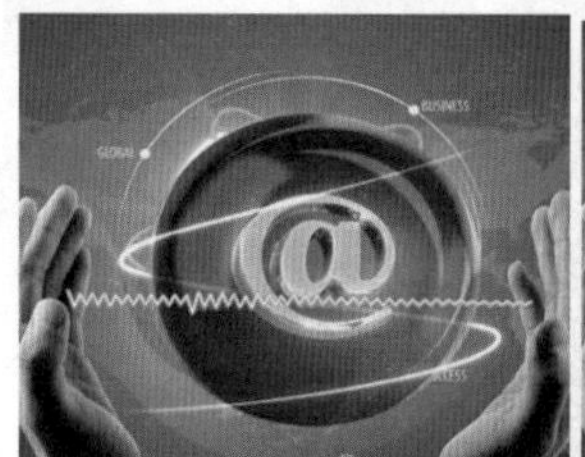
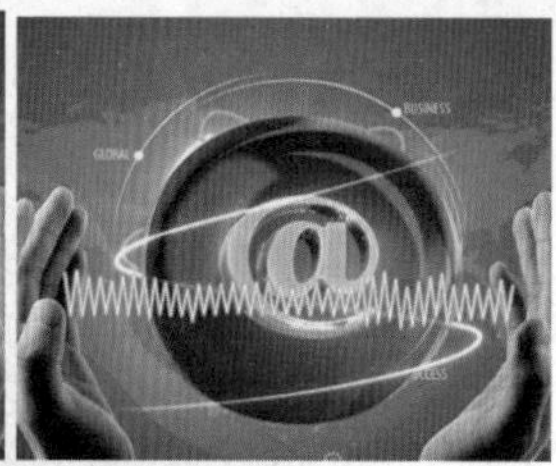

图7.1 动画流程画面

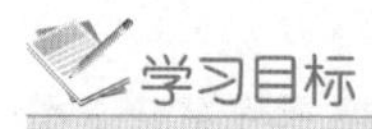

学习目标

掌握Audio Waveform(音波)特效的使用。

操作步骤

(1) 执行菜单栏中的File(文件)|Open Project(打开项目)命令，选择配套光盘中的“工程文件\第7章\电光线效果\电光线效果练习.aep”文件，将“电光线效果练习.aep”文件打开。

(2) 执行菜单栏中的Layer(层)|New(新建)|Solid(固态层)命令，打开Solid Settings(固态层设置)对话框，设置Name(名称)为“电光线”，Color(颜色)为黑色。

(3) 为“电光线”层添加Audio Waveform(音波)特效。在Effects & Presets(效果和预置)面板中展开Generate(创造)特效组，然后双击Audio Waveform(音波)特效。

(4) 在Effect Controls(特效控制)面板中，修改Audio Waveform(音波)特效的参数，在Audio Layer(音频层)下拉列表框中选择“1.音频.mp3”，设置Start Point(开始点)的值为(64，366)，End Point(结束点)的值为(676，370)，Displayed Samples(取样显示)的值为80，Maximum Height(最大高度)的值为300，Audio Duration(音频长度)的值为900，Thickness(厚度)的值为6，Inside Color(内侧颜色)为白色，Outside Color(外侧颜色)为青色(R：0；G：174；B：255)，如图7.2所示；合成窗口效果如图7.3所示。

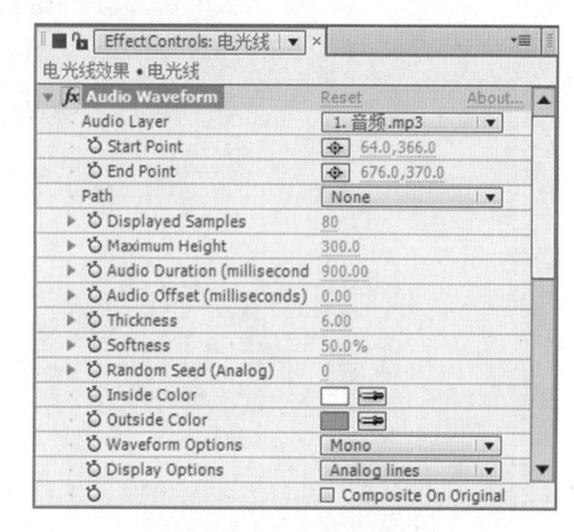

图7.2 设置音波参数

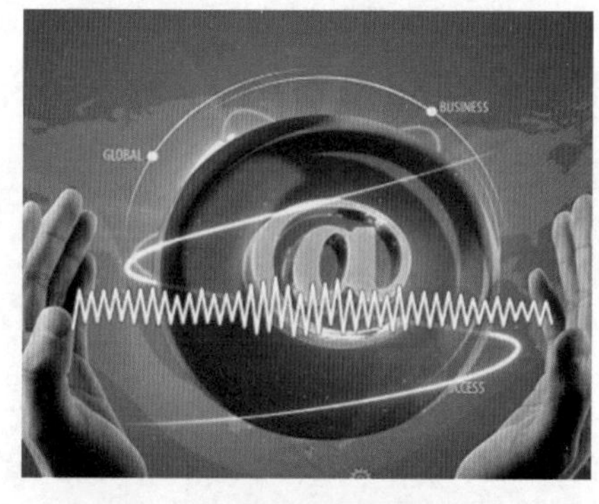

图7.3 设置音频波形后的效果

(5) 这样就完成了电光线效果的整体制作，按小键盘上的“0”键，即可在合成窗口中预览动画。

7.2 跳动的声波

实例说明

本例主要讲解利用Audio Spectrum(声谱)特效制作跳动的声波效果。本例最终的动画流程效果如图7.4所示。

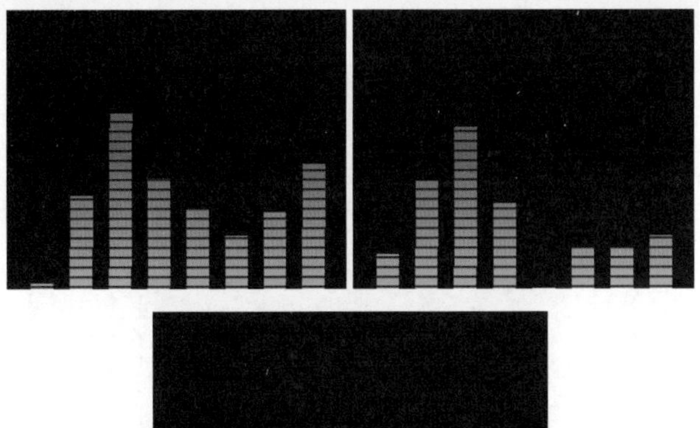

图7.4　动画流程画面

学习目标

1. 掌握Audio Spectrum(声谱)特效的使用。
2. 掌握Ramp(渐变)特效的使用。
3. 掌握Grid(网格)特效的使用。

操作步骤

(1) 执行菜单栏中的File(文件)|Open Project(打开项目)命令，选择配套光盘中的“工程文件\第7章\跳动的声波\跳动的声波练习.aep”文件，将“跳动的声波练习.aep”文件打开。

(2) 执行菜单栏中的Layer(层)|New(新建)|Solid(固态层)命令，打开Solid Settings(固态层设置)对话框，设置Name(名称)为“声谱”，Color(颜色)为黑色。

(3) 为“声谱”层添加Audio Spectrum(声谱)特效。在Effects & Presets(效果和预置)面板中展开Generate(创造)特效组，然后双击Audio Spectrum(声谱)特效。

(4) 在Effect Controls(特效控制)面板中，修改Audio Spectrum(声谱)特效的参数，从Audio Layer(音频层)下拉列表框中选择“音频”，设置Start Point(开始点)的值为(72，592)，End Point(结束点)的值为(648，596)，Start Frequency(开始频率)的值为10，End Frequency(结束频率)的值为100，Frequency bands(频率波段)的值为8，Maximum Height(最大高度)的值为4500，Thickness(厚度)的值为50，如图7.5所示；合成窗口如图7.6所示。

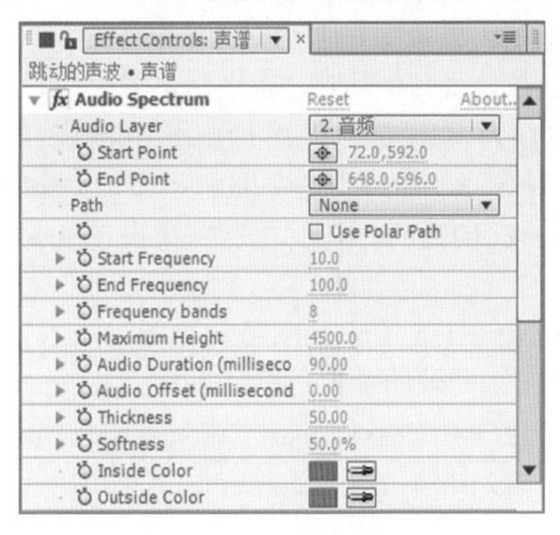

图7.5　设置声谱参数

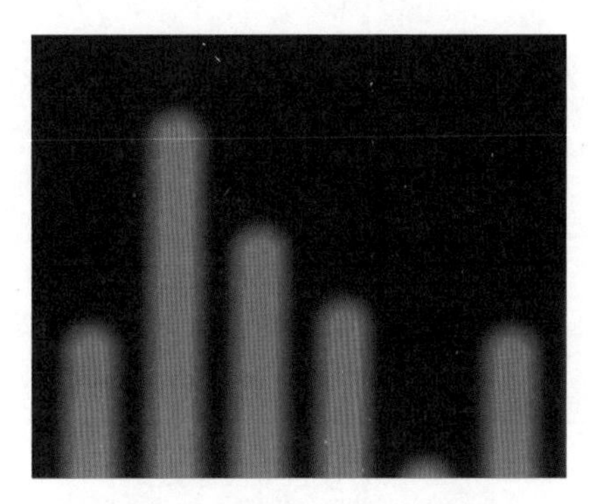

图7.6　设置声谱后的效果

(5) 在时间线面板中，在“声谱”层右侧的属性栏中，单击Quality(品质)按钮，Quality(品质)按钮将会变为按钮，如图7.7所示；合成窗口效果如图7.8所示。

图7.7　单击品质按钮

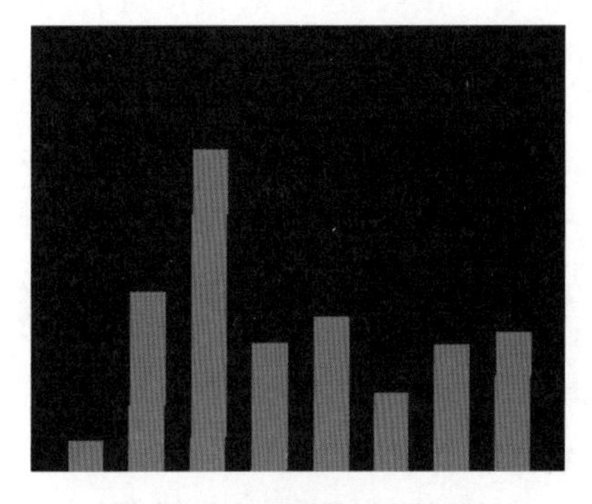

图7.8　单击品质按钮后的效果

(6) 执行菜单栏中的Layer(层)|New(新建)|Solid(固态层)命令，打开Solid Settings(固态层设

置)对话框，设置Name(名称)为“渐变”，Color(颜色)为黑色，将其拖动到“声谱”层下边。

(7) 为“渐变”层添加Ramp(渐变)特效。在Effects & Presets(效果和预置)面板中展开Generate(创造)特效组，然后双击Ramp(渐变)特效。

(8) 在Effect Controls(特效控制)面板中，修改Ramp(渐变)特效的参数，设置Start of Ramp(渐变开始)的值为(360，288)，Start Color(开始色)为浅蓝色(R：9；G：108；B：242)，End Color(结束色)为淡绿色(R：13；G：202；B：195)，如图7.9所示；合成窗口如图7.10所示。

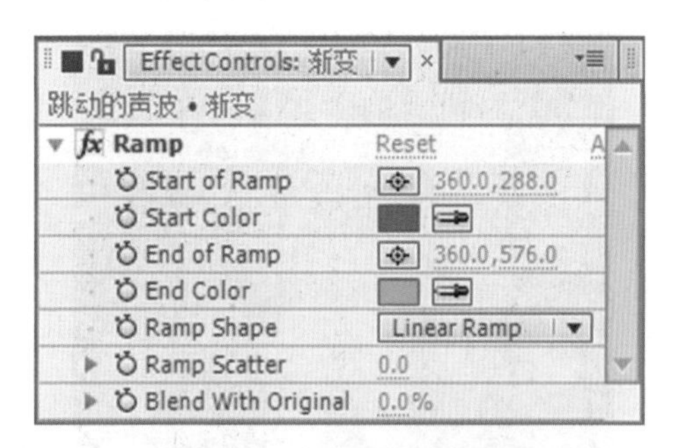

图7.9　设置渐变参数

图7.10　设置渐变后的效果

(9) 为“渐变”层添加Grid(网格)特效。在Effects & Presets(效果和预置)面板中展开Generate(创造)特效组，然后双击Grid(网格)特效。

(10) 在Effect Controls(特效控制)面板中，修改Grid(网格)特效的参数，设置Anchor(定位点)的值为(-10，0)，Corner(边角)的值为(720，20)，Border(边框)的值为18，选中Invert Grid(反转网格)复选框，Color(颜色)为黑色，从Blending Mode(混合模式)下拉列表框中选择Normal(正常)选项，如图7.11所示；合成效果如图7.12所示。

(11) 在时间线面板中，设置“渐变”层的Track Matte(轨道蒙版)为“Alpha Matte ‘声谱’”，如图7.13所示，合成窗口效果如图7.14所示。

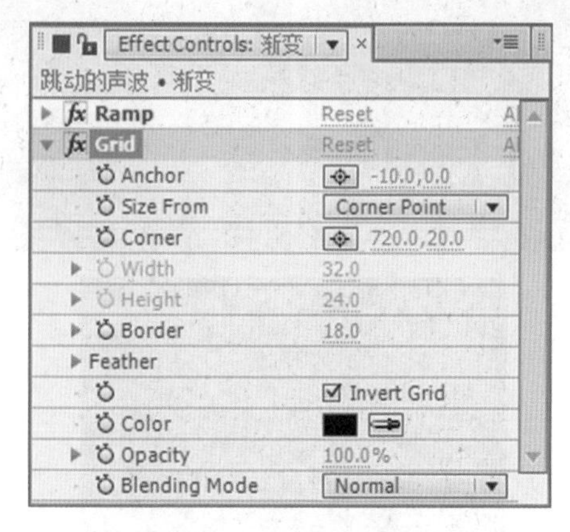

图7.11　设置网格参数

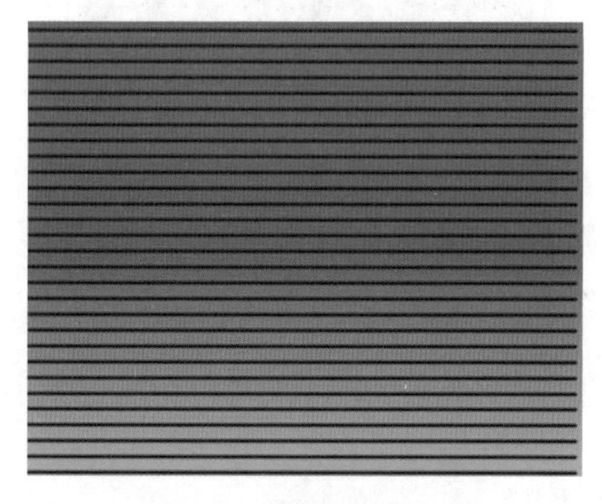

图7.12　网格参数设置后

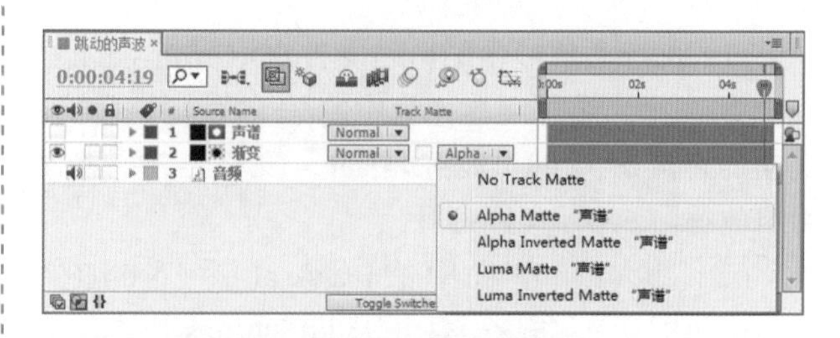

图7.13　蒙版设置

图7.14　蒙版设置后的效果

(12) 这样就完成了跳动的声波的整体制作，按小键盘上的“0”键，即可在合成窗口中预览动画。

7.3 制作水波浪

实例说明

本例主要讲解利用Radio Waves(无线电波)特效制作水波浪效果。本例最终的动画流程效果如图7.15所示。

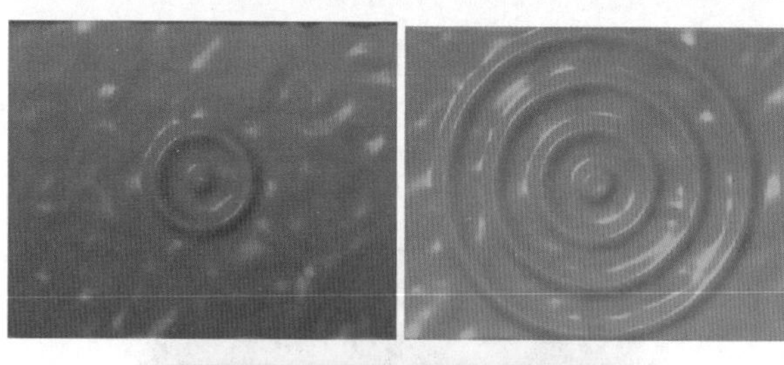

图7.15　动画流程画面

学习目标

1. 掌握Radio Waves(无线电波)特效的使用。
2. 掌握Fractal Noise(分形噪波)特效的使用。
3. 掌握Fast Blur(快速模糊)特效的使用。
4. 掌握Displacement Map(置换贴图)特效的使用。
5. 掌握CC Glass(CC 玻璃)特效的使用。

操作步骤

(1) 执行菜单栏中的Composition(合成)| New Composition(新建合成)命令，打开Composition Settings(合成设置)对话框，设置Composition Name(合成名称)为“波浪纹理”，Width(宽)为“720”，Height(高)为“576”，Frame Rate(帧率)为“25”，并设置Duration(持续时间)为00:00:10:00秒。

(2) 执行菜单栏中的Layer(层)|New(新建)|Solid(固态层)命令，打开Solid Settings(固态层设置)对话框，设置Name(名称)为“噪波”，Color(颜色)为黑色。

(3) 为“噪波”层添加Fractal Noise(分形噪波)特效。在Effects & Presets(效果和预置)面板中展开Noise & Grain(噪波与杂点)特效组，然后双击Fractal Noise(分形噪波)特效。

(4) 在Effect Controls(特效控制)面板中，修改Fractal Noise(分形噪波)特效的参数，从Fractal Type(分形类型)下拉列表框中选择Swirly(缠绕)，设置Contrast(对比度)的值为110，Brightness(亮度)的值为-50；将时间调整到00:00:00:00帧的位置，设置Evolution(进化)的值为0，单击Evolution(进化)左侧的码表按钮，在当前位置设置关键帧。

(5) 将时间调整到00:00:09:24帧的位置，设置Evolution(进化)的值为3x，系统会自动设置关键帧，如图7.16所示；合成窗口效果如图7.17所示。

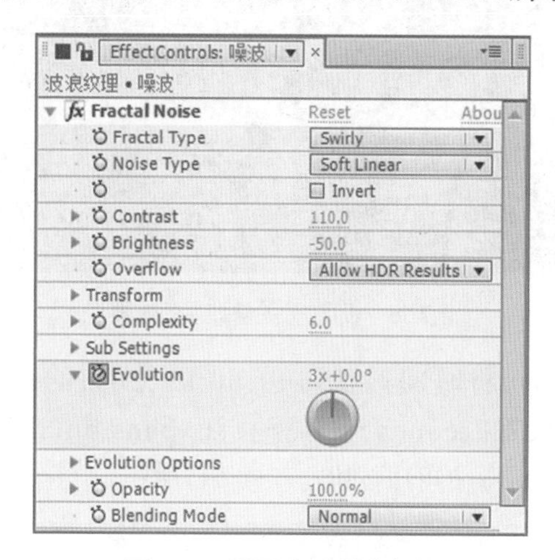

图7.16　设置分形噪波参数

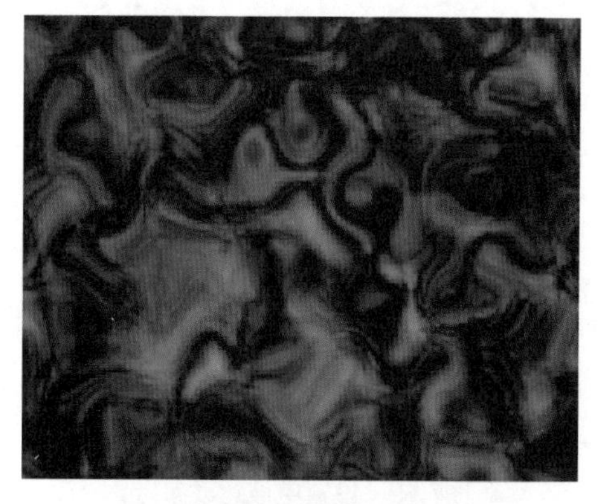

图7.17　设置分形噪波后的效果

(6) 执行菜单栏中的Layer(层)|New(新建)|Solid(固态层)命令，打开Solid Settings(固态层设置)对话框，设置Name(名称)为“波纹”，Color(颜色)为黑色。

(7) 为“波纹”层添加Radio Waves(无线电波)特效。在Effects & Presets(效果和预置)面板中展开Generate(创造)特效组，然后双击Radio Waves(无线电波)特效。

(8) 在Effect Controls(特效控制)面板中，修改Radio Waves(无线电波)特效的参数，将时间调整到00:00:00:00帧的位置，展开Wave Motion(波形运动)选项组，设置Frequency(频率)的值为2，Expansion(扩展)的值为5，Lifespan(寿命)的值为10，单击Frequency(频率)、Expansion(扩展)和Lifespan(sec)(寿命)左侧的码表按钮，在当前位置设置关键帧，合成窗口效果如图7.18所示。

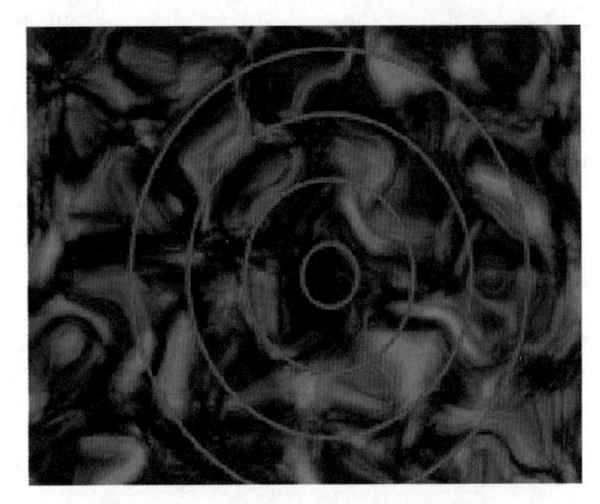

图7.18　设置0秒关键帧后的效果

(9) 将时间调整到00:00:09:24帧的位置，分别设置Frequency(频率)、Expansion(扩展)和Lifespan(寿命)的值为0，如图7.19所示。

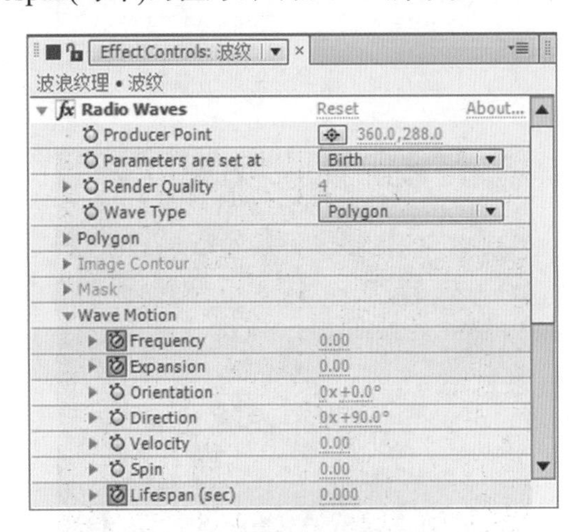

图7.19　设置电波运动参数

(10) 展开Stroke(描边)选项组，从Profile(曲线)下拉菜单中选择Gaussian(高斯)，设置Color(颜色)为白色，Start Width(开始宽度)的值为30，End Width(结束宽度)的值为50，如图7.20所示；合成窗口效果如图7.21所示。

(11) 执行菜单栏中的Layer(层)|New(新建)|Adjustment Layer(调节层)命令，添加一个调节层，为调节层添加Fast Blur(快速模糊)特效。在Effects & Presets(效果和预置)面板中展开Blur & Sharpen(模糊与锐化)特效组，然后双击Fast Blur(快速模糊)特效。

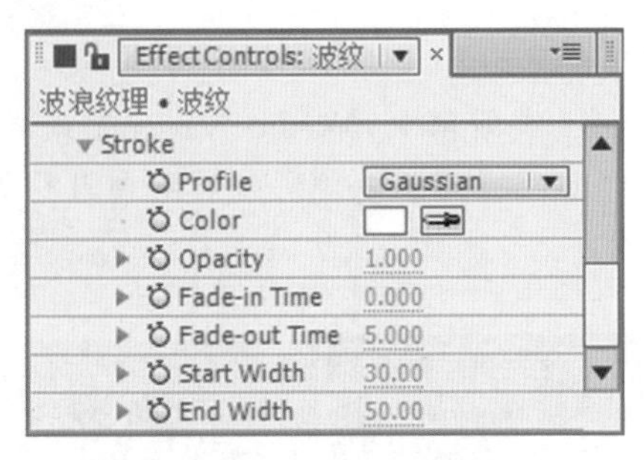

图7.20　设置描边参数

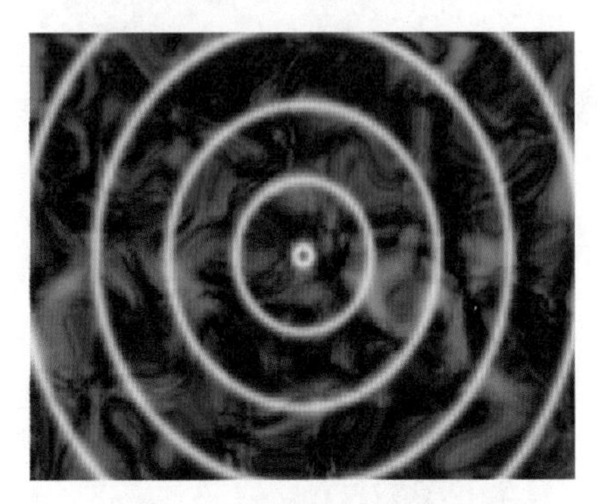

图7.21　设置描边后的效果

(12) 在Effect Controls(特效控制)面板中，修改Fast Blur(快速模糊)特效的参数，选中Repeat Edge Pixels(重复边缘像素)复选框；将时间调整到00:00:00:00帧的位置，设置Blurriness(模糊量)的值为10，单击Blurriness(模糊量)左侧的码表按钮，在当前位置设置关键帧。

(13) 将时间调整到00:00:09:24帧的位置，设置Blurriness(模糊量)的值为50，系统会自动设置关键帧，如图7.22所示；合成窗口效果如图7.23所示。

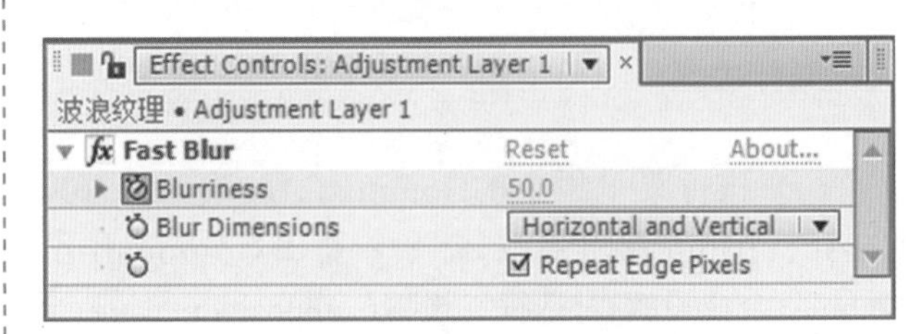

图7.22　设置快速模糊参数

(14) 在时间线面板中，选择“波纹”层，按Ctrl+D组合键复制出另一个新的图层，将该图层更改为“波纹2”。在Effect Controls(特效控制)面板中，修改Radio Waves(无线电波)特效的参数，展开Stroke(描边)选项组，从Profile(曲线)下拉菜单中选择Sawtooth In(锯齿波入点)选项，合成窗口效果如图7.24所示。

图7.23　设置快速模糊后效果

图7.24　设置无线电波后的效果

(15) 为“波纹2”层添加Fast Blur(快速模糊)特效。在Effects & Presets(效果和预置)面板中展开Blur & Sharpen(模糊与锐化)特效组，然后双击Fast Blur(快速模糊)特效。

(16) 在Effect Controls(特效控制)面板中，修改Fast Blur(快速模糊)特效的参数，设置Blurriness(模糊量)的值为3，合成窗口效果如图7.25所示。

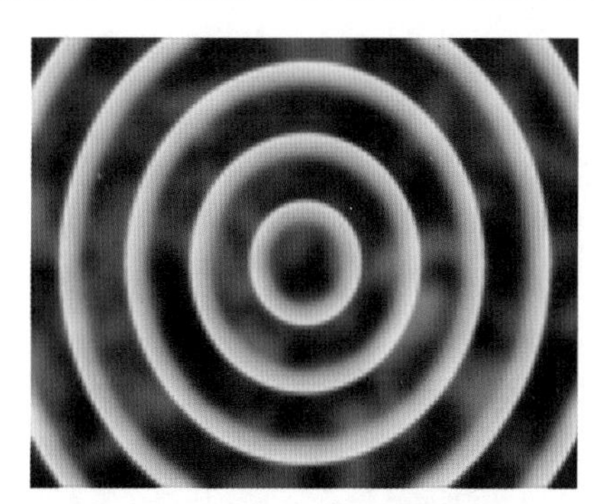

图7.25　设置快速模糊后的效果

(17) 执行菜单栏中的Composition(合成)| New Composition(新建合成)命令，打开Composition Settings(合成设置)对话框，设置Composition Name(合成名称)为“水波浪”，Width(宽)为“720”，Height(高)为“576”，Frame Rate(帧率)为“25”，并设置Duration(持续时间)为00:00:10:00秒。

(18) 执行菜单栏中的Layer(层)|New(新建)|Solid(固态层)命令，打开Solid Settings(固态层设置)对话框，设置Name(名称)为“背景”，Color(颜色)为黑色。

(19) 为“背景”层添加Ramp(渐变)特效。在Effects & Presets(效果和预置)面板中展开Generate(创造)特效组，然后双击Ramp(渐变)特效。

(20) 在Effect Controls(特效控制)面板中，修改Ramp(渐变)特效的参数，设置Start Color(开始色)为蓝色(R：0；G：144；B：255)；将时间调整到00:00:00:00帧的位置，End Color(结束色)为深蓝色(R：1；G：67；B：101)，单击End Color(结束色)左侧的码表按钮，在当前位置设置关键帧。

(21) 将时间调整到00:00:01:20帧的位置，End Color(结束色)为蓝色(R：0；G：168；B：255)，系统会自动设置关键帧。

(22) 将时间调整到00:00:09:24帧的位置，End Color(结束色)为淡蓝色(R：0；G：140；B：212)，如图7.26所示。

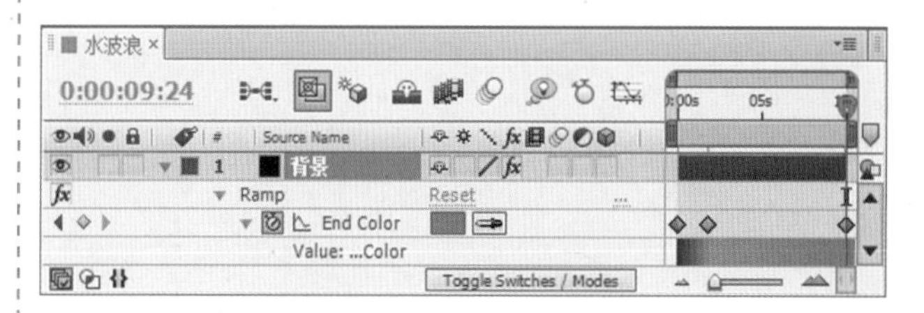

图7.26　设置渐变关键帧

(23) 在Project(项目)面板中，选择“波浪纹理”合成，将其拖动到“水波浪”合成的时间线面板中。

(24) 执行菜单栏中的Layer(层)|New(新建)|Adjustment Layer(调节层)命令，创建一个调节层，为调节层添加Displacement Map(置换贴图)特效。在Effects & Presets(效果和预置)面板中展开Distort(扭曲)特效组，然后双击Displacement Map(置换贴图)特效。

(25) 在Effect Controls(特效控制)面板中，修改Displacement Map(置换贴图)特效的参数，从Displacement Map(置换层)下拉列表框中选择“2.波浪纹理”，设置Max Horizontal Displacement(使用水平像素置换)的值为60，Max Vertical Displacement(最大垂直置换)的值为10，选中Wrap Pixels Around(像素包围)复选框，如图7.27所示。

Effect Controls: Adjustment Layer 2
水波浪 • Adjustment Layer 2

fx Displacement Map	Reset	About...
Displacement Map Layer	2. 波浪纹理	
Use For Horizontal Displacement	Red	
Max Horizontal Displacement	60.0	
Use For Vertical Displacement	Green	
Max Vertical Displacement	10.0	
Displacement Map Behavior	Center Map	
Edge Behavior	☑ Wrap Pixels Around	
	☑ Expand Output	

图7.27　设置置换贴图参数

(26) 为调节层添加CC Glass(CC 玻璃)特效。在Effects & Presets(效果和预置)面板中展开Stylize(风格化)特效组，然后双击CC Glass(CC 玻璃)特效。

(27) 在Effect Controls(特效控制)面板中，修改CC Glass(CC 玻璃)特效的参数，展开Surface(表面)选项组，从Bump Map(凹凸贴图)下拉列表框中选择“2.波浪纹理”选项，合成窗口效果如图7.28所示。

图7.28　设置CC 玻璃后的效果

(28) 这样就完成了水波浪的整体制作，按小键盘上的“0”键，即可在合成窗口中预览动画。

AE

第8章

超级粒子动画

内容摘要

本章主要讲解粒子的应用方法、高斯模糊特效的使用、粒子参数的修改以及粒子的替换，并利用粒子制作出各种绚丽夺目的效果。通过本章的制作，掌握粒子的运用技巧。

教学目标

- 了解Particular(粒子)特效。
- 掌握粒子的替换功能。
- 掌握粒子的运动轨迹的指定。

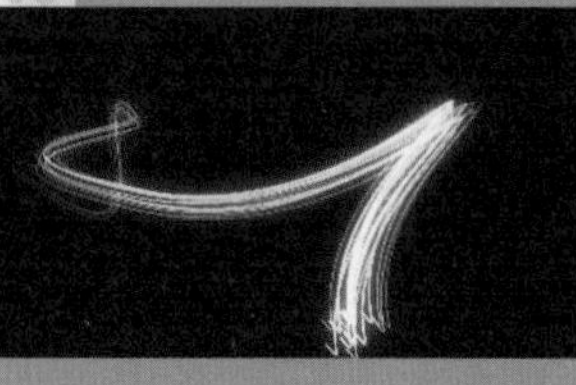

8.1 烟雾出字效果

实例说明

本例主要讲解利用Particular(粒子)特效制作烟雾出字效果，完成的动画流程画面如图8.1所示。

图8.1　动画流程画面

学习目标

1. 掌握Particular(粒子)特效的使用。
2. 掌握Write-on(书写)特效的使用。

操作步骤

(1) 执行菜单栏中的File(文件)|Open Project(打开项目)命令，选择配套光盘中的“工程文件\第8章\烟雾出字\烟雾出字练习.aep”文件，将“烟雾出字练习.aep”文件打开。

(2) 为“文字”层添加Write-on(书写)特效。在Effects & Presets(效果和预置)面板中展开Generate(创造)特效组，然后双击Write-on(书写)特效。

(3) 在Effect Controls(特效控制)面板中，修改Write-on(书写)特效的参数，设置Brush Size(画笔大小)的值为8。将时间调整到00:00:00:00帧的位置，设置Brush Position(画笔位置)的值为(34，244)，单击Brush Position(画笔位置)左侧的码表按钮，在当前位置设置关键帧。

(4) 按Page Down(下一帧)键，在合成窗口中拖动中心点描绘出文字轮廓，如图8.2所示，合成窗口效果如图8.3所示。

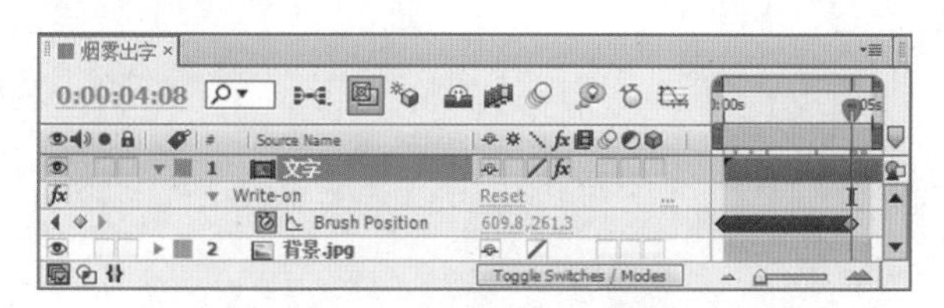

图8.2　设置书写关键帧

图8.3　设置书写后的效果

(5) 执行菜单栏中的Layer(层)|New(新建)|Solid(固态层)命令，打开Solid Settings(固态层设置)对话框，设置Name(名称)为“粒子”，Color(颜色)为黑色。

(6) 为“粒子”层添加Particular(粒子)特效。在Effects & Presets(效果和预置)面板中展开Trapcode特效组，然后双击Particular(粒子)特效。

(7) 在Effect Controls(特效控制)面板中，修改Particular(粒子)特效的参数，展开Emitter(发射器)选项，设置Velocity(速度)的值为10，Velocity Random(速度随机)的值为0，Velocity Distribution(速度分布)的值为0，Velocity From Motion的值为0；将时间调整到00:00:04:08帧的位置，设置Particles/sec(粒子量/秒)的值为10000，单击Particles/sec(粒子量/秒)左侧的码表按钮，在当前位置设置关键帧。

(8) 将时间调整到00:00:04:09帧的位置，设置Particles/sec(粒子量/秒)的值为0，系统会自动设置关键帧，如图8.4所示；合成窗口效果如图8.5所示。

(9) 展开Particle(粒子)选项组，设置Life(生命)的值为2，Size(尺寸)的值为1，Opacity(不透明度)的值为40；展开Opacity over Life(生命期内不透明度变化)选项组，调整其形状如图8.6所示。

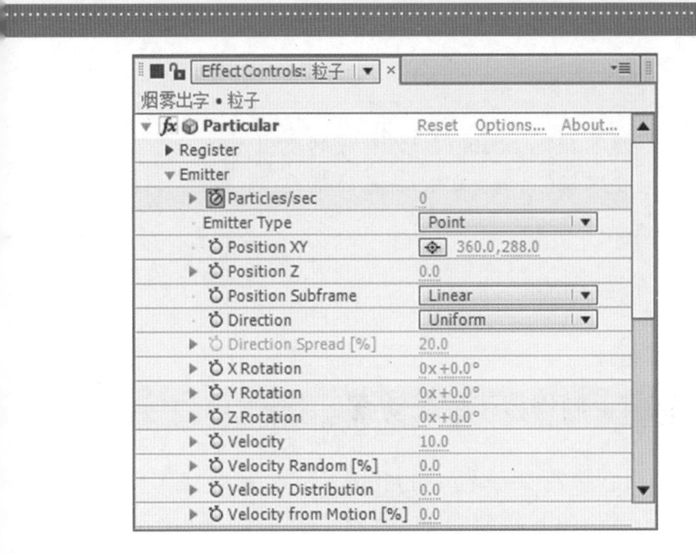

图8.4　设置发射器参数

图8.5　设置发射器后的效果

(10) 展开Physics(物理学)|Air(空气)选项组，设置Wind X(X轴风力)的值为-326，Wind Y(Y轴风力)的值为-222，Wind Z(Z轴风力)的值为1271；展开Turbulence Field(扰乱场)选项组，设置Affect Size(影响尺寸)的值为28，Affect Position(影响位置)的值为250，如图8.7所示。

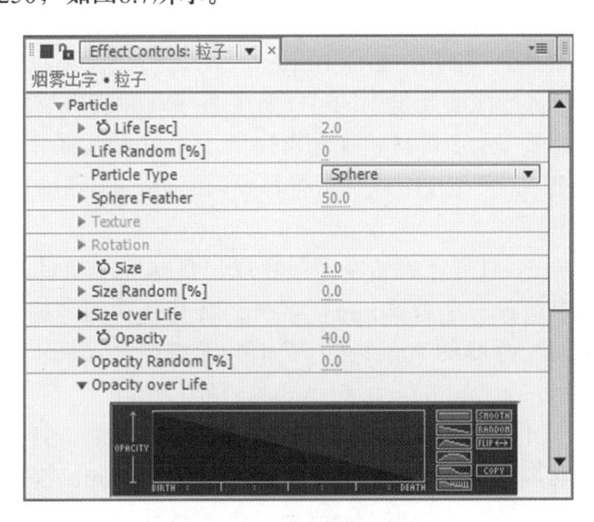

图8.6　设置粒子参数

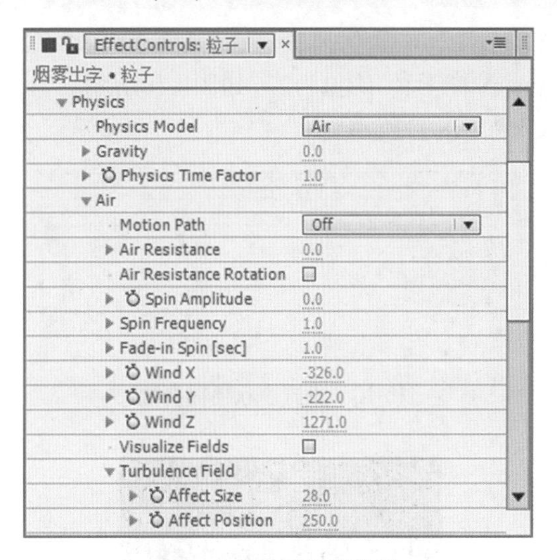

图8.7　设置物理学参数

(11) 展开Emitter(发射器)选项组，按Alt键，单击Position XY(XY 位置)左侧的码表按钮，在时间线面板中，拖动Expression:Position XY(表达式：XY位置)右侧的Expression pick whip按钮，连接到“文字”层中的Write-on(书写)|Brush Position(画笔位置)选项组，如图8.8所示；合成窗口效果如图8.9所示。

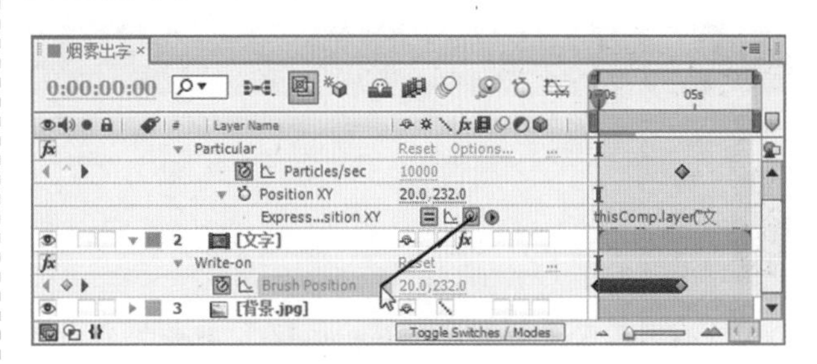

图8.8　设置表达式

图8.9　设置表达式后的效果

(12) 为“粒子”层添加Box Blur(盒状模糊)特效。在Effects & Presets(效果和预置)面板中展开Blur & Sharpen(模糊与锐化)特效组，然后双击Box Blur(盒状模糊)特效。

(13) 在Effect Controls(特效控制)面板中，

修改Box Blur(盒状模糊)特效的参数，设置Blur Radius(模糊半径)的值为2，如图8.10所示；合成窗口效果如图8.11所示。

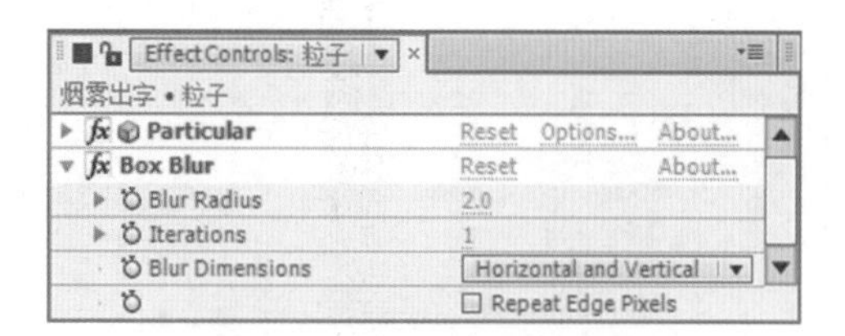

图8.10　设置盒状模糊参数

图8.11　设置盒状模糊后的效果

(14) 这样就完成了烟雾出字效果的整体制作，按小键盘上的“0”键，即可在合成窗口中预览动画。

8.2　旋转空间

实例说明

本例主要讲解利用Particular(粒子)特效制作旋转空间效果。本例最终的动画流程效果如图8.12所示。

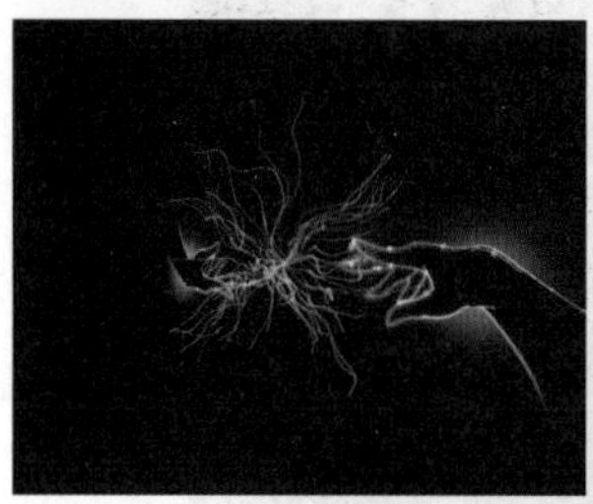

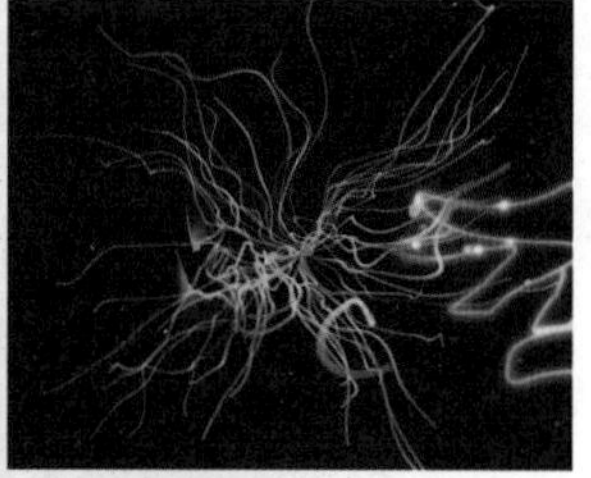

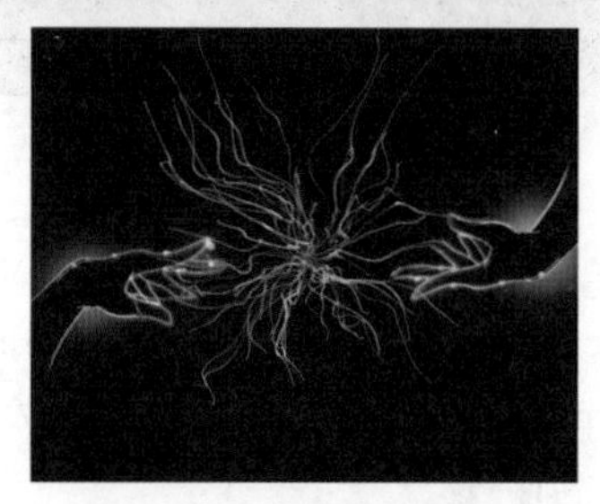

图8.12　动画流程画面

学习目标

1.掌握Particular(粒子)特效的使用。

2.掌握Curves(曲线)特效的使用。

操作步骤

8.2.1　制作粒子生长动画

(1) 执行菜单栏中的Composition(合成)| New Composition(新建合成)命令，打开Composition Settings(合成设置)对话框，设置Composition Name(合成名称)为“旋转空间”，Width(宽)为“720”，Height(高)为“576”，Frame Rate(帧率)为“25”，并设置Duration(持续时间)为00:00:05:00秒，如图8.13所示。

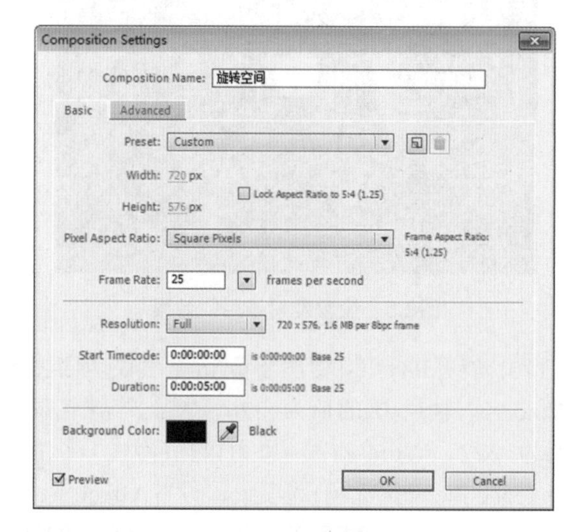

图8.13　合成设置

(2) 执行菜单栏中的File(文件)| Import(导入)| File(文件)命令，打开Import File(导入文件)对话框，选择配套光盘中的“工程文件\第8章\旋转空间\手背景.jpg”素材，如图8.14所示。单击【打开】按钮，“手背景.jpg”素材将导入到Project(项目)面板中。

(3) 打开“旋转空间”合成，在Project(项目)面板中选择“手背景.jpg”素材，将其拖动到“旋转空间”合成的Timeline(时间线)面板中，如图8.15所示。

(4) 在时间线面板中按Ctrl + Y组合键，打开Solid Settings(固态层设置)对话框，设置Name(名称)为“粒子”，Color(颜色)为白色，如图8.16所示。

图8.14　Import File(导入文件)对话框

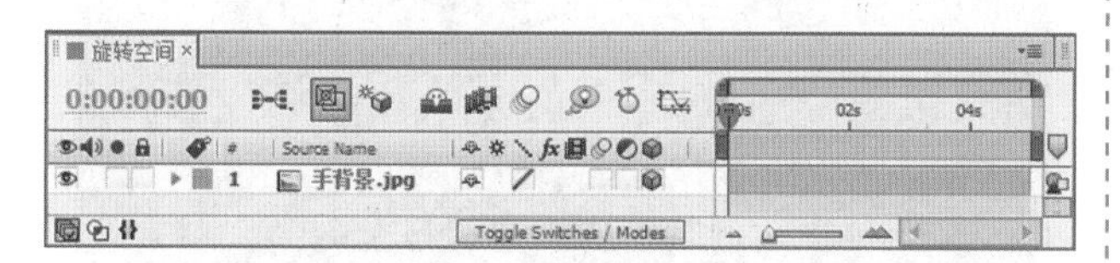

图8.15　添加素材

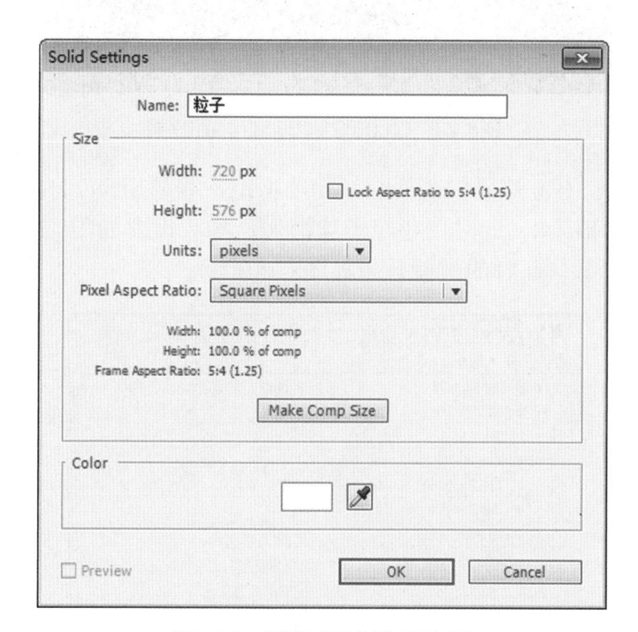

图8.16　新建“粒子”固态层

(5) 单击OK(确定)按钮，在时间线面板中将会创建一个名为“粒子”的固态层。选择“粒子”固态层，在Effects & Presets(效果和预置)面板中展开Trapcode特效组，然后双击Particular(粒子)特效，如图8.17所示。

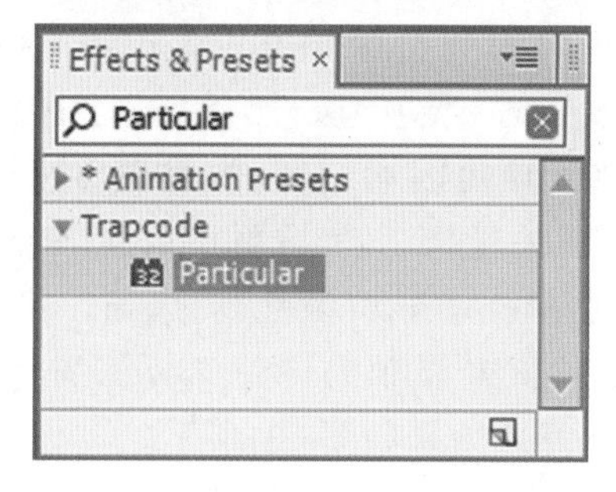

图8.17　添加Particular(粒子)特效

(6) 在Effect Controls(特效控制)面板中，修改Particular(粒子)特效的参数，展开Aux System(辅助系统)选项组，在Emit(发射器)右侧的下拉列表框中选择Continously(连续)，设置Particles/sec(每秒发射粒子数)的值为235，Life(生命)的值为1.3，Size(尺寸)的值为1.5，Opacity(不透明度)的值为30，参数设置如图8.18所示。其中一帧的画面效果，如图8.19所示。

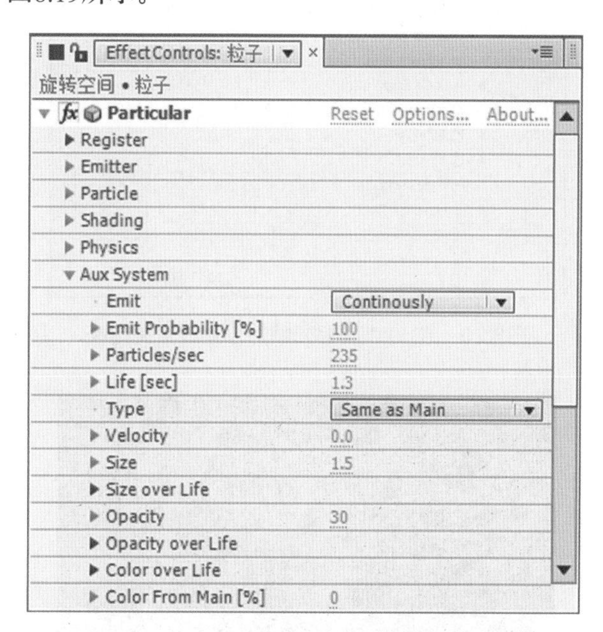

图8.18　Aux System(辅助系统)选项组的参数设置

图8.19　其中一帧的画面效果

(7) 将时间调整到00:00:01:00帧的位置，展开Physics(物理)选项组，然后单击Physics Time Factor(物理时间因素)左侧的码表按钮，在当前位置设置关键帧；然后再展开Air(空气)选项下的Turbulence Field(混乱场)选项，设置Affect Position(影响位置)的值为155，参数设置如图8.20所示。此时的画面效果如图8.21所示。

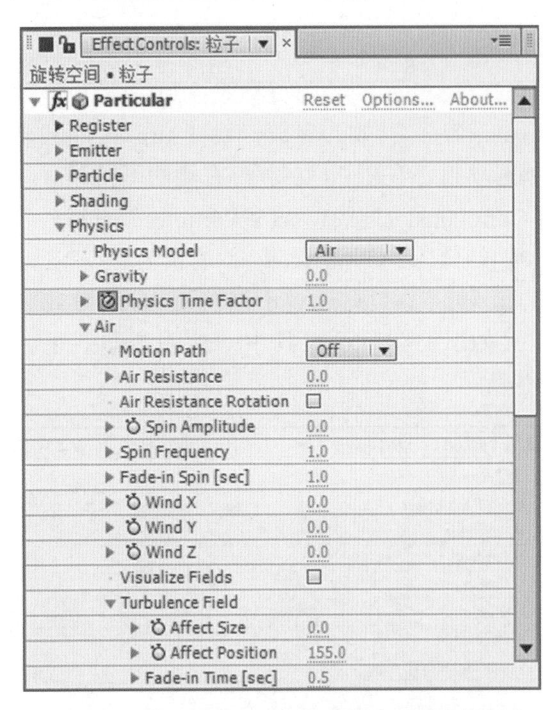

图8.20　在00:00:01:00帧的位置设置关键帧

图8.21　00:00:01:00帧的画面效果

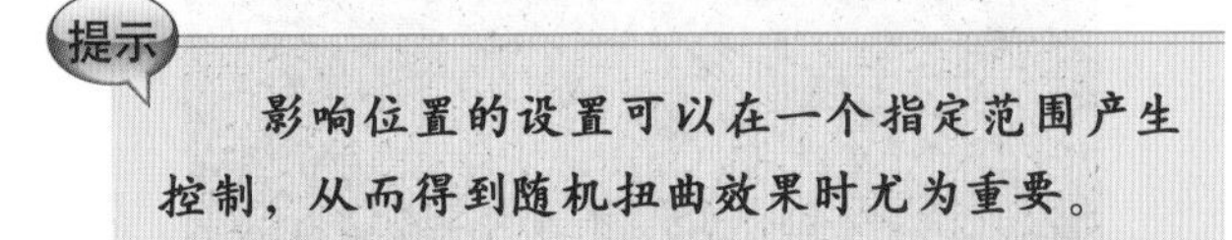
提示

影响位置的设置可以在一个指定范围产生控制，从而得到随机扭曲效果时尤为重要。

(8) 将时间调整到00:00:01:10帧的位置，修改Physics Time Factor(物理时间因素)的值为0，如图8.22所示。此时的画面效果如图8.23所示。

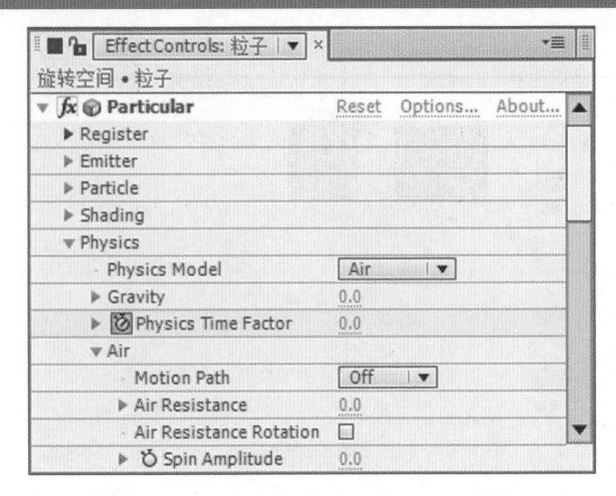

图8.22　修改Physics Time Factor的值为0

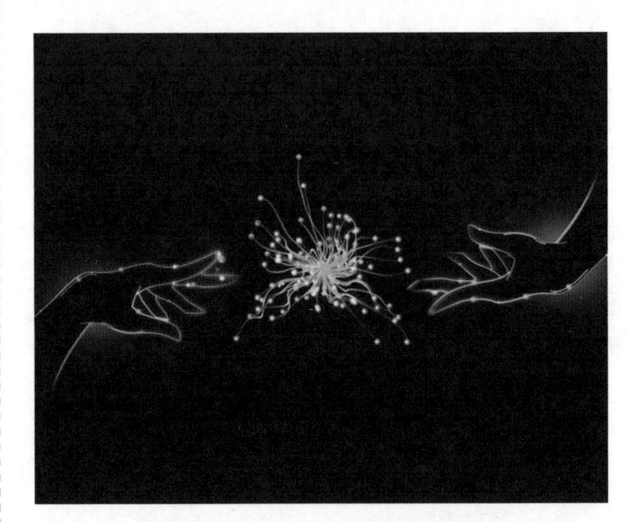

图8.23　00:00:01:10帧的画面效果

(9) 展开Particle(粒子)选项组，设置Size(尺寸)的值为0，此时白色粒子球消失，参数设置如图8.24所示。此时的画面效果如图8.25所示。

图8.24　设置Size(尺寸)的值为0

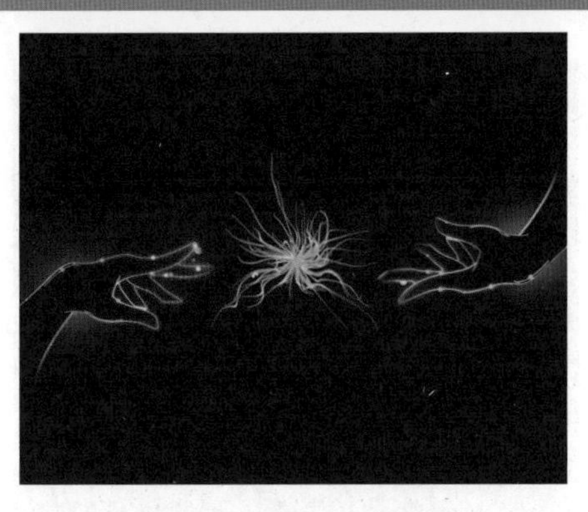

图8.25　白色粒子球消失

提示

在特效控制面板中使用Ctrl + Shift + E组合键可以移除所有添加的特效。

(10) 将时间调整到00:00:00:00帧的位置，展开Emitter(发射器)选项组，设置Particles/sec(每秒发射粒子数)的值为1800，然后单击Particles/sec(每秒发射粒子数)左侧的码表按钮，在当前位置设置关键帧；设置Velocity(速度)的值为160，Velocity Random(速度随机)的值为40，参数设置如图8.26所示。此时的画面效果如图8.27所示。

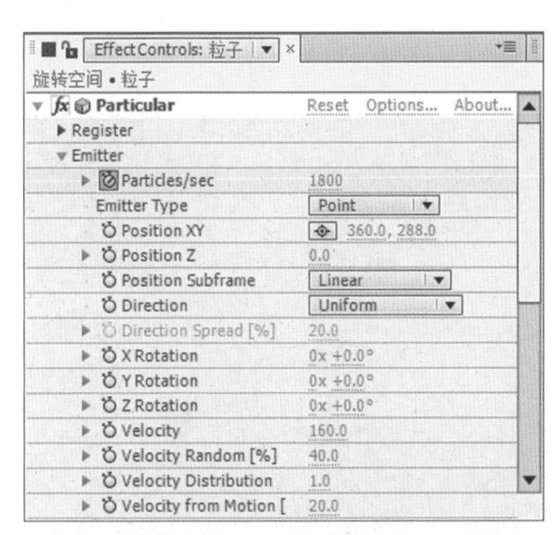

图8.26　设置Emitter(发射器)选项组的参数

图8.27　00:00:00:00帧的画面效果

(11) 将时间调整到00:00:00:01帧的位置，修改Particles/sec(每秒发射粒子数)的值为0，系统将在当前位置自动设置关键帧。这样就完成了粒子生长动画的制作，拖动时间滑块，预览动画，其中几帧的画面效果如图8.28所示。

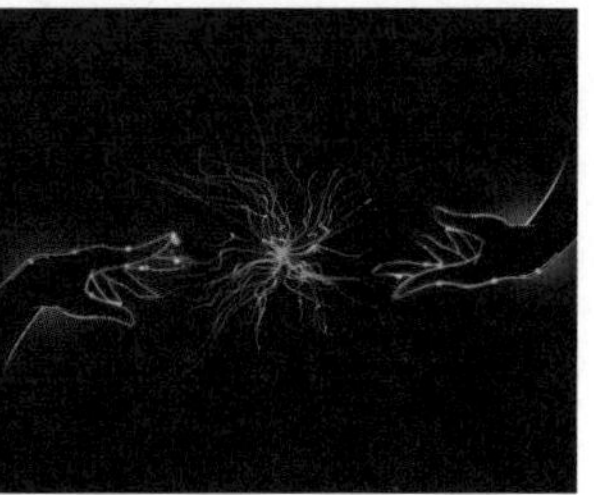

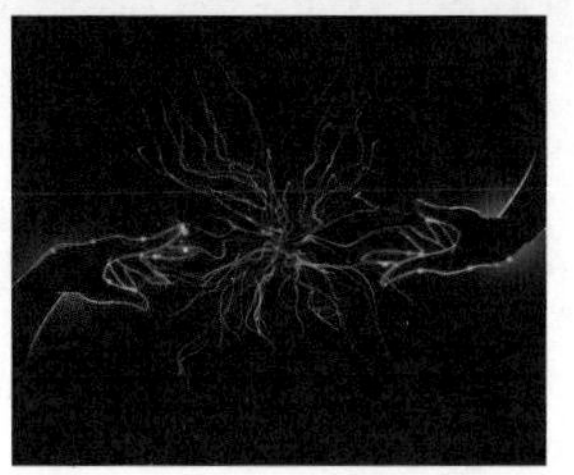

图8.28　其中几帧的画面效果

8.2.2　制作摄像机动画

(1) 添加摄像机。执行菜单栏中的Layer(层)| New(新建)| Camera(摄像机)命令，打开Camera Settings(摄像机设置)对话框，设置Preset(预置)为24mm，参数设置如图8.29所示。单击OK(确定)按钮，在时间线面板中将会创建一个摄像机。

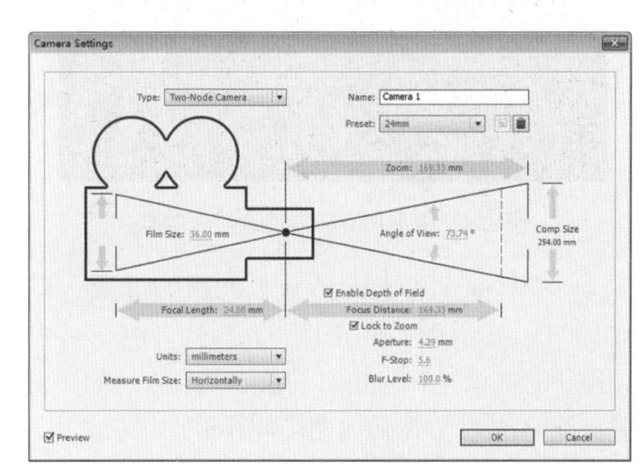

图8.29　Camera Settings(摄像机设置)对话框

(2) 在时间线面板中，打开“手背景.jpg”层的三维属性开关。将时间调整到00:00:00:00帧的位置，选择“Camera 1”层，单击其左侧的灰色三角形按钮，将展开Transform(转换)选项组，然后分别单击Point of Interest(中心点)和Position(位置)左侧的码表按钮，在当前位置设置关键帧，参数设置如图8.30所示。

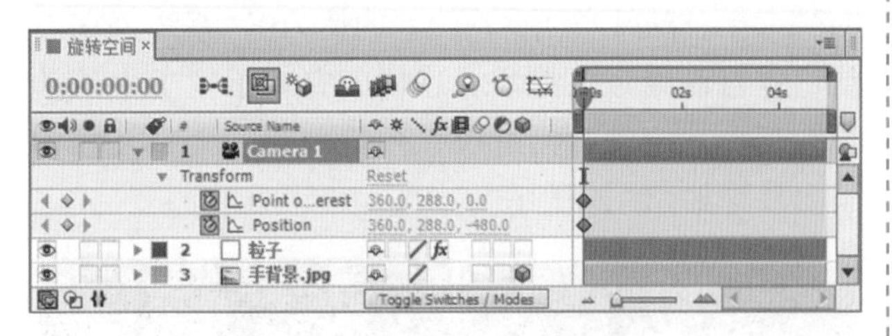

图8.30　为摄像机设置关键帧

(3) 将时间调整到00:00:01:00帧的位置，修改Point of Interest(中心点)的值为(320，288，0)，Position(位置)的值为(-165，360，530)，如图8.31所示。此时的画面效果如图8.32所示。

图8.31　修改中心点和位置的值

图8.32　00:00:01:00帧的画面效果

(4) 将时间调整到00:00:02:00帧的位置，修改Point of Interest(中心点)的值为(295，288，180)，Position(位置)的值为(560，360，-480)，如图8.33所示。此时的画面效果如图8.34所示。

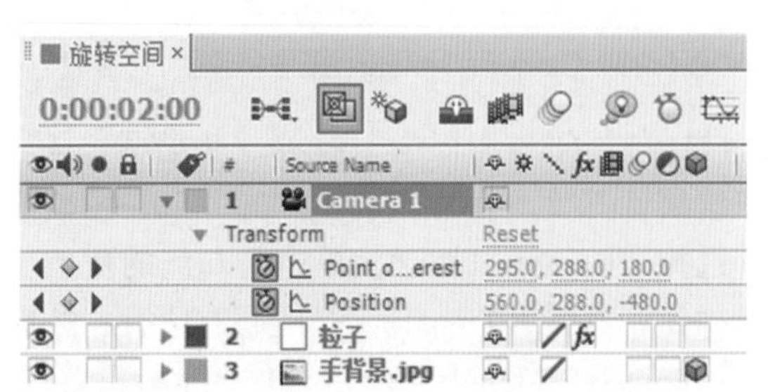

图8.33　在00:00:02:00帧的位置修改参数

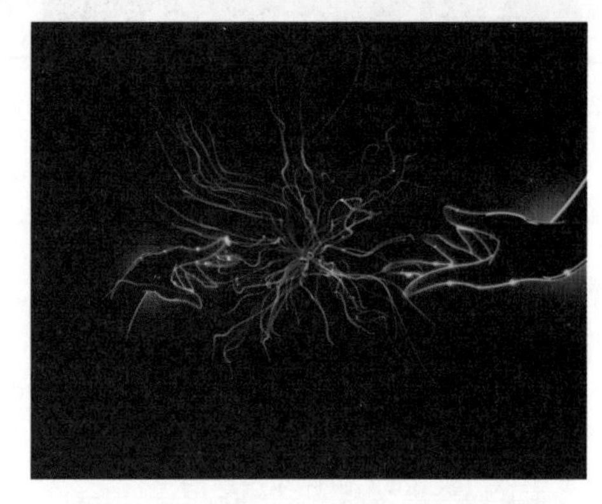

图8.34　00:00:02:00帧的画面效果

(5) 将时间调整到00:00:03:04帧的位置，修改Point of Interest(中心点)的值为(360，288，0)，Position(位置)的值为(360，288，-480)，如图8.35所示。此时的画面效果如图8.36所示。

图8.35　在00:00:03:04帧的位置修改参数

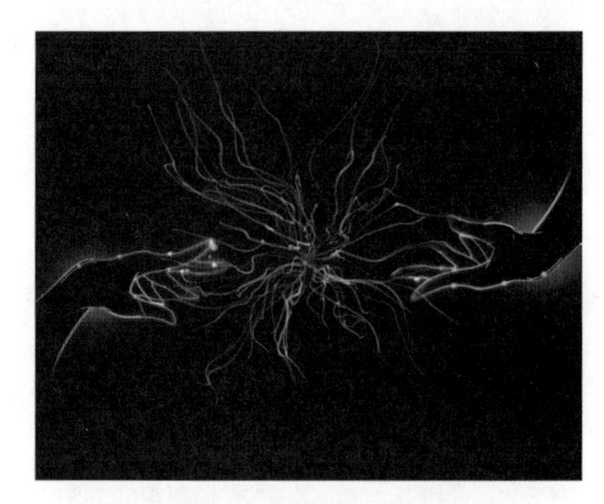

图8.36　00:00:03:04帧的画面效果

(6) 调整画面颜色。执行菜单栏中的Layer(层)| New(新建)| Adjustment Layer(调整层)命令，在时间线面板中将会创建一个“Adjustment Layer1”层，如图8.37所示。

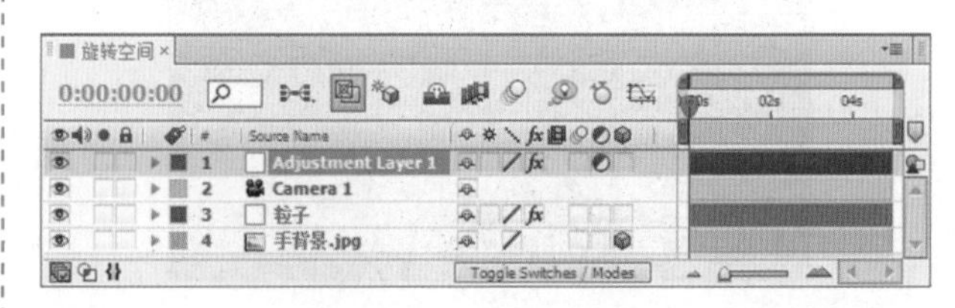

图8.37　添加调整层

(7) 为调整层添加Curves(曲线)特效。选择"Adjustment Layer1"层，在Effects & Presets(效果和预置)面板中展开Color Correction(色彩校正)特效组，然后双击Curves(曲线)特效，如图8.38所示。在Effects Controls(特效控制)面板中，调整曲线的形状如图8.39所示。

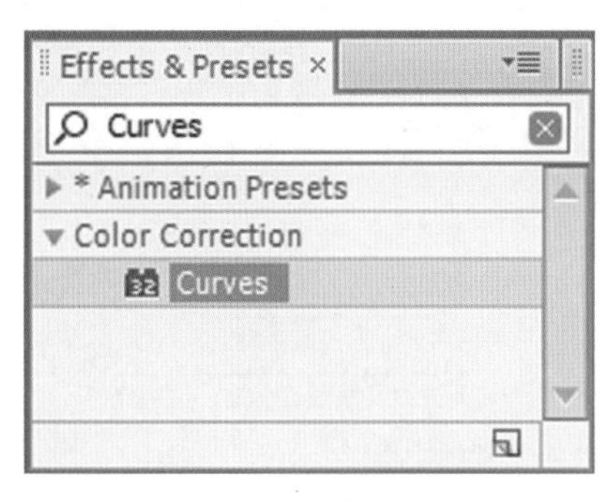

图8.38　添加Curves(曲线)特效

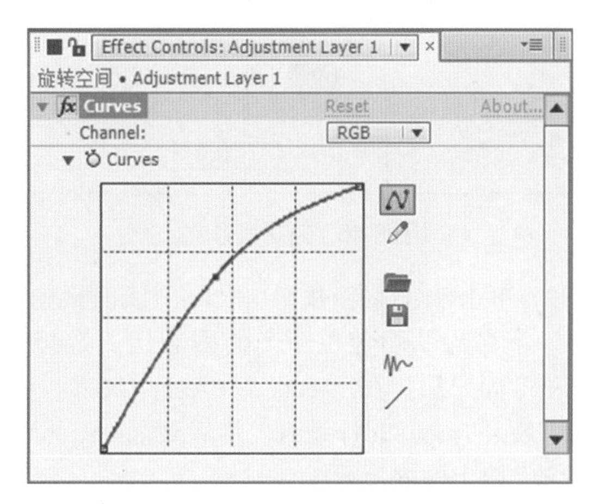

图8.39　调整曲线形状

(8) 调整曲线的形状后，在合成窗口中观察画面色彩变化，调整前的画面效果如图8.40所示，调整后的画面效果如图8.41所示。

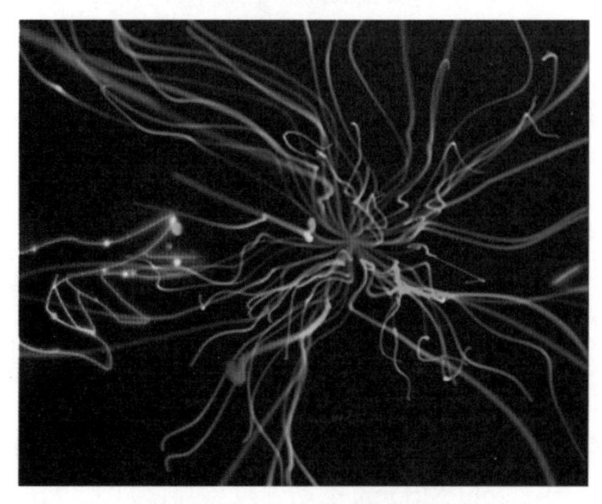

图8.40　调整前的画面效果

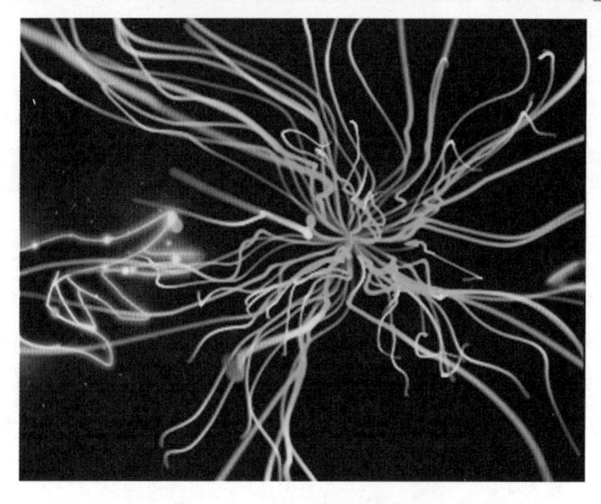

图8.41　调整后的画面效果

(9) 这样就完成了"旋转空间"的整体制作，按小键盘上的"0"键，即在合成窗口中预览动画。

8.3　飞舞的彩色粒子

实例说明

本例主要讲解利用第三方插件Particular(粒子)特效制作出彩色粒子效果，然后再通过绘制路径，制作出彩色粒子的跟随动画。本例最终的动画流程效果如图8.42所示。

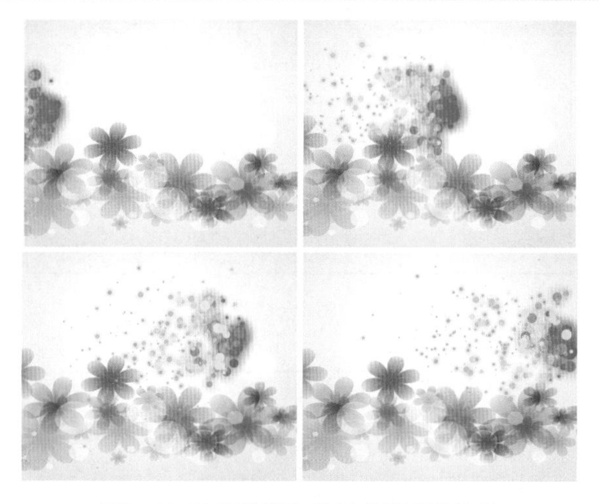

图8.42　飞舞的彩色粒子动画流程效果

学习目标

1. 掌握Particular(粒子)特效的使用。
2. 掌握粒子沿路径运动的控制。

操作步骤

8.3.1 新建合成

(1) 执行菜单栏中的Composition(合成)| New Composition(新建合成)命令，打开Composition Settings(合成设置)对话框，设置Composition Name(合成名称)为“飞舞的彩色粒子”，Width(宽)为“720”，Height(高)为“576”，Frame Rate(帧率)为“25”，并设置Duration(持续时间)为00:00:04:00秒，如图8.43所示。

(2) 单击OK(确定)按钮，在Project(项目)面板中将会创建一个名为“飞舞的彩色粒子”的合成。在Project(项目)面板中双击打开Import File(导入文件)对话框，打开配套光盘中的“工程文件\第8章\飞舞的彩色粒子\光背景.jpg”素材，单击【打开】按钮，将素材导入项目面板中，并且将导入素材拖动到时间线面板中，如图8.44所示。

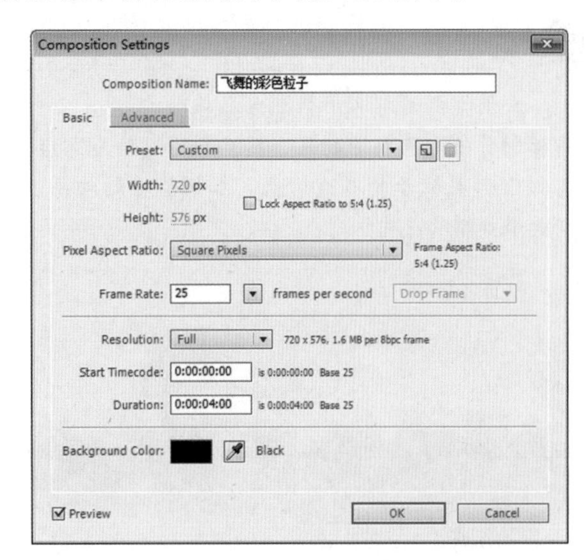

图8.43　合成设置

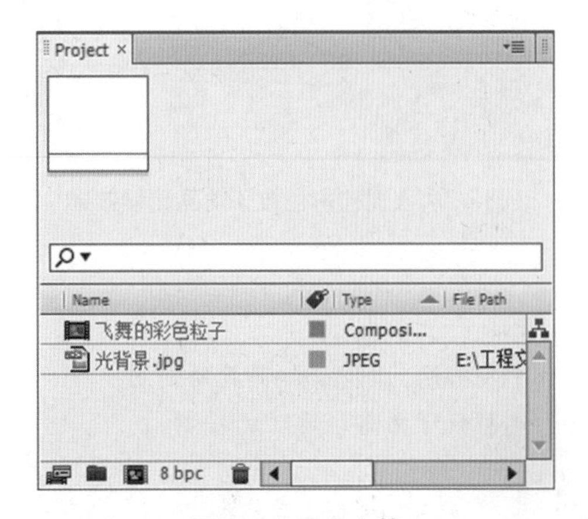

图8.44　导入文件

8.3.2 制作飞舞的彩色粒子

(1) 在“飞舞的彩色粒子”合成的时间线面板中按Ctrl + Y组合键，打开Solid Settings(固态层设置)对话框，设置Name(名称)为“彩色粒子”，Color(颜色)为黑色，如图8.45所示。

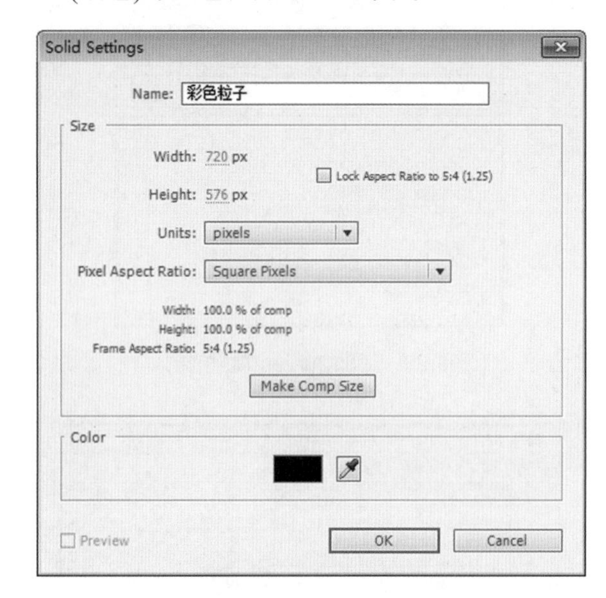

图8.45　新建固态层

(2) 单击OK(确定)按钮，在时间线面板中将会创建一个名为“彩色粒子”的固态层。选择“彩色粒子”固态层，在Effects & Presets(效果和预置)面板中展开Trapcode特效组，然后双击Particular(粒子)特效，如图8.46所示。

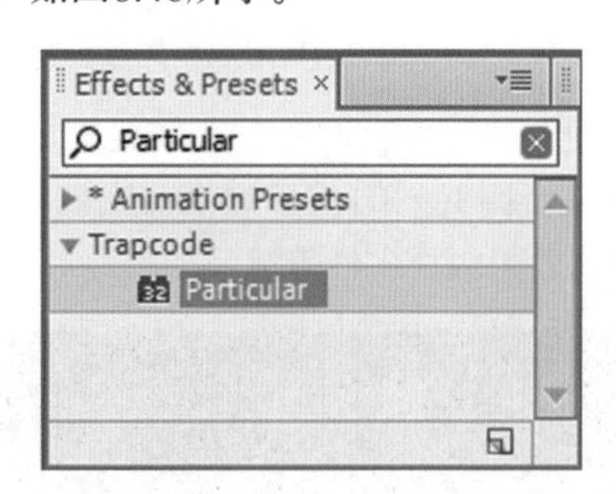

图8.46　添加粒子特效

(3) 在Effect Controls(特效控制)面板中，修改Particular(粒子)特效的参数，展开Emitter(发射器)选项组，首先在Emitter Type(发射器类型)右侧的下拉列表框中选择Sphere(球形)，设置Particles/sec(每秒发射粒子数)的值为500，Velocity(速度)的值为200，Velocity Random(速度随机)的值为80，Velocity from Motion(运动速度)的值为10，Emitter Size Y(发射器Y轴尺寸)的值为100，如图8.47所示。设置完成后，其中一帧的画面效果如图8.48所示。

Effect Controls: 彩色粒子
飞舞的彩色粒子 • 彩色粒子

Particular	Reset　Options...　About...
Register	
Emitter	
Particles/sec	500
Emitter Type	Sphere
Position XY	360.0,288.0
Position Z	0.0
Position Subframe	Linear
Direction	Uniform
Direction Spread [%]	20.0
X Rotation	0x+0.0°
Y Rotation	0x+0.0°
Z Rotation	0x+0.0°
Velocity	200.0
Velocity Random [%]	80.0
Velocity Distribution	1.0
Velocity from Motion [%]	10.0
Emitter Size X	50
Emitter Size Y	100
Emitter Size Z	50

图8.47　发射器参数设置

图8.48　设置后的效果

(4) 展开Particle(粒子)选项组，在Particle Type(粒子类型)右侧的下拉列表框中选择Glow Sphere(发光球)，然后设置Life(生命)的值为1，Lift Random(生命随机)的值为50，Sphere Feather(球羽化)的值为0，Size(尺寸)的值为13，Size Random(大小的随机性)的值为100，然后展开Size over Life(生命期内的大小变化)选项，使用鼠标绘制如图8.49所示的形状；在Set Color(设置颜色)右侧的下拉列表框中选择Over Life(生命期内的变化)，Transfer Mode(转换模式)右侧的下拉列表框中选择Add(相加)，参数设置如图8.49所示。此时其中一帧的画面效果如图8.50所示。

(5) 在时间线面板中按Ctrl + Y组合键，打开Solid Settings(固态层设置)对话框，新建一个Name(名称)为“路径”，Color(颜色)为黑色的固态层。

(6) 选择“路径”固态层，单击工具栏中的Pen Tool(钢笔工具)按钮，在合成窗口中绘制一条路径，如图8.51所示。然后在时间线面板中，单击“路径”固态层左侧的眼睛图标，将“路径”固态层隐藏，如图8.52所示。

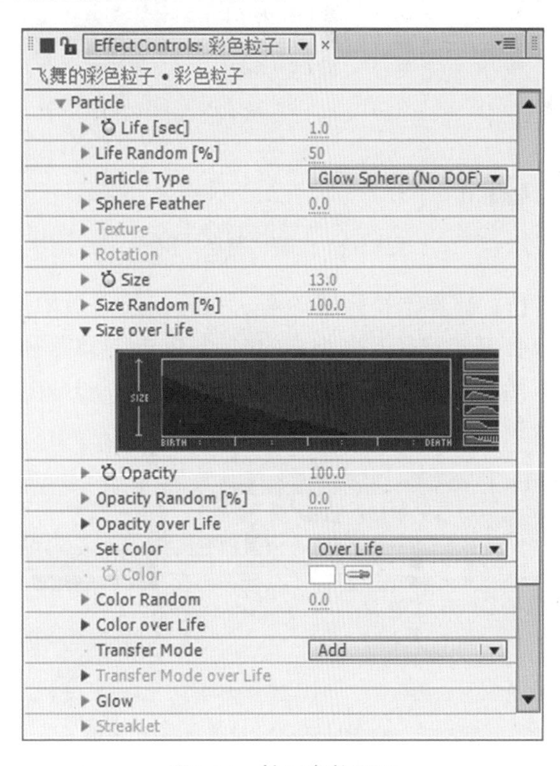

图8.49　粒子参数设置

图8.50　大小颜色变化

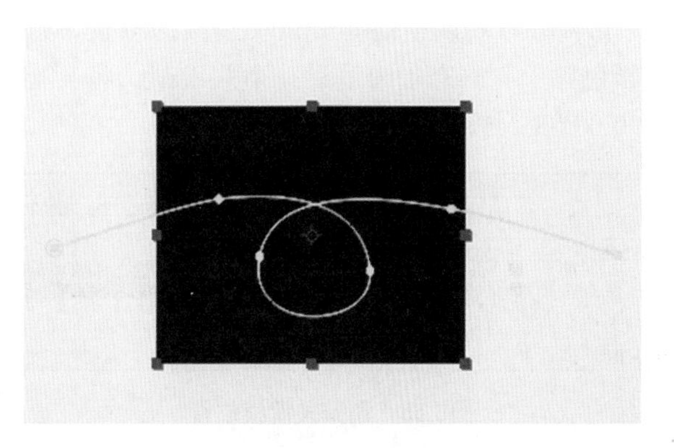

图8.51　绘制路径

图8.52 隐藏“路径”层

(7) 制作路径跟随动画。在时间线面板中按M键，打开“路径”固态层的Mask Path(遮罩路径)选项，然后单击Mask Path(遮罩路径)选项，按Ctrl + C组合键，将其复制，如图8.53所示。

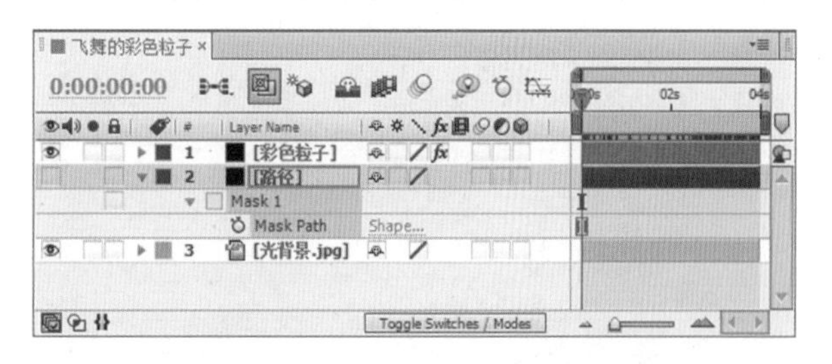

图8.53 复制Mask Path(遮罩路径)选项

(8) 将时间调整到00:00:00:00帧的位置，选择“彩色粒子”固态层，选择Position XY(X Y轴位置)选项，按Ctrl + V组合键，将Mask Path(遮罩路径)粘贴到Position XY(X Y轴位置)选项上，完成后的效果如图8.54所示。

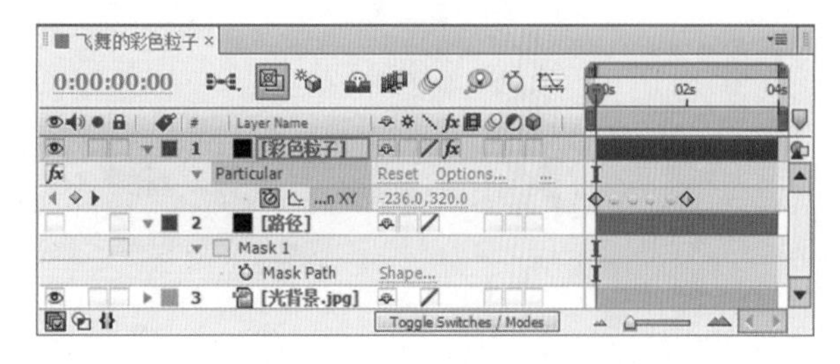

图8.54 制作路径跟随动画

(9) 将时间调整到00:00:03:24帧的位置，选择“彩色粒子”固态层的最后一个关键帧，将其拖动到00:00:03:24帧的位置，如图8.55所示。

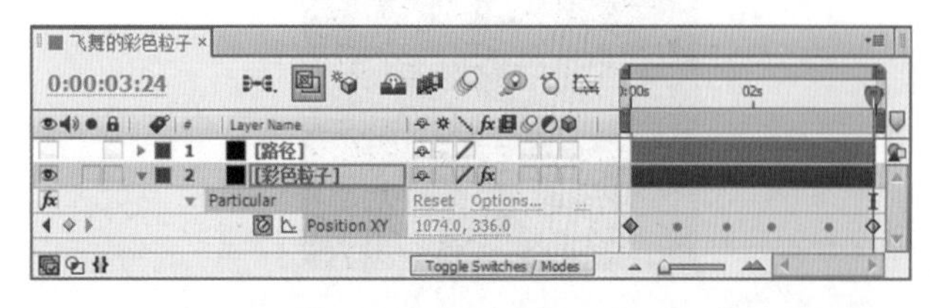

图8.55 调整关键帧位置

(10) 这样就完成了“飞舞的彩色粒子”的整体制作，按小键盘上的“0”键，在合成窗口中预览动画，如图8.56所示。

图8.56 动画流程画面

8.4 炫丽光带

实例说明

本例主要讲解利用Particular(粒子)特效制作炫丽光带的效果。本例最终的动画流程效果如图8.57所示。

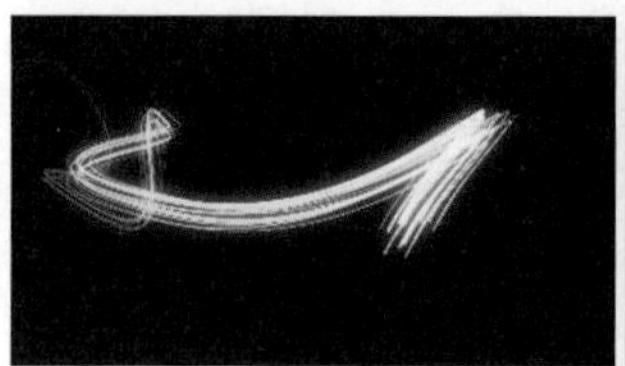
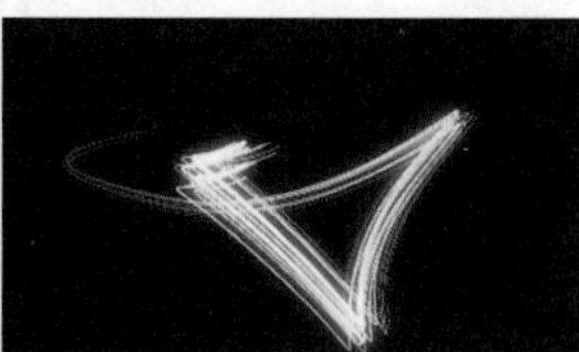

图8.57 动画流程画面

学习目标

1.掌握Particular(粒子)特效的使用。

2.掌握Glow(发光)特效的使用。

8.4.1　绘制光带运动路径

(1) 执行菜单栏中的Composition(合成)| New Composition(新建合成)命令，打开Composition Settings(合成设置)对话框，设置Composition Name(合成名称)为“炫丽光带”，Width(宽)为“720”，Height(高)为“405”，Frame Rate(帧率)为“25”，并设置Duration(持续时间)为00:00:10:00秒。

(2) 按Ctrl + Y组合键，打开Solid Settings(固态层设置)对话框，设置Name(名称)为“路径”，Color(颜色)为黑色，如图8.58所示。

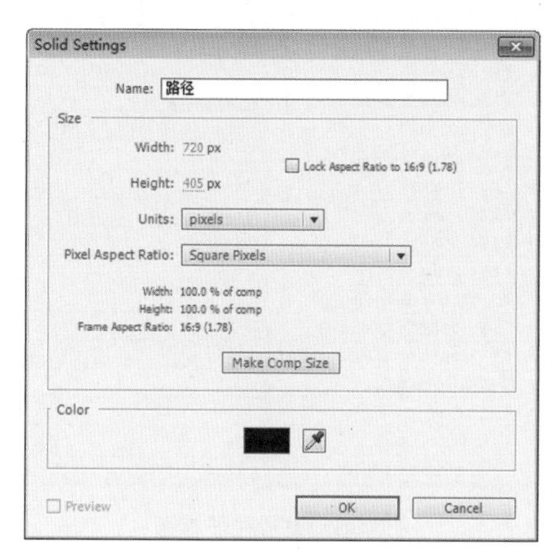

图8.58　设置固态层

(3) 选中“路径”层，单击工具栏中的Pen Tool(钢笔工具)按钮，在Composition(合成)窗口中绘制一条路径，如图8.59所示。

图8.59　绘制路径

8.4.2　制作光带特效

(1) 按Ctrl + Y组合键，打开Solid Settings(固态层设置)对话框，设置Name(名称)为“光带”，Color(颜色)为黑色。

(2) 在时间面板中，选择“光带”层，在Effects & Presets(效果和预置)面板展开Trapcode特效组，然后双击Particular(粒子)特效。

(3) 选择“路径”层，按M键，将蒙版属性列表选项展开，选中Mask Path(遮罩形状)，按Ctrl+C组合键，复制Mask Path(遮罩形状)。

(4) 选择“光带”层，在时间线面板中，展开Effects(效果)|Particular(粒子)|Emitter(发射器)选项，选中Position XY(XY轴位置)选项，按Ctrl+V组合键，把“路径”层的路径复制给Particular(粒子)特效中的Position XY(XY轴位置)，如图8.60所示。

图8.60　复制蒙版路径

(5) 选择最后一个关键帧向右拖动，将其时间延长，如图8.61所示。

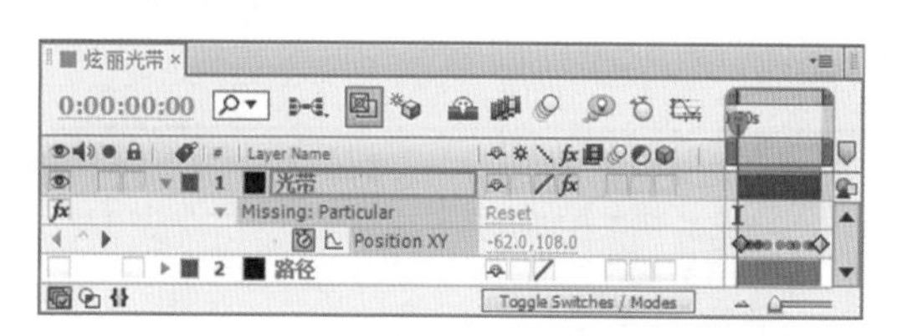

图8.61　选择最后一个关键帧向右拖动

(6) 在Effect Controls(特效控制)面板修改Particular(粒子)特效参数，展开Emitter(发射器)选项组，设置Particles/sec(每秒发射粒子数)的值为1000。从Position Subframe(子位置)右侧的下拉列表框中选择10x Linear(10x线性)选项，设置Velocity(速度)的值为0，Velocity Random(速度随机)的值为0，Velocity Distribution(速度分布)的值为0，Velocity from Motion(运动速度)的值为0，如图8.62所示。

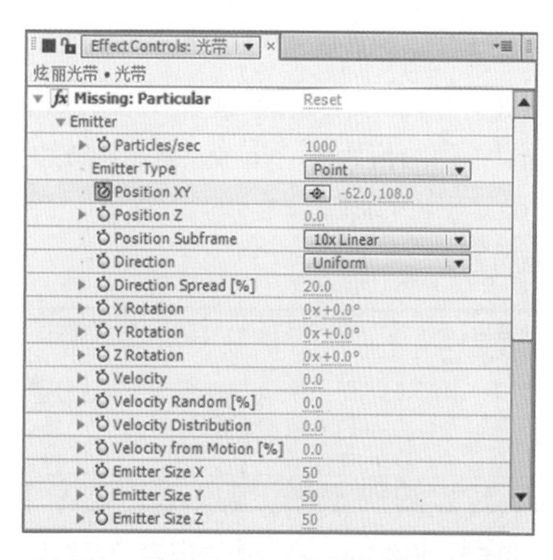

图8.62　设置Emitter(发射器)选项组参数

(7) 展开Particle(粒子)选项组，从Particle Type(粒子类型)右侧的下拉列表框中选择Streaklet(条纹)选项，设置Particle Feather(条纹羽化)的值为100，Size(尺寸)的值为49，如图8.63所示。

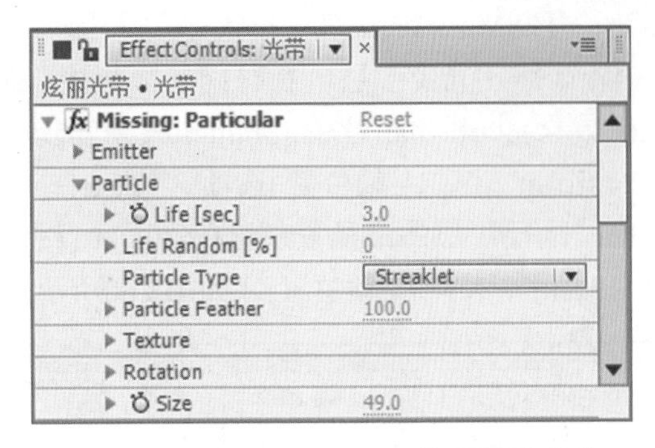

图8.63　设置Particle Type(粒子类型)参数

(8) 展开Size over Life(生命期内的大小变化)选项，单击▬按钮；展开Opacity over Life(不透明度随机)选项，单击▬按钮，并将Color(颜色)改成橙色(R：114；G：71；B：22)，从Transfer Mode(模式转换)右侧的下拉列表框中选择Add(相加)，如图8.64所示。

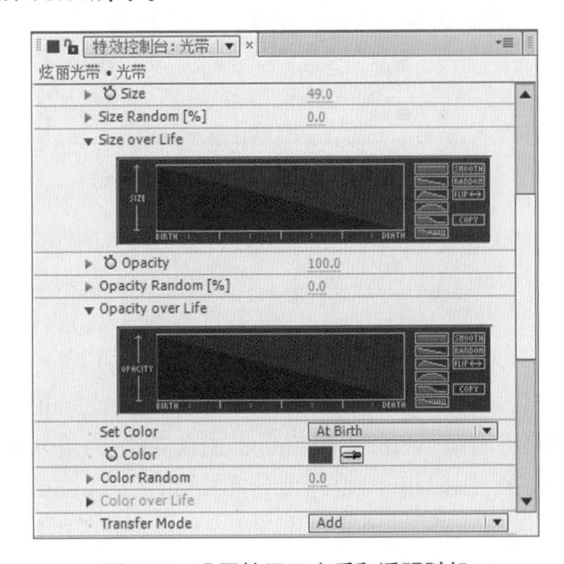

图8.64　设置粒子死亡后和透明随机

(9) 展开Streaklet(条纹)选项组，设置Random Seed(随机种子)的值为0，No Streaks(无条纹)的值为18，Streak Size(条纹大小)的值为11，具体设置如图8.65所示。

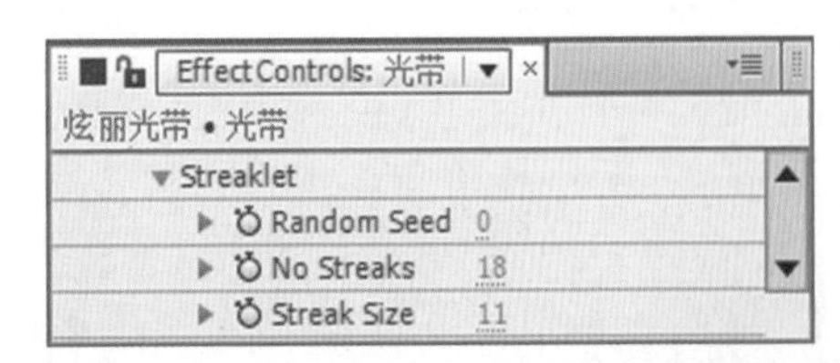

图8.65　设置Streaklet(条纹)选项组参数值

8.4.3　制作辉光特效

(1) 在时间线面板中选择“光带”层，按Ctrl+D组合键复制出另一个新的图层，重命名为“粒子”。

(2) 在Effect Controls(特效控制)面板中修改Particular(粒子)特效参数，展开Emitter(发射器)选项组，设置Particles/sec(每秒发射粒子数)的值为200，Velocity(速度)的值为20，如图8.66所示，合成窗口效果如图8.67所示。

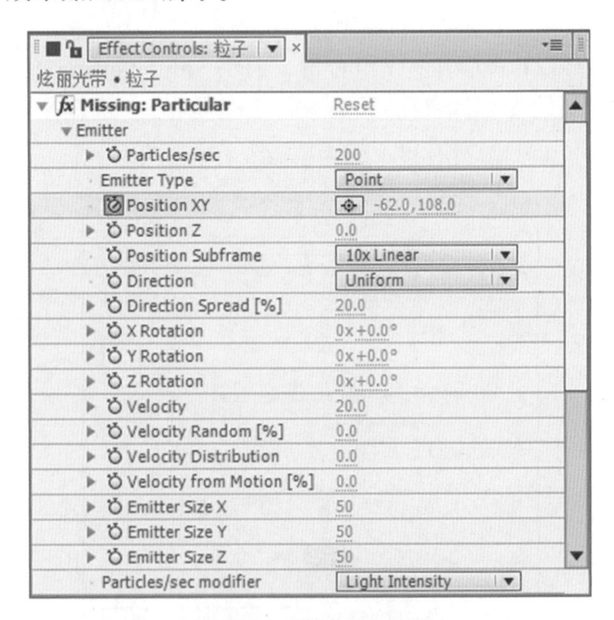

图8.66　设置粒子参数

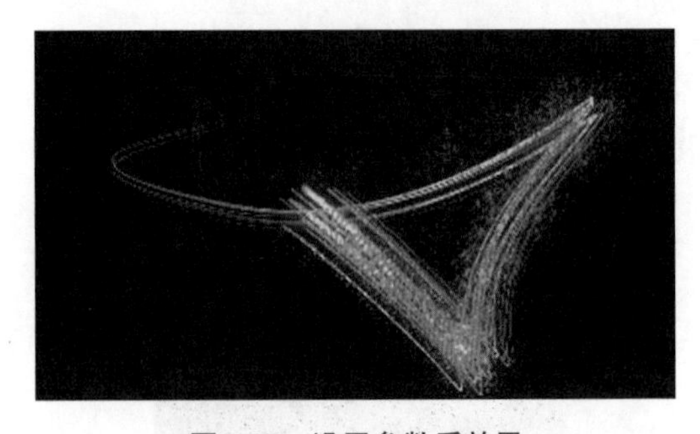

图8.67　设置参数后效果

(3) 展开Particle(粒子)选项组，设置Life(生命)的值为4，从Particle Type(粒子类型)右侧的下拉列表框中选择Sphere(球)选项，设置Sphere Feather(球羽化)的值为50，Size(尺寸)的值为2，展开Opacity over Life(不透明度随机)选项，单击▬按钮。

(4) 在时间线面板中，选择“粒子”层的Mode(模式)为Add(添加)模式，如图8.68所示，合成窗口效果如图8.69所示。

(5) 为“光带”层添加Glow(发光)特效。在Effects & Presets(效果和预置)面板中展开Stylize(风格化)特效组，然后双击Glow(发光)特效。

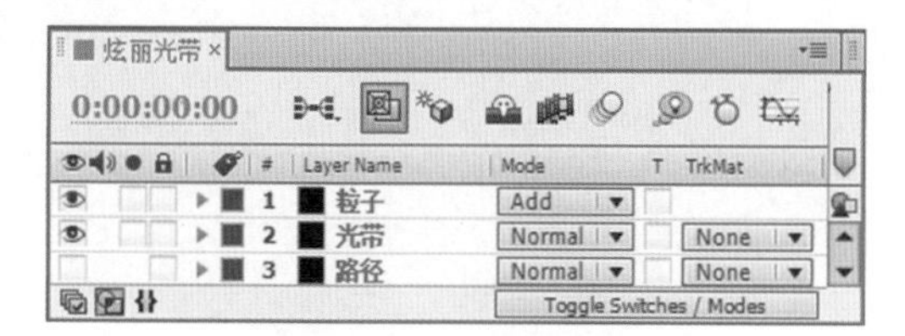

图8.68　设置添加模式

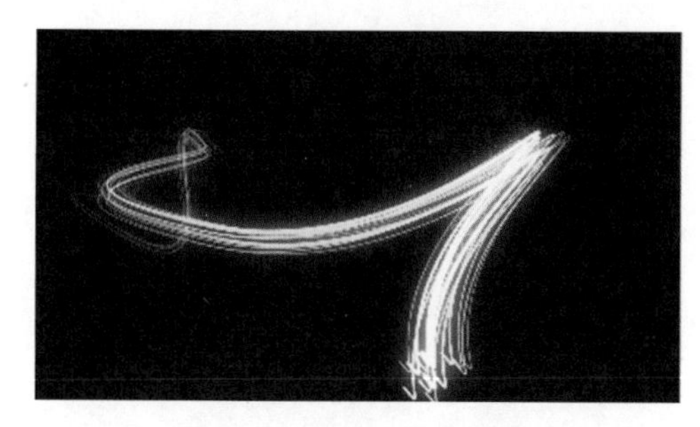

图8.69　设置粒子后的效果

(6) 在Effect Controls(特效控制)面板中修改Glow(发光)特效参数，设置Glow Threshold(发光阈)的值为60，Glow Radius(发光半径)的值为30，Glow Intensity(发光强度)的值为1.5，如图8.70所示，合成窗口效果如图8.71所示。

(7) 这样就完成了炫丽光带的整体制作，按小键盘上的“0”键，即可在合成窗口中预览动画。

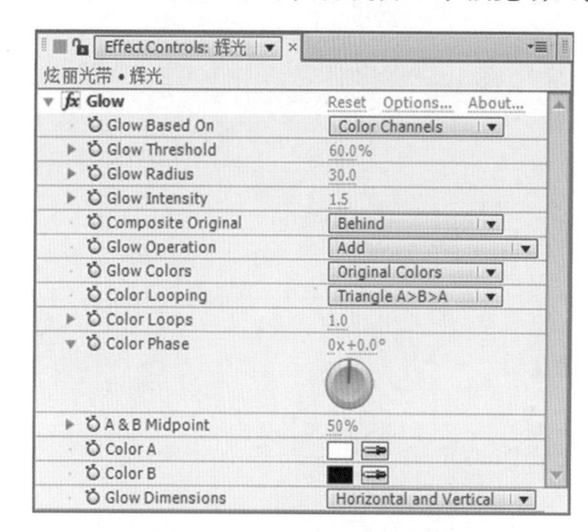

图8.70　设置辉光特效参数

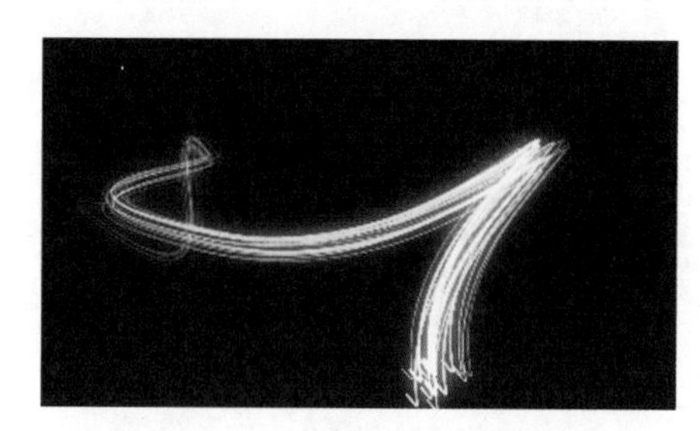

图8.71　设置辉光后的效果

AE

第9章

光线特效表现

内容摘要

本章主要讲解运用特效来制作各种光线，包括使用Bezier Warp(贝赛尔弯曲)特效调节出弯曲光线以及通过使用Vegas(描绘)特效制作出光线沿图像边缘运动的画面效果。通过本章的学习掌握几种光线的制作方法，使整个动画更加华丽且更富有灵动感。

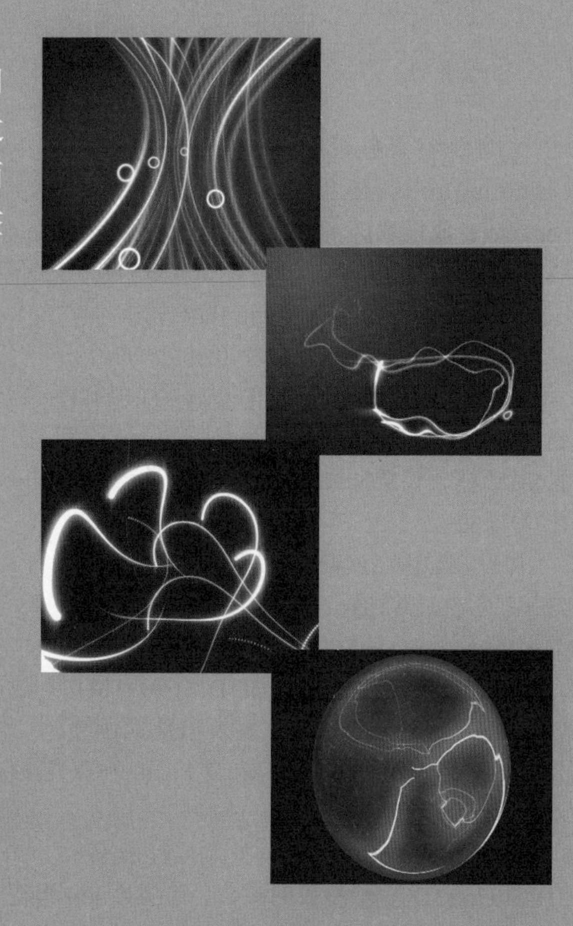

教学目标

- 学习点阵发光动画的制作。
- 掌握流光线条动画的制作。
- 掌握舞动精灵动画的制作。
- 掌握运动光线动画的制作。
- 掌握电光球特效动画的制作。

9.1 点阵发光

实例说明

本例主要讲解利用3D Stroke(3D笔触)特效制作点阵发光效果，完成的动画流程画面如图9.1所示。

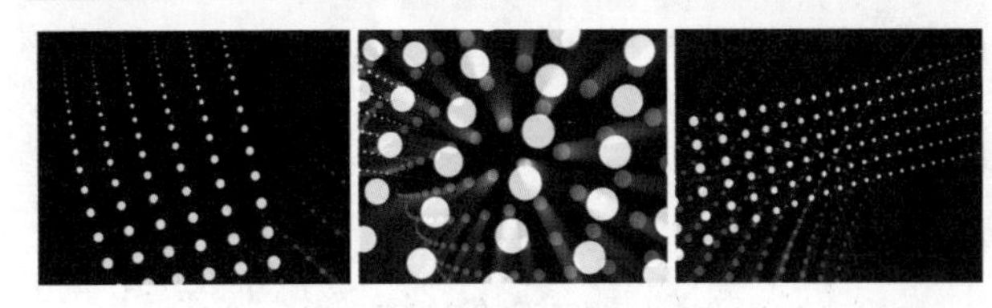

图9.1 动画流程画面

学习目标

1. 掌握3D Stroke(3D笔触)特效的使用。
2. 掌握Shine(光)特效的使用。

操作步骤

(1) 执行菜单栏中的Composition(合成)| New Composition(新建合成)命令，打开Composition Settings(合成设置)对话框，设置Composition Name(合成名称)为“点阵发光”，Width(宽)为“720”，Height(高)为“576”，Frame Rate(帧率)为“25”，并设置Duration(持续时间)为00:00:05:00秒。

(2) 执行菜单栏中的Layer(层)|New(新建)|Solid(固态层)命令，打开Solid Settings(固态层设置)对话框，设置Name(名称)为“点阵”，Color(颜色)为黑色。

(3) 选中“点阵”层，在工具栏中选择Pen Tool(钢笔工具)，在图层上绘制一个路径，如图9.2所示。

(4) 为“点阵”层添加3D Stroke(3D 笔触)特效。在Effects & Presets(效果和预置)面板中展开Trapcode特效组，然后双击3D Stroke(3D 笔触)特效，如图9.3所示。

(5) 在Effect Controls(特效控制)面板中，修改3D Stroke(3D笔触)特效的参数，设置Color(颜色)的值为淡蓝色(R：205；G：241；B：251)；将时间调整到00:00:00:00帧的位置，设置End(结束)的值为0，单击End(结束)左侧的码表按钮，在当前位置设置关键帧。

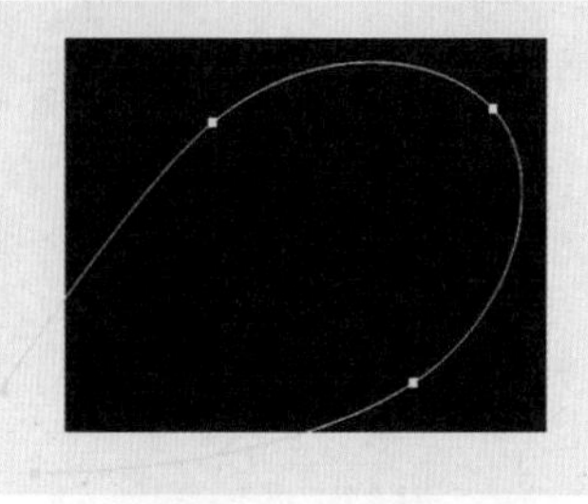

图9.2 绘制路径

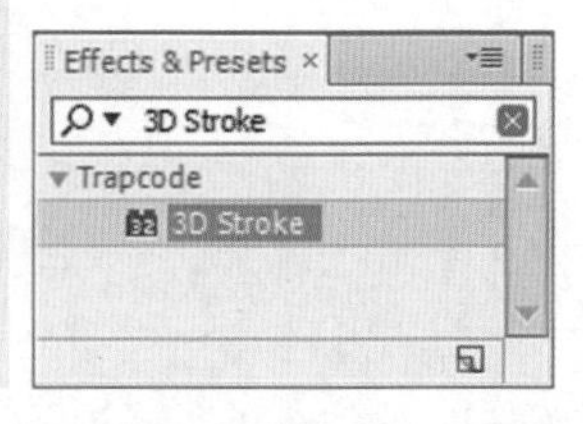

图9.3 添加3D笔触特效

(6) 将时间调整到00:00:04:24帧的位置，设置End(结束)的值为100，系统会自动设置关键帧，如图9.4所示；合成窗口效果如图9.5所示。

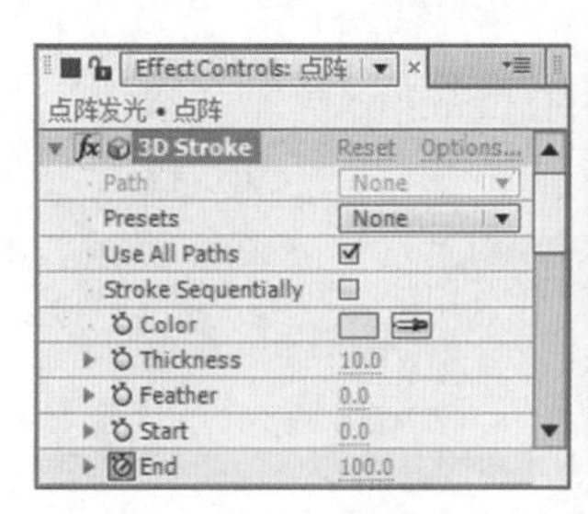

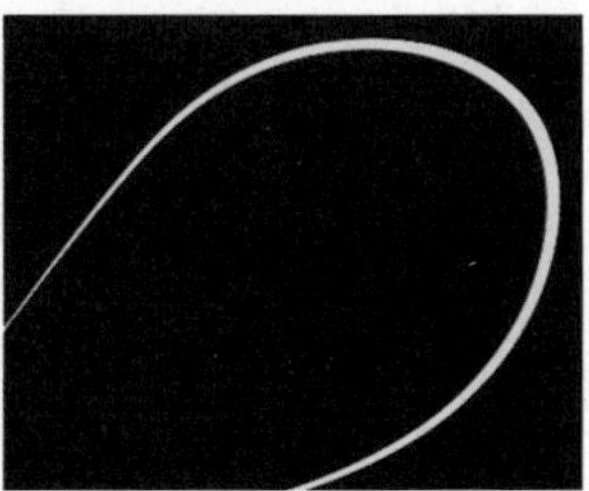

图9.4 设置结束关键帧　图9.5 设置结束关键帧后的效果

(7) 展开Taper(锥度)选项组，选中Enable(启用)复选框；展开Repeater(重复)选项组，选中Enable(启用)复选框，取消选中Symmetric Doubler(双重对称)复选框，设置Instances(重复量)的值为5，如图9.6所示。

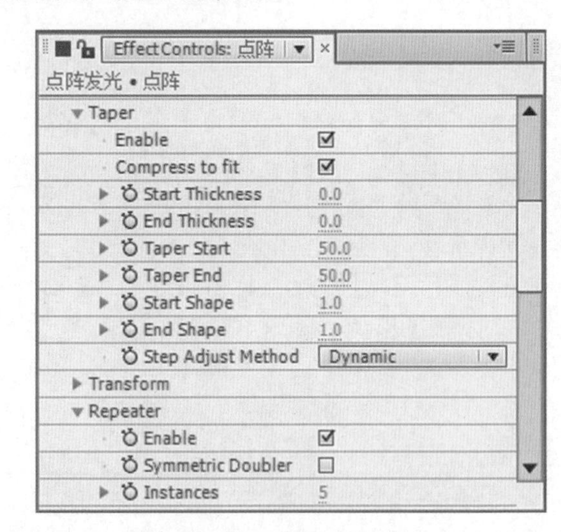

图9.6 设置锥度参数

(8) 展开Advanced(高级)选项组，设置Adjust Step(调节步幅)的值为1700，Low Alpha Sat Boost(低通道饱和度提升)的值为100，Low Alpha Hue Rotation(低通道色相旋转)的值为100，如图9.7所示。

图9.7　设置高级参数

(9) 展开Camera(摄像机)选项组，选中Comp Camera(合成摄像机)复选框，如图9.8所示；合成窗口效果如图9.9所示。

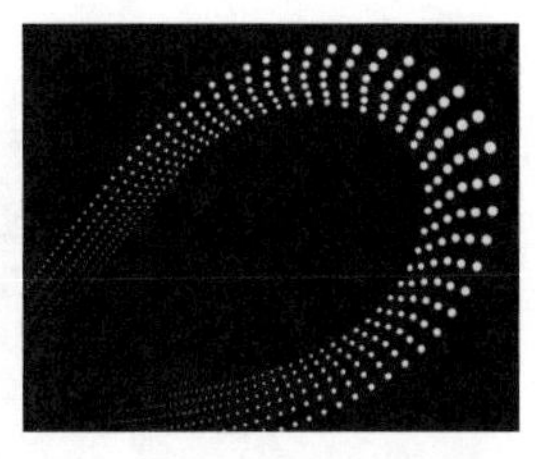

图9.8　设置摄像机参数　　图9.9　设置3D笔触后的效果

(10) 执行菜单栏中的Layer(层)|New(新建)|Camera(摄像机)命令，打开Camera Settings(摄像机设置)对话框，如图9.10所示；调整摄像机后合成窗口效果如图9.11所示。

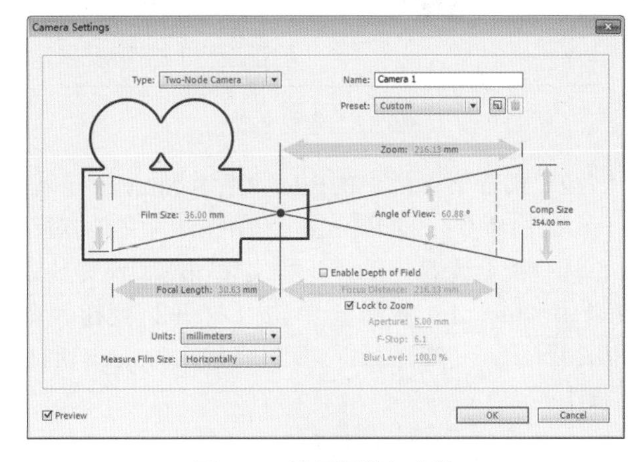

图9.10　设置摄像机参数

图9.11　设置摄像机后的效果

(11) 在时间线面板中，选择“点阵”层，按Ctrl+D组合键复制出另一个新的图层，将该图层重命名为“点阵2”，设置“点阵2”层的Mode(模式)为Add(相加)，如图9.12所示；合成窗口效果如图9.13所示。

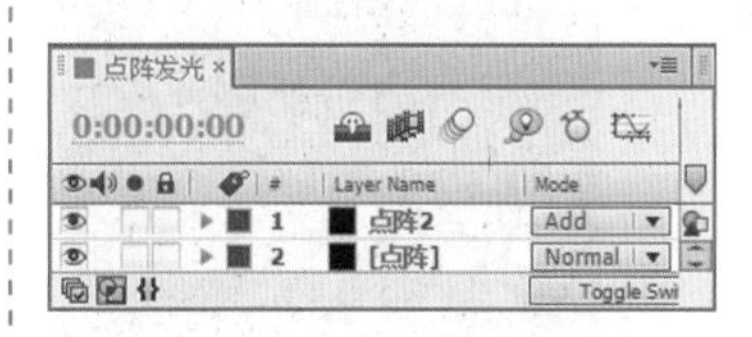

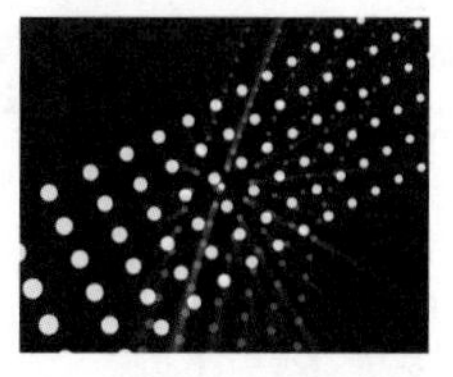

图9.12　设置相加模式　　图9.13　设置相加模式后效果

(12) 在Effect Controls(特效控制)面板中，修改3D Stroke(3D笔触)特效的参数，设置Thickness(厚度)的值为6；展开Transform(变换)选项组，设置X Rotation(X轴旋转)的值为-30°，Y Rotation(Y轴旋转)的值为-30°，Z Rotation(Z轴旋转)的值为30°，如图9.14所示。

(13) 展开Advanced(高级)选项，设置Adjust Step(调节步幅)的值为1780，合成窗口效果如图9.15所示。

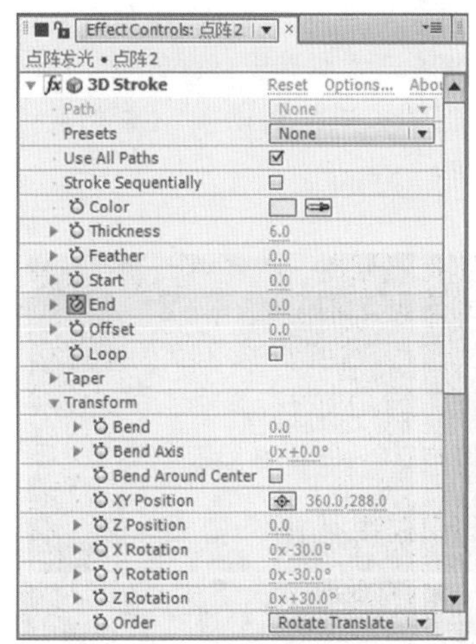

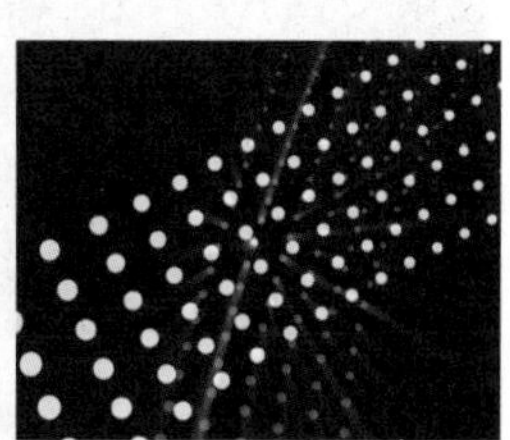

图9.14　设置变换参数　　图9.15　设置参数后的效果

(14) 为“点阵2”层添加Shine(光)特效。在Effects & Presets(效果和预置)面板中展开Trapcode特效组，双击Shine(光)特效。

(15) 在Effect Controls(特效控制)面板中，修改Shine(光)特效的参数，展开Pre-Process(预设)选项组，设置Threshold(阈值)的值为4，从Colorize(着色)下拉列表框中选择None(无)，设置Source Opacity(源不透明度)的值为30，从Transfer Mode(转换模式)下拉列表框中选择Add(相加)，如图9.16所示；合成窗口效果如图9.17所示。

(16) 这样就完成了点阵发光的整体制作，按小键盘上的“0”键，即可在合成窗口中预览动画。

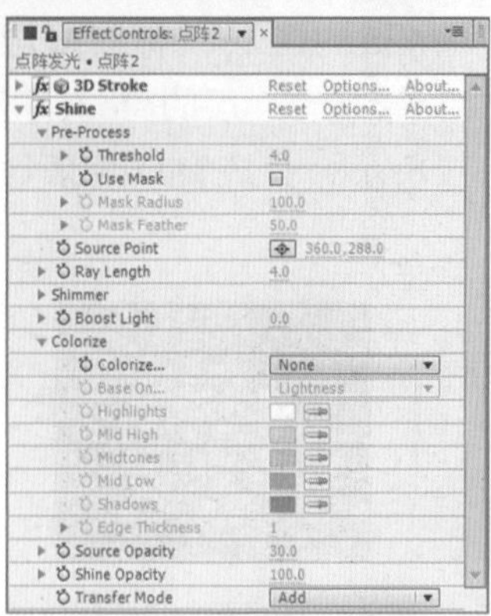

图9.16　设置光参数

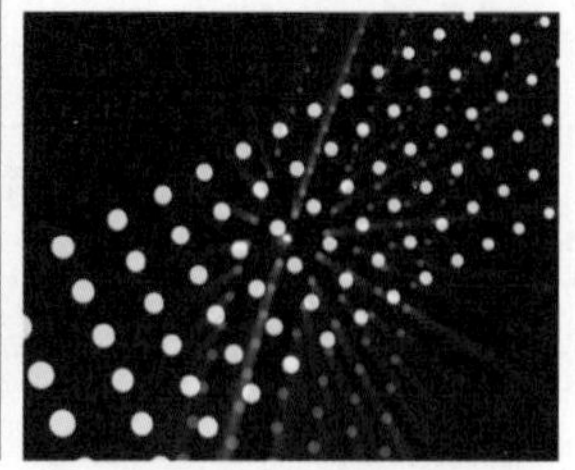

图9.17　设置光参数后的效果

9.2　流光线条

实例说明

本例主要讲解流光线条动画的制作。首先利用Fractal Noise(分形噪声)特效制作出线条效果，通过调节Bezier Warp(贝赛尔曲线变形)特效制作出光线的变形，然后添加第三方插件Particular(粒子)特效，制作出上升的圆环从而完成动画。本例最终的动画流程效果如图9.18所示。

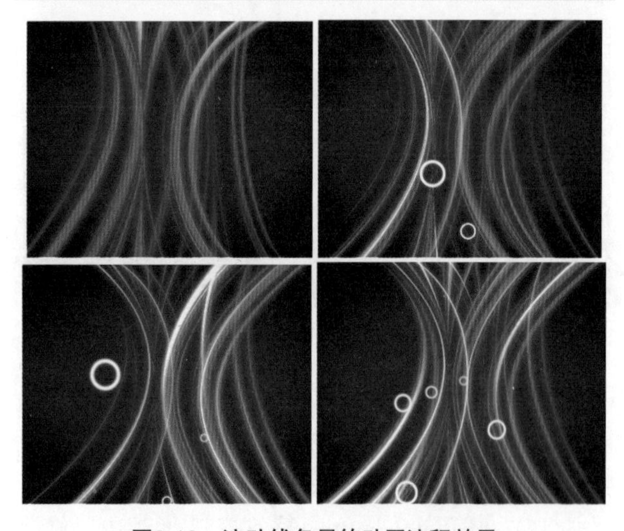

图9.18　流动线条最终动画流程效果

学习目标

1.了解Shine(光)特效参数的设置。
2.学习Shine(光)特效的使用。

操作步骤

9.2.1　利用蒙版制作背景

(1) 执行菜单栏中的Composition(合成)| New Composition(新建合成)命令，打开Composition Settings(合成设置)对话框，设置Composition Name(合成名称)为“流光线条效果”，Width(宽)为“720”，Height(高)为“576”，Frame Rate(帧率)为“25”，并设置Duration(持续时间)为00:00:05:00秒，如图9.19所示。

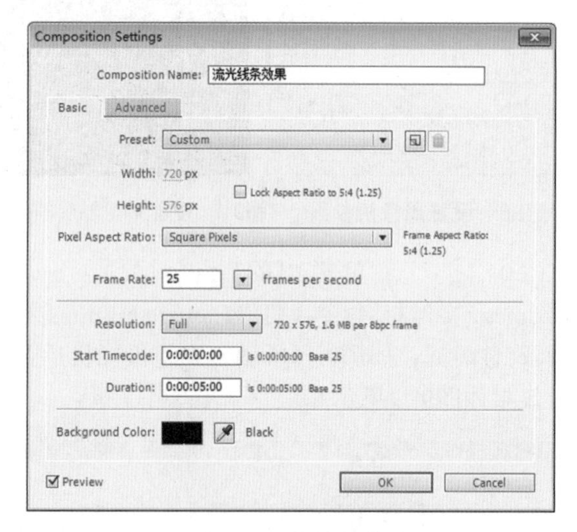

图9.19　建立合成

(2) 执行菜单栏中的File(文件)| Import(导入)| File(文件)命令，打开Import File(导入文件)对话框，选择配套光盘中的“工程文件\第9章\流光线条效果\圆环.psd”素材，单击【打开】按钮，如图9.20所示，“圆环.psd”素材将导入Project(项目)面板中。

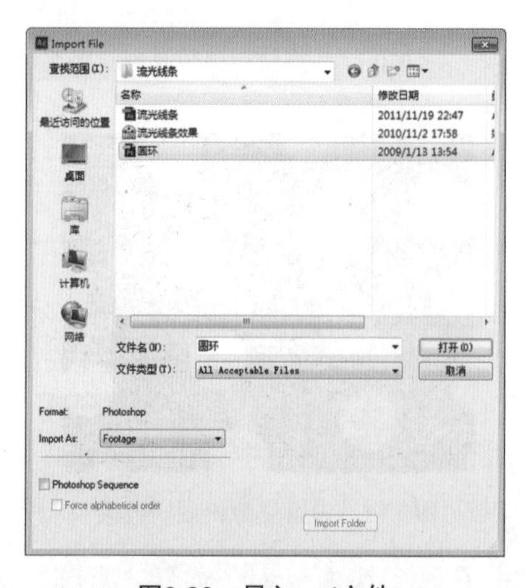

图9.20　导入psd文件

(3) 按Ctrl + Y组合键，打开Solid Settings(固态层设置)对话框，设置Name(名称)为“背景”，Color(颜色)为紫色(R：65；G：4；B：67)，如图9.21所示。

(4) 为“背景”固态层绘制蒙版，单击工具栏中的Ellipse Tool(椭圆工具)按钮，绘制椭圆蒙版，如图9.22所示。

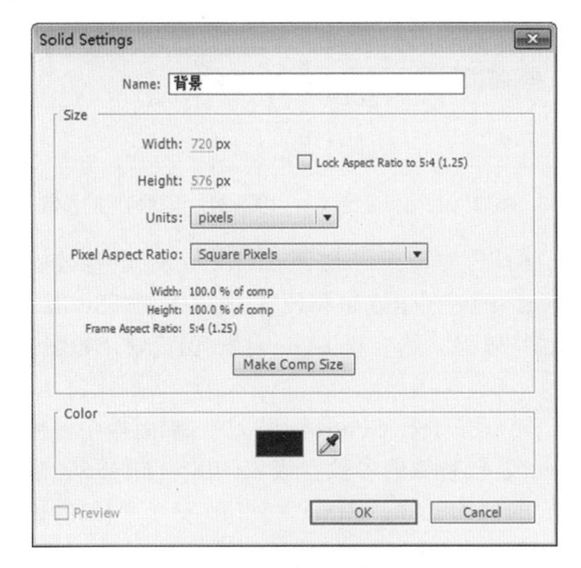

图9.21　建立固态层

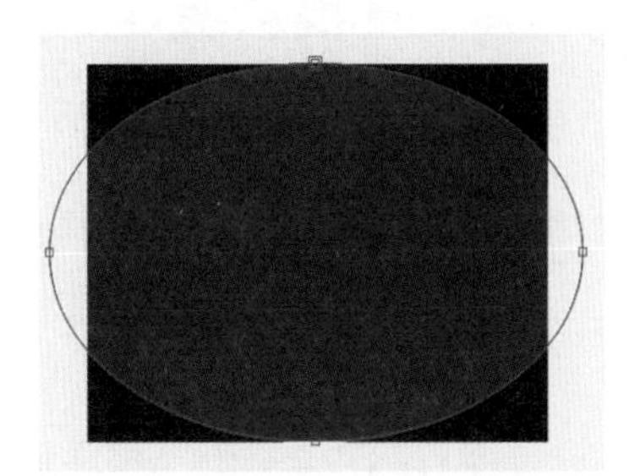

图9.22　绘制椭圆形蒙版

(5) 按F键，打开“背景”固态层的Mask Feather(蒙版羽化)选项，设置Mask Feather(蒙版羽化)的值为(200，200)，如图9.23所示。此时的画面效果如图9.24所示。

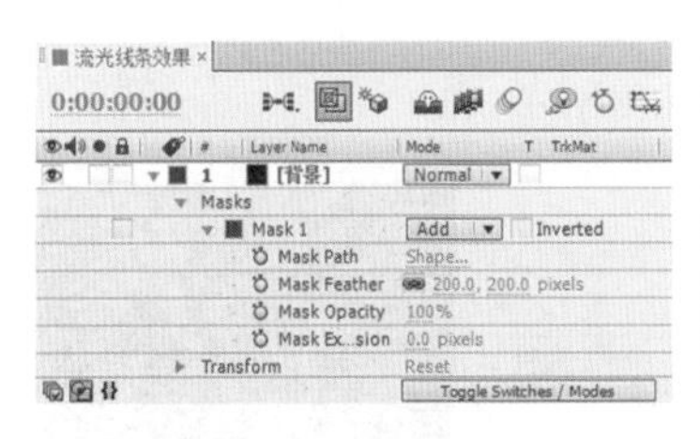

图9.23　设置羽化属性　　图9.24　设置属性后的效果

(6) 按Ctrl + Y组合键，打开Solid Settings(固态层设置)对话框，设置Name(名称)为“流光”，Width(宽)为“400”，Height(高)为“650”，Color(颜色)为白色，如图9.25所示。

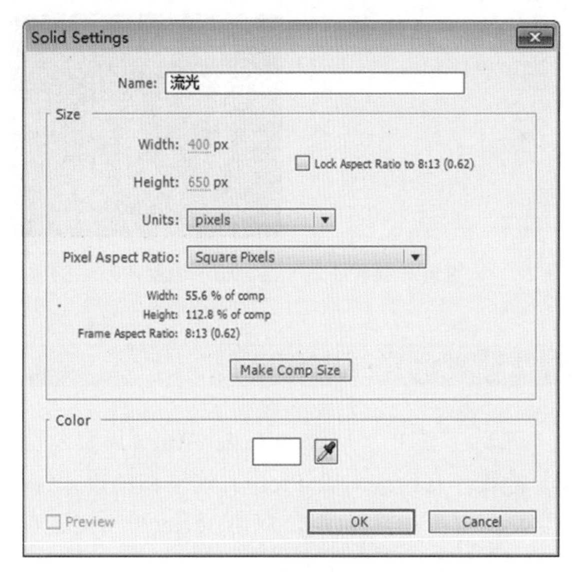

图9.25　建立固态层

(7) 将“流光”层的Mode(模式)修改为Screen(屏幕)。

(8) 选择“流光”固态层，在Effects & Presets(效果和预置)面板中展开Noise & Grain(噪波与杂点)特效组，然后双击Fractal Noise(分形噪波)特效，如图9.26所示。

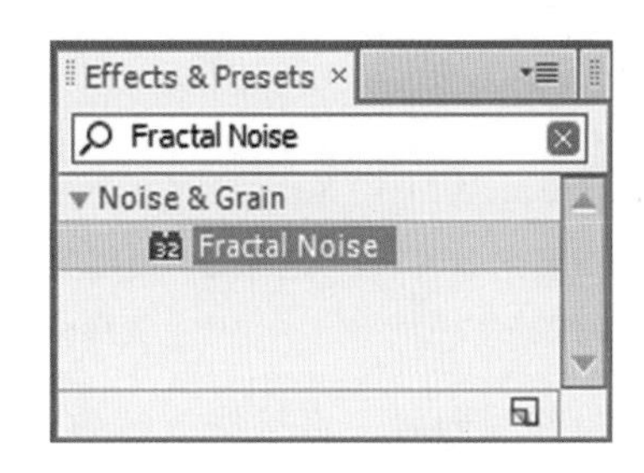

图9.26　添加特效

(9) 将时间调整到00:00:00:00帧的位置，在Effect Controls(特效控制)面板中，修改Fractal Noise(分形噪波)特效的参数，设置Contrast(对比度)的值为450，Brightness(亮度)的值为-80；展开Transform(转换)选项组，取消选中Uniform Scaling(等比缩放)复选框，设置Scale Width(缩放宽度)的值为15，Scale Height(缩放高度)的值为3500，Offset Turbulence(乱流偏移)的值为(200，325)，Evolution(进化)的值为0，然后单击Evolution(进化)左侧的码表按钮，在当前位置设置关键帧，如图9.27所示。

(10) 将时间调整到00:00:04:24帧的位置，修改Evolution(进化)的值为1x，系统将在当前位置自动设置关键帧，此时的画面效果如图9.28所示。

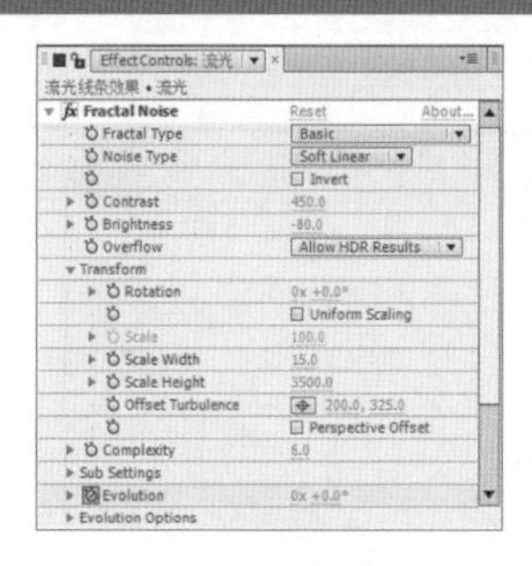
图9.27　设置分形噪波特效

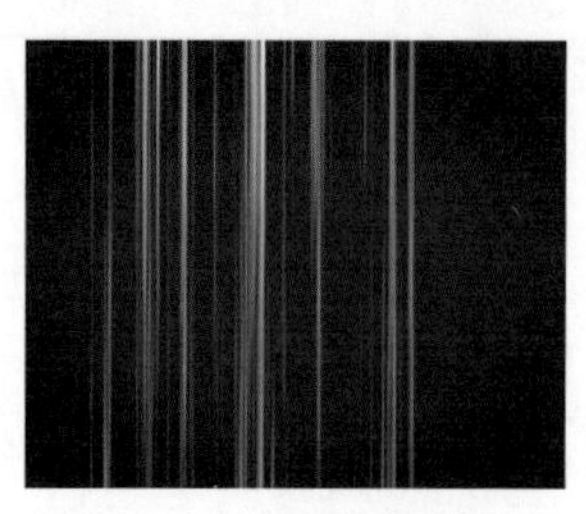
图9.28　设置特效后的效果

9.2.2　添加特效调整画面

(1) 为“流光”层添加Bezier Warp(贝赛尔曲线变形)特效，在Effects & Presets(效果和预置)面板中展开Distort(扭曲)特效组，双击Bezier Warp(贝赛尔曲线变形)特效，如图9.29所示。

(2) 在Effect Controls(特效控制)面板中，修改Bezier Warp(贝赛尔曲线变形)特效的参数，如图9.30所示。

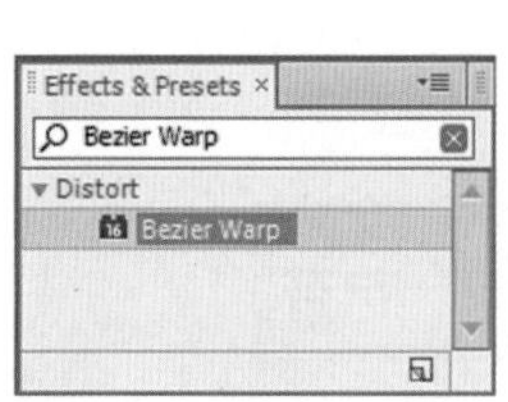
图9.29　添加贝赛尔曲线变形特效

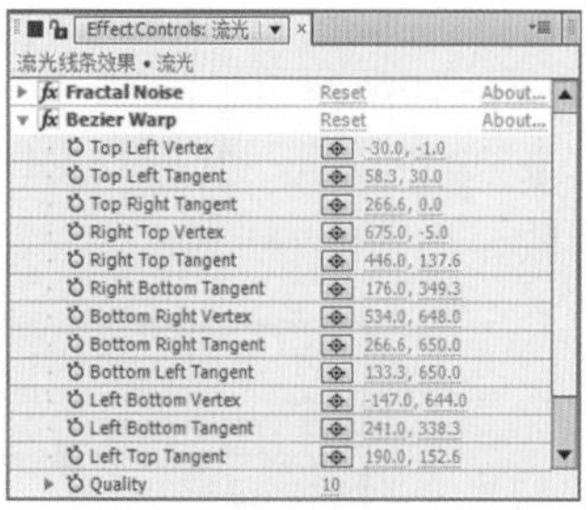

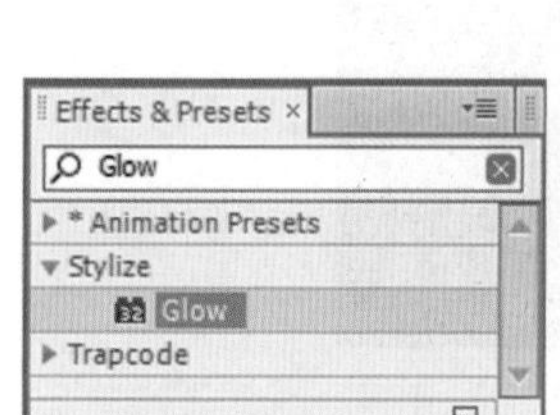
图9.30　设置贝赛尔曲线变形参数

(3) 在调整图形时，直接修改特效的参数比较麻烦，此时，可以在Effect Controls(特效控制)面板中，选择Bezier Warp(贝赛尔曲线变形)特效，从合成窗口中，可以看到调整的节点，直接在合成窗口中的图像上，拖动节点进行调整，自由度比较高，如图9.31所示。调整后的画面效果如图9.32所示。

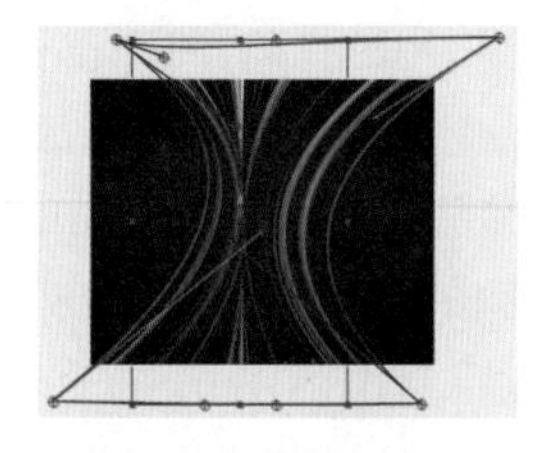
图9.31　调整控制点

图9.32　画面效果

(4) 为“流光”层添加Hue / Saturation(色相/饱和度)特效。在Effects & Presets(效果和预置)面板中展开Color Correction(色彩校正)特效组，双击Hue / Saturation(色相/饱和度)特效，如图9.33所示。

(5) 在Effect Controls(特效控制)面板中，修改Hue/Saturation(色相/饱和度)特效的参数，选中Colorize(着色)复选框，设置Colorize Hue(着色色相)的值为-55，Colorize Saturation(着色饱和度)的值为66，如图9.34所示。

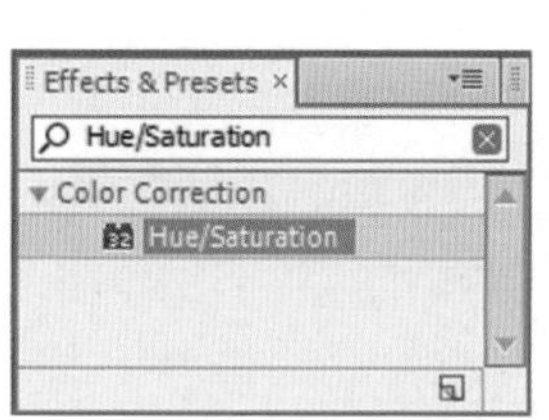
图9.33　添加色相/饱和度特效

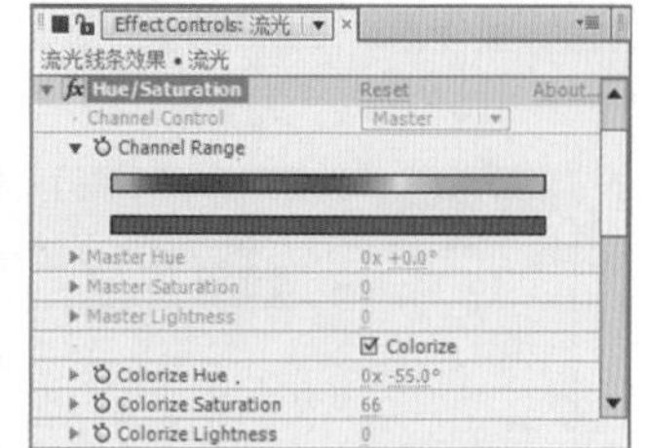
图9.34　设置特效的参数

(6) 为“流光”层添加Glow(发光)特效，在Effects & Presets(效果和预置)面板中展开Stylize(风格化)特效组，然后双击Glow(发光)特效，如图9.35所示。

(7) 在Effect Controls(特效控制)面板中，修改Glow(发光)特效的参数，设置Glow Threshold(发光阈值)的值为20%，Glow Radius(发光半径)的值为15，如图9.36所示。

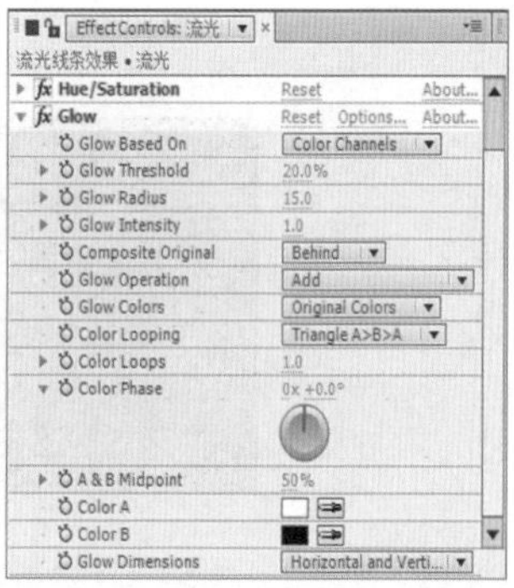

图9.35　添加特效

图9.36　设置发光特效的属性

(8) 在时间线面板中打开“流光”层的三维属性开关，展开Transform(转换)选项组，设置Position(位置)的值为(309，288，86)，Scale(缩放)的值为(123，123，123)，如图9.37所示。可在合成窗口看到效果，如图9.38所示。

图9.37　设置位置缩放属性

图9.38　设置后的效果

(9) 选择“流光”层，按Ctrl + D组合键，将复制出“流光2”层。展开Transform(转换)选项组，设置Position(位置)的值为(408，288，0)，Scale(缩放)的值为(97，116，100)。Z Rotation(Z轴旋转)的值为-4，如图9.39所示。可以在合成窗口中看到效果，如图9.40所示。

图9.39　设置复制层的属性

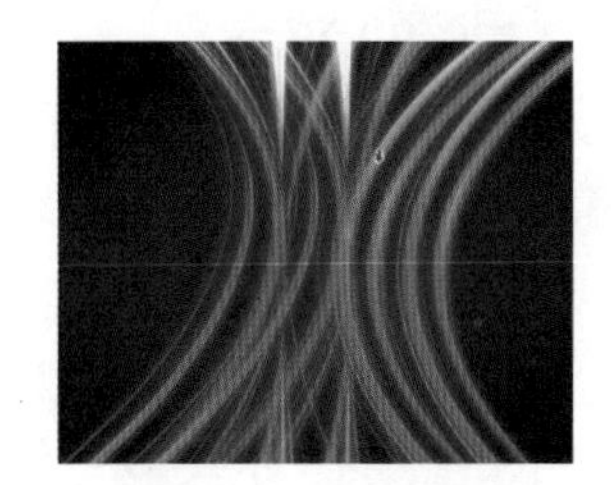

图9.40　画面效果

(10) 修改Bezier Warp(贝赛尔曲线变形)特效的参数，使其与“流光”的线条角度有所区别，如图9.41所示。

图9.41　设置贝赛尔曲线变形参数

(11) 在合成窗口中看到的控制点的位置发生了变化，如图9.42所示。

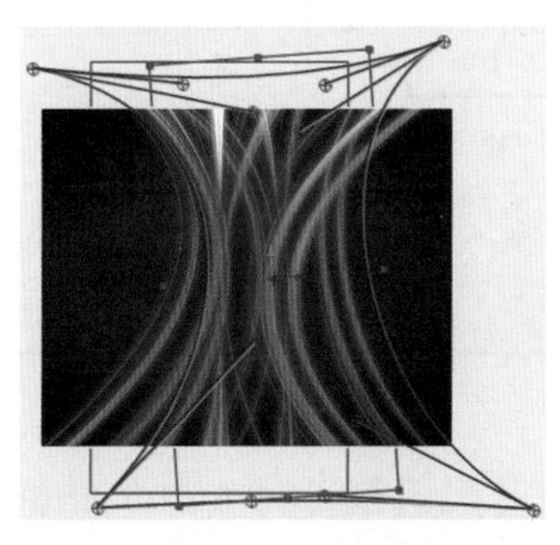

图9.42　合成窗口中的修改效果

(12) 修改Hue / Saturation(色相/饱和度)特效的参数，设置Colorize Hue(着色色相)的值为265，Colorize Saturation(着色饱和度)的值为75，如图9.43所示。

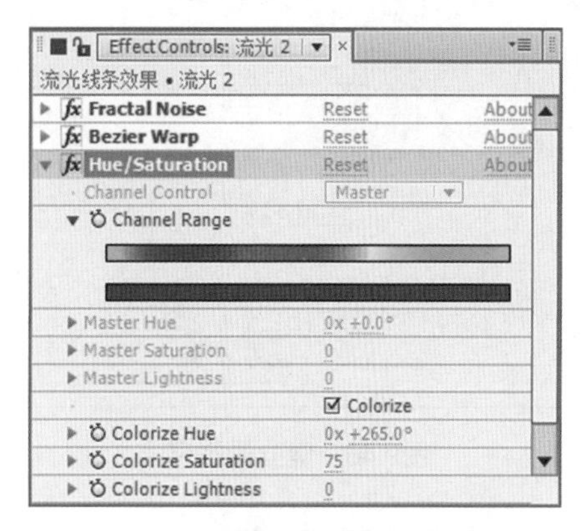

图9.43　调整复制层的着色饱和度

(13) 设置完后可以在合成窗口中看到效果，如图9.44所示。

图9.44　调整着色饱和度后的画面效果

9.2.3　添加“圆环”素材

(1) 在Project(项目)面板中选择“圆环.psd”素材，将其拖动到“流光线条效果”合成的时间线面板中，然后单击“圆环.psd”左侧的眼睛图标，将该层隐藏，如图9.45所示。

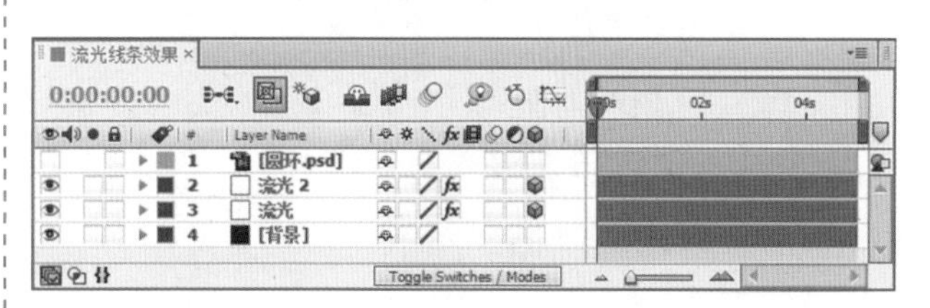

图9.45　隐藏“圆环”层

(2) 按Ctrl + Y组合键，打开Solid Settings(固态层设置)对话框，设置Name(名称)为“粒子”，Color(颜色)为白色，如图9.46所示。选择“粒子”固态层，在Effects & Presets(效果和预置)面板中展开Trapcode特效组，然后双击Particular(粒子)特效，如图9.47所示。

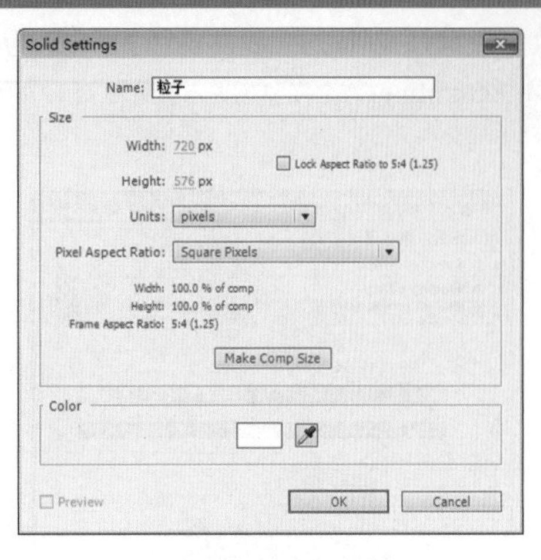

图9.46　建立固态层

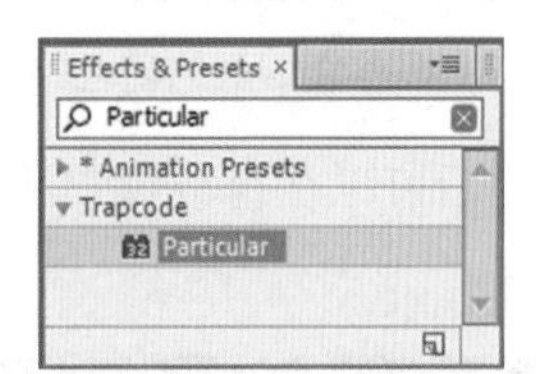

图9.47　添加特效

(3) 在Effect Controls(特效控制)面板中，修改Particular(粒子)特效的参数，展开Emitter(发射器)选项组，设置Particles/sec(每秒发射粒子数)的值为5，Position(位置)的值为(360，620)；展开Particle(粒子)选项组，设置Life(生命)的值为2.5，Life Random(生命随机)的值为30，如图9.48所示。

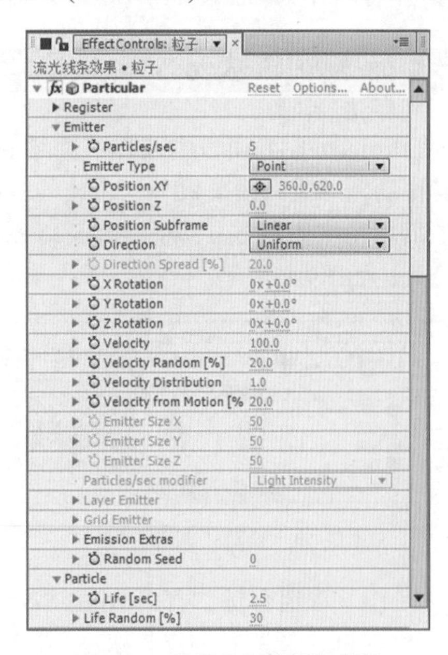

图9.48　设置发射器属性的值

(4) 展开Texture(纹理)选项组，在Layer(层)下拉列表框中选择“2.圆环.psd”，然后设置Size(大小)的值为20，Size Random(大小随机)的值为60，如图9.49所示。

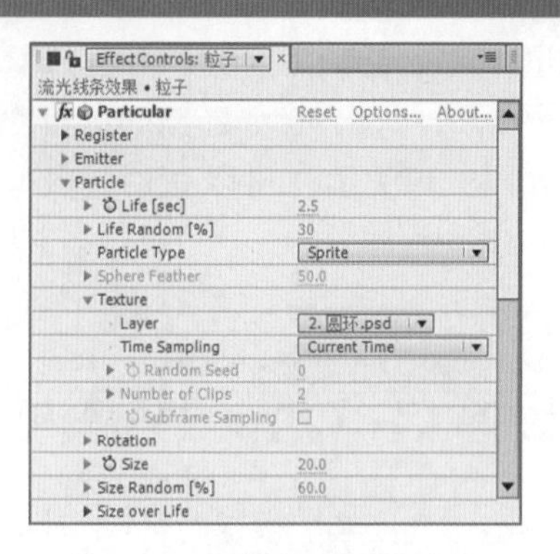

图9.49　设置粒子属性的值

(5) 展开Physics(物理)选项组，修改Gravity(重力)的值为-100，如图9.50所示。

(6) 在Effects & Presets(效果和预置)面板中展开Stylize(风格化)特效组，然后双击Glow(发光)特效，如图9.51所示。

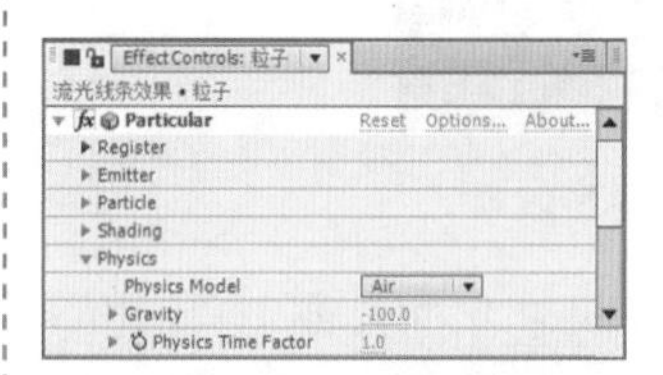

图9.50　设置物理学的属性

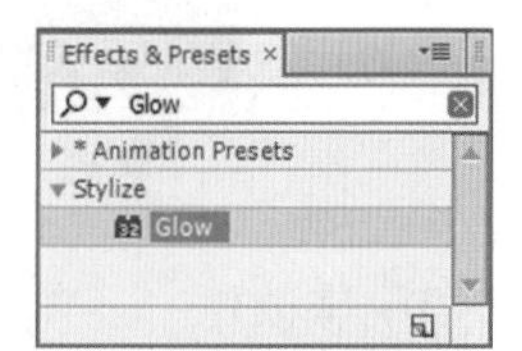

图9.51　添加发光特效

9.2.4　添加摄影机

(1) 执行菜单栏中的Layer(层)| New(新建)| Camera(摄像机)命令，打开Camera Settings(摄像机设置)对话框，设置Preset(预置)为24mm，如图9.52所示。单击OK(确定)按钮，在时间线面板中将会创建一个摄像机。

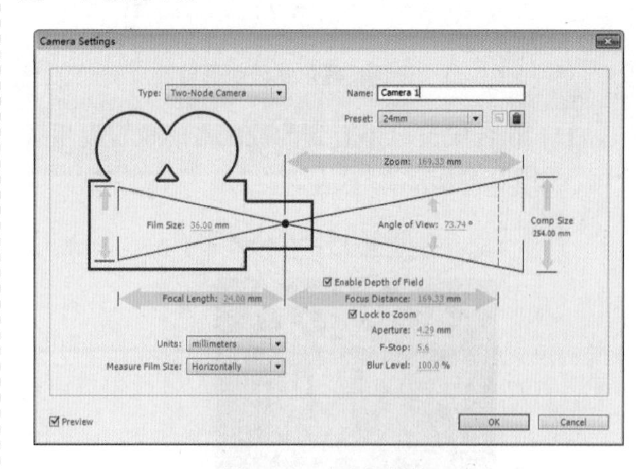

图9.52　建立摄像机

(2) 将时间调整到00:00:00:00帧的位置，选择“Camera 1”层，展开Transform(转换)、Camera Options(摄像机设置)选项组，然后分别单击Point of Interest(中心点)和Position(位置)左侧

的码表按钮，在当前位置设置关键帧，并设置Point of Interest(中心点)的值为(426，292，140)，Position(位置)的值为(114，292，-270)；然后分别设置Zoom(缩放)的值为512，Depth of Field(景深)为On(打开)，Focus Distance(焦距)的值为512，Aperture(光圈)的值为84，Blur Level(模糊级)的值为122%，如图9.53所示。

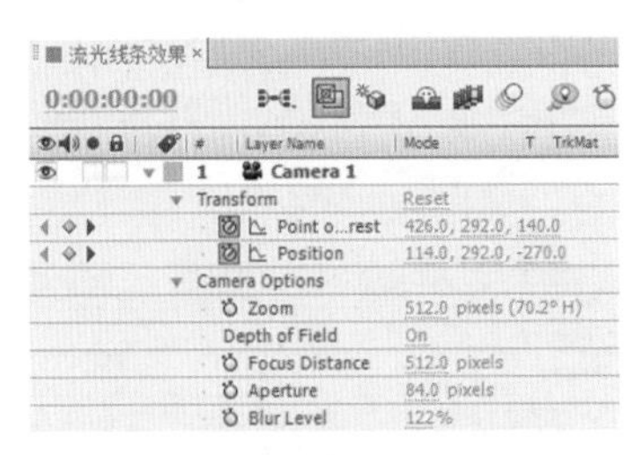

图9.53　设置摄像机的参数

(3) 将时间调整到00:00:02:00帧的位置，修改Point of Interest(中心点)的值为(364，292，25)，Position(位置)的值为(455，292，-480)，如图9.54所示。

图9.54　制作摄像机动画

(4) 这样就完成了“流光线条”的整体制作，按小键盘上的“0”键，在合成窗口中预览动画，效果如图9.55所示。

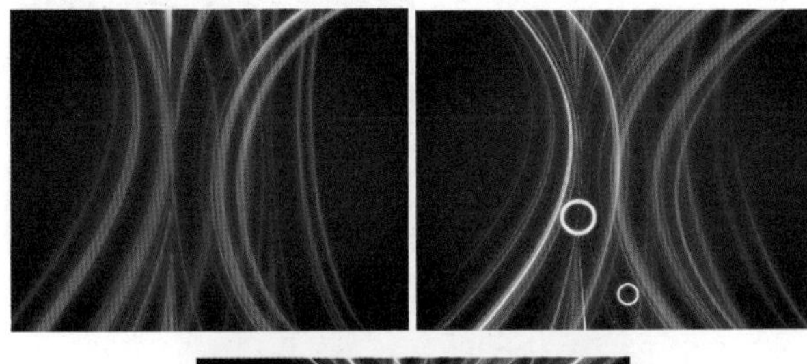

图9.55　“流光线条”的动画预览

9.3　舞动的精灵

实例说明

本例主要讲解舞动的精灵动画的制作。利用Vegas(描绘)特效和钢笔路径绘制光线，配合Turbulent Displace(动荡置换)特效使线条达到蜿蜒的效果，完成舞动的精灵动画的制作。本例最终的动画流程效果如图9.56所示。

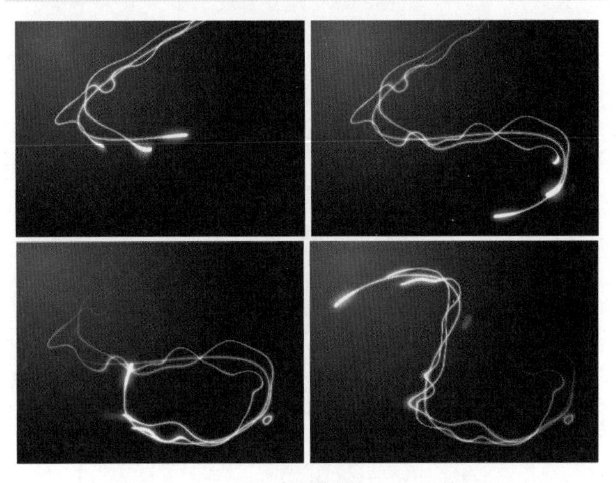

图9.56　舞动的精灵最终动画流程效果

学习目标

1.了解固态层的创建及路径的绘制方法。
2.学习Vegas(描绘)特效的参数设置。
3.学习舞动的精灵动画的制作技巧。

操作步骤

9.3.1　为固态层添加特效

(1) 执行菜单栏中的Composition(合成)| New Composition(新建合成)命令，打开Composition Settings(合成设置)对话框，设置Composition Name(合成名称)为“光线”，Width(宽)为“720”，Height(高)为“576”，Frame Rate(帧率)为“25”，并设置Duration(持续时间)为00:00:05:00秒，如图9.57所示。

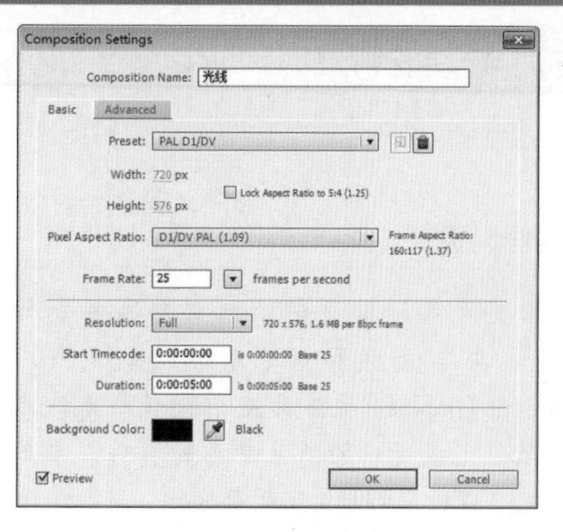

图9.57　建立合成

(2) 按Ctrl + Y组合键，打开Solid Settings(固态层设置)对话框，设置Name(名称)为“拖尾”，Color(颜色)为黑色，如图9.58所示。

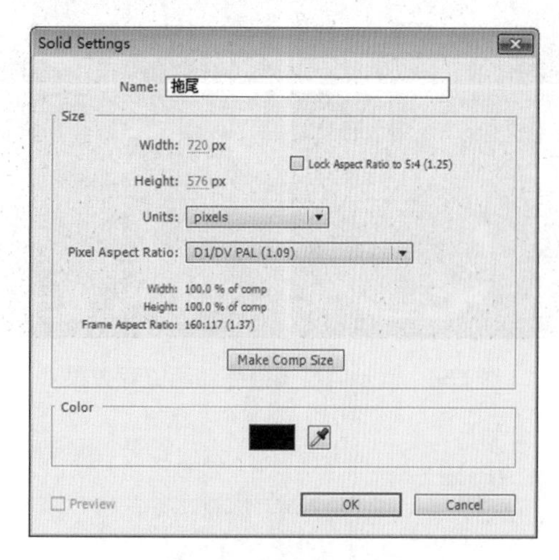

图9.58　建立固态层

(3) 选择工具栏中的Pen Tool(钢笔工具)，确认选择“拖尾”层，在合成窗口中绘制一条路径，如图9.59所示。

(4) 在Effects & Presets(效果和预置)面板中展开Generate(创造)特效组，然后双击Vegas(勾画)特效，如图9.60所示。

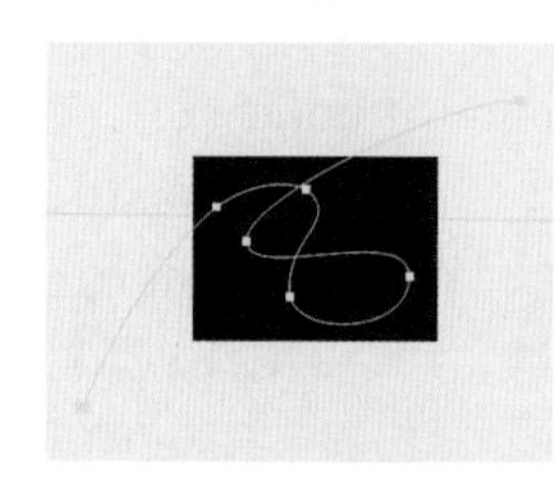

图9.59　绘制路径

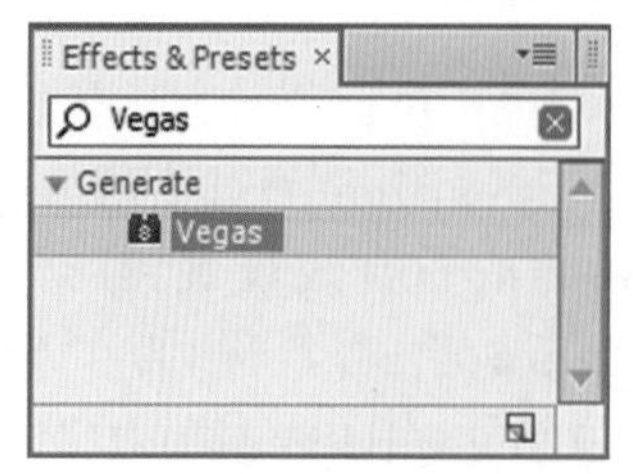

图9.60　添加特效

(5) 将时间调整到00:00:00:00帧的位置，在Effect Controls(特效控制)面板中，展开Vegas(勾画)选项组，在Stroke(描边)下拉列表框中选择Mask/Path(蒙版/路径)；展开Mask/Path(蒙版/路径)选项组，从Path(路径)下拉列表框选择Mask 1(蒙版1)；展开Segments(线段)选项组，修改Segments(线段)值为1，单击Rotation(旋转)左侧的码表按钮在当前建立关键帧，修改Rotation(旋转)的值为-47；展开Rendering(渲染)选项组，设置Color(颜色)为白色，Width(宽度)为1.2，Hardness(硬度)的值为0.44，设置Mid-point Opacity(中间点不透明度)的值为-1，设置Mid-point Position(中间点位置)的值为0.999，如图9.61所示。

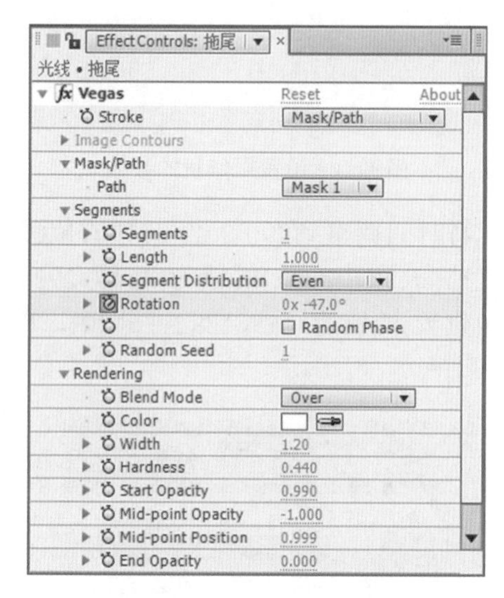

图9.61　设置特效的参数

(6) 调整时间到00:00:04:00帧的位置，修改Rotation(旋转)的值为-1x-48°，如图9.62所示。拖动时间滑块可在合成窗口中看到预览效果，如图9.63所示。

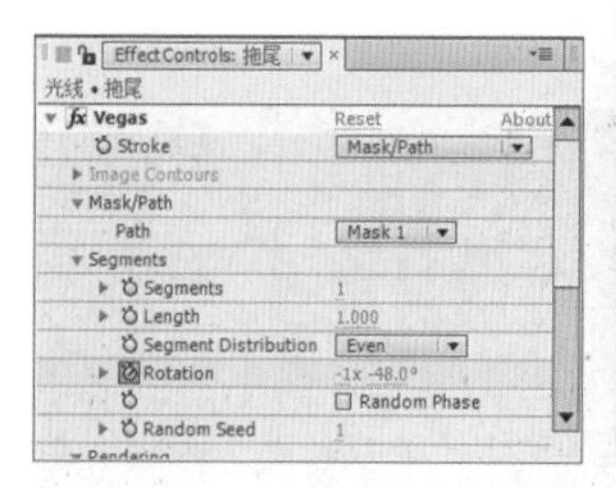

图9.62　修改特效

图9.63　描绘特效的效果

(7) 在Effects & Presets(效果和预置)面板中展开Stylize(风格化)特效组，然后双击Glow(发光)特效，如图9.64所示。

(8) 在Effect Controls(特效控制)面板中，展开Glow(发光)选项组，修改Glow Threshold(发光阈值)的值为20%，Glow Radius(发光半径)的值为6，Glow Intensity(发光强度)的值为2.5，设置Glow Colors(发光色)为A & B Colors(A和B颜色)，Color

A(颜色A)为红色(R：255；G：0；B：0)，Color B(颜色B)为黄色(R：255；G：190；B：0)，如图9.65所示。

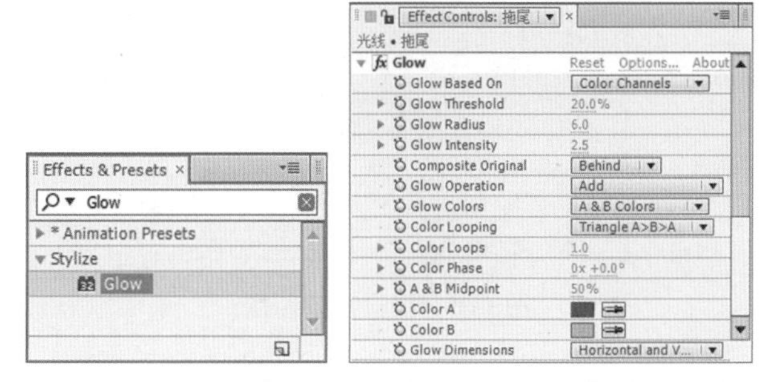

图9.64　添加特效　　图9.65　设置发光特效的参数

(9) 选择“拖尾”固态层，按Ctrl+D组合键复制出新的一层并重命名为“光线”，修改“光线”层的Mode(模式)为Add(相加)，如图9.66所示。

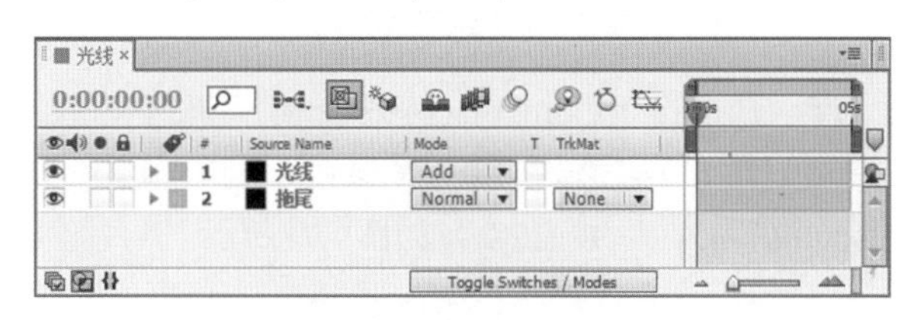

图9.66　设置层的模式

(10) 在Effect Controls(特效控制)面板中，展开Vegas(勾画)选项组，修改Length(长度)的值为0.07，修改Width(宽度)的值为6，如图9.67所示。

(11) 展开Glow(发光)选项组，修改Glow Threshold(发光阈值)的值为31%，Glow Radius(发光半径)的值为25，Glow Intensity(发光强度)的值为3.5，Color A(颜色A)为浅蓝色(R：55；G：155；B：255)，Color B(颜色B)为深蓝色(R：20；G：90；B：210)，如图9.68所示。

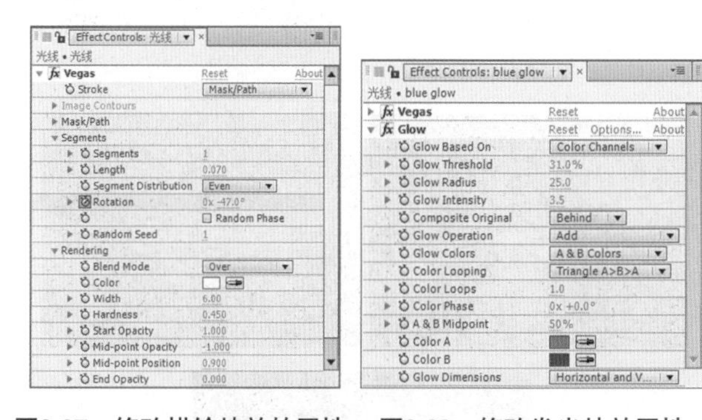

图9.67　修改描绘特效的属性　　图9.68　修改发光特效属性

9.3.2　建立合成

(1) 执行菜单栏中的Composition(合成)| New Composition(新建合成)命令，打开Composition Settings(合成设置)对话框，设置Composition Name(合成名称)为“舞动的精灵”，Width(宽)为“720”，Height(高)为“576”，Frame Rate(帧率)为“25”，并设置Duration(持续时间)为00:00:05:00秒，如图9.69所示。

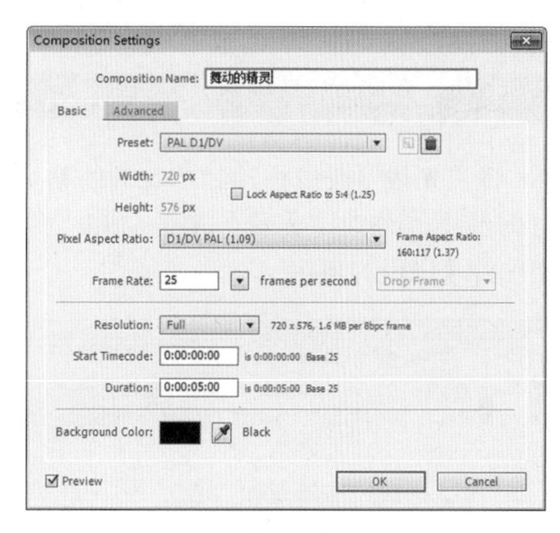

图9.69　建立特效

(2) 按Ctrl + Y组合键，打开Solid Settings(固态层设置)对话框，设置Name(名称)为“背景”，Color(颜色)为黑色，如图9.70所示。

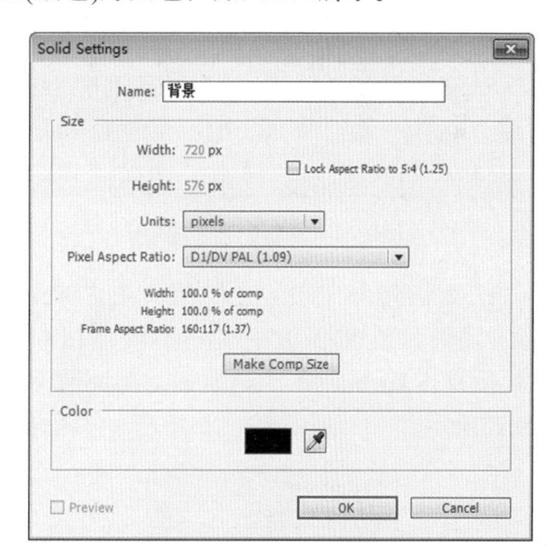

图9.70　建立固态层

(3) 在Effects & Presets(效果和预置)面板中展开Generate(创造)特效组，然后双击Ramp(渐变)特效，如图9.71所示。

(4) 在Effect Controls(特效控制)面板中，展开Ramp(渐变)选项组，设置Start of Ramp(渐变开始)的值为(90，55)，Start Color(开始色)为深绿色(R：17；G：88；B：103)，End of Ramp(渐变结束)为(430，410)，End Color(结束色)为黑色，如图9.72所示。

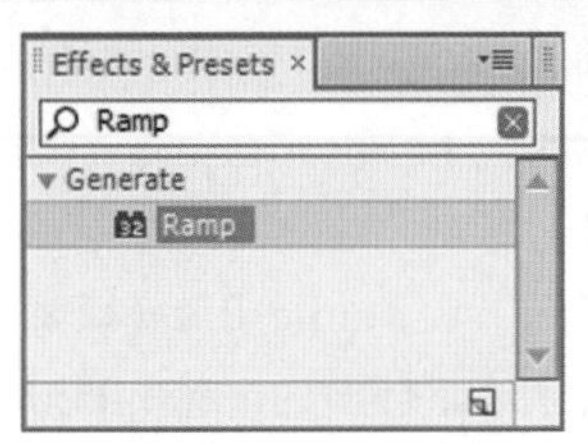

图9.71　添加特效

图9.72　设置属性的值

9.3.3　复制“光线”

(1) 将“光线”合成拖动到“舞动的精灵”合成的时间线中，修改“光线”层的Mode(模式)为Add(相加)，如图9.73所示。

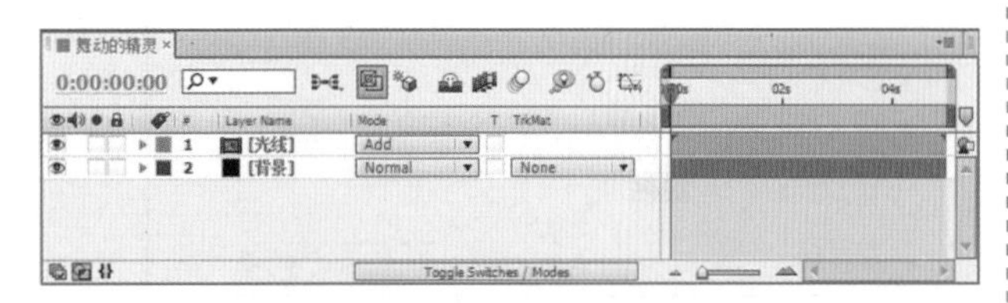

图9.73　添加“光线”合成层

(2) 按Ctrl+D组合键复制出一层，选中“光线2”层，调整时间到00:00:00:03帧的位置，按键盘上的［键，将入点设置到当前帧，如图9.74所示。

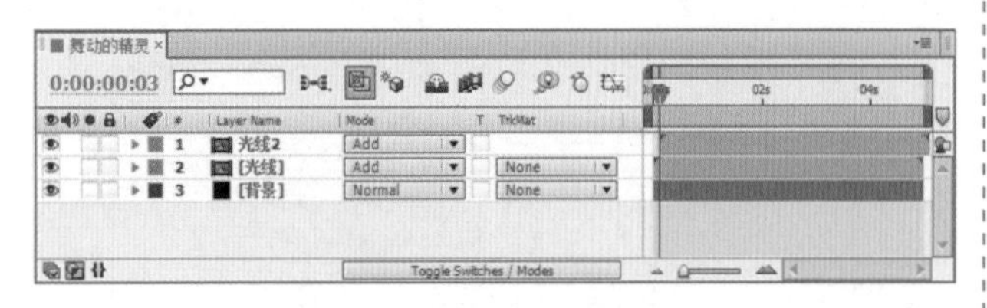

图9.74　复制光线合成层

(3) 确认选择“光线2”层，在Effects & Presets(效果和预置)面板中展开Distort(扭曲)特效组，然后双击Turbulent Displace(动荡置换)特效，如图9.75所示。

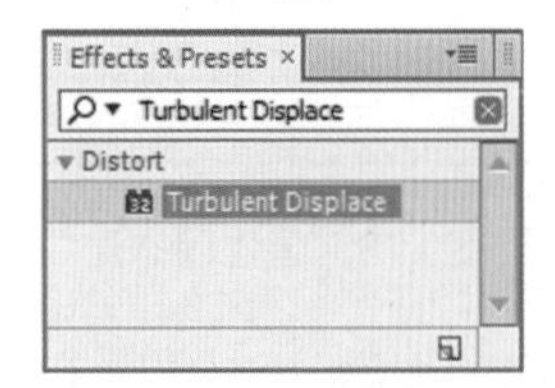

图9.75　添加特效

(4) 在Effect Controls(特效控制)面板中，设置Amount(数量)的值为195，Size(大小)的值为57，Antialiasing for Best Quality(抗锯齿质量)为High(高)，如图9.76所示。

(5) 选择“光线2”层，按Ctrl+D组合键复制出新的一层，调整时间到00:00:00:06帧的位置，按［键，将入点设置到当前帧，如图9.77所示。

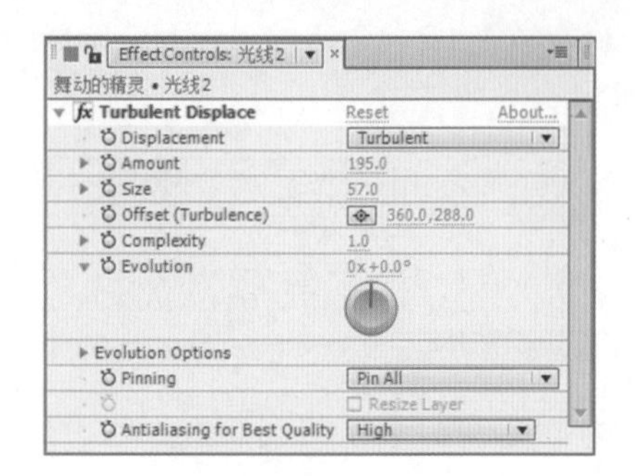

图9.76　设置特效参数

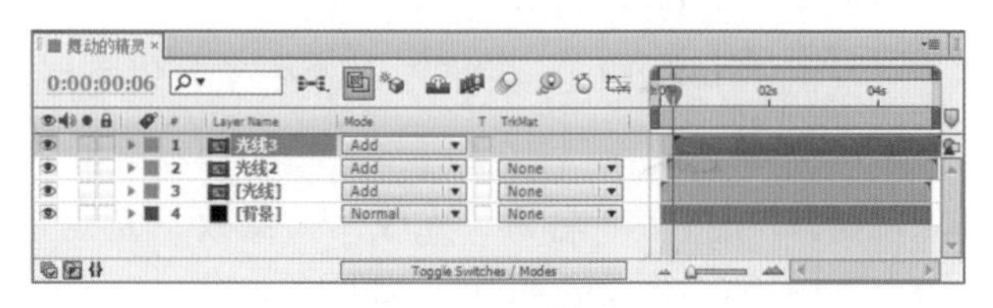

图9.77　复制光线层

(6) 在Effect Controls(特效控制)面板中，设置Amount(数量)的值为180，Size(大小)的值为25，Offset(位置)为(330，288)，如图9.78所示。

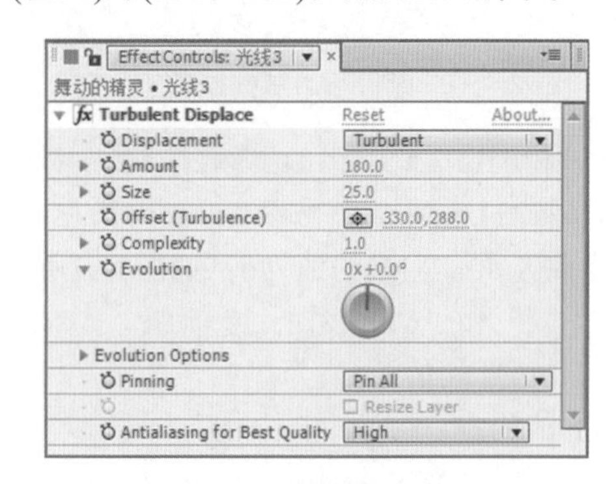

图9.78　修改动荡置换参数

(7) 这样就完成了“舞动的精灵”的整体制作，按小键盘上的“0”键，在合成窗口中预览动画，效果如图9.79所示。

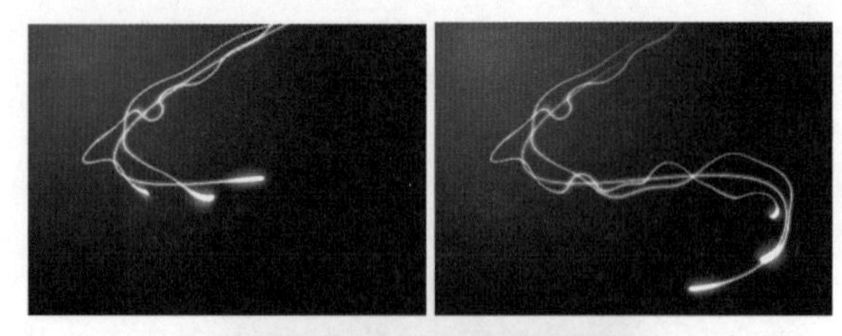

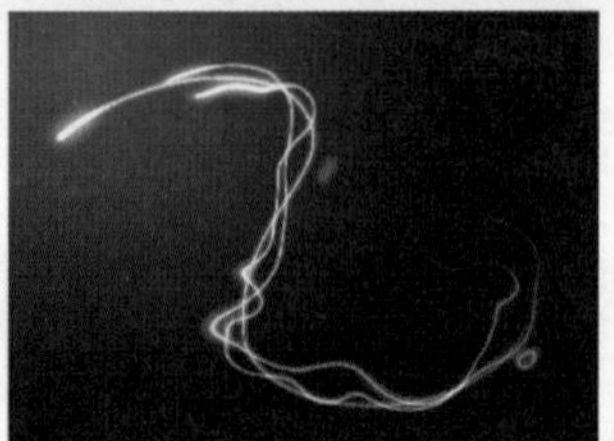

图9.79　“舞动的精灵”的动画效果

9.4　连动光线

实例说明

本例主要讲解连动光线动画的制作。首先利用Ellipse Tool(椭圆工具)绘制椭圆形路径，然后通过添加3D Stroke(3D笔触)特效并设置相关参数，制作出连动光线效果，最后添加Starglow(星光)特效为光线添加光效，完成连动光线动画的制作。本例最终的动画流程效果如图9.80所示。

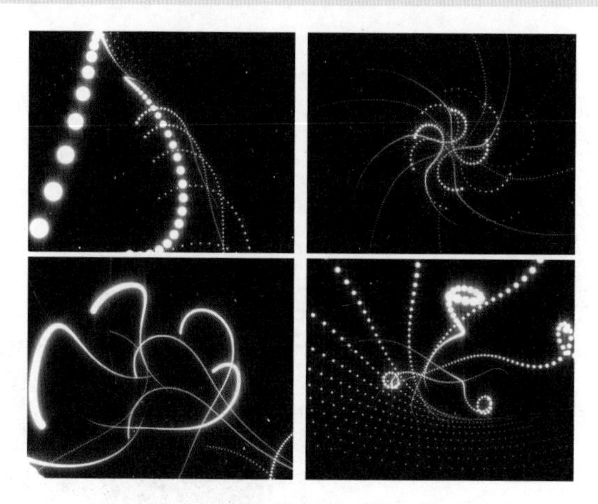

图9.80　连动光线最终动画流程效果

学习目标

1.学习利用3D Stroke(3D笔触)特效。

2.设置Adjust Step(调节步幅)参数使线与点相互变化的方法。

3.掌握利用Starglow(星光)特效使线与点发出绚丽的光芒的技巧。

操作步骤

9.4.1　绘制笔触添加特效

(1) 执行菜单栏中的Composition(合成)| New Composition(新建合成)命令，打开Composition Settings(合成设置)对话框，设置Composition Name(合成名称)为“连动光线”，Width(宽)为“720”，Height(高)为“576”，Frame Rate(帧率)为“25”，并设置Duration(持续时间)为00:00:05:00秒，如图9.81所示。

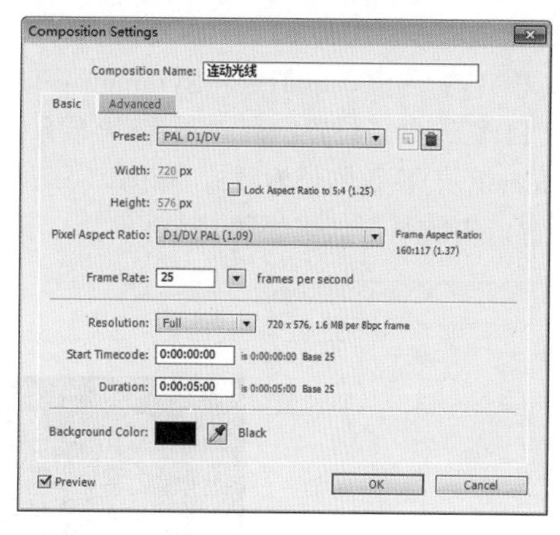

图9.81　建立合成

(2) 按Ctrl + Y组合键，打开Solid Settings(固态层设置)对话框，设置Name(名称)为“光线”，Color(颜色)为黑色，如图9.82所示。

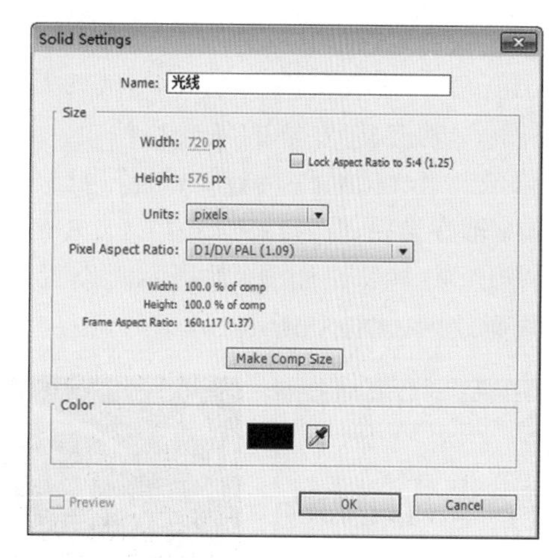

图9.82　建立固态层

(3) 确认选择“光线”层，在工具栏中选择Ellipse Tool(椭圆工具)，在合成窗口绘制一个正圆，如图9.83所示。

(4) 在Effects & Presets(效果和预置)面板中展开Trapcode特效组，然后双击3D Stroke(3D笔触)特效，如图9.84所示。

图9.83　绘制正圆蒙版

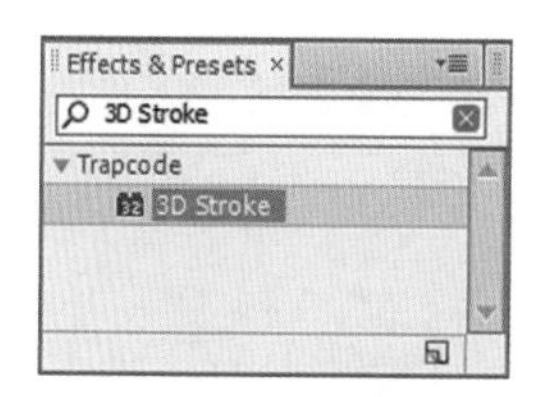

图9.84　添加特效

(5) 在Effect Controls(特效控制)面板中，设置End(结束)的值为50；展开Taper(锥形)选项组，选中Enable(开启)复选框，取消选中Compress to fit(适合合成)复选框；展开Repeater(重复)选项组，选中Enable(开启)复选框，取消选中Symmetric Doubler(对称复制)复选框，设置Instances(实例)参数的值为15，Scale(缩放)参数的值为115，如图9.85所示；此时合成窗口中的画面效果如图9.86所示。

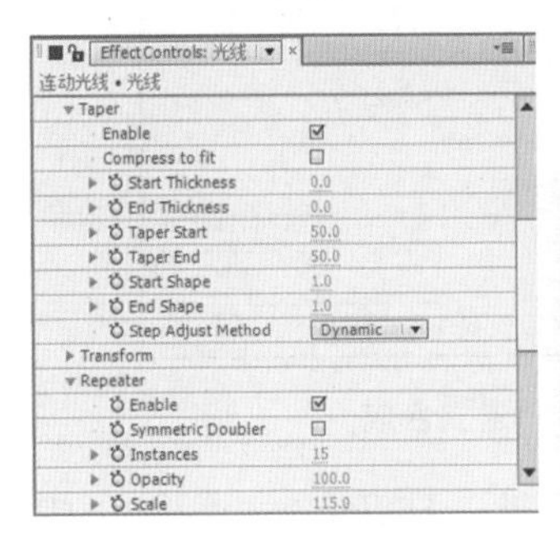

图9.85　设置参数

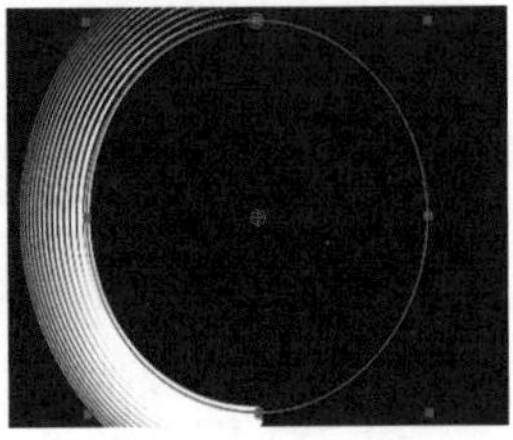

图9.86　画面效果

(6) 确认时间在00:00:00:00帧的位置，展开Transform(转换)选项组，分别单击Bend(弯曲)、X Rotation(X轴旋转)、Y Rotation(Y轴旋转)、Z Rotation(Z轴旋转)左侧的码表按钮，建立关键帧，修改X Rotation(X轴旋转)的值为155°，Y Rotation(Y轴旋转)的值为1x＋150°，Z Rotation(Z轴旋转)的值为330°，如图9.87所示，设置旋转属性后的画面效果如图9.88所示。

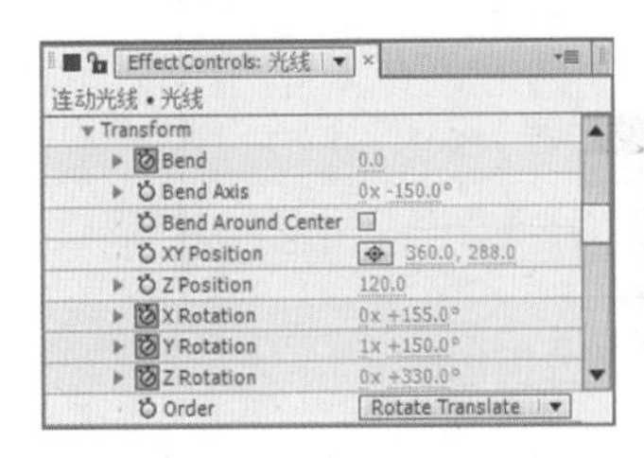

图9.87　设置特效属性

图9.88　设置后的画面效果

(7) 展开Repeater(重复)选项组，分别单击Factor(因数)、X Rotation(X轴旋转)、Y Rotation(Y轴旋转)、Z Rotation(Z轴旋转)左侧的码表按钮，修改Y Rotation(Y轴旋转)的值为110°，Z Rotation(Z轴旋转)的值为-1x，如图9.89所示。可在合成窗口看到设置参数后的效果，如图9.90所示。

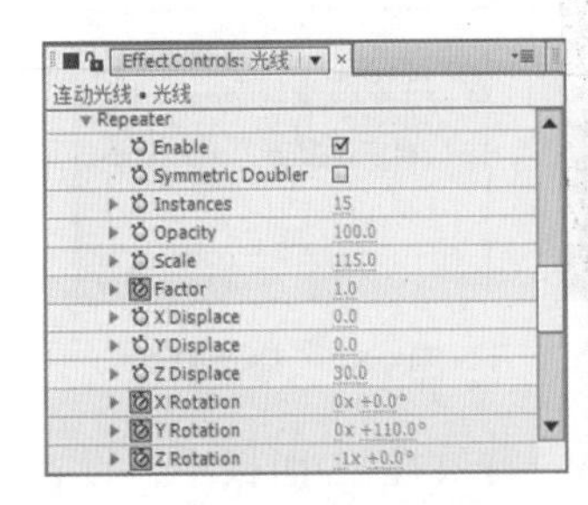

图9.89　设置属性参数

图9.90　设置后的效果

(8) 调整时间到00:00:02:00帧的位置，在Transform(转换)选项组中，修改Bend(弯曲)的值为3，X Rotation(X轴旋转)的值为105°，Y Rotation(Y轴旋转)的值为1x＋200°，Z Rotation(Z轴旋转)的值为320°，如图9.91所示，此时的画面效果，如图9.92所示。

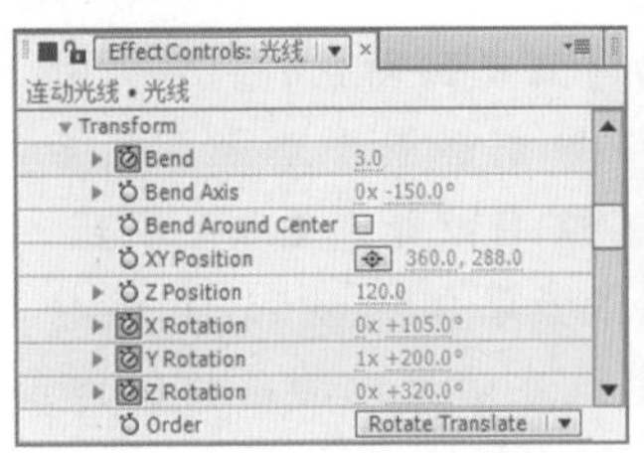

图9.91　设置属性的参数

图9.92　设置后的效果

(9) 在Repeater(重复)选项组中，修改X Rotation(X轴旋转)的值为100°，修改Y Rotation(Y轴旋转)的值为160°，修改Z Rotation(Z轴旋转)的值为-145°，如图9.93所示。此时的画面效果如图9.94所示。

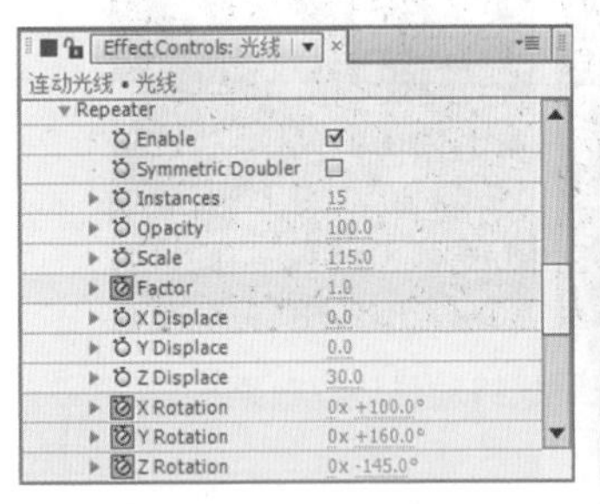

图9.93　设置参数

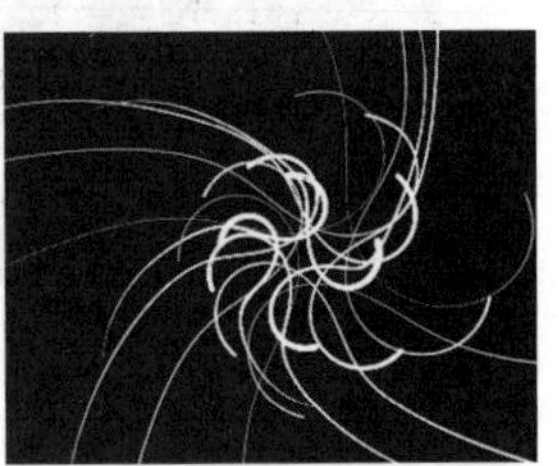

图9.94　设置参数后的效果

(10) 调整时间到00:00:03:10帧的位置，在Transform(转换)选项组中，修改Bend(弯曲)的值为2，X Rotation(X轴旋转)的值为190°，Y Rotation(Y轴旋转)的值为1x＋230°，Z Rotation(Z轴旋转)的值为300°，如图9.95所示，此时合成窗口中画面的效果如图9.96所示。

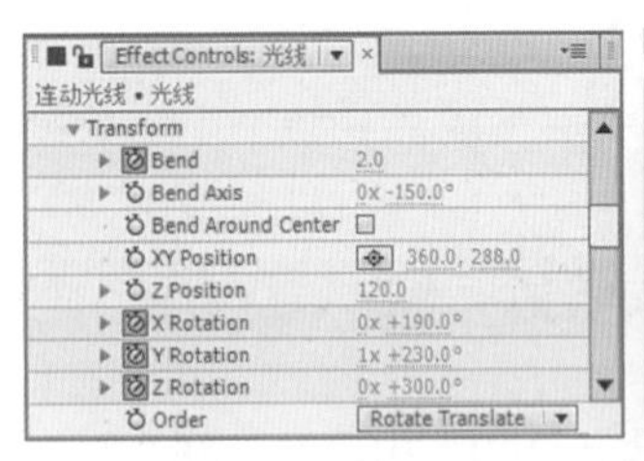

图9.95　设置参数

图9.96　修改参数后的效果

(11) 在Repeater(重复)选项组中，修改Factor(因数)的值为1.1，X Rotation(X轴旋转)的值为240°，修改Y Rotation(Y轴旋转)的值为130°，修改Z Rotation(Z轴旋转)的值为-40°，如图9.97所示，此时的画面效果如图9.98所示。

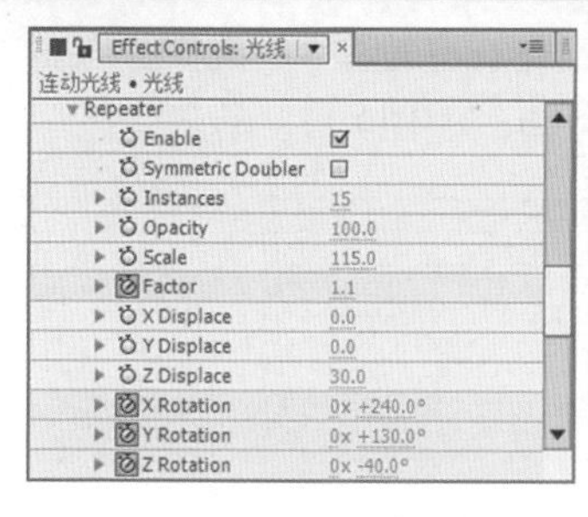

图9.97　设置属性参数

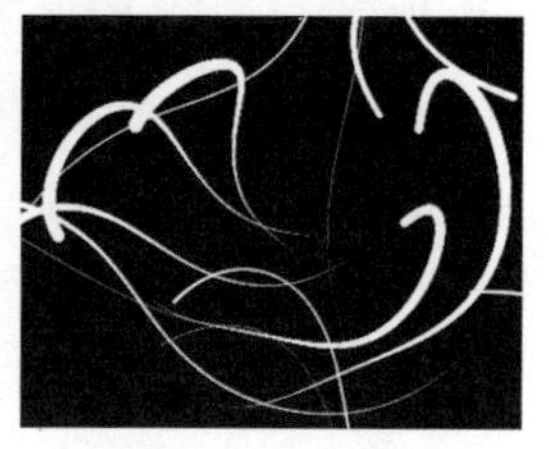

图9.98　画面效果

(12) 调整时间到00:00:04:20帧的位置，在Transform(转换)选项组中，修改Bend(弯曲)的值为9，X Rotation(X轴旋转)的值为200°，Y Rotation(Y轴旋转)的值为1x＋320°，Z Rotation(Z轴旋转)的值为290°，如图9.99所示；此时在合成窗口中看到的画面效果如图9.100所示。

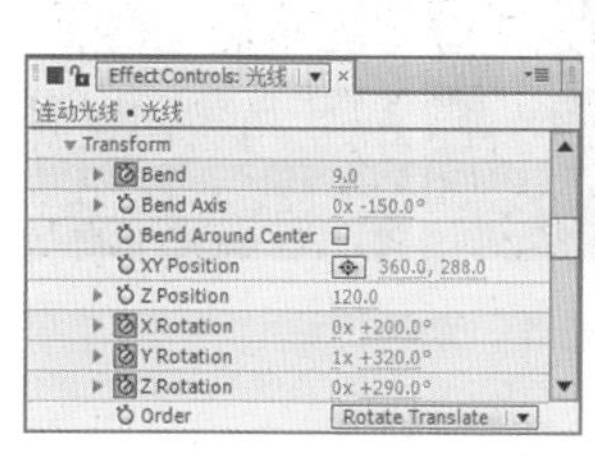

图9.99　设置属性的参数

图9.100　画面效果

(13) 在Repeater(重复)选项组中，修改Factor(因数)的值为0.6，X Rotation(X轴旋转)的值为95°，修改Y Rotation(Y轴旋转)的值为110°，修改Z Rotation(Z轴旋转)的值为77°，如图9.101所示。此时合成窗口中的画面效果如图9.102所示。

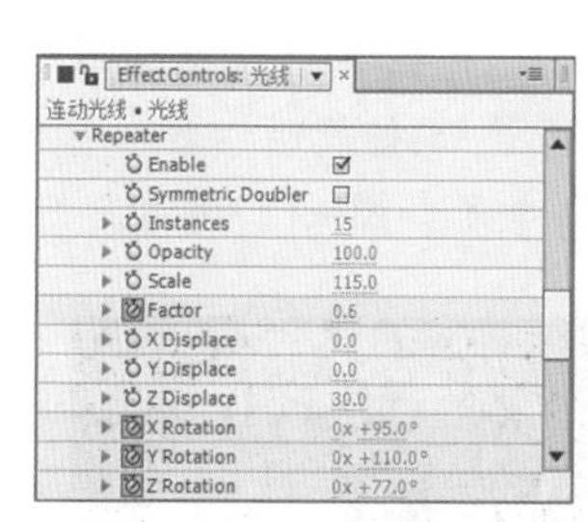

图9.101　设置属性的参数

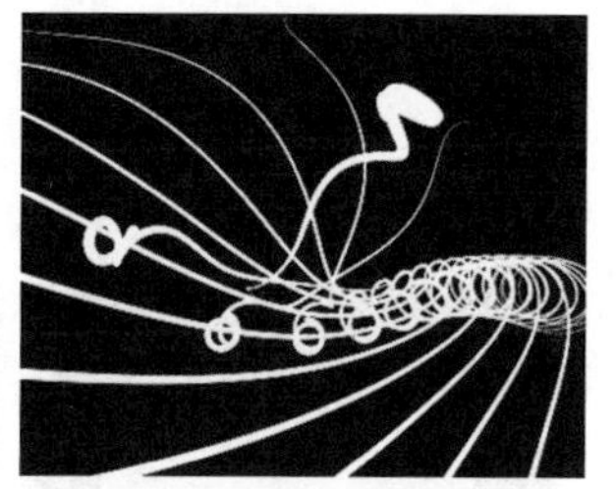

图9.102　画面效果

9.4.2　制作线与点的变化

(1) 调整时间到00:00:01:00帧的位置，展开Advanced(高级)选项组，单击Adjust Step(调节步幅)左侧的码表按钮，在当前建立关键帧，修改Adjust Step(调节步幅)的值为900，如图9.103所示，此时合成窗口中的画面效果如图9.104所示。

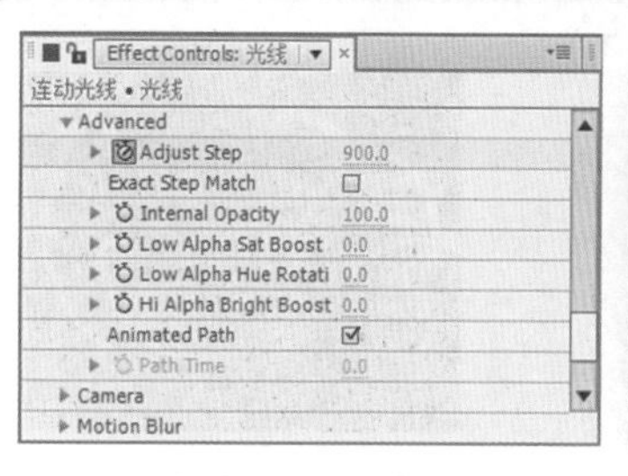

图9.103　设置属性参数

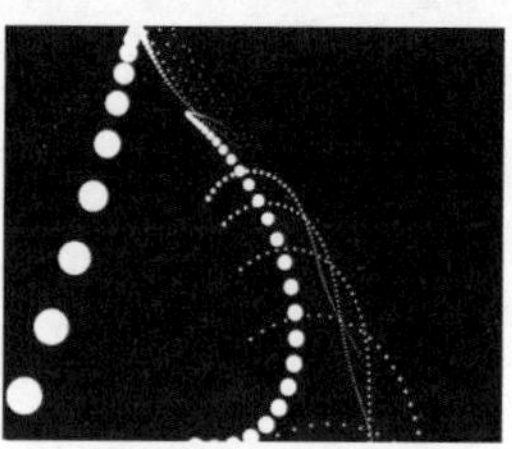

图9.104　画面效果

(2) 调整时间到00:00:01:10帧的位置，设置Adjust Step(调节步幅)的值为200，如图9.105所示，此时合成窗口中的画面效果如图9.106所示。

图9.105　设置属性参数

图9.106　画面效果

(3) 调整时间到00:00:01:20帧的位置，设置Adjust Step(调节步幅)的值为900，如图9.107所示，此时合成窗口中的画面如图9.108所示。

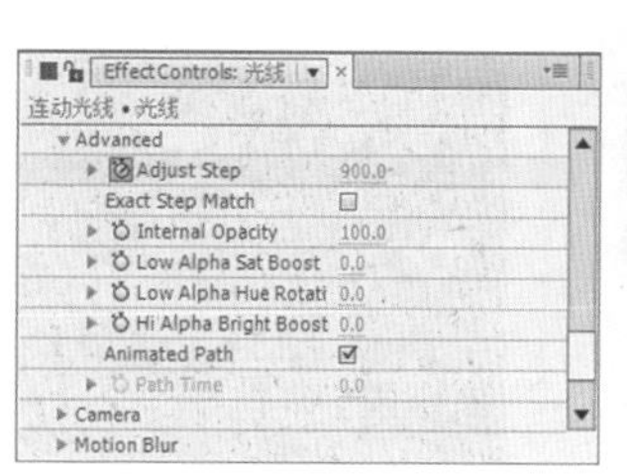

图9.107　设置属性参数

图9.108　画面效果

(4) 调整时间到00:00:02:15帧的位置，设置Adjust Step(调节步幅)的值为200，如图9.109所示，此时合成窗口中的画面如图9.110所示。

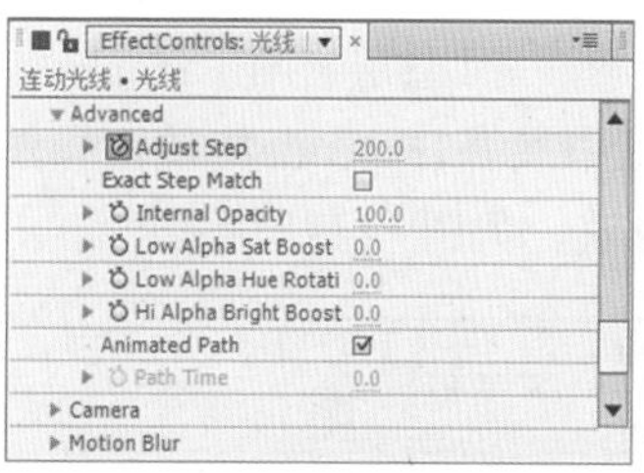

图9.109　设置属性参数

图9.110　画面效果

(5) 调整时间到00:00:03:10帧的位置，设置Adjust Step(调节步幅)的值为200，如图9.111所示，此时合成窗口中的画面如图9.112所示。

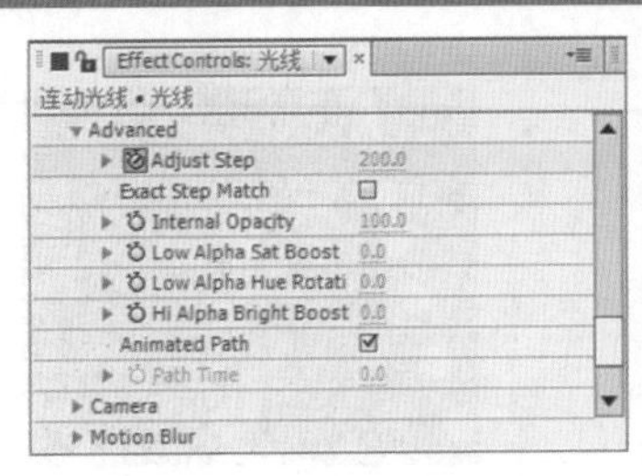

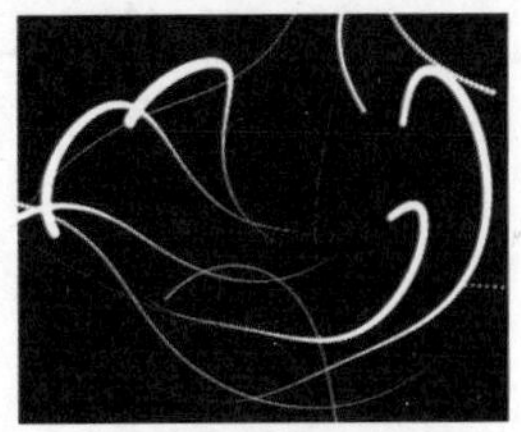

图9.111　设置属性参数　　图9.112　画面效果

(6) 调整时间到00:00:04:05帧的位置，设置Adjust Step(调节步幅)的值为900，如图9.113所示，此时合成窗口中的画面如图9.114所示。

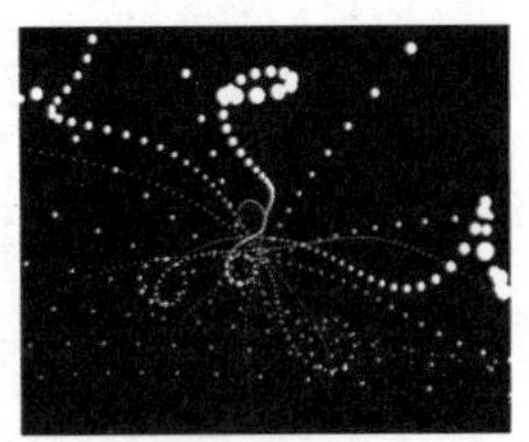

图9.113　设置属性参数　　图9.114　画面效果

(7) 调整时间到00:00:04:20帧的位置，设置Adjust Step(调节步幅)的值为300，如图9.115所示，此时合成窗口中的画面如图9.116所示。

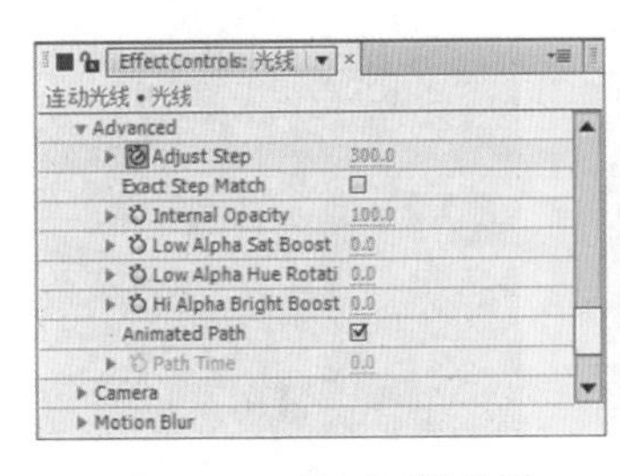

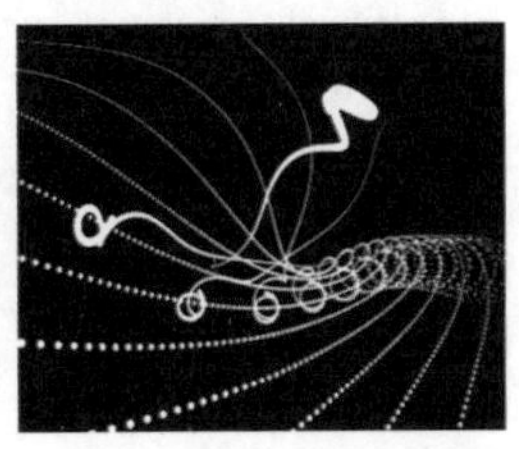

图9.115　设置属性参数　　图9.116　画面效果

9.4.3　添加星光特效

(1) 确认选择“光线”固态层，在Effects & Presets(效果和预置)面板中展开Trapcode特效组，然后双击Starglow(星光)特效，如图9.117所示。

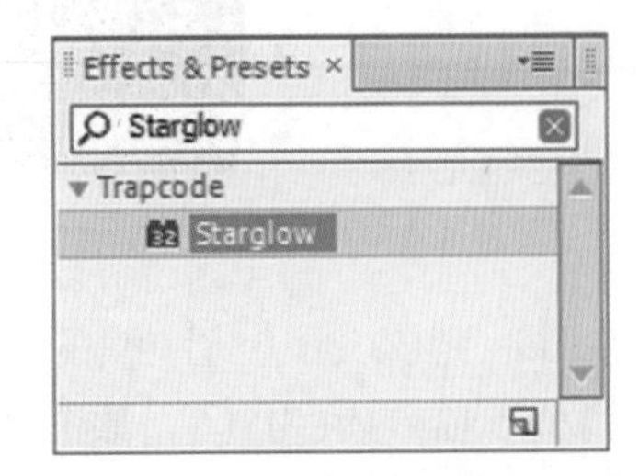

图9.117　添加Starglow(星光)特效

(2) 在Effect Controls(特效控制)面板中，设置Preset(预设)为Warm Star(暖星)，设置Streak Length(光线长度)的值为10，如图9.118所示。

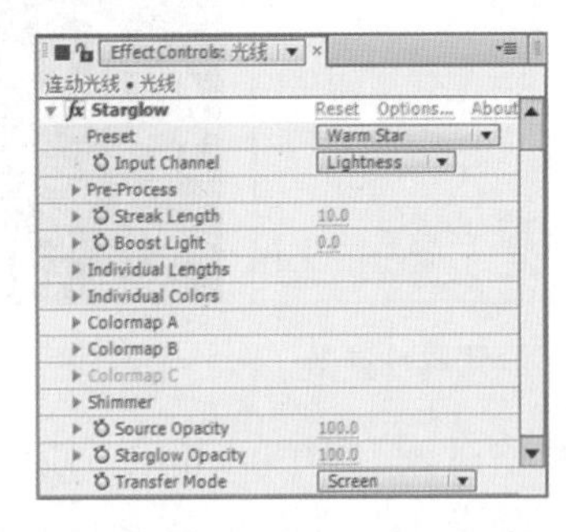

图9.118　设置Starglow(星光)特效参数

(3) 这样就完成了“连动光线”效果的整体制作，按小键盘上的“0”键，在合成窗口中预览动画，如图9.119所示。

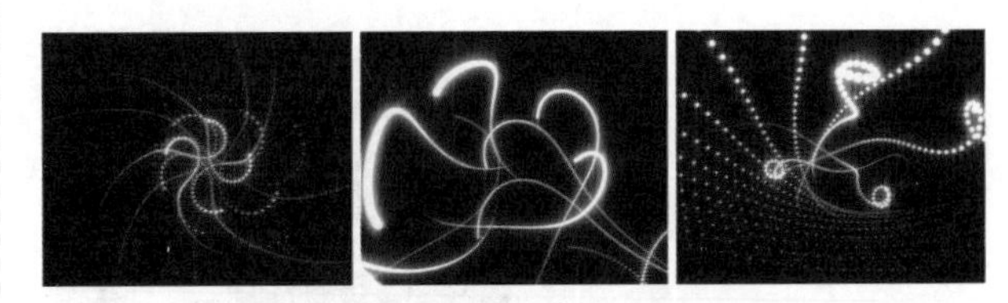

图9.119　“连动光线”动画流程

9.5　电光球特效

实例说明

本例主要讲解电光球特效的制作。首先利用Advanced Lightning(高级闪电)特效制作出电光线效果，然后通过CC Lens(CC镜头)特效制作出球形效果。本例最终的动画流程效果如图9.120所示。

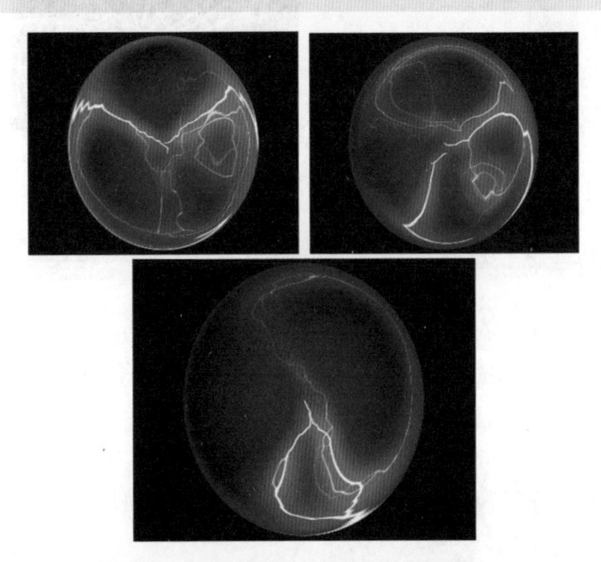

图9.120　电光球特效最终动画流程效果

学习目标

1.学习Advanced Lightning(高级闪电)特效的设置及闪电效果的制作。

2.掌握CC Lens(CC镜头)制作圆球的方法。

3.掌握电光球特效的制作技巧。

操作步骤

9.5.1　建立“光球”层

(1) 执行菜单栏中的Composition(合成)| New Composition(新建合成)命令，打开Composition Settings(合成设置)对话框，设置Composition Name(合成名称)为“光球”，Width(宽)为“720”，Height(高)为“576”，Frame Rate(帧率)为“25”，并设置Duration(持续时间)为00:00:10:00秒，如图9.121所示。

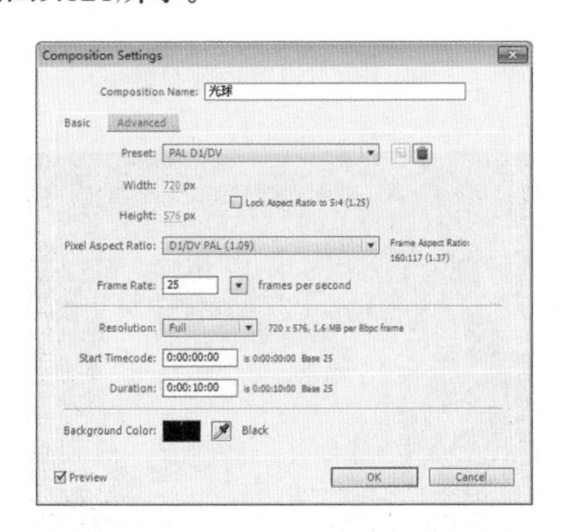

图9.121　建立“光球”合成

(2) 按Ctrl + Y组合键，打开Solid Settings(固态层设置)对话框，修改Name(名称)为“光球”，设置Color(颜色)为蓝色(R：35；G：26；B：255)，如图9.122所示。

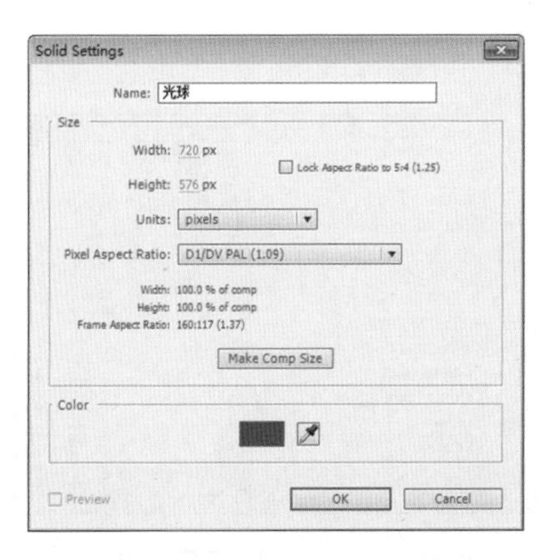

图9.122　建立“光球”固态层

(3) 在Effects & Presets(效果和预置)面板中展开Generate(创造)特效组，然后双击Circle(圆)特效，如图9.123所示。

(4) 在Effect Controls(特效控制)面板中，设置Feather Outer Edge(羽化外侧边)的值为350，从Blending Mode(混合模式)下拉列表框中选择Stencil Alpha(通道模板)，如图9.124所示。

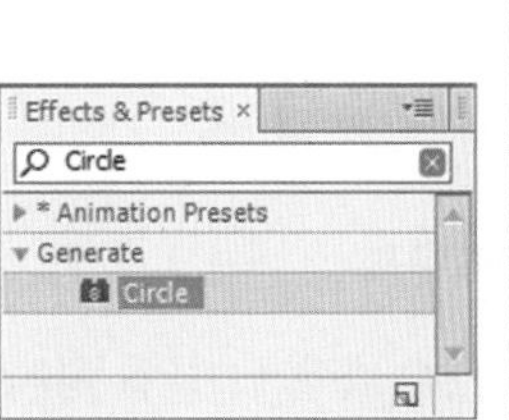

图9.123　添加圆特效

图9.124　设置圆特效的属性

9.5.2　创建“闪光”特效

(1) 按Ctrl + Y组合键，打开Solid Settings(固态层设置)对话框，修改Name(名称)为“闪光”，设置Color(颜色)为黑色，如图9.125所示。

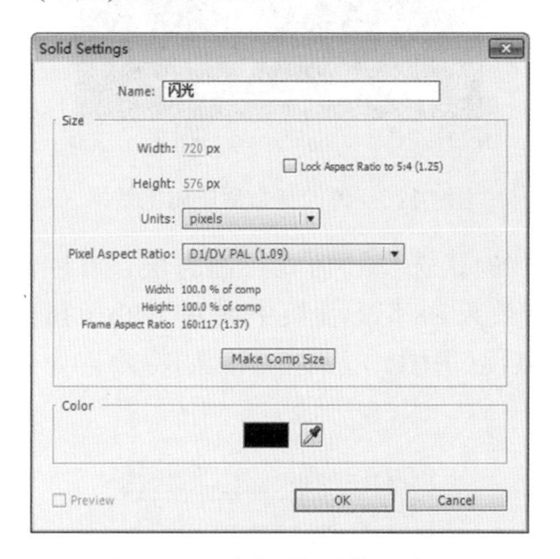

图9.125　建立“闪光”固态层

(2) 在Effects & Presets(效果和预置)面板中展开Generate(创造)特效组，然后双击Advanced Lightning(高级闪电)特效，如图9.126所示。

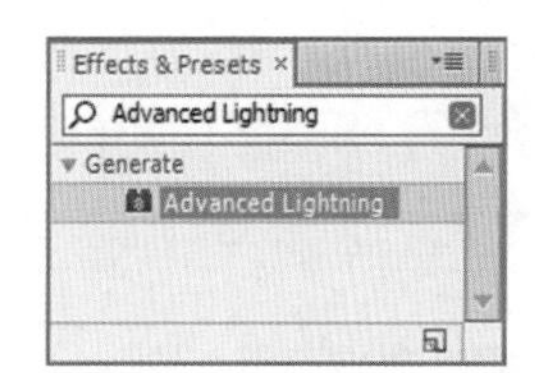

图9.126　添加高级闪电特效

(3) 在Effect Controls(特效控制)面板中，设置Lightning Type(闪电类型)为Anywhere(随机)，

Origin(起点)的值为(360，288)，Glow Color(发光颜色)为紫色(R：230；G：50；B：255)，如图9.127所示。

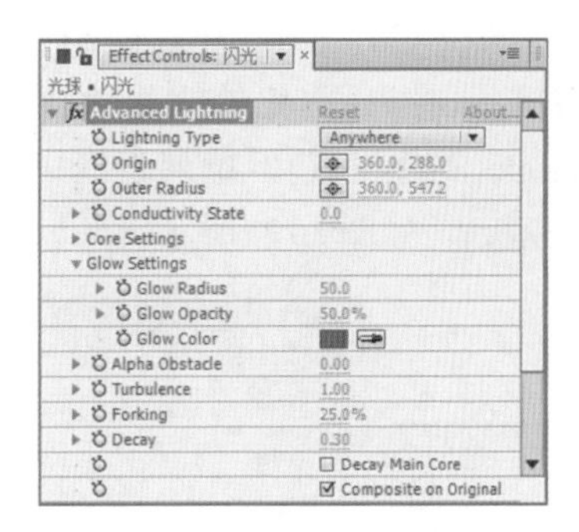

图9.127　修改特效参数

(4) 设置特效参数后，可在合成窗口中看到特效的效果，如图9.128所示。

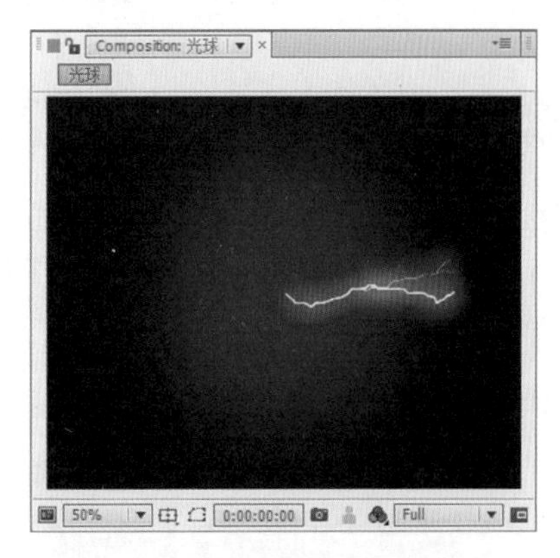

图9.128　修改参数后的闪电效果

(5) 确认选择“闪光”固态层，在Effects & Presets(效果和预置)面板中展开Distort(扭曲)特效组，然后双击CC Lens(CC镜头)特效，如图9.129所示。

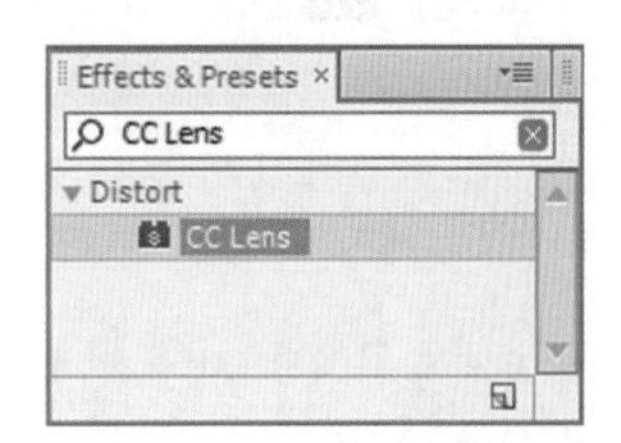

图9.129　添加CC镜头特效

(6) 在Effect Controls(特效控制)面板中，修改Size(大小)的值为57，如图9.130所示。

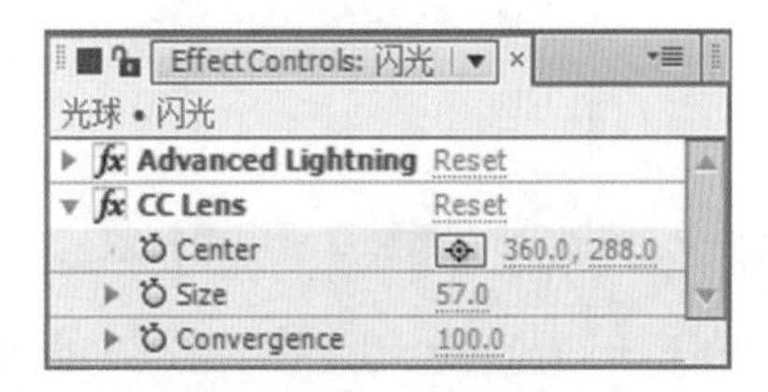

图9.130　设置CC镜头特效参数

9.5.3　制作闪电旋转动画

(1) 在时间线面板修改“闪光”层的Mode(模式)为Screen(屏幕)。调整时间到00:00:00:00帧的位置，在Effect Controls(特效控制)面板中，单击Outer Radius(外半径)和Conductivity State(传导状态)左侧的码表按钮，在当前建立关键帧，设置Outer Radius(外半径)的值为(300，0)，Conductivity State(传导状态)的值为10，如图9.131所示。此时合成窗口中的画面效果如图9.132所示。

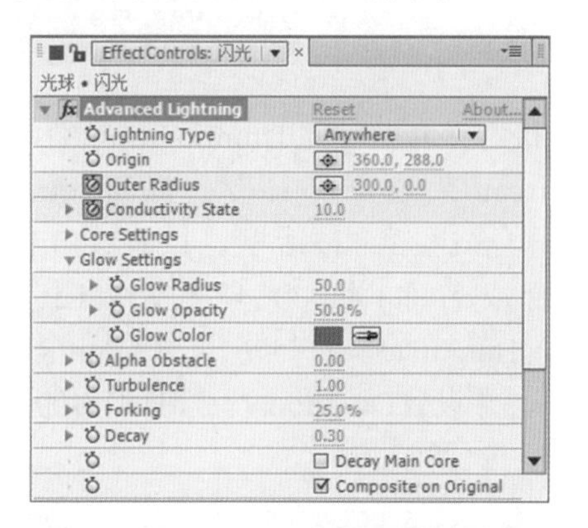

图9.131　设置特效参数

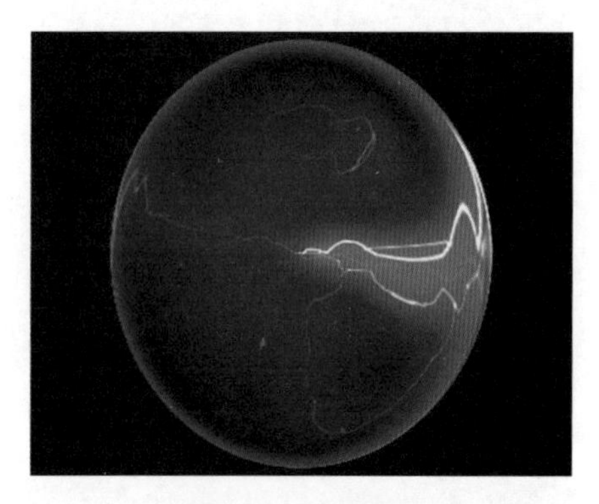

图9.132　画面效果

(2) 调整时间到00:00:02:00帧的位置，调整Outer Radius(外半径)的值为(600，240)，如图9.133所示；此时合成窗口中的效果如图9.134所示。

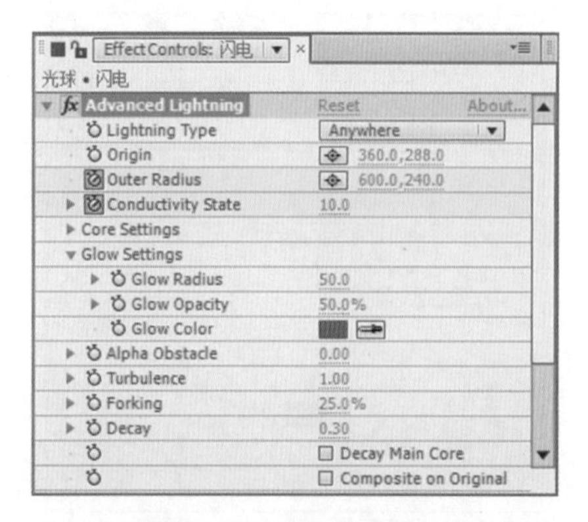

图9.133　设置特效参数

图9.134 画面效果

(3) 调整时间到00:00:03:15帧的位置，调整Outer Radius(外半径)的值为(300，480)；调整时间到00:00:04：15帧的位置，调整Outer Radius(外半径)的值为(360，570)；调整时间到00:00:05:12帧的位置，单击Outer Radius(外半径)左侧的添加/删除关键帧按钮在当前建立关键帧；调整时间到00:00:06:10帧的位置，调整Outer Radius(外半径)的值为(300，480)；调整时间到00:00:08:00帧的位置，调整Outer Radius(外半径)的值为(600，240)；调整时间到00:00:09:24帧的位置，调整Outer Radius(外半径)的值为(300，0)，Conductivity State(传导状态)的值为100，如图9.135所示。拖动时间滑块可在合成窗口看到效果，如图9.136所示。

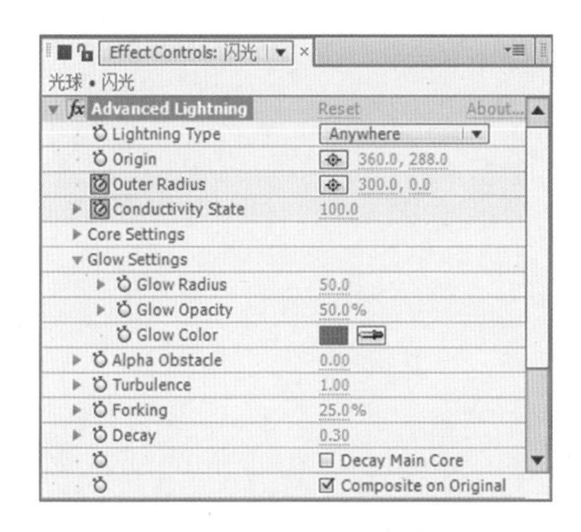

图9.135 设置特效参数

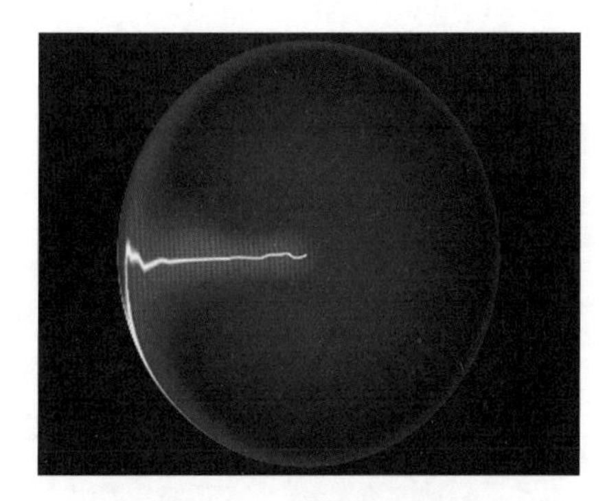

图9.136 动画效果预览

(4) 确认选择“闪光”固态层，按Ctrl+D组合键复制一层，设置Scale(缩放)的值为(-100，-100)，如图9.137所示，可在合成窗口看到设置后的效果，如图9.138所示。

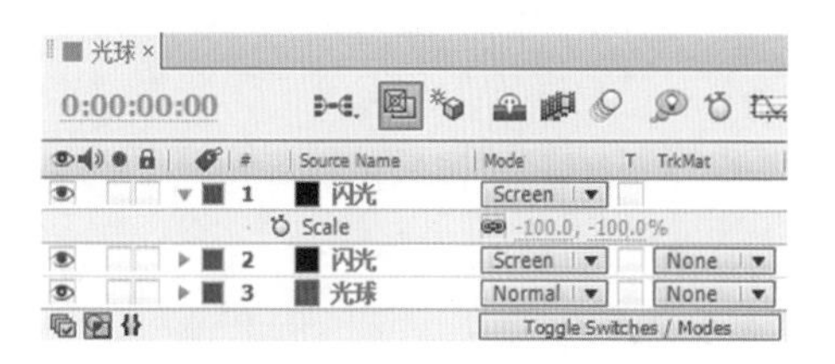

图9.137 修改闪光的缩放值

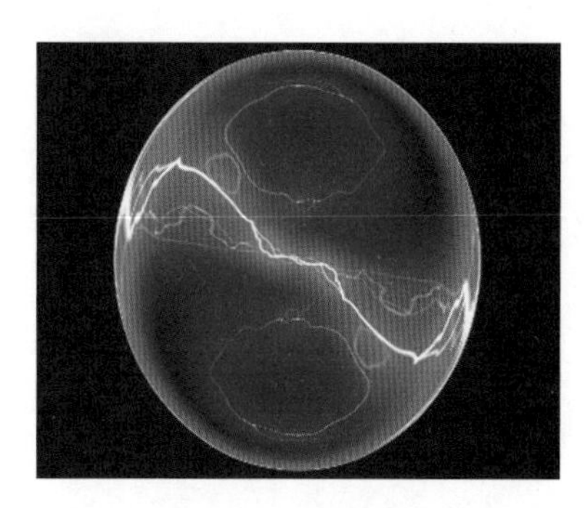

图9.138 画面效果

(5) 为了制造闪电的随机性，在Effect Controls(特效控制)面板中的Advanced Lightning(高级闪电)特效中修改Origin(起点)的值为(350，260)。

(6) 这样就完成了“电光球特效”动画制作，按空格键或小键盘上的“0”键，可在合成窗口看到动画效果，如图9.139所示。

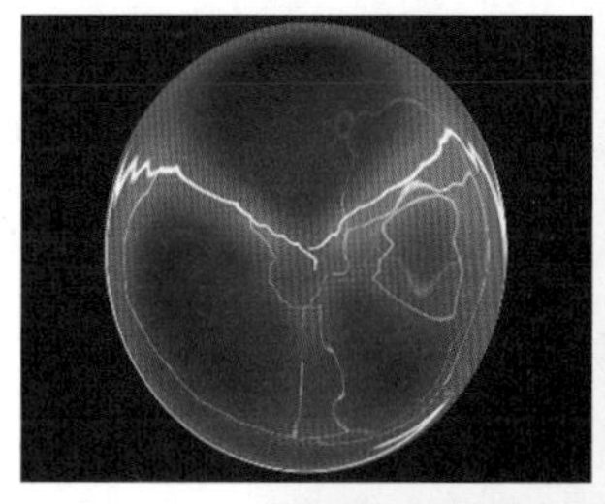

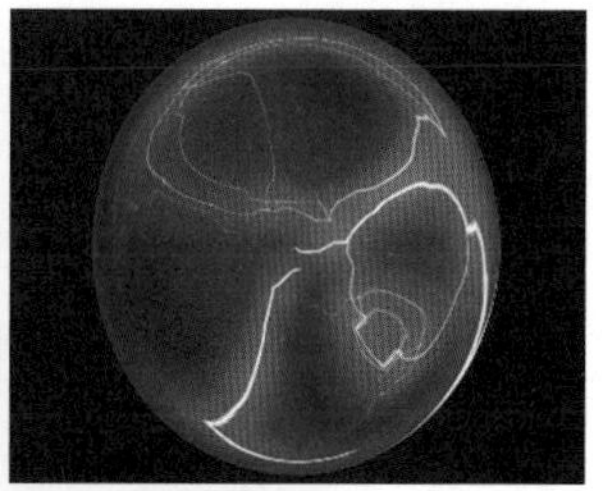

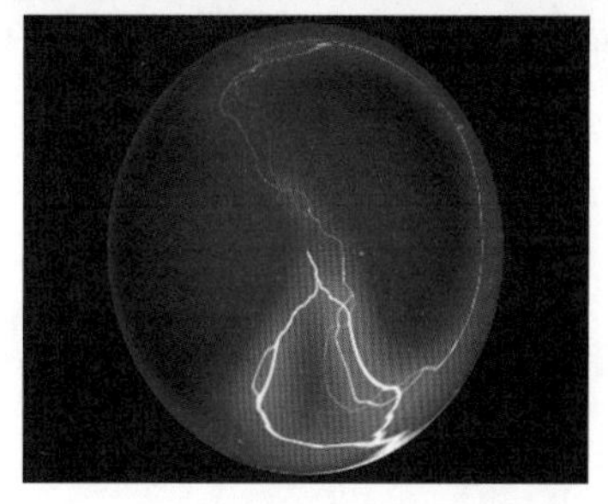

图9.139 “电光球特效”动画预览

AE

第10章

电影特效制作

内容摘要

本章主要讲解影视特效完美表现。影视特效在现在影视中已经随处可见，而本章主要讲解影视特效中一些常见特效的制作方法。本章通过讲解影视特效中的几个常见特效的制作方法，掌握电影中常见特效的制作方法和技巧。

教学目标

- 掌握流星雨效果。
- 学习滴血文字动画的制作。
- 掌握时间倒计时动画的制作。
- 掌握冲击波动画的制作。
- 掌握数字人物动画的制作。

10.1 流星雨效果

实例说明

本例主要讲解利用Particle Playground(粒子运动场)特效制作流星雨效果。本例最终的动画流程效果如图10.1所示。

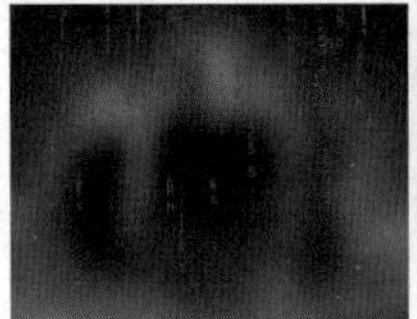
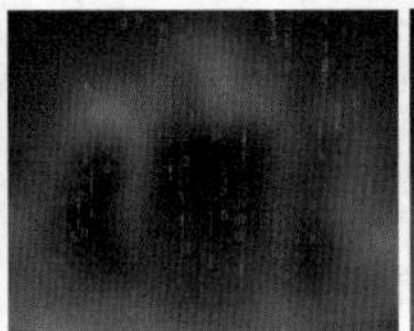
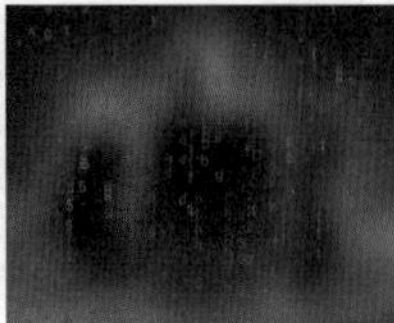

图10.1 动画流程画面

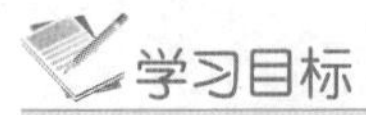

学习目标

1. 学习Particle Playground(粒子运动场)特效的使用。
2. 掌握Echo(重复)特效的使用。

操作步骤

(1) 执行菜单栏中的File(文件)|Open Project(打开项目)命令，选择配套光盘中的“工程文件\第10章\流星雨效果\流星雨效果练习.aep”文件，将文件打开。

(2) 执行菜单栏中的Layer(层)|New(新建)|Solid(固态层)命令，打开Solid Settings(固态层设置)对话框，设置Name(名称)为“载体”，Color(颜色)为黑色。

(3) 为“载体”层添加Particle Playground(粒子运动场)特效。在Effects & Presets(效果和预置)面板中展开Simulation(模拟)特效组，然后双击Particle Playground(粒子运动场)特效。

(4) 在Effect Controls(特效控制)面板中，修改Particle Playground(粒子运动场)特效的参数，展开Cannon(加农)选项组，设置Position(位置)的值为(360，10)，Barrel Radius(粒子的活动半径)的值为300，Particles Per Second(每秒发射粒子数)的值为70，Direction(方向)的值为180°，Velocity Random Spread(随机分散速度)的值为15，Color(颜色)为蓝色(R：40；G：93；B：125)，Particle Radius(粒子半径)的值为25，如图10.2所示，合成窗口效果如图10.3所示。

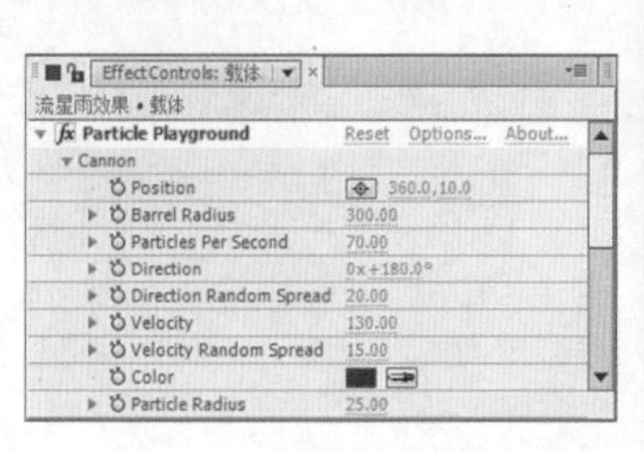

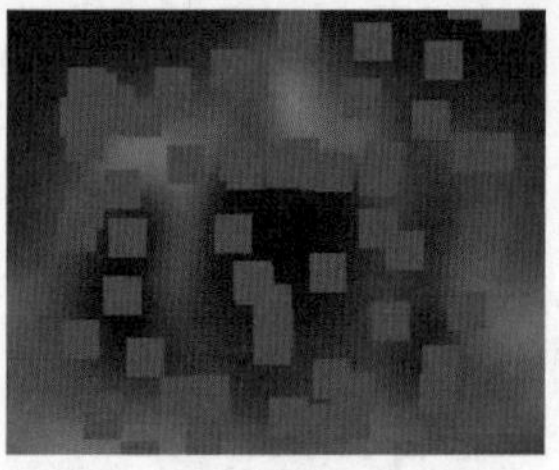

图10.2 设置加农参数　　图10.3 设置加农后的效果

(5) 单击Particle Playground(粒子运动场)项目右边的Options选项，设置Particle Playground(粒子运动场)对话框。单击Edit Cannon Text(编辑文字)按钮，弹出Edit Cannon Text(编辑文字)对话框，在对话框文字输入区输入任意数字与字母，单击两次OK(确定)按钮，完成文字编辑，如图10.4所示，合成窗口效果如图10.5所示。

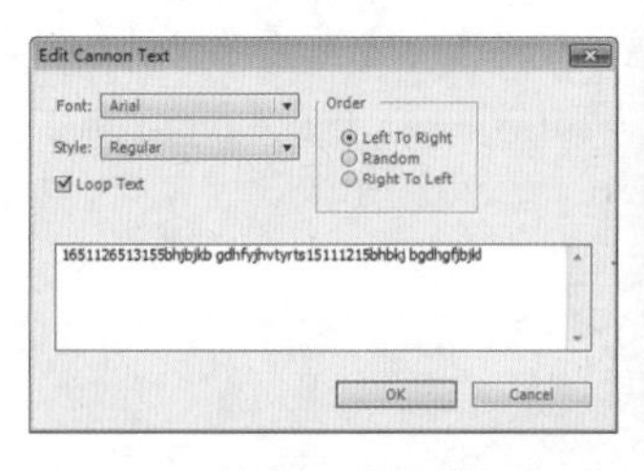

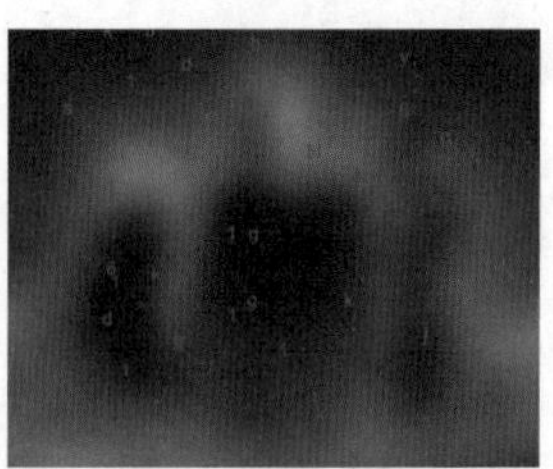

图10.4 设置文字编辑对话框　图10.5 设置文字后的效果

(6) 为“载体”层添加Glow(发光)特效。在Effects & Presets(效果和预置)面板中展开Stylize(风格化)特效组，然后双击Glow(发光)特效。

(7) 在Effect Controls(特效控制)面板中，修改Glow(发光)特效的参数，设置Glow Threshold(发光阈值)的值为44%，Glow Radius(发光半径)的值为197，Glow Intensity(发光强度)的值为1.5，如图10.6所示，合成窗口效果如图10.7所示。

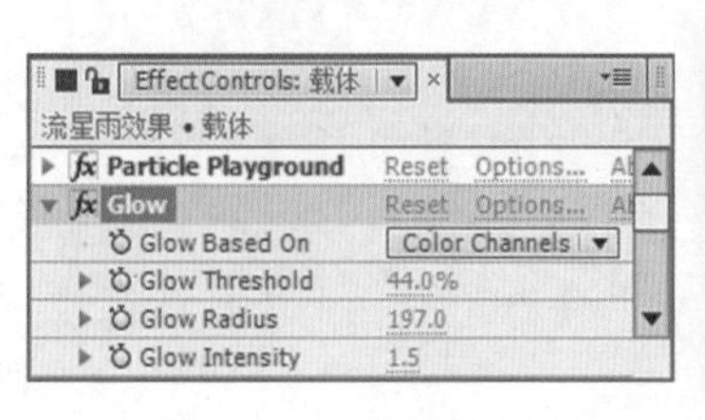

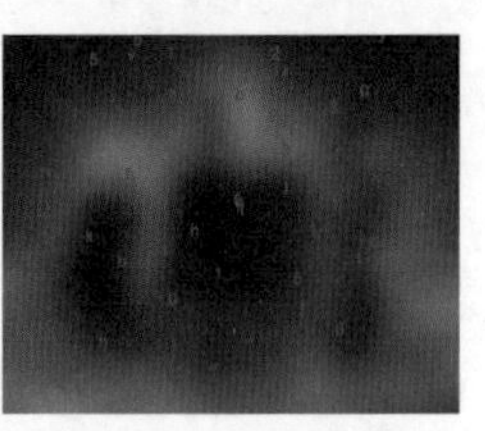

图10.6 设置发光参数　　图10.7 设置发光后效果

(8) 为“载体”层添加Echo(拖尾)特效。在Effects & Presets(效果和预置)面板中展开Time(时间)特效组，然后双击Echo(拖尾)特效。

(9) 在Effect Controls(特效控制)面板中，修改Echo(拖尾)特效的参数，设置Echo Time(重复时间)的值为-0.05，Number of Echoes(重复数量)的值为10，Decay(衰减)的值为0.8，如图10.8所示，合成窗口效果如图10.9所示。

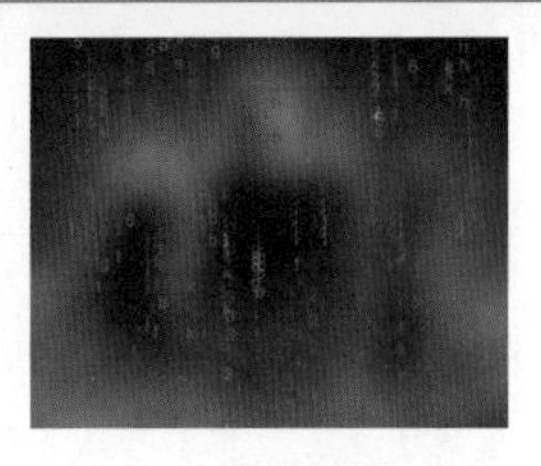

图10.8　设置重复参数　图10.9　设置重复后的效果

(10) 这样就完成了“流星雨效果”的整体制作，按小键盘上的“0”键，即可在合成窗口中预览动画。

10.2　冲击波

实例说明

本例主要讲解利用Roughen Edges(粗糙边缘)特效制作冲击波效果，完成的动画流程画面如图10.10所示。

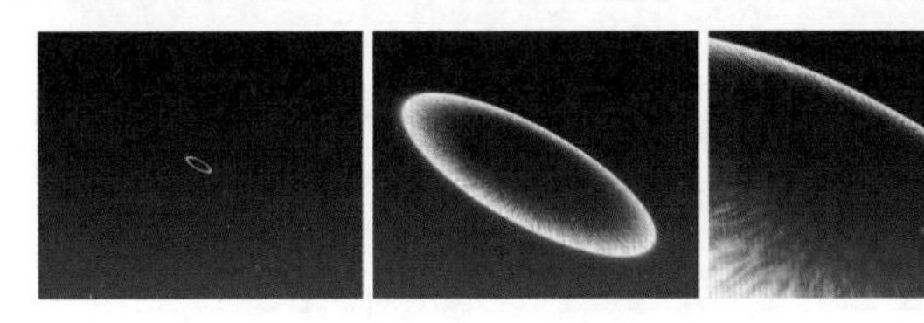

图10.10　动画流程画面

学习目标

1. 掌握Shine(发光)的使用。
2. 掌握Roughen Edges(粗糙边缘)的使用。

操作步骤

(1) 执行菜单栏中的Composition(合成)| New Composition(新建合成)命令，打开Composition Settings(合成设置)对话框，设置Composition Name(合成名称)为“路径”，Width(宽)为“720”，Height(高)为“576”，Frame Rate(帧率)为“25”，并设置Duration(持续时间)为00:00:03:00秒。

(2) 执行菜单栏中的Layer(层)|New(新建)|Solid(固态层)命令，打开Solid Settings(固态层设置)对话框，设置Name(名称)为“白色”，Color(颜色)为白色。

(3) 选中“白色”层，在工具栏中选择Ellipse Tool(椭圆工具)，按住Shift键，在“白色”层上绘制一个圆形路径，如图10.11所示。

(4) 选中“白色”层，按Ctrl + D组合键将其复制一份，然后按Shift + Ctrl + Y组合键打开Solid Settings(固态层设置)对话框，修改Name(名称)为“黑色”，Color(颜色)为黑色，如图10.12所示。

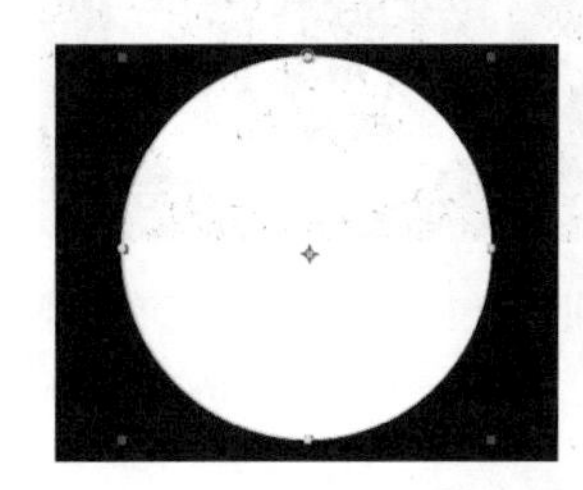

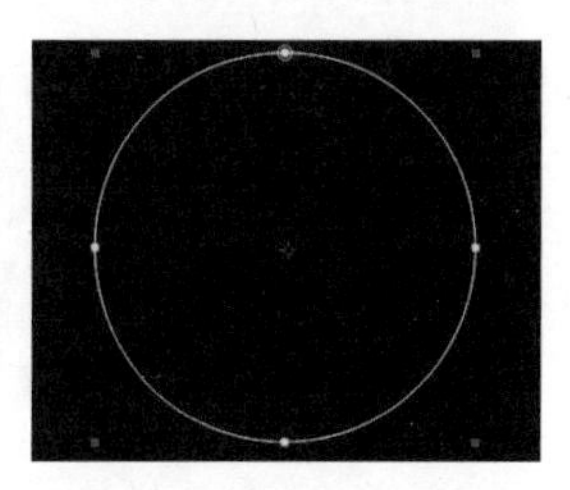

图10.11　白色层路径显示效果　图10.12　路径效果

(5) 展开Masks(蒙版)选项组，打开Mask1(蒙版1)选项组，设置Mask Expansion(蒙版扩展)的值为-20，如图10.13所示，合成窗口效果如图10.14所示。

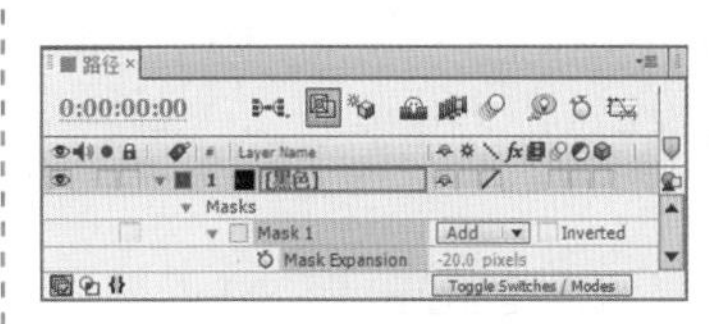

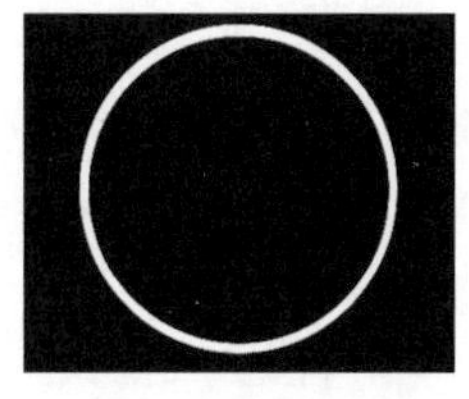

图10.13　设置蒙版扩展参数　图10.14　设置蒙版扩展后的效果

(6) 为“黑色”层添加Roughen Edges(粗糙边缘)特效。在Effects & Presets(效果和预置)面板中展开Stylize(风格化)特效组，然后双击Roughen Edges(粗糙边缘)特效。

(7) 在Effect Controls(特效控制)面板中，修改Roughen Edges(粗糙边缘)特效的参数，设置Border(边框)的值为300，Edge Sharpness(边缘锐利)的值为10，Scale(缩放)的值为10，Complexity(复杂度)的值为10；将时间调整到00:00:00:00帧的位置，设置Evolution(进化)的值为0，单击Evolution(进化)左侧的码表按钮，在当前位置设置关键帧，如图10.15所示；合成窗口效果如图10.16所示。

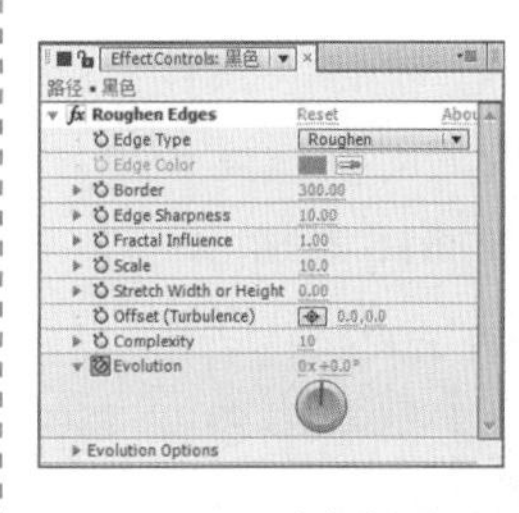

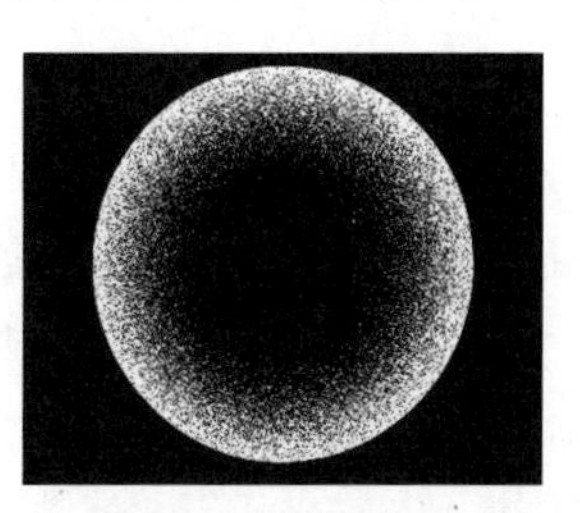

图10.15　0秒参数设置　图10.16　粗糙边缘0秒参数设置后的效果

(8) 将时间调整到00:00:02:00帧的位置，设置

Evolution(进化)的值为-5x，系统会自动设置关键帧，如图10.17所示；合成窗口效果如图10.18所示。

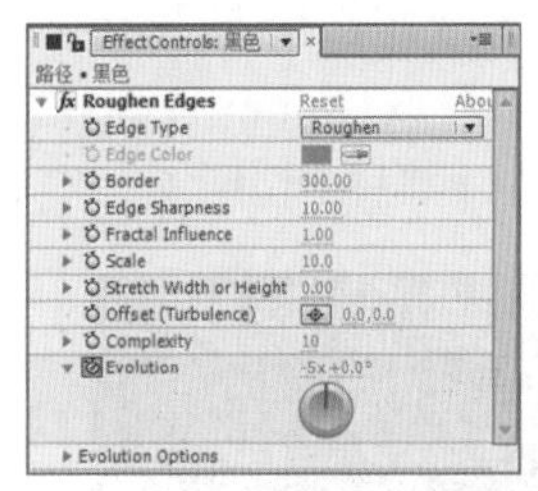
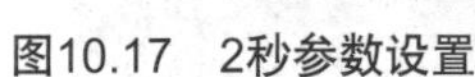
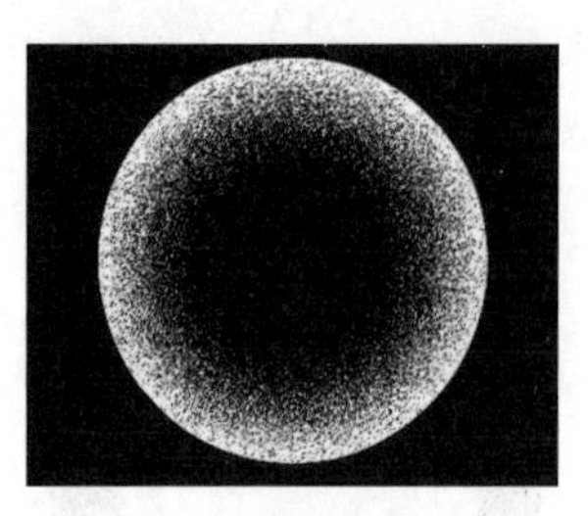

图10.17　2秒参数设置　　图10.18　粗糙边缘2秒参数设置后的效果

(9) 执行菜单栏中的Composition(合成)| New Composition(新建合成)命令，打开Composition Settings(合成设置)对话框，设置Composition Name(合成名称)为“冲击波”，Width(宽)为“720”，Height(高)为“576”，Frame Rate(帧率)为“25”，并设置Duration(持续时间)为00:00:03:00秒。

(10) 执行菜单栏中的Layer(层)|New(新建)|Solid(固态层)命令，打开Solid Settings(固态层设置)对话框，设置Name(名称)为“背景”，Color(颜色)为黑色。

(11) 为“背景”层添加Ramp(渐变)特效。在Effects & Presets(效果和预置)面板中展开Generate(创造)特效组，然后双击Ramp(渐变)特效。

(12) 在Effect Controls(特效控制)面板中，修改Ramp(渐变)特效的参数，设置End Color(结束色)为深红色(R：143；G：11；B：11)，如图10.19所示；合成窗口效果如图10.20所示。

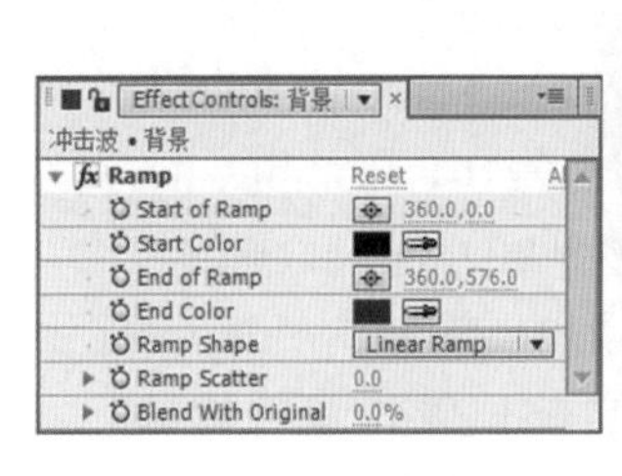

图10.19　渐变参数设置　　图10.20　设置渐变后的效果

(13) 在Project(项目)面板中，选择“路径”合成，将其拖动到“冲击波”合成的时间线面板中，如图10.21所示；合成窗口效果如图10.22所示。

(14) 为“路径”层添加Shine(发光)特效。在Effects & Presets(效果和预置)面板中展开Trapcode特效组，然后双击Shine(光)特效。

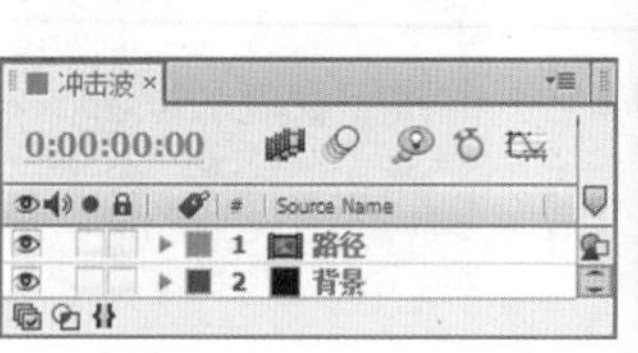

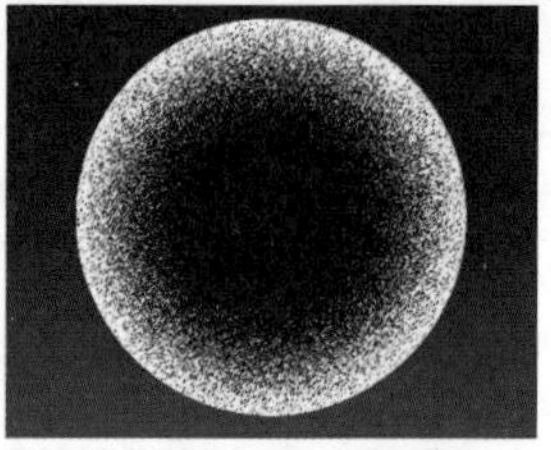

图10.21　添加合成　　图10.22　添加路径后的效果

(15) 在Effect Controls(特效控制)面板中，修改Shine(光)特效的参数，设置Ray Length(光线长度)的值为0.4，Boost Light(光线亮度)的值为1.7，从Colorize(着色)下拉列表框中选择Fire(火)选项，如图10.23所示；合成窗口效果如图10.24所示。

Effect Controls: 路径
冲击波 • 路径

Shine	Reset　Options...　About...
Pre-Process	
Source Point	360.0,288.0
Ray Length	0.4
Shimmer	
Boost Light	1.7
Colorize	
Colorize...	Fire
Base On...	Lightness
Highlights	
Mid High	
Midtones	
Mid Low	
Shadows	
Edge Thickness	1
Source Opacity	100.0
Shine Opacity	100.0
Transfer Mode	None

图10.23　参数设置

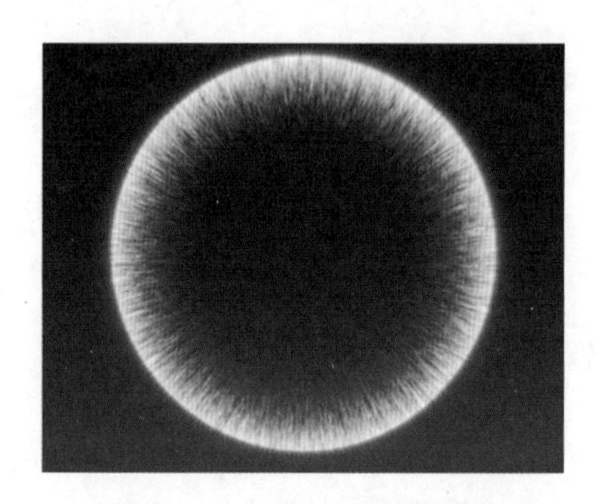

图10.24　设置发光后的效果

(16) 打开“路径”层的三维开关，展开Transform(变换)选项组，设置Orientation(方向)的值为(0，17，335)，X Rotation(X轴旋转)的值为-72°，Y Rotation(Y轴旋转)的值为124°，Z Rotation(Z轴旋转)的值为27°，单击Scale(缩放)左侧的Constrain Proportions(约束比例)按钮取消约束；将时间调整到00:00:00:00帧的位置，设置Scale(缩放)的值为(0，0，100%)，单击Scale(缩放)左侧的码表按钮，在当前位置设置关键帧，如

图10.25所示；合成窗口效果如图10.26所示。

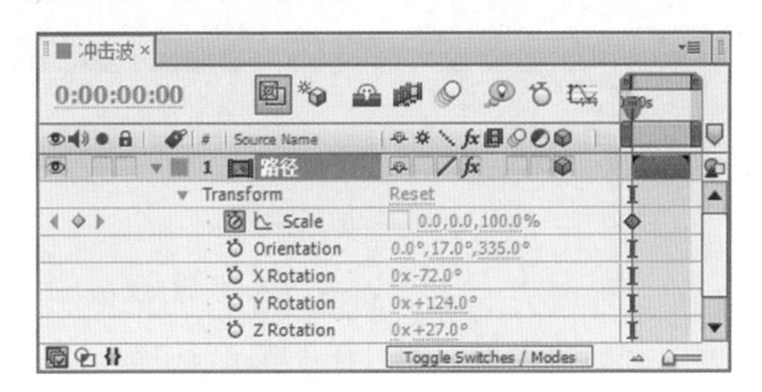

图10.25　0秒参数设置

图10.26　0秒参数设置后的效果

(17) 将时间调整到00:00:02:00帧的位置，设置Scale(缩放)的值为(300，300，100)，系统会自动设置关键帧，如图10.27所示；合成窗口效果如图10.28所示。

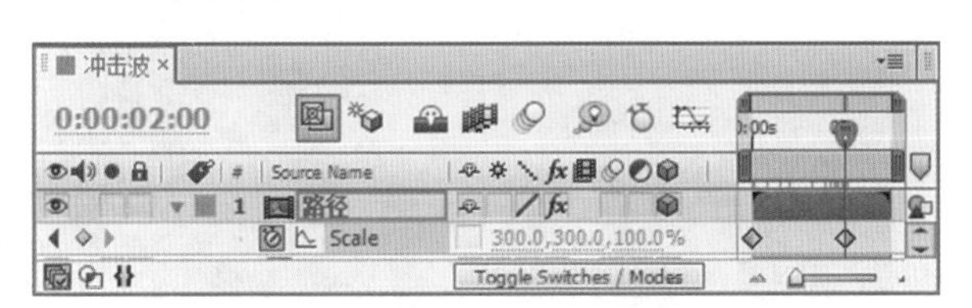

图10.27　2秒关键帧设置

图10.28　参数设置后的效果

(18) 选中“路径”层，将时间调整到00:00:01:15帧的位置，按T键展开Opacity(不透明度)属性，设置Opacity(不透明度)的值为100%，单击左侧的码表按钮，在当前位置设置关键帧；将时间调整到00:00:02:00帧的位置，设置Opacity(不透明度)的值为0%，系统会自动设置关键帧，如图10.29所示。

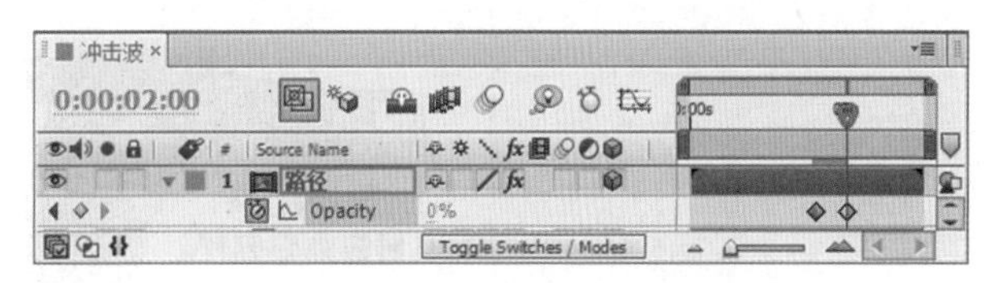

图10.29　不透明度关键帧设置

(19) 这样就完成了冲击波的整体制作，按小键盘上的“0”键，即可在合成窗口中预览动画。

10.3　滴血文字

实例说明

本例主要讲解利用Liquify(液化)特效制作滴血文字效果。本例最终的动画流程效果如图10.30所示。

图10.30　动画流程画面

学习目标

1. 学习Roughen Edges(粗糙边缘)特效的使用。
2. 学习Liquify(液化)特效的使用。

操作步骤

(1) 执行菜单栏中的File(文件)|Open Project(打开项目)命令，选择配套光盘中的“工程文件\第10章\滴血文字\滴血文字练习.aep”文件，将文件打开。

(2) 为文字层添加Roughen Edges(粗糙边缘)特效。在Effects & Presets(效果和预置)面板中展开Stylize(风格化)特效组，然后双击Roughen Edges(粗糙边缘)特效。

(3) 在Effect Controls(特效控制)面板中，修改Roughen Edges(粗糙边缘)特效的参数，设置Border(边界)的值为6，如图10.31所示，合成窗口效果如图10.32所示。

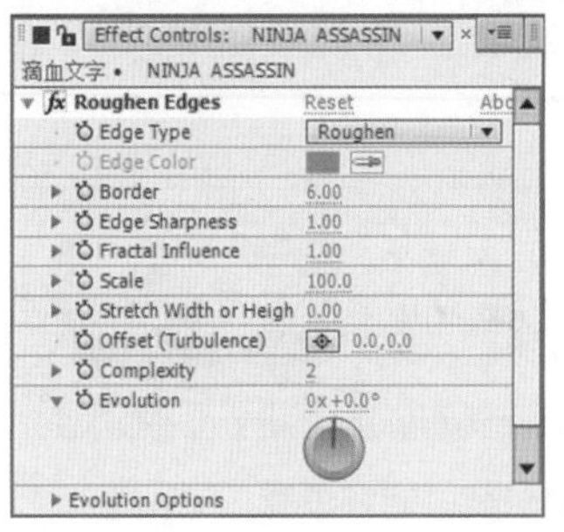

图10.31 设置Roughen Edges(粗糙边缘)特效参数 图10.32 合成窗口中效果

(4) 为文字层添加Liquify(液化)特效。在Effects & Presets(效果和预置)面板中展开Distort(扭曲)特效组，然后双击Liquify(液化)特效。

(5) 在Effect Controls(特效控制)面板中，修改Liquify(液化)特效的参数，在Tools(工具)下单击变形工具按钮，展开Warp Tool Options选项，设置Brush Size(笔触大小)的值为10，设置Brush Pressure(笔触压力)的值为100，如图10.33所示。

(6) 在合成窗口的文字中拖动鼠标，使文字产生变形效果。变形后具体效果如图10.34所示。

(7) 将时间调整到00:00:00:00帧的位置，在Effect Controls(特效控制)面板中，修改Liquify(液化)特效的参数，设置Distortion Percentage(变形百分比)的值为0%，单击Distortion Percentage(变形百分比)左侧的码表按钮，在当前位置设置关键帧。

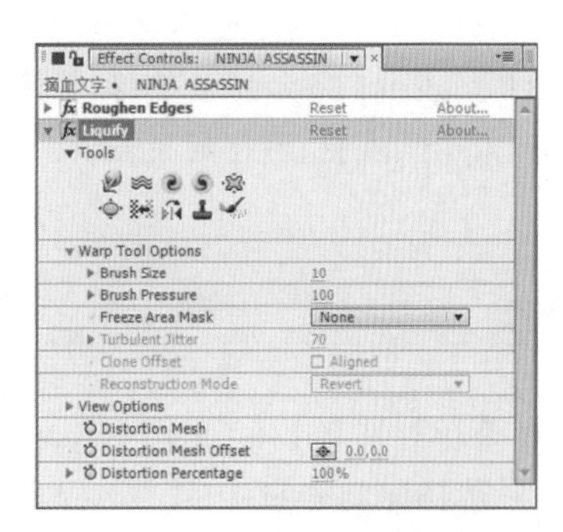

图10.33 设置Liquify(液化)特效的参数

图10.34 合成窗口中效果

(8) 将时间调整到00:00:01:10帧的位置，设置Distortion Percentage(变形百分比)的值为200%，系统会自动设置关键帧，如图10.35所示。

图10.35 添加关键帧

(9) 这样就完成了“滴血文字”的整体制作，按小键盘上的“0”键，即可在合成窗口中预览动画。

10.4 涌动的火山熔岩

实例说明

本例主要讲解应用Fractal Noise(分形噪波)特效制作出熔岩涌动效果；通过运用Colorama(彩光)特效，调节出熔岩内外焰的颜色变化，完成涌动火山熔岩的整体制作。本例最终的动画流程效果如图10.36所示。

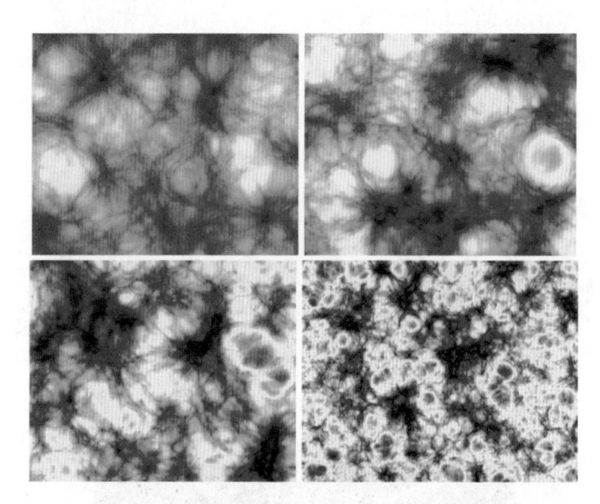

图10.36 涌动的火山熔岩动画流程效果

学习目标

1. 掌握Fractal Noise(分形噪波)特效的使用。
2. 掌握Colorama(彩光)特效的使用。

操作步骤

10.4.1 添加分形噪波特效

(1) 执行菜单栏中的Composition(合成)| New Composition(新建合成)命令，打开Composition

Settings(合成设置)对话框，设置Composition Name(合成名称)为“涌动的火山熔岩”，Width(宽)为“720”，Height(高)为“576”，Frame Rate(帧率)为“25”，并设置Duration(持续时间)为00:00:05:00秒，如图10.37所示。

(2) 单击OK(确定)按钮，在项目面板中，将会新建一个名为“涌动的火山熔岩”的合成，如图10.38所示。

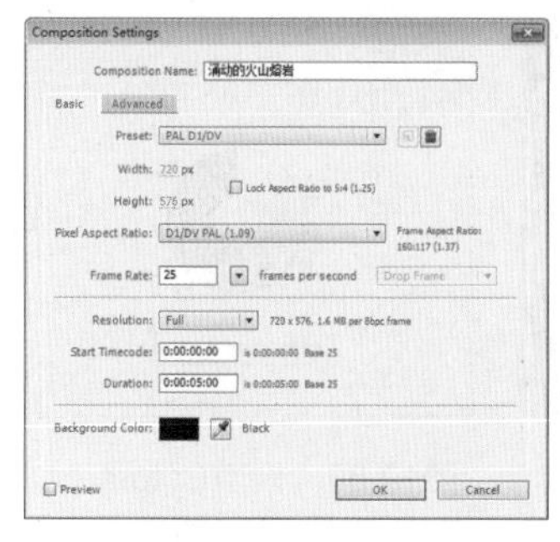

图10.37　合成设置　　图10.38　新建合成

(3) 在“涌动的火山熔岩”合成的Timeline(时间线)面板中，按Ctrl + Y组合键，此时将打开Solid Settings(固态层设置)对话框，修改Name(名称)为“熔岩”，设置Color(颜色)为黑色，如图10.39所示。

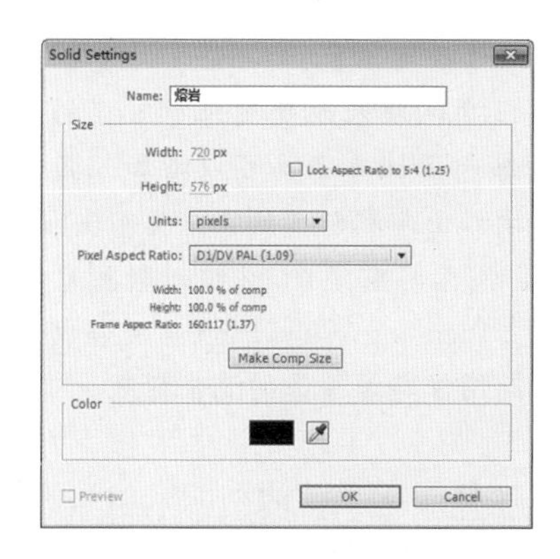

图10.39　打开固态层设置对话框

(4) 单击OK(确定)按钮，在Timeline(时间线)面板中，将会创建一个名为“熔岩”的Solid(固态层)，如图10.40所示。

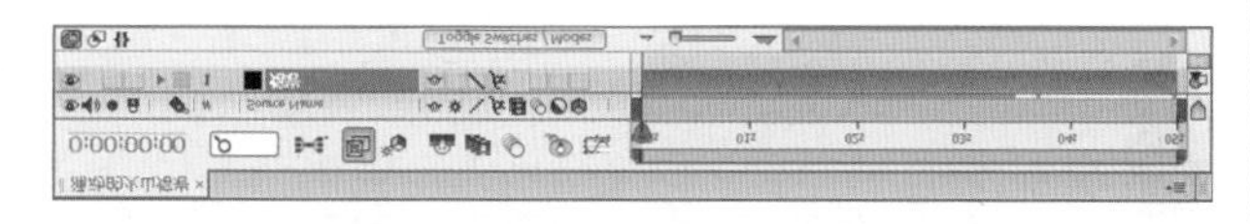

图10.40　新建Solid(固态层)

(5) 选择“熔岩”固态层，在Effects & Presets(效果和预置)面板中展开Noise & Grain(噪波和杂点)特效组，双击Fractal Noise(分形噪波)特效，如图10.41所示。

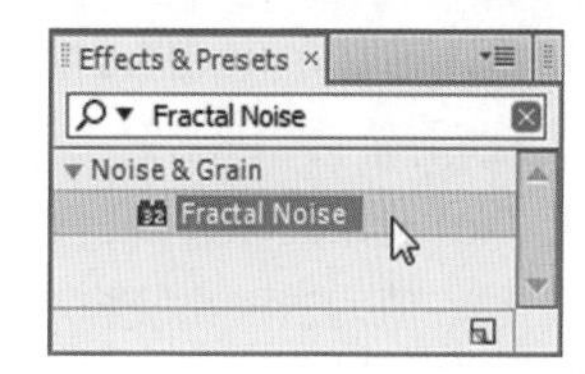

图10.41　添加Fractal Noise特效

(6) 在Effect Controls(特效控制)面板中，为Fractal Noise(分形噪波)特效设置参数，从Fractal Type(分形类型)右侧的下拉列表框中选择Dynamic(动力学)，从Noise Type(噪波类型)右侧的下拉列表框中选择Soft Linear(柔和线性)；设置Contrast(对比度)的值为90，Brightness(亮度)的值为4；从Overflow(溢出)右侧的下拉列表框中选择Warp Back(变形)，具体参数设置如图10.42所示，修改后的画面效果如图10.43所示。

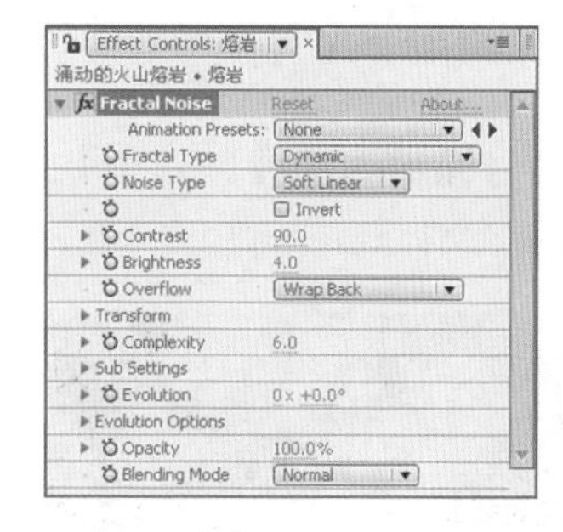

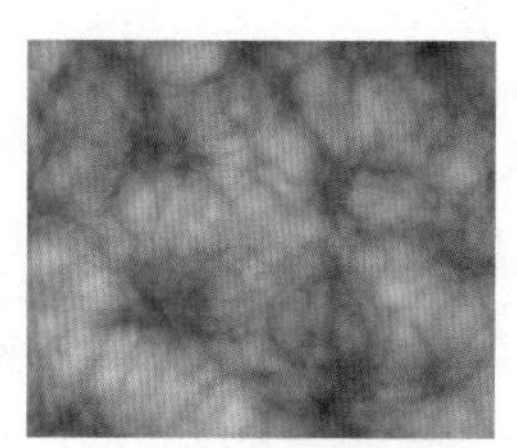

图10.42　设置Fractal Noise的参数　　图10.43　修改后的画面效果

(7) 选择“熔岩”固态层，将时间调整到00:00:00:00帧的位置，在Effect Controls(特效控制)面板中，分别单击Contrast(对比度)、Brightness(亮度)、Evolution(进化)左侧的码表按钮，在当前位置设置关键帧；展开Transform(转换)选项组，单击Offset Turbulence(偏移乱流)左侧的码表按钮，在00:00:00:00帧的位置设置关键帧，如图10.44所示。

Transform(转换)：该选项组主要控制图像的噪波的大小、旋转角度、位置偏移等设置。Rotation(旋转)：设置噪波图案的旋转角度。Uniform Scaling(等比缩放)：选中该复选框，对噪波图案进行宽度、高度的等比缩放。Scale(缩放)：设置图案的整体大小，在选中Uniform Scaling(等比缩放)复选框时可用。Scale Width/Height(缩放宽度/高度)：在没有选中Uniform Scaling(等比缩放)复选框时，可通过这两个选项分别设置噪波图案的宽度和高度的大小。Offset Turbulence(偏移乱流)：设置噪波的动荡位置。

(8) 将时间调整到00:00:04:24帧的位置，修改Contrast(对比度)的值为300，Brightness(亮度)的值为25，Offset Turbulence(偏移乱流)的值为(180，40)，Evolution(进化)的值为2x，系统将在当前位置自动设置关键帧，具体参数设置如图10.45所示。

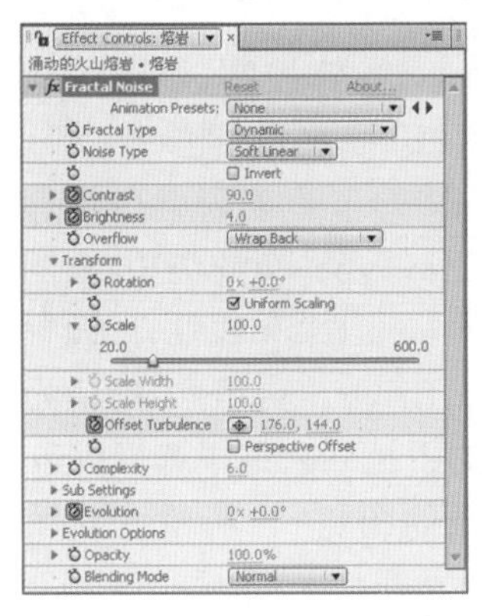

图10.44　在00:00:00:00帧设置关键帧　　图10.45　在00:00:04:24帧修改参数

(9) 这样就完成了熔岩涌动的动画，其中几帧画面的效果如图10.46所示。

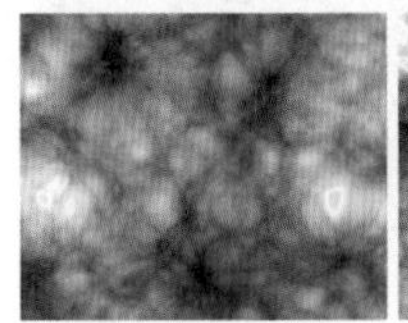
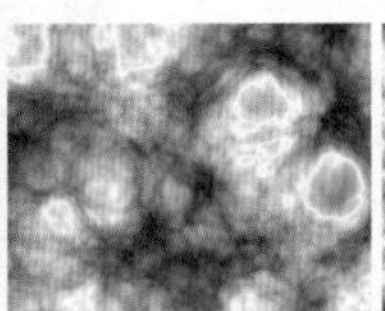
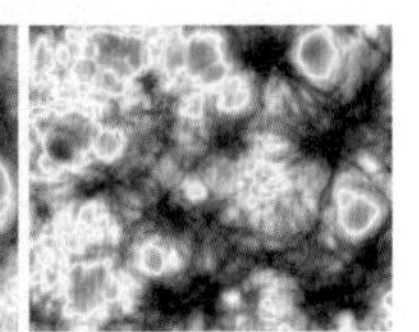

图10.46　其中几帧的画面效果

10.4.2　添加彩光特效

(1) 下面来调节火山熔岩的颜色。在“涌动的火山熔岩”合成的Timeline(时间线)面板中，选择“熔岩”固态层，在Effects & Presets(效果和预置)面板中展开Color Correction(色彩校正)特效组，双击Colorama(彩光)特效，如图10.47所示。展开Output Cycle(输出色环)选项，默认状态下Colorama(彩光)特效的参数如图10.48所示。

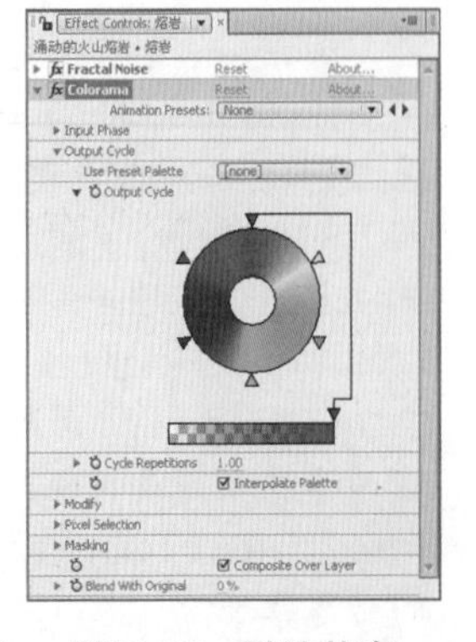

图10.47　添加Colorama特效　　图10.48　默认状态

(2) 添加完特效，当Colorama(彩光)特效的参数为默认状态时的画面效果如图10.49所示。

(3) 在Effect Controls(特效控制)面板的Colorama(彩光)特效中，展开Output Cycle(输出色环)选项组，从Use Preset Palette(使用预置图案)右侧的下拉列表框中选择Fire(火焰)选项，如图10.50所示。

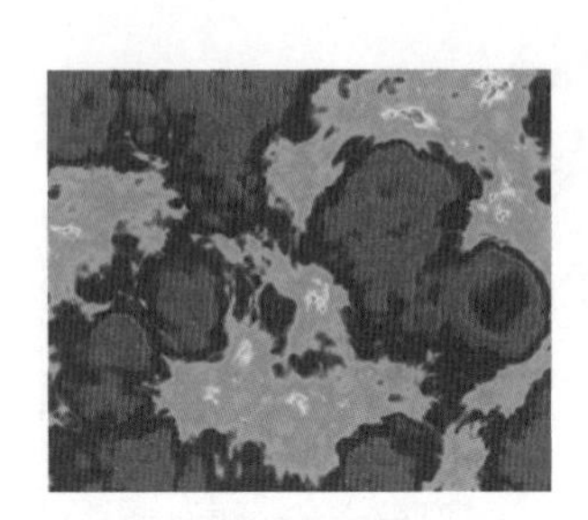

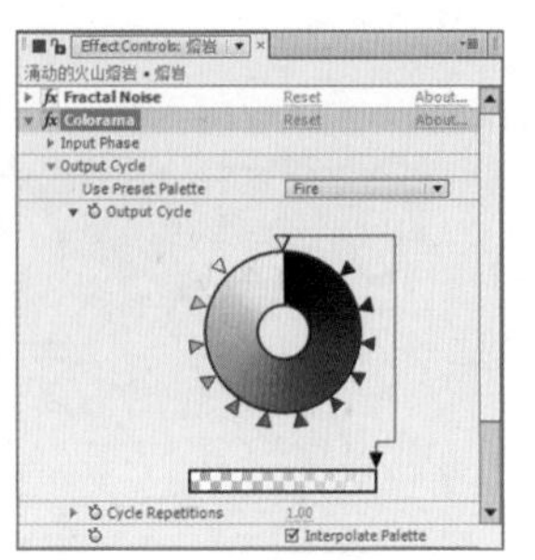

图10.49　默认状态下的画面效果　　图10.50　调节Colorama特效的颜色

提示

Input Phase(输入相位)：该选项中有很多其他的选项，应用比较简单，主要是对彩色光的相位进行调整。Output Cycle(输出色环)：通过Use Preset Palette(使用预设色样)可以选择预置的多种色样来改变颜色；Output Cycle(输出色环)可以调节三角色块来改变图像中对应的颜色，在色环的颜色区域单击，可以添加三角色块，将三角色块拉出色环即可删除三角色块；通过Cycle Repetitions(色环重复)可以控制彩色光的色彩重复次数。Blending With Original(混合初始状态)：设置修改图像与源图像的混合程度。

(4) 这样就完成了“涌动的火山熔岩”的整体制作，按小键盘上的“0”键播放预览。最后将文件保存并输出成动画。

10.5　数字人物

实例说明

本例主要讲解利用Enable Per-character 3D(启用逐字3D化)制作数字人物效果。本例最终的动画流程效果如图10.51所示。

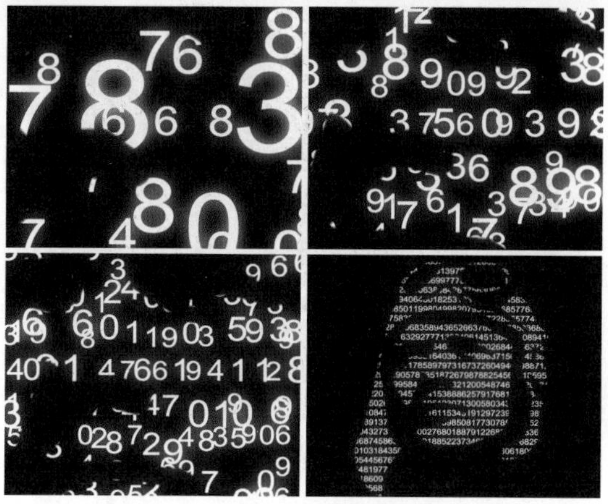

图10.51　数字人物动画流程效果

学习目标

1. 掌握Invert(反转)特效的使用。

2. 掌握Enable Per-character 3D(启用逐字3D化)属性的使用。

3. Glow(发光)特效的使用。

操作步骤

10.5.1　新建数字合成

(1) 打开配套光盘中的“工程文件\第10章\数字人物\数字人物练习.aep”文件，执行菜单栏中的Composition(合成)|New Composition(新建合成)命令，打开Composition Settings(合成设置)对话框，设置Composition Name(合成名称)为“人物”，Width(宽)为“720”，Height(高)为“576”，Frame Rate(帧速率)为“25”，并设置Duration(持续时间)为00:00:05:00秒。

(2) 打开“人物”合成，在项目面板中选择“头像.jpg”素材，将其拖动到“人物”合成的时间线面板中。

(3) 选中“头像.jpg”层，为“头像.jpg”层添加Invert(反向)特效。在Effects & Presets(效果和预置)面板中展开Channel(通道)特效组，然后双击Invert(反转)特效，如图10.52所示，合成窗口效果如图10.53所示。

(4) 切换到“数字”合成，执行菜单栏中的Layer(图层)|New(新建)|Text(文字)命令，并重命名为“数字蒙版”，在“人物”的合成窗口中输入1～9的任何数字，直到覆盖住人物为主，设置字体为Arial，字号为10px，字体颜色为白色，其他参数如图10.54所示，效果如图10.55所示。

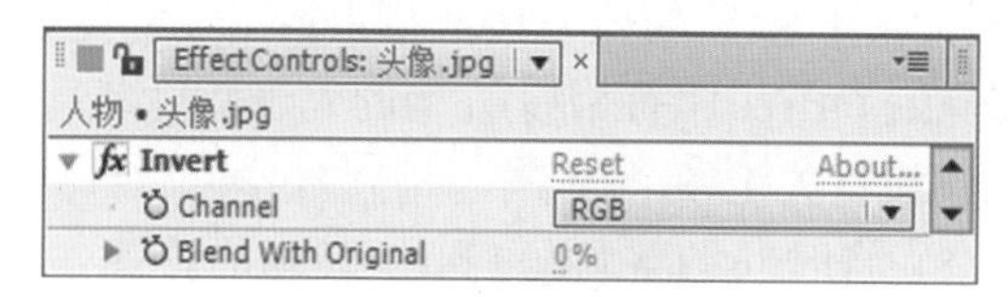

图10.52　参数设置

图10.53　设置参数后的效果

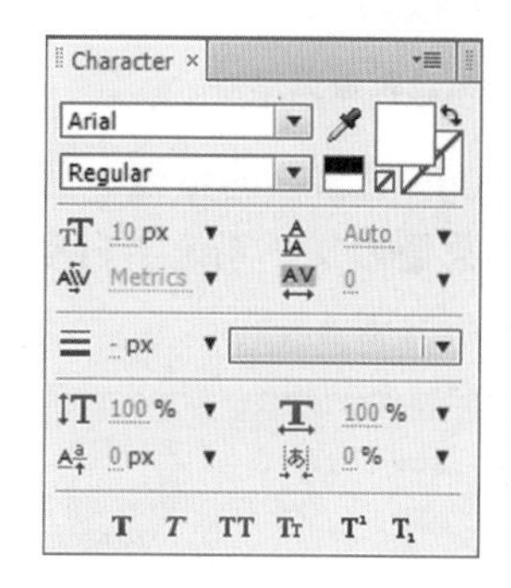

图10.54　字体设置 　　图10.55　效果图

(5) 选中“数字蒙版”文字层，打开运动模糊按钮，在时间线面板中展开文字层，然后单击Text(文字)右侧Animate后的三角形按钮，从弹出的菜单中选择Enable Per-character 3D(启用逐字3D化)命令，“数字蒙版”文字层的三维层设置会变成。

(6) 将“人物”合成拖动到时间线面板中，选中“人物”层，设置其轨道模式为Alpha Matte“数字蒙版”，如图10.56所示。

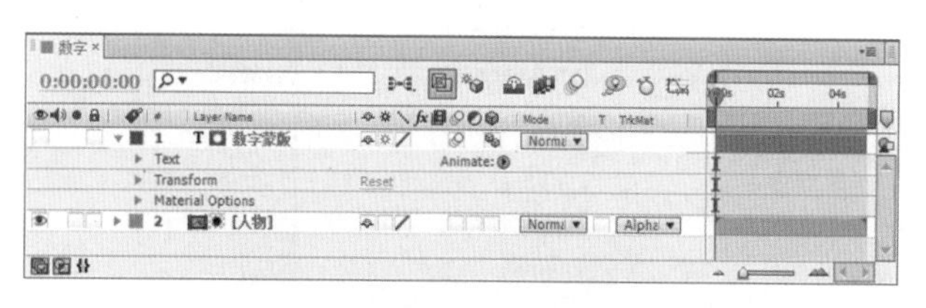

图10.56　时间线面板的修改

(7) 在时间线面板中展开文字层，将时间调整到00:00:00:00帧的位置，然后单击Text(文字)右侧Animate后的三角形按钮，从弹出的菜单中选择Position(位置)命令，设置Position(位置)的值为(0，0，-1500)。单击Animator 1(动画1) 右侧Add后面

的三角形⊙按钮，从弹出的菜单中选择Property(特性)|Character Offset(字符偏移)选项，设置Character Offset(字符偏移)的值为10。单击Position(位置)和Character Offset(字符偏移)左侧的码表⏱按钮，在当前位置设置关键帧。

(8) 将时间调整到00:00:03:00帧的位置，设置Position(位置)的值为(0，0，0)，系统会自动创建关键帧，如图10.57所示。

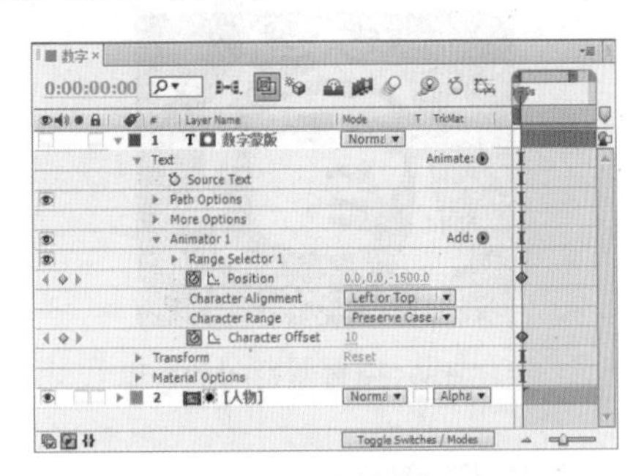

图10.57　设置参数及设置关键帧

(9) 将时间调整到00:00:04:24帧的位置，设置Character Offset(字符偏移)数值为10，系统会自动创建关键帧，如图10.58所示。

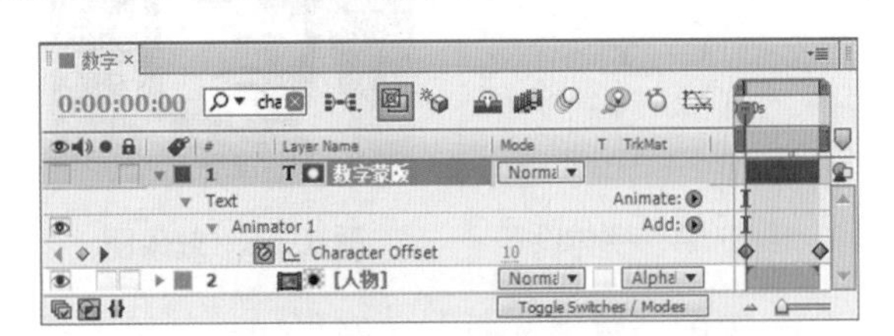

图10.58　设置关键帧

(10) 选择“数字蒙版”层，展开Text(文字)|Animator 1(动画1) |Range Selector 1(范围选择器1)|Advanced(高级)选项组，从Shape(形状)下拉列表框中选择Ramp Up(向上倾斜)选项，设置Randomize Order(随机顺序)为On(打开)，如图10.59所示，合成窗口效果如图10.60所示。

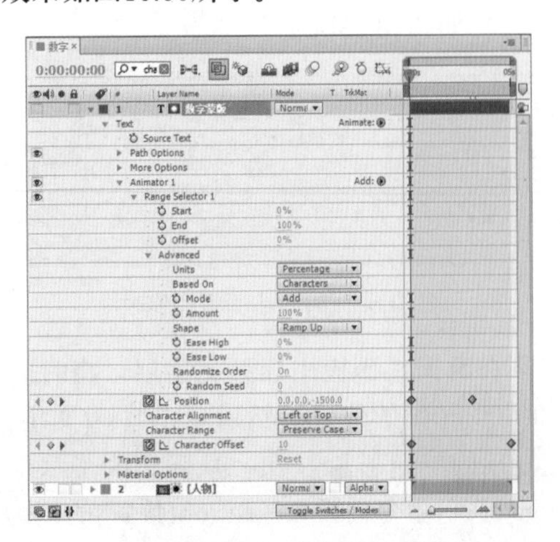

图10.59　参数设置

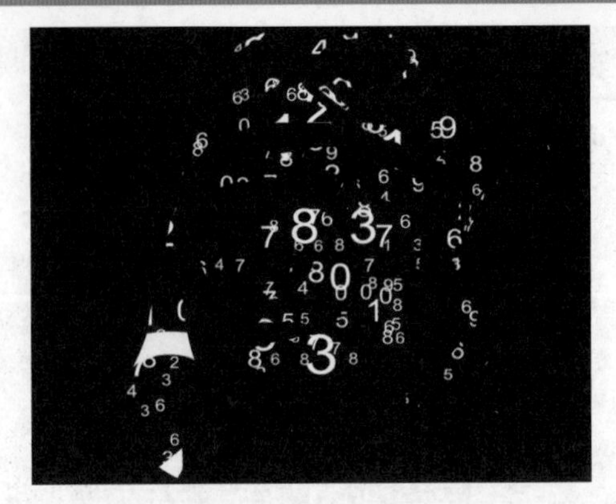

图10.60　设置参数后的效果

10.5.2　新建数字人物合成

(1) 执行菜单栏中的Composition(合成)|New Composition(新建合成)命令，打开Composition Settings(合成设置)对话框，设置Composition Name(合成名称)为“数字人物”，Width(宽)为“720”，Height(高)为“576”，Frame Rate(帧速率)为“25”，并设置Duration(持续时间)为00:00:05:00秒。

(2) 打开“数字人物”合成，在项目面板中选择“数字”合成，将其拖动到“数字人物”合成的时间线面板中。

(3) 选中“数字”层，按S键展开Scale(缩放)属性，将时间调整到00:00:00:00帧的位置，设置Scale(缩放)数值为(500，500)，单击Scale(缩放)左侧的码表⏱按钮，在当前位置设置关键帧。

(4) 将时间调整到00:00:03:00帧的位置，设置Scale(缩放)数值为(100，100)，系统会自动创建关键帧，选择两个关键帧按F9键，使关键帧平滑，如图10.61所示。

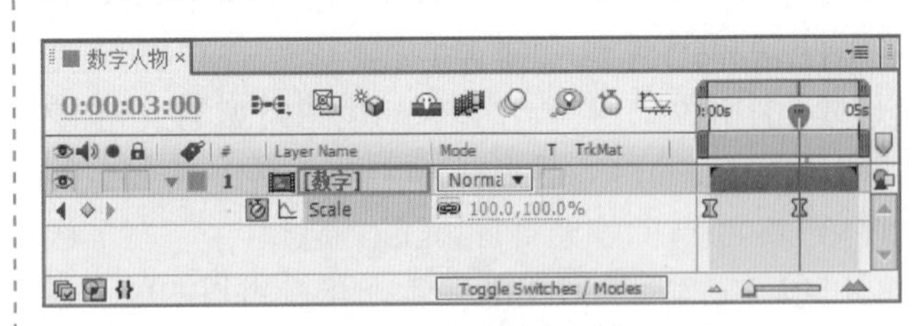

图10.61　关键帧设置

(5) 选中“数字”层，在Effects & Presets(效果和预置)面板中展开Color Correction(色彩校正)特效组，双击Tritone(浅色调)特效。

(6) 在Effect Controls(特效控制)面板中，设置Midtones(中间调)颜色为绿色(R：75；G：125、B：125)，如图10.62所示，效果如图10.63所示。

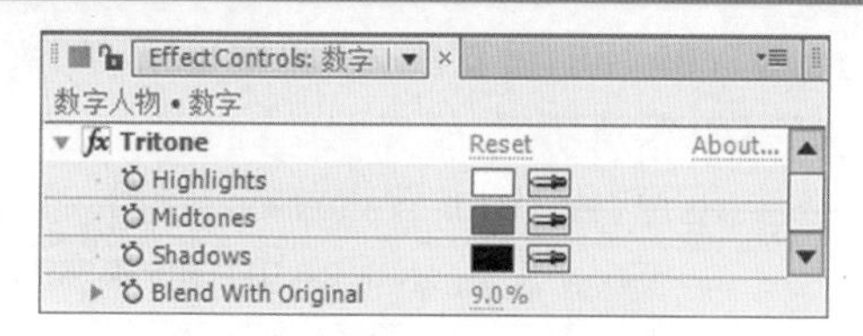

图10.62　参数设置

图10.63　效果图

(7) 选中“数字”层，在Effects&Presets(效果和预置)面板中展开Stylize(风格化)特效组，双击Glow(发光)特效，如图10.64所示，效果如图10.65所示。

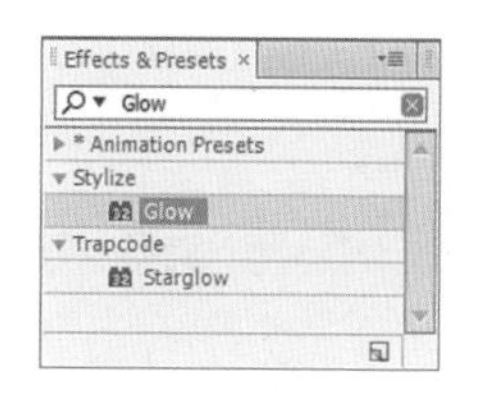

图10.64　添加发光特效　　图10.65　效果图

(8) 选中“数字”层，将该层打开快速模糊按钮，如图10.66所示。

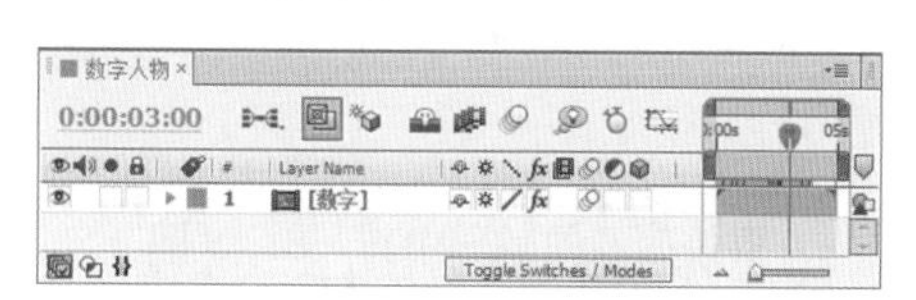

图10.66　打开快速模糊按钮

(9) 这样就完成了“数字人物”的整体制作，按小键盘上的“0”键，即可在合成窗口中预览动画。

10.6　时间倒计时

实例说明

本例主要讲解时间倒计时动画的制作。应用Linear Wipe(线性擦除)、Polar Coordinates(极坐标)特效制作出时间倒计时效果，通过添加Adjustment Layer(调整层)来调节图像的颜色，完成时间倒计时的整体制作。本例最终的动画流程效果如图10.67所示。

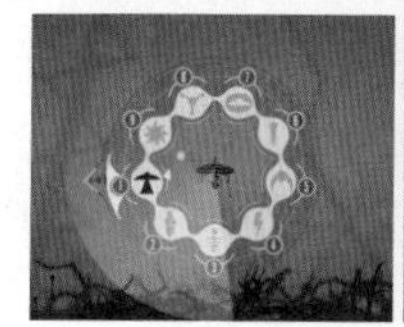
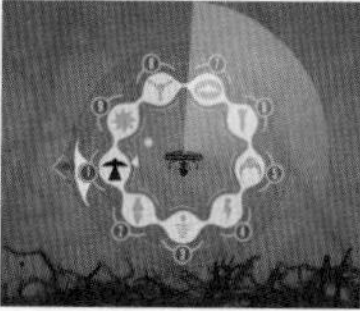

图10.67　时间倒计时最终动画流程效果

学习目标

1.学习Polar Coordinates(极坐标)特效的具体使用方法。

2. 掌握Adjustment Layer(调整层)的使用。

3.掌握时间倒计时的制作。

操作步骤

10.6.1　黑白渐变

(1) 执行菜单栏中的Composition(合成)| New Composition(新建合成)命令，打开Composition Settings(合成设置)对话框，设置Composition Name(合成名称)为“黑白渐变”，Width(宽)为“352”，Height(高)为“288”，Frame Rate(帧率)为“25”，并设置Duration(持续时间)为00:00:05:00秒，如图10.68所示。

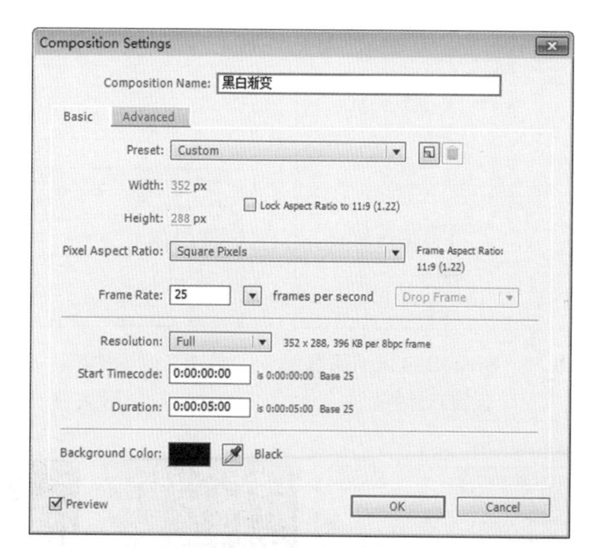

图10.68　合成设置

(2) 执行菜单栏中的File(文件)| Import(导入)| File(文件)命令，或在Project(项目)面板中双击鼠标，打开Import File(导入文件)对话框，选择配套光盘中的“工程文件\第10章\时间倒计时\背景.jpg”素材，如图10.69所示。

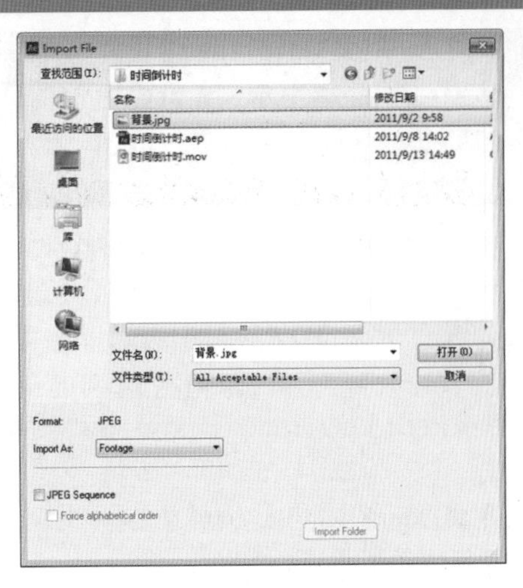

图10.69 Import File对话框

(3) 按Ctrl + Y快捷键，打开Solid Settings(固态层设置)对话框，设置Name(名称)为“渐变”，Width(宽度)的值为176，Height(高度)的值为288，Color(颜色)为黑色，如图10.70所示。

(4) 选择“渐变”层，在Effects & Presets(效果和预置)面板中展开Generate(创造)特效组，双击Ramp(渐变)特效，如图10.71所示。

(5) 在Effect Controls(特效控制)面板中，为Ramp(渐变)特效设置参数，设置Start of Ramp(渐变开始)的值为(86，143)，End of Ramp(渐变结束)的值为(174，142)，如图10.72所示，设置完成后的画面效果如图10.73所示。

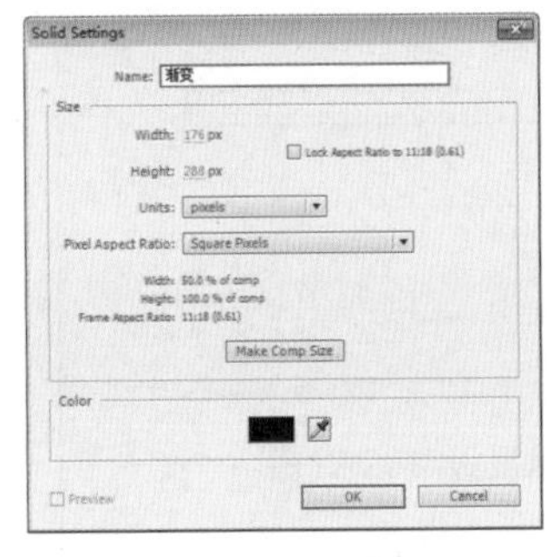

图10.70 Solid Settings(固态层设置)对话框

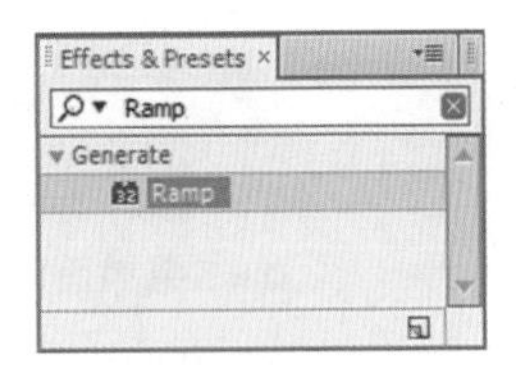

图10.71 添加Ramp(渐变)特效

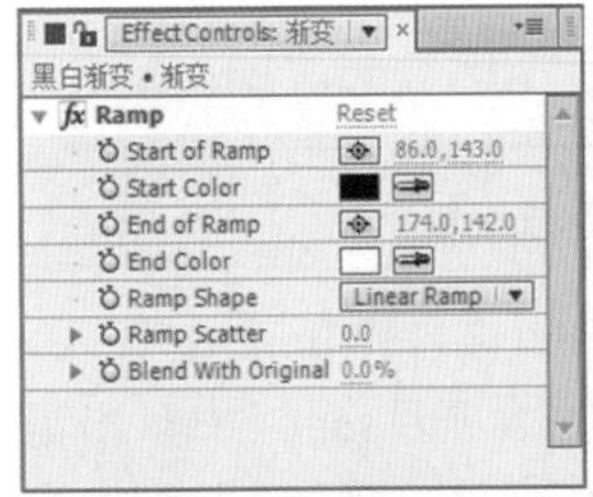

图10.72 设置参数

图10.73 添加特效后的画面效果

(6) 选择“渐变”固态层，按P键，打开该层的Position(位置)选项，设置Position(位置)的值为(96，144)，如图10.74所示。

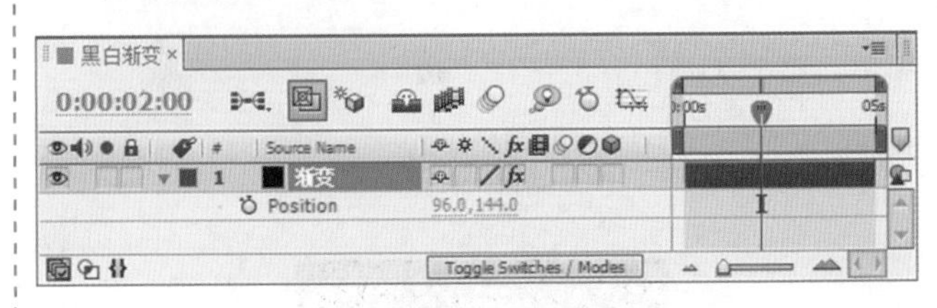

图10.74 设置Position(位置)的值

(7) 将“渐变”固态层Position(位置)的值修改为(96，144)后的画面效果如图10.75所示。

图10.75 修改Position(位置)后的画面效果

10.6.2 制作扫描效果

(1) 按Ctrl + N组合键，打开Composition Settings(合成设置)对话框，设置Composition Name(合成名称)为“扫描”，Width(宽)为“352”，Height(高)为“288”，Frame Rate(帧率)为“25”，并设置Duration(持续时间)为00:00:05:00秒，如图10.76所示。

(2) 在项目面板中依次选择“黑白渐变”合成和“背景.jpg”图片两个素材，将其拖动到“扫描”合成的时间线面板中，如图10.77所示。

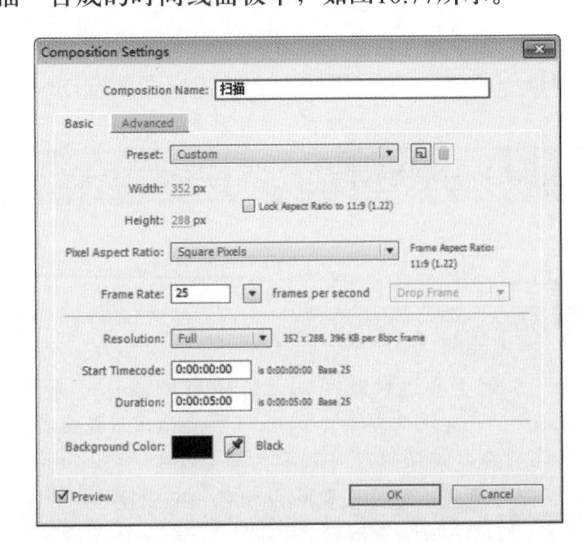

图10.76 新建“扫描”合成

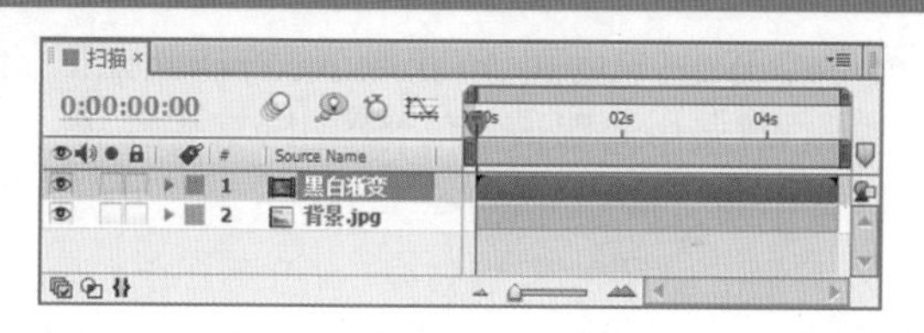

图10.77　导入“黑白渐变”“背景.jpg”两个素材

(3) 选择“黑白渐变”合成层，在Effects & Presets(效果和预置)面板中展开Transition(转换)特效组，双击Linear Wipe(线性擦除)特效，如图10.78所示，效果如图10.79所示。

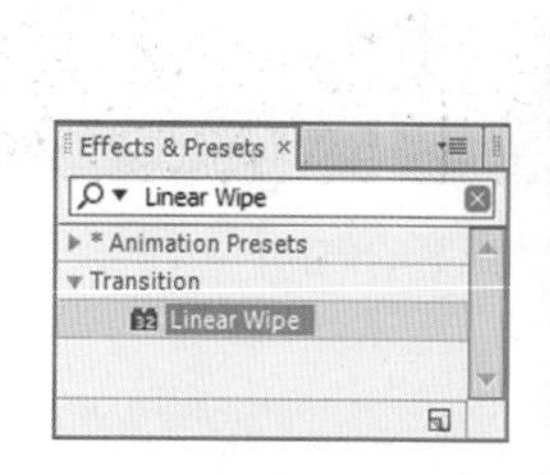

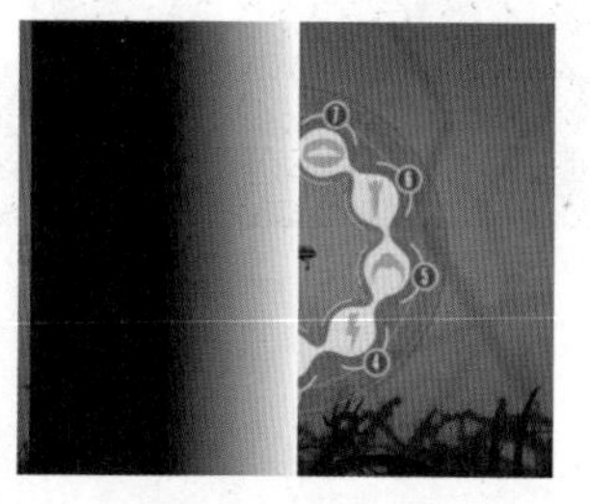

图10.78　添加线性擦除特效　　图10.79　效果图

(4) 在Effect Controls(特效控制)面板中，为Linear Wipe(线性擦除)特效设置参数，设置Transition Completion(完成过渡)的值为30%，Wipe Angle(擦除角度)的值为90°，Feather(羽化)的值为67，如图10.80所示，设置完成后的画面效果如图10.81所示。

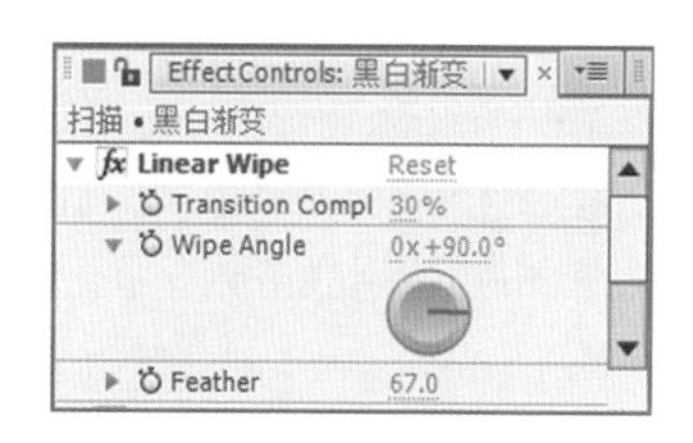

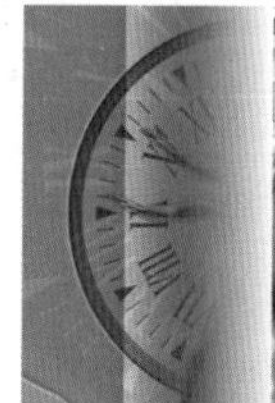
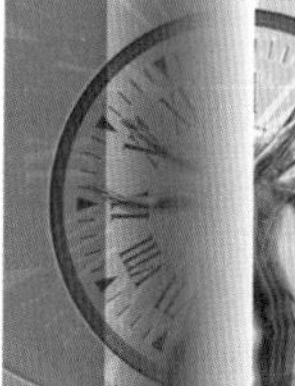

图10.80　特效设置参数　　图10.81　画面效果

(5) 将时间调整到00:00:00:00帧的位置，按R键，打开该层的Rotation(旋转)选项，单击Rotation(旋转)左侧的码表按钮，在当前位置设置关键帧，如图10.82所示。

图10.82　在00:00:00:00帧的位置设置关键帧

(6) 将时间调整到00:00:04:24帧的位置，修改Rotation(旋转)的值为-2x，系统将在当前位置自动创建关键帧，如图10.83所示。

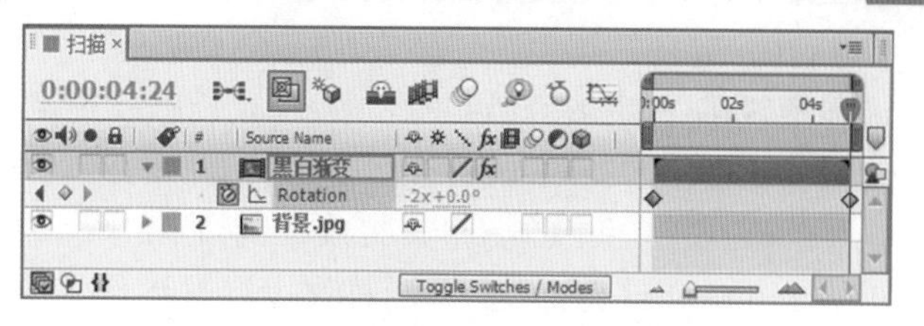

图10.83　修改Rotation(旋转)的值

(7) 确认当前选择的为“黑白渐变”层，在Effects & Presets(效果和预置)面板中展开Distort(扭曲)特效组，双击Polar Coordinates(极坐标)特效。

(8) 在Effect Controls(特效控制)面板中，为Polar Coordinates(极坐标)特效设置参数，设置Interpolation(插值)的值为100%，从Type of Conversion(转换类型)下拉列表框中选择Rect to Polar(矩形到极线)，如图10.84所示，设置完成后的画面效果如图10.85所示。

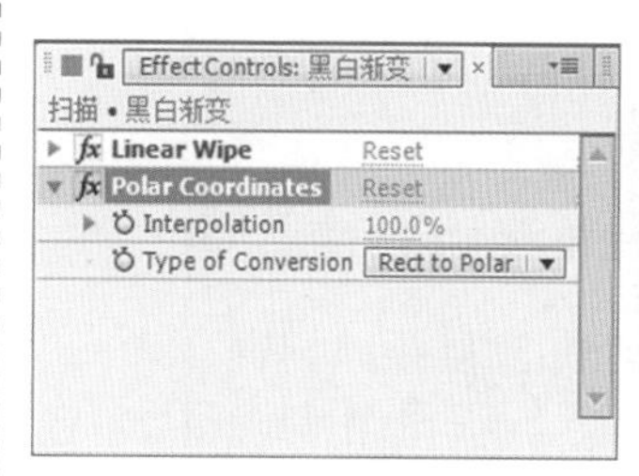

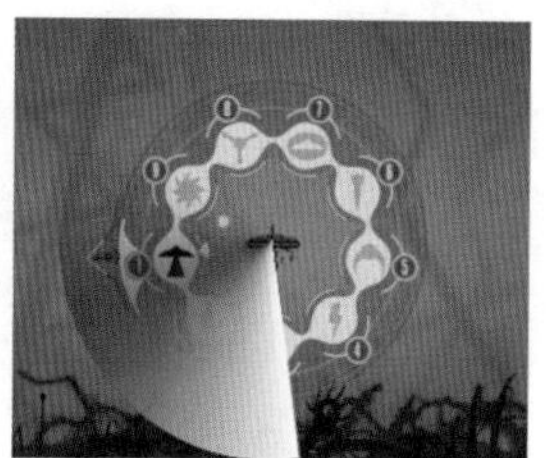

图10.84　设置参数　　图10.85　设置后的画面效果

(9) 在时间线面板中的空白处右击鼠标，在弹出的快捷菜单中选择New(新建)| Adjustment Layer(调整层)命令，创建一个Adjustment Layer 1(调整层1)，并将其重命名为“调整层”，如图10.86所示。

提示

Polar Coordinates(极坐标)特效可以将图像的直角坐标和极坐标进行相互转换，产生变形效果。Interpolation(插值)：用来设置应用极坐标时的扭曲变形程度。Type of Conversion(转换类型)：用来切换坐标类型，可从右侧的下拉列表框中选择Polar to Rect(极线到矩形)或Rect to Polar(矩形到极线)。

图10.86　新建Adjustment Layer(调整层)

(10) 选择“调整层”，在Effects & Presets(效果和预置)面板中展开Color Correction(色彩校正)特效组，双击Hue/Saturation(色相/饱和度)特效。

(11) 在Effect Controls(特效控制)面板中，为Hue/Saturation(色相/饱和度)特效设置参数，选中Colorize(着色)复选框，设置Colorize Hue(着色色相)的值为200，Colorize Saturation(着色饱和度)的值为80，Colorize Lightness(着色亮度)的值为25，如图10.87所示，设置完成后的画面效果如图10.88所示。

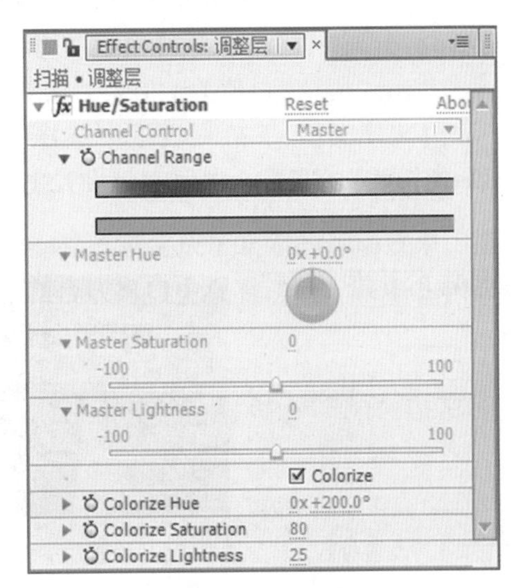

图10.87　设置参数

(12) 设置“背景”素材层的Track Matte(轨道蒙版)为“Alpha Matte‘[黑白渐变]’”，如图10.89所示。

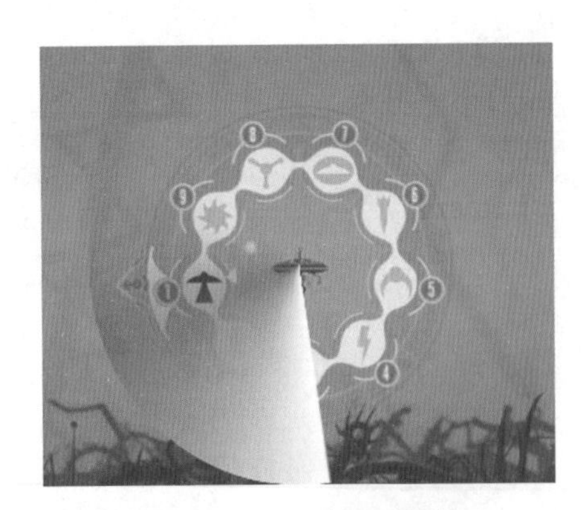

图10.88　设置后的画面效果

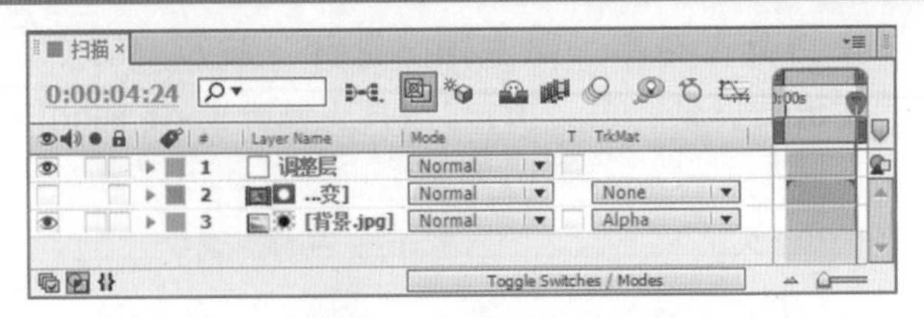

图10.89　选择Alpha Matte“[黑白渐变]”

(13) 这样就制作完成了扫描动画效果，其中几帧画面的效果如图10.90所示。

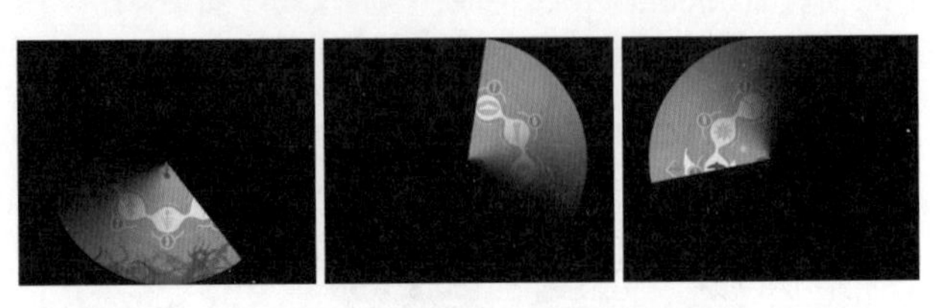

图10.90　其中几帧画面的效果

10.6.3　添加背景

(1) 新建一个Composition Name(合成名称)为“时间倒计时”，Width(宽)为“352”，Height(高)为“288”，Frame Rate(帧率)为“25”，Duration(持续时间)为00:00:05:00秒的合成。

(2) 在项目面板中依次选择“扫描”合成和“背景.jpg”图片两个素材，将其拖动到“时间倒计时”合成的时间线面板中，如图10.91所示。

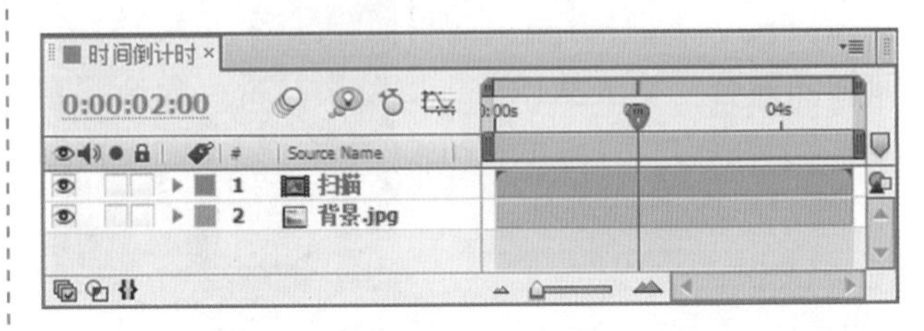

图10.91　新建“时间倒计时”合成

(3) 这样就完成了“时间倒计时”的整体制作，按小键盘上的“0”键播放预览。最后将文件保存并输出成动画。

第11章

绘制风格艺术表现

内容摘要

本章主要讲解绘制风格艺术表现，通过固态层绘制路径、利用3D Stroke(3D笔触)特效为路径描边，添加粒子动画，关键帧的多次建立。通过本章的制作，学习绘画类特效的制作方法，掌握具有绘制风格的案例的制作技巧。

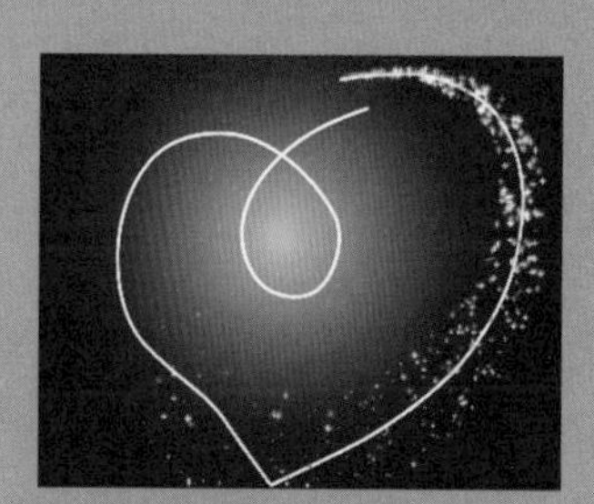

教学目标

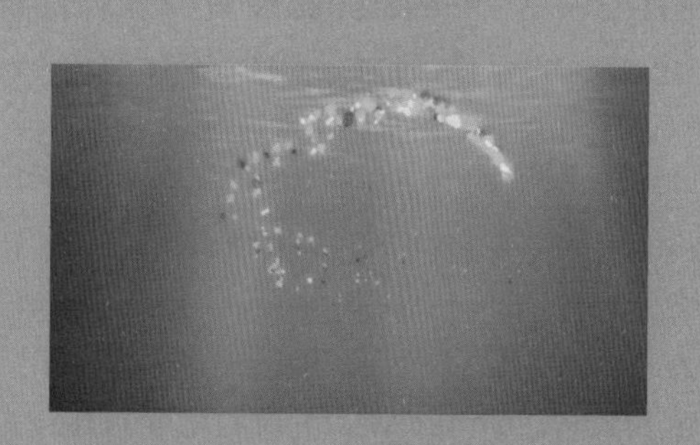

- 了解钢笔工具的使用。
- 了解Particular(粒子)特效的使用。
- 掌握3D Stroke(3D笔触)特效的使用。
- 掌握层混合模式的设置。
- 掌握炫彩精灵的制作。

11.1 手绘效果

实例说明

本例主要讲解利用Scribble(乱写)特效制作手绘效果。本例最终的动画流程效果如图11.1所示。

图11.1 动画流程画面

学习目标

1. 掌握Pen Tool(钢笔工具)特效的使用。
2. 掌握Scribble(乱写)特效的使用。

操作步骤

(1) 执行菜单栏中的File(文件)|Open Project(打开项目)命令，选择配套光盘中的“工程文件\第11章\手绘效果\手绘效果练习.aep”文件，将“手绘效果练习.aep”文件打开。

(2) 执行菜单栏中的Layer(层)|New(新建)|Solid(固态层)命令，打开Solid Settings(固态层设置)对话框，设置Name(名称)为“心”，Color(颜色)为白色。

(3) 选择“心”层，在工具栏中选择Pen Tool(钢笔工具)，在文字层上绘制一个心形路径，如图11.2所示。

(4) 为“心”层添加Scribble(乱写)特效。在Effects & Presets(效果和预置)面板中展开Generate(创造)特效组，然后双击Scribble(乱写)特效。

(5) 在Effect Controls(特效控制)面板中，修改Scribble(乱写)特效的参数，从Mask(蒙版)下拉列表框中选择Mask 1(蒙版 1) 选项，设置Color(颜色)的值为红色(R：255；G：20；B：20)，Angle(角度)的值为129 。Stroke Width(描边宽度)的值为1.6；将时间调整到00:00:01:22帧的位置，设置Opacity(不透明度)的值为100%，单击Opacity(不透明度)左侧的码表按钮，在当前位置设置关键帧。

(6) 将时间调整到00:00:02:06帧的位置，设置Opacity(不透明度)的值为1%，系统会自动设置关键帧，如图11.3所示。

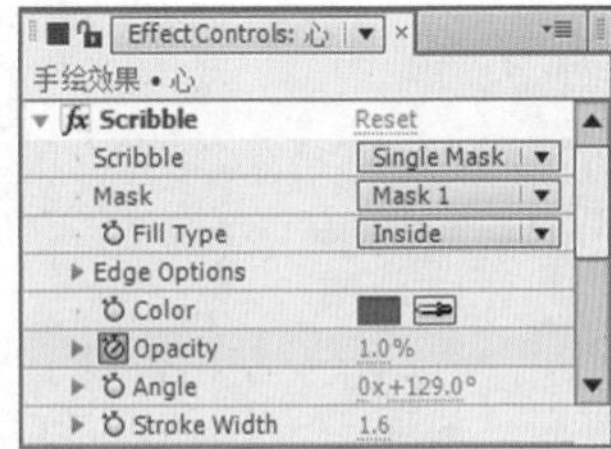

图11.2 绘制路径　　图11.3 设置不透明度关键帧

(7) 将时间调整到00:00:00:00帧的位置，设置End(结束)的值为0%，单击End(结束)左侧的码表按钮，在当前位置设置关键帧。

(8) 将时间调整到00:00:01:00帧的位置，设置End(结束)的值为100%，系统会自动设置关键帧，如图11.4所示；合成窗口效果如图11.5所示。

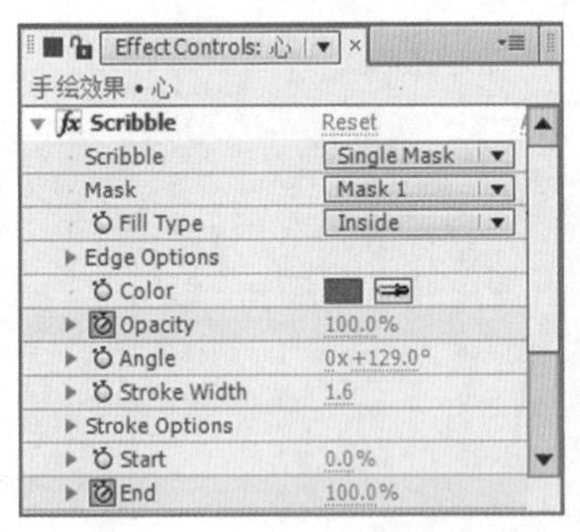

图11.4 设置结束关键帧　　图11.5 设置结束后的效果

(9) 这样就完成了手绘效果的整体制作，按小键盘上的“0”键，即可在合成窗口中预览动画。

11.2 心电图效果

实例说明

本例主要讲解利用Vegas(勾画)特效制作心电图效果。本例最终的动画流程效果如图11.6所示。

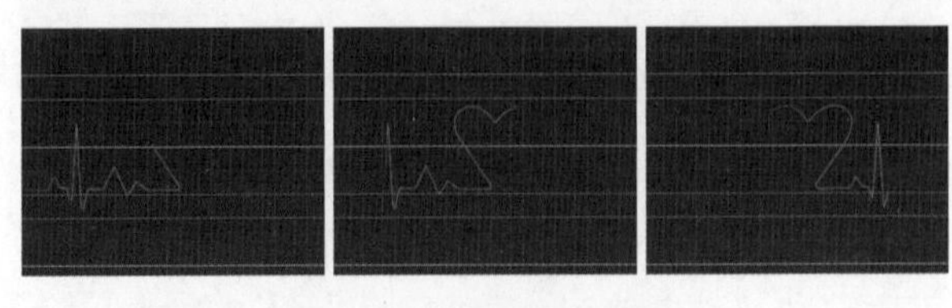

图11.6 动画流程画面

学习目标

1. 掌握Vegas(勾画)特效的使用。
2. 掌握Grid(网格)特效的使用。
3. 掌握Glow(发光)特效的使用。

操作步骤

(1) 执行菜单栏中的Composition(合成)| New Composition(新建合成)命令，打开Composition Settings(合成设置)对话框，设置Composition Name(合成名称)为“心电图动画”，Width(宽)为“720”，Height(高)为“576”，Frame Rate(帧率)为“25”，并设置Duration(持续时间)为00:00:10:00秒。

(2) 执行菜单栏中的Layer(层)|New(新建)|Solid(固态层)命令，打开Solid Settings(固态层设置)对话框，设置Name(名称)为“渐变”，Color(颜色)为黑色。

(3) 为“渐变”层添加Ramp(渐变)特效。在Effects & Presets(效果和预置)面板中展开Generate(创造)特效组，然后双击Ramp(渐变)特效。

(4) 在Effect Controls(特效控制)面板中，修改Ramp(渐变)特效的参数，设置Start Color(开始色)为深蓝色(R：0；G：45；B：84)，End Color(结束色)为墨绿色(R：0；G：63；B：79)，如图11.7所示；合成窗口效果如图11.8所示。

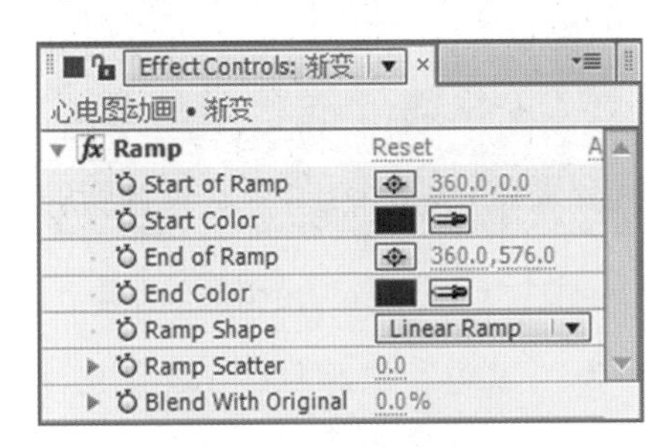

图11.7　设置渐变参数

图11.8　设置渐变后的效果

(5) 执行菜单栏中的Layer(层)|New(新建)|Solid(固态层)命令，打开Solid Settings(固态层设置)对话框，设置Name(名称)为“网格”，Color(颜色)为黑色。

(6) 为“网格”层添加Grid(网格)特效。在Effects & Presets(效果和预置)面板中展开Generate(创造)特效组，然后双击Grid(网格)特效。

(7) 在Effect Controls(特效控制)面板中，修改Grid(网格)特效的参数，设置Anchor(定位点)的值为(360，277)，从Size From(大小来自)下拉列表框中选择Width & Height Sliders(宽度和高度滑块)选项，Width(宽度)的值为15，Height(高度)的值为55，Border(边框)的值为1.5，如图11.9所示；合成窗口效果如图11.10所示。

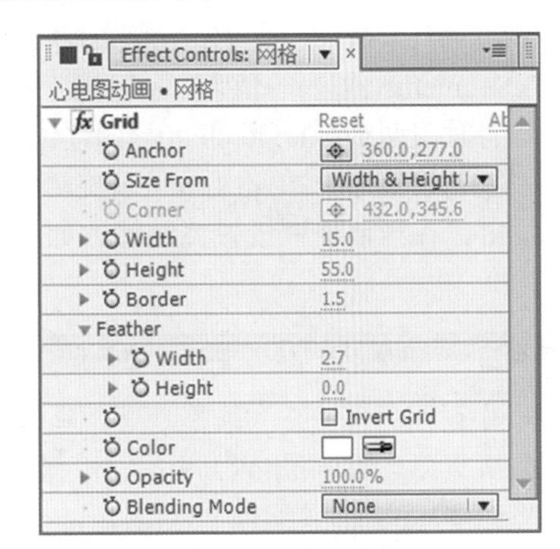

图11.9　设置网格参数

图11.10　设置网格后的效果

(8) 执行菜单栏中的Layer(层)|New(新建)|Solid(固态层)命令，打开Solid Settings(固态层设置)对话框，设置Name(名称)为“描边”，Color(颜色)为黑色。

(9) 在时间线面板中，选中“描边”层，在工具栏中选择Pen Tool(钢笔工具)，在文字层上绘制一个路径，如图11.11所示。

(10) 为“描边”层添加Vegas(勾画)特效。在Effects & Presets(效果和预置)面板中展开

Generate(创造)特效组，然后双击Vegas(勾画)特效，如图11.12所示。

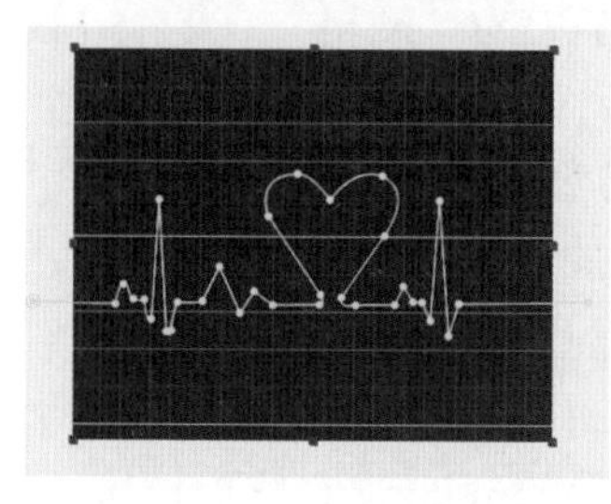
图11.11 绘制路径

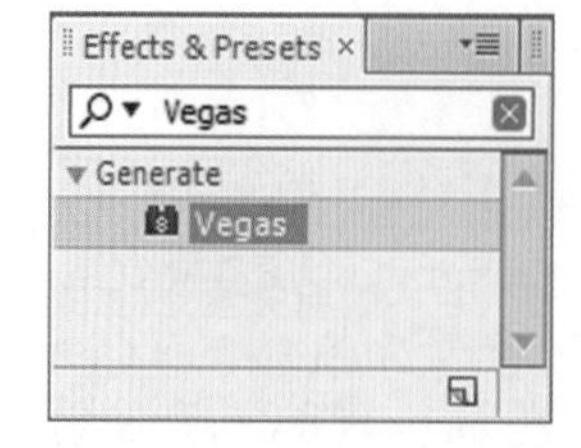

图11.12 添加勾画特效

(11) 在Effect Controls(特效控制)面板中，修改Vegas(勾画)特效的参数，从Stroke(描边)下拉列表框中选择Mask/Path(蒙版和路径)选项；展开Mask/Path(蒙版和路径)选项组，从Path(路径)下拉列表框中选择Mask1(蒙版1)；展开Segments(线段)选项组，设置Segments(线段)的值为1，Length(长度)的值为0.5；将时间调整到00:00:00:00帧的位置，设置Rotation(旋转)的值为0，单击Rotation(旋转)左侧的码表按钮，在当前位置设置关键帧，如图11.13所示。

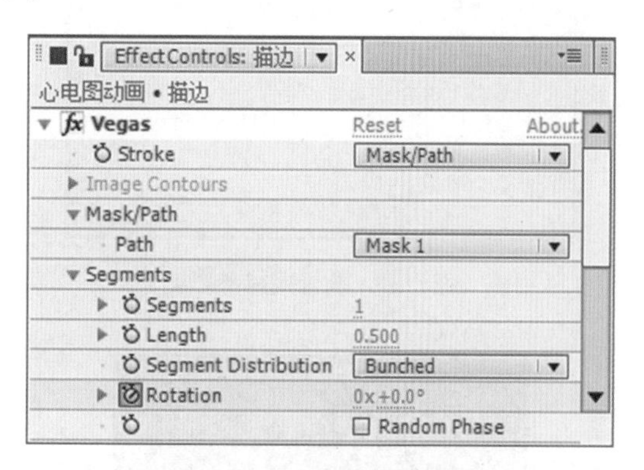

图 11.13 设置0秒关键帧

(12) 将时间调整到00:00:09:22帧的位置，设置Rotation(旋转)的值为323°，系统会自动设置关键帧，如图11.14所示。

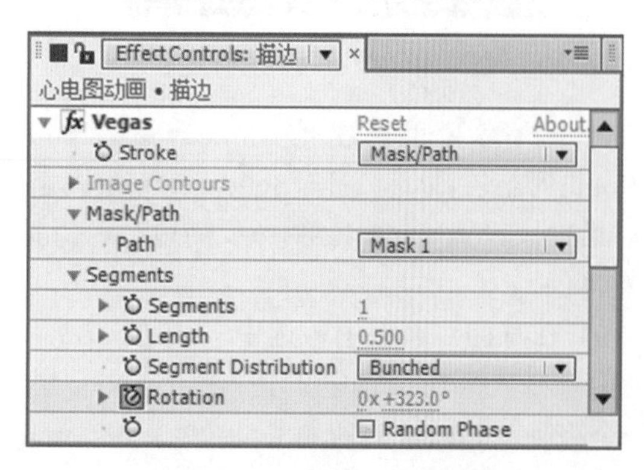

图11.14 设置9秒22帧关键帧

(13) 展开Rendering(渲染)选项组，从Blend Mode(混合模式)下拉列表框中选择Transparent(透明)选项，设置Color(颜色)为绿色(R：0；G：150；B：25)，Hardness(硬度)的值为0.14，Srart Opacity(开始点不透明度)的值为0，Mid-point Opacity(中间点不透明度)的值为1，Mid-point Position(中间点位置)的值为0.366，End Opacity(结束点不透明度)的值为1，如图11.15所示；合成窗口效果如图11.16所示。

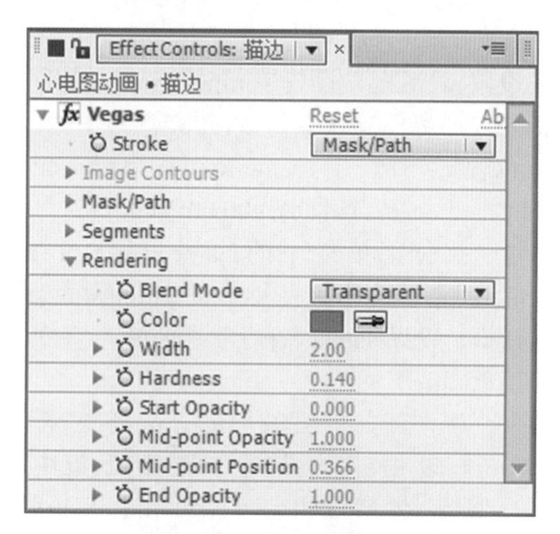

图11.15 设置勾画参数

图11.16 设置勾画参数后的效果

(14) 为“描边”层添加Glow(发光)特效。在Effects & Presets(效果和预置)面板中展开Stylize(风格化)特效组，然后双击Glow(发光)特效。

(15) 在Effect Controls(特效控制)面板中，修改Glow(发光)特效的参数，设置Glow Threshold(发光阈值)的值为43%，Glow Radius(发光半径)的值为13，Glow Intensity(发光强度)的值为1.5，从Glow Colors(发光色)下拉列表框中选择A & B Colors(A和B颜色)选项，Color A(颜色 A)为白色，Color B(颜色 B)为亮绿色(R：111；G：255；B：128)，如图11.17所示；合成窗口效果如图11.18所示。

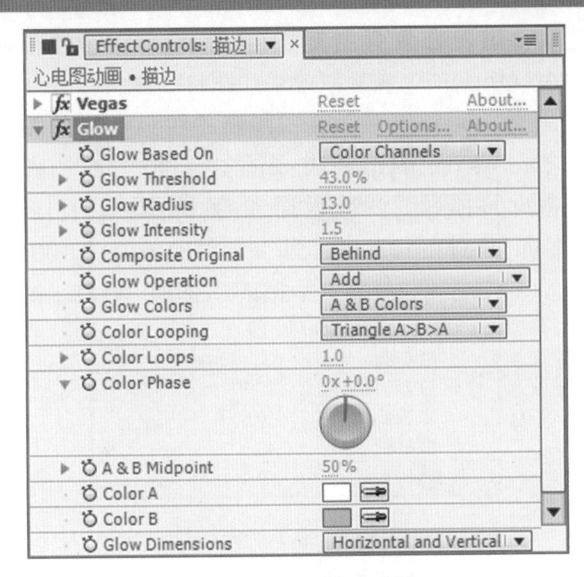

图11.17　设置发光参数

图11.18　设置发光后的效果

(16) 这样就完成了心电图效果的整体制作，按小键盘上的“0”键，即可在合成窗口中预览动画。

11.3　制作心形绘制

实例说明

本例主要讲解利用3D Stroke(3D笔触)特效制作心形绘制的效果，完成的动画流程画面如图11.19所示。

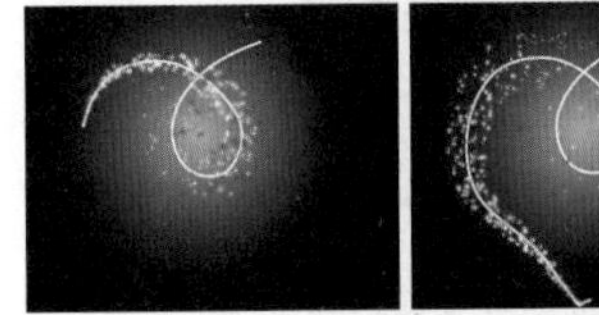 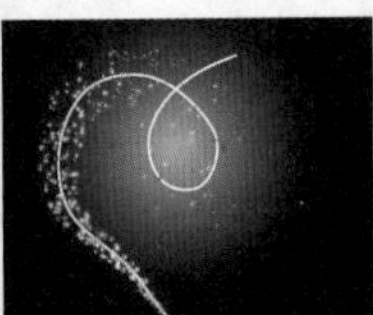 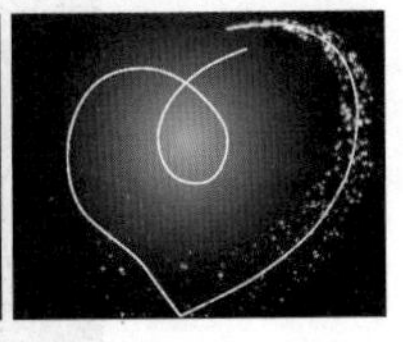

图11.19　动画流程画面

学习目标

1. 掌握3D Stroke(3D笔触)特效的使用。
2. 掌握Particular(粒子)特效的使用。
3. 掌握Glow(发光)特效的使用。
4. 掌握Curves(曲线)特效的使用。

操作步骤

(1) 执行菜单栏中的Composition(合成)| New Composition(新建合成)命令，打开Composition Settings(合成设置)对话框，设置Composition Name(合成名称)为“心形绘制”，Width(宽)为“720”，Height(高)为“576”，Frame Rate(帧率)为“25”，并设置Duration(持续时间)为00:00:05:00秒。

(2) 执行菜单栏中的Layer(层)|New(新建)|Solid(固态层)命令，打开Solid Settings(固态层设置)对话框，设置Name(名称)为“背景”，Color(颜色)为黑色。

(3) 为“背景”层添加Ramp(渐变)特效。在Effects & Presets(效果和预置)面板中展开Generate(创造)特效组，然后双击Ramp(渐变)特效。

(4) 在Effect Controls(特效控制)面板中，修改Ramp(渐变)特效的参数，设置Start of Ramp(渐变开始)的值为(360，242)，Start Color(开始色)为浅蓝色(R：0；G：192；B：255)，End Color(结束色)为黑色，从Ramp Shape(渐变形状)下拉列表框中选择Radial Ramp(放射渐变)选项，参数设置如图11.20所示；合成窗口效果如图11.21所示。

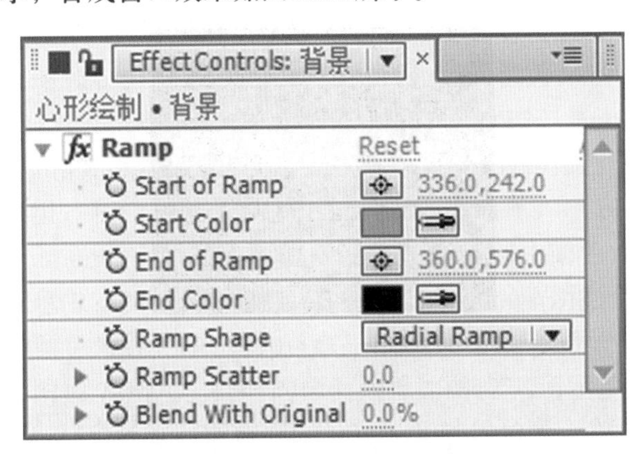

图11.20　设置渐变参数

图11.21　设置渐变后的效果

(5) 执行菜单栏中的Layer(层)|New(新建)|Solid(固态层)命令，打开Solid Settings(固态层设置)对话框，设置Name(名称)为“描边”，Color(颜色)为黑色，如图11.22所示。

(6) 选中“描边”层，在工具栏中选择Pen Tool(钢笔工具)，在文字层上绘制一个心形路径，如图11.23所示。

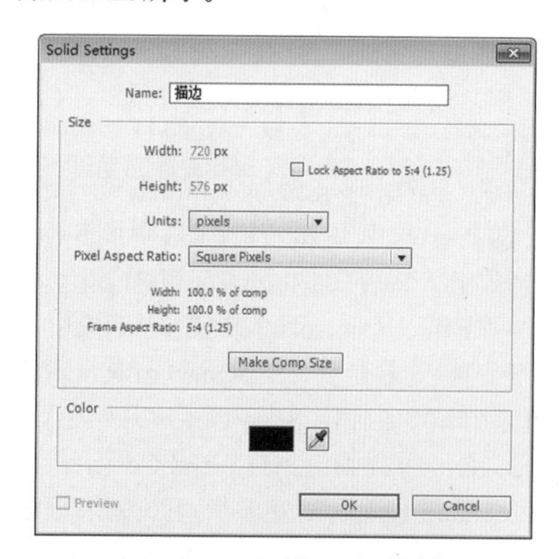

图11.22　“描边”固态层设置

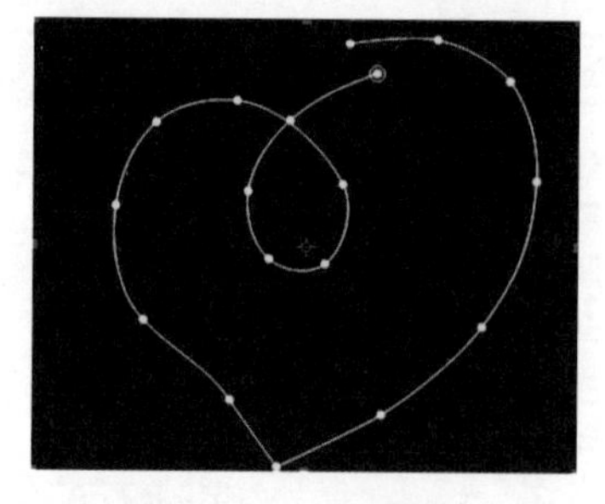

图11.23　绘制路径

(7) 选择“描边”层，在Effects & Presets(效果和预置)面板中展开Trapcode特效组，然后双击3D Stroke(3D笔触)特效。

(8) 将时间调整到00:00:00:00帧的位置，在Effect Controls(特效控制)面板中，修改3D Stroke(3D笔触)特效的参数，设置Thickness(厚度)的值为3，设置End(结束)的值为0，单击End(结束)左侧的码表按钮，在当前位置设置关键帧，如图11.24所示；合成窗口效果如图11.25所示。

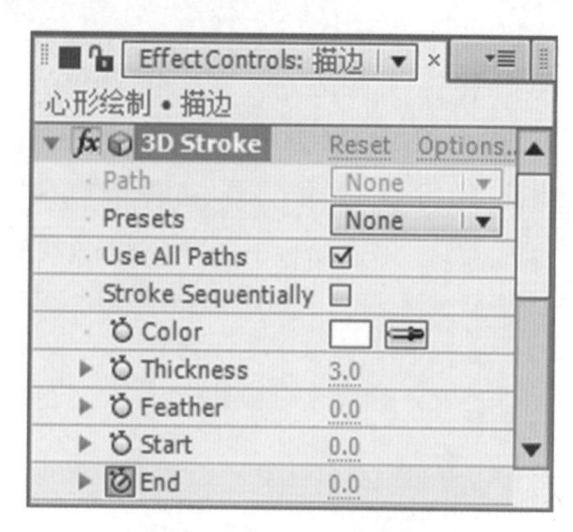

图11.24　设置0秒关键帧

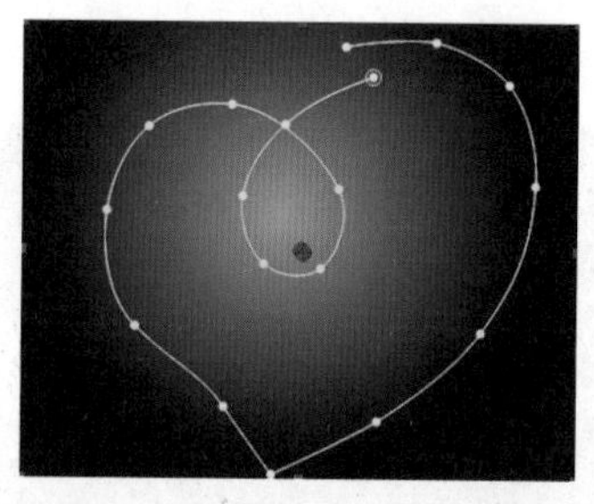

图11.25　设置0秒关键帧后的效果

(9) 将时间调整到00:00:04:24帧的位置，设置End(结束)的值为100，系统会自动设置关键帧，如图11.26所示；合成窗口效果如图11.27所示。

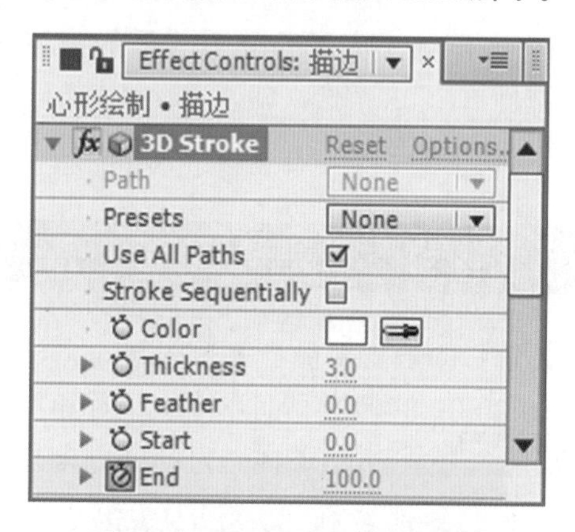

图11.26　设置4秒24帧关键帧参数

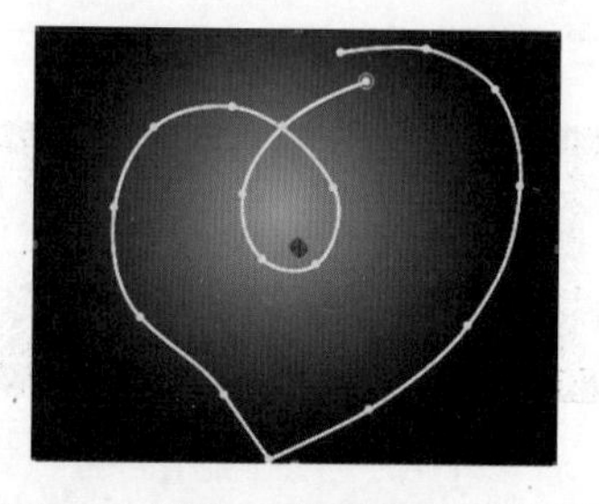

图11.27　设置3D笔触参数后的效果

(10) 执行菜单栏中的Layer(层)|New(新建)|Solid(固态层)命令，打开Solid Settings(固态层设置)对话框，设置Name(名称)为“粒子”，Color(颜色)为黑色。

(11) 选择“粒子”层，在Effects & Presets(效果和预置)面板中展开Trapcode特效组，然后双击Particular(粒子)特效。

(12) 在Effect Controls(特效控制)面板中，修改Particular(粒子)特效的参数，展开Emitter(发射器)选项组，设置Particles/sec(每秒发射粒子数)的值为200，Velocity(速率)的值为40，Velocity Random(速度随机)的值为0，Velocity Distribution(速度分布)的值为0，Velocity from Motion(运动速度)的值为0，如图11.28所示。

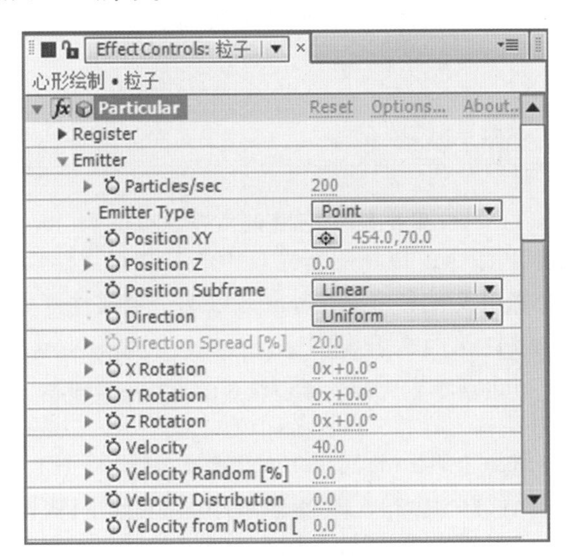

图11.28　设置发射器参数

(13) 选中“描边”层，按M键，展开Mask Path(蒙版形状)选项，选中Mask Path(蒙版形状)选项，按Ctrl+C组合键将其复制，如图11.29所示。

图11.29　复制蒙版路径

(14) 将时间调整到00:00:00:00帧的位置，选中“粒子”层，展开Effects(特效)| Particular(粒子)| Emitter(发射器)选项组，选中Position XY(X Y轴位置)选项，按Ctrl+V组合键将Mask Path(蒙版形状)粘贴到Position XY(X Y轴位置)选项上，如图11.30所示。

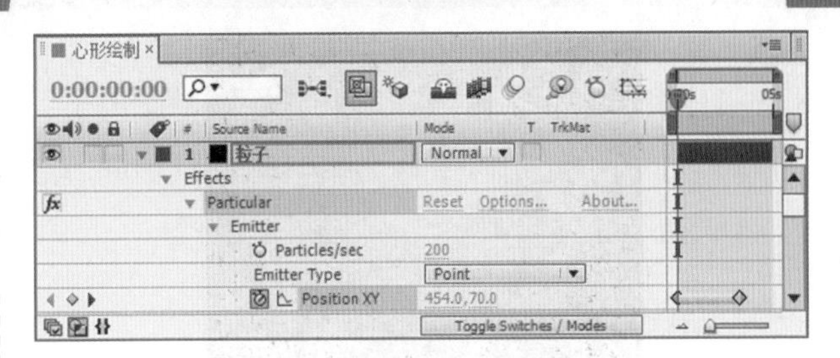

图11.30　粘贴到XY轴位置路径

(15) 选中“粒子”层最后一个关键帧拖动到00:00:04:24帧的位置，如图11.31所示。

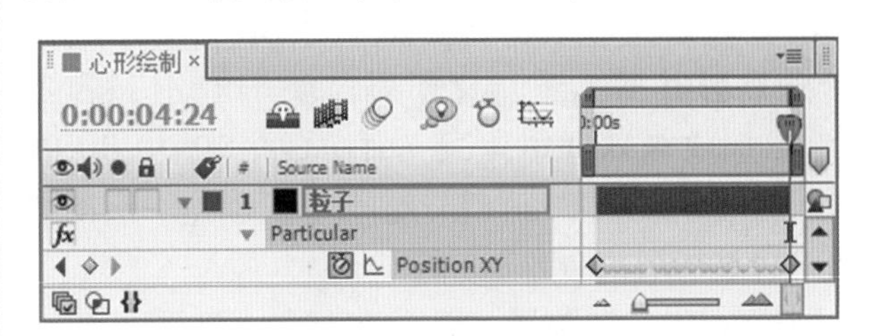

图11.31　拖动关键帧

(16) 展开Particle(粒子)选项组，设置Life(生命)的值为2.5，Size(尺寸)的值为2，展开Size over Life(生命期内大小变化)选项组，调整其形状；展开Opacity over Life(生命期内不透明度变化)选项组，调整其形状；Color Random(颜色随机)的值为62，如图11.32所示；合成窗口效果如图11.33所示。

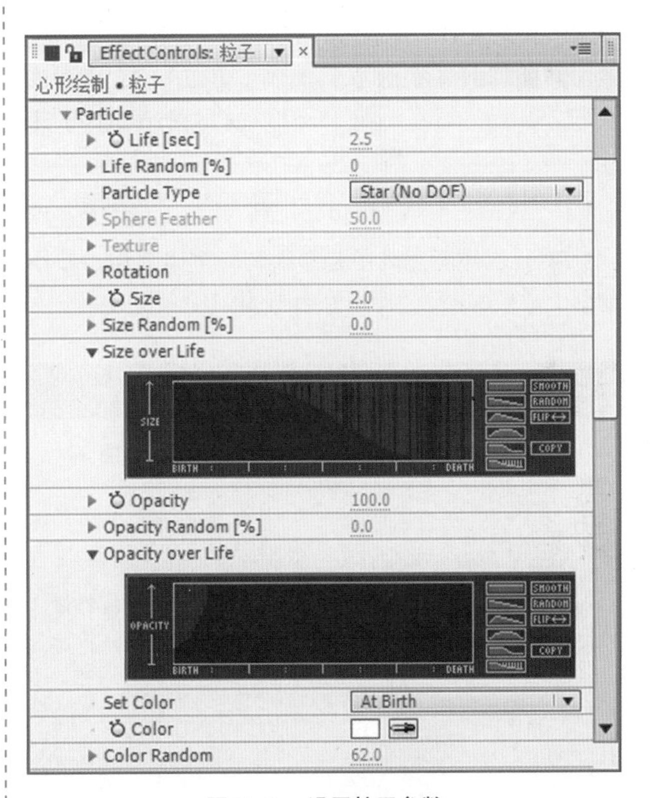

图11.32　设置粒子参数

图11.33　设置粒子后的效果

(17) 为“粒子”层添加Glow(发光)特效。在Effects & Presets(效果和预置)面板中展开Stylize(风格化)特效组，双击Glow(发光)特效。

(18) 执行菜单栏中的Layer(层)|New(新建)|Adjustment Layer(调节层)命令，创建一个调节层，将该图层重命名为“调节层”。

(19) 为“调节层”层添加Curves(曲线)特效。在Effects & Presets(效果和预置)面板中展开Color Correction(色彩校正)特效组，双击Curves(曲线)特效，如图11.34所示。

(20) 在Effect Controls(特效控制)面板中，修改Curves(曲线)特效的参数，如图11.35所示。

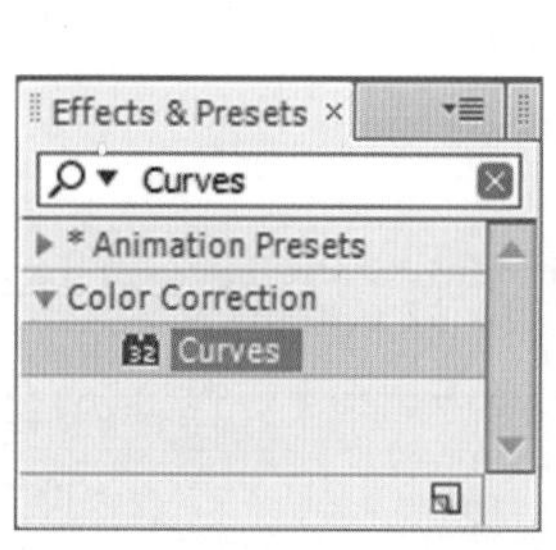

图11.34　添加曲线设置

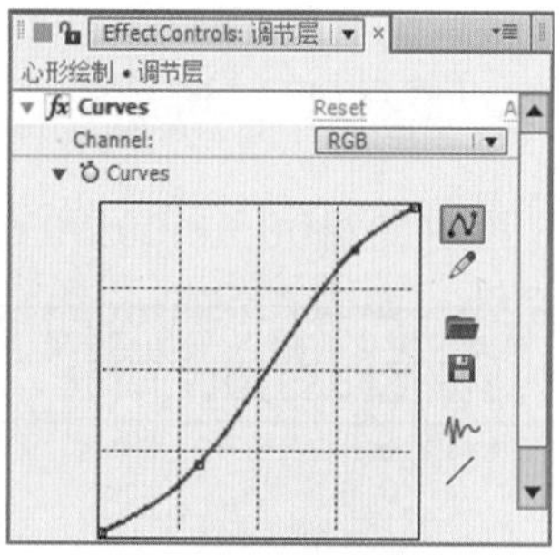

图11.35　设置曲线

(21) 这样就完成了心形绘制的整体制作，按小键盘上的“0”键，即可在合成窗口中预览动画。

11.4　炫彩精灵

实例说明

本例主要讲解利用Particular(粒子)特效制作炫彩精灵的效果，完成的动画流程画面如图11.36所示。

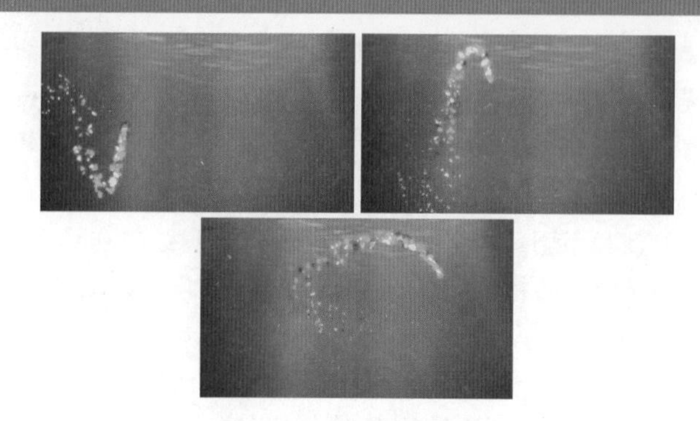

图11.36　动画流程画面

学习目标

1. 学习Particular(粒子)特效的使用。
2. 学习Curves(曲线)特效的使用。
3. 学习Glow(发光)特效的使用。

操作步骤

(1) 执行菜单栏中的File(文件)|Open Project(打开项目)命令，选择配套光盘中的“工程文件\第11章\炫彩精灵\炫彩精灵练习.aep”文件，将文件打开。

(2) 执行菜单栏中的Layer(图层)|New(新建)|Solid(固态层)命令，打开Solid Settings(固态层设置)对话框，设置Name(名称)为“粒子”，Color(颜色)为黑色。

(3) 为“粒子”层添加Particular(粒子)特效。在Effects & Presets(效果和预置)中展开(Trapcode)特效组，然后双击Particular(粒子)特效，如图11.37所示，合成窗口效果如图11.38所示。

图11.37　添加特效

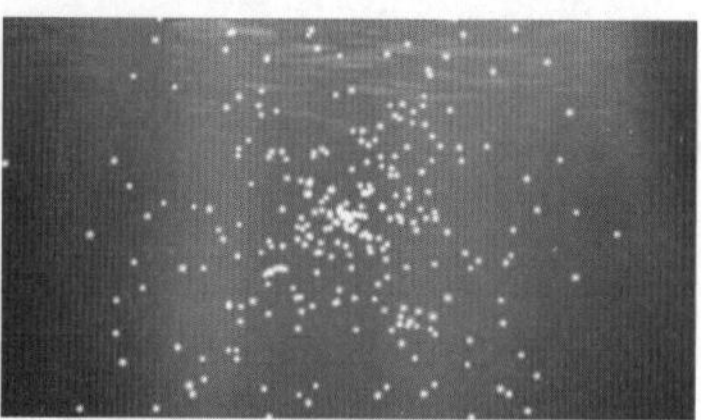

图11.38　添加粒子后的效果

(4) 在Effect Controls(特效控制)面板中，修改Particular(粒子)特效的参数，展开Emitter(发射器)选项组，设置Particles/sec(每秒发射粒子数)的值为110，Velocity(速度)的值30，Velocity Random(速度随机)的值为2，Velocity form Motion(运行速度)的值为20，如图11.39所示。

(5) 展开Particular(粒子)选项组，设置Life(生命)的值为2，Life Random(生命随机)的值为5，从Particle Type(粒子类型)右侧下拉菜单中选择Cloudlet(云)选项，Cloudlet Feather(云形羽化)的值为50；展开Size over Life和Opacity over Life选项，从Set Color(设置颜色)右侧的下拉列表框中选择Random from Gradient(渐变随机)，如图11.40所示。

(6) 执行菜单栏中的Layer(图层)|New(新建)|Solid(固态层)命令，打开Solid Settings(固态层设置)对话框，设置Name(名称)为“路径”，Color(颜色)为黑色。

(7) 选中“路径”层，在工具栏中选择Pen Tool(钢笔工具)，在“路径”层上绘制一条路径，如图11.41所示。

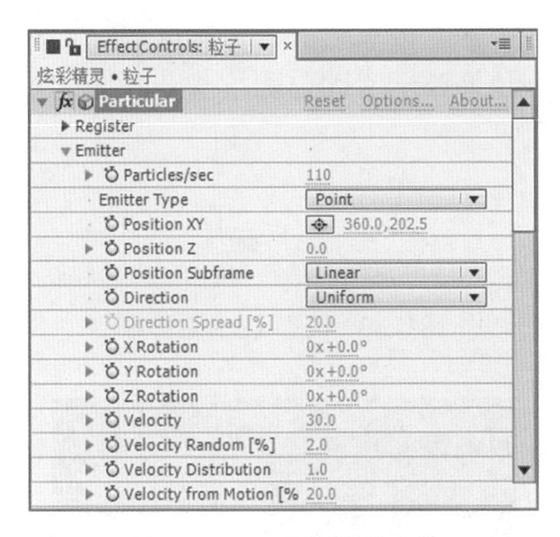

图11.39　设置发射器参数

(8) 单击“路径”层显示与隐藏按钮，在时间线面板中，选中“路径”层，按M键，展开Mask 1(遮罩 1)选项，选中Mask Path(遮罩形状)选项，按Ctrl+C组合键，将其复制，如图11.42所示。

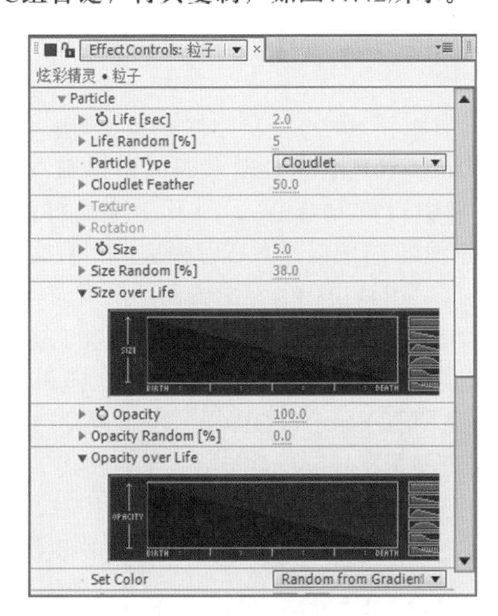

图11.40　设置粒子参数

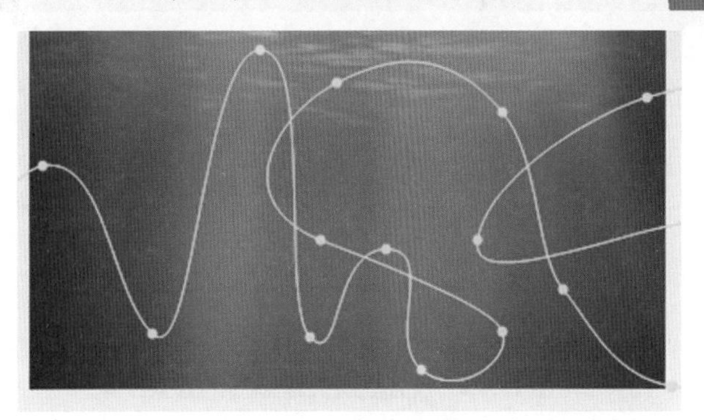

图11.41　设置路径

图11.42　复制路径

(9) 将时间调整到00:00:00:00帧的位置，在时间线面板中，展开“粒子”|Effects(特效)|Particular(粒子)| Emitter(发射器)选项，选中Position XY(XY轴位置)选项，按Ctrl+V组合键，将Mask Path(遮罩形状)粘贴到PositionXY(XY轴位置)选项上，如图11.43所示。

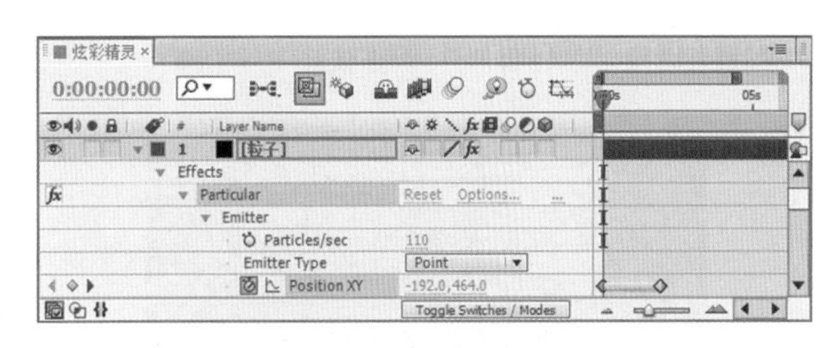

图11.43　粘贴关键帧

(10) 将时间调整到00:00:07:24帧的位置，选中“粒子”层最后一个关键帧拖动到当前帧的位置，如图11.44所示，合成窗口效果如图11.45所示。

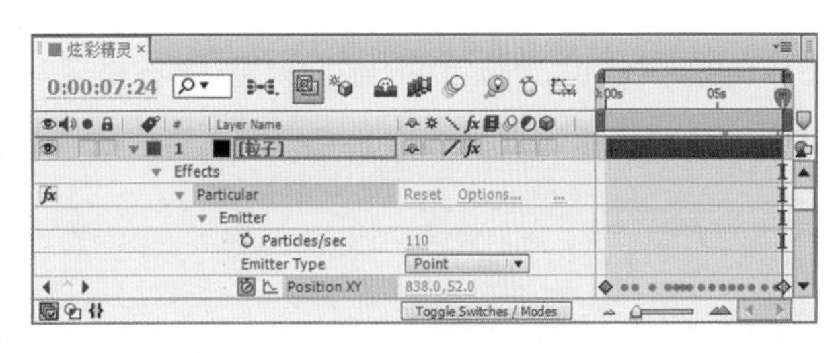

图11.44　拖动关键帧

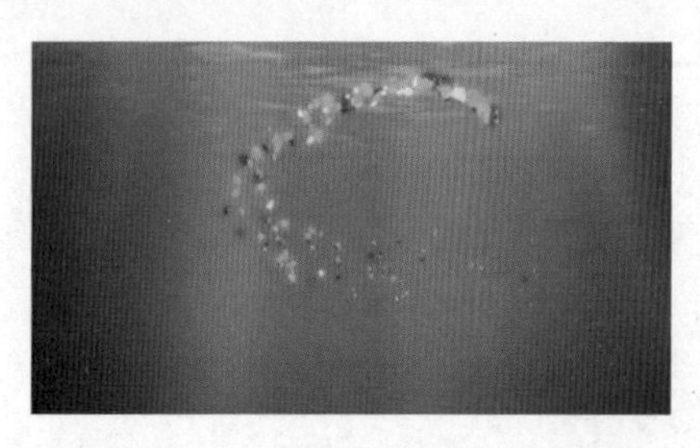

图11.45　设置复制关键帧后的效果

(11) 为“粒子”层添加Curves(曲线)特效。在Effects & Presets(效果和预置)面板中展开Color Correction(色彩校正)特效组，然后双击Curves(曲线)特效。

(12) 在Effects & Presets(特效控制)面板中，修改Curves(曲线)特效的参数，如图11.46所示，合成窗口效果如图11.47所示。

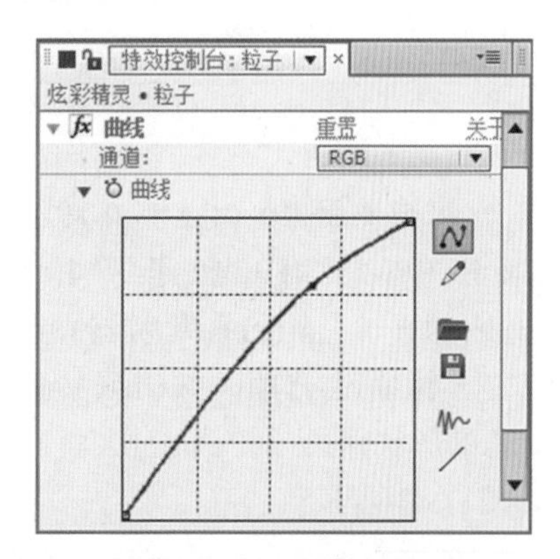

图11.46　调整曲线

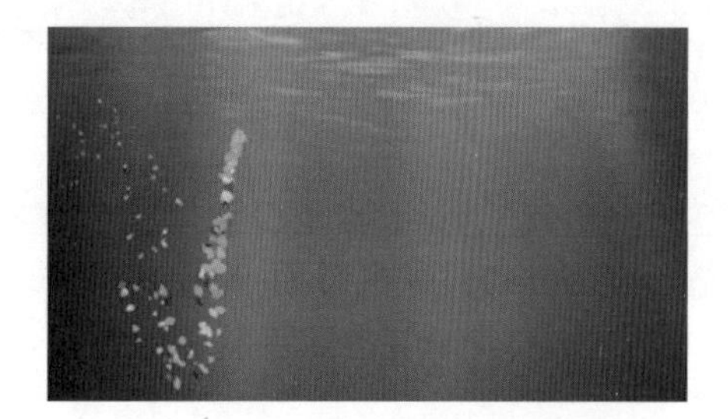

图11.47　调整曲线后的效果

(13) 为“粒子”层添加Glow(发光)特效。在Effects & Presets(效果和预置)面板中展开Stylize(风格化)特效组，然后双击Glow(发光)特效。

(14) 在Effect Controls(特效控制)面板中，修改Glow(发光)特效的参数，如图11.48所示，合成窗口效果如图11.49所示。

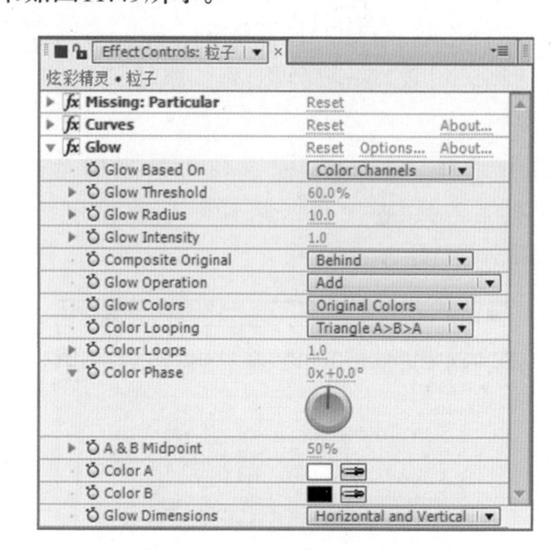

图11.48　设置【发光】参数

图11.49　设置【发光】后效果

(15) 这样就完成了炫彩精灵的整体制作，按小键盘上的“0”键，即可在合成窗口中预览动画。

AE

第12章

主题宣传片头艺术表现

内容摘要

本章主要针对主题宣传片头艺术制作的案例，通过添加Hue/Saturation(色相/饱和度)、Color Key(色彩键)、Shine(光)特效，制作出流动的烟雾、胶片字以及发光体等影视效果。

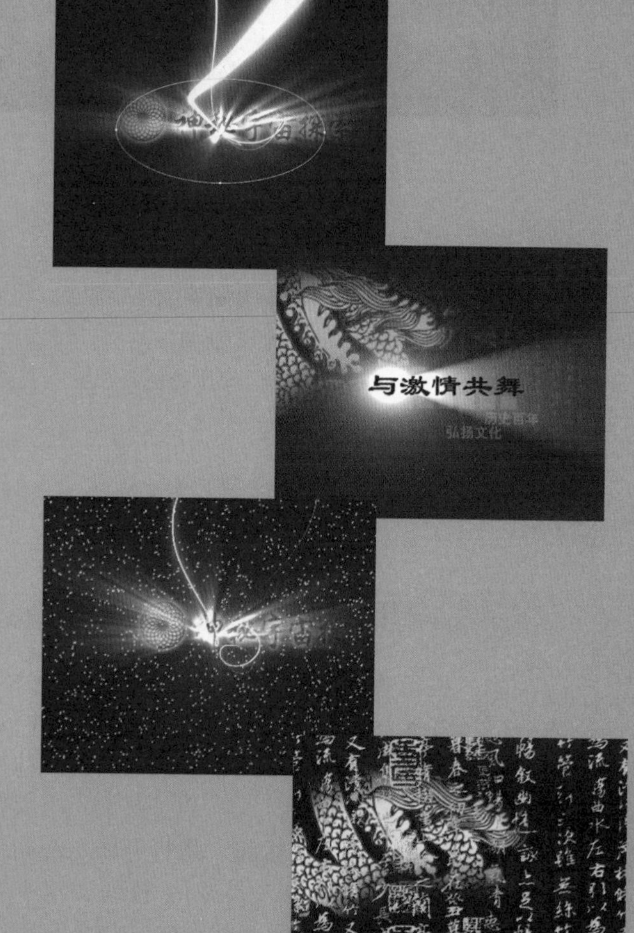

教学目标

- 了解固态层的使用。
- 学习Hue/Saturation(色相/饱和度)特效的使用方法。
- 学习Color Key(色彩键)的使用方法。
- 学习3D笔触特效的使用方法。

12.1 电视频道包装——神秘宇宙探索

实例说明

“变幻发光字”是一个有关探索类节目的栏目片头，本例的制作主要应用了Trapcode为After Effects生产的光、3D笔触、星光和粒子插件组合。通过这些插件的运用，制作出了发光字体，带有光晕的流动线条以及辐射状的粒子效果，为读者展示了一个融合有Trapcode强大魅力的探索类节目片头。动画流程如图12.1所示。

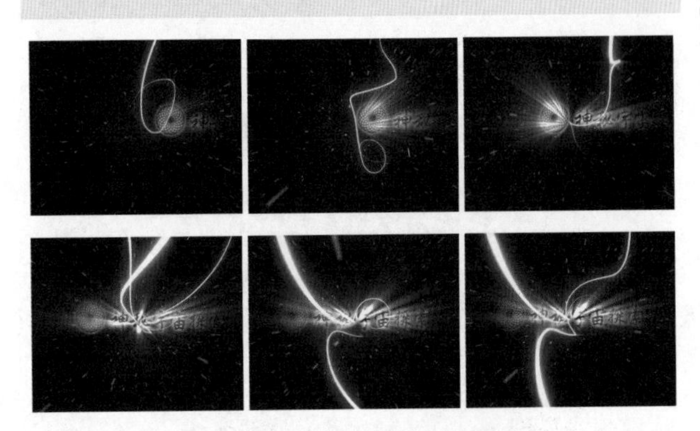

图12.1 神秘宇宙探索动画流程

学习目标

1. 学习Glow(发光)特效的使用。
2. 学习层Mode(模式)的使用。
3. 学习Starglow(星光)特效的使用。

操作步骤

12.1.1 制作文字运动效果

(1) 执行菜单栏中的File(文件)| Import(导入)| File(文件)命令，打开Import File(导入文件)对话框，选择配套光盘中的“工程文件\第12章\神秘宇宙探索\Logo.psd”素材。

(2) 单击【打开】按钮，将打开Logo.psd对话框，在Import Kind(导入类型)下拉列表框中选择Composition(合成)选项，将素材以合成的方式导入，单击OK(确定)按钮，素材将导入Project(项目)面板中。

(3) 在Project(项目)面板中选择“Logo”合成，如图12.2所示。按Ctrl + K组合键，打开Composition Settings(合成设置)对话框，设置Duration(持续时间)为00:00:10:00秒，如图12.3所示。

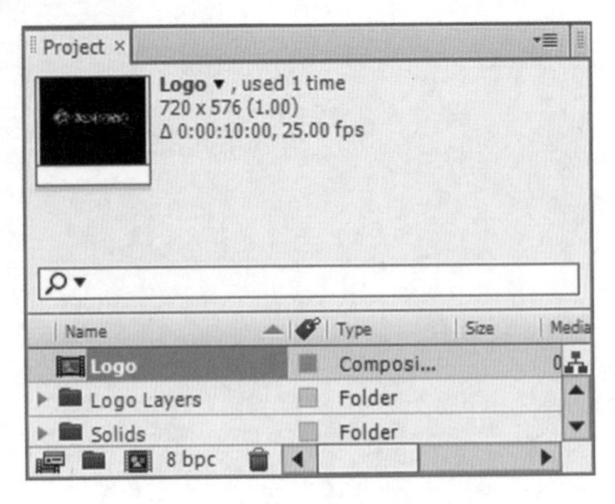

图12.2 选择“Logo”合成

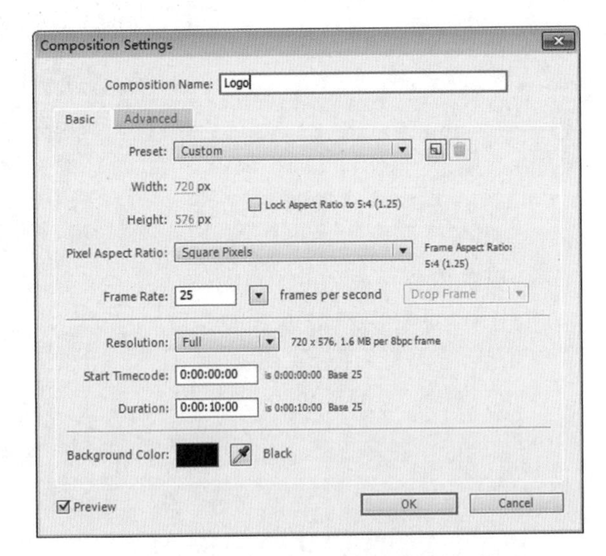

图12.3 设置“Logo”合成的持续时间

(4) 打开“Logo”合成的Timeline(时间线)面板，选择“Logo”层，在Effects & Presets(效果和预置)面板中展开Stylize(风格化)特效组，然后双击Glow(发光)特效，如图12.4所示。

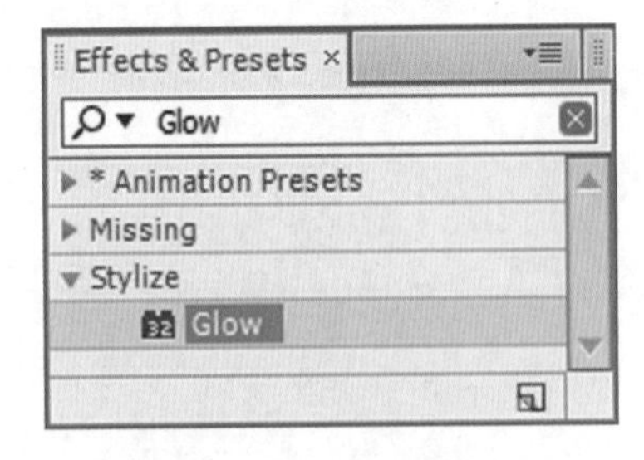

图12.4 添加Glow(发光)特效

(5) 在Effect Controls(特效控制)面板中，从Glow Based On(发光基于)下拉列表框中选择Alpha Channel(Alpha通道)，设置Glow Threshold(发光阈值)的值为65%，Glow Radius(发光半径)的值为23，

Glow Intensity(发光强度)的值为5.2，在Composite Original(合成原始图像)下拉列表框中选择On Top(在上面)，Glow Colors(发光色)下拉列表框中选择A & B Color(A和B颜色)，参数设置如图12.5所示。

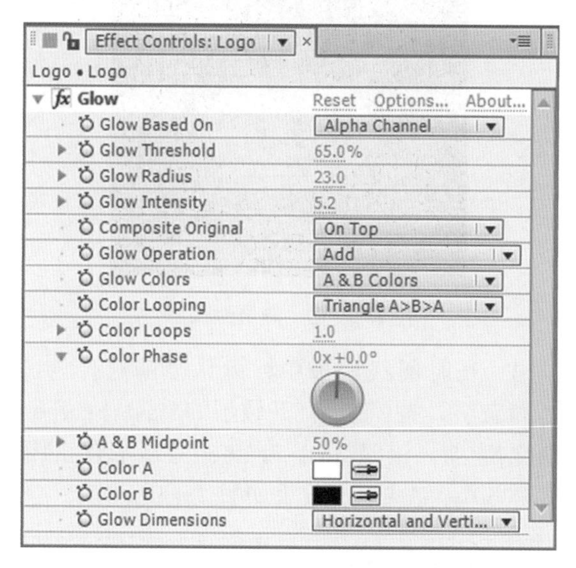

图12.5 Glow(发光)特效的参数设置

(6) 设置完成Glow(发光)特效后，合成窗口中的画面效果如图12.6所示。在“Logo”层的Effect Controls(特效控制)面板中，复制Glow(发光)特效，然后将其粘贴到“神秘宇宙探索”层，此时的画面效果如图12.7所示。

(7) 将时间调整到00:00:00:00帧的位置，选择“Logo”层，然后单击其左侧的灰色三角形▼按钮，展开Transform(变换)的属性设置选项组，设置Anchor Point(定位点)的值为(149，266)，Position(位置)的值为(149，266)，然后单击Rotation(旋转)左侧的码表⏱按钮，在当前位置设置关键帧，并修改Rotation(旋转)的值为2x +0.0，如图12.8所示。

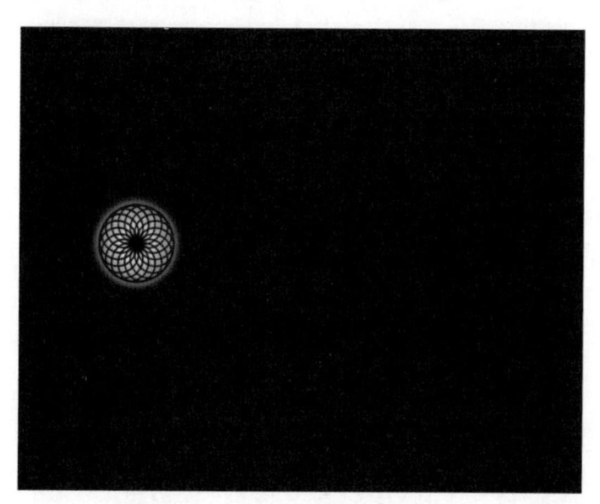

图12.6 添加Glow(发光)特效后的“Logo”效果

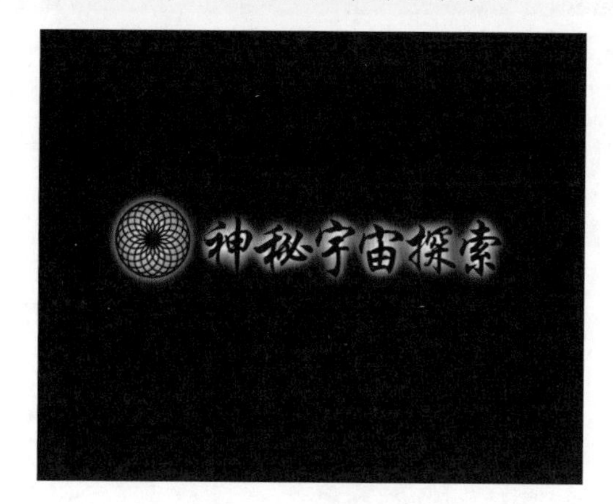

图12.7 文字效果

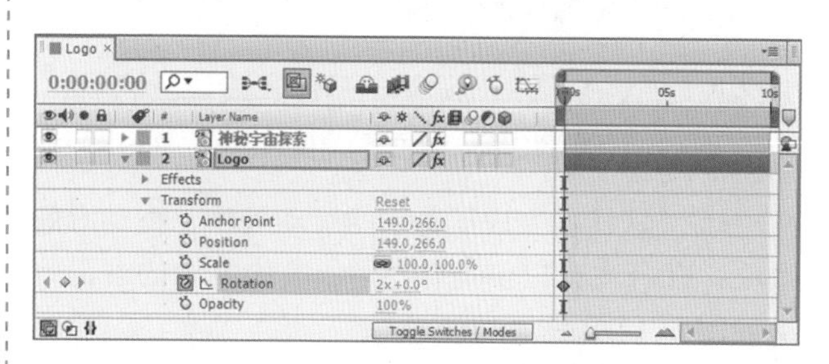

图12.8 在当前位置设置关键帧

(8) 将时间调整到00:00:09:24帧的位置，修改Rotation(旋转)的值为0，如图12.9所示。

(9) 执行菜单栏中的Composition(合成)| New Composition(新建合成)命令，打开Composition Settings(合成设置)对话框，设置Composition Name(合成名称)为“运动的文字”，Width(宽)为“720”，Height(高)为“576”，Frame Rate(帧率)为“25”，并设置Duration(持续时间)为00:00:10:00秒，单击OK(确定)按钮，在Project(项目)面板中将会创建一个名为“运动的文字”的合成。

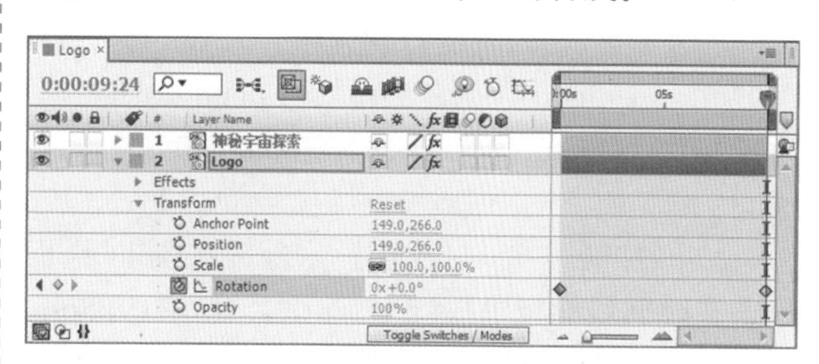

图12.9 修改Rotation(旋转)的值为0

(10) 在Project(项目)面板中，选择“Logo”合成，将其拖动到时间线面板中。将时间调整到00:00:07:00帧的位置，按P键，打开该层的Position(位置)选项，然后单击Position(位置)左侧的码表⏱按钮，在当前位置设置关键帧，如图12.10所示。

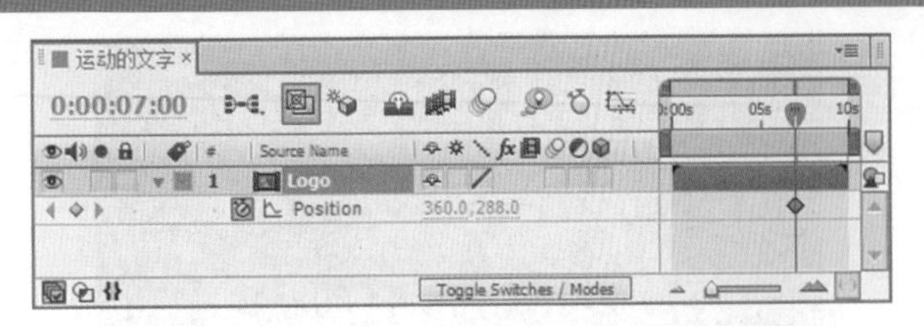

图12.10　在00:00:07:00帧的位置设置关键帧

(11) 将时间调整到00:00:00:00帧的位置，设置Position(位置)的值为(767，288)，如图12.11所示。

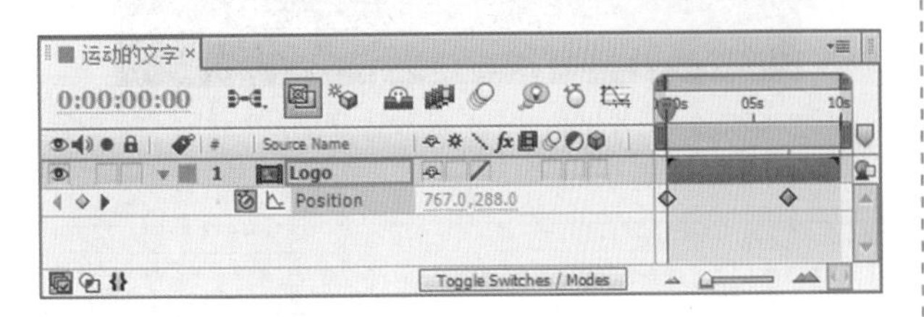

图12.11　设置Position(位置)的值为(767，288)

(12) 这样就完成了文字的运动效果，拖动时间滑块，在合成窗口中观看动画，其中几帧的画面效果如图12.12所示。

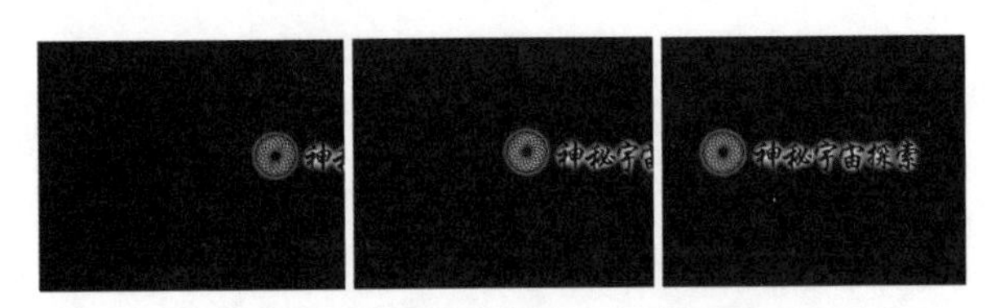
图12.12　其中几帧的画面效果

12.1.2　制作发光字

(1) 执行菜单栏中的Composition(合成)| New Composition(新建合成)命令，打开Composition Settings(合成设置)对话框，新建一个Composition Name(合成名称)为“变幻发光字”，Width(宽)为“720”，Height(高)为“576”，Frame Rate(帧率)为“25”，Duration(持续时间)为00:00:10:00秒的合成。

(2) 打开“变幻发光字”合成的时间线面板，在时间线面板中按Ctrl + Y组合键，打开Solid Settings(固态层设置)对话框，设置Name(名称)为“背景”，Color(颜色)为蓝色(R：0；G：66；B：134)，如图12.13所示。

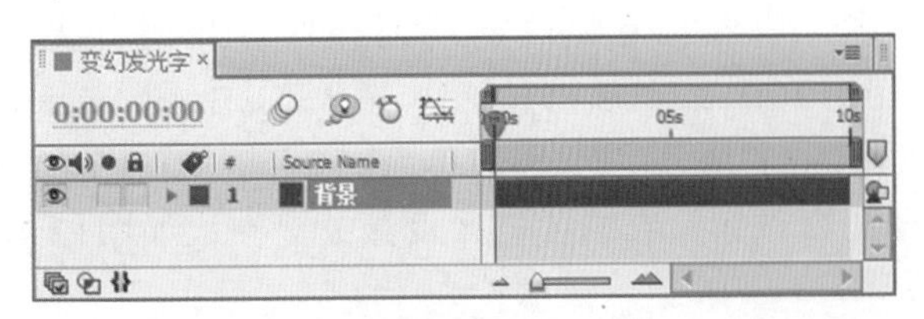

图12.13　新建“背景”固态层

(3) 选择“背景”固态层，单击工具栏中的Ellipse Tool(椭圆工具)按钮，在“变幻发光字”合成窗口中心绘制一个椭圆，如图12.14所示。

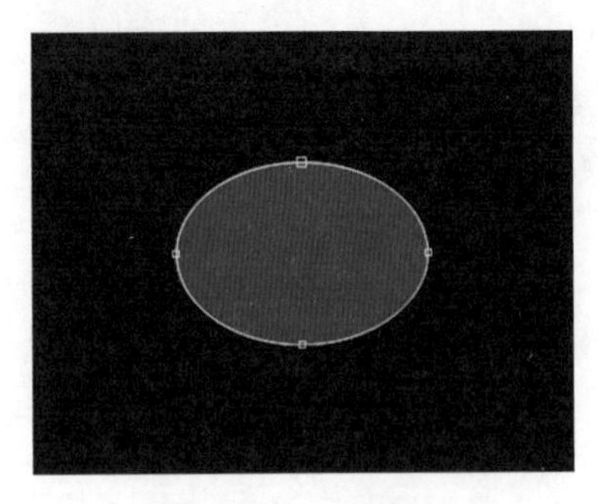
图12.14　绘制椭圆

(4) 在时间线面板中，确认当前选择为“背景”固态层，按F键，打开该层的Mask Feather(蒙版羽化)选项，设置Mask Feather(蒙版羽化)的值为(360，360)，完成后的效果如图12.15所示。

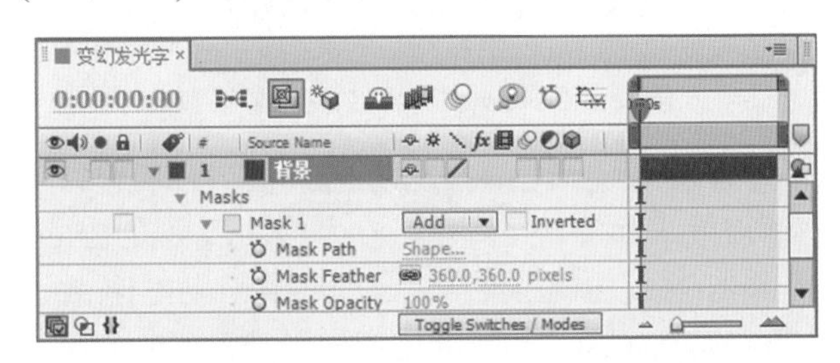

图12.15　设置Mask Feather(蒙版羽化)的值为(360，360)

(5) 在Project(项目)面板中，选择“运动的文字”合成，将其拖动到“变幻发光字”合成的时间线面板的顶层，如图12.16所示。

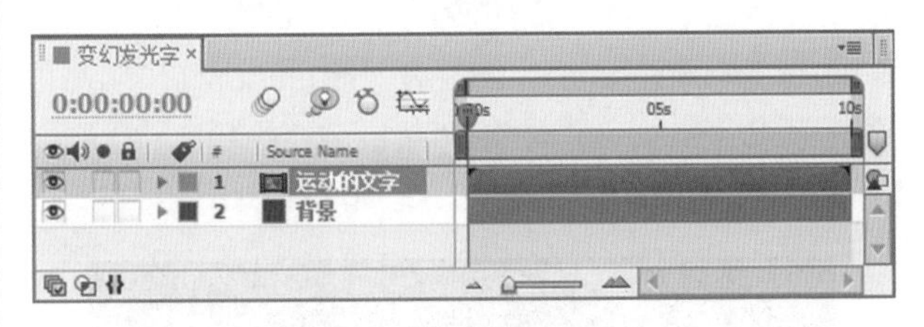

图12.16　添加合成素材

(6) 在“变幻发光字”合成的时间线面板中，选择“运动的文字”合成层，在Effects & Presets(效果和预置)面板中展开Trapcode特效组，然后双击Shine(光)特效。

(7) 在Effect Controls(特效控制)面板中，展开Pre-Process(预设)选项组，选中Use Mask(使用蒙版)复选框，设置Mask Radius(蒙版半径)的值为150，Mask Feather(蒙版羽化)的值为95，Ray Length(光线长度)的值为8；Boost Light(光线亮度)的值为8；展开Colorize(着色)选项组，在Colorize(着色)下拉列表框中选择3 – Color Gradient(三色渐变)选项，设置Midtones(中间色)为蓝色(R：40；G：180；B：255)，Shadows(阴影色)为深蓝色(R：30；G：120；B：165)，参数设置如图12.17所示。其中一帧的画面效果如图12.18所示。

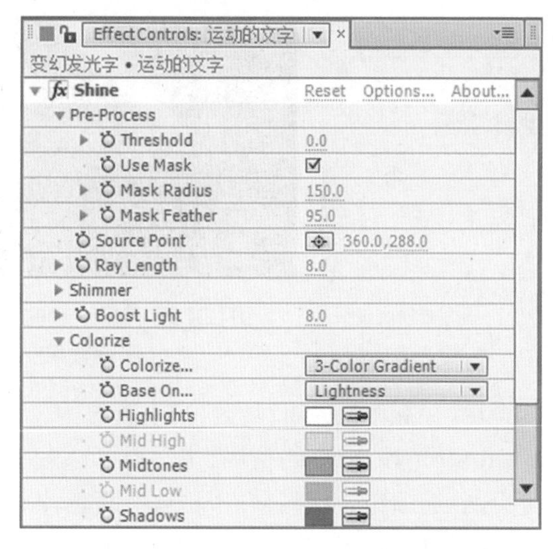

图12.17　Shine(光)特效的参数设置

图12.18　其中一帧的画面效果

12.1.3　制作绚丽光线效果

(1) 在“变幻发光字”合成的时间线面板中，按Ctrl + Y组合键，新建一个名为“光线”，Color(颜色)为黑色的固态层，如图12.19所示。

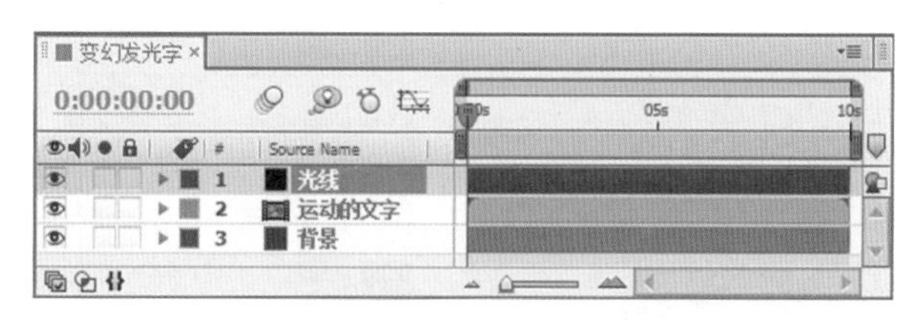

图12.19　新建固态层

(2) 在Timeline(时间线)面板中，选择“光线”固态层，单击工具栏中的Pen Tool(钢笔工具)按钮，在“变幻发光字”合成窗口中绘制一个如图12.20所示的路径。

(3) 为“光线”固态层添加3D Stroke(3D笔触)特效。在Effects & Presets(效果和预置)面板中展开Trapcode特效组，然后双击3D Stroke(3D笔触)特效，添加后的默认效果如图12.21所示。

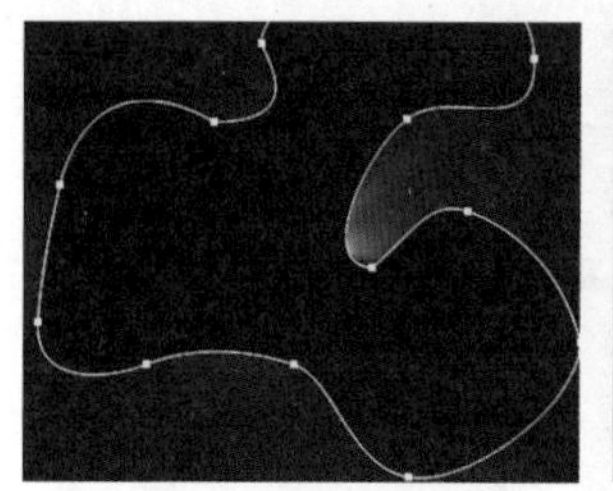
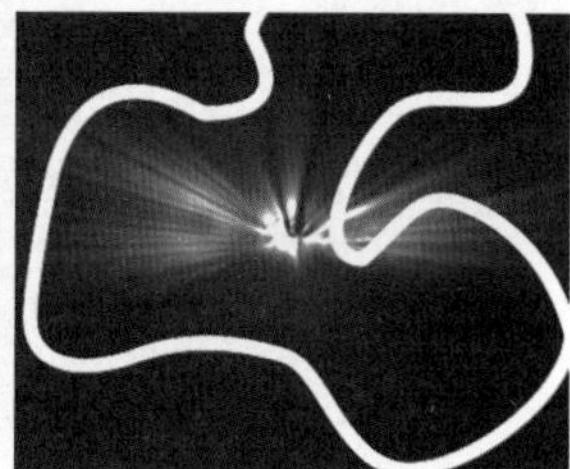

图12.20　绘制路径　图12.21　添加后的默认效果

(4) 将时间调整到00:00:00:00帧的位置，在Effect Controls(特效控制)面板中，设置Color(颜色)为浅蓝色(R：186；G：225；B：255)，Thickness(厚度)的值为2，End(结束)的值为50，单击Offset(偏移)左侧的码表按钮，在当前位置设置关键帧，选中Loop(循环)复选框，参数设置如图12.22所示。设置后的画面效果如图12.23所示。

Effect Controls: 光线
变幻发光字 • 光线
3D Stroke　Reset　Options...
Path　None
Presets　None
Use All Paths
Stroke Sequentially
Color
Thickness　2.0
Feather　0.0
Start　0.0
End　50.0
Offset　0.0
Loop

图12.22　3D Stroke参数设置1

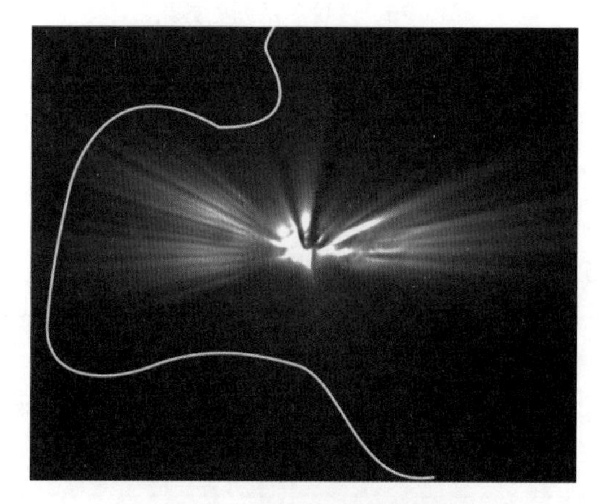

图12.23　设置后的画面效果1

(5) 展开Taper(锥形)选项组，选中Enable(启用)复选框；展开Transform(变换)选项组，设置Bend(弯曲)的值为4.6，单击Bend Axis(弯曲轴)左侧的码表按钮，在00:00:00:00帧的位置设置关键帧；设置Z Position(Z轴位置)的值为-50，X Rotation(X轴旋转)的值为-5°，Y Rotation(Y轴旋转)的值为100°，Z Rotation(Z轴旋转)的值为30°，参数设置如图12.24所示。设置完成后的画面效果如图12.25所示。

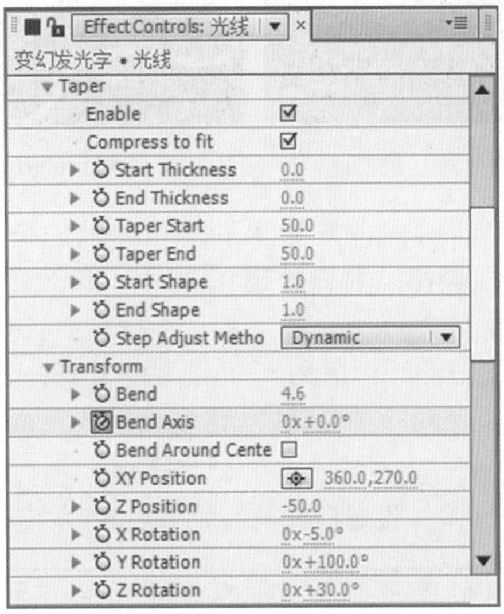

Effect Controls: 光线
变幻发光字 • 光线
Taper
Enable ☑
Compress to fit ☑
Start Thickness 0.0
End Thickness 0.0
Taper Start 50.0
Taper End 50.0
Start Shape 1.0
End Shape 1.0
Step Adjust Metho Dynamic
Transform
Bend 4.6
Bend Axis 0x+0.0°
Bend Around Cente ☐
XY Position 360.0,270.0
Z Position -50.0
X Rotation 0x-5.0°
Y Rotation 0x+100.0°
Z Rotation 0x+30.0°

图12.24　3D Stroke参数设置2

图12.25　设置后的画面效果2

(6) 确认当前选择为“光线”固态层，按U键，打开该层的所有关键帧，然后将时间调整到00:00:08:00帧的位置，设置Offset(偏移)的值为340，Bend Axis(弯曲轴)的值为70°，系统将在当前位置自动创建关键帧，如图12.26所示。

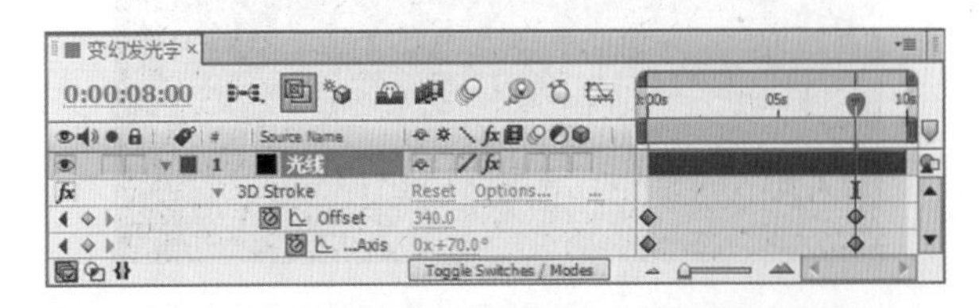

图12.26　在00:00:08:00帧的位置修改参数

(7) 为“光线”固态层添加Starglow(星光)特效。在Effects & Presets(效果和预置)面板中展开Trapcode特效组，然后双击Starglow(星光)特效，如图12.27所示。其中一帧的画面效果如图12.28所示。

图12.27　添加Starglow(星光)特效

图12.28　其中一帧的画面效果

(8) 在Effect Controls(特效控制)面板中，设置Boost Light(光线亮度)的值为0.6，展开Colormap A(颜色图A)选项组，设置Midtones(中间色)为蓝色(R：40；G：180；B：255)，Shadows(阴影色)为天蓝色(R：40；G：120；B：255)；展开Colormap B(颜色图B)选项组，设置Midtones(中间色)为浅紫色(R：136；G：79；B：255)，Shadows(阴影色)为深紫色(R：85；G：0；B：222)，参数设置如图12.29所示。其中一帧的画面效果如图12.30所示。

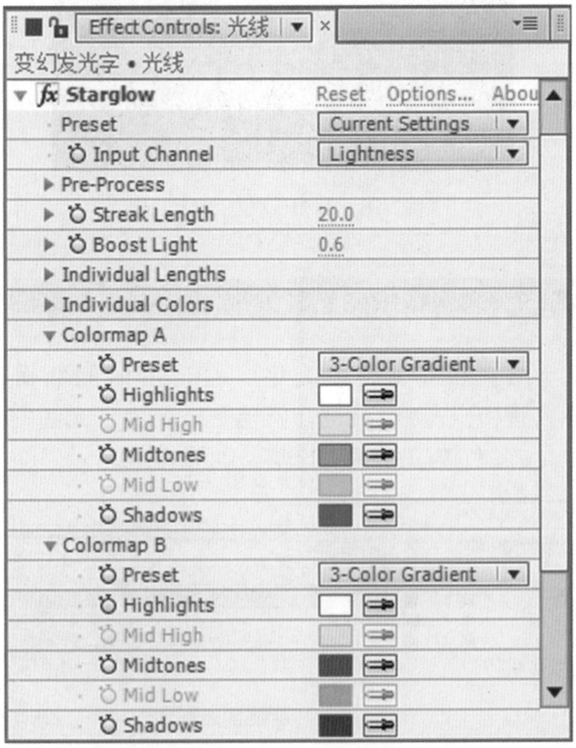

Effect Controls: 光线
变幻发光字 • 光线
Starglow Reset Options... Abou
Preset Current Settings
Input Channel Lightness
Pre-Process
Streak Length 20.0
Boost Light 0.6
Individual Lengths
Individual Colors
Colormap A
Preset 3-Color Gradient
Highlights
Mid High
Midtones
Mid Low
Shadows
Colormap B
Preset 3-Color Gradient
Highlights
Mid High
Midtones
Mid Low
Shadows

图12.29　Starglow(星光)的参数设置

图12.30　其中一帧的画面效果

12.1.4　制作粒子辐射效果

(1) 在Project(项目)面板中选择“运动的文字”合成，将其拖动到“变幻发光字”合成的时间线面板的顶层，然后将其重命名为“运动的文字1”，并将“运动的文字1”和“光线”固态层的Mode(模式)修改为Screen(屏幕)，如图12.31所示。

图12.31　修改图层的模式

(2) 选择 “运动的文字1”合成层，单击工具栏中的Ellipse Tool(椭圆工具)按钮，在“变幻发光字”合成窗口中单击的同时按住Ctrl键，从合成的中心绘制一个椭圆，完成后的效果如图12.32所示。然后按F键，打开该层的Mask Feather(蒙版羽化)选项，设置Mask Feather(蒙版羽化)的值为(150，150)，完成后的画面效果如图12.33所示。

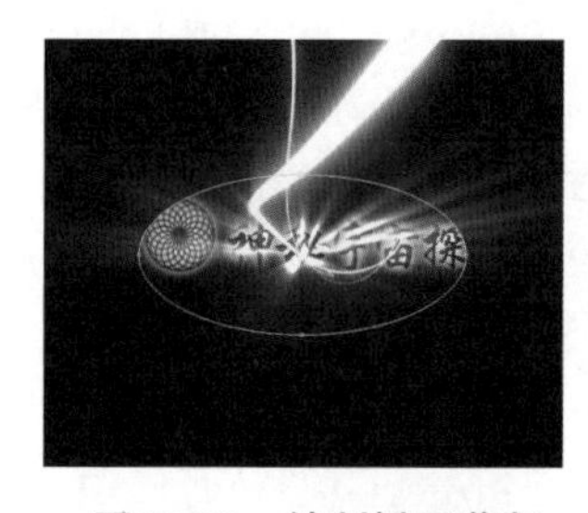

图12.32　绘制椭圆蒙版

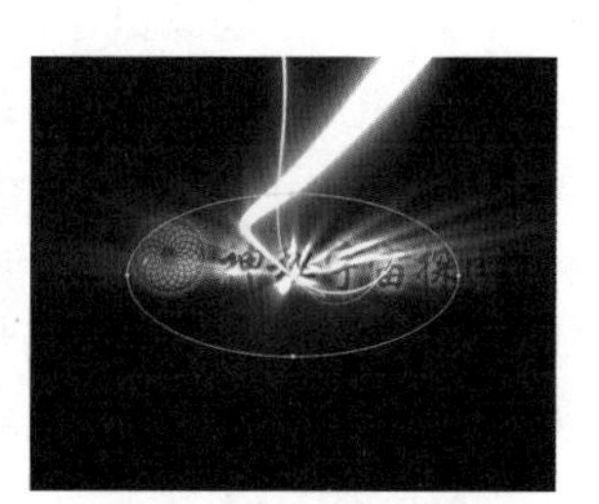

图12.33　设置羽化值

技巧

使用Ellipse Tool(椭圆工具)绘制圆形时，拖动鼠标指针同时按住Shift键，可以绘制正圆形；拖动鼠标指针同时按住Shift + Ctrl组合键，可以从中心绘制正圆形。

(3) 新建“粒子”固态层。在“变幻发光字”合成的时间线面板中，按Ctrl + Y组合键，新建一个名为“粒子”，Color(颜色)为黑色的固态层。

(4) 选择“粒子”固态层，在Effects & Presets(效果和预置)面板中展开Trapcode特效组，然后双击Particular(粒子)特效。

(5) 在Effect Controls(特效控制)面板中，展开Emitter(发射器)选项组，设置Particles/sec(每秒发射的粒子数量)为400，从Emitter Type(发射器类型)下拉列表框中选择Box(盒子)，Position Z(位置)数值为891，Velocity(速率)为0，Emitter Size X(发射器X轴缩放)数值为1353，Emitter Size Y(发射器Y轴缩放)数值为1067，如图12.34所示。此时其中一帧的画面效果如图12.35所示。

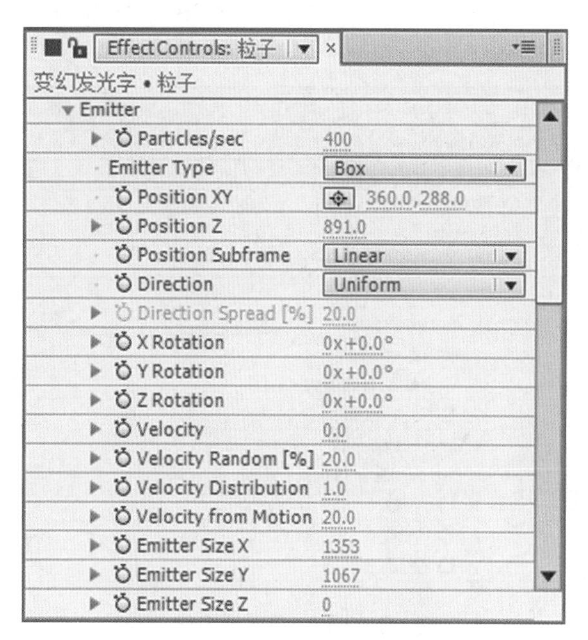

图12.34　Particular(粒子)特效参数设置

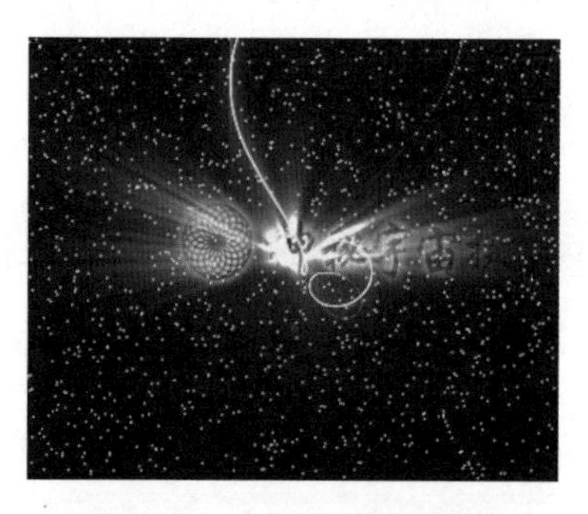

图12.35　设置后的画面效果

(6) 在Effect Controls(特效控制)面板中，展开Particle(粒子)选项组，设置Life(寿命)数值为4，Sphere Feather(球形羽化)数值为57，Size(大小)数值为3，如图12.36所示。

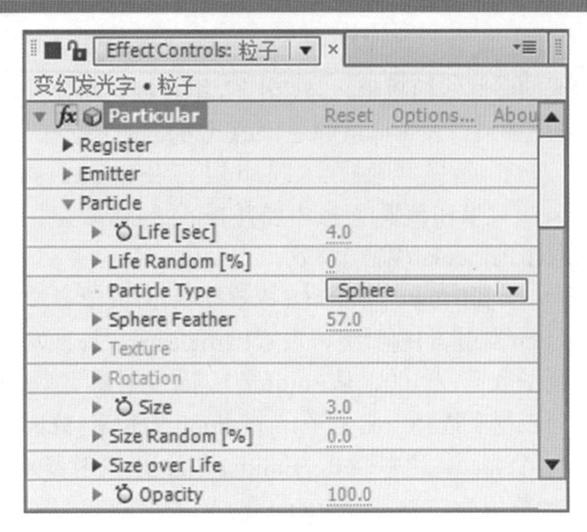

图12.36　参数设置

(7) 展开Physics(物理学)|Air(空气)选项组，设置Wind Z(Z轴风力)数值为-1000，如图12.37所示。

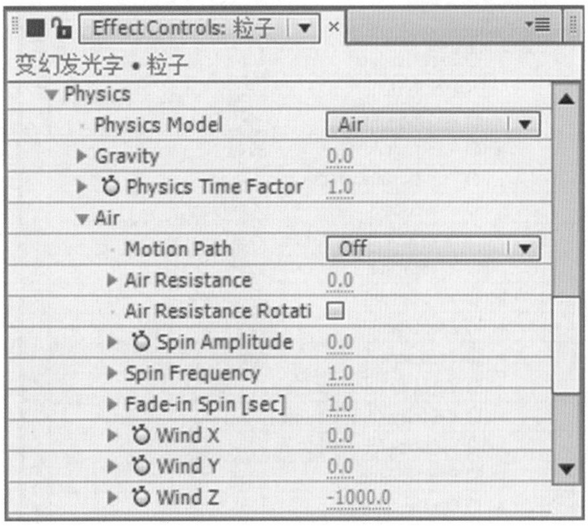

Effect Controls: 粒子
变幻发光字 • 粒子
Physics
Physics Model Air
Gravity 0.0
Physics Time Factor 1.0
Air
Motion Path Off
Air Resistance 0.0
Air Resistance Rotati
Spin Amplitude 0.0
Spin Frequency 1.0
Fade-in Spin [sec] 1.0
Wind X 0.0
Wind Y 0.0
Wind Z -1000.0

图12.37　参数设置

(8) 这样就完成了“电视频道包装——神秘宇宙探索”的整体制作，按小键盘上的“0”键播放预览。最后将文件保存并输出成动画。

12.2　电视特效表现——与激情共舞

实例说明

“与激情共舞”是一个关于电视宣传片的片头，通过本例的制作，展现了传统历史文化的深厚内涵。片头中利用发光体素材以及光特效制作出类似于闪光灯的效果，然后主题文字通过蒙版动画跟随发光体的闪光效果，逐渐出现，制作出与激情共舞电视宣传片，动画流程如图12.38所示。

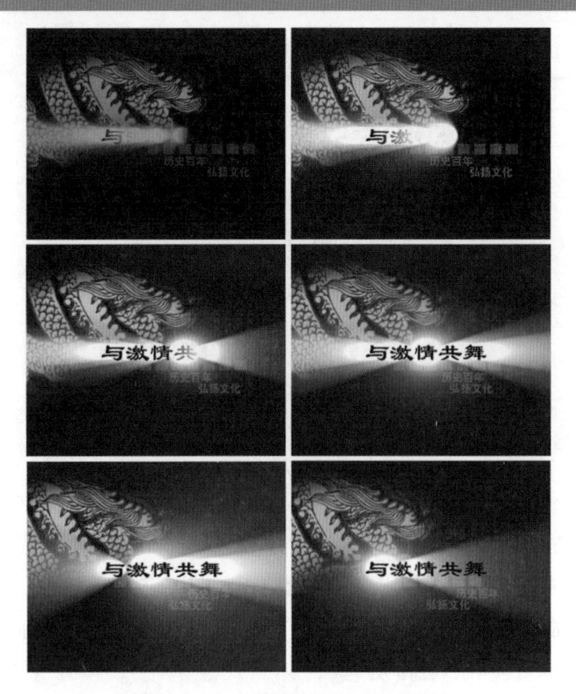

图12.38　与激情共舞动画流程

学习目标

1. 学习Hue / Saturation(色相/饱和度)调色命令的使用。
2. 学习利用Color Key(颜色键)抠图的方法。
3. 掌握Shine(光)特效的使用。

操作步骤

12.2.1　制作胶片字的运动

(1) 执行菜单栏中的Composition(合成)| New Composition(新建合成)命令，打开Composition Settings(合成设置)对话框，设置Composition Name(合成名称)为“胶片字”，Width(宽)为“720”，Height(高)为“576”，Frame Rate(帧率)为“25”，并设置Duration(持续时间)为00:00:04:00秒，单击OK(确定)按钮，在Project(项目)面板中，将会新建一个名为“胶片字”的合成。

(2) 执行菜单栏中的File(文件)| Import(导入)| File(文件)命令，打开Import File(导入文件)对话框，选择配套光盘中的“工程文件\第12章\与激情共舞\发光体.psd、图腾.psd、版字.jpg、胶片.psd、蓝色烟雾.mov”素材。单击【打开】按钮，素材将导入Project(项目)面板中。

(3) 打开“胶片字”合成的时间线面板，在

Project(项目)面板中，选择“胶片.psd”素材，将其拖动到时间线面板中，如图12.39所示。

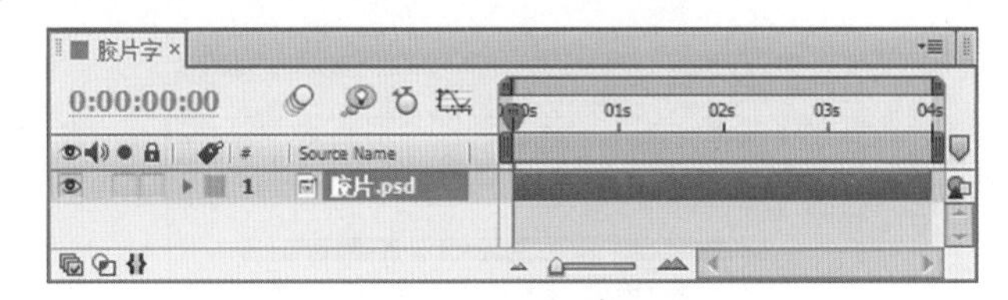

图12.39 添加素材

(4) 单击工具栏中的Horizontal Type Tool(横排文字工具)T按钮，在合成窗口中输入文字“历史百年”。打开Character(字符)面板，设置字体为HeitiCSEG，Fill Color(填充颜色)为白色，字符大小为30px，并单击粗体 T 按钮，参数设置如图12.40所示。设置完成后的文字效果如图12.41所示。

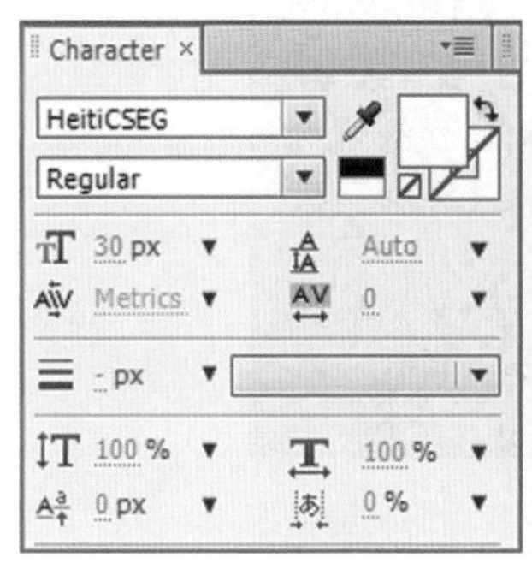

图12.40 【字符】面板参数设置

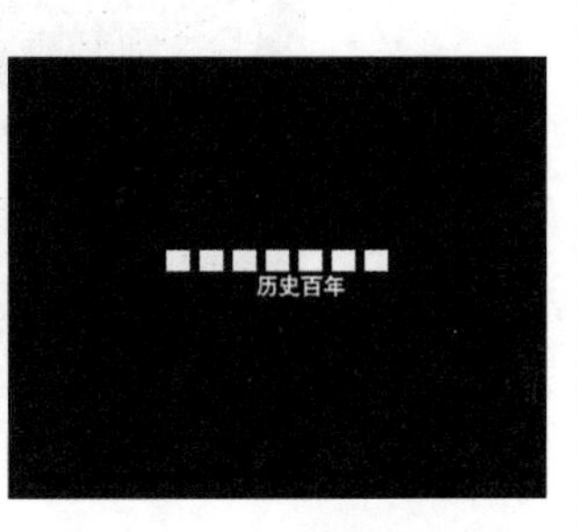

图12.41 设置完成后的文字效果

如果Character(字符)面板没有打开，可以按Ctrl + 6组合键，快速打开Character(字符)面板。

(5) 使用相同的方法，利用Horizontal Type Tool(横排文字工具)T，在合成窗口中输入文字“弘扬文化”，完成后的效果如图12.42所示。

(6) 选择“弘扬文化”“历史百年”“胶片”3个层，按T键，打开Opacity(不透明度)选项，在时间线面板的空白处单击鼠标，取消选择。然后分别设置“弘扬文化”层的Opacity(不透明度)的值为35%，“历史百年”层的Opacity(不透明度)的值为35%，“胶片.psd”层的Opacity(不透明度)的值为25%，效果如图12.43所示。

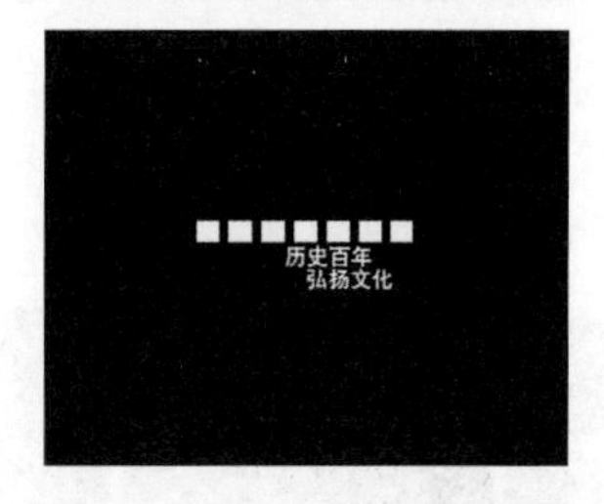

图12.42 输入文字“弘扬文化”

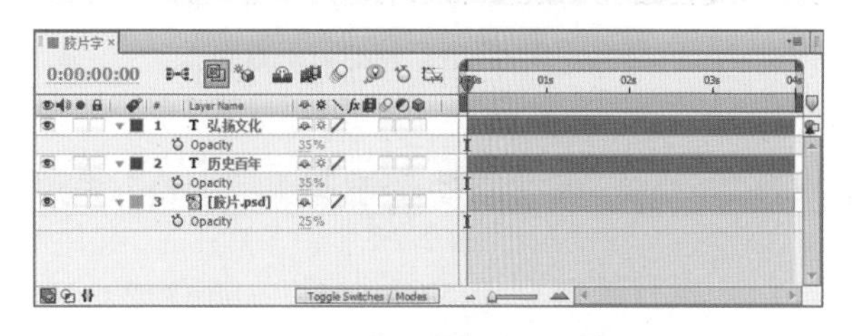

图12.43 设置图层的不透明度

(7) 将时间调整到00:00:00:00帧的位置，选择“弘扬文化”“历史百年”“胶片”3个层，按P键，打开Position(位置)选项，单击Position(位置)左侧的码表按钮，在当前位置设置关键帧，此时3个层将会同时创建关键帧。在时间线面板的空白处单击鼠标，取消选择。然后分别设置“弘扬文化”层Position(位置)的值为(460，338)，“历史百年”层Position(位置)的值为(330，308)，“胶片.psd”层Position(位置)的值为(445，288)，效果如图12.44所示。

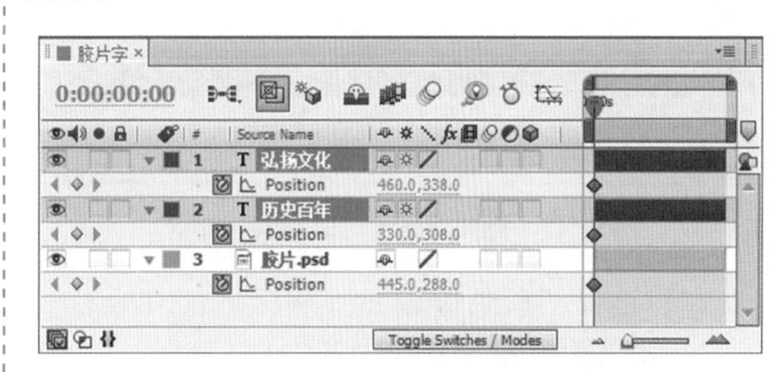

图12.44 为Position(位置)设置关键帧

(8) 将时间调整到00:00:03:10帧的位置，修改“弘扬文化”层Position(位置)的值为(330，338)，“历史百年”层Position(位置)的值为(410，308)，“胶片.psd”层Position(位置)的值为(332，288)，效果如图12.45所示。

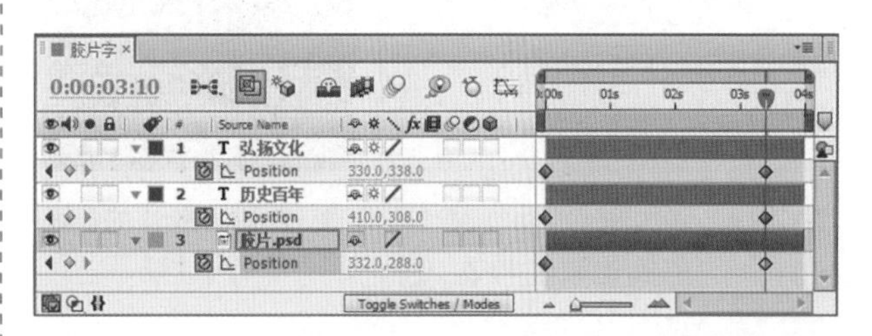

图12.45 在00:00:03:10帧的位置修改Position(位置)的值

(9) 这样就完成了运动的“胶片字”的动画，拖动时间滑块，在合成窗口中观看动画效果，其中几帧的画面如图12.46所示。

图12.46 其中几帧的画面效果

12.2.2 制作流动的烟雾背景

(1) 执行菜单栏中的Composition(合成)| New Composition(新建合成)命令，打开Composition Settings(合成设置)对话框，设置Composition Name(合成名称)为“与激情共舞”，Width(宽)为“720”，Height(高)为“576”，Frame Rate(帧率)为“25”，并设置Duration(持续时间)为00:00:04:00秒，单击OK(确定)按钮，在Project(项目)面板中将会新建一个名为“与激情共舞”的合成。

(2) 打开“与激情共舞”合成，在Project(项目)面板中，选择“蓝色烟雾.mov”视频素材，将其拖动到时间线面板中，如图12.47所示。

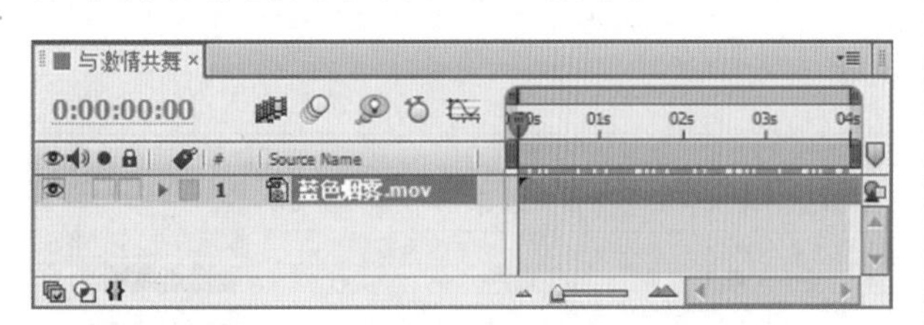

图12.47 添加“蓝色烟雾.mov”素材

(3) 选择“蓝色烟雾.mov”层，在Effects & Presets(效果和预置)面板中展开Color Correction(色彩校正)特效组，然后双击Hue/Saturation(色相/饱和度)特效，如图12.48所示。默认画面效果如图12.49所示。

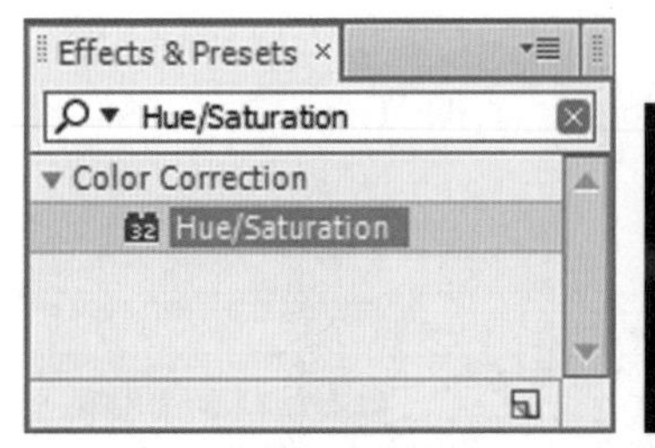

图12.48 添加Hue / Saturation(色相/饱和度)特效

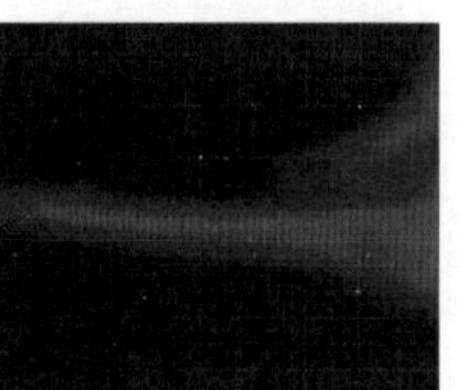

图12.49 默认的画面效果

(4) 在Effect Controls(特效控制)面板中，设置Master Hue(主色相)的值为112°，如图12.50所示。此时的画面效果如图12.51所示。

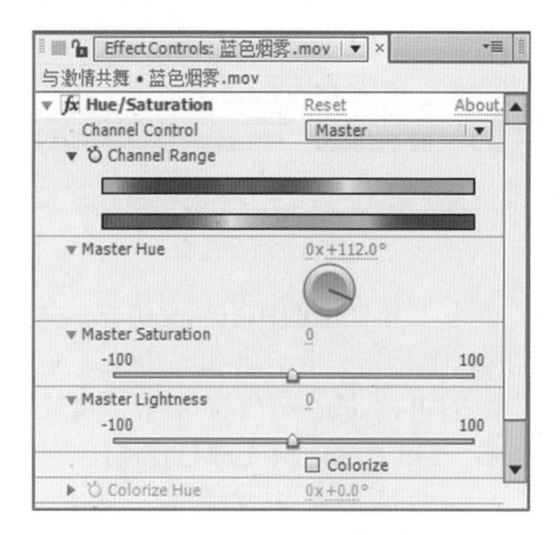

图12.50 Hue / Saturation特效的参数设置

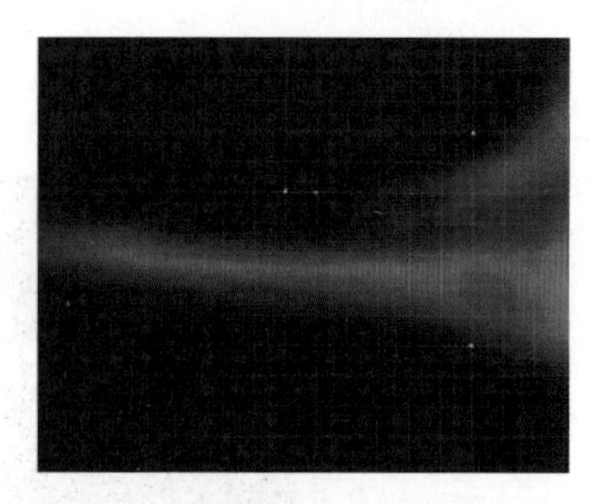

图12.51 参数设置后的画面效果

(5) 按T键，打开该层的Opacity(不透明度)选项，设置Opacity(不透明度)的值为22%，如图12.52所示。

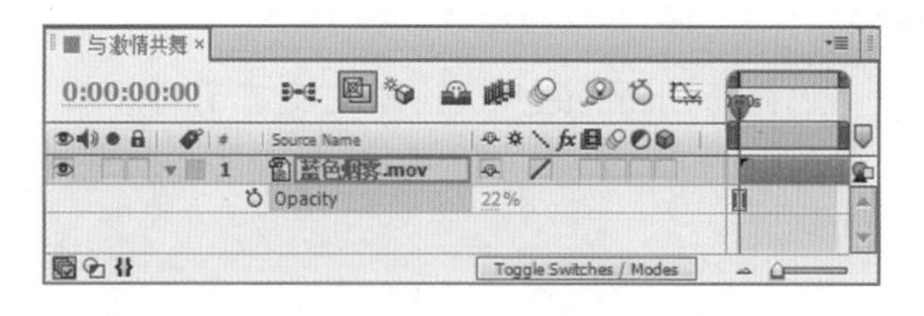

图12.52 设置Opacity(不透明度)的值为22%

(6) 按Ctrl + D组合键，复制“蓝色烟雾.mov”层，并将复制层重命名为“蓝色烟雾2”，如图12.53所示。

图12.53 将复制层重命名为“蓝色烟雾2”

(7) 选择“蓝色烟雾.mov”“蓝色烟雾2”两个图层，按S键，打开Scale(缩放)选项，在时间线面板的空白处单击鼠标，取消选择。然后分别设置

“蓝色烟雾2”的Scale(缩放)的值为(112，-112)，“蓝色烟雾.mov”的Scale(缩放)的值为(112，112)，如图12.54所示。此时合成窗口中的画面效果如图12.55所示。

图12.54　设置Scale(缩放)的值

图12.55　设置后的画面效果

> **提示**
>
> 将Scale(缩放)的值修改为(112，-112)后，图像将会以中心点的位置为轴，垂直翻转。

(8) 按P键，打开Position(位置)选项，设置“蓝色烟雾2”的Position(位置)的值为(360，578)，“蓝色烟雾.mov”的Position(位置)的值为(360，-4)，如图12.56所示。此时合成窗口中的画面效果如图12.57所示。

图12.56　设置Position(位置)的值

图12.57　设置Position(位置)的值后的画面效果

(9) 将时间调整到00:00:01:20帧的位置，选择“蓝色烟雾2”层，按Alt + [组合键，为该层设置入点，如图12.58所示。

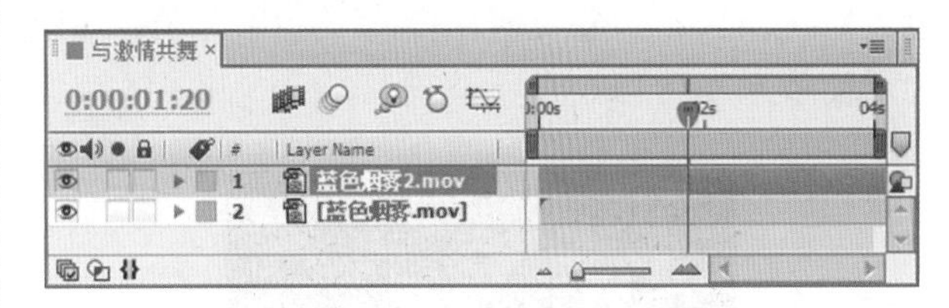

图12.58　为“蓝色烟雾2”设置入点

(10) 再将时间调整到00:00:00:00帧的位置，然后按住Shift键，拖动素材条，使其起点位于00:00:00:00帧的位置，完成后的效果如图12.59所示。

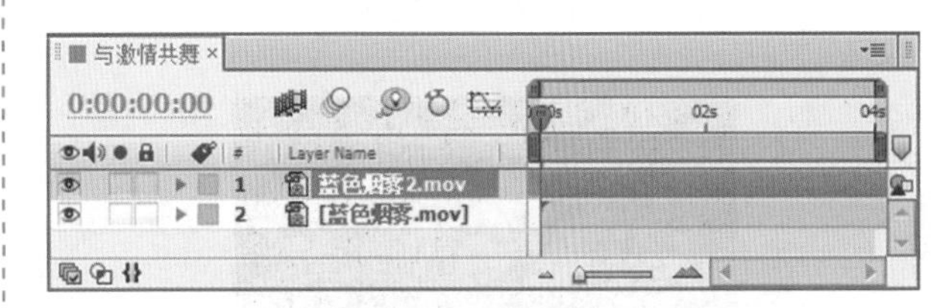

图12.59　调整“蓝色烟雾2”的入点位置

12.2.3　制作素材位移动画

(1) 在Project(项目)面板中，选择“图腾.psd”素材，将其拖动到Timeline(时间线)面板中，然后按S键，打开该层的Scale(缩放)选项，设置Scale(缩放)的值为(250，250)，如图12.60所示。此时的画面效果如图12.61所示。

图12.60　设置Scale(缩放)的值为(250，250)

图12.61　设置Scale(缩放)后的画面效果

(2) 单击工具栏中的Pen Tool(钢笔工具)按钮，在合成窗口中绘制一个路径，如图12.62所示。按F键，打开该层的Mask Feather(蒙版羽化)选项，设置Mask Feather(蒙版羽化)的值为(30，30)，此时的画面效果如图12.63所示。

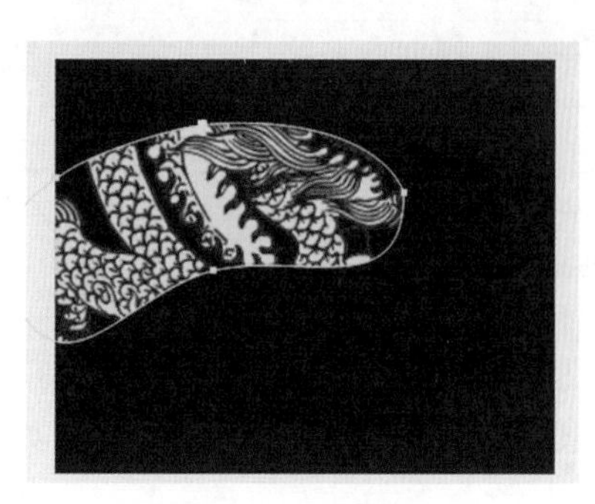

图12.62　绘制蒙版

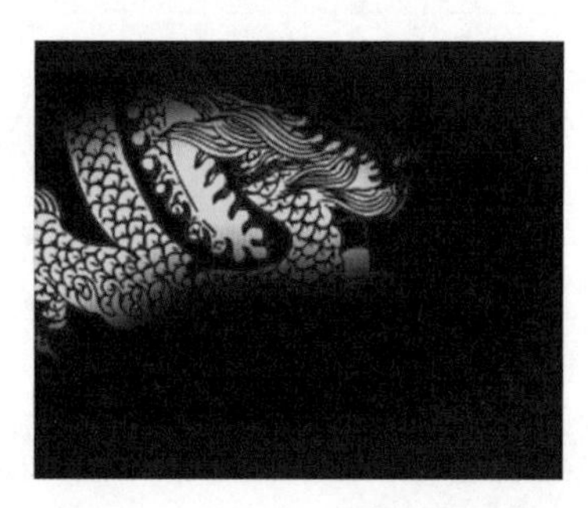

图12.63　设置Mask Feather(蒙版羽化)的值为(30，30)

(3) 确认当前时间在00:00:00:00帧的位置。按P键，打开该层的Position(位置)选项，设置Position(位置)的值为(355，56)，如图12.64所示。

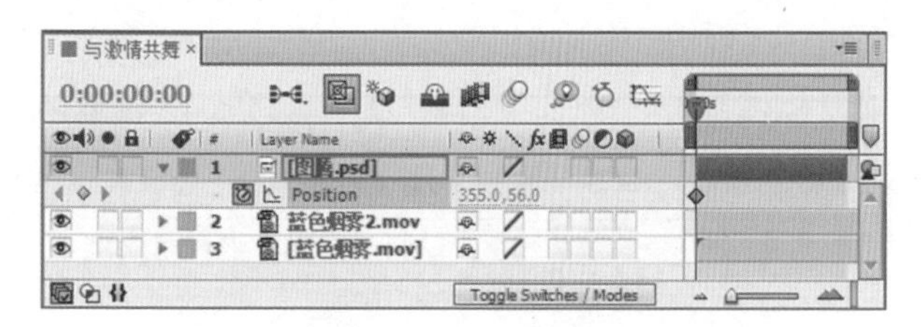

图12.64　设置Position(位置)的值为(355，56)

(4) 将时间调整到00:00:02:17帧的位置，设置Position(位置)的值为(235，40)，如图12.65所示。

图12.65　设置Position(位置)的值为(235，40)

(5) 在Project(项目)面板中，选择"版字.jpg"，将其拖动到时间线面板中，如图12.66所示。

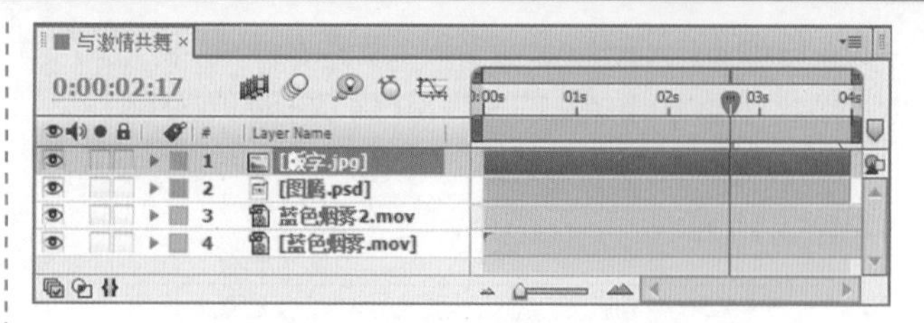

图12.66　添加"版字.jpg"素材

(6) 选择"版字.jpg"层，在Effects & Presets(效果和预置)面板中展开Keying(键控)特效组，然后双击Color Key(颜色键)特效，如图12.67所示。默认画面效果如图12.68所示。

技巧

Key Color(键控颜色)：用来设置透明的颜色值，可以单击右侧的色块来选择颜色，也可以单击右侧的吸管工具，然后在素材上单击吸取所需颜色，以确定透明的颜色值。Color Tolerance(色彩宽容度)：用来设置颜色的容差范围。值越大，所包含的颜色越广。Edge Thin(边缘薄厚)：用来设置边缘的粗细。Edge Feather(边缘羽化)：用来设置边缘的柔化程度。

图12.67　添加Color Key(颜色键)特效

图12.68　默认画面效果

(7) 在Effect Controls(特效控制)面板中，设置Key Color(键控颜色)为棕色(R：181；G：140；B：69)，Color Tolerance(色彩宽容度)的值为32，如图12.69所示。此时的画面效果如图12.70所示。

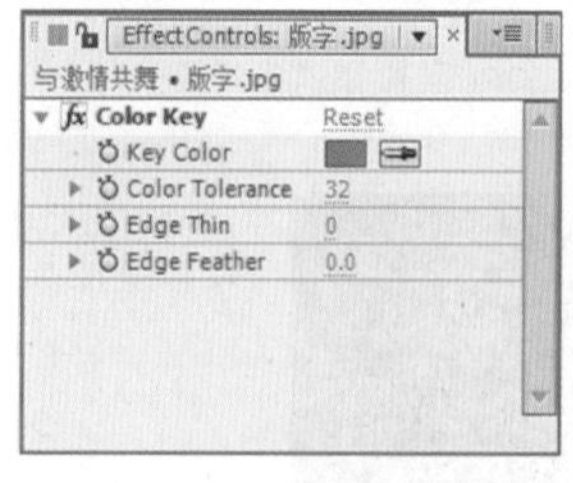

图12.69　Color Key(颜色键)特效的参数设置

图12.70　设置参数后的"版字"效果

(8) 单击其左侧的灰色三角形按钮，将

展开Transform(变换)的属性设置选项组，单击Position(位置)左侧的码表按钮，在00:00:00:00帧的位置，设置关键帧，并设置Position(位置)的值为(575，282)，Scale(缩放)的值为(45，45)，Opacity(不透明度)的值为20%；将时间调整到00:00:03:10帧的位置，设置Position(位置)的值为(506，282)，如图12.71所示。

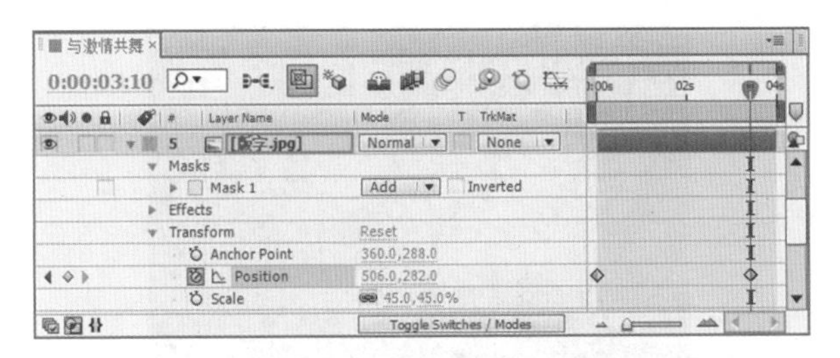

图12.71　在00:00:03:10帧的位置设置关键帧

(9) 单击工具栏中的Ellipse Tool(椭圆工具)按钮，为“版字.jpg”层绘制一个椭圆蒙版，如图12.72所示。按F键，打开该层的Mask Feather(蒙版羽化)选项，设置Mask Feather(蒙版羽化)的值为(50，50)，完成后的效果如图12.73所示。

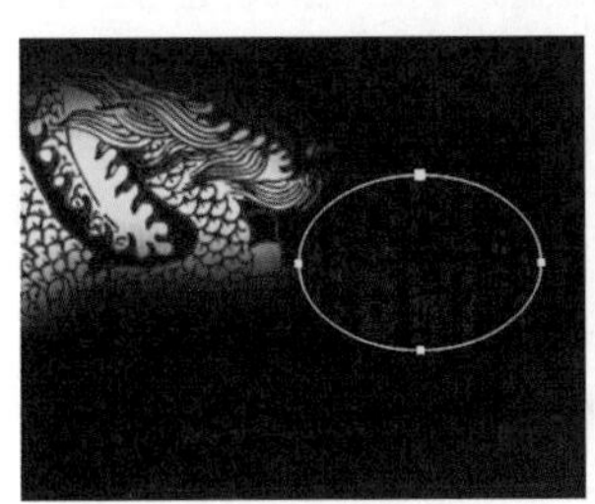

图12.72　绘制椭圆蒙版

图12.73　设置蒙版羽化后的效果

12.2.4　制作发光体

(1) 在Project(项目)面板中，选择“发光体.psd”“胶片字”，将其拖动到时间线面板中，如图12.74所示。

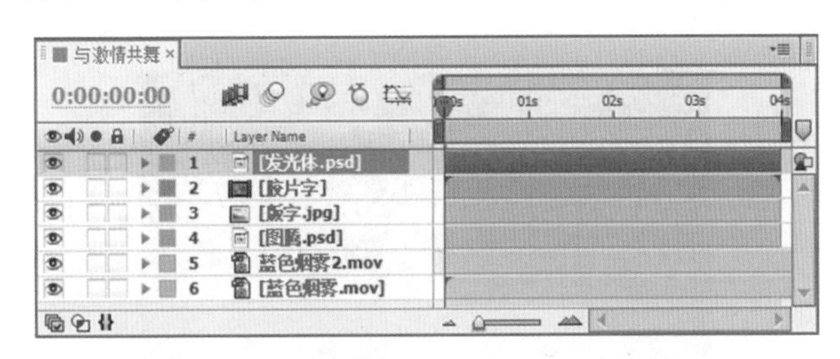

图12.74　添加“发光体.psd”“胶片字”素材

(2) 在时间线面板的空白处单击鼠标，取消选择。然后选择“胶片字”合成层，按P键，打开该层的Position(位置)选项，设置Position(位置)的值为(405，350)，如图12.75所示。

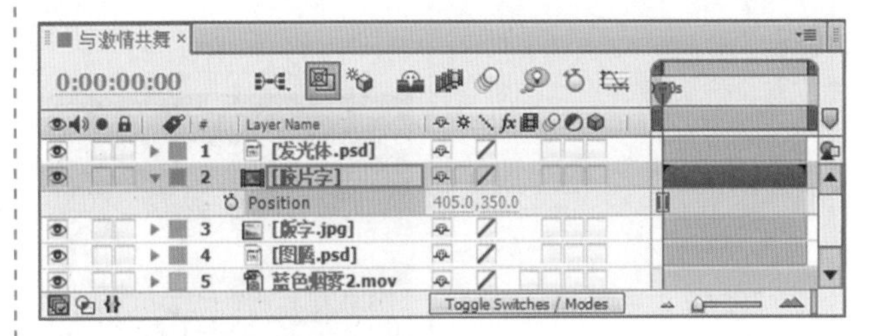

图12.75　设置Position(位置)的值为(405，350)

(3) 选择“发光体.psd”层，在Effects & Presets(效果和预置)面板中展开Trapcode特效组，然后双击Shine(光)特效，如图12.76所示。其中一帧的画面效果如图12.77所示。

图12.76　添加Shine(光)特效

图12.77　添加特效后的画面效果

提示

Shine(光)特效是第三方插件，需要读者自己安装。

(4) 将时间调整到00:00:00:00帧的位置，在Effect Controls(特效控制)面板中，单击Source Point(源点)左侧的码表按钮，在当前位置设置关键帧，并修改Source Point(源点)的值为(479，292)，Ray Length(光线长度)的值为12，Boost Light(光线亮度)的值为3.5；展开Colorize(着色)选项组，在Colorize(着色)下拉列表框中选择3 – Color Gradient(三色渐变)选项，设置Midtones(中间色)为黄色(R：240；G：217；B：32)，Shadows(阴影色)的颜色为红色(R：190；G：43；B：6)，参数设置如图12.78所示。此时的画面效果如图12.79所示。

(5) 将时间调整到00:00:01:00帧的位置，单击Ray Length(光线长度)左侧的码表按钮，在当前位置设置关键帧，如图12.80所示。将时间调整到00:00:02:22帧的位置，设置Source Point(源点)的值为(303，292)，Ray Length(光线长度)的值为18，如图12.81所示。

图12.78　Shine(光)的参数设置

图12.79　设置参数后的画面效果

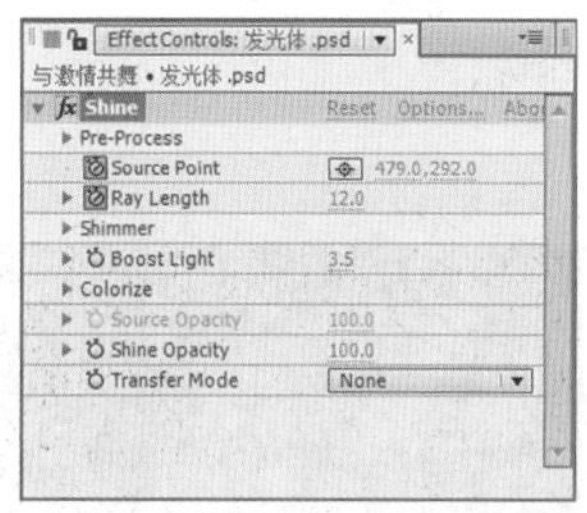

图12.80　为Ray Length(光线长度)设置关键帧

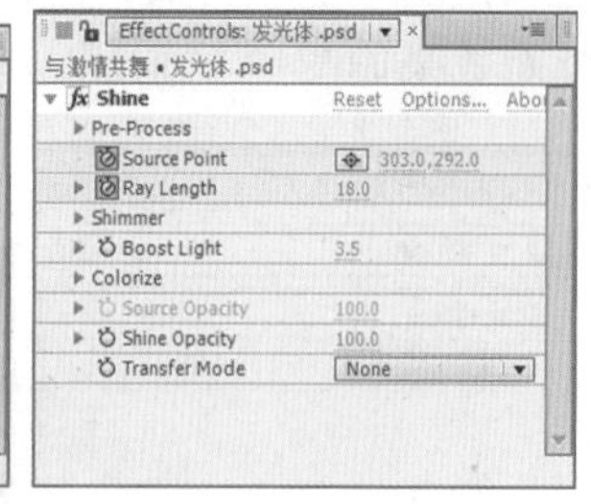

图12.81　修改参数的值

(6) 将时间调整到00:00:03:10帧的位置，设置Source Point(源点)的值为(253，290)，Ray Length(光线长度)的值为15，如图12.82所示。此时的画面效果如图12.83所示。

图12.82　在00:00:03:10帧的位置修改参数的值

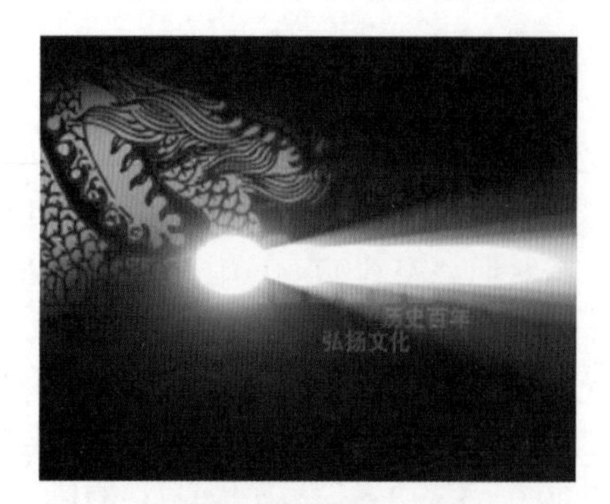

图12.83　画面效果

(7) 单击工具栏中的Rectangle Tool(矩形工具)按钮，在合成窗口中为“发光体.psd”层绘制一个蒙版，如图12.84所示。将时间调整到00:00:00:00帧的位置，按M键，打开该层的Mask Path(蒙版形状)选项，单击Mask Path(蒙版形状)左侧的码表按钮，在当前位置设置关键帧，如图12.85所示。

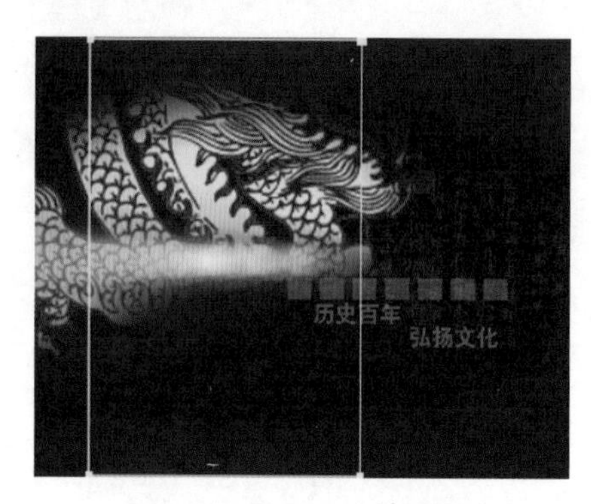

图12.84　绘制矩形蒙版

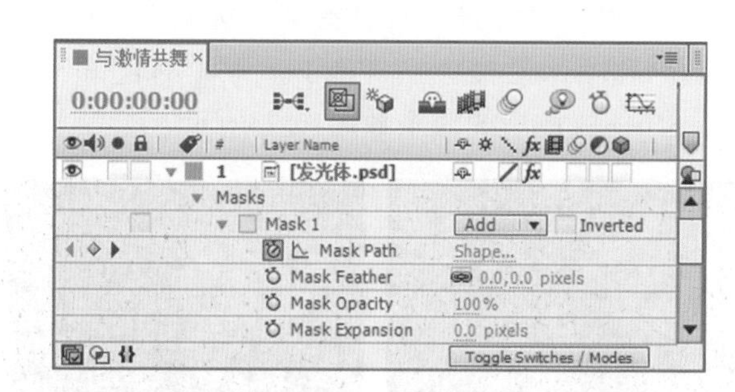

图12.85　为Mask Path(蒙版形状)设置关键帧

在绘制矩形蒙版时，需要将光遮住，不可以太小。

(8) 将时间调整到00:00:02:19帧的位置，修改蒙版的形状，系统将在当前位置自动设置关键帧，如图12.86所示。将时间调整到00:00:03:02帧的位置，修改蒙版的形状，如图12.87所示。

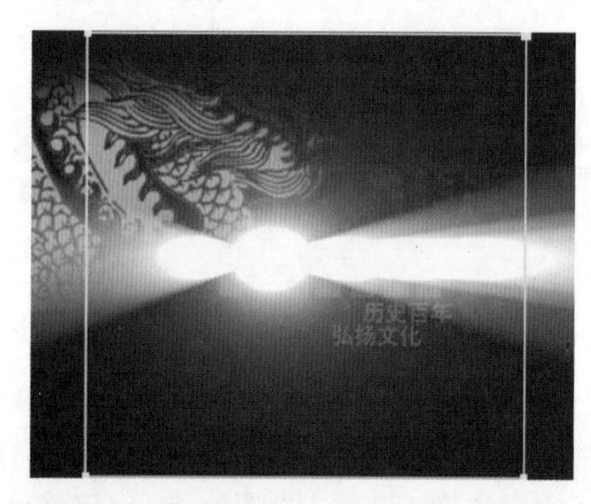

图12.86　在00:00:02:19帧的位置修改形状

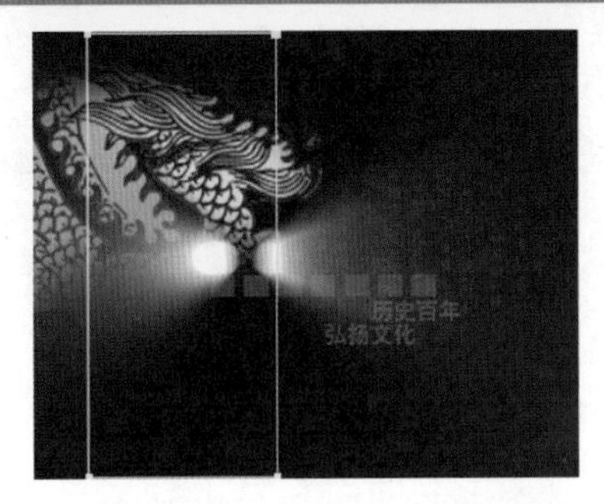

图12.87　在00:00:03:02帧的位置修改形状

12.2.5　制作文字定版

(1) 单击工具栏中的Horizontal Type Tool(横排文字工具)T按钮，在合成窗口中输入文字“与激情共舞”。按Ctrl + 6组合键，打开Character(字符)面板，设置字体为FZLiShu-S01S，字体Fill Color(填充颜色)为黑色，字符大小为67px，参数设置如图12.88所示，此时合成窗口中的画面效果如图12.89所示。

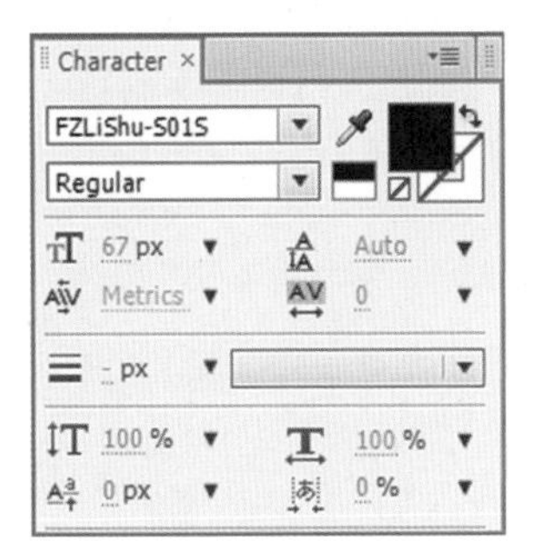

图12.88　字符面板参数设置

图12.89　设置参数后的画面效果

(2) 在时间线面板中，选择“与激情共舞”文字层，按P键打开该层的Position(位置)选项，设置Position(位置)的值为(207，318)，如图12.90所示。此时文字的位置如图12.91所示。

图12.90　Position(位置)的值

图12.91　文字的位置

(3) 单击工具栏中的Rectangle Tool(矩形工具)按钮，在合成窗口中为“与激情共舞”文字层绘制一个蒙版，如图12.92所示。将时间调整到00:00:00:00帧的位置，按M键，打开该层的Mask Path(蒙版形状)选项，单击Mask Path(蒙版形状)左侧的码表按钮，在当前位置设置关键帧，如图12.93所示。

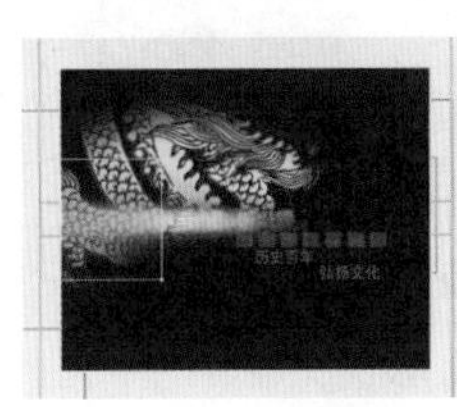

图12.92　绘制蒙版　图12.93　在00:00:00:00帧的位置设置关键帧

(4) 将时间调整到00:00:01:13帧的位置，在当前位置修改蒙版形状，如图12.94所示。

图12.94　修改00:00:01:13帧的蒙版形状

(5) 制作渐现效果。在时间线面板中，按Ctrl + Y组合键，打开Solid Settings(固态层设置)对话框，设置Name(名称)为“渐现”，Color(颜色)为黑色，如图12.95所示。

(6) 单击OK(确定)按钮，在时间线面板中将会创建一个名为“渐现”的固态层。将时间调整到00:00:00:00帧的位置，选择“渐现”固态层，按T键，打开该层的Opacity(不透明度)选项，单击Opacity(不透明度)左侧的码表按钮，在当前位置设置关键帧，如图12.96所示。

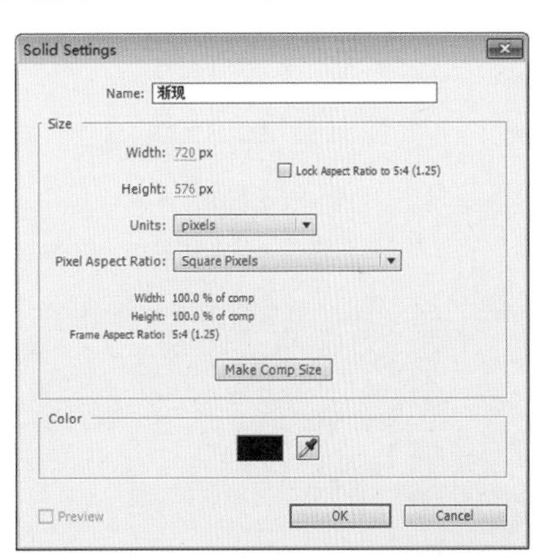

图12.95　Solid Settings(固态层设置)对话框

图12.96　为Opacity(不透明度)设置关键帧

(7) 将时间调整到00:00:00:06帧的位置，修改Opacity(不透明度)的值为0%，如图12.97所示。

图12.97　修改Opacity(不透明度)的值为0%

(8) 这样就完成了“电视特效表现——与激情共舞”的整体制作，按小键盘上的“0”键播放预览。最后将文件保存并输出成动画。

AE

第13章

娱乐节目风格表现

内容摘要

本章主要讲解具有娱乐风格案例的制作方法，如今的许多娱乐节目都以令人开心，快乐、充满激情为主题进行节目的包装，使人看后心情愉悦，而这些包装的制作方法通过After Effects软件自带的功能可以完全表现出来。

教学目标

- 学习蒙版的使用方法。
- 掌握位移动画的制作。
- 掌握Magnify(放大镜)特效的使用。

13.1 音乐节目栏目包装——时尚音乐

实例说明

首先在After Effects中通过添加Audio Spectrum(声谱)特效制作跳动的音波合成，然后再通过添加Grid(网格)特效，绘制多个蒙版，并且利用蒙版间的叠加方式，制作出滚动的标志，最后将图像素材添加到最终合成。打开图像的三维属性开关，调节三维属性以及摄像机的参数，制作出镜头之间的切换以及镜头的旋转效果。本例最终的动画流程效果如图13.1所示。

图13.1 时尚音乐最终动画流程效果

学习目标

1.学习利用音频文件制作音频的方法。
2.学习文字路径轮廓的创建方法。
3.掌握音乐节目栏目包装的制作技巧。

操作步骤

13.1.1 制作跳动的音波

(1) 执行菜单栏中的Composition(合成)| New Composition(新建合成)命令，打开Composition Settings(合成设置)对话框，设置Composition Name(合成名称)为“跳动的音波”，Width(宽)为“720”，Height(高)为“576”，Frame Rate(帧率)为“25”，并设置Duration(持续时间)为00:00:10:00秒，如图13.2所示。

(2) 执行菜单栏中的File(文件)| Import(导入)| File(文件)命令，打开Import File(导入文件)对话框，选择配套光盘中的“工程文件\第13章\时尚音乐\logo体.psd、乐器1.psd、乐器2.psd、乐器3.psd、人物1.psd、人物2.psd、人物3.psd、榜.psd、音频.wav”素材，如图13.3所示。单击【打开】按钮，素材将导入Project(项目)面板中。

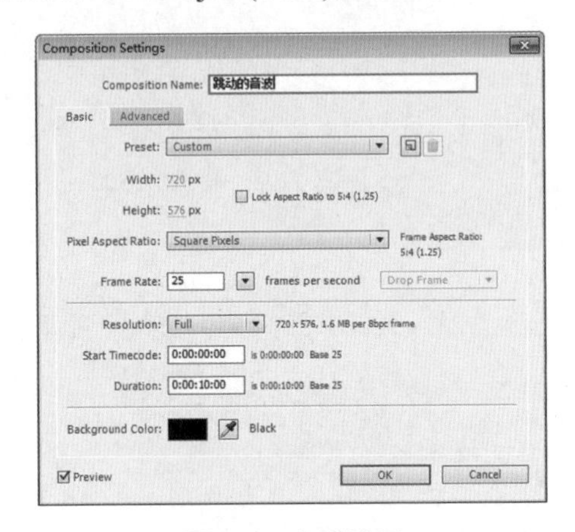

图13.2 合成设置

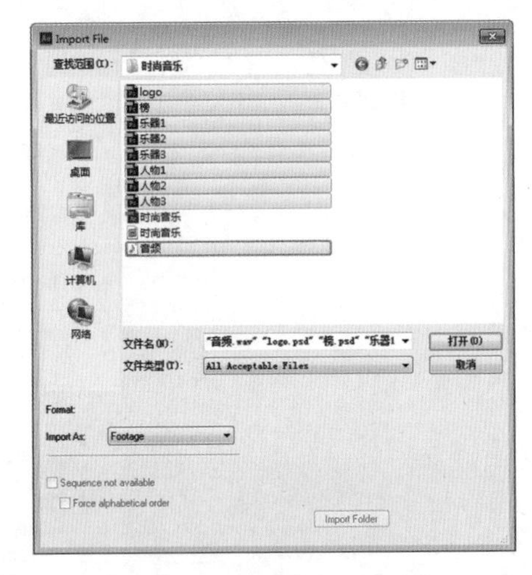

图13.3 导入文件对话框

(3) 在Project(项目)面板中选择“音频.wav”素材，将其拖动到时间线面板中，然后将时间调整到00:00:06:00帧的位置，按Alt+[组合键，在当前位置为“音频.wav”层设置入点，然后将时间调整到00:00:00:00帧的位置，按[键，将入点调整到00:00:00:00帧的位置，如图13.4所示。

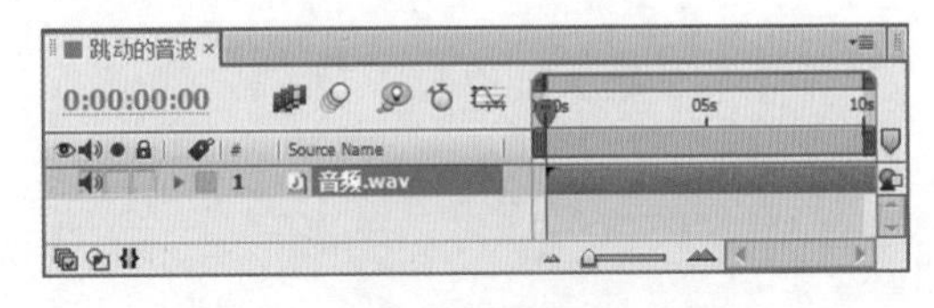

图13.4 添加“音频.wav”素材

(4) 按Ctrl + Y组合键，打开Solid Settings(固态层设置)对话框，设置Name(名称)为“声谱”，Color(颜色)为黑色，如图13.5所示。

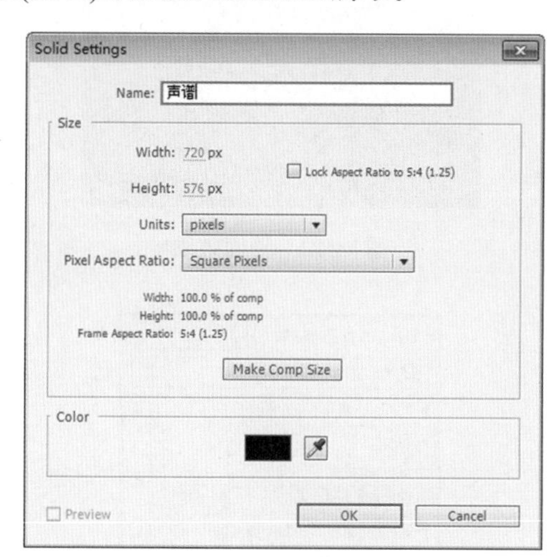

图13.5　固态层设置

(5) 选择“声谱”层，在Effects & Presets(效果和预置)面板中展开Generate(创造)特效组，然后双击Audio Spectrum(声谱)特效，如图13.6所示。

图13.6　添加特效

Audio Layer(音频层)：从下拉菜单中，选择一个合成中的音频参考层。音频参考层要首先添加到时间线中才可以应用。Start Point(开始点)：在没有应用Path选项的情况下，指定音频图像的起点位置。End Point(结束点)：在没有应用Path选项的情况下，指定音频图像的终点位置。Path(路径)：选择一条路径，让波形沿路径变化。Start Frequency(开始频率)：设置参考的最低音频频率，以Hz为单位。End Frequency(结束频率)：设置参考的最高音频频率，以Hz为单位。Frequency bands(频率波段)：设置音频频谱显示的数量。值越大，显示的音频频谱越多。Maximum Height(最大高度)：指定频谱显示的最大振幅。Thickness(厚度)：设置频谱线的粗细程度。

(6) 在Effect Controls(特效控制)面板中，在Audio Layer(音频层)下拉列表框中选择“3.音频.wav”，设置Start Point(开始点)的值为(72，576)，End Point(结束点)的值为(648，576)，Start Frequency(开始频率)的值为10，End Frequency(结束频率)的值为100，Frequency bands(频率波段)的值为8，Maximum Height(最大高度)的值为4500，Thickness(厚度)的值为50，参数设置如图13.7所示。设置完成后的画面效果如图13.8所示。

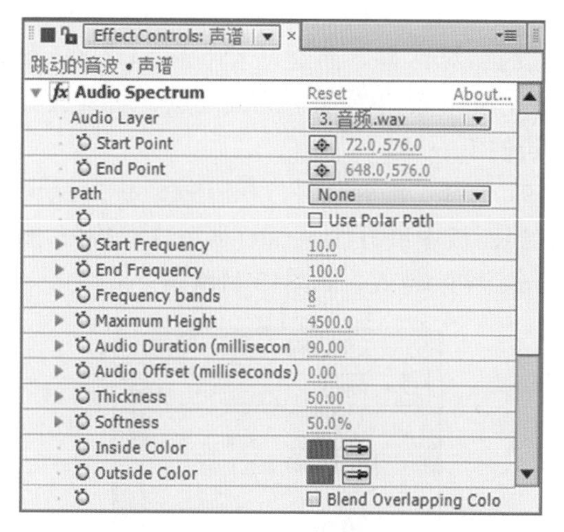

图13.7　参数设置

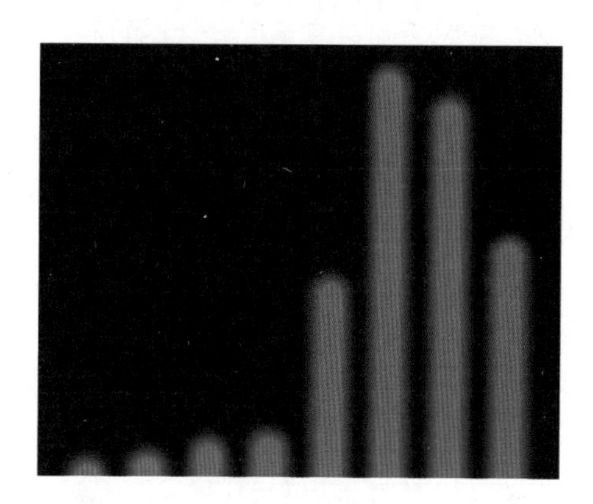

图13.8　画面效果

(7) 在时间线面板中“声谱”层右侧的属性栏中，单击Quality(质量)按钮，此时Quality(质量)按钮将会变为按钮，如图13.9所示。此时的画面效果如图13.10所示。

图13.9 单击质量按钮

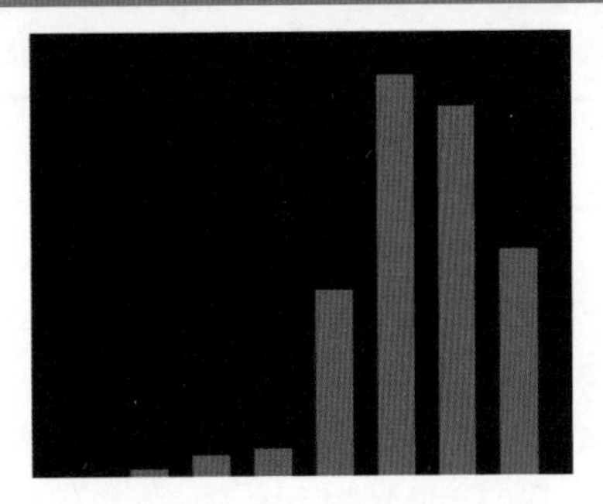

图13.10　画面效果

(8) 按Ctrl + Y组合键，打开Solid Settings(固态层设置)对话框，新建一个Name(名称)为“渐变”，Color(颜色)为黑色的固态层，将其放在“声谱”层的下一层。

(9) 选择“渐变”层，在Effects & Presets(效果和预置)面板中展开Generate(创造)特效组，然后双击Ramp(渐变)特效，如图13.11所示。

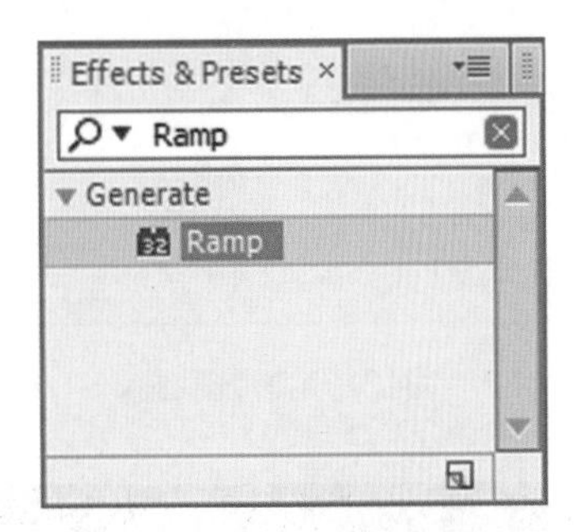

图13.11　添加特效

(10) 在Effect Controls(特效控制)面板中，设置Start of Ramp(渐变开始)的值为(360，288)，Start Color(开始色)为黄色(R：255；G：210；B：0)，End of Ramp(渐变结束)的值为(360，576)，End Color(结束色)为绿色(R：13；G：170；B：21)，如图13.12所示。

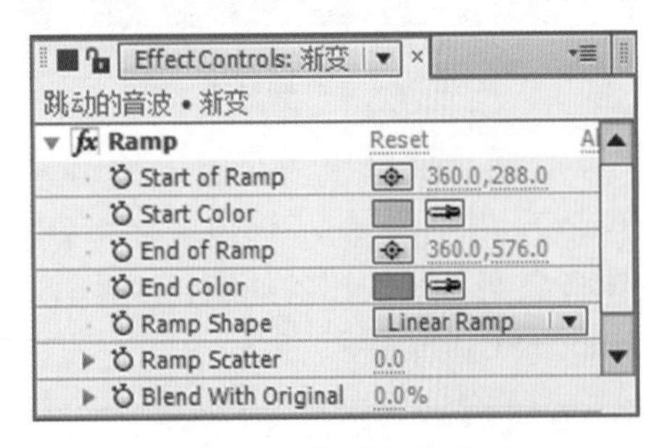

图13.12　渐变参数设置

(11) 设置完成Ramp(渐变)特效的参数后，合成窗口中的画面效果如图13.13所示。在Effects & Presets(效果和预置)面板中展开Generate(创造)特效组，然后双击Grid(网格)特效，如图13.14所示。

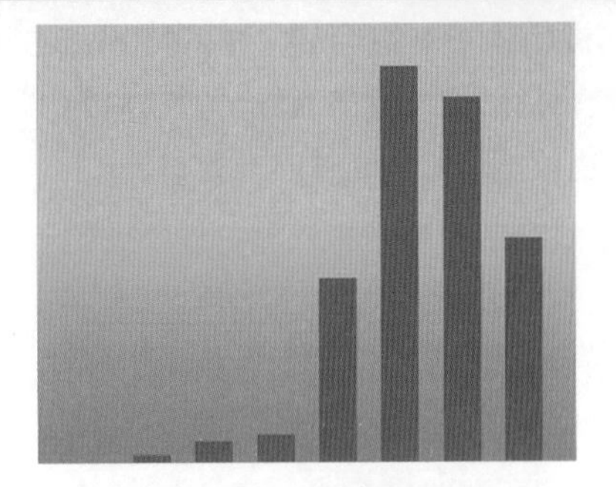

图13.13　画面效果

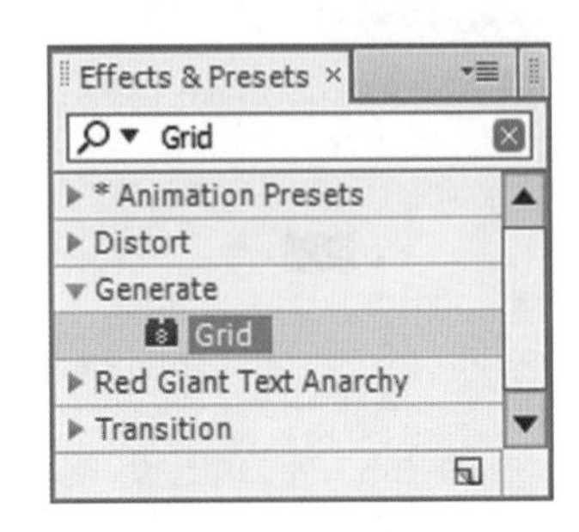

图13.14　添加特效

(12) 在Effect Controls(特效控制)面板中，设置Anchor(定位点)的值为(-10，0)，Corner(边角)的值为(720，20)，Border(边框)的值为18，选中Invert Grid(反转网格)复选框，设置Color(颜色)为黑色，Blending Mode(混合模式)为Normal(正常)，如图13.15所示。此时的画面效果如图13.16所示。

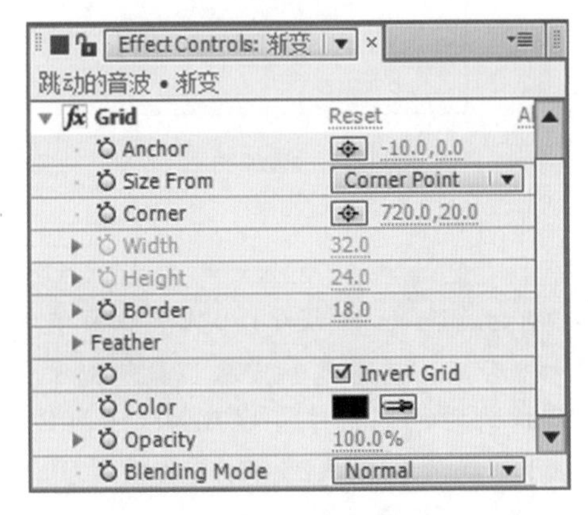

图13.15　参数设置

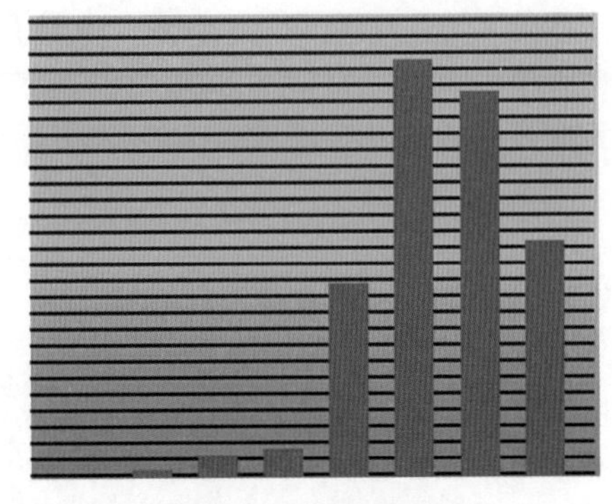

图13.16　画面效果

提示

Anchor(定位点)：通过右侧的参数，可以调整网格水平和垂直的网格数量。Corner(边角)：通过后面的参数设置，修改网格的边角位置及网格的水平和垂直数量。Width(宽度)：在Size From(大小来自)选项选择Width Slider(宽度滑块)项时，该项可以修改整个网格的比例缩放。

(13) 在时间线面板中，设置“渐变”层Track Matte(轨道蒙版)为Alpha Matte“[声谱]”，如图13.17所示。

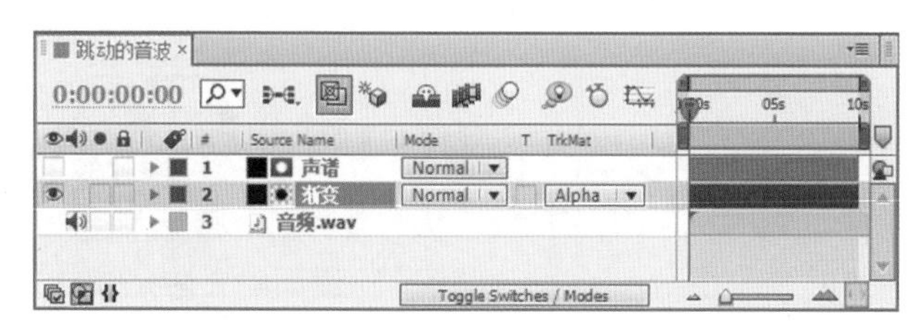

图13.17　选择Alpha Matte“[声谱]”

(14) 这样就完成了“跳动的音波”的制作，拖动时间滑块，在合成窗口中观看动画，其中几帧的画面效果如图13.18所示。

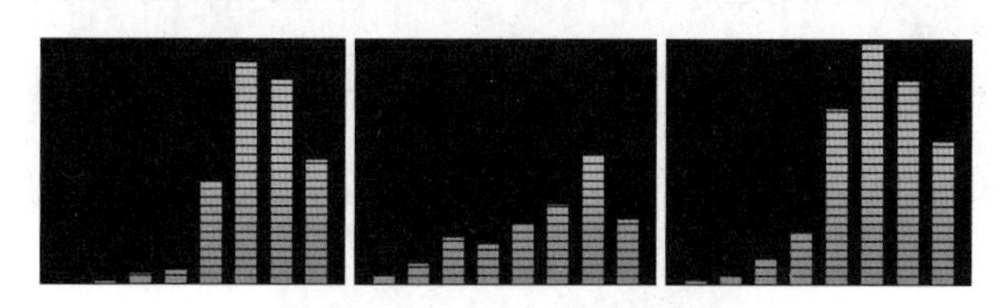

图13.18　其中几帧的画面效果

13.1.2　制作文字合成

(1) 执行菜单栏中的Composition(合成)| New Composition(新建合成)命令，打开Composition Settings(合成设置)对话框，新建一个Composition Name(合成名称)为“文字1”，Width(宽)为“720”，Height(高)为“576”，Frame Rate(帧率)为“25”，Duration(持续时间)为00:00:10:00秒的合成。

(2) 单击工具栏中的Horizontal Type Tool(横排文字工具)T按钮，在“文字1”合成窗口中输入“SHISHANG”，设置字体为Arial Black，Fill Color(填充颜色)为白色，Stroke Color(描边颜色)为白色，字符大小为70px，字符间距AV为17，并设置描边样式为Fill Over Stroke(在描边上填充)，Stroke Width(描边宽度)☰为8px，如图13.19所示。画面效果如图13.20所示。

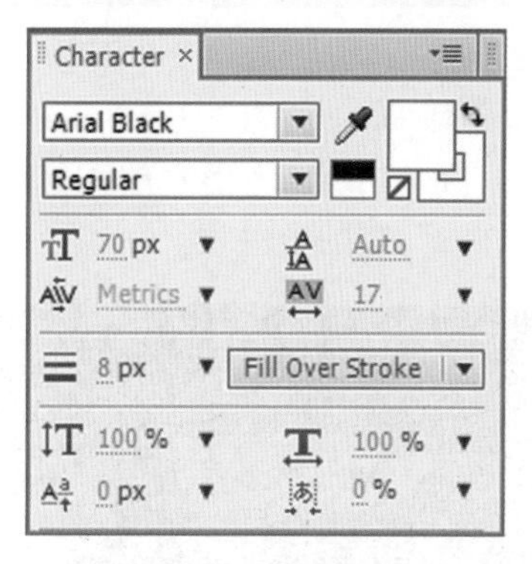

图13.19　参数设置

图13.20　字体效果

(3) 按P键，打开“SHISHANG”层的Position(位置)选项，设置Position(位置)的值为(186，319)，然后按Crtl + D组合键，将“SHISHANG”层复制一层，并将其重命名为“SHISHANG2”，如图13.21所示。

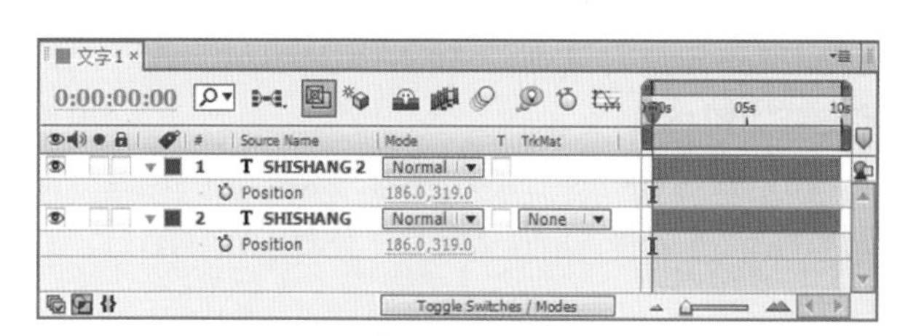

图13.21 复制图层

(4) 选择“SHISHANG2”层，在Character(字符)面板中，设置Fill Color(填充颜色)为深绿色(R：43；G：165；B：5)，Stroke Width(描边宽度)☰为0px，如图13.22所示。画面效果如图13.23所示。

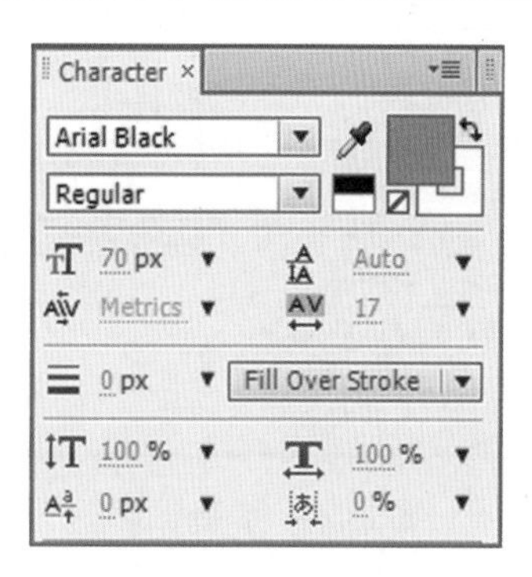

图13.22　字体设置

(5) 按Ctrl + Y组合键，打开Solid Settings(固态层设置)对话框，新建一个Name(名称)为“Ramp”，Color(颜色)为黑色的固态层，将其放在“SHISHANG”层的上一层。

图13.23　画面效果

(6) 为“Ramp”层添加Ramp(渐变)特效。在Effects & Presets(效果和预置)面板中展开Generate(创造)特效组，然后双击Ramp(渐变)特效。

(7) 在Effect Controls(特效控制)面板中，设置Start of Ramp(渐变开始)的值为(360，288)，Start Color(开始色)为绿色(R：44；G：142；B：46)，End of Ramp(渐变结束)的值为(363，690)，End Color(结束颜色)为白色，Ramp Shape(渐变形状)为Radial Ramp(放射渐变)，如图13.24所示。此时的画面效果如图13.25所示。

(8) 在“Ramp”层右侧的Track Matte(轨道蒙版)属性栏里选择Alpha Matte“[SHISHANG2]”，如图13.26所示。

(9) 这样就完成了“文字1”合成的制作。用制作“文字1”合成的方法分别制作“文字2”“文字3”合成，完成后的画面效果如图13.27所示。

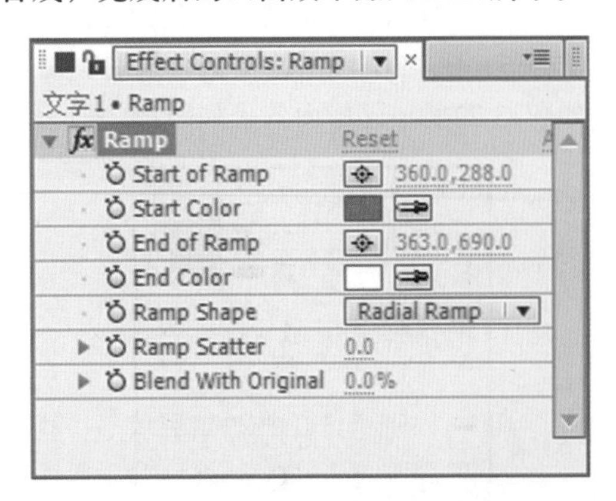

图13.24　参数设置

图13.25　画面效果

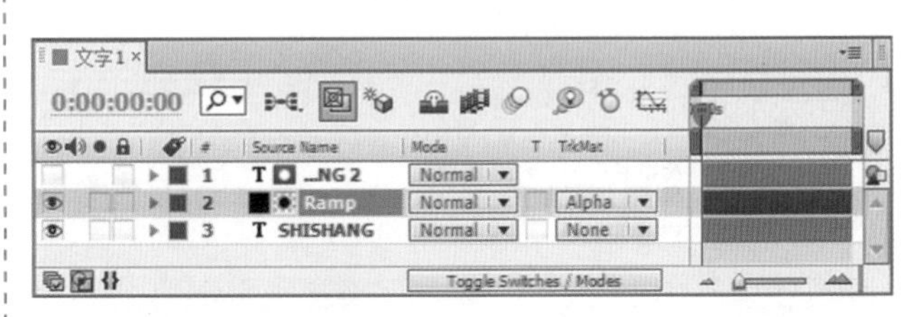

图13.26　选择Alpha Matte“[SHISHANG2]”

图13.27　合成的画面

13.1.3　制作滚动的标志

(1) 执行菜单栏中的Composition(合成)| New Composition(新建合成)命令，打开Composition Settings(合成设置)对话框，新建一个Composition Name(合成名称)为“标志”，Width(宽)为“720”，Height(高)为“576”，Frame Rate(帧率)为“25”，Duration(持续时间)为00:00:10:00秒的合成，如图13.28所示。

(2) 按Ctrl + Y组合键，打开Solid Settings(固态层设置)对话框，设置Name(名称)为“网格”，Color(颜色)为黑色。

图13.28　固态层设置

(3) 选择“网格”固态层，在Effects & Presets(效果和预置)面板中展开Generate(创造)特效组，然后双击Grid(网格)特效，如图13.29所示。

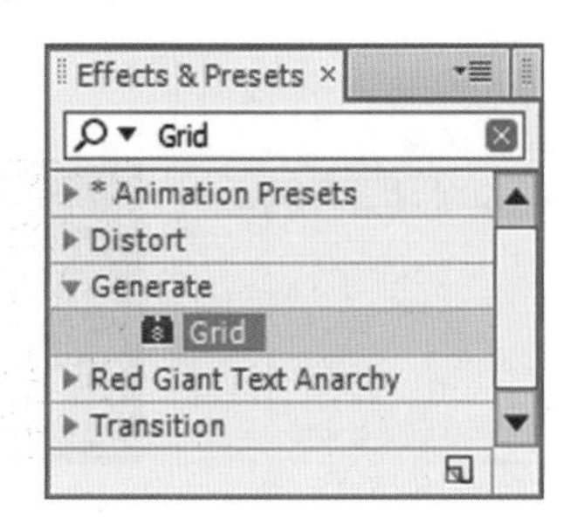

图13.29　添加特效

(4) 在Effect Controls(特效控制)面板中，设置Anchor(定位点)的值为(359，288)，从Size From(大小来自)下拉列表框中选择Width Slider(宽度滑块)，设置Width(宽度)的值为10，Border(边框)的值为6，选中Invert Grid(反转网格)复选框，设置Color(颜色)为绿色(R：21；G：179；B：0)，Blending Mode(混合模式)为Add(相加)，如图13.30所示。此时的画面效果如图所示。

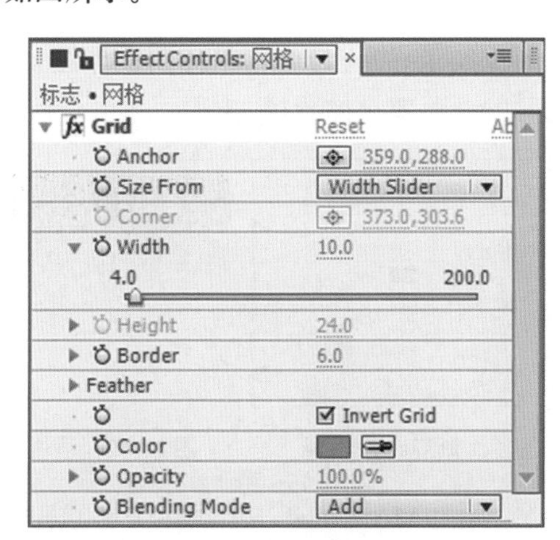

图13.30　参数设置

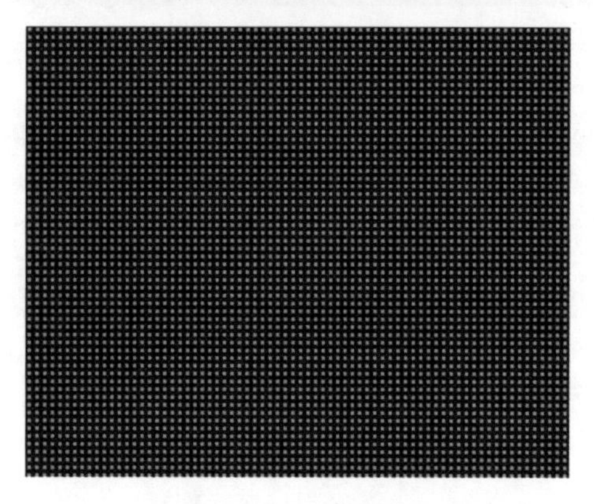

图13.31　画面效果

(5) 单击工具栏中的Ellipse Tool(椭圆工具)按钮，按住Shift键，绘制一个正圆蒙版，如图13.32所示。

(6) 按M键，打开该层的Mask 1(蒙版1)选项，选择Mask 1(蒙版1)，按Ctrl + D组合键，复制蒙版，并将复制的Mask 2(蒙版2)右侧的Mode(模式)修改为Subtract(减去)，如图13.33所示。

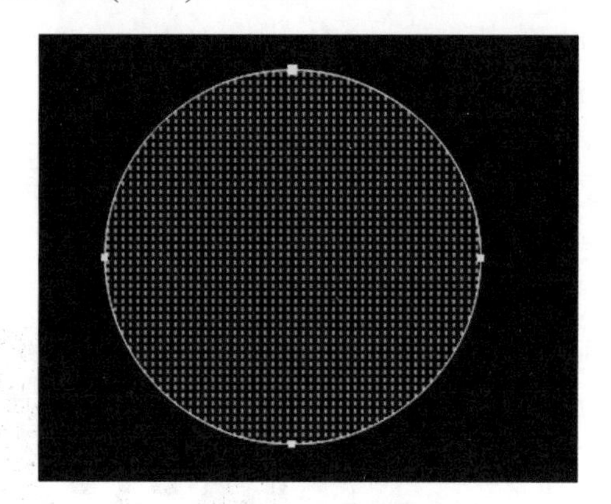

图13.32　绘制正圆蒙版

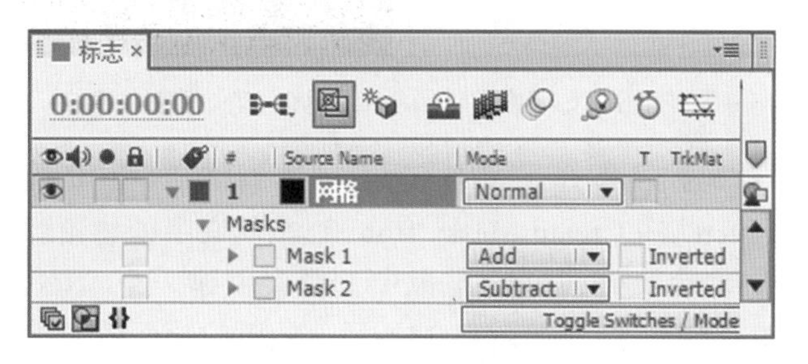

图13.33　复制蒙版

技巧

按Ctrl + D组合键，可以快速复制图层或者Mask(蒙版)。

(7) 展开Mask 2(蒙版2)选项组，设置Mask Expansion(蒙版扩展)的值为-42，如图13.34所示。此时的画面效果如图13.35所示。

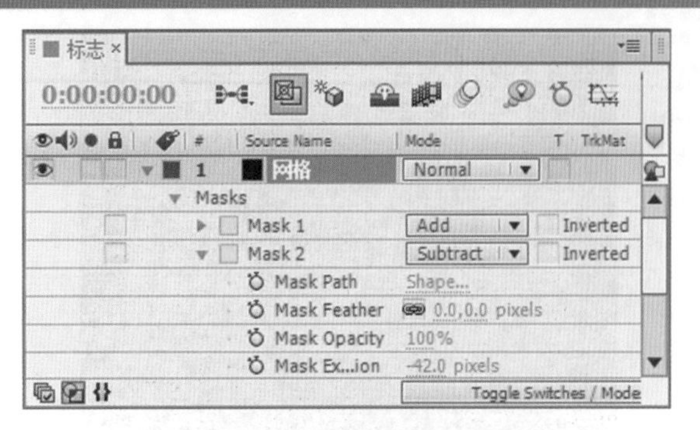

图13.34　设置蒙版扩展

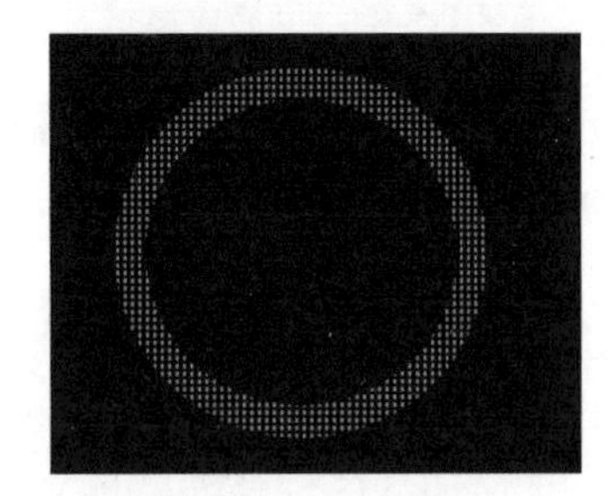

图13.35　画面效果

(8) 单击工具栏中的Horizontal Type Tool(横排文字工具)T按钮，输入“GO”，设置字体为Arial Black，Fill Color(填充颜色)为白色，字符大小为207px，如图13.36所示。画面效果如图13.37所示。

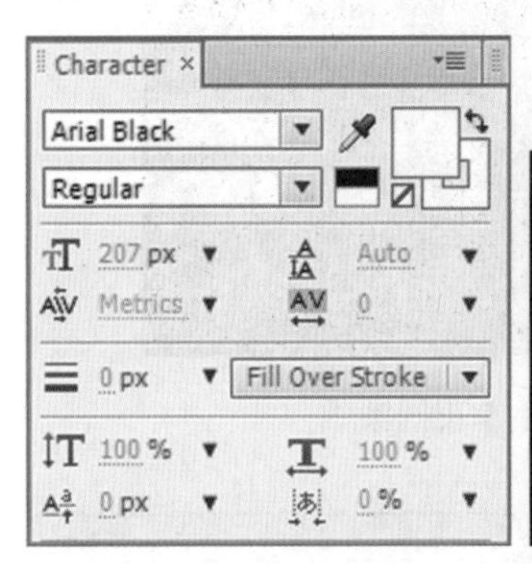

图13.36　文字设置　　　图13.37　画面效果

(9) 选择“GO”层，执行菜单栏中的Layer(层)| Create Masks from Text(从文字创建轮廓线)命令，在时间线面板中，将会创建一个“GO Outlines”层，如图13.38所示。此时的画面效果如图13.39所示。

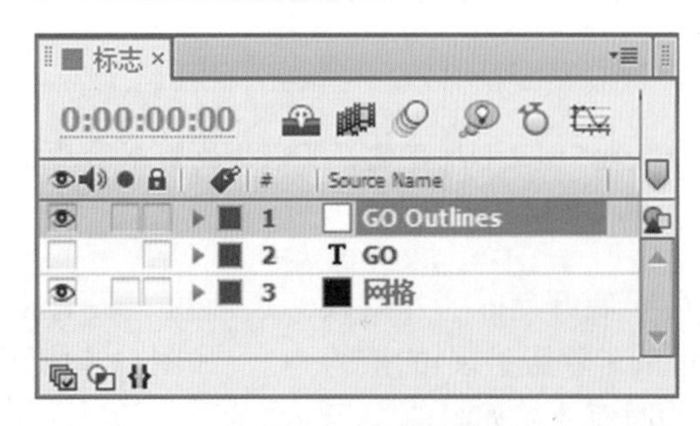

图13.38　创建轮廓层

图13.39　画面效果

(10) 按M键，打开该层的3个Mask(蒙版)，选择“G”“O”“O”3个蒙版，按Ctrl + C组合键，复制蒙版，然后选择“网格”层，按Ctrl + V组合键，将复制的“G”“O”“O”3个蒙版粘贴到“网格”层上，如图13.40所示。然后单击“GO Outlines”层左侧的眼睛图标将其隐藏，此时的画面效果如图13.41所示。

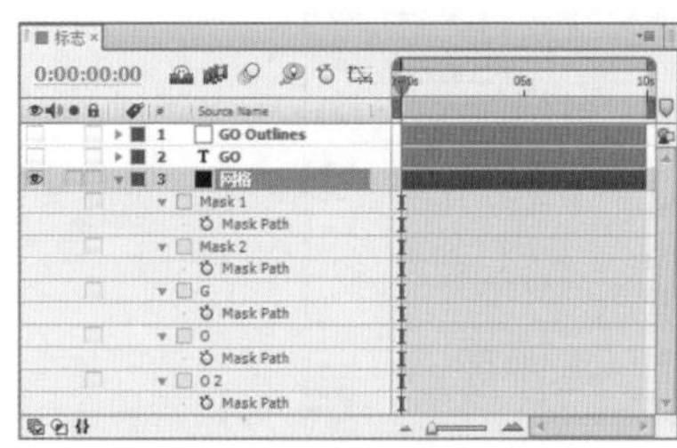

图13.40　复制、粘贴蒙版　　　图13.41　画面效果

(11) 按Ctrl + Y组合键，打开Solid Settings(固态层设置)对话框，新建一个Name(名称)为“运动拼贴”，Color(颜色)为黑色的固态层，然后将其放在“网格”层的上一层。

(12) 选择“运动拼贴”层，在Effects & Presets(效果和预置)面板中展开Generate(创造)特效组，然后双击Ramp(渐变)特效。

(13) 在Effect Controls(特效控制)面板中，设置Start of Ramp(渐变开始)的值为(360，0)，End of Ramp(渐变结束)的值为(360，288)，如图13.42所示。此时的画面效果如图13.43所示。

图13.42　渐变参数设置　　　图13.43　画面效果

(14) 添加Motion Tile(运动拼贴)特效。在Effects & Presets(效果和预置)面板中展开Stylize(风

格化)特效组，然后双击Motion Tile(运动拼贴)特效如图13.44所示。

(15) 将时间调整到00:00:00:00帧的位置，在Effect Controls(特效控制)面板中，单击Tile Center(拼贴中心)左侧的码表按钮，在当前位置设置关键帧，并设置Tile Height(拼贴高度)的值为18，参数设置如图13.45所示。

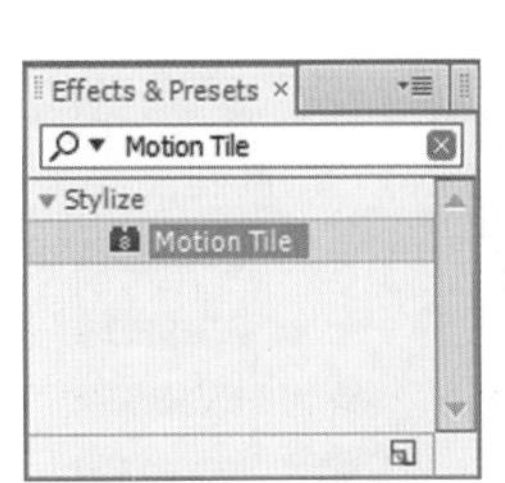

图13.44 添加特效

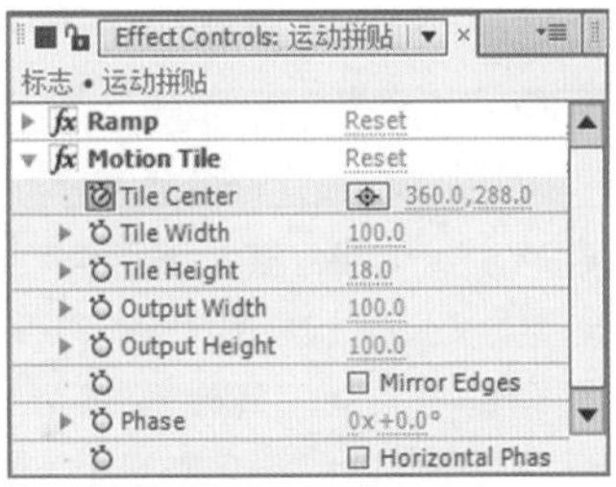

图13.45 参数设置

提示

Tile Center(拼贴中心)：设置拼贴的中心点位置。Tile Width(拼贴宽度)：设置拼贴图像的宽度大小。Tile Height(拼贴高度)：设置拼贴图像的高度大小。Output Width(输出宽度)：设置图像输出的宽度大小。Output Height(输出高度)：设置图像输出的高度大小。Mirror Edges(镜像边缘)：选中该复选框，将对拼贴的图像进行镜像操作。Phase(相位)：设置垂直拼贴图像的位置。Horizontal Phase Shift(水平相位控制)：选中该复选框，可以通过修改Phase(相位)值来控制拼贴图像的水平位置。

(16) 将时间调整到00:00:09:24帧的位置，修改Tile Center(拼贴中心)的值为(360，3500)，如图13.46所示。此时的画面效果如图13.47所示。

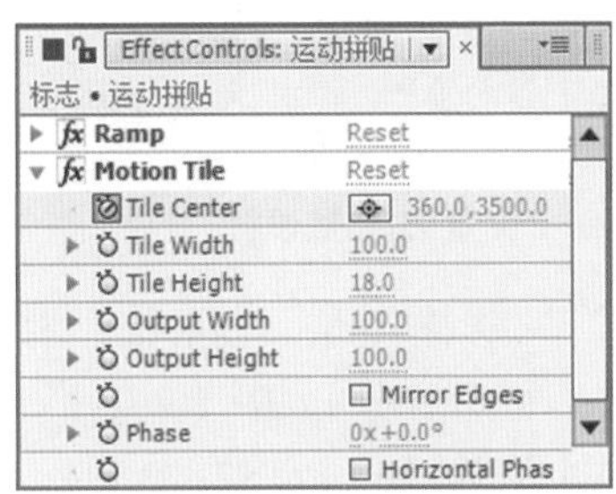

图13.46 拼贴中心值

图13.47 画面效果

(17) 选择“网格”层，在“Ramp”层的Track Matte(轨道蒙版)属性栏里选择Luma Matte“[运动拼贴]”，如图13.48所示。

图13.48 选择Luma Matte“[运动拼贴]”

(18) 这样就完成了“滚动的标志”的制作，在合成窗口中观看动画，其中几帧的画面效果如图13.49所示。

图13.49 其中几帧的画面效果

13.1.4 制作镜头1图像的倒影

(1) 执行菜单栏中的Composition(合成)| New Composition(新建合成)命令，打开Composition Settings(合成设置)对话框，新建一个Composition Name(合成名称)为“最终合成”，Width(宽)为“720”，Height(高)为“576”，Frame Rate(帧率)为“25”，Duration(持续时间)为00:00:10:00秒的合成。

(2) 按Ctrl + Y组合键，打开Solid Settings(固态层设置)对话框，新建一个Name(名称)为“背景”，Color(颜色)为黑色的固态层。

(3) 选择“背景”固态层，在Effects & Presets(效果和预置)面板中展开Generate(创造)特效组，然后双击Ramp(渐变)特效。

(4) 在Effect Controls(特效控制)面板中，设置Start of Ramp(渐变开始)的值为(360，288)，Start Color(开始色)为绿色(R：21；G：139；B：2)，End of Ramp(渐变结束)的值为(360，672)，End Color(结束颜色)为深灰色(R：50；G：50；B：50)，设置Ramp Shape(渐变形状)为Radial Ramp(放射渐变)，如图13.50所示。此时的画面效果如图13.51所示。

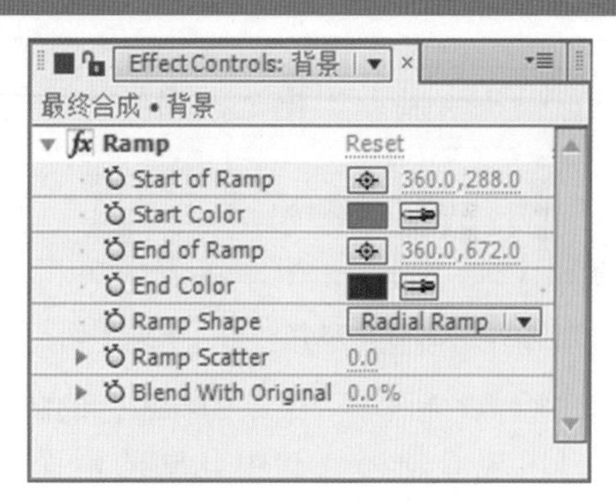

图13.50　渐变参数设置

图13.51　画面效果

技巧

Ramp(渐变)特效在影视后期片头的制作中应用比较普遍，希望读者可以根据自己的想法，使用Ramp(渐变)特效。

(5) 在Project(项目)面板中，选择“文字1”“人物1.psd”“乐器1.psd”“标志”4个素材，将其拖动到时间线面板中，并打开4个素材的三维属性开关，如图13.52所示。此时的画面效果如图13.53所示。

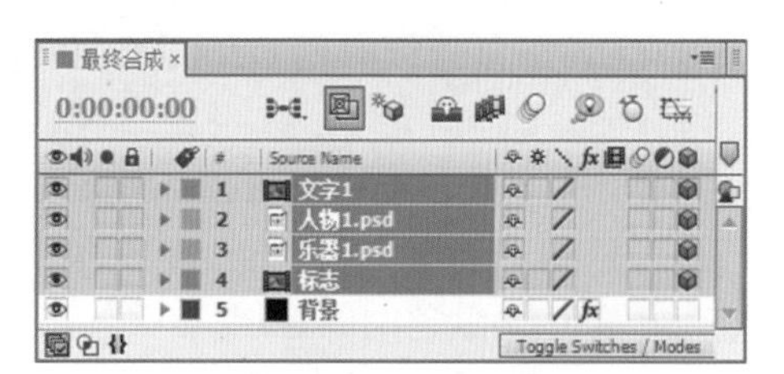

图13.52　添加素材

图13.53　画面效果

(6) 按S键，打开该层的Scale(缩放)选项，然后在时间线面板的空白处单击鼠标，取消选择。分别修改“文字1”层的Scale(缩放)的值为(50，50，50)，“人物1.psd”层的Scale(缩放)的值为(19，19，19)，“乐器1.psd”层的Scale(缩放)的值为(15，15，15)，“标志”层的Scale(缩放)的值为(71，71，71)，如图13.54所示，将“标志”层的Mode(模式)修改为Add(相加)。

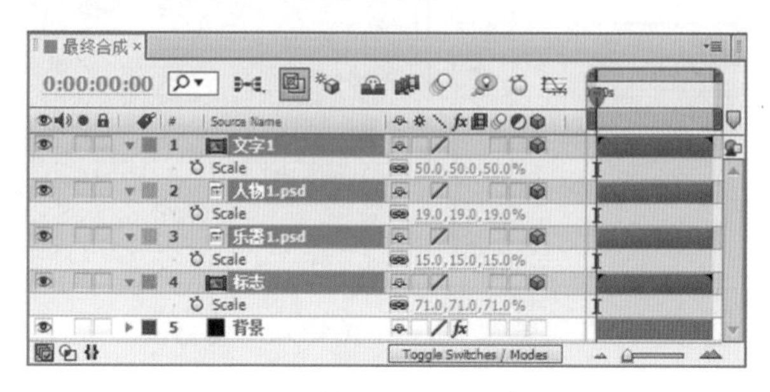

图13.54　修改Scale(缩放)的值

(7) 选择“文字1”“人物1.psd”“乐器1.psd”“标志”4个层，按P键，打开所选层的Position(位置)选项，然后在时间线面板的空白处单击鼠标，取消选择。分别修改“文字1”层的Position(位置)的值为(362，275，-561)，“人物1.psd”层的Position(位置)的值为(395，297，-551)，“乐器1.psd”层的Position(位置)的值为(304，276，-552)，“标志”层的Position(位置)的值为(446，60，-40)，如图13.55所示。

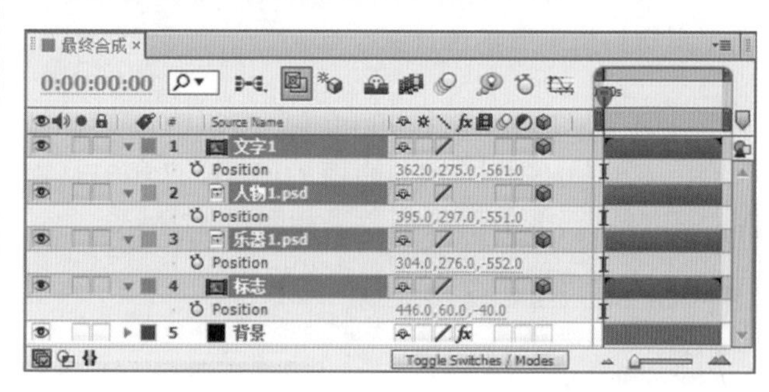

图13.55　Position(位置)的参数设置

(8) 选择“文字1”“标志”层，按R键，打开Rotation(旋转)选项，然后分别设置“文字1”层的Orientation(方向)的值为(351，357，353)，Y Rotation(Y轴旋转)的值为-19°；“标志”层的Orientation(方向)的值为(0，38°，0)，X Rotation(X轴旋转)的值为-19°，Y Rotation(Y轴旋转)的值为13°，如图13.56所示。此时的画面效果，如图13.57所示。

(9) 再次选择“文字1”“人物1.psd”“乐器1.psd”“标志”4个层，按Ctrl + D组合键，将复制出4个层，并将复制层分别重命名为“文字1 倒影”“人物1 倒影”“乐器1 倒影”“标志 倒影”，如图13.58所示。

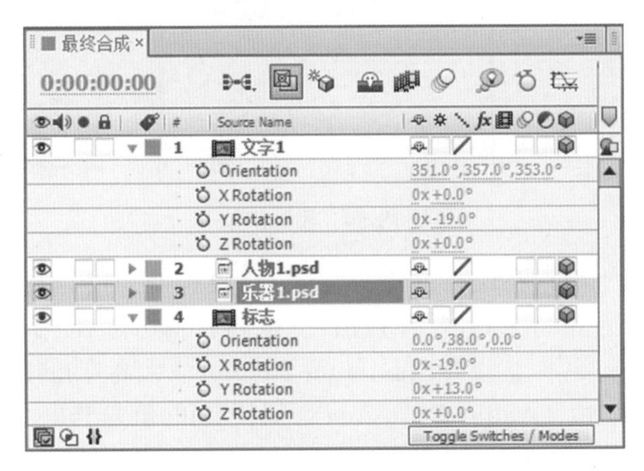

图13.56　修改旋转值

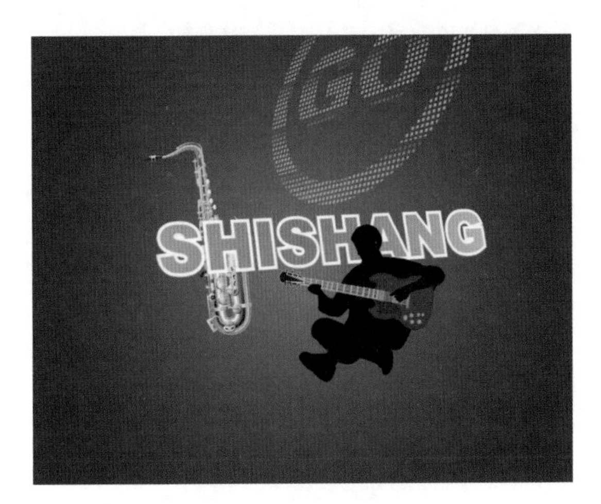

图13.57　画面效果

图13.58　重命名图层

(10) 选择“文字1 倒影”“人物1 倒影”“乐器1 倒影”“标志 倒影”层，按S键，打开Scale(缩放)选项，分别设置“文字1 倒影”层的Scale(缩放)的值为(50，-50，50)，“人物1 倒影”层的Scale(缩放)的值为(19，-19，19)，“乐器1 倒影”层的Scale(缩放)的值为(15，-15，15)，“标志 倒影”层的Scale(缩放)的值为(71，-71，71)，如图13.59所示。

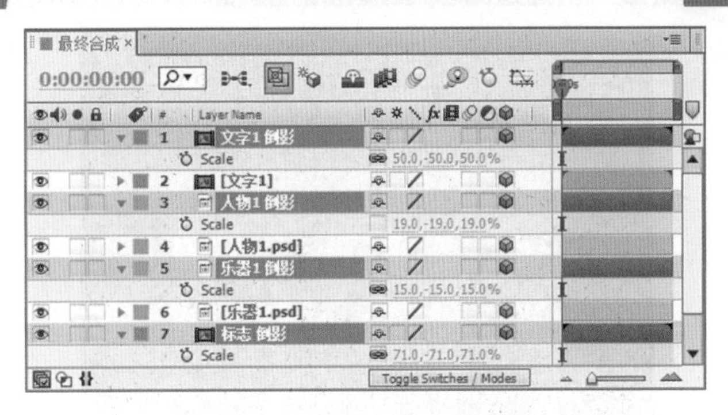

图13.59　修改Scale(缩放)的值

(11) 选择“文字1 倒影”“人物1 倒影”“乐器1 倒影”“标志 倒影”层，按P键，打开Position(位置)选项，分别设置“文字1 倒影”层的Position(位置)的值为(370，374，-576)，“人物1 倒影”层的Position(位置)的值为(395，419，-551)，“乐器1 倒影”层的Position(位置)的值为(304，387，-552)，“标志 倒影”层的Position(位置)的值为(446，645，-40)，如图13.60所示。

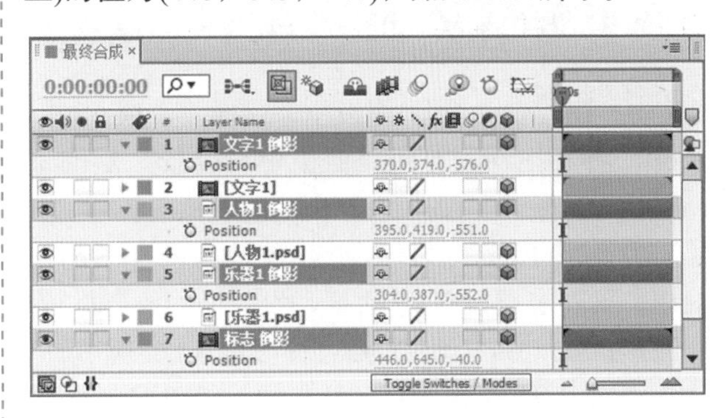

图13.60　修改Position(位置)的值

(12) 选择“文字1 倒影”“人物1 倒影”“乐器1 倒影”“标志 倒影”层，按T键，打开所选层的Opacity(不透明度)选项，设置Opacity(不透明度)的值为50%，如图13.61所示。此时的画面效果如图13.62所示。

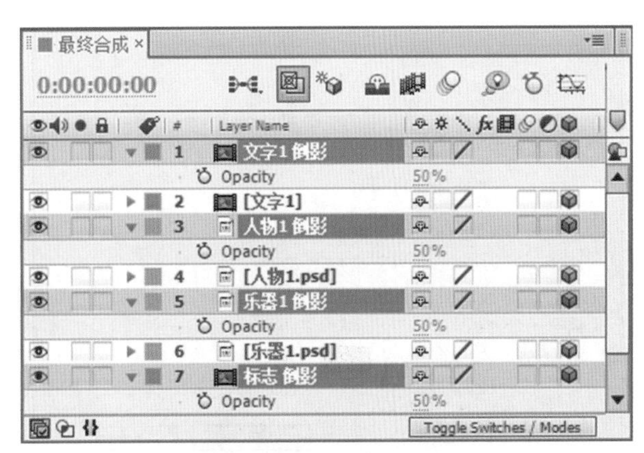

图13.61　不透明度设置

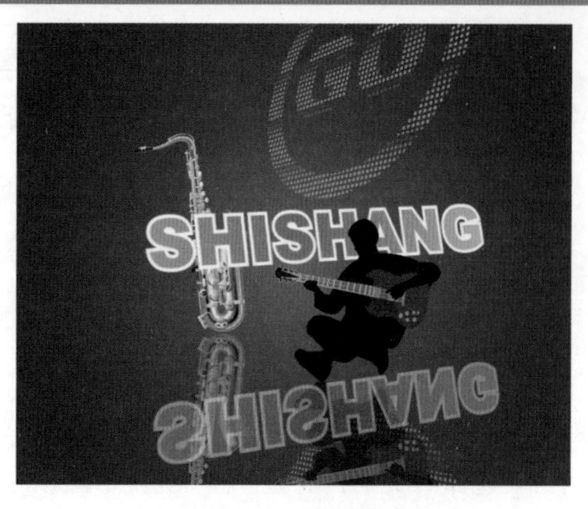

图13.62　画面效果

在制作倒影时最关键的调节是Opacity(不透明度)的调节。

13.1.5　制作镜头1动画

(1) 在Project(项目)面板中，选择“音频.wav”素材，将其拖动到时间线面板中“背景”层的下一层。

(2) 然后按Ctrl + Y组合键，打开Solid Settings(固态层设置)对话框，设置Name(名称)为“波形1”，Color(颜色)为黑色，如图13.63所示。

(3) 选择“波形1”固态层，在Effects & Presets(效果和预置)面板中展开Generate(创造)特效组，然后双击Audio Waveform(音波)特效，如图13.64所示。

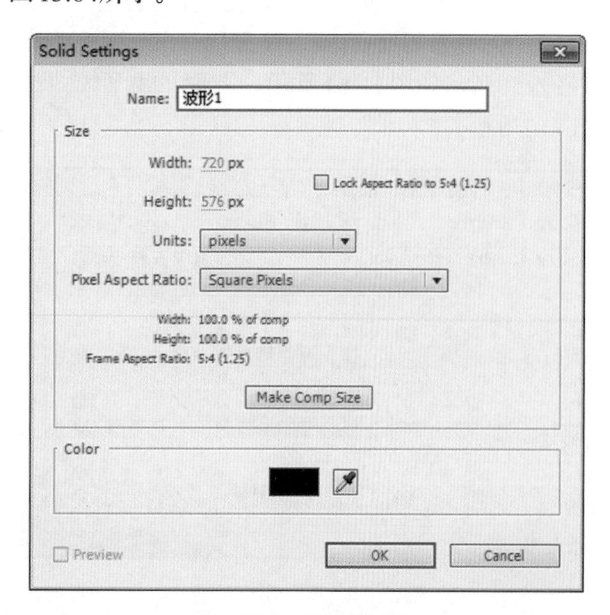

图13.63　固态层设置

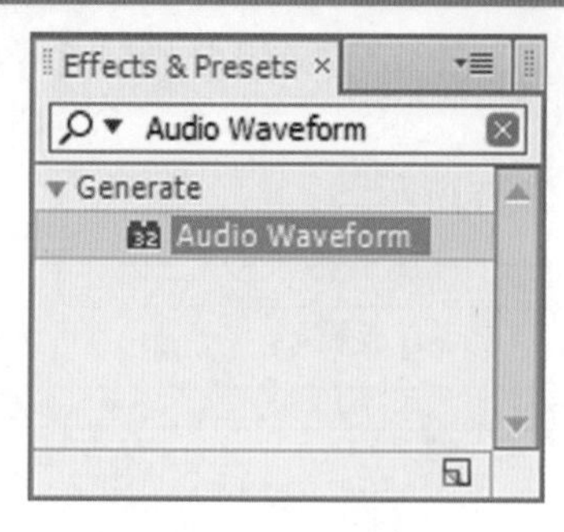

图13.64　添加特效

(4) 在Effect Controls(特效控制)面板中，在Audio Layer(音频层)下拉列表框中选择“音频.wav”，设置Maximum Height(最大高度)的值为150，Audio Duration(音频长度)的值为5500，Softness(柔化)的值为0%，Inside Color(内部颜色)为浅绿色(R：72；G：255；B：0)，Outside Color(外围颜色)为绿色(R：56；G：208；B：44)，并从Display Options(显示选项)下拉列表框中选择Digital(数字)，如图13.65所示。画面效果如图13.66所示。

图13.65　音波参数设置

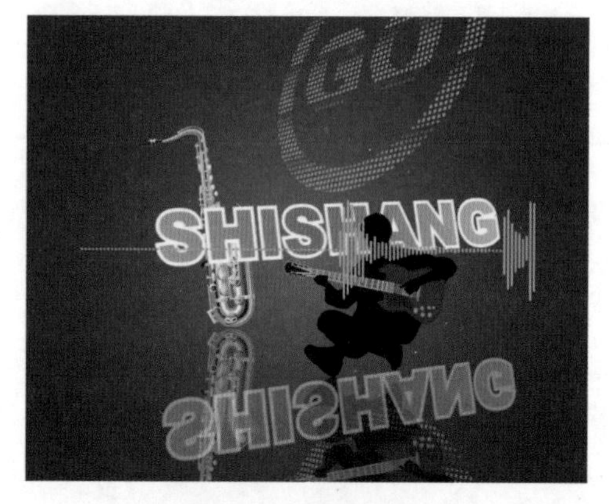

图13.66　画面效果

提示

Audio Layer(音频层)：从右侧的下拉列表框中，选择一个合成中的声波参考层。声波参考层要首先添加到时间线中才可以应用。Start Point(起点位置)：在没有应用Path选项的情况下，指定声波图像的起点位置。End Point(结束点)：在没有应用Path选项的情况下，指定声波图像的终点位置。Path(路径)：选择一条路径，让波形沿路径变化。Audio Duration(音频持续时间)：指定声波保持时长，以毫秒为单位。Audio Offset(音频偏移)：指定显示声波的偏移量，以毫秒为单位。Softness(柔化)：设置声波线的软边程度。值越大，声波线边缘越柔和。Random Seed(随机数量)：设置声波线的随机数量值。Inside Color(内部颜色)：设置声波线的内部颜色，类似图像填充颜色。Outside Color(外围颜色)：设置声波线的外部颜色，类似图像描边颜色。

(5) 确认当前选择为“波形1”层，打开该层的三维属性开关，展开Transform(转换)选项组，设置Position(位置)的值为(155，16，0)，Orientation(方向)的值为(0，302，0)，如图13.67所示。此时的波形效果如图13.68所示。

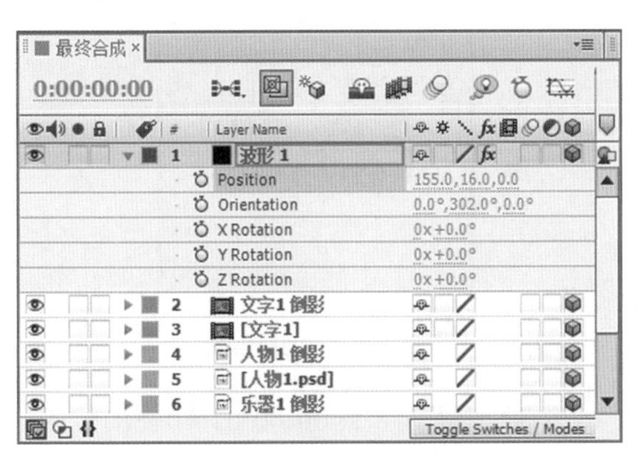

图13.67　打开三维属性

图13.68　画面效果

(6) 添加摄像机。执行菜单栏中的Layer(层)| New(新建)| Camera(摄像机)命令，打开Camera Settings(摄像机设置)对话框，设置Preset(预置)为Custom(自定义)，参数设置如图13.69所示。单击OK(确定)按钮，在时间线面板中将会创建一个摄像机。

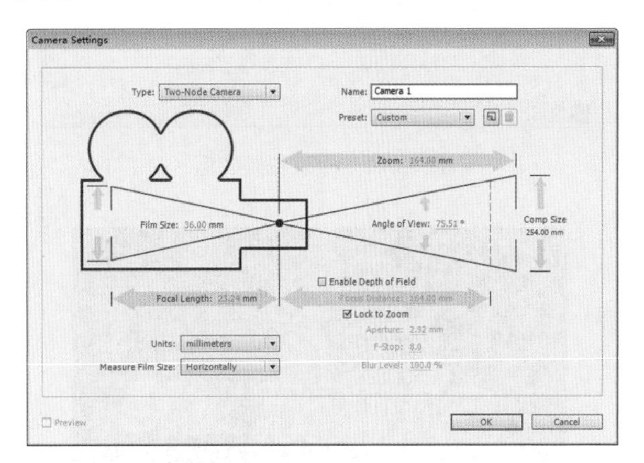

图13.69　摄像机设置对话框

(7) 将时间调整到00:00:00:00帧的位置，选择“Camera 1”层，展开Transform(转换)、Camera Options(摄像机选项)选项组，然后单击Position(位置)左侧的码表按钮，在当前位置设置关键帧，并设置Position(位置)的值为(360，288，-189)，Zoom(缩放)的值为747，Focus Distance(焦距)的值为1067，Aperture(光圈)的值为25，如图13.70所示。

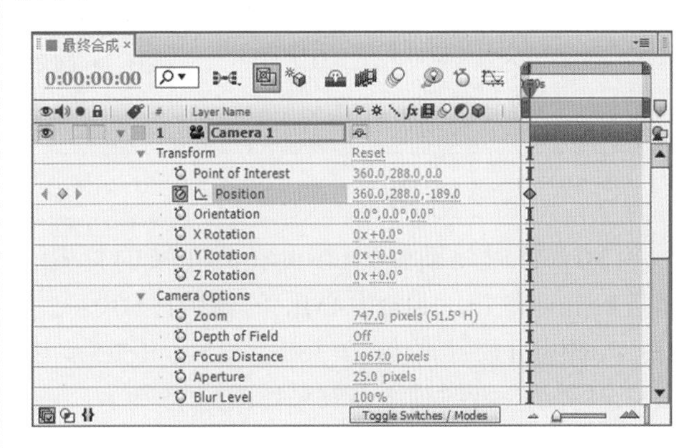

图13.70　Camera的参数设置

(8) 将时间调整到00:00:00:20帧的位置，修改Position(位置)的值为(360，288，-820)，如图13.71所示。此时的画面效果如图13.72所示。

(9) 将时间调整到00:00:02:00帧的位置，单击Point of Interest(中心点)左侧的码表按钮，在当前位置设置关键帧，并单击Position(位置)左侧的Add or remove keyframe at current time(在当前时间添加或删除关键帧)按钮，为Position(位置)添加一个保

持关键帧，如图13.73所示。

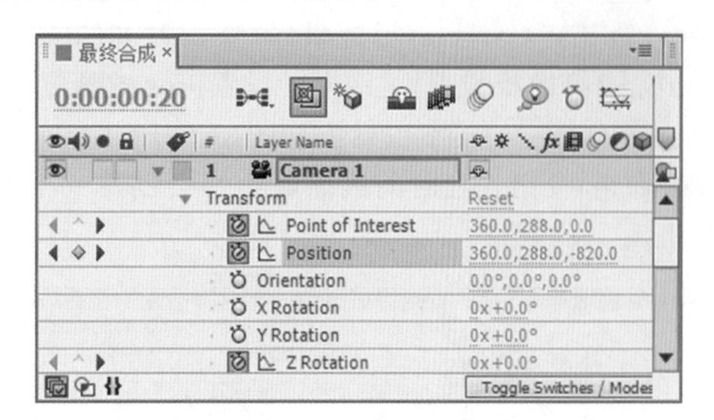

图13.71 修改位置的值

图13.72 画面效果

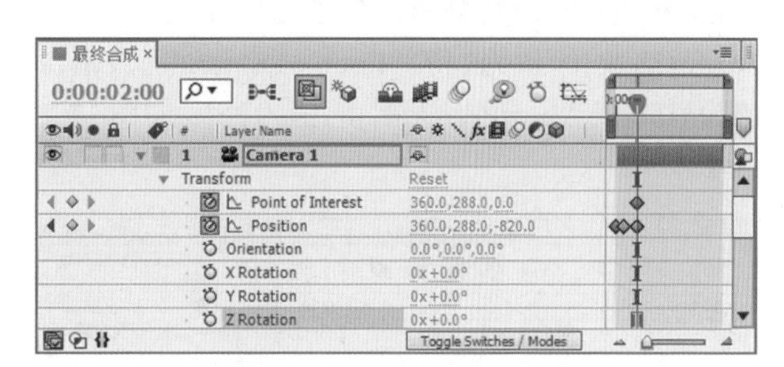

图13.73 为中心点设置关键帧

(10) 将时间调整到00:00:03:00帧的位置，设置Point of Interest(中心点)的值为(360，22，0)，Position(位置)的值为(360，385，-1633)，如图13.74所示。此时的画面效果如图13.75所示。

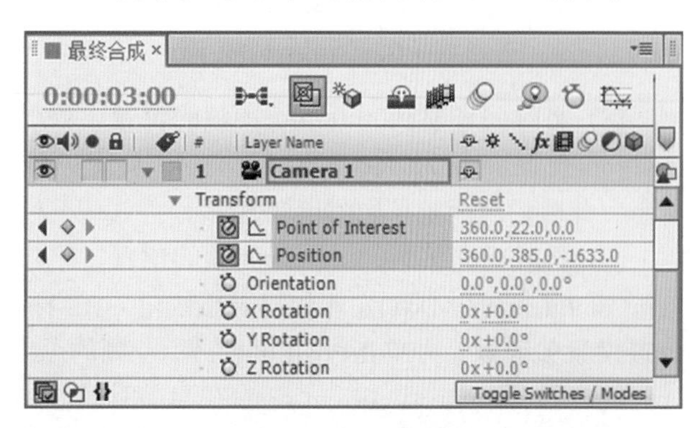

图13.74 改参数值

图13.75 画面效果

(11) 添加调整层。执行菜单栏中的Layer(层)|New(新建)| Adjustment Layer(调整层)命令，在时间线面板中将会创建一个“Adjustment Layer1”调整层，将其拖放到“Camera 1”层的下一层。

按Ctrl + Alt + Y组合键，可以快速添加Adjustment Layer(调整层)。

(12) 选择“Adjustment Layer1”层，在Effects & Presets(效果和预置)面板中展开Blur & Sharpen(模糊与锐化)特效组，然后双击Fast Blur(快速模糊)特效，如图13.76所示。

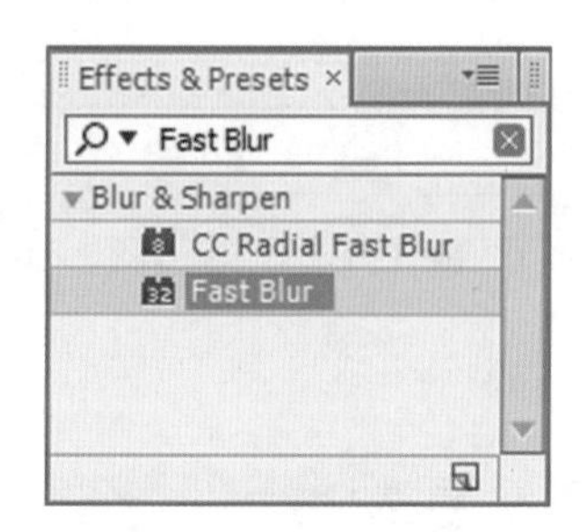

图13.76 添加特效

(13) 将时间调整到00:00:02:10帧的位置，在Effect Controls(特效控制)面板中，单击Blurriness(模糊量)左侧的码表按钮，在当前位置设置关键帧，参数设置，如图13.77所示。

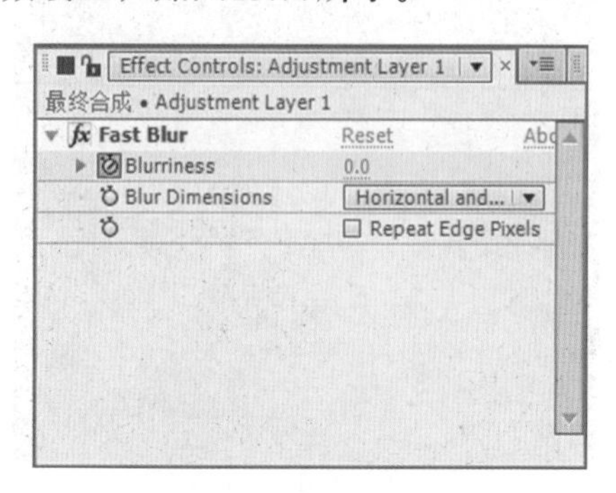

图13.77 设置关键帧

(14) 将时间调整到00:00:03:00帧的位置，修改Blurriness(模糊量)的值为12，如图13.78所示。此时的画面效果如图13.79所示。

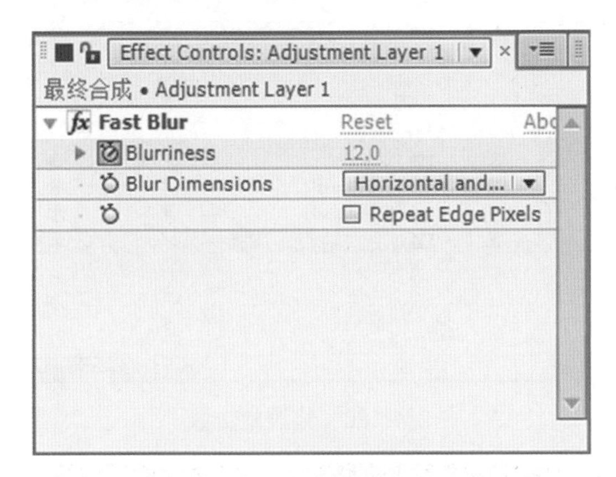

图13.78 模糊值为12

图13.79 画面效果

13.1.6 制作镜头2图像的倒影

(1) 在Project(项目)面板中，选择“跳动的音波”“文字2”“人物2.psd”“乐器2.psd”“标志”5个素材，将其拖动到时间线面板中，并打开5个素材的三维属性开关，如图13.80所示。此时的画面效果如图13.81所示。

(2) 按S键，打开该层的Scale(缩放)选项，然后在时间线面板的空白处单击鼠标，取消选择。分别修改“跳动的音波”层的Scale(缩放)的值为(30，30，30)，“文字2”层的Scale(缩放)的值为(40，40，40)，“人物2.psd”层的Scale(缩放)的值为(15，15，15)，“乐器2.psd”层的Scale(缩放)的值为(17，17，17)，“标志”层的Scale(缩放)的值为(52，52，52)，如图13.82所示，并将“跳动的音波”“标志”层的Mode(模式)修改为Add(相加)。

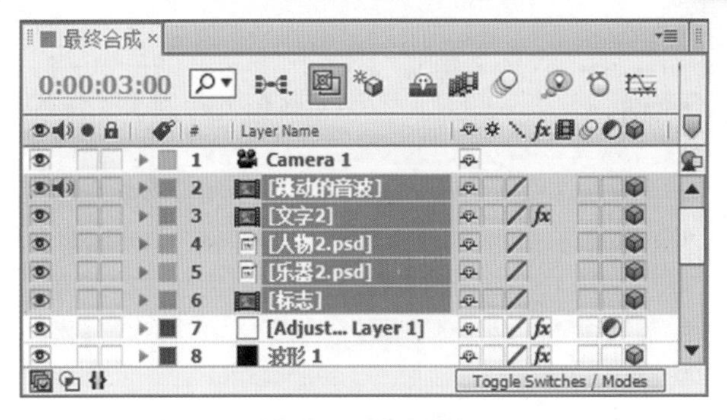

图13.80 添加素材

图13.81 画面效果

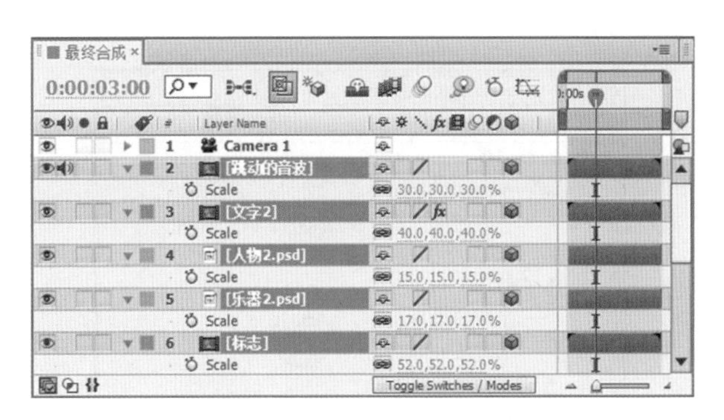

图13.82 修改Scale(缩放)的值

(3) 选择“跳动的音波”“文字2”“人物2.psd”“乐器2.psd”“标志”5个层，按P键，打开所选层的Position(位置)选项，然后在时间线面板的空白处单击鼠标，取消选择。分别修改“跳动的音波”层的Position(位置)的值为(479，288，-1115)，“文字2”层的Position(位置)的值为(365，328，-1419)，“人物2.psd”层的Position(位置)的值为(422，298，-1356)，“乐器2.psd”层的Position(位置)的值为(311，288，-1349)，“标志”层的Position(位置)的值为(282，266，-1155)，如图13.83所示。

图13.83 Position(位置)的参数设置

(4) 选择“文字2”层，在Effects & Presets(效果和预置)面板中展开Obsolete(旧版本)特效组，然后双击Basic 3D(基本3D)特效，如图13.84所示。

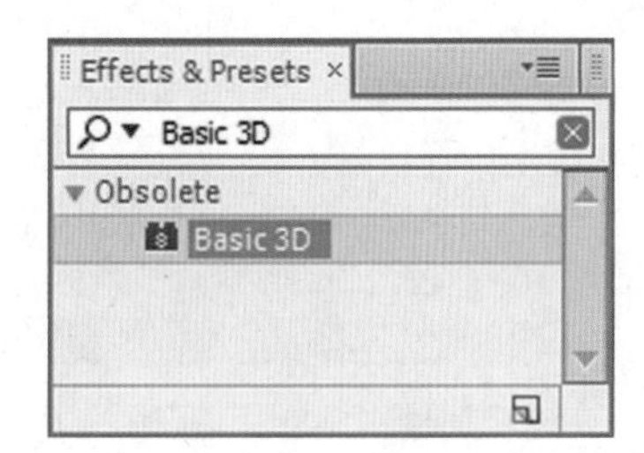

图13.84 添加特效

(5) 在Effect Controls(特效控制)面板中，设置Swivel(扭转)的值为-50，Tilt(倾斜)的值为-15，如图13.85所示。

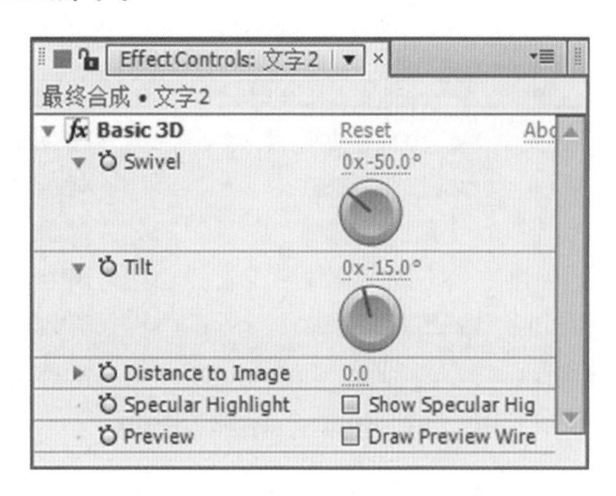

图13.85 参数设置

(6) 选择“跳动的音波”“标志”层，按R键，打开Rotation(旋转)选项，然后分别设置“跳动的音波”层的Y Rotation(Y轴旋转)的值为-38°，“标志”层的Y Rotation(Y轴旋转)的值为-40°，如图13.86所示。此时的画面效果如图13.87所示。

(7) 然后再次选择“跳动的音波”“文字2”“人物2.psd”“乐器2.psd”“标志”5个层，按Ctrl + D组合键，将复制出5个层，并将复制层分别重命名为“跳动的音波 倒影”“文字2 倒影”“人物2 倒影”“乐器2 倒影”“标志 倒影”，如图13.88所示。

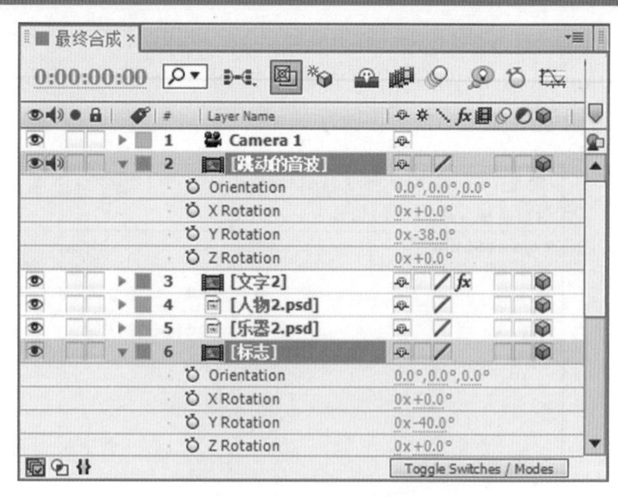

图13.86 修改旋转值

图13.87 画面效果

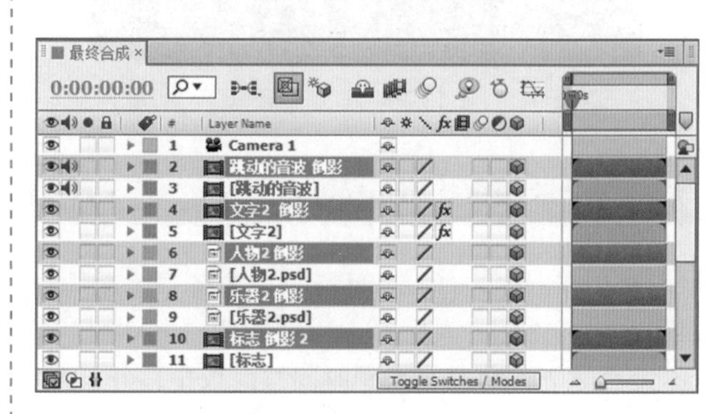

图13.88 重命名图层

(8) 选择“跳动的音波 倒影”“文字2 倒影”“人物2 倒影”“乐器2 倒影”“标志 倒影”层，按S键，打开Scale(缩放)选项，分别设置“跳动的音波 倒影”层的Scale(缩放)的值为(30，-30，30)，“文字2 倒影”层的Scale(缩放)的值为(40，-40，40)，“人物2 倒影”层的Scale(缩放)的值为(15，-15，15)，“乐器2 倒影”层的Scale(缩放)的值为(17，-17，17)，“标志 倒影2”层的Scale(缩放)的值为(52，-52，52)，如图13.89所示。

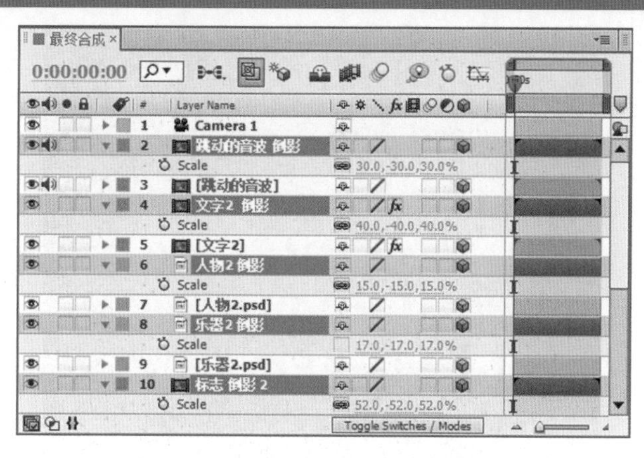

图13.89　修改Scale(缩放)的值

(9) 选择“跳动的音波 倒影”“文字2 倒影”“人物2 倒影”“乐器2 倒影”“标志 倒影”层，按P键，打开Position(位置)选项，分别设置“跳动的音波 倒影”层的Position(位置)的值为(479，470，-1115)，“文字2 倒影”层的Position(位置)的值为(369，414，-1410)，“人物2 倒影”层的Position(位置)的值为(422，412，-1356)，“乐器2 倒影”层的Position(位置)的值为(311，420，-1349)，“标志 倒影2”层的Position(位置)的值为(282，539，-1155)，如图13.90所示。

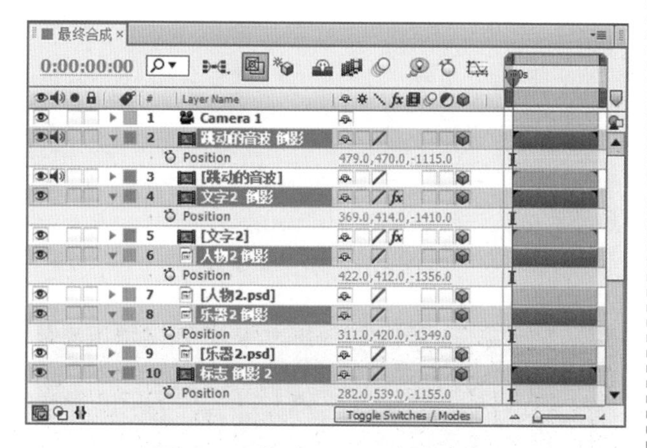

图13.90　修改Position(位置)的值

(10) 选择“跳动的音波 倒影”“文字2 倒影”“人物2 倒影”“乐器2 倒影”“标志 倒影”层，按T键，打开所选层的Opacity(不透明度)选项，设置Opacity(不透明度)的值为50%，如图13.91所示。此时的画面效果如图13.92所示。

如果同时选择了多个图层，在修改其中一层的Opacity(不透明度)的值时，其他层的Opacity(不透明度)的值也会改变。

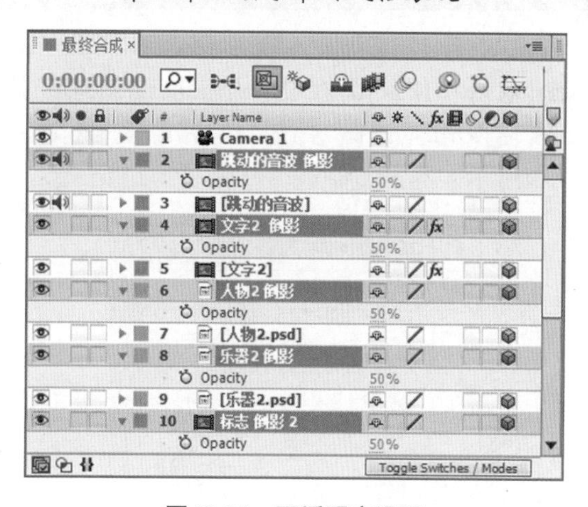

图13.91　不透明度设置

图13.92　画面效果

13.1.7　制作镜头2动画

(1) 制作声波。然后按Ctrl + Y组合键，打开Solid Settings(固态层设置)对话框，设置Name(名称)为“波形2”，Color(颜色)为黑色如图13.93所示。

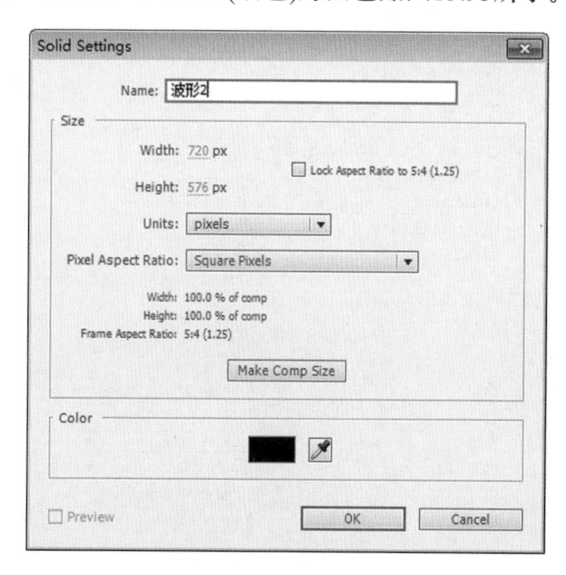

图13.93　固态层设置

(2) 选择“波形2”固态层，在Effects & Presets(效果和预置)面板中展开Generate(创造)特效组，然后双击Audio Spectrum(声谱)特效，如图13.94所示。

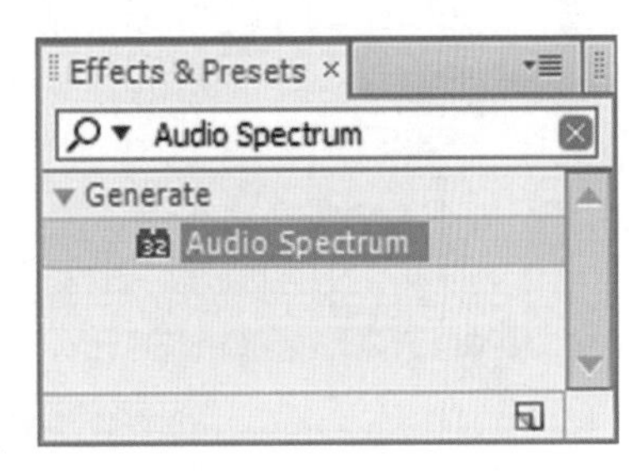

图13.94　添加特效

(3) 在Effect Controls(特效控制)面板中，在Audio Layer(音频层)下拉列表框中选择“23.音频.wav”，设置End Frequency(结束频率)的值为5100，Frequency bands(频率波段)的值为610，Maximum Height(最大高度)的值为19500，Audio Duration(音频长度)的值为8480，Inside Color(内部颜色)为浅绿色(R：72；G：255；B：0)，Outside Color(外围颜色)为绿色(R：56；G：208；B：44)，从Display Options(显示选项)下拉列表框中选择Analog dots(模拟频点式)，选中Duration Averaging(长度均化)复选框，如图13.95所示。画面效果如图13.96所示。

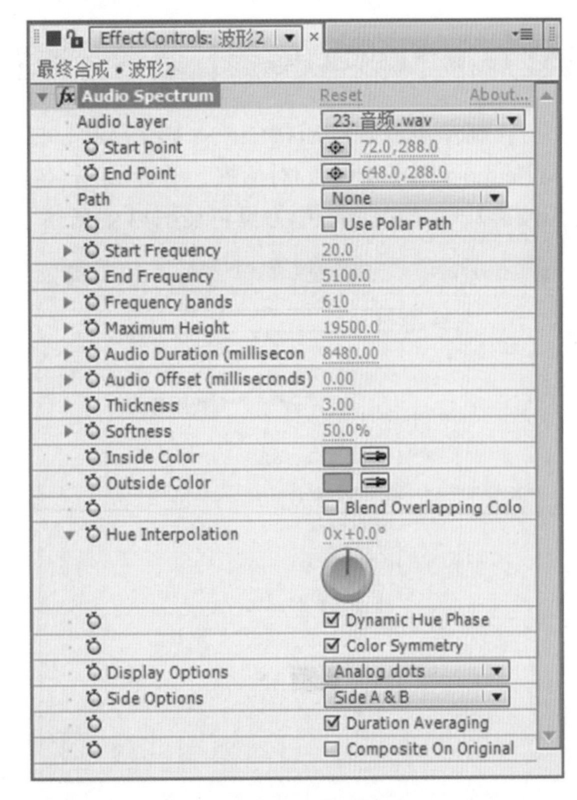

图13.95　声谱参数设置

图13.96　画面效果

(4) 确认当前选择为“波形2”层，打开该层的三维属性开关，展开Transform(转换)选项组，设置Position(位置)的值为(560，185，-1295)，Y Rotation(Y轴旋转)的值为30°，如图13.97所示。此时的波形效果如图13.98所示。

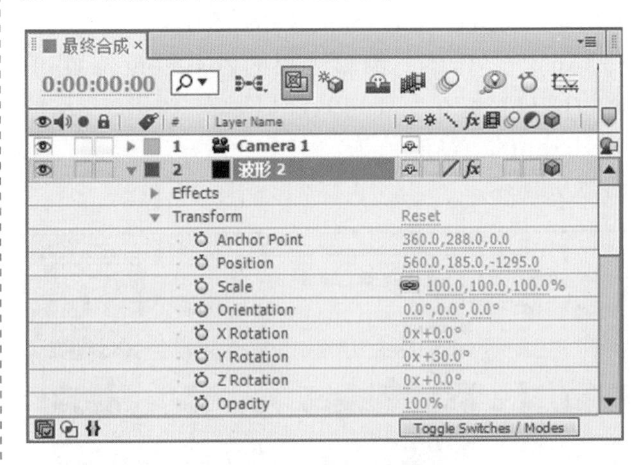

图13.97　打开三维属性

图13.98　画面效果

(5) 将时间调整到00:00:04:10帧的位置，选择

"Camera 1"层，将展开Transform(转换)选项组，单击Point of Interest(中心点)、Position(位置)左侧的Add or remove keyframe at current time(在当前时间添加或删除关键帧)按钮，为Point of Interest(中心点)、Position(位置)添加一个保持关键帧，然后单击Z Rotation(Z轴旋转)左侧的码表按钮，在当前位置设置关键帧，如图13.99所示。

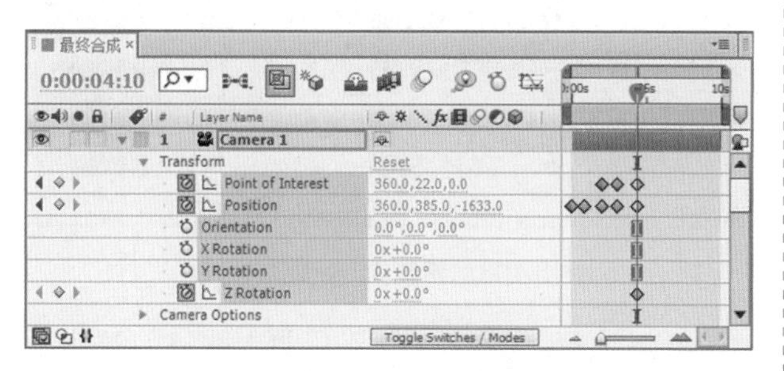

图13.99　Camera的参数设置

(6) 将时间调整到00:00:05:05帧的位置，修改Position(位置)的值为(1535，385，-2030)，Z Rotation(Z轴旋转)的值为1x，如图13.100所示。此时的画面效果如图13.101所示。

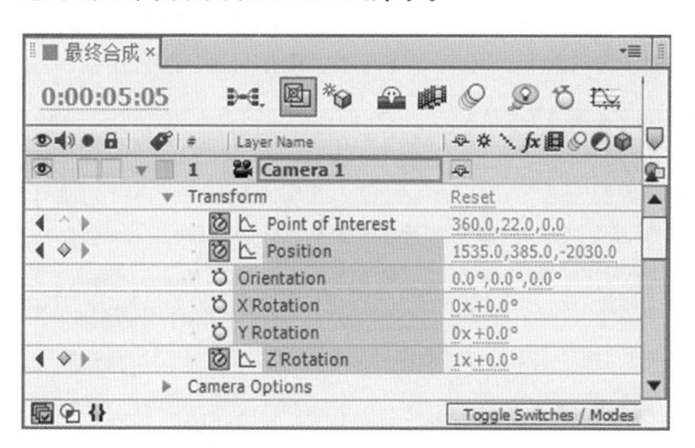

图13.100　修改位置的值

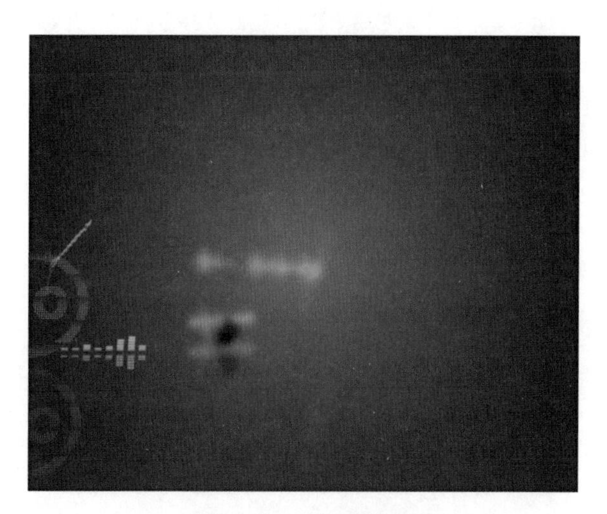

图13.101　画面效果

(7) 添加调整层。执行菜单栏中的Layer(层)| New(新建)| Adjustment Layer(调整层)命令，在时间线面板中将会创建一个"Adjustment Layer 2"调整层，将其拖放到"Camera 1"层的下一层。

(8) 选择"Adjustment Layer 2"层，在Effects & Presets(效果和预置)面板中展开Blur & Sharpen(模糊与锐化)特效组，然后双击Fast Blur(快速模糊)特效，如图13.102所示。

图13.102　添加特效

(9) 将时间调整到00:00:04:22帧的位置，在Effect Controls(特效控制)面板中，单击Blurriness(模糊量)左侧的码表按钮，在当前位置设置关键帧，参数设置如图13.103所示。

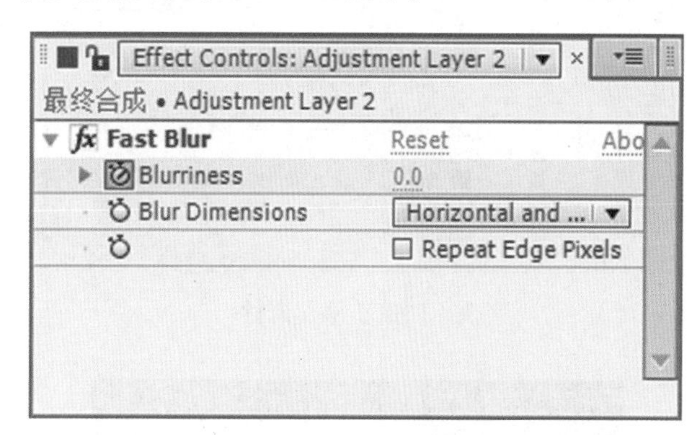

图13.103　设置关键帧

(10) 将时间调整到00:00:05:17帧的位置，修改Blurriness(模糊量)的值为50，如图13.104所示。此时的画面效果如图13.105所示。

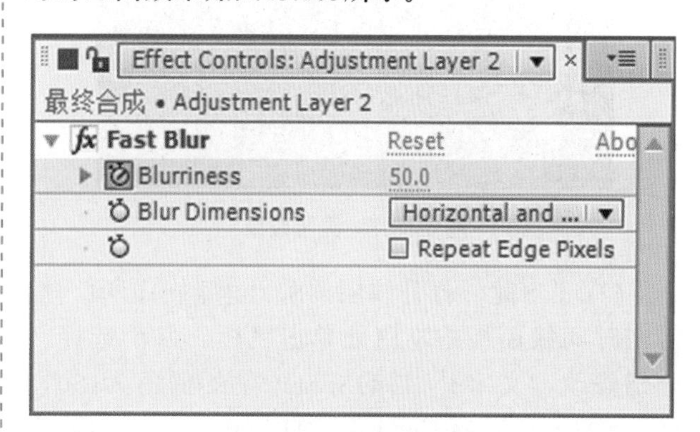

图13.104　模糊值为50

图13.105　画面效果

13.1.8　制作镜头3动画

(1) 在Project(项目)面板中，选择“文字3”“乐器3.psd”“人物3.psd”“标志”4个素材，将其拖动到时间线面板中，并打开4个素材的三维属性开关，如图13.106所示。此时的画面效果如图13.107所示。

图13.106　添加素材

图13.107　画面效果

(2) 按S键，打开该层的Scale(缩放)选项，然后在时间线面板的空白处单击鼠标，取消选择。分别修改“文字3”层的Scale(缩放)的值为(50，50，50)，“乐器3.psd”层的Scale(缩放)的值为(15，15，15)，“人物3.psd”层的Scale(缩放)的值为(20，20，20)，“标志”层的Scale(缩放)的值为(30，30，30)，如图13.108所示，并将“标志”层的Mode(模式)修改为Add(相加)。

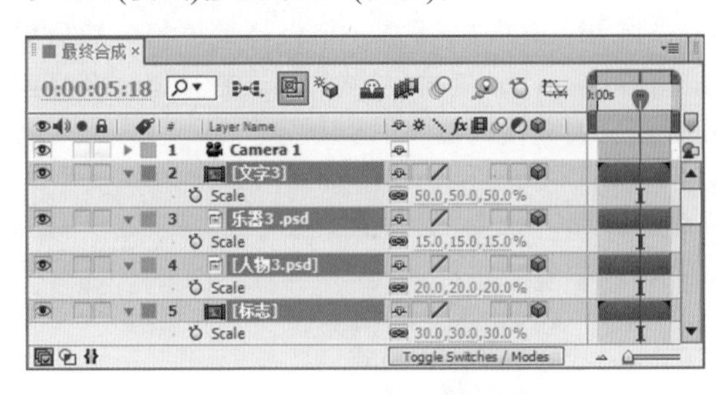

图13.108　修改Scale(缩放)的值

(3) 选择“文字3”“乐器3.psd”“人物3.psd”“标志”4个层，按P键，打开所选层的Position(位置)选项，分别修改“文字3”层的Position(位置)的值为(1382，288，-1778)，“乐器3.psd”层的Position(位置)的值为(1489，358，-1831)，“人物3.psd”层的Position(位置)的值为(1306，342，-1807)，“标志”层的Position(位置)的值为(1455，304，-1768)，如图13.109所示。

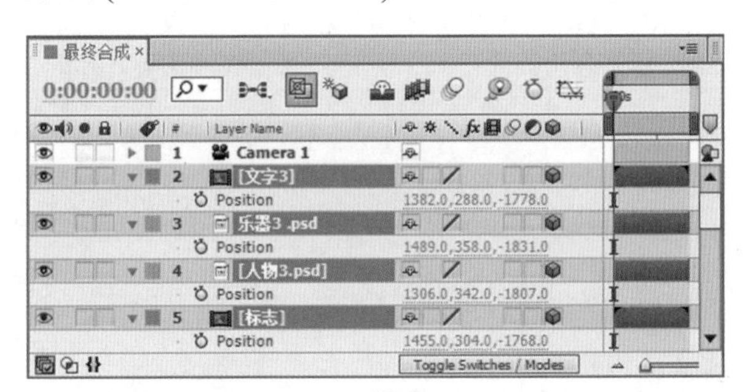

图13.109　Position(位置)的参数设置

(4) 选择“人物3.psd”层，按R键，打开该层的Rotation(旋转)选项，设置Y Rotation(Y轴旋转)的值为-50°，如图13.110所示。此时的画面效果如图13.111所示。

图13.110　修改旋转值

图13.111 画面效果

(5) 然后再次选择“文字3”“乐器3.psd”“人物3.psd”“标志”4个层，按Ctrl + D组合键，将复制出4个层，并将复制层分别重命名为“文字3 倒影”“乐器3 倒影”“人物3 倒影”“标志 倒影3”，如图13.112所示。

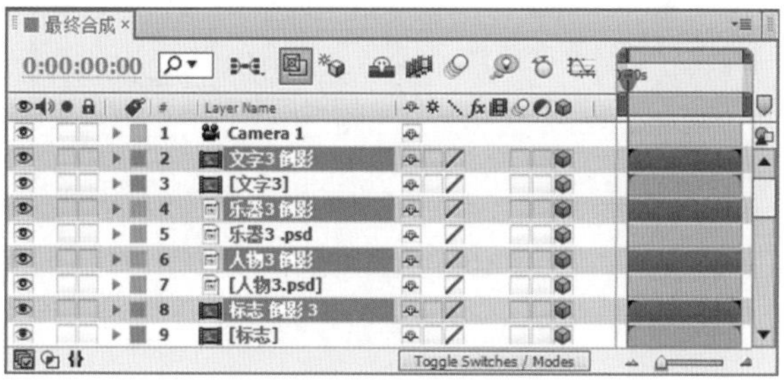

图13.112 重命名图层

(6) 选择“文字3 倒影”“乐器3 倒影”“人物3 倒影”“标志 倒影3”层，按S键，打开Scale(缩放)选项，分别设置“文字3 倒影”层的Scale(缩放)的值为(50，-50，50)，“乐器3 倒影”层的Scale(缩放)的值为(15，-15，15)，“人物3 倒影”层的Scale(缩放)的值为(20，-20，20)，“标志 倒影3”层的Scale(缩放)的值为(30，-30，30)，如图13.113所示。

图13.113 修改Scale(缩放)的值

(7) 选择“文字3 倒影”“乐器3 倒影”“人物3 倒影”“标志 倒影3”层，按P键，打开Position(位置)选项，分别设置“文字3 倒影”层的Position(位置)的值为(1382，449，-1778)，“乐器3 倒影”层的Position(位置)的值为(1489，447，-1831)，“人物3 倒影”层的Position(位置)的值为(1290，495，-1790)，“标志 倒影3”层的Position(位置)的值为(1455，480，-1768)，如图13.114所示。

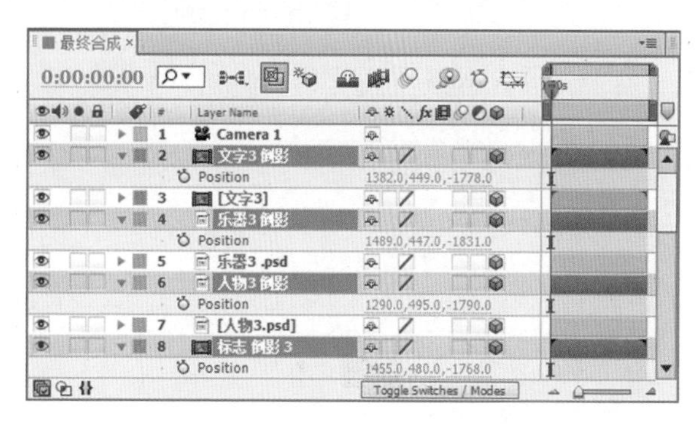

图13.114 修改Position(位置)的值

(8) 选择“文字3 倒影”“乐器3 倒影”“人物3 倒影”“标志 倒影3”层，按T键，打开所选层的Opacity(不透明度)选项，设置Opacity(不透明度)的值为50%，如图13.115所示。此时的画面效果如图13.116所示。

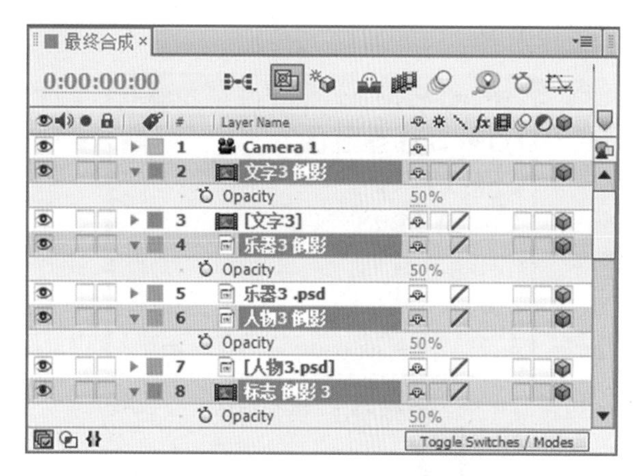

图13.115 不透明度设置

图13.116 画面效果

(9) 制作声波。按Ctrl + Y组合键，打开Solid Settings(固态层设置)对话框，设置Name(名称)为

“波形3”，Color(颜色)为黑色，如图13.117所示。

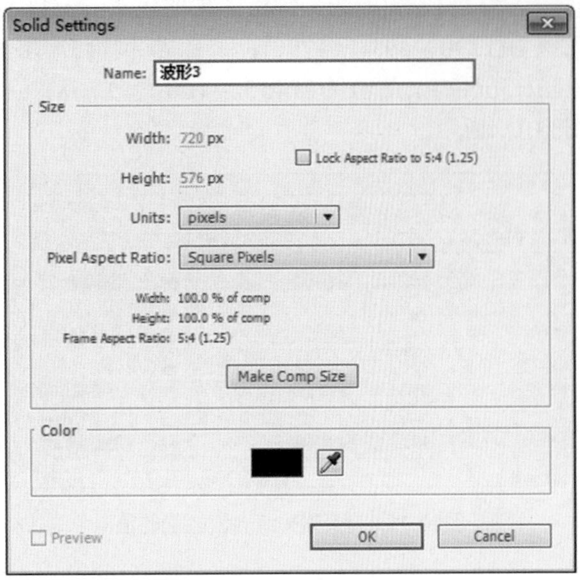

图13.117　固态层设置

(10) 选择“波形3”固态层，在Effects & Presets(效果和预置)面板中展开Generate(创造)特效组，然后双击Audio Spectrum(声谱)特效，如图13.118所示。

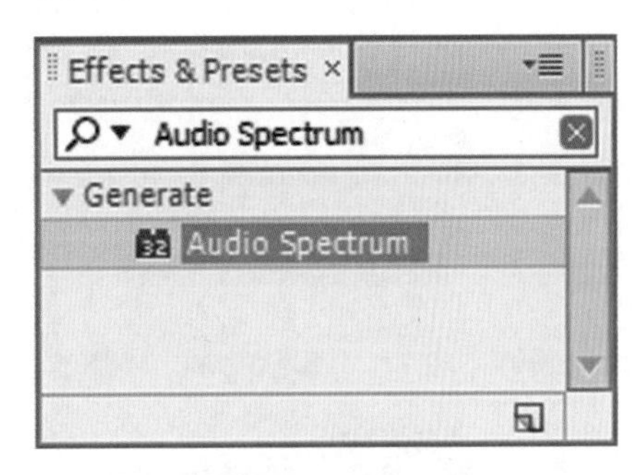

图13.118　添加特效

(11) 在Effect Controls(特效控制)面板中，在Audio Layer(音频层)下拉列表框中选择“33.音频.wav”，设置Start Point(起点位置)的值为(-249，8)，End Point(结束点)的值为(1035，439)，Start Frequency(开始频率)的值为4101，Maximum Height(最大高度)的值为28450，Audio Duration(音频长度)的值为140，Inside Color(内部颜色)为浅绿色(R：72；G：255；B：0)，Outside Color(外围颜色)为绿色(R：56；G：208；B：44)，从Display Options(显示选项)下拉列表框中选择Analog lines(模拟谱线式)，如图13.119所示。画面效果如图13.120所示。

(12) 确认当前选择为“波形3”层，打开该层的三维属性开关，展开Transform(转换)选项组，设置Position(位置)的值为(1487，356，-1907)，Y Rotation(Y轴旋转)的值为1x +81°，如图13.121所示。此时的波形效果如图13.122所示。

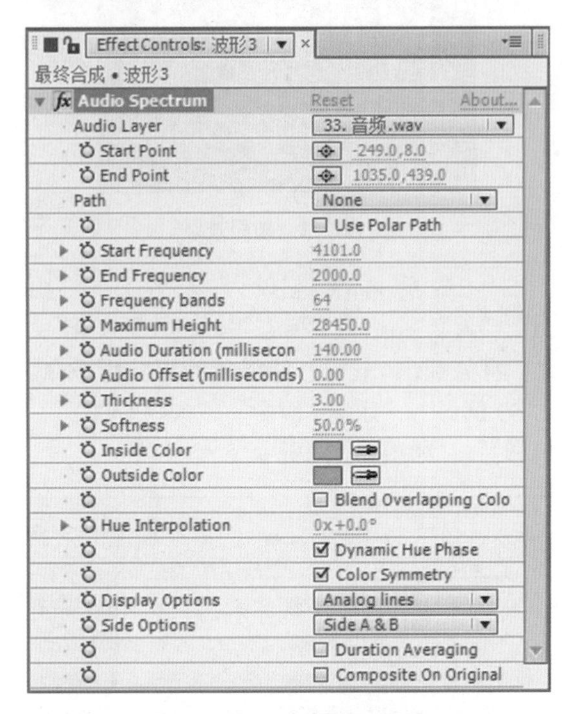

图13.119　声谱参数设置

图13.120　画面效果

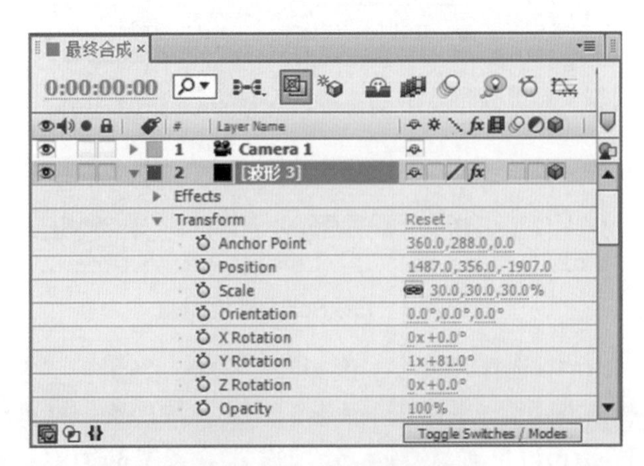

图13.121　三维属性开关

图13.122　画面效果

(13) 将时间调整到00:00:06:20帧的位置，选择“Camera 1”层，按U键，打开该层的所有关键帧，单击Point of Interest(中心点)、Position(位置)左侧的Add or remove keyframe at current time(在当前时间添加或删除关键帧)按钮，为Point of Interest(中心点)、Position(位置)添加一个保持关键帧，如图13.123所示。

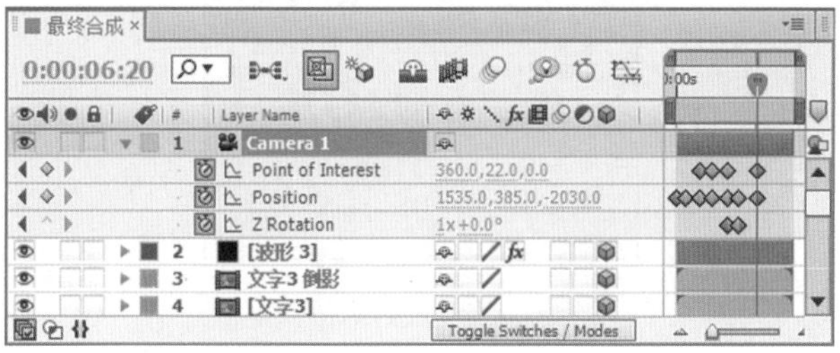

图13.123　Camera的参数设置

(14) 将时间调整到00:00:07:20帧的位置，修改Point of Interest(中心点)的值为(217，-307，0)，Position(位置)的值为(843，576，-2927)，如图13.124所示。此时的画面效果如图13.125所示。

图13.124　修改位置值

图13.125　画面效果

13.1.9　制作镜头4动画

(1) 在Project(项目)面板中，选择“榜.psd”“logo.psd”“标志”3个素材，将其拖动到时间线面板中，并打开3个素材的三维属性开关，如图13.126所示。此时的画面效果如图13.127所示。

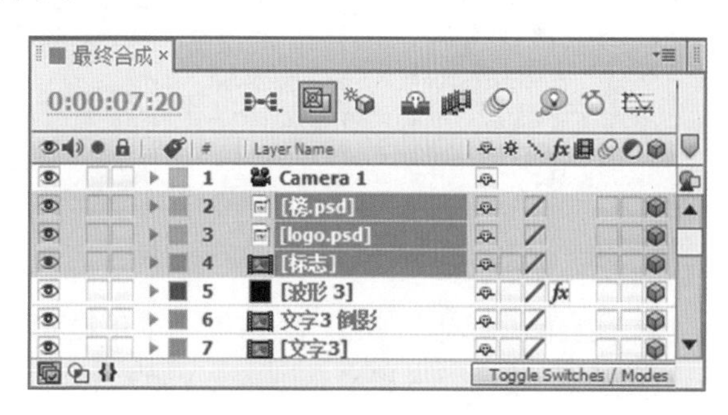

图13.126　添加素材

图13.127　画面效果

(2) 按S键，打开该层的Scale(缩放)选项，分别修改“榜.psd”层的Scale(缩放)的值为(43，43，43)，“logo.psd”层的Scale(缩放)的值为(40，40，40)，“标志”层的Scale(缩放)的值为(138，138，138)，如图13.128所示，并将“标志”层的Mode(模

式)修改为Add(相加)。

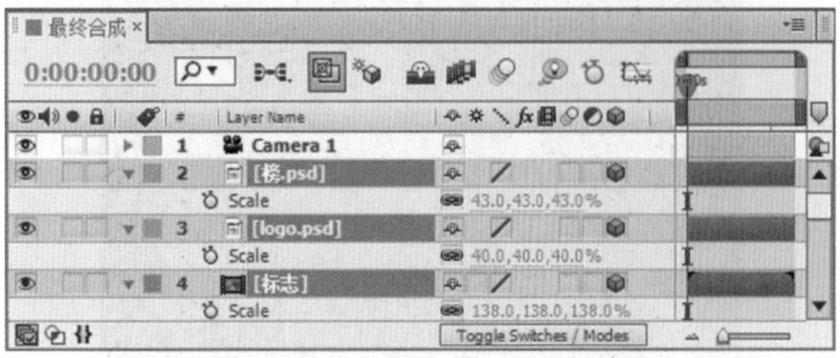

图13.128　修改Scale(缩放)的值

(3) 选择“榜.psd”“logo.psd”“标志”3个层，按P键，打开所选层的Position(位置)选项，分别修改“榜.psd”层的Position(位置)的值为(729，393，-2945)，“logo.psd”层的Position(位置)的值为(723，335，-2339)，“标志”层的Position(位置)的值为(700，290，-2192)，如图13.129所示。

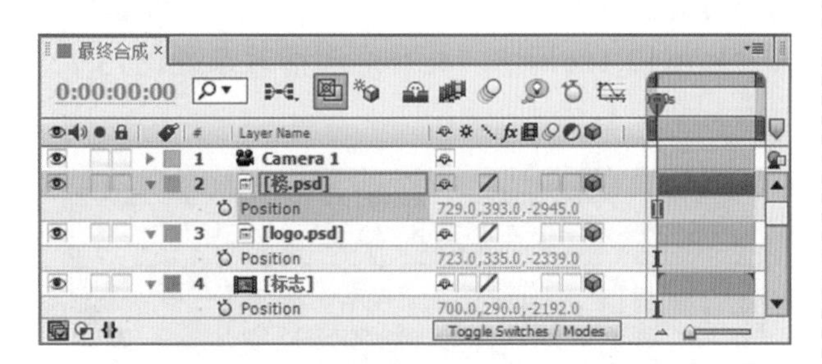

图13.129　Position(位置)的参数设置

(4) 选择“标志”层，按R键，打开该层的Rotation(旋转)选项，设置Y Rotation(Y轴旋转)的值为16°，如图13.130所示。此时的画面效果如图13.131所示。

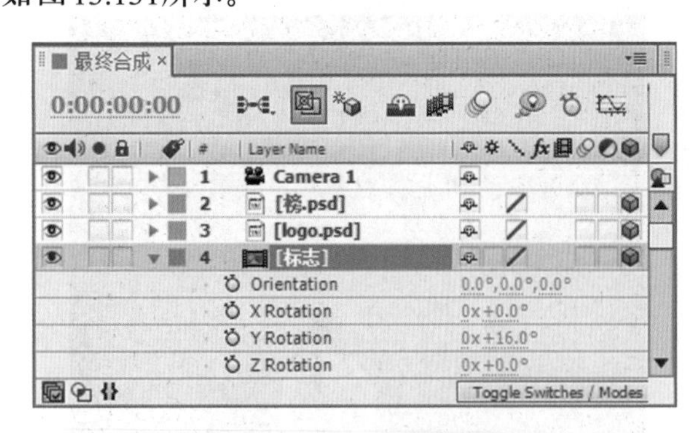

图13.130　修改旋转的值

(5) 选择“榜.psd”“logo.psd”层，按Ctrl＋D组合键，将复制出两个层，并将复制层分别重命名为“榜 倒影”“logo 波纹”，如图13.132所示。

(6) 选择“logo 波纹”层，在Effects & Presets(效果和预置)面板中展开Stylize(风格化)特效组，然后双击Roughen Edges(粗糙边缘)特效，如图13.133所示。

图13.131　画面效果

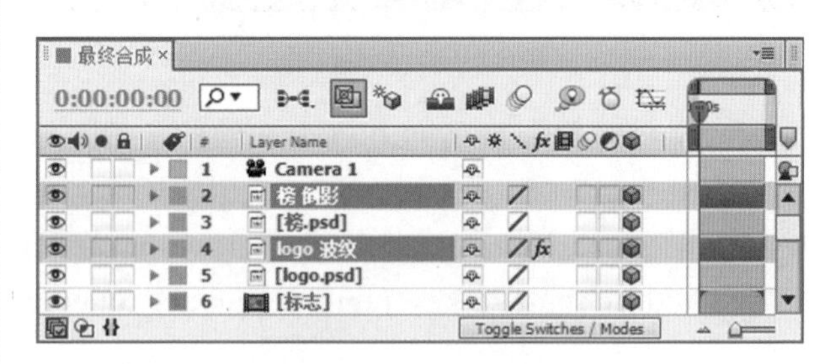

图13.132　重命名图层

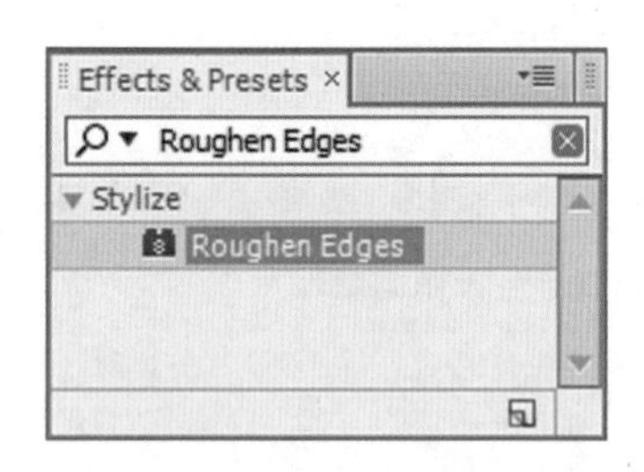

图13.133　添加特效

(7) 将时间调整到00:00:07:01帧的位置，在Effect Controls(特效控制)面板中，设置Border(边框)的值为70，Edge Sharpness(边缘锐化)的值为10，Scale(缩放)的值为400，并单击Offset(偏移)左侧的码表按钮，在当前位置设置关键帧，参数设置如图13.134所示。

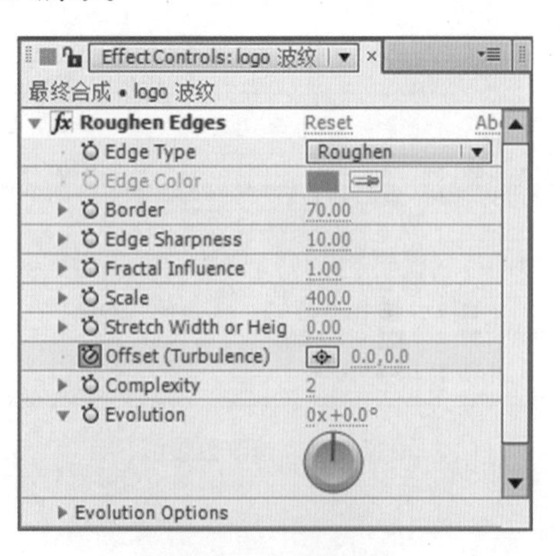

图13.134　参数设置

提示

Edge Type(边缘类型)：可从右侧的下拉列表框中，选择用于粗糙边缘的类型。Edge Color(边缘颜色)：指定边缘粗糙时所使用的颜色。Border(边框)：用来设置边缘的粗糙程度。Edge Sharpness(边缘锐化)：用来设置边缘的锐化程度。Fractal Influence(不规则碎片)：用来设置边缘的不规则程度。Scale(缩放)：用来设置不规则碎片的大小。Stretch Width or Height：用来设置边缘碎片的拉伸强度。正值为水平拉伸；负值为垂直拉伸。Offset(偏移)：用来设置边缘在拉伸时的位置。Complexity(复杂性)：用来设置边缘的复杂程度。

(8) 将时间调整到00:00:09:24帧的位置，设置Offset(偏移)的值为(320，0)，如图13.135所示。此时的画面效果如图13.136所示。

Effect Controls: logo 波纹
最终合成 • logo 波纹
Roughen Edges　Reset
Edge Type　Roughen
Edge Color
Border　70.00
Edge Sharpness　10.00
Fractal Influence　1.00
Scale　400.0
Stretch Width or Heig　0.00
Offset (Turbulence)　320.0,0.0
Complexity　2
Evolution　0x+0.0°
Evolution Options

图13.135　设置偏移值

图13.136　画面效果

(9) 选择“榜 倒影”“榜.psd”层，将时间调整到00:00:08:15帧的位置，按P键，打开Position(位置)选项，单击Position(位置)左侧的码表按钮，在当前位置设置关键，如图13.137所示。

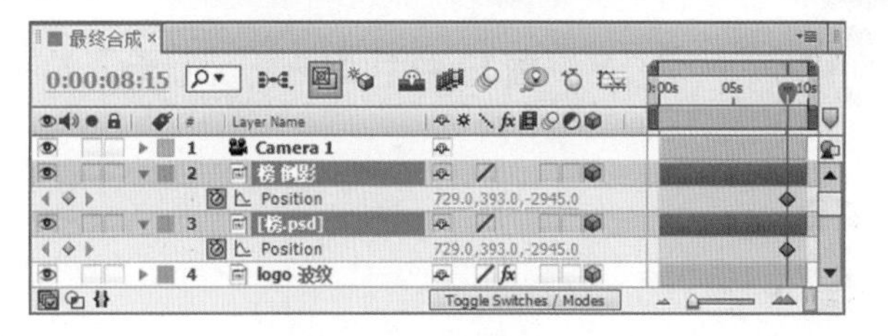

图13.137　设置关键帧

(10) 将时间调整到00:00:08:22帧的位置，修改“榜 倒影”层的Position(位置)的值为(743，567，-2352)，“榜.psd”层的Position(位置)的值为(743，423，-2352)，如图13.138所示。

图13.138　修改Position(位置)的值

(11) 选择“榜 倒影”层，按S键，打开该层的Scale(缩放)选项，设置Scale(缩放)的值为(43，-43，43)，如图13.139所示。

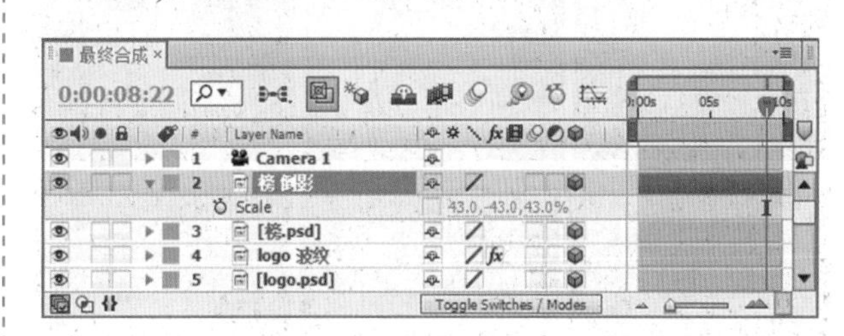

图13.139　修改Scale(缩放)的值

(12) 按T键，打开“榜 倒影”层的Opacity(不透明度)选项，将时间调整到00:00:08:16帧的位置，单击Opacity(不透明度)左侧的码表按钮，在当前位置设置关键帧，并设置Opacity(不透明度)的值为0%。将时间调整到00:00:09:05帧的位置，修改Opacity(不透明度)的值为50%，如图13.140所示。

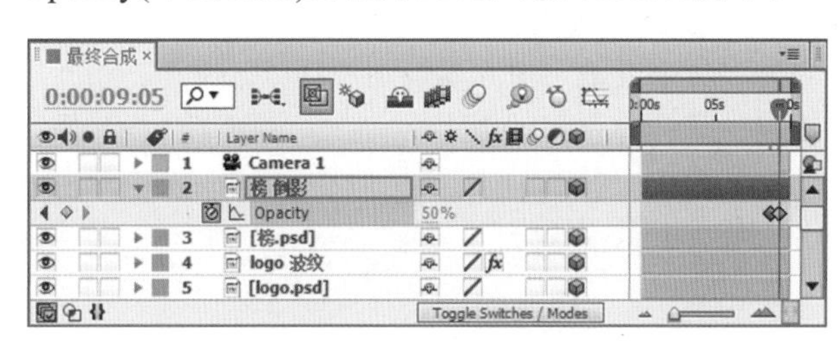

图13.140　为Opacity(不透明度)设置关键帧

(13) 这样就完成了“时尚音乐”的整体制作，按小键盘上的“0”键播放预览。最后将文件保存并输出成动画。

13.2 娱乐节目栏目包装——天天卫视

实例说明

"天天卫视"是一个关于Logo演绎的电视栏目包装，如今的电视频道都很注重包装，这样可以使观众更加清楚与深刻地记住该频道。首先利用Fractal Noise(分形噪波)、Colorama(色彩渐变映射)等特效制作出彩光效果，然后通过添加Shatter(碎片)特效，以及配合力场和动力学参数的调整，制作出图像碎片的效果，最后通过添加虚拟物体，制作出Logo旋转动画。本例最终的动画流程效果如图13.141所示。

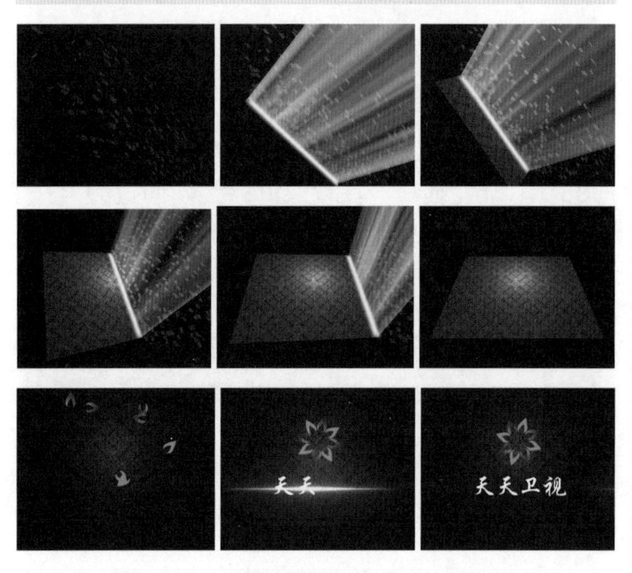

图13.141　天天卫视最终动画流程效果

学习目标

1.学习彩色光效的制作方法以及如何利用碎片特效制作画面粉碎效果

2.掌握切割特效的制作技巧

3.掌握电视栏目包装的制作技巧。

操作步骤

13.2.1　导入素材

(1) 执行菜单栏中的Composition(合成)| New Composition(新建合成)命令，打开Composition Settings(合成设置)对话框，设置Composition Name(合成名称)为"彩光"，Width(宽)为"720"，Height(高)为"576"，Frame Rate(帧率)为"25"，并设置Duration(持续时间)为00:00:06:00秒，如图13.142所示。单击OK(确定)按钮，在Project(项目)面板中，将会新建一个名为"彩光"的合成，如图13.143所示。

技巧

按Ctrl + N组合键，也可以打开Composition Settings(合成设置)对话框。

(2) 执行菜单栏中的File(文件)| Import(导入)| File(文件)命令，打开Import File(导入文件)对话框，选择配套光盘中的"工程文件\第13章\天天卫视\Logo.psd"素材，如图13.144所示。

(3) 单击【打开】按钮，将打开Logo.psd对话框，在Import Kind(导入类型)的下拉列表框中选择Composition(合成)选项，将素材以合成的方式导入，如图13.145所示。单击OK(确定)按钮，素材将导入Project(项目)面板中。

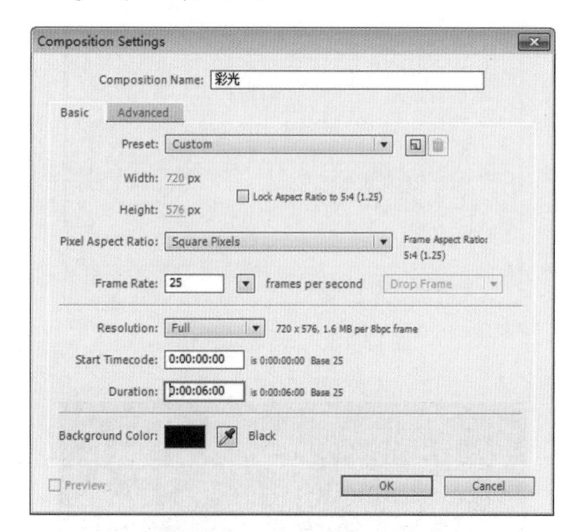

图13.142　合成设置

图13.143　新建合成

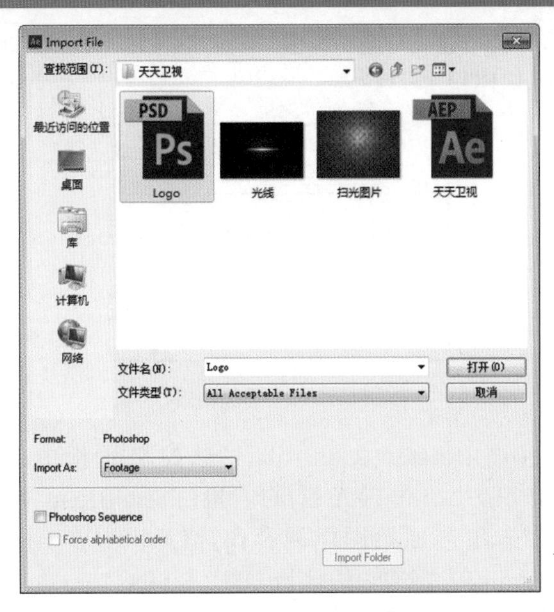

图13.144　导入文件对话框

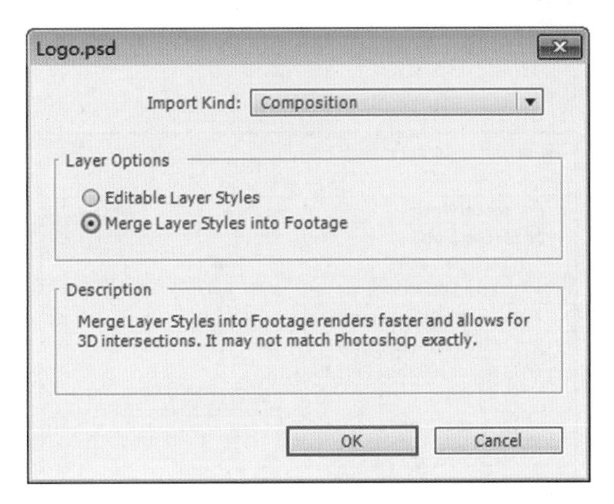

图13.145　导入素材

(4) 执行菜单栏中的File(文件)| Import(导入)| File(文件)命令，打开Import File(导入文件)对话框，选择配套光盘中的“工程文件\第13章\天天卫视\光线.jpg、扫光图片.jpg”素材，单击【打开】按钮，“光线.jpg”“扫光图片.jpg”将导入Project(项目)面板中。

13.2.2　制作彩光效果

(1) 按Ctrl + Y组合键，打开Solid Settings(固态层设置)对话框，设置Name(名称)为“噪波”，Color(颜色)为黑色，如图13.146所示。

(2) 选择“噪波”固态层，在Effects & Presets(效果和预置)面板中展开Noise & Grain(噪波和杂点)特效组，然后双击Fractal Noise(分形噪波)特效，如图13.147所示。

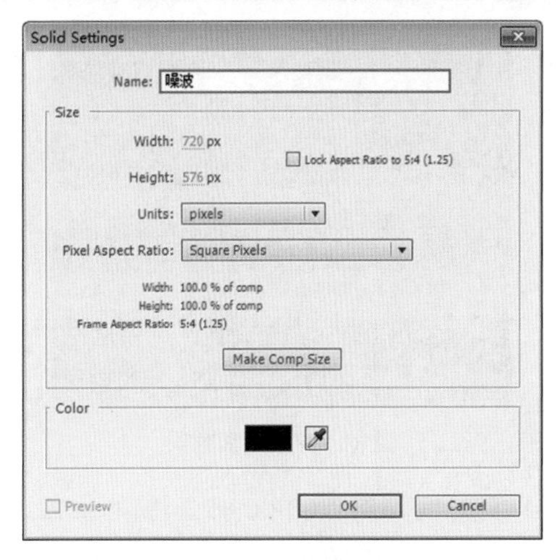

图13.146　固态层设置

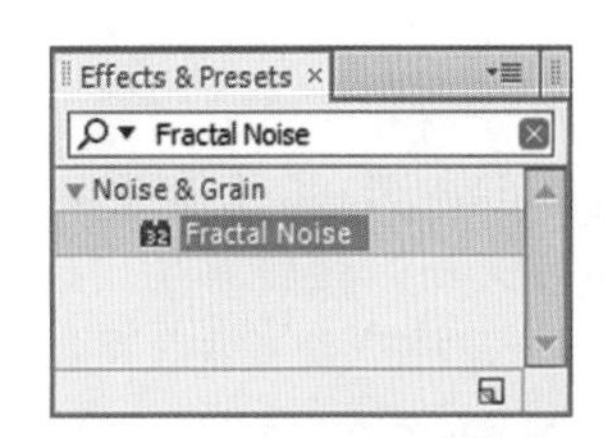

图13.147　添加分形噪波

(3) 在Effect Controls(特效控制)面板中，设置Contrast(对比度)的值为120；展开Transform(转换)选项组，取消选中Uniform Scaling(等比缩放)复选框，设置Scale Width(缩放宽度)的值为5000，Scale Height(缩放高度)的值为100，Complexity(复杂性)的值为4；将时间调整到00:00:00:00帧的位置，分别单击Offset Turbulence(乱流偏移)和Evolution(进化)左侧的码表按钮，在当前位置设置关键帧，并设置Offset Turbulence(乱流偏移)的值为(3600，288)，Evolution(进化)的值为0，如图13.148所示。完成后的画面效果如图13.149所示。

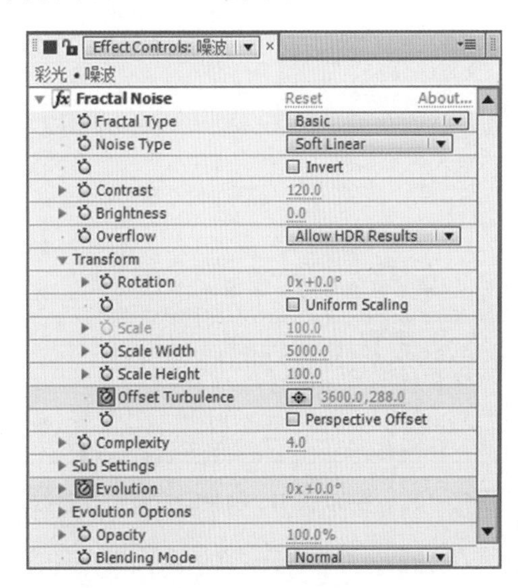

图13.148　分形噪波参数设置

图13.149　画面效果

(4) 将时间调整到00:00:05:24帧的位置，设置Offset Turbulence(乱流偏移)的值为(-3600，288)，Evolution(进化)的值为1x，如图13.150所示。

提示

Transform(转换)：该选项组主要控制图像的噪波的大小、旋转角度、位置偏移等设置。Rotation(旋转)：设置噪波图案的旋转角度。Uniform Scaling(等比缩放)：选中该复选框，对噪波图案进行宽度、高度的等比缩放。Scale(缩放)：设置图案的整体大小。在选中Uniform Scaling(等比缩放)复选框时可用。Scale Width/Height(缩放宽度/高度)：在没有选中Uniform Scaling(等比缩放)复选框时，可以通过这两个选项，分别设置噪波图案的宽度和高度的大小。Offset Turbulence(乱流偏移)：设置噪波的动荡位置。Complexity(复杂性)：设置分形噪波的复杂程度。值越大，噪波越复杂。

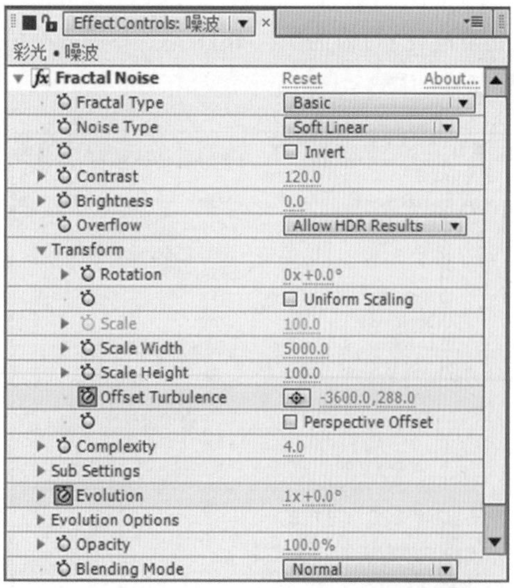

Effect Controls: 噪波
彩光 • 噪波

Fractal Noise	Reset	About...
Fractal Type	Basic	
Noise Type	Soft Linear	
	Invert	
Contrast	120.0	
Brightness	0.0	
Overflow	Allow HDR Results	
Transform		
Rotation	0x+0.0°	
	Uniform Scaling	
Scale	100.0	
Scale Width	5000.0	
Scale Height	100.0	
Offset Turbulence	-3600.0,288.0	
	Perspective Offset	
Complexity	4.0	
Sub Settings		
Evolution	1x+0.0°	
Evolution Options		
Opacity	100.0%	
Blending Mode	Normal	

图13.150　在00:00:05:24帧的位置修改参数

(5) 在Effects & Presets(效果和预置)面板中展开Stylize(风格化)特效组，然后双击Strobe Light(闪光灯)特效，为“噪波”层添加Strobe Light(闪光灯)特效，如图13.151所示。

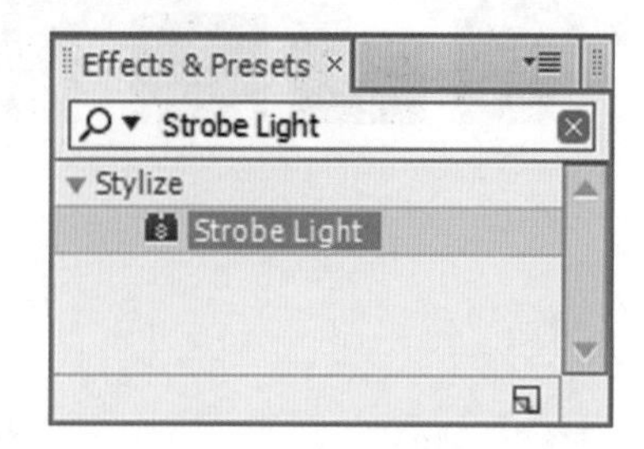

图13.151　添加特效

(6) 在Effect Controls(特效控制)面板中，设置Strobe Color(闪光色)的值为白色，Blend With Original(与原始图像混合)的值为80%，Strobe Duration(闪光长度)的值为0.03，Strobe Period(闪光周期)的值为0.06，Random Strobe Probablity(随机闪光概率)的值为30%，并设置Strobe(闪光)的方式为Makes Layer Transparent(层透明)，如图13.152所示。

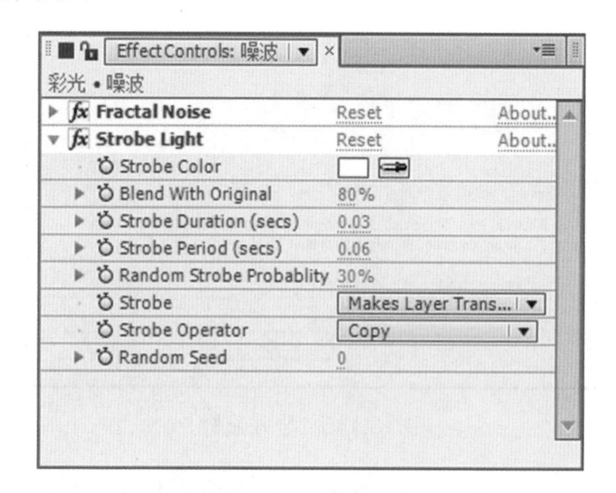

图13.152　参数设置

提示

Strobe Color(闪光色)：设置闪光灯的闪光颜色。Blend With Original(与原始图像混合)：设置闪光效果与原始素材的融合程度，值越大，越接近原图。Strobe Duration(闪光长度)：设置闪光灯的持续时间，单位为秒。Strobe Period(闪光周期)：设置闪光灯两次闪光之间的间隔时间，单位为秒。Random Strobe Probablity(随机闪光概率)：设置闪光灯闪光的随机概率。Strobe(闪光)：设置闪光的方式。Strobe Operator(闪光操作)：设置闪光的运算方式。Random Seed(随机种子)：设置闪光的随机种子量。值越大，颜色产生的不透明度越高。

(7) 按Ctrl + Y组合键，新建一个Name(名称)为“光线”，Color(颜色)为黑色的固态层，如图13.153所示。

(8) 选择“光线”固态层，在Effects & Presets(效果和预置)面板中展开Generate(创造)特效组，然后双击Ramp(渐变)特效，如图13.154所示，Ramp(渐变)特效的参数使用默认值。

(9) 在Effects & Presets(效果和预置)面板中展开Color Correction(色彩校正)特效组，然后双击Colorama(彩光)特效，如图13.155所示。Colorama(彩光)的参数使用默认值。

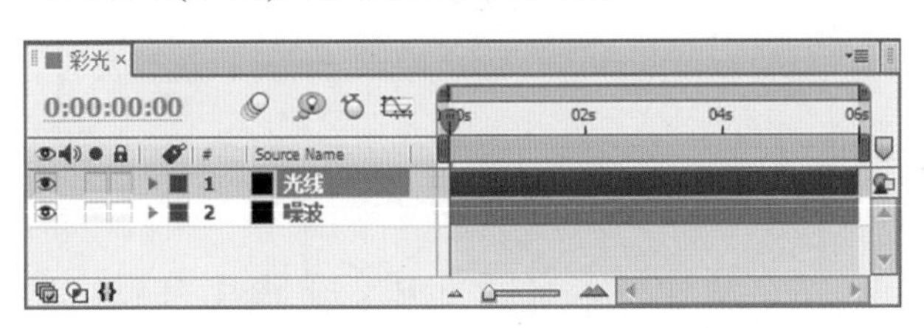

图13.153　新建“光线”固态层

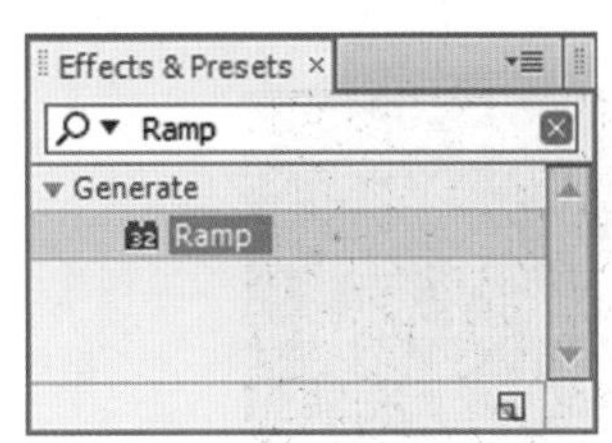

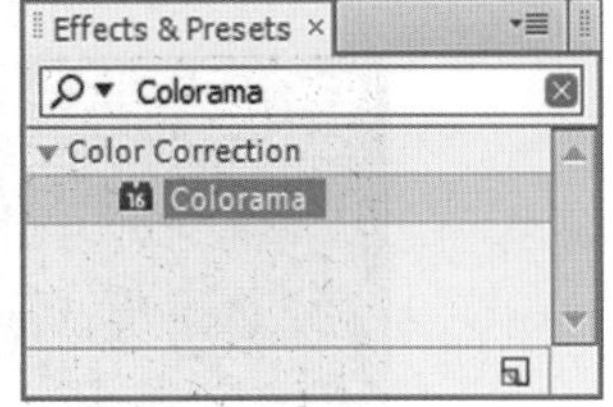

图13.154　渐变特效　　　　图13.155　彩光特效

提示

Start of Ramp(渐变开始)：设置渐变开始的位置。Start Color(开始色)：设置渐变开始的颜色。End of Ramp(渐变结束)：设置渐变结束的位置。End Color(结束色)：设置渐变结束的颜色。Ramp Shape(渐变形状)：选择渐变的方式，包括Linear Ramp(线性渐变)和Radial Ramp(径向渐变)两种方式。Ramp Scatter(渐变扩散)：设置渐变的扩散程度。值过大时将产生颗粒效果。Blend With Original(与原始图像混合)：设置渐变颜色与原图像的混合百分比。

(10) 在时间线面板中将“光线”层的Mode(模式)修改为Color(颜色)，画面效果如图13.156所示。

(11) 按Ctrl + Y组合键，新建一个Name(名称)为“蒙版遮罩”，Color(颜色)为黑色的固态层。选择“蒙版遮罩”固态层，单击工具栏中的Rectangle Tool(矩形工具)□按钮，在合成窗口中绘制一个矩形蒙版，如图13.157所示。

图13.156　画面效果

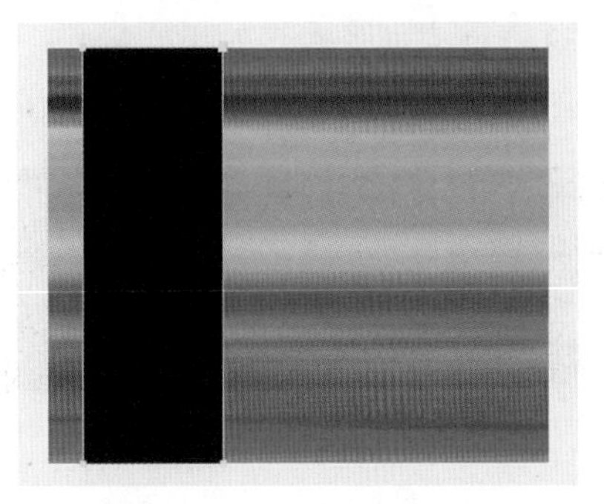

图13.157　绘制矩形蒙版

在调整蒙版的形状时，按住Ctrl键，遮罩将以中心对称的形式进行变换。

(12) 按F键，打开“蒙版遮罩”固态层的Mask Feather(蒙版羽化)选项，设置Mask Feather(蒙版羽化)的值为(250，250)，如图13.158所示。此时的画面效果如图13.159所示。

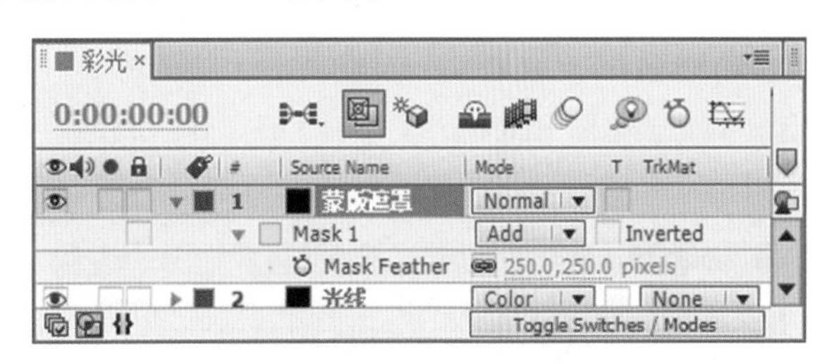

图13.158　设置蒙版羽化

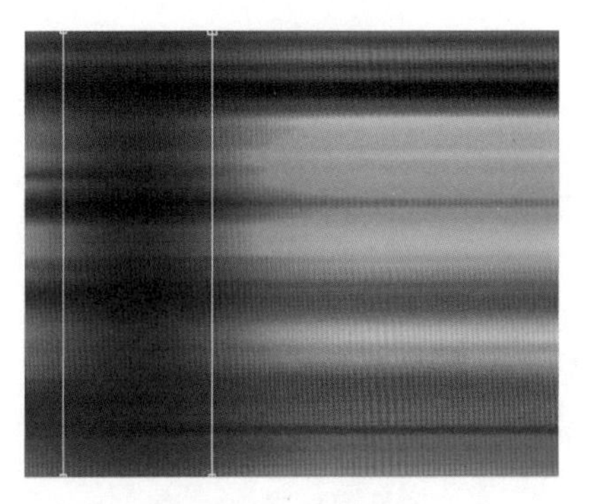

图13.159　画面效果

(13) 选择“光线”固态层，从Track Matte(轨道蒙版)下拉菜单中选择Alpha Matte(蒙版遮罩)，如图13.160所示。

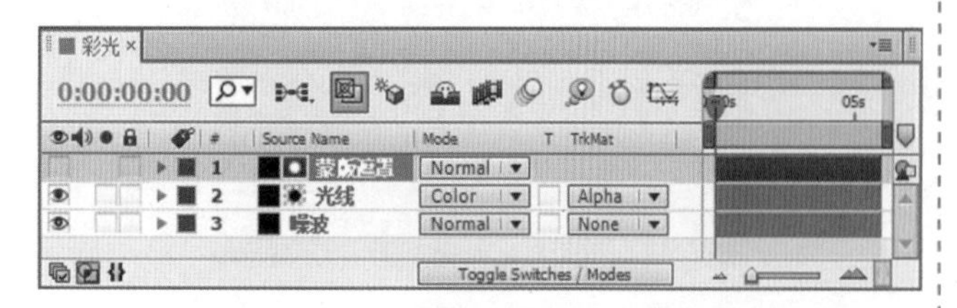

图13.160 设置图层模式和蒙版模式

(14) 这样就完成了彩光效果的制作，在合成窗口中观看，其中几帧的画面效果如图13.161所示。

图13.161 其中几帧的画面效果

13.2.3 制作蓝色光带

(1) 执行菜单栏中的Composition(合成)| New Composition(新建合成)命令，打开Composition Settings(合成设置)对话框，设置Composition Name(合成名称)为“蓝色光带”，Width(宽)为“720”，Height(高)为“576”，Frame Rate(帧率)为“25”，并设置Duration(持续时间)为00:00:06:00秒，如图13.162所示。

(2) 按Ctrl + Y组合键，打开Solid Settings(固态层设置)对话框，设置Name(名称)为“蓝光条”，Color(颜色)为蓝色(R：50；G：113；B：255)，如图13.163所示。

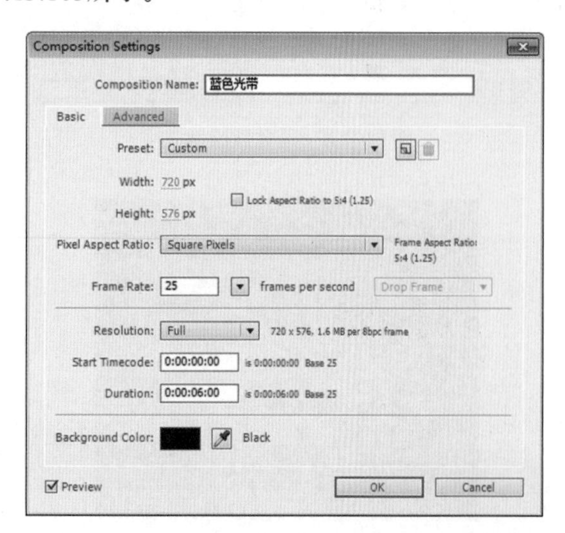

图13.162 合成设置

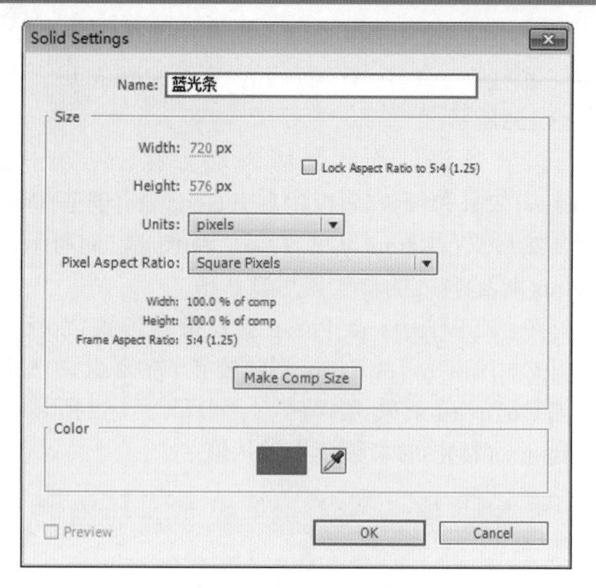

图13.163 固态层设置

(3) 选择“蓝光条”层，单击工具栏中的Rectangle Tool(矩形工具)按钮，在“蓝色光带”合成窗口中绘制一个长条矩形，如图13.164所示。

图13.164 绘制矩形

(4) 按F键，打开该层的Mask Feather(蒙版羽化)选项，设置Mask Feather(蒙版羽化)的值为(25，25)，如图13.165所示。

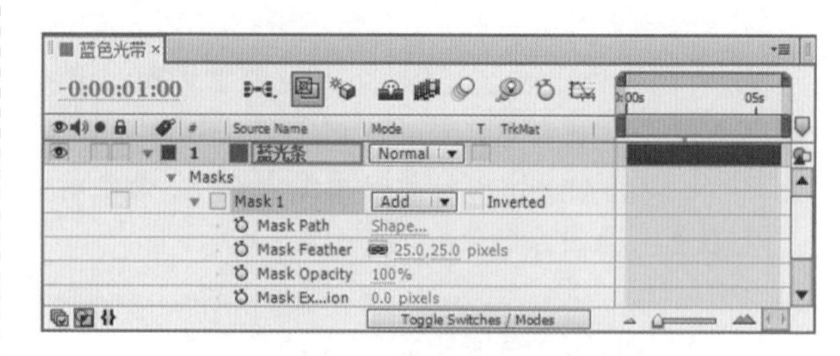

图13.165 设置蒙版羽化的值

(5) 在Effects & Presets(效果和预置)面板中展开Stylize(风格化)特效组，然后双击Glow(发光)特效，如图13.166所示。

(6) 在Effect Controls(特效控制)面板中，设置Glow Threshold(发光阈值)的值为28%，Glow

Radius(发光半径)的值为20，Glow Intensity(发光强度)的值为2，从Glow Colors(发光色)下拉列表框中选择A & B Colors(A和B颜色)，设置Color B(颜色B)为白色，如图13.167所示。

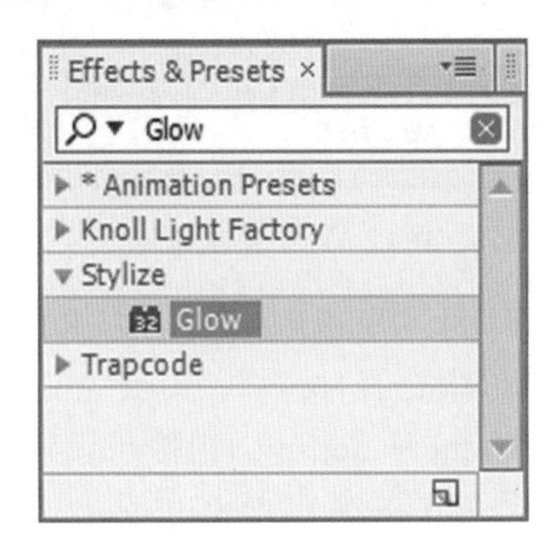

图13.166　添加Glow(发光)特效

Effect Controls: 蓝光条
蓝色光带 • 蓝光条

Glow	Reset　Options...　About...
Glow Based On	Color Channels
Glow Threshold	28.0%
Glow Radius	20.0
Glow Intensity	2.0
Composite Original	Behind
Glow Operation	Add
Glow Colors	A & B Colors
Color Looping	Triangle A>B>A
Color Loops	1.0
Color Phase	0x+0.0°
A & B Midpoint	50%
Color A	
Color B	
Glow Dimensions	Horizontal and Vert...

图13.167　Glow(发光)特效的参数设置

提示

Glow Based On(发光基于)：选择辉光建立的位置。Glow Threshold(发光阈值)：设置产生发光的极限。值越大，发光的面积越大。Glow Radius(发光半径)：设置发光的半径大小。Glow Intensity(发光强度)：设置发光的亮度。Glow Operation(发光操作)：设置发光与原图的混合模式。Glow Colors(发光色)：设置发光的颜色。Color Loops(色彩循环)：设置发光颜色的循环次数。Glow Dimensions(发光维度)：设置发光的方式。

(7) 这样就完成了蓝色光带的制作，此时Composition(合成)窗口中的画面效果如图13.168所示。

图13.168　调节完成参数后的画面效果

调节完成后的图像是内部为白色、外部为蓝色的光带，由于在绘制时遮罩的大小不同，调节Glow(发光)特效的参数时也会不同，如果对完成后的效果不满意，只需要调节Glow Threshold(发光阈值)即可。

13.2.4　制作碎片效果

(1) 执行菜单栏中的Composition(合成)| New Composition(新建合成)命令，新建一个Composition Name(合成名称)为“渐变”，Width(宽)为“720”，Height(高)为“576”，Frame Rate(帧率)为“25”，Duration(持续时间)为00:00:06:00秒的合成。

(2) 按Ctrl + Y组合键，新建一个名为“Ramp渐变”，Color(颜色)为黑色的固态层，如图13.169所示。

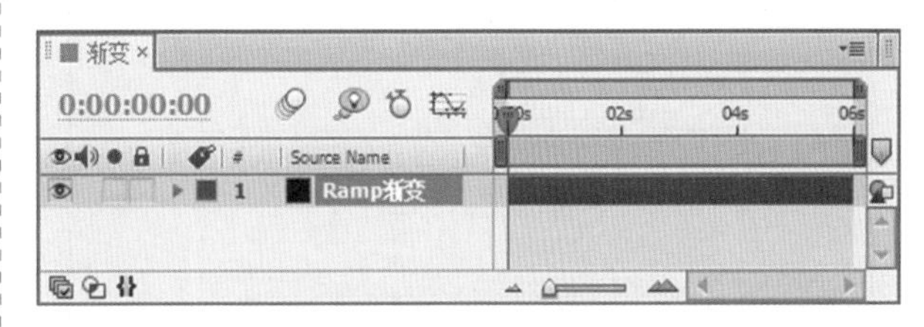

图13.169　新建固态层

(3) 选择“Ramp渐变”固态层，在Effects & Presets(效果和预置)面板中展开Generate(创造)特效组，然后双击Ramp(渐变)特效，为其添加Ramp(渐变)特效。

(4) 在Effect Controls(特效控制)面板中，设置Start of Ramp(渐变开始)的值为(0，288)，End of Ramp(渐变结束)的值为(720，288)，如图13.170所示。完成后的画面效果如图13.171所示。

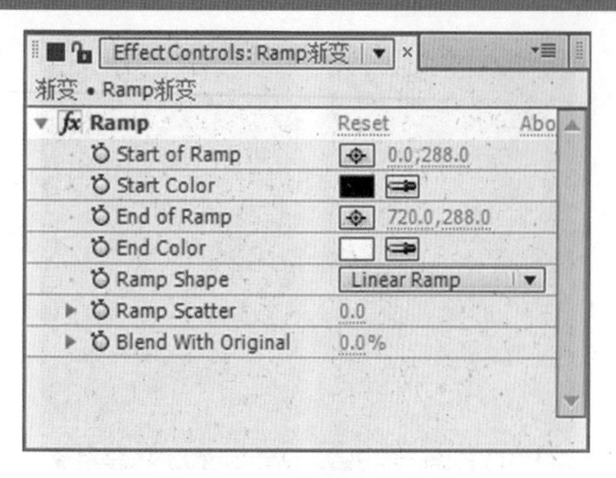

图13.170　渐变参数设置

图13.171　画面效果

(5) 执行菜单栏中的Composition(合成)| New Composition(新建合成)命令，打开Composition Settings(合成设置)对话框，设置Composition Name(合成名称)为“碎片”，Width(宽)为“720”，Height(高)为“576”，Frame Rate(帧率)为“25”，并设置Duration(持续时间)为00:00:06:00秒，如图13.172所示。

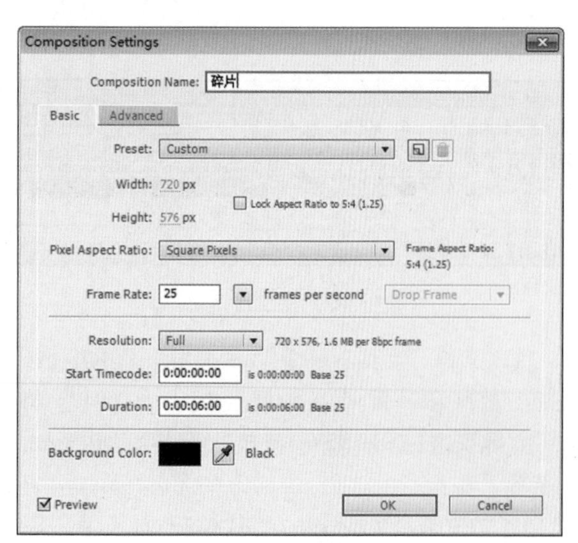

图13.172　合成设置

(6) 在Project(项目)面板中，选择“扫光图片.jpg”和“渐变”合成两个素材，将其拖放到“碎片”时间线面板中，单击“渐变”合成层左侧的眼睛图标，将“渐变”合成层隐藏，如图13.173所示。

图13.173　添加素材

(7) 在时间线面板的空白处右击鼠标，在弹出的快捷菜单中选择New(新建)| Camera(摄像机)命令，打开Camera Settings(摄像机设置)对话框，在Preset(预置)下拉列表框中选择24mm，如图13.174所示。

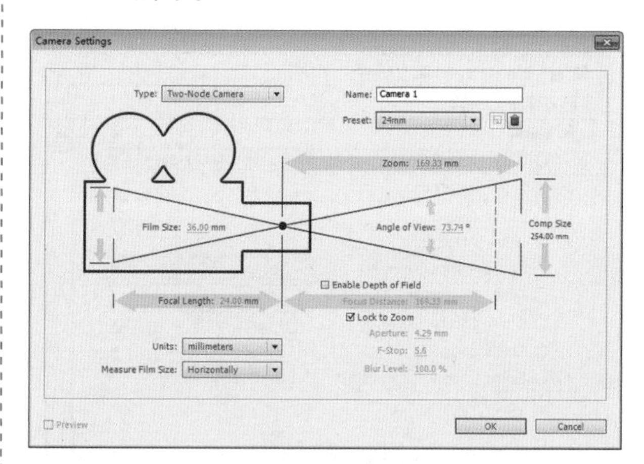

图13.174　Camera Settings(摄像机设置)对话框

在时间线面板中按Ctrl + Alt + Shift + C组合键，可以快速打开Camera Settings(摄像机设置)对话框。

(8) 选择“扫光图片.jpg”素材层，在Effects & Presets(效果和预置)面板中展开Simulation(模拟)特效组，然后双击Shatter(碎片)特效，如图13.175所示。此时，由于当前的渲染形式是网格，所以当前合成窗口中显示的是网格效果，如图13.176所示。

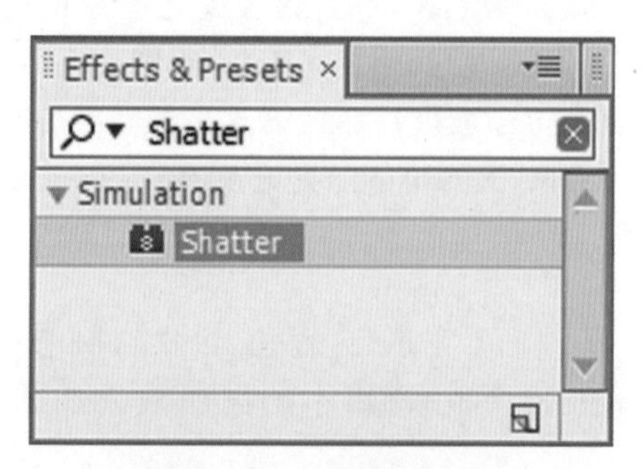

图13.175　添加碎片特效

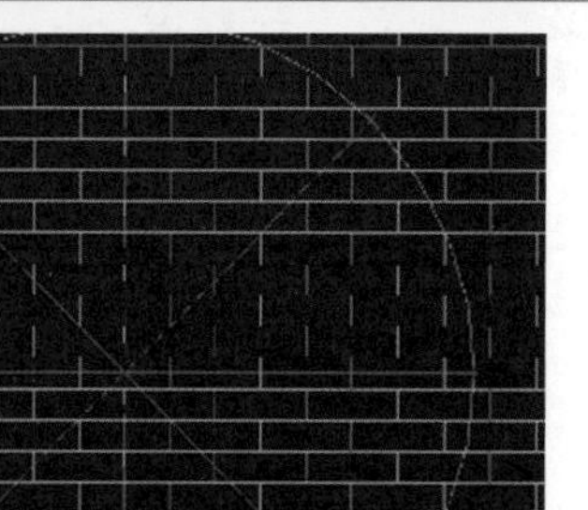

图13.176　画面效果

(9) 在Effect Controls(特效控制)面板中，从View(视图)下拉列表框中选择Rendered(渲染)，如图13.177所示；此时，拖动时间滑块，可以看到一个碎片爆炸的效果，其中一帧的画面效果如图13.178所示。

Effect Controls: 扫光图片.jpg
碎片 • 扫光图片.jpg
Shatter　Reset　About
View　Rendered
Render　All
Shape
Force 1
Force 2
Gradient
Physics
Textures
Camera System　Comp Camera
Camera Position
Corner Pins
Lighting
Material

图13.177　渲染设置

图13.178　显示设置

技巧

要想看到图像的效果，注意在时间线面板中拖动时间滑块，如果时间滑块位于0帧的位置，则看不到图像效果。

(10) 设置图片的蒙版。在Effect Controls(特效控制)面板中，展开Shape(形状)选项组，设置Pattern(图案)为Squares(正方形)，设置Repetitions(重复)的值为40，Extrusion Depth(挤压深度)的值为0.05，如图13.179所示。完成后的画面效果如图13.180所示。

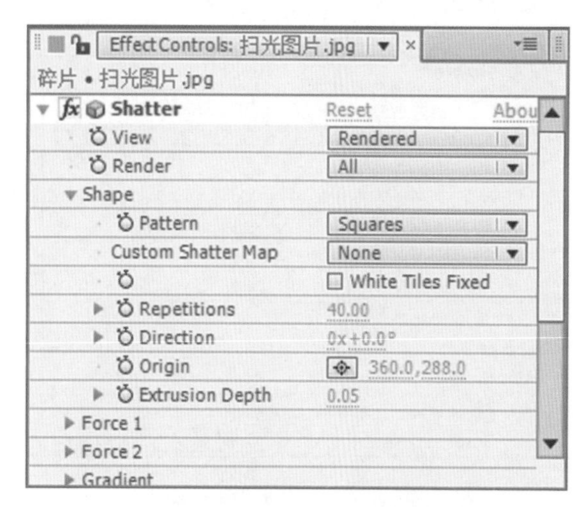

图13.179　Shape(形状)设置

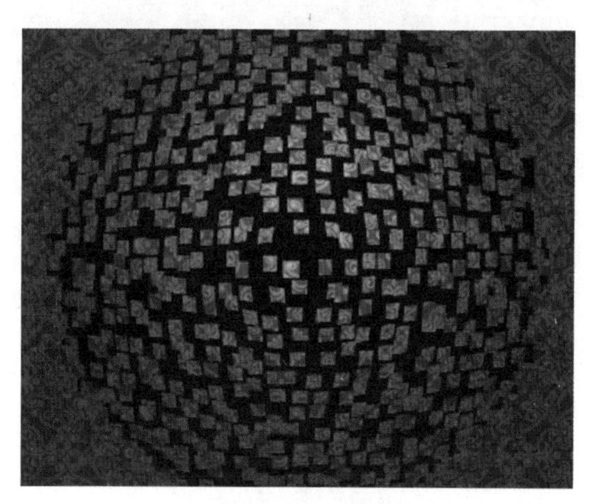

图13.180　图像效果

技巧

在设置Shatter(碎片)特效的Pattern(图案)时，也可以根据自己的喜好选择其他碎片图案。

(11) 设置力场和渐变层参数。在Effect Controls(特效控制)面板中，展开Force 1(力场 1) 选项组，设置Depth(深度)的值为0.2，Radius(半径)的值为1，Strength(强度)的值为5；将时间调整到00:00:01:05帧的位置，展开Gradient(渐变)选项组，单击Shatter Threshold(碎片极限)左侧的码表按钮，在当前位置设置关键帧，并设置Shatter Threshold(碎片极限)的值为0%，然后在Gradient

Layer(渐变层)下拉列表框中选择“7.渐变”，如图13.181所示。

(12) 将时间调整到00:00:04:00帧的位置，修改Shatter Threshold(碎片极限)的值为100%，如图13.182所示。

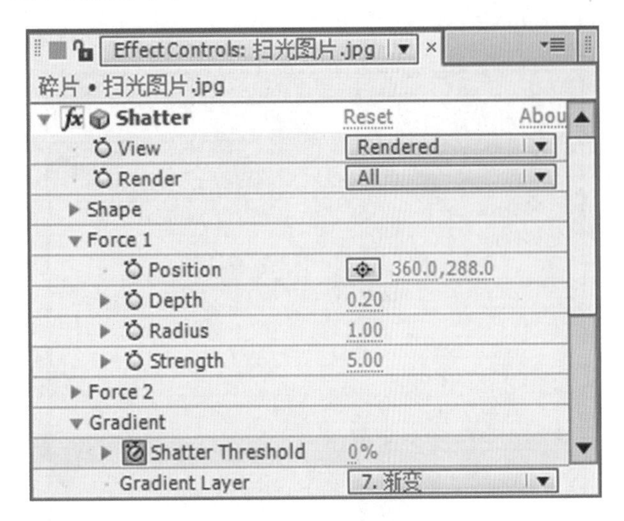

图13.181　力场和渐变层

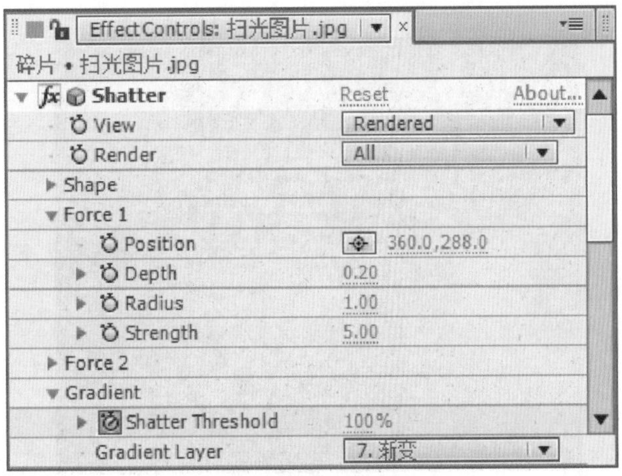

图13.182　碎片极限

(13) 设置动力学参数。在Effect Controls(特效控制)面板中，展开Physics(物理学)选项组，设置Rotation Speed(旋转速度)的值为0，Randomness(随机度)的值为0.2，Viscosity(黏度)的值为0，Mass Variance(变量)的值为20%，Gravity(重力)的值为6，Gravity Direction(重力方向)的值为90°，Gravity Inclination(重力倾斜)的值为80；从Camera System(摄像机系统)下拉列表框中选择Comp Camera(合成摄像机)，如图13.183所示。此时，拖动时间滑块，从合成窗口中可以看到动力学影响下的图片产生了很大的变化，其中一帧的画面如图13.184所示。

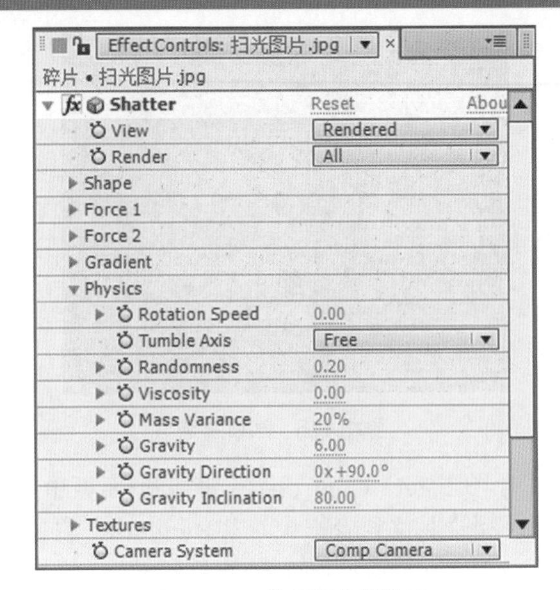

图13.183　物理学参数设置

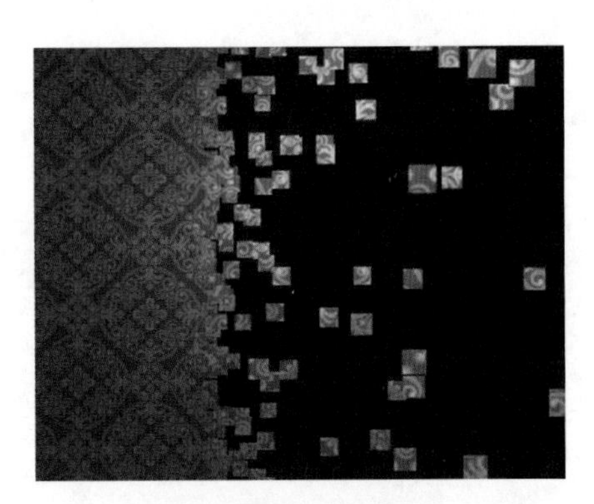

图13.184　画面效果

13.2.5　虚拟物体控制摄像机

(1) 在Project(项目)面板中，选择“蓝色光带”和“彩光”两个合成素材，将其拖放到时间线面板中的“Camera 1”层的下一层，如图13.185所示。

(2) 打开“蓝色光带”和“彩光”合成层三维属性开关。将时间调整到00:00:01:00帧的位置，选择“彩光”合成层，展开该层的Transform(转换)选项组，设置Anchor Point(定位点)的值为(0，288，0)，Orientation(方向)的值为(0，90，0)，Opacity(不透明度)的值为0%，并单击Opacity(不透明度)左侧的码表按钮，在当前位置设置关键帧，如图13.186所示。

技巧

只有打开三维属性开关的图层，才会跟随摄像机的运动而运动。

图13.185　添加合成素材

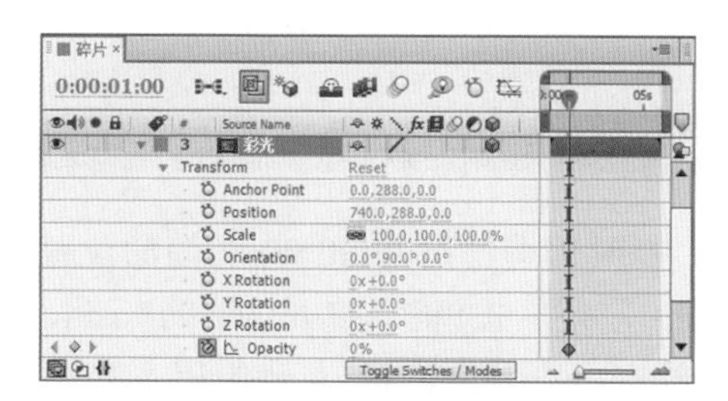

图13.186　在00:00:01:00帧的位置设置关键帧

(3) 将时间调整到00:00:01:05帧的位置，单击Position(位置)左侧的码表按钮，在当前位置设置关键帧，并设置Position(位置)的值为(740，288，0)，Opacity(不透明度)的值为100%，如图13.187所示。

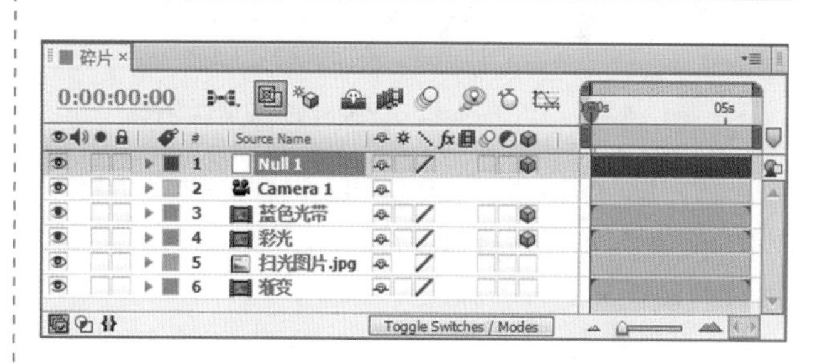

图13.187　在00:00:01:05帧的位置设置关键帧

(4) 将时间调整到00:00:04:00帧的位置，修改Position(位置)的值为(-20，288，0)，单击Opacity(不透明度)左侧的Add or remove keyframe at current time(在当前位置添加或删除关键帧)按钮，添加一个保持关键帧。将时间调整到00:00:04:05帧的位置，修改Opacity(不透明度)的值为0%，如图13.188所示。

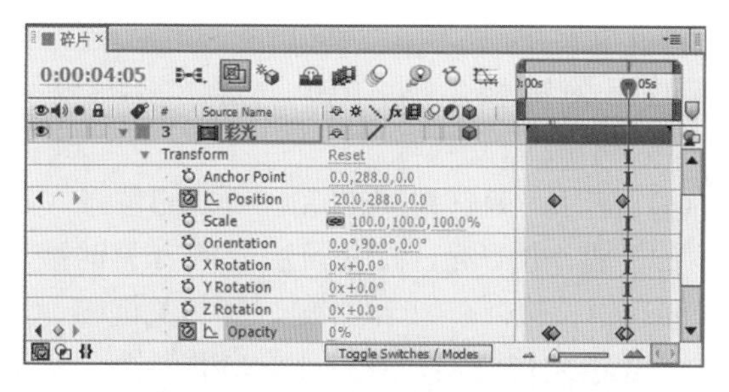

图13.188　00:00:04:05帧的位置修改参数

技巧

如果在某个关键帧之后的位置，单击Add or remove keyframe at current time(在当前位置添加或删除关键帧)按钮，则将添加一个保持关键帧，即当前帧的参数设置与上一帧的参数设置相同。

(5) 在时间线面板的空白处右击鼠标，在弹出的快捷菜单中选择New(新建)| Null Object(虚拟物体)命令，时间线面板中将会创建一个Null 1层，然后打开该层的三维属性开关，如图13.189所示。

技巧

在时间线面板中，按Ctrl + Alt + Shift + Y组合键，可以快速创建Null Object(虚拟物体)，或在时间线面板中右击鼠标，在弹出的快捷菜单中执行New(新建)|Null Object(虚拟物体)命令，也可创建Null Object(虚拟物体)。

图13.189　新建Null Object(虚拟物体)

(6) 在Camera1层右侧Parent(父级)属性栏中选择“Null 1”层，将“Null 1”父化给Camera1，如图13.190所示。

图13.190　建立父子关系

技巧

建立父子关系后，子物体会跟随父物体一起运动。

(7) 将时间调整到00:00:00:00帧的位置，选择“Null 1”层，按R键，打开该层的旋转选项组，单击Orientation(方向)左侧的码表⏱按钮，在当前位置设置关键帧，如图13.191所示。

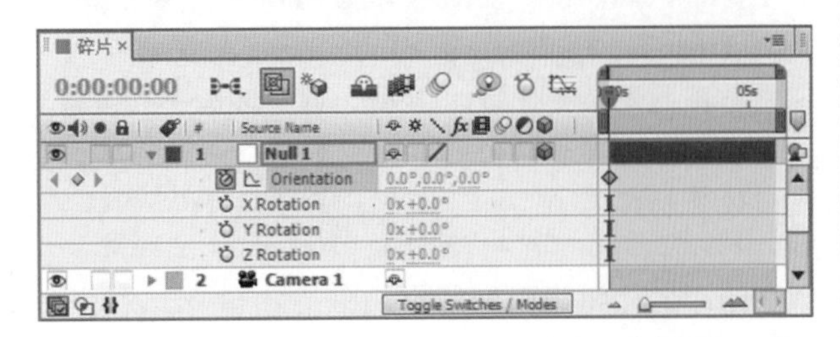

图13.191　为Orientation(方向)设置关键帧

(8) 将时间调整到00:00:01:00帧的位置，修改Orientation(方向)的值为(45，0，0)，并单击Y Rotation(Y轴旋转)左侧的码表⏱按钮，在当前位置设置关键帧，如图13.192所示。

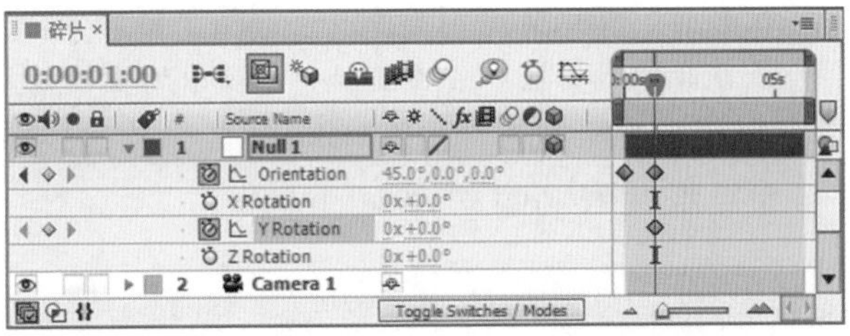

图13.192　为Y Rotation(Y轴旋转)设置关键帧

(9) 将时间调整到00:00:05:24帧的位置，修改Y Rotation(Y轴旋转)的值为120°，系统将在当前位置自动设置关键帧，如图13.193所示。

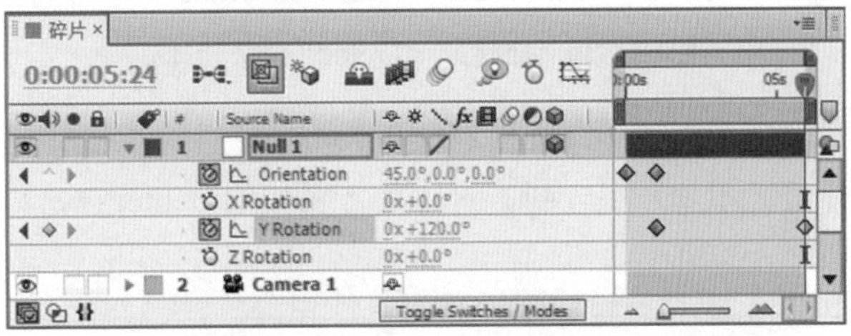

图13.193　修改Y Rotation(Y轴旋转)的值为120

(10) 将“Null 1”层的4个关键帧全部选中，按F9键，使曲线平缓地进入和离开，完成后的效果如图13.194所示。

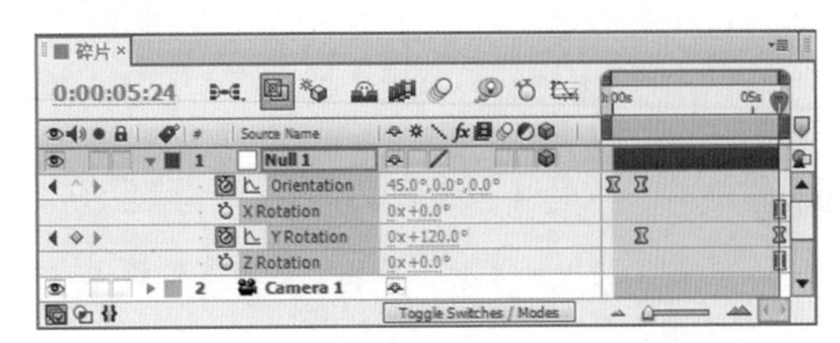

图13.194　使曲线平缓地进入和离开

技巧

完成操作后，会发现关键帧的形状发生了变化，这样可以使曲线平缓地进入和离开，并使其不是匀速运动。执行菜单栏中的Animation(动画)|Keyframe Assistant(关键帧助理)|Easy Ease(缓动)命令，也可使关键帧的形状改变。

13.2.6　制作摄像机动画

(1) 将时间调整到00:00:00:00帧的位置，选择“Camera1”层，按P键，打开该层的Position(位置)选项，单击Position(位置)左侧的码表⏱按钮，在当前位置设置关键帧，并设置Position(位置)的值为(0，0，−800)，如图13.195所示。

图13.195　修改Position(位置)的值为(0，0，−800)

(2) 将时间调整到00:00:01:00帧的位置，单击Position(位置)左侧的Add or remove keyframe at current time(在当前位置添加或删除关键帧)◆按钮，添加一个保持关键帧，如图13.196所示。

图13.196　添加一个保持关键帧

(3) 将时间调整到00:00:05:24帧的位置，设置Position(位置)的值为(0，−800，−800)；选择该层的后两个关键帧，按F9键，完成后的效果如图13.197所示。

(4) 将时间调整到00:00:01:00帧的位置，选择“彩光”层，按U键，打开该层的所有关键帧，将其全部选中，按Ctrl + C组合键，复制关键帧，然后选择“蓝色光带”层，按Ctrl + V组合键，粘贴关键帧，然后按U键，效果如图13.198所示。

图13.197　设置位置的值为(0，-800，-800)

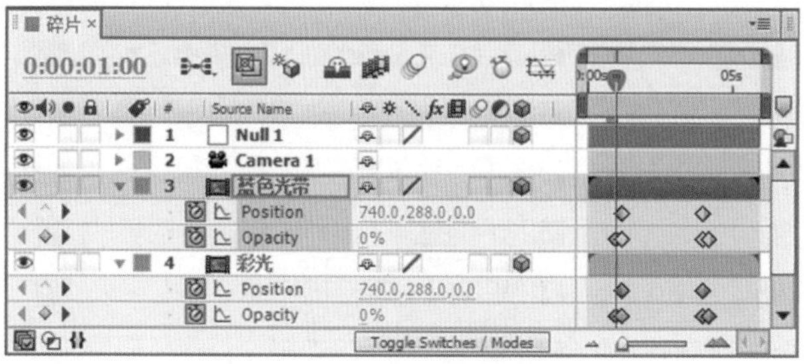

图13.198　复制关键帧

(5) 将“蓝色光带”“彩光”层Mode(模式)修改为Screen(屏幕)，并将“Null 1”层隐藏，如图13.199所示。

图13.199　修改图层的叠加模式

(6) 在Project(项目)面板中选择“扫光图片.jpg”素材，将其拖动到时间线面板中，使其位于“彩光”合成层的下一层，并将其重命名为“扫光图片1”，如图13.200所示。

图13.200　添加“扫光图片1”素材

(7) 确认当前选择为“扫光图片1”层，将时间调整到00:00:00:24帧的位置，按Alt +]组合键，为“扫光图片1”层设置出点，如图13.201所示。

技巧

按Alt+]组合键，可以为选中的图层设置出点。

(8) 将时间调整到00:00:01:00帧的位置，在时间线面板中，选择除“扫光图片1”层以外的所有图层，然后按[键，为所选图层设置入点，完成后的效果如图13.202所示。

图13.201　设置“扫光图片1”层的出点位置

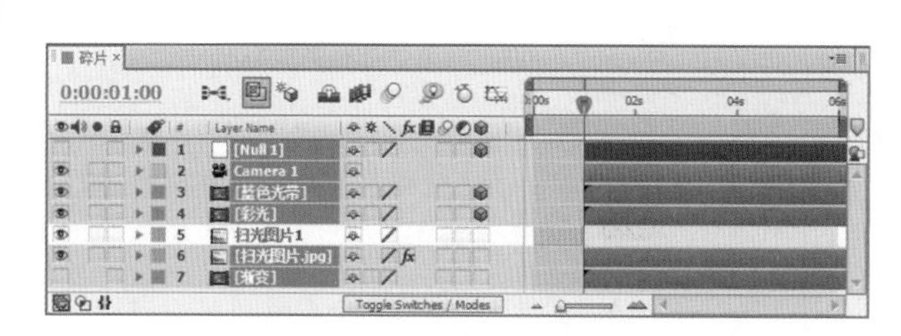

图13.202　为图层设置入点

(9) 选择“扫光图片1”层，按S键，打开该层的Scale(缩放)选项，在00:00:01:00帧的位置单击Scale(缩放)左侧的码表按钮，在当前位置设置关键帧，并修改Scale(缩放)的值为(68，68)，如图13.203所示。

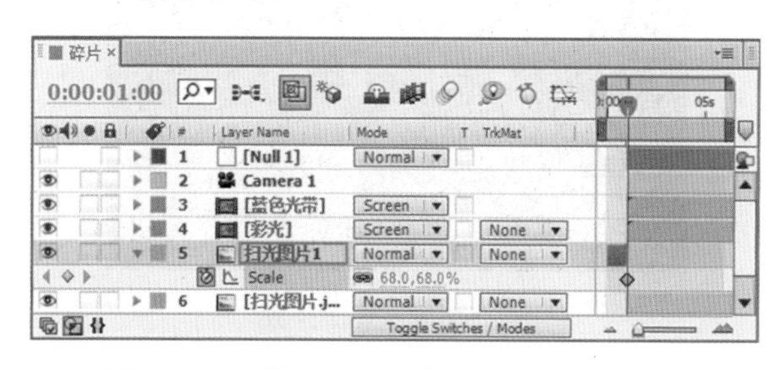

图13.203　修改Scale(缩放)的值为(68，68)

(10) 将时间调整到00:00:00:15帧的位置，修改Scale(缩放)的值为(100，100)，如图13.204所示。

图13.204　修改Scale(缩放)的值

13.2.7 制作花瓣旋转

(1) 在项目面板中选择“Logo”合成，按Ctrl + K组合键，打开Composition Settings(合成设置)对话框，设置Duration(持续时间)为00:00:03:00秒，如图13.205所示。双击打开“Logo”合成，单击OK(确定)按钮。此时合成窗口中的画面效果如图13.206所示。

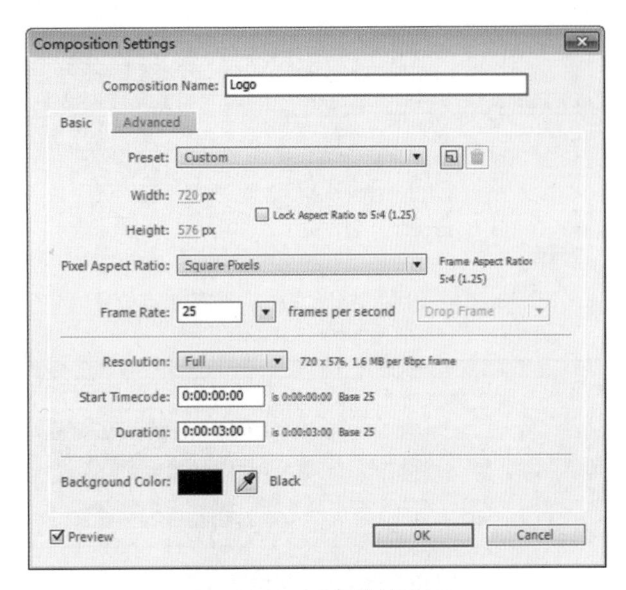

图13.205　设置持续时间

图13.206　画面效果

技巧

单击时间线面板右上角的▾≡按钮，从弹出的菜单中选择Composition Settings(合成设置)命令，也可打开Composition Settings(合成设置)对话框。

(2) 在时间线面板中，选择“花瓣”“花瓣 副本”“花瓣 副本2”“花瓣 副本3”“花瓣 副本4”“花瓣 副本5”“花瓣 副本6”“花瓣 副本7”8个素材层，按A键，打开所选层的Anchor Point(定位点)选项，设置Anchor Point(定位点)的值为(360，188)，如图13.207所示。此时的画面效果如图13.208所示。

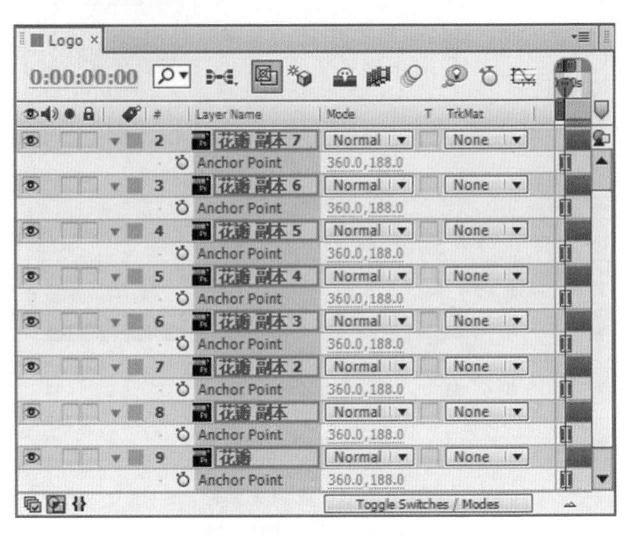

图13.207　设置定位点

图13.208　画面效果

(3) 按P键，打开所选层的Position(位置)选项，设置Position(位置)的值为(360，188)，如图13.209所示。画面效果如图13.210所示。

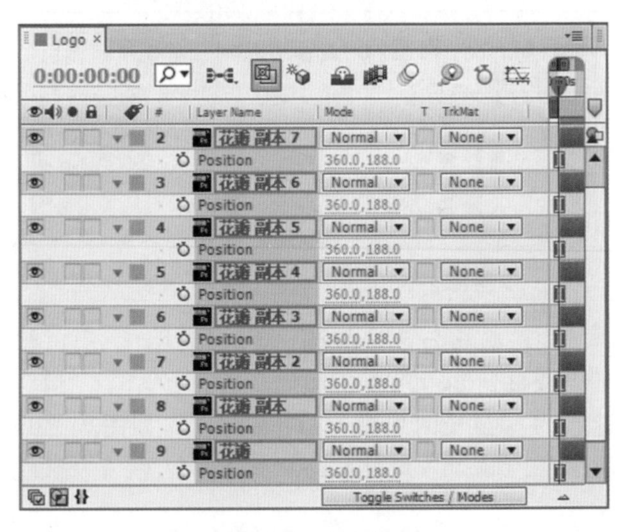

图13.209　设置位置

图13.210 画面效果

(4) 将时间调整到00:00:01:00帧的位置，单击Position(位置)左侧的码表按钮，在当前位置设置关键帧，如图13.211所示。

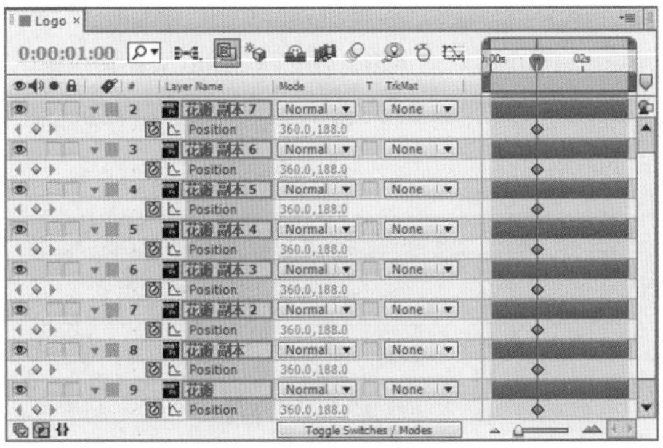

Logo
0:00:00:01:00

#	Layer Name	Mode	TrkMat
2	花瓣 副本 7	Normal	None
	Position	360.0,188.0	
3	花瓣 副本 6	Normal	None
	Position	360.0,188.0	
4	花瓣 副本 5	Normal	None
	Position	360.0,188.0	
5	花瓣 副本 4	Normal	None
	Position	360.0,188.0	
6	花瓣 副本 3	Normal	None
	Position	360.0,188.0	
7	花瓣 副本 2	Normal	None
	Position	360.0,188.0	
8	花瓣 副本	Normal	None
	Position	360.0,188.0	
9	花瓣	Normal	None
	Position	360.0,188.0	

Toggle Switches / Modes

图13.211 在00:00:01:00帧的位置设置关键帧

(5) 将时间调整到00:00:00:00帧的位置，分别修改“花瓣”层Position(位置)的值为(-723，259)，“花瓣 副本”层Position(位置)的值为(122，-455)，“花瓣 副本2”层Position(位置)的值为(-616，-122)，“花瓣 副本3”层Position(位置)的值为(-460，725)，“花瓣 副本4”层Position(位置)的值为(297，772)，“花瓣 副本5”层Position(位置)的值为(-252，581)，“花瓣 副本6”层Position(位置)的值为(147，807)，“花瓣 副本7”层Position(位置)的值为(350，-170)，参数设置如图13.212所示。

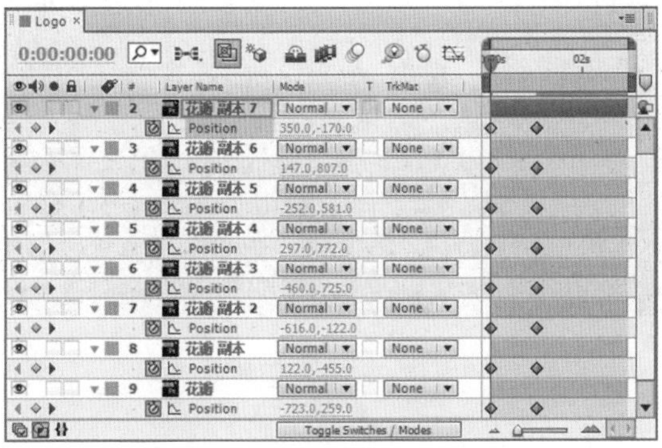

Logo
0:00:00:00

#	Layer Name	Mode	TrkMat
2	花瓣 副本 7	Normal	None
	Position	350.0,-170.0	
3	花瓣 副本 6	Normal	None
	Position	147.0,807.0	
4	花瓣 副本 5	Normal	None
	Position	-252.0,581.0	
5	花瓣 副本 4	Normal	None
	Position	297.0,772.0	
6	花瓣 副本 3	Normal	None
	Position	-460.0,725.0	
7	花瓣 副本 2	Normal	None
	Position	-616.0,-122.0	
8	花瓣 副本	Normal	None
	Position	122.0,-455.0	
9	花瓣	Normal	None
	Position	-723.0,259.0	

Toggle Switches / Modes

图13.212 修改Position(位置)的值

技巧

本步中采用倒着设置关键帧的方法，制作动画。这样制作是为了在00:00:00:00帧的位置，读者也可以根据自己的需要随便调节图像的位置，制作出另一种风格的汇聚效果。

(6) 执行菜单栏中的Layer(层)| New(新建)| Null Object(虚拟物体)命令，创建一个“Null 2”层，按A键，打开该层的Anchor Point(定位点)选项，设置Anchor Point(定位点)的值为(50，50)，如图13.213所示。画面效果如图13.214所示。

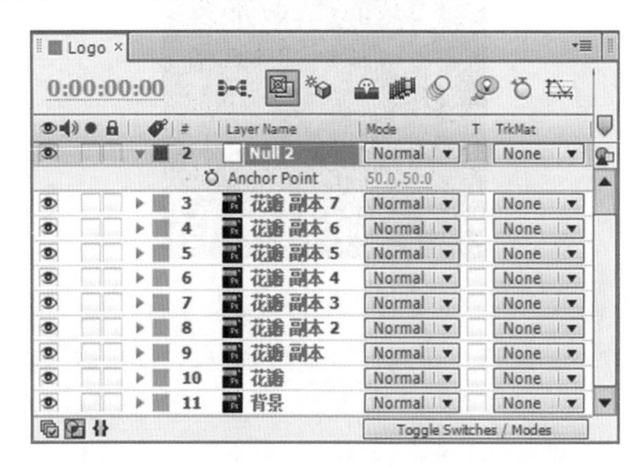

图13.213 设置定位点

图13.214 画面效果

技巧

默认情况下，Null Object(虚拟物体)的定位点在左上角，如果需要其围绕中心点旋转，必须调整定位点的位置。

(7) 按P键，打开该层的Position(位置)选项，设置Position(位置)的值为(360，188)，如图13.215所示。此时虚拟物体的位置如图13.216所示。

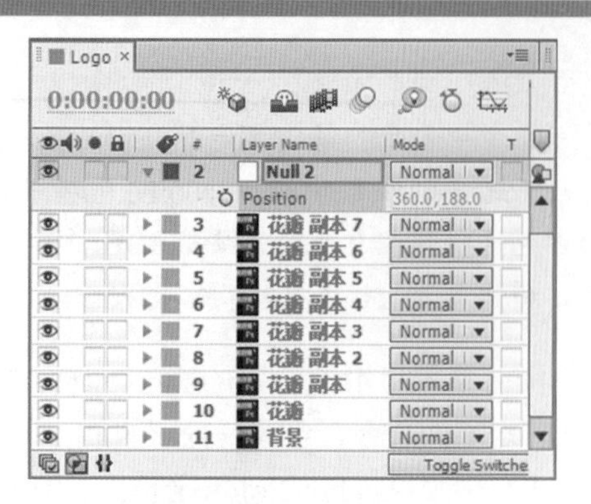

图13.215　设置位置

图13.216　虚拟物体的位置

(8) 选择“花瓣”“花瓣 副本”“花瓣 副本2”“花瓣 副本3”“花瓣 副本4”“花瓣 副本5”“花瓣 副本6”“花瓣 副本7”8个素材层，在所选层右侧的Parent(父级)属性栏中选择“Null 2”选项，建立父子关系。选择“Null 2”层，按R键，打开该层的Rotation(旋转)选项，将时间调整到00:00:00:00帧的位置，单击Rotation(旋转)左侧的码表按钮，在当前位置设置关键帧，如图13.217所示。

技巧

建立父子关系后，为“Null 2”层调整参数，设置关键帧，可以带动子物体层一起运动。

(9) 将时间调整到00:00:02:00帧的位置，设置Rotation(旋转)的值为2x，将“Null 2”层隐藏，如图13.218所示。

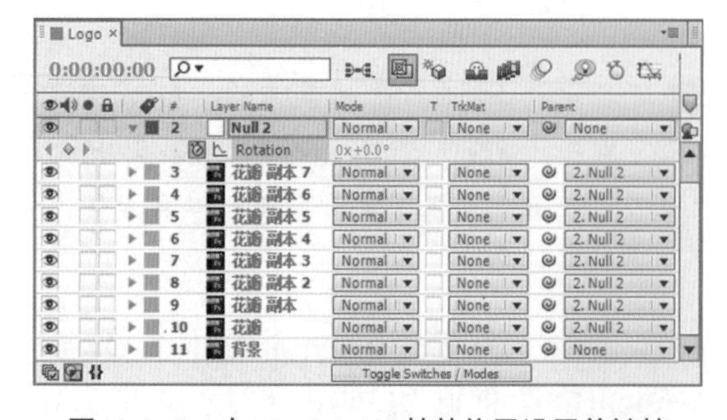

图13.217　在00:00:00:00帧的位置设置关键帧

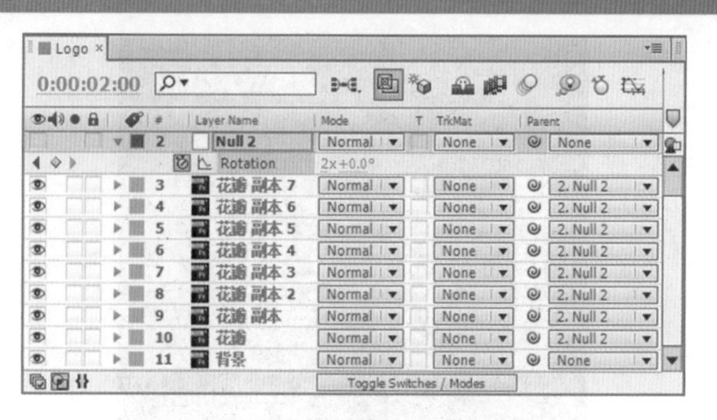

图13.218　设置Rotation(旋转)的值为2x

13.2.8　制作Logo定版

(1) 在Project(项目)面板中，选择“光线.jpg”素材，将其拖动到时间线面板中“天天卫视”的上一层，并修改“光线.jpg”层的Mode(模式)为Add(相加)，如图13.219所示。此时的画面效果如图13.220所示。

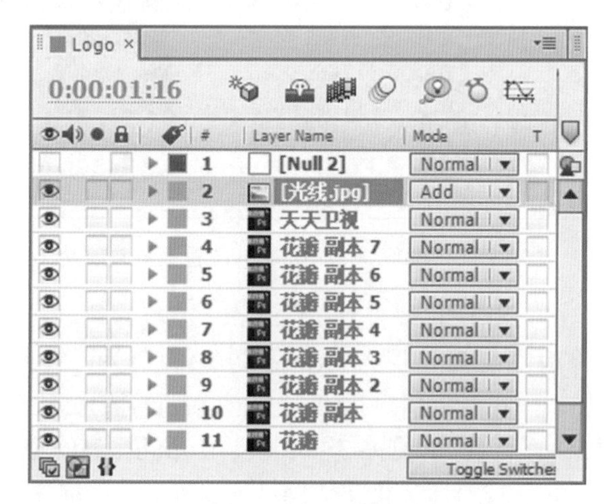

图13.219　添加素材

图13.220　画面效果

技巧

在图层背景是黑色的前提下，修改图层的Mode(模式)，可以将黑色背景滤去，只留下图层中的图像。

(2) 按S键，打开该层的Scale(缩放)选项，单击Scale(缩放)右侧的Constrain Proportions(约束比例)按钮取消约束，并设置Scale(缩放)的值为(100，50)，如图13.221所示。

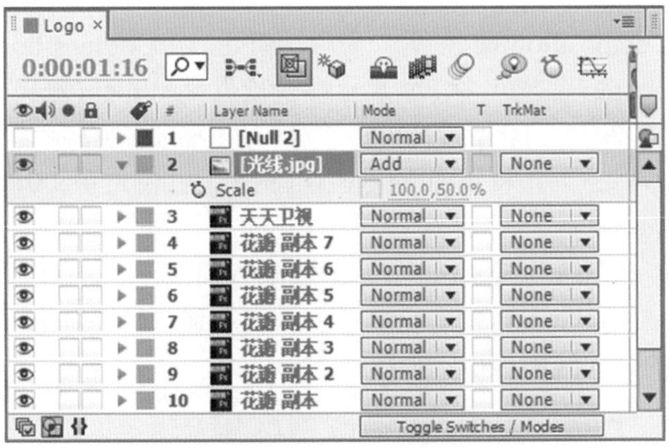

图13.221 设置缩放

(3) 将时间调整到00:00:01:00帧的位置，按P键，打开该层的Position(位置)选项，单击Position(位置)左侧的码表按钮，设置Position(位置)的值为(-421，366)，如图13.222所示。

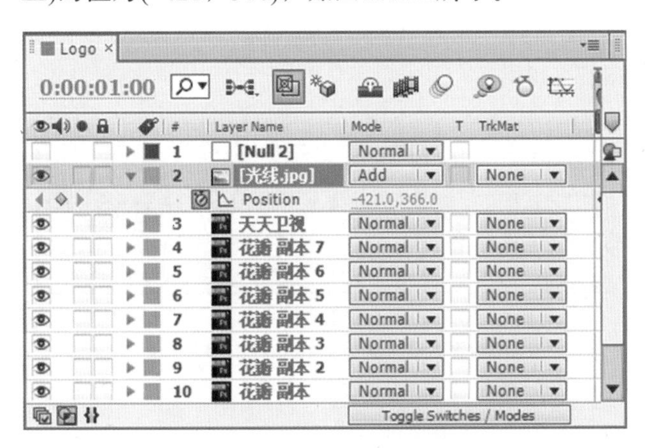

图13.222 设置“光线”位置参数

(4) 将时间调整到00:00:01:16帧的位置，设置Position(位置)的值为(1057，366)，如图13.223所示。拖动时间滑块，其中一帧的画面效果如图13.224所示。

(5) 选择“天天卫视”层，单击工具栏中的Rectangle(矩形工具)按钮，在合成窗口中绘制一个蒙版，如图13.225所示。

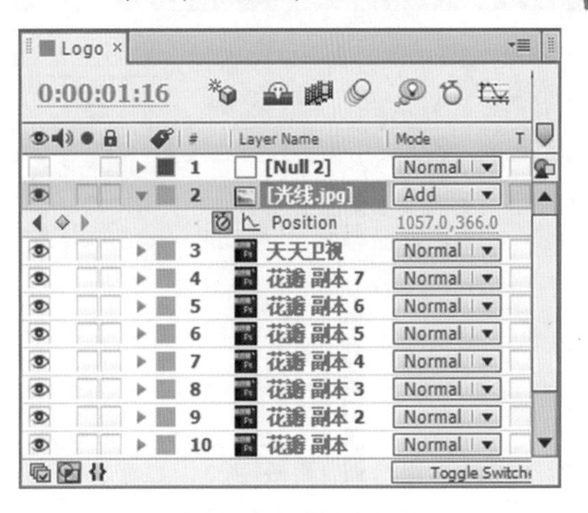

图13.223 设置位置

图13.224 画面效果

图13.225 绘制蒙版

(6) 将时间调整到00:00:01:13帧的位置，按M键，打开“天天卫视”层的Mask Path(蒙版路径)选项，单击Mask Path(蒙版路径)左侧的码表按钮，在当前位置设置关键帧，如图13.226所示。

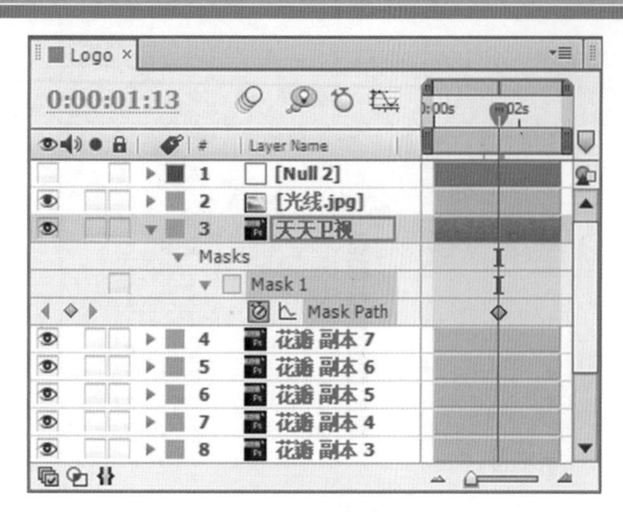

图13.226　设置关键帧

(7) 将时间调整到00:00:01:04帧的位置，修改Mask Path(蒙版路径)的形状，如图13.227所示。拖动时间滑块，其中一帧的画面效果如图13.228所示。

图13.227　修改蒙版路径

图13.228　画面效果

技巧

在修改矩形蒙版的形状时，可以使用Selection Tool(选择工具)，在蒙版的边框上双击，使其出现选框，然后拖动选框的控制点，修改矩形蒙版的形状。

13.2.9　制作最终合成

(1) 执行菜单栏中的Composition(合成)| New Composition(新建合成)命令，新建一个Composition Name(合成名称)为“最终合成”，Width(宽)为“720”，Height(高)为“576”，Frame Rate(帧率)为“25”，设置Duration(持续时间)为00:00:08:00秒的合成。

(2) 在Project(项目)面板中，选择“Logo”“碎片”合成，将其拖动到“最终合成”的时间线面板中，如图13.229所示。

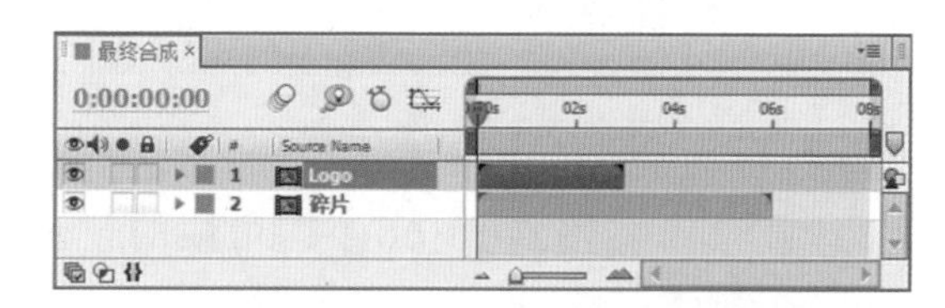

图13.229　添加“Logo”“碎片”合成素材

(3) 将时间调整到00:00:05:00帧的位置，选择“Logo”层，将其入点设置到当前位置，如图13.230所示。

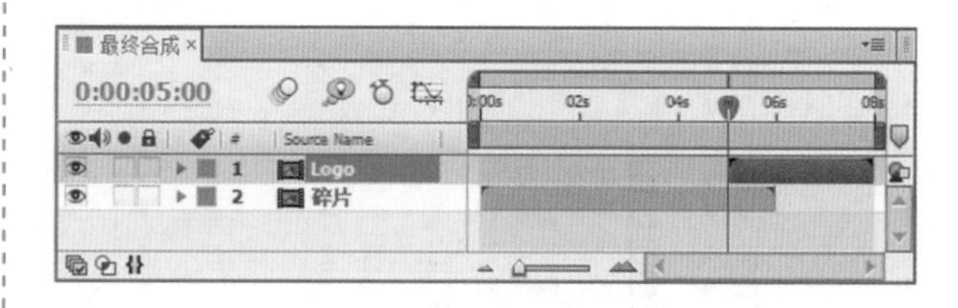

图13.230　调整“Logo”层的入点

技巧

在调整图层入点位置时，可以按住Shift键，拖动素材块，这样具有吸附功能，便于操作。

(4) 按T键，打开该层的Opacity(不透明度)选项，单击Opacity(不透明度)左侧的码表按钮，在当前位置设置关键帧，并设置Opacity(不透明度)的值为0%。

(5) 将时间调整到00:00:05:08帧的位置，修改Opacity(不透明度)的值为100%，如图13.231

所示。

图13.231　设置Opacity(不透明度)的值为100%

(6) 选择“碎片”合成层，按Ctrl + Alt + R组合键，将“碎片”的时间倒播，完成效果如图13.232所示。

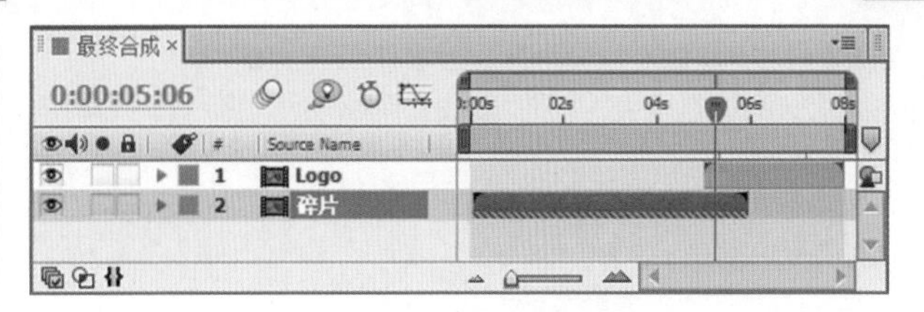

图13.232　修改时间

(7) 这样就完成了“天天卫视”的整体制作，按小键盘上的“0”键播放预览。最后将文件保存并输出成动画。

第14章 电视栏目包装表现

内容摘要

在中国电视媒体走向国际化的今天，电视包装也由节目包装、栏目包装向整体包装发展，包装已成为电视频道参与竞争、增加收益、提高收视率的有力武器。本章以几个实例，来讲解与电视包装相关的制作过程。通过本章的学习，让读者不仅可以看到成品的包装，而且可以学习到其中的制作方法和技巧。

教学目标

- 学习电视特效表现的处理。
- 掌握频道特效表现的处理手法。
- 掌握电视栏目包装的处理方法。

14.1 频道特效表现——水墨中国风

实例说明

本例主要通过建立基础关键帧制作出素材运动画面，通过运用Radial Wipe(径向擦除)特效制作出圆圈的擦除动画以及通过轨道遮罩的使用制作出动画的转场效果，完成水墨中国风的制作。本例最终的动画流程效果如图14.1所示。

图14.1 水墨中国风动画流程效果

学习目标

1. 掌握Radial Wipe(径向擦除)特效的使用。
2. 掌握Ripple(波纹)特效的使用。
3. 掌握Camera(摄像机)的使用。
4. 掌握图层遮罩的处理。

操作步骤

14.1.1 导入素材

(1) 执行菜单栏中的File(文件)| Import(导入)| File(文件)命令，打开Import File(导入文件)对话框，选择配套光盘中的“工程文件\第14章\水墨中国风\镜头1.psd”素材，如图14.2所示。

(2) 单击【打开】按钮，将打开“镜头1.psd”对话框，在Import Kind(导入类型)的下拉列表框中选择Composition – Retain Layer Sizes(合成-保持图层大小)选项，将素材以合成的方式导入，如图14.3所示。单击OK(确定)按钮，素材将导入Project(项目)面板中。使用同样的方法，将“镜头3.psd”素材导入Project(项目)面板中。

图14.2 Import File(导入文件)对话框

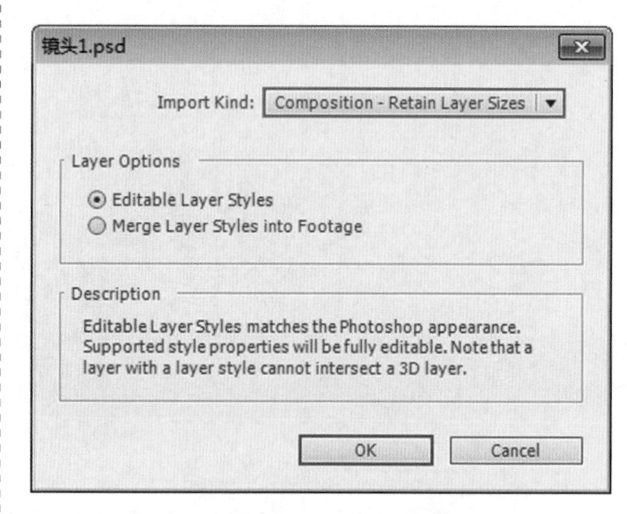

图14.3 以合成的方式导入素材

(3) 执行菜单栏中的File(文件)| Import(导入)| File(文件)命令，打开Import File(导入文件)对话框，选择配套光盘中的“工程文件\第14章\水墨中国风\镜头2”文件夹，单击Import Folder(导入文件夹)按钮，如图14.4所示。

(4) “镜头2”文件夹将导入Project(项目)面板中。使用相同的方法，将“视频素材”文件夹导入Project(项目)面板中，完成效果如图14.5所示。

图14.4　导入文件夹

图14.5　导入文件夹后的效果

14.1.2　制作镜头1动画

(1) 在Project(项目)面板中，选择“镜头1”合成，按Ctrl + K组合键，打开Composition Settings(合成设置)对话框，设置Duration(持续时间)为00:00:06:00秒，如图14.6所示，单击OK(确定)按钮。双击“镜头1”合成，打开“镜头1”合成的时间线面板，此时合成窗口中的画面效果如图14.7所示。

(2) 将时间调整到00:00:00:00帧的位置。选择“群山2”层，按P键，打开该层的Position(位置)选项，然后单击Position(位置)左侧的码表按钮，在当前位置设置关键帧，并设置Position(位置)的值为(470，420)，如图14.8所示。

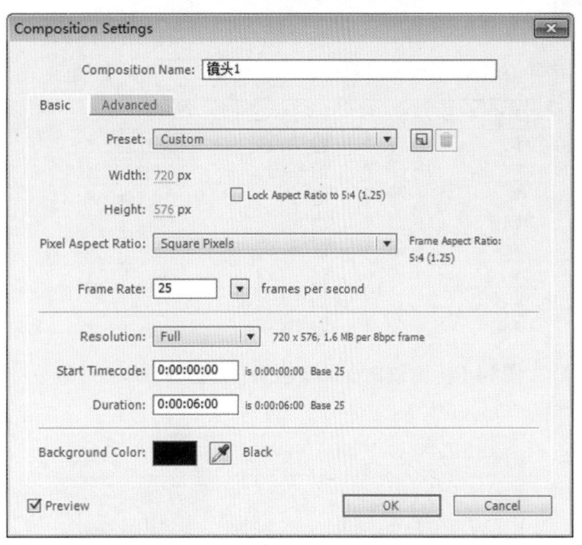

图14.6　设置持续时间为6秒

图14.7　合成窗口中的画面效果

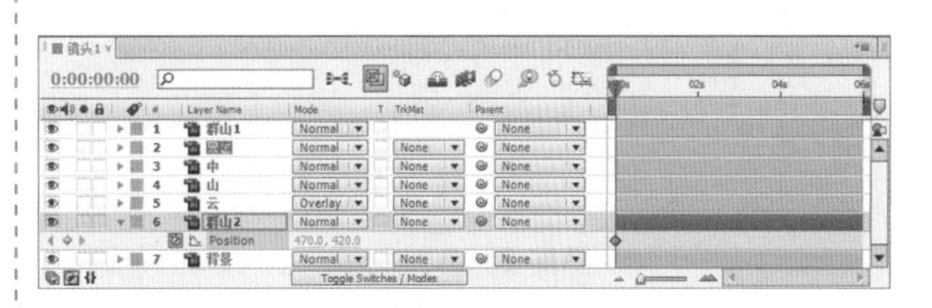

图14.8　设置Position(位置)的值为(470，420)

记录素材图层的位置动画，可以使素材在画面中产生动态效果，避免原本呆板、单调的素材受到影片整体的影响，使画面丰富而不杂乱。

(3) 将时间调整到00:00:05:24帧的位置，修改Position(位置)的值为(470，380)，如图14.9所示。此时的画面效果如图14.10所示。

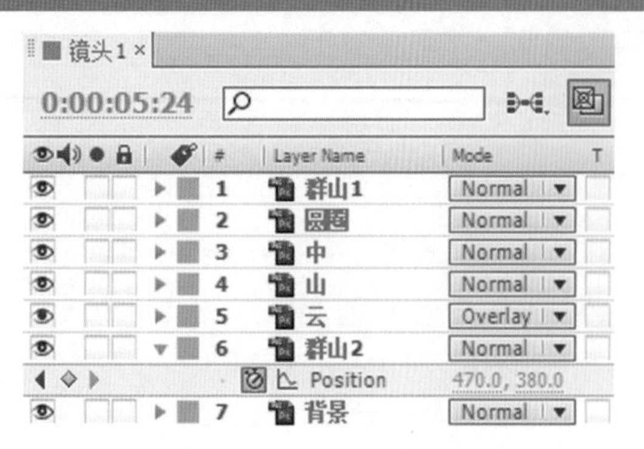

图14.9　修改Position(位置)的值为(470，380)

图14.10　00:00:05:24帧的画面效果

(4) 选择“云”层，按Ctrl + D组合键，将其复制一层，在Layer Name(层名称)模式下，复制层的名称将自动变为“云2”，如图14.11所示。

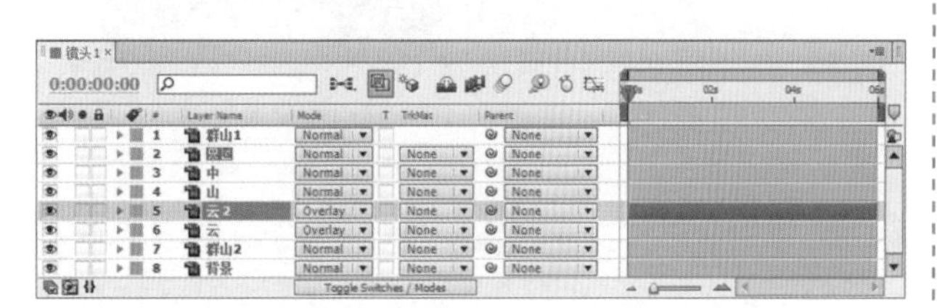

图14.11　复制“云2”层

(5) 将时间调整到00:00:00:00帧的位置，选择“云2”“云”层，按P键，打开所选层的Position(位置)选项，单击Position(位置)左侧的码表按钮，在当前位置为“云2”“云”层设置关键帧，然后在时间线面板的空白处单击鼠标，取消选择。再设置“云2”层Position(位置)的值为(-141，309)，“云”层Position(位置)的值为(592，309)，如图14.12所示。此时的画面效果如图14.13所示。

(6) 将时间调整到00:00:05:24帧的位置，修改“云2”层Position(位置)的值为(347，309)，“云”层Position(位置)的值为(1102，309)，如图14.14所示。此时的画面效果如图14.15所示。

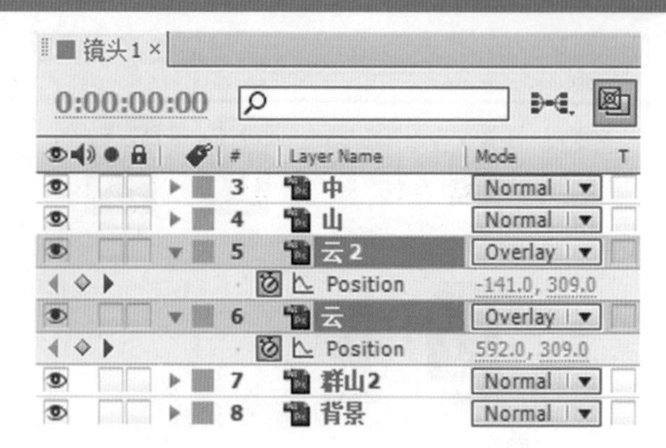

图14.12　设置“云2”“云”的位置

图14.13　设置“云2”“云”位置后的画面

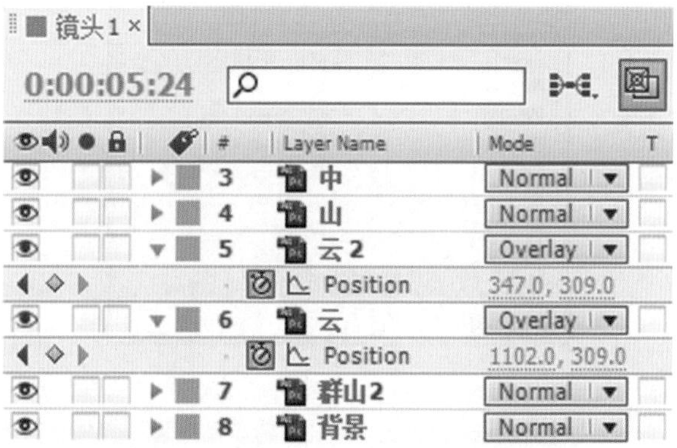

图14.14　修改“云2”“云”层的位置

图14.15　00:00:05:24帧云的画面效果

(7) 选择“中”层，在“中”层右侧的Parent(父级)属性栏中选择“2.圆圈”选项，建立父子关系。选择“圆圈”层，按P键，打开该层的Position(位置)选项，将时间调整到00:00:00:00帧的位置，单击Position(位置)左侧的码表按钮，在当前位置设置关键帧，并设置Position(位置)的值为(320，180)，如图14.16所示。

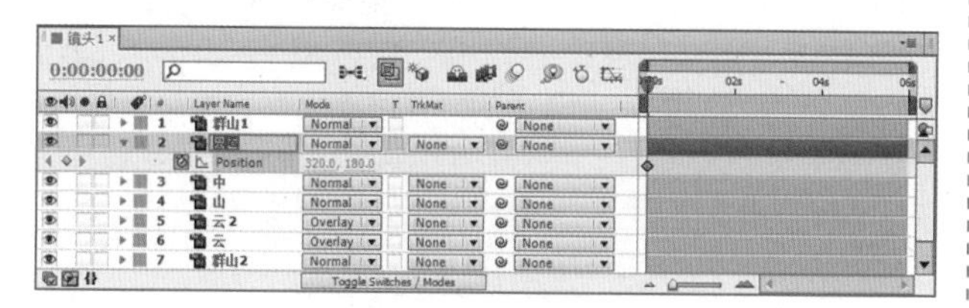

图14.16 新建父子关系

(8) 将时间调整到00:00:05:00帧的位置，修改Position(位置)的值为(320，250)，如图14.17所示。此时的画面效果如图14.18所示。

镜头1 ×

0:00:05:00

#	Layer Name	Mode
1	群山1	Normal
2	圆圈	Normal
	Position	320.0, 250.0
3	中	Normal
4	山	Normal
5	云2	Overlay
6	云	Overlay
7	群山2	Normal

图14.17 修改Position(位置)的值为(320，250)

图14.18 00:00:05:00帧的“圆圈”的位置

(9) 为“圆圈”层添加Radial Wipe(径向擦除)特效。在Effects & Presets(效果和预置)面板中展开Transition(切换)特效组，双击Radial Wipe(径向擦除)特效，如图14.19所示。

(10) 将时间调整到00:00:00:20帧的位置，在Effects Controls(特效控制)面板中，修改Radial Wipe(径向擦除)特效的参数，单击Transition Completion(转换完成)左侧的码表按钮，在当前位置设置关键帧，并设置Transition Completion(转换完成)的值为100%，Start Angle(开始角度)的值为45°，Feather(羽化)的值为25，参数设置如图14.20所示。

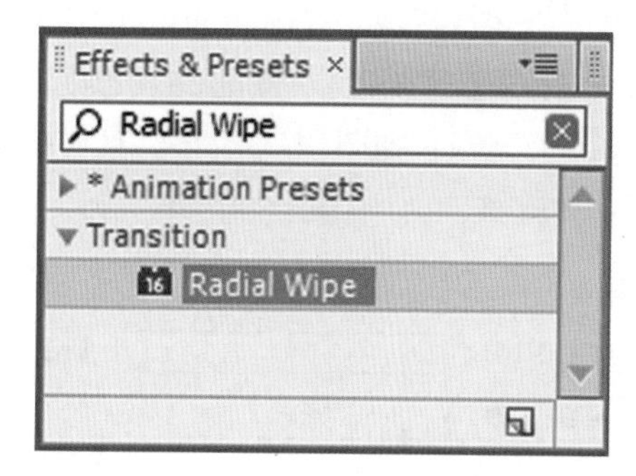

图14.19 添加Radial Wipe(径向擦除)特效

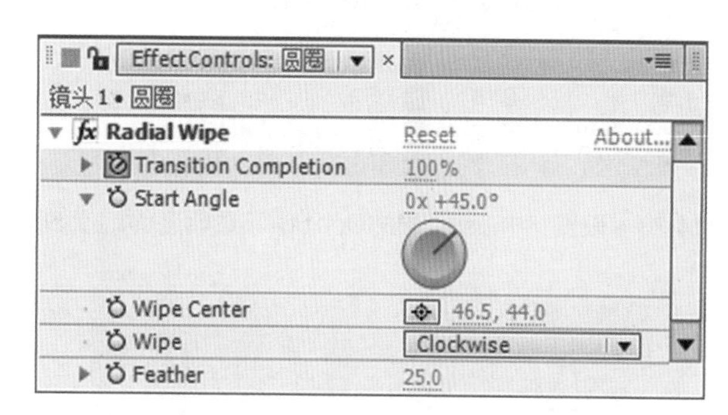

图14.20 设置转换完成的值为100%

(11) 将时间调整到00:00:02:00帧的位置，修改Transition Completion(转换完成)的值为20%，如图14.21所示。其中一帧的画面效果如图14.22所示。

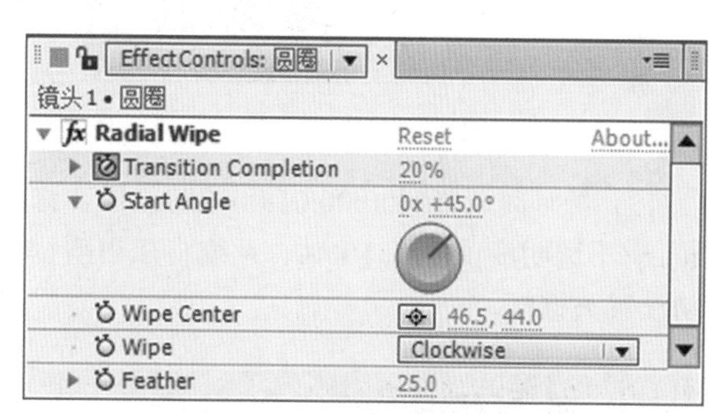

图14.21 修改转换完成的值为20%

图14.22 其中一帧的画面效果

(12) 选择"中.psd"层，按T键，打开该层的Opacity(不透明度)选项，将时间调整到00:00:00:00帧的位置，设置Opacity(不透明度)的值为50%，然后单击Opacity(不透明度)左侧的码表按钮，在当前位置设置关键帧，如图14.23所示。此时的画面效果如图14.24所示。

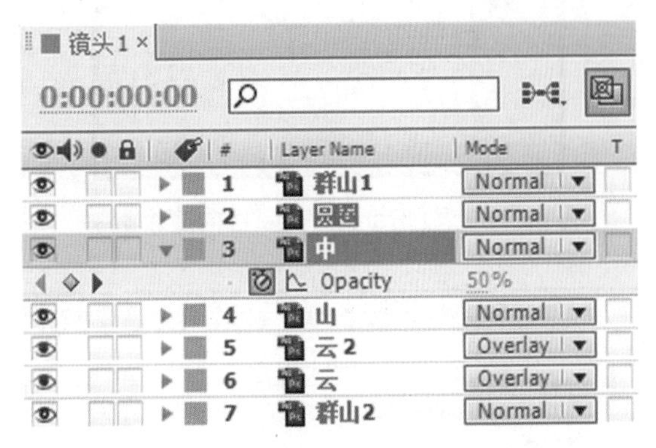

图14.23 设置"中.psd"层的Opacity(不透明度)的值为50%

图14.24 画面效果

(13) 将时间调整到00:00:01:00帧的位置，修改Opacity(不透明度)的值为100%，系统将在当前位置自动设置关键帧。

14.1.3 制作荡漾的墨

(1) 执行菜单栏中的Composition(合成)| New Composition(新建合成)命令，打开Composition Settings(合成设置)对话框，设置Composition Name(合成名称)为"镜头2"，Width(宽)为"720"，Height(高)为"576"，Frame Rate(帧率)为"25"，并设置Duration(持续时间)为00:00:10:00秒，如图14.25所示。

(2) 打开"镜头2"合成，在Project(项目)面板中选择"镜头2"文件夹，将其拖动到"镜头2"合成的时间线面板中，然后调整图层顺序，完成后的效果如图14.26所示。

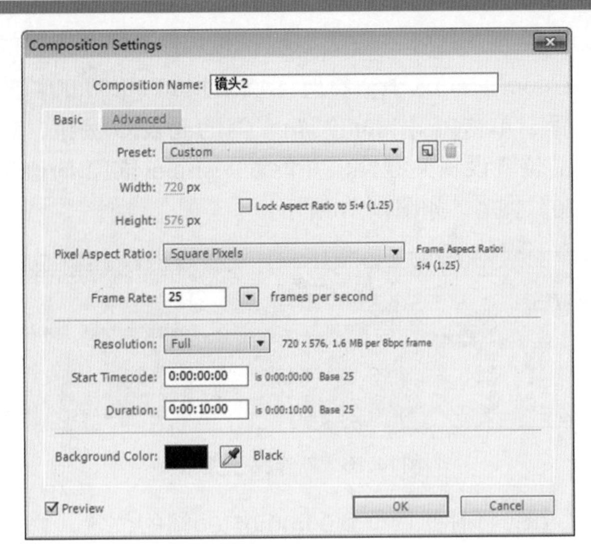

图14.25 新建"镜头2"合成

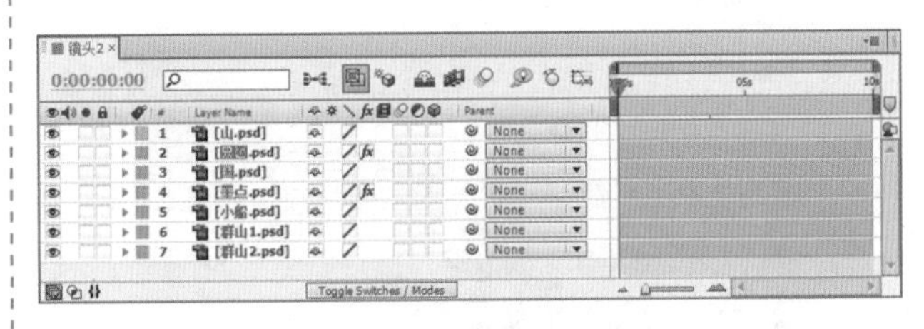

图14.26 调整图层顺序

(3) 在"镜头2"合成的时间线面板中，按Ctrl + Y组合键，打开Solid Settings(固态层设置)对话框，设置Name(名称)为"背景"，Color(颜色)为白色，如图14.27所示。

(4) 单击OK(确定)按钮，在时间线面板中将会创建一个名为"背景"的固态层，然后将"背景"固态层拖动到"群山2"层的下一层，如图14.28所示。

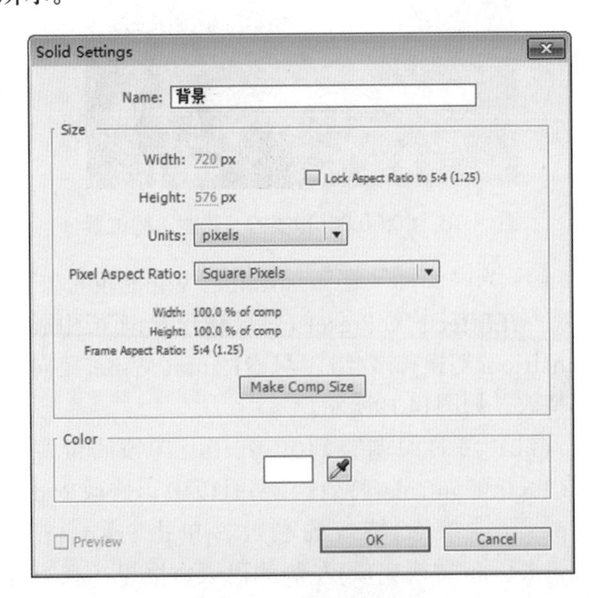

图14.27 新建固态层

镜头2 ×

0:00:00:00

#	Layer Name
1	[山.psd]
2	[圆圈.psd]
3	[国.psd]
4	[墨点.psd]
5	[小船.psd]
6	[群山1.psd]
7	[群山2.psd]
8	[背景]

图14.28 调整“背景”固态层的位置

(5) 将除“背景”“墨点.psd”层以外的其他层隐藏。然后选择“墨点.psd”层，在Effects & Presets(效果和预置)面板中展开Distort(扭曲)特效组，双击Ripple(波纹)特效，如图14.29所示。

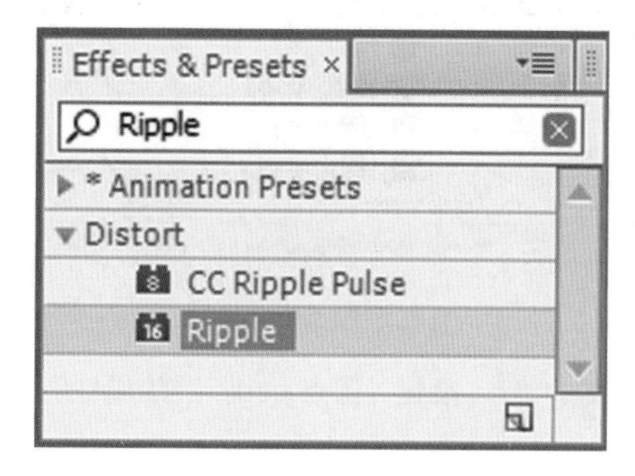

图14.29 添加Ripple(波纹)特效

(6) 将时间调整到00:00:03:15帧的位置，在Effects Controls(特效控制)面板中，修改Ripple(波纹)特效的参数，单击Radius(半径)左侧的码表按钮，在当前位置设置关键帧，并设置Radius(半径)的值为60，在Type of Conversion(转换类型)右侧的下拉列表框中选择Symmetric(对称)，设置Wave Speed(波速)的值为1.9，Wave Width(波幅)的值为62.6，Wave Height(波长)的值为208，Ripple Phase(波纹相位)的值为88°，参数设置如图14.30所示。

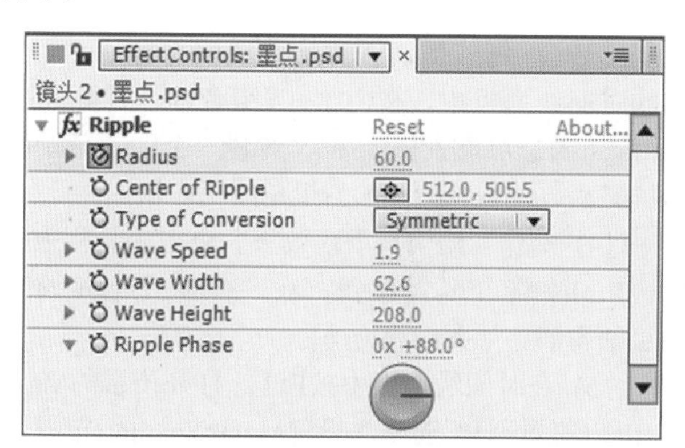

图14.30 设置Ripple(波纹)特效的参数

(7) 设置完Ripple(波纹)特效的参数后，当前帧的画面效果如图14.31所示。将时间调整到00:00:07:14帧的位置，修改Radius(半径)的值为40，系统将在当前位置自动设置关键帧。

图14.31 设置波纹特效后的画面效果

(8) 为“墨点.psd”层绘制遮罩，单击工具栏中的Ellipse Tool(椭圆工具)按钮，在“镜头2”合成窗口中绘制正圆遮罩，如图14.32所示。

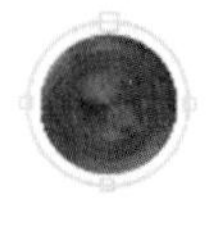

图14.32 绘制遮罩

提示

使用遮罩工具可以将素材中不理想的部分去除掉，调整遮罩羽化会使素材边缘柔和。

(9) 将时间调整到00:00:03:15帧的位置，在时间线面板中按M键，打开“墨点.psd”层的Mask Path(遮罩形状)选项，然后单击Mask Path(遮罩形状)左侧的码表按钮，在当前位置设置关键帧，如图14.33所示。

(10) 将时间调整到00:00:05:15帧的位置，在合成窗口中修改遮罩的大小，如图14.34所示。

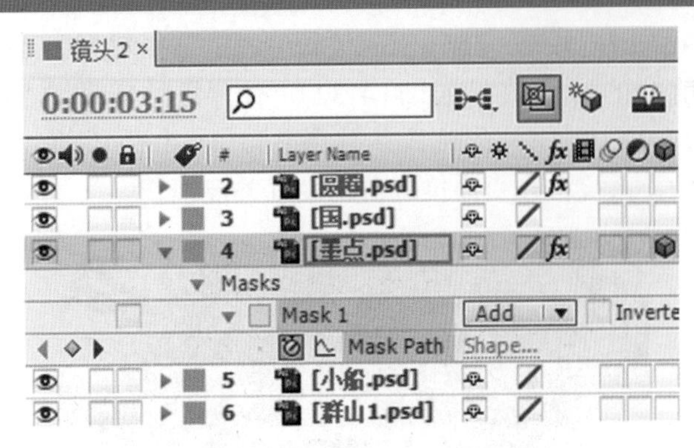

图14.33　为遮罩路径设置关键帧

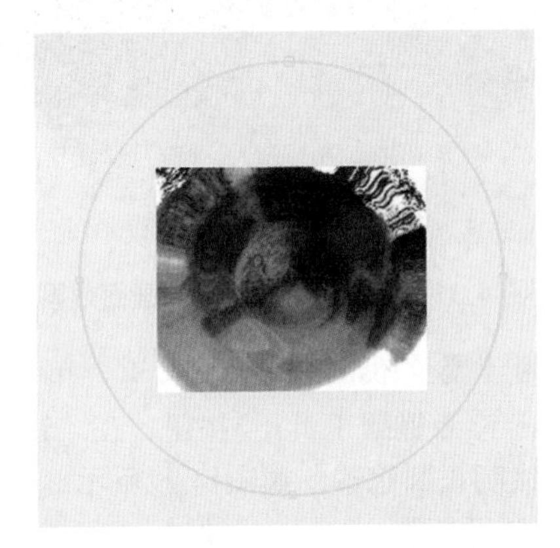

图14.34　修改00:00:05:15帧的遮罩形状

(11) 在时间线面板中，按F键，打开Mask Feather(遮罩羽化)选项，设置Mask Feather(遮罩羽化)的值为(105，105)，如图14.35所示。其中一帧的画面效果如图14.36所示。

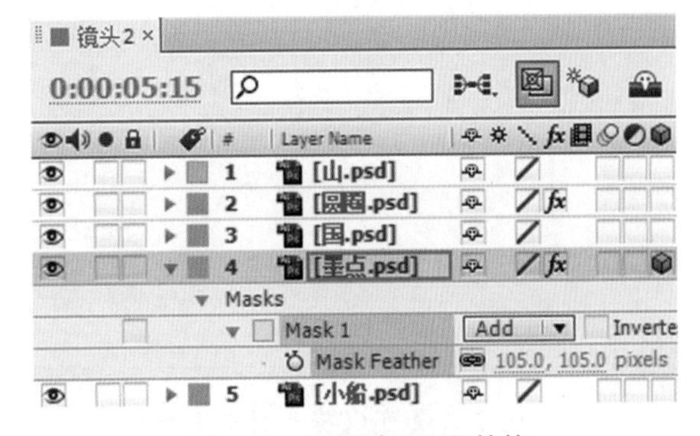

图14.35　设置遮罩羽化的值

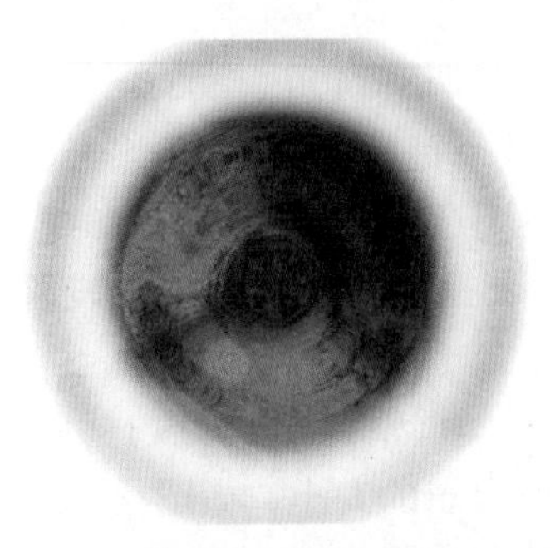

图14.36　设置羽化后其中一帧的画面效果

遮罩羽化用于控制遮罩边缘区域柔和程度和效果，使图像颜色对接效果柔和，得到细致融合的图像处理。

(12) 打开“墨点.psd”层的三维属性开关，然后单击“墨点.psd”层左侧的灰色三角形▼按钮，展开Transform(变换)选项组，设置Position(位置)的值为(390，600，1086)，Scale(缩放)的值为(165，165，165)，X Rotation(X轴旋转)的值为-63°，参数设置如图14.37所示。画面效果如图14.38所示。

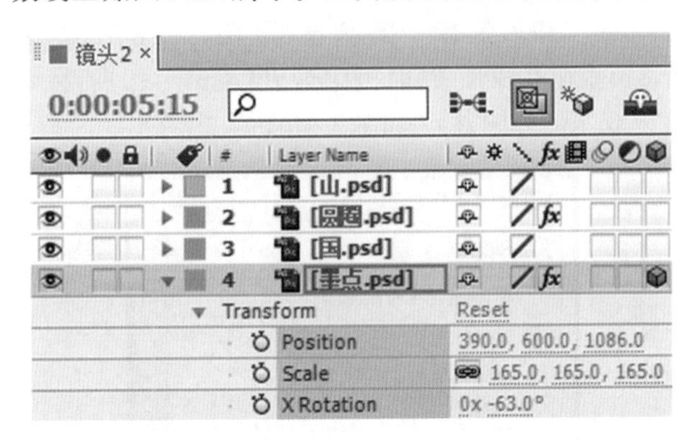

图14.37　设置“墨点.psd”层的属性值

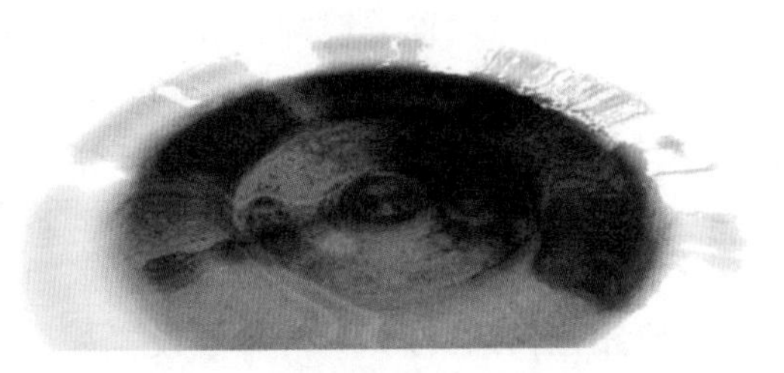

图14.38　设置属性值后的画面效果

(13) 新建“墨滴”固态层。在“镜头2”合成的时间线面板中，按Ctrl + Y组合键，打开Solid Settings(固态层设置)对话框，新建一个Name(名称)为“墨滴”，Color(颜色)为黑色的固态层。

(14) 制作“墨滴”下落效果。单击工具栏中的Pen Tool(钢笔工具)按钮，在“镜头2”合成窗口中绘制墨滴，如图14.39所示。

(15) 在时间线面板中按F键，打开该层的Mask Feather(遮罩羽化)选项，设置Mask Feather(遮罩羽化)的值为(5，5)，如图14.40所示。

图14.39　绘制墨滴

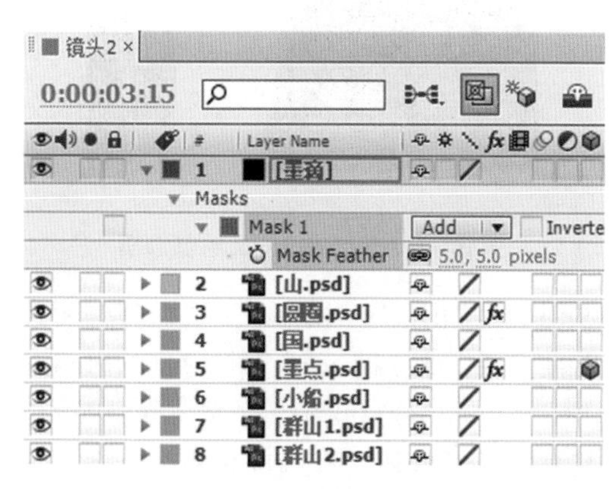

图14.40　设置遮罩羽化的值

(16) 设置Mask Feather(遮罩羽化)后的画面效果如图14.41所示，然后将“墨滴”缩小到如图14.42所示。

图14.41　设置遮罩羽化后的墨滴效果

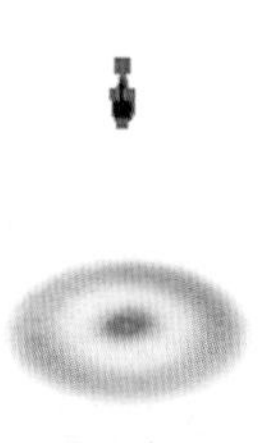

图14.42　缩小墨滴

(17) 将时间调整到00:00:03:04帧的位置，打开“墨滴”层的三维属性开关，然后单击“墨滴”左侧的灰色三角形▼按钮，展开Transform(变换)选项组。设置Anchor Point(定位点)的值为(353，150)，Position(位置)的值为(367，-229)，然后单击Position(位置)左侧的码表按钮，在当前位置设置关键帧，参数设置如图14.43所示。将时间调整到00:00:03:16帧的位置，修改Position(位置)的值为(367，287)，系统将在当前位置自动设置关键帧。

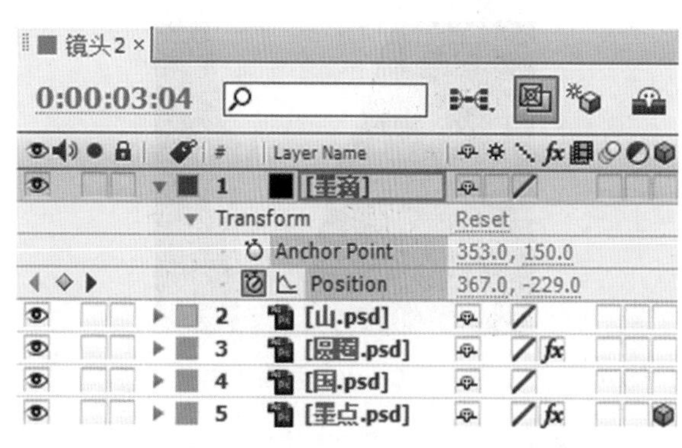

图14.43　在00:00:03:04帧设置关键帧

(18) 将时间调整到00:00:03:14帧的位置，单击Opacity(不透明度)左侧的码表按钮，在当前位置设置关键帧，如图14.44所示。将时间调整到00:00:03:16帧的位置，修改Opacity(不透明度)的值为0%，系统将在当前位置自动设置关键帧。

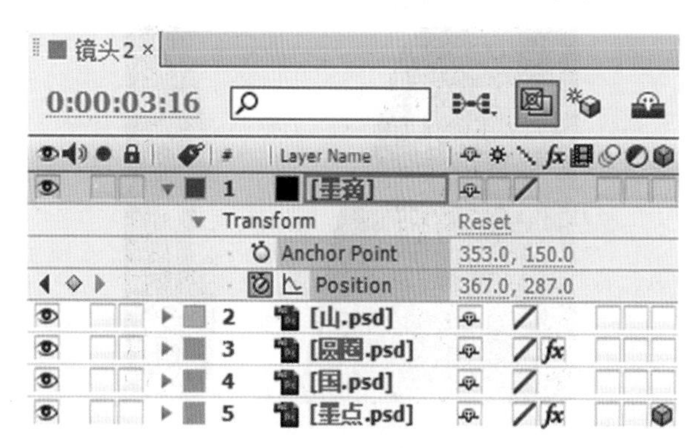

图14.44　为Opacity(不透明度)设置关键帧

14.1.4　制作镜头2动画

(1) 在“镜头2”合成的时间线面板中，单击“山.psd”层左侧眼睛图标的位置，将“山.psd”层显示。选择“山.psd”层，按Ctrl＋D组合键，将“山.psd”层复制一份，然后将复制出的图层重命名为“山2”，如图14.45所示。此时的画面效果如图14.46所示。

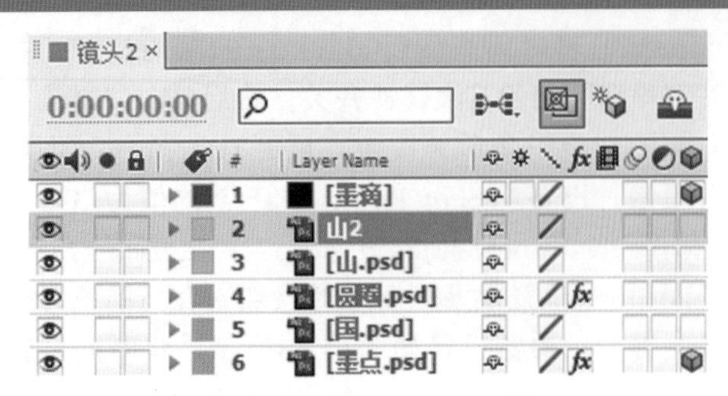

图14.45 复制“山2”层

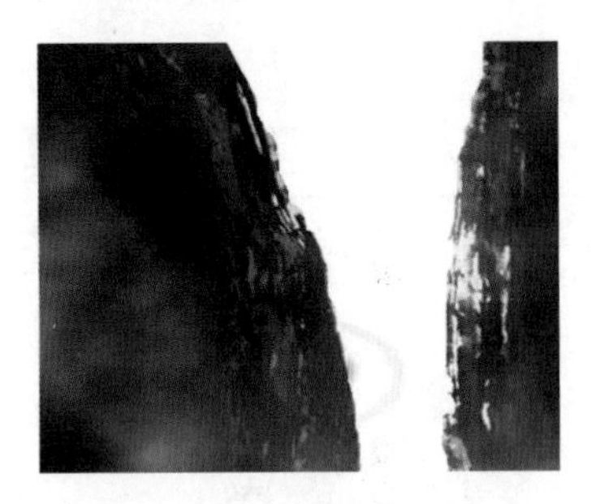

图14.46 山的画面效果

(2) 选择“山.psd”层，单击工具栏中的Pen Tool(钢笔工具)按钮，在“镜头2”合成窗口中绘制遮罩，如图14.47所示。

(3) 在时间线面板中按F键，打开该层的Mask Feather(遮罩羽化)选项，设置Mask Feather(遮罩羽化)的值为(20，20)，如图14.48所示。

图14.47 为“山.psd”层绘制遮罩

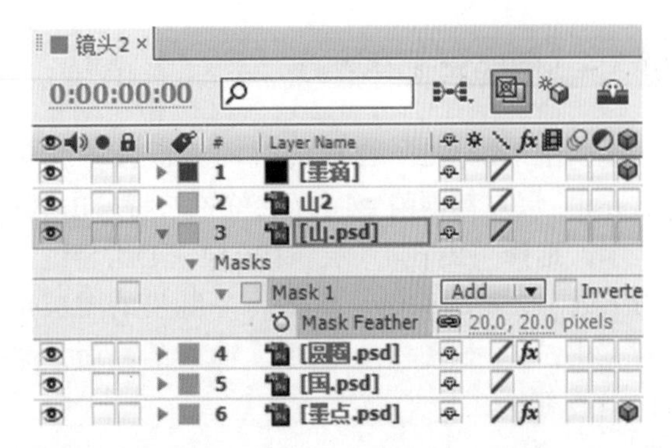

图14.48 设置“山.psd”层遮罩羽化值为(20，20)

(4) 选择“山2”层，单击工具栏中的Pen Tool(钢笔工具)按钮，在“镜头2”合成窗口中绘制遮罩，如图14.49所示。在时间线面板中按F键，打开该层的Mask Feather(遮罩羽化)选项，设置Mask Feather(遮罩羽化)的值为(20，20)。

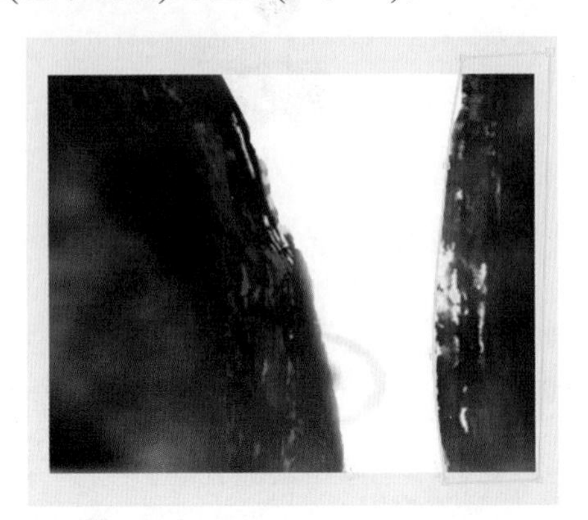

图14.49 为“山2”层绘制遮罩

(5) 选择“山2”“山.psd”层，打开所选层的三维属性开关。按P键，打开所选层的Position(位置)选项，在00:00:00:00帧的位置，单击Position(位置)左侧的码表按钮，在当前位置为所选层设置关键帧，然后再分别设置“山2”层Position(位置)的值为(385，287，0)，“山.psd”层的Position(位置)的值为(320，287，0)，如图14.50所示。

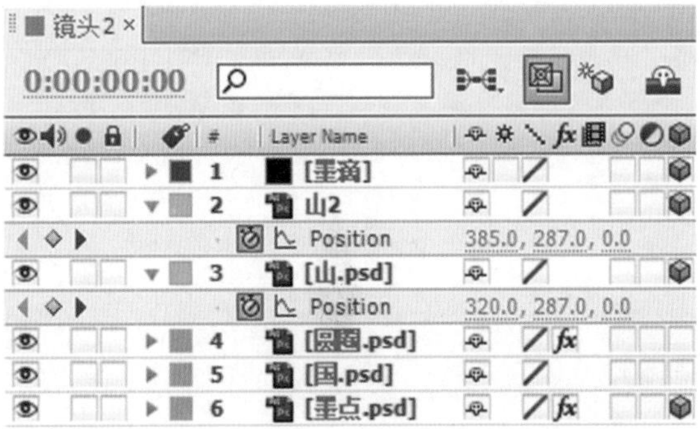

图14.50 为“山2”“山.psd”层设置关键帧

(6) 将时间调整到00:00:04:14帧的位置，修改“山2”层Position(位置)的值为(376，287，-210)；将时间调整到00:00:05:13帧的位置，修改“山.psd”层Position(位置)的值为(222，287，-291)，如图14.51所示。此时的画面效果如图14.52所示。

(7) 单击“小船.psd”层左侧眼睛图标的位置，将“小船.psd”层显示。将时间调整到00:00:00:00帧的位置，选择“小船.psd”层，单击其左侧的灰色三角形按钮，展开Transform(变换)选项组，设置Position(位置)的值为(409，303)，

Scale(缩放)的值为(6，6)，Opacity(不透明度)的值为80%，然后单击Position(位置)左侧的码表按钮，在当前位置设置关键帧，参数设置如图14.53所示。此时的画面效果如图14.54所示。

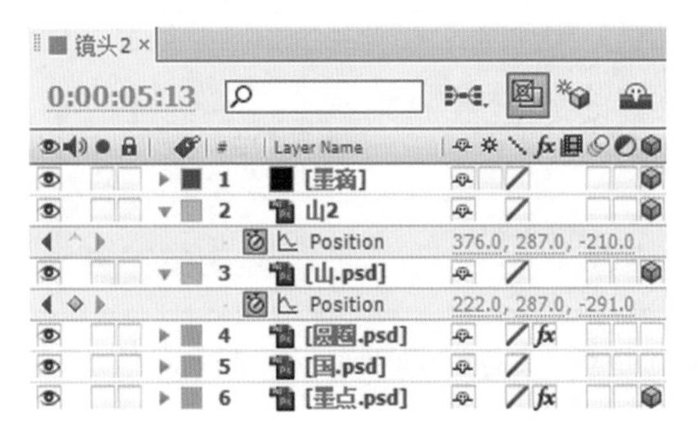

图14.51 修改“山2”“山.psd”层的位置

图14.52 修改位置后的画面效果

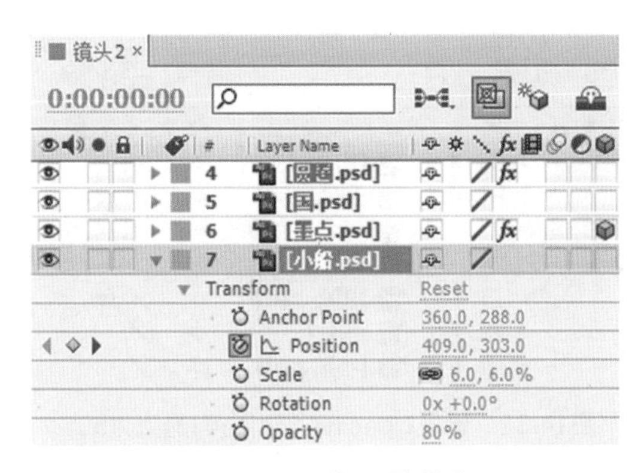

图14.53 设置Position(位置)的值为(409，303)

图14.54 小船的画面效果

(8) 将时间调整到00:00:09:24帧的位置，修改Position(位置)的值为(543，341)。然后按Ctrl + D组合键，将“小船”层复制一层，将复制出的图层重命名为“小船2”；单击“小船2”左侧的灰色三角形按钮，展开Transform(变换)选项组，单击Position(位置)左侧的码表按钮，取消所有关键帧，然后设置Position(位置)的值为(565，222)，Scale(缩放)的值为(4，4)，Opacity(不透明度)的值为60%，参数设置如图14.55所示。此时的画面效果如图14.56所示。

图14.55 设置“小船2”层的参数

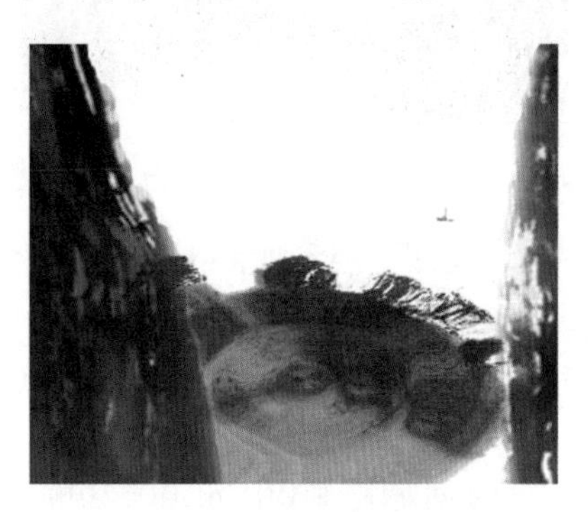

图14.56 “小船2”的画面效果

(9) 将“镜头2”时间线面板中隐藏的其他层显示。然后选择“国”层，在“国”层右侧的Parent(父级)属性栏中选择“4.圆圈”选项，建立父子关系。选择“圆圈”层，按P键，打开该层的Position(位置)选项，将时间调整到00:00:00:00帧的位置，单击Position(位置)左侧的码表按钮，在当前位置设置关键帧，并设置Position(位置)的值为(460，279)，如图14.57所示。

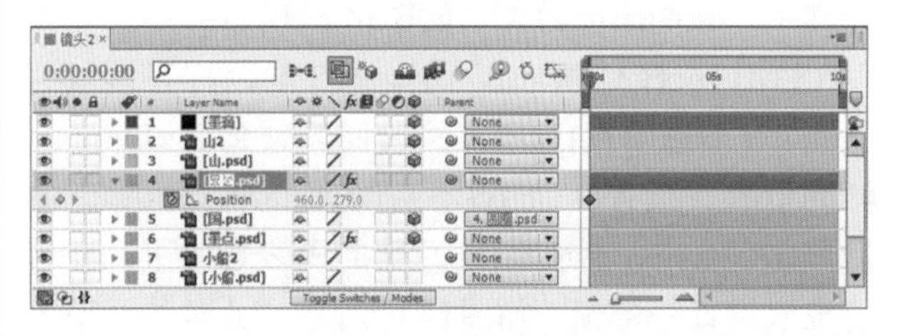

图14.57 新建父子关系

(10) 将时间调整到00:00:09:24帧的位置，修改Position(位置)的值为(460，340)，如图14.58所示。此时的画面效果如图14.59所示。

图14.58　修改Position(位置)的值为(460，340)

图14.59　00:00:09:24帧“圆圈”的位置

(11) 为“圆圈”层添加Radial Wipe(径向擦除)特效。在Effects & Presets(效果和预置)面板中展开Transition(切换)特效组，双击Radial Wipe(径向擦除)特效。

(12) 将时间调整到00:00:00:20帧的位置，在Effects Controls(特效控制)面板中，修改Radial Wipe(径向擦除)特效的参数，单击Transition Completion(转换完成)左侧的码表按钮，在当前位置设置关键帧，并设置Transition Completion(转换完成)的值为100%，Start Angle(开始角度)的值为45°，Feather(羽化)的值为25，参数设置如图14.60所示。

(13) 将时间调整到00:00:02:00帧的位置，修改Transition Completion(转换完成)的值为20%，完成后其中一帧的画面效果，如图14.61所示。

(14) 选择“国.psd”层，按T键，打开该层的Opacity(不透明度)选项，将时间调整到00:00:00:00帧的位置，设置Opacity(不透明度)的值为50%，然后单击Opacity(不透明度)左侧的码表按钮，在当前位置设置关键帧，如图14.62所示。此时的画面效果如图14.63所示。将时间调整到00:00:01:00帧的位置，修改Opacity(不透明度)的值为100%，系统将在当前位置自动设置关键帧。

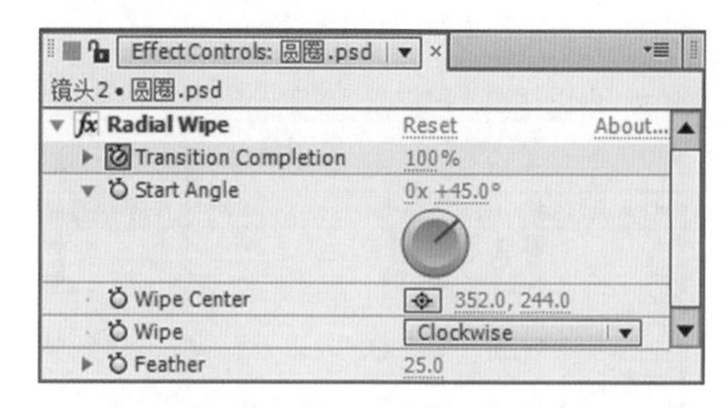

图14.60　修改Radial Wipe(径向擦除)特效的参数

图14.61　其中一帧的画面效果

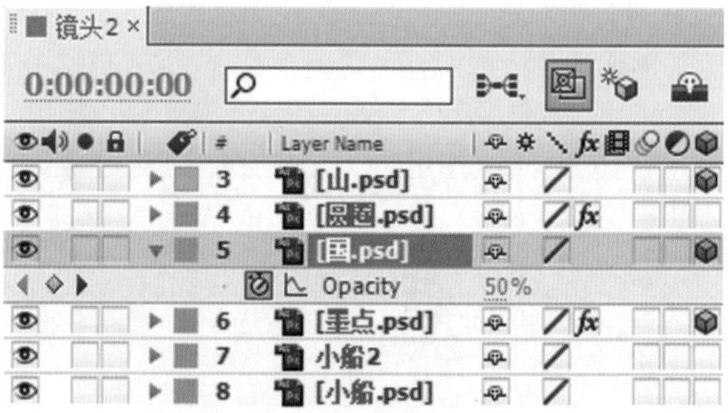

图14.62　设置Opacity(不透明度)的值为50%

图14.63　画面效果

(15) 添加摄像机。执行菜单栏中的Layer(层)| New(新建)| Camera(摄像机)命令，打开Camera

Settings(摄像机设置)对话框，设置Preset(预置)为Custom(自定义)，参数设置如图14.64所示。单击OK(确定)按钮，在时间线面板中将会创建一个摄像机。

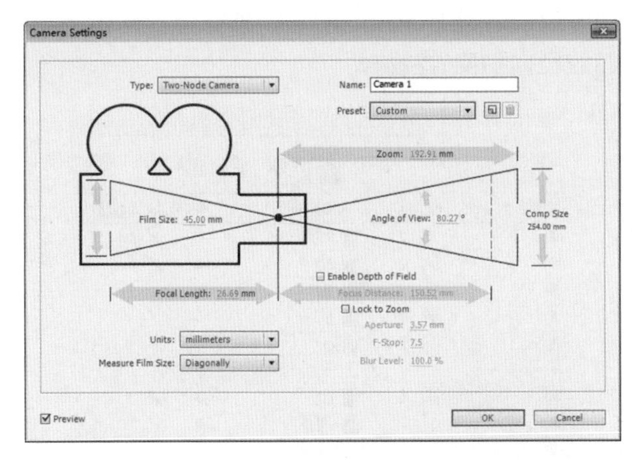

图14.64　Camera Settings(摄像机设置)对话框

(16) 打开“镜头2”合成中除“背景”层外的其他所有图层的三维属性开关，如图14.65所示。

(17) 将时间调整到00:00:00:00帧的位置，选择“Camera 1”层，单击其左侧的灰色三角形▼按钮，将展开Transform(变换)、Camera Options(摄像机设置)选项组。设置Position(位置)的值为(360，288，-427)，Zoom(缩放)的值为427 pixels，Depth of Field(景深)为Off，Focus Distance(焦距距离)的值为427 pixels，Aperture(光圈)的值为10 pixels，然后单击Zoom(缩放)左侧的码表按钮，在当前位置设置关键帧，参数设置如图14.66所示。

(18) 将时间调整到00:00:08:09帧的位置，修改Zoom(缩放)的值为545 pixels，参数设置如图14.67所示。此时的画面效果如图14.68所示。

镜头2 ×
0:00:01:00

#	Layer Name
1	Camera 1
2	[墨滴]
3	山2
4	[山.psd]
5	[圆圈.psd]
6	[国.psd]
7	[墨点.psd]
8	小船2
9	[小船.psd]
10	[群山1.psd]
11	[群山2.psd]
12	[背景]

图14.65　打开三维属性开关

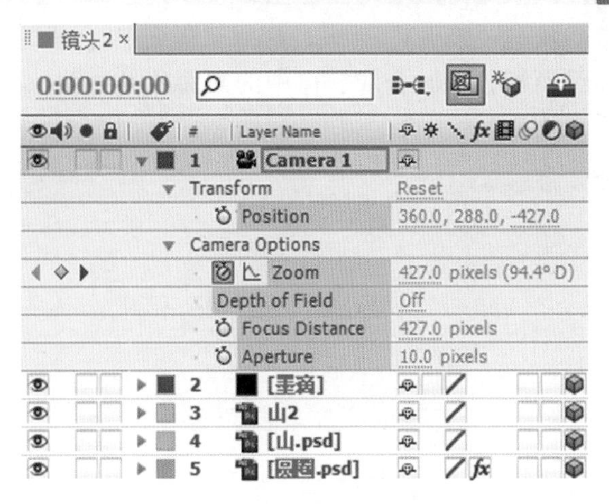

图14.66　设置摄像机的参数

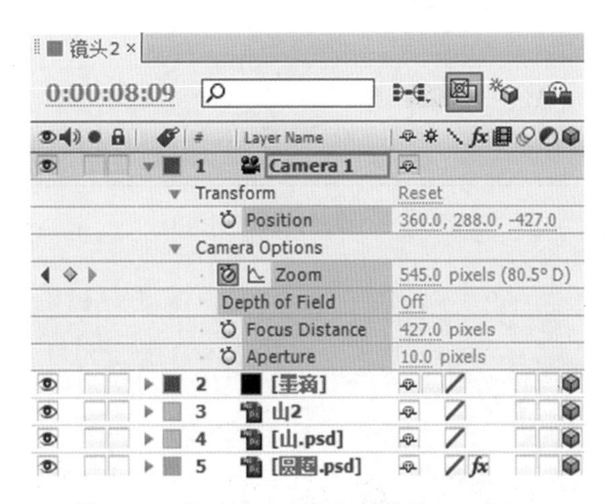

图14.67　修改Zoom(缩放)的值为545 pixels

图14.68　00:00:08:09帧的画面效果

14.1.5　制作镜头3动画

(1) 在Project(项目)面板中，选择“镜头3”合成，按Ctrl + K组合键，打开Composition Settings(合成设置)对话框，设置Duration(持续时间)为00:00:08:00秒，如图14.69所示，单击OK(确定)按钮。双击“镜头3”合成，打开“镜头3”合成的时间线面板，此时合成窗口中的画面效果如图14.70所示。

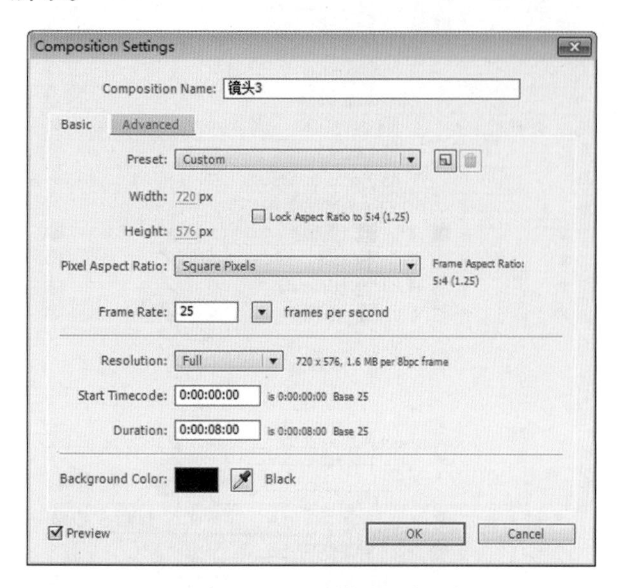

图14.69　设置持续时间为8秒

图14.70　合成窗口中的画面效果

(2) 将时间调整到00:00:00:00帧的位置。选择“云”层，按P键，打开该层的Position(位置)选项，然后单击Position(位置)左侧的码表按钮，在当前位置设置关键帧，并设置Position(位置)的值为(315，131)，如图14.71所示。

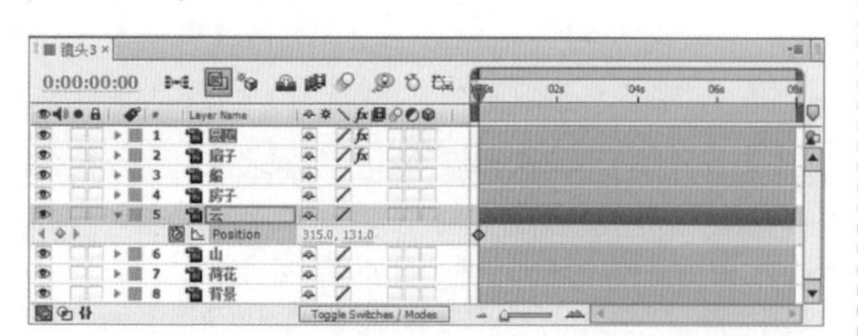

图14.71　设置Position(位置)的值为(315，131)

(3) 将时间调整到00:00:07:24帧的位置，修改Position(位置)的值为(401，131)，如图14.72所示。此时的画面效果如图14.73所示。

(4) 为“扇子”层添加Radial Wipe(径向擦除)特效。选择“扇子”层，在Effects & Presets(效果和预置)面板中展开Transition(切换)特效组，双击Radial Wipe(径向擦除)特效。

图14.72　修改Position(位置)的值为(401，131)

图14.73　00:00:07:24帧的画面效果

(5) 将时间调整到00:00:03:19帧的位置，在Effects Controls(特效控制)面板中，修改Radial Wipe(径向擦除)特效的参数，首先在Wipe(擦除)右侧的下拉列表框中选择Both(两者)，然后单击Transition Completion(转换完成)左侧的码表按钮，在当前位置设置关键帧，并设置Transition Completion(转换完成)的值为100%，Start Angle(开始角度)的值为180°，Wipe Center(擦除中心)的值为(258，301)，Feather(羽化)的值为25，参数设置，如图14.74所示。

(6) 将时间调整到00:00:06:15帧的位置，修改Transition Completion(转换完成)的值为0%，完成后其中一帧的画面效果如图14.75所示。

图14.74　修改径向擦除特效的参数

图14.75　其中一帧的画面效果

(7) 选择“圆圈”层，在Effects & Presets(效果和预置)面板中展开Transition(变换)特效组，双击Radial Wipe(径向擦除)特效。

(8) 将时间调整到00:00:04:00帧的位置，在Effect Controls(特效控制)面板中，修改Radial Wipe(径向擦除)特效的参数，单击Transition Completion(转换完成)左侧的码表按钮，在当前位置设置关键帧，并设置Transition Completion(转换完成)的值为100%，Start Angle(开始角度)的值为45°，Feather(羽化)的值为25，参数设置如图14.76所示。

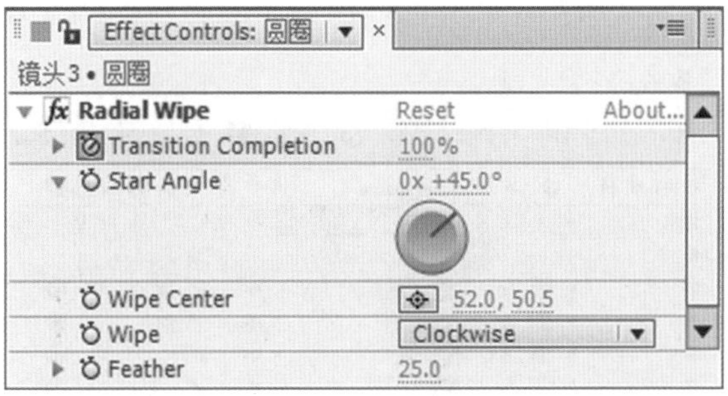

Effect Controls: 圆圈
镜头3 • 圆圈
Radial Wipe　Reset　About...
Transition Completion　100%
Start Angle　0x +45.0°
Wipe Center　52.0, 50.5
Wipe　Clockwise
Feather　25.0

图14.76　设置“圆圈”层径向擦除特效的参数

(9) 将时间调整到00:00:05:00帧的位置，修改Transition Completion(转换完成)的值为0%，完成后其中一帧的画面效果如图14.77所示。

图14.77　修改转换完成的值后其中一帧的画面效果

(10) 将时间调整到00:00:00:00帧的位置，选择“船”层，单击其左侧的灰色三角形按钮，展开Transform(变换)选项组，设置Position(位置)的值为(282，319)，然后分别单击Position(位置)、Scale(缩放)左侧的码表按钮，在当前位置设置关键帧，参数设置如图14.78所示。此时的画面效果如图14.79所示。

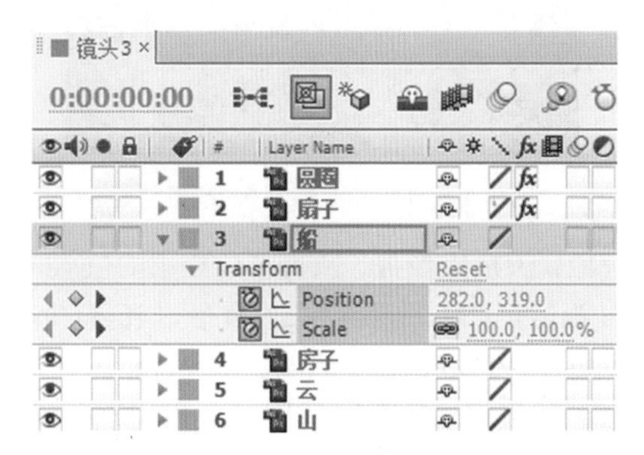

图14.78　为“船”层设置关键帧

图14.79　00:00:00:00帧的船的位置

(11) 为了方便观看“船”的位置变化，首先将“圆圈”和“扇子”层隐藏。将时间调整到00:00:07:24帧的位置，修改Position(位置)的值为(363，289)，Scale(缩放)的值为(90，90)，如图14.80所示。此时的画面效果如图14.81所示。设置完成后，再将“圆圈”和“扇子”层显示。

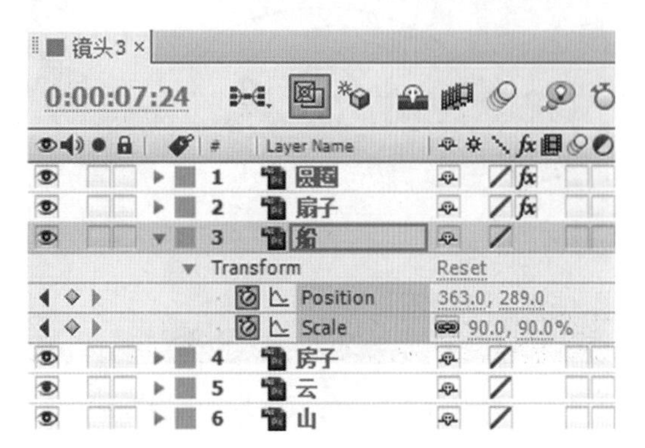

图14.80　修改船的位置和缩放值

图14.81　00:00:07:24帧的画面效果

(12) 添加摄像机。执行菜单栏中的Layer(层)| New(新建)| Camera(摄像机)命令，打开Camera Settings(摄像机设置)对话框，设置Preset(预置)为24mm，参数设置如图14.82所示。单击OK(确定)按钮，在时间线面板中将会创建一个摄像机。

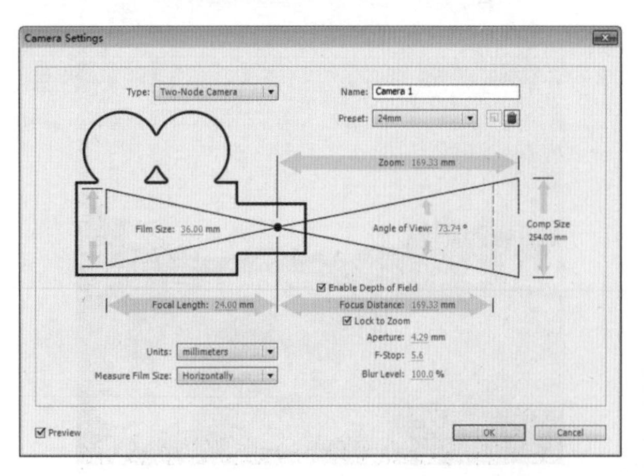

图14.82　Camera Settings(摄像机设置)对话框

(13) 打开“镜头3”合成中除“背景”层外的其他所有图层的三维属性开关，如图14.83所示。

(14) 将时间调整到00:00:00:00帧的位置，选择“Camera 1”层，按P键，打开该层的Position(位置)选项，单击Position(位置)左侧的码表按钮，在当前位置设置关键帧，参数设置如图14.84所示。

图14.83　打开三维属性开关

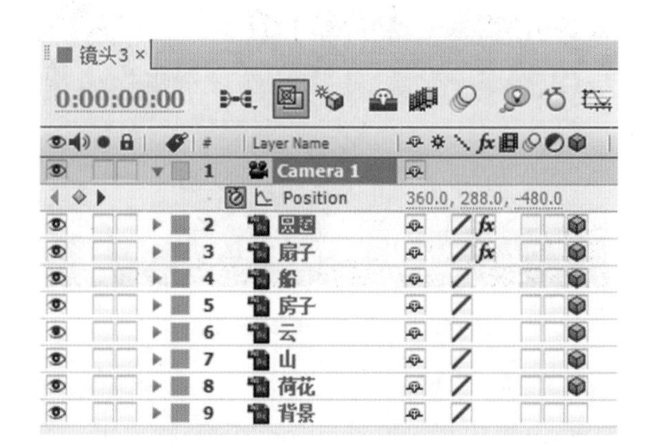

图14.84　设置摄像机的参数

记录摄像机动画可以使画面整体动势呈现出远近交替的纵深感，增强画面的视觉效果，为平淡无奇的画面增加新意。

(15) 将时间调整到00:00:05:00帧的位置，修改Position(位置)的值为(360，288，-435)，参数设置如图14.85所示。此时的画面效果如图14.86所示。

图14.85　修改Position(位置)的值

图14.86 00:00:05:00帧的画面效果

14.1.6 制作合成动画

(1) 执行菜单栏中的Composition(合成)| New Composition(新建合成)命令，打开Composition Settings(合成设置)对话框，新建一个Composition Name(合成名称)为“最终合成”，Width(宽)为“720”，Height(高)为“576”，Frame Rate(帧率)为“25”，Duration(持续时间)为00:00:20:00秒的合成。

(2) 打开“最终合成”合成，在Project(项目)面板中选择“镜头1”“镜头2”“镜头3”合成，将其拖动到“最终合成”的时间线面板中，如图14.87所示。

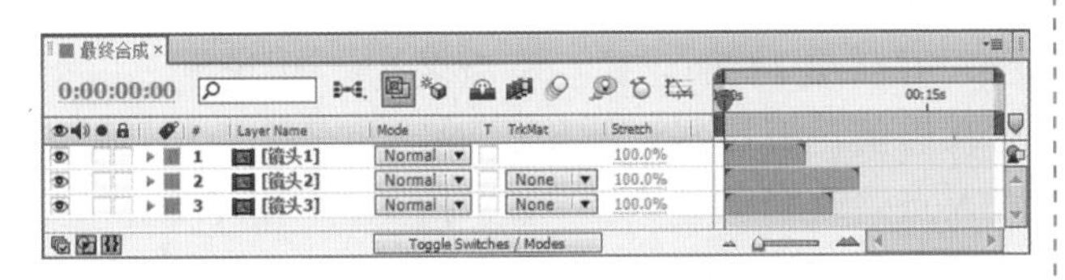

图14.87 添加合成素材

(3) 制作黑色边幅。在“最终合成”合成的时间线面板中，按Ctrl + Y组合键，打开Solid Settings(固态层设置)对话框，设置Name(名称)为“边幅”，Color(颜色)为黑色，如图14.88所示。

(4) 单击OK(确定)按钮，在时间线面板中将会创建一个名为“边幅”的固态层。选择“边幅”固态层，单击工具栏中的Rectangle Tool(矩形工具)按钮，在“最终合成”合成窗口中绘制矩形遮罩，如图14.89所示。

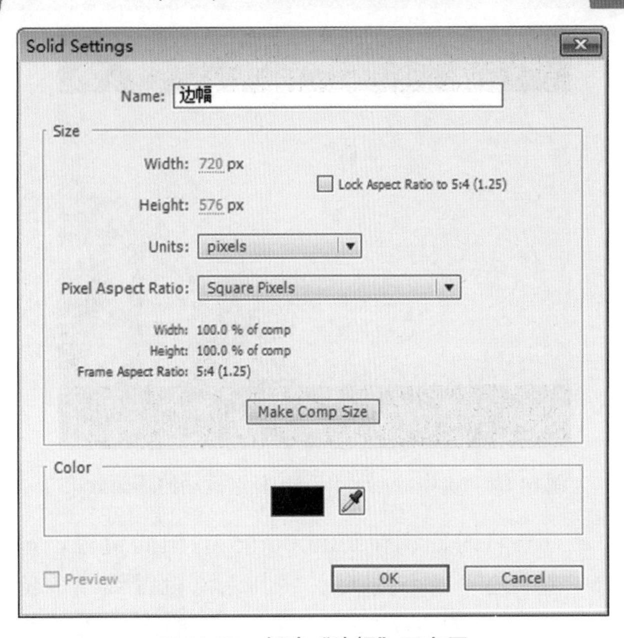

图14.88 新建“边幅”固态层

图14.89 绘制矩形遮罩

(5) 在时间线面板中，打开Mask 1(遮罩1) 选项，然后在Mask 1(遮罩1)右侧选中Inverted(反转)复选框，如图14.90所示。此时的画面效果如图14.91所示。

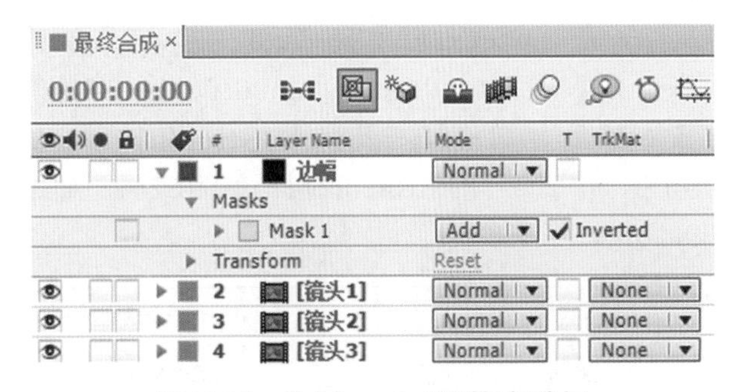

图14.90 选中Inverted(反转)复选框

图14.91　选中Inverted(反转)复选框后的画面效果

(6) 将时间调整到00:00:05:01帧的位置，选择“镜头2”层，按[键，将其入点设置到当前位置；用同样的方法将“镜头3”层的入点设置到00:00:12:00帧的位置，如图14.92所示。

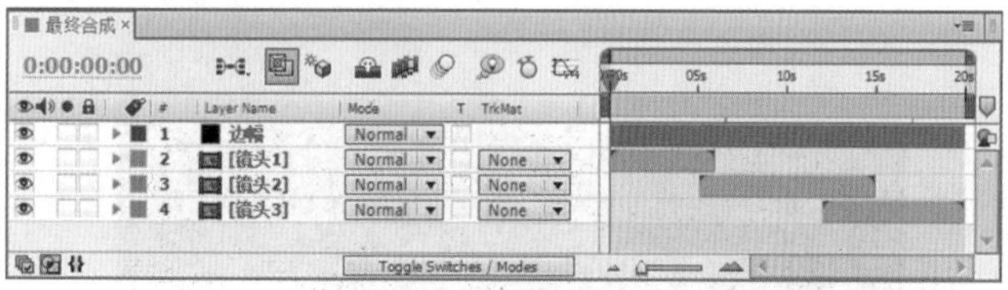

图14.92　调整图层的入点

(7) 在Project(项目)面板中的视频素材文件夹中选择“云1”“云2”素材，将其拖动到“最终合成”合成的时间线面板中。然后调整“云1”“云2”的图层顺序，如图14.93所示。

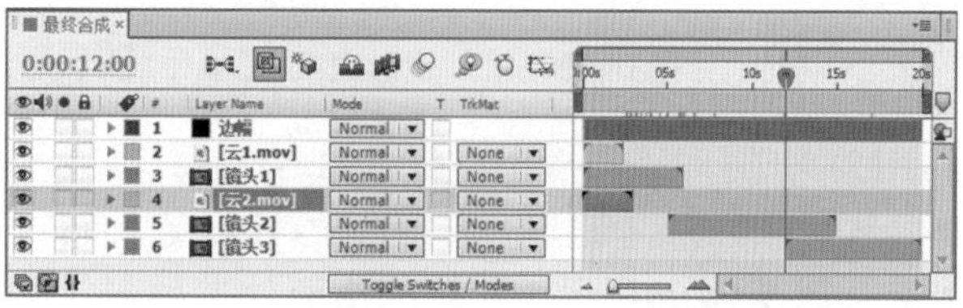

图14.93　调整“云1”“云2”的图层顺序

(8) 在时间线面板中将“云1”“云2”层的入点分别调整到00:00:05:00、00:00:11:24帧的位置；然后分别设置“云1”的Stretch(拉伸)值为50%，“云2”的Stretch(拉伸)值为62%，如图14.94所示。

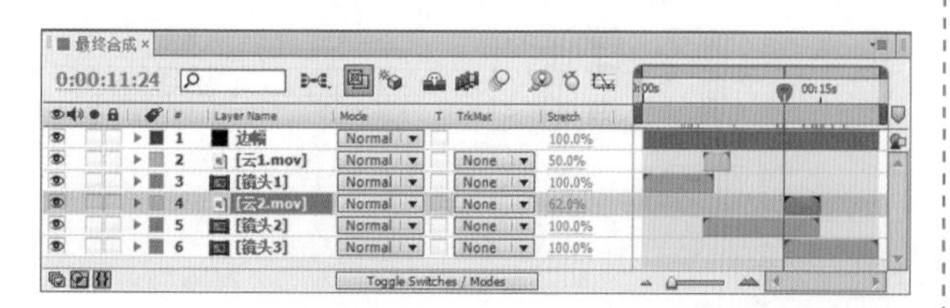

图14.94　调整“云1”“云2”层的入点位置

(9) 将时间调整到00:00:05:00帧的位置，选择“镜头1”层，按Ctrl + D组合键，将其复制一层，并将复制出的图层重命名为“转场1”，然后在当前位置按Alt + [组合键，为“转场1”层设置入点；选择“镜头1”层，按Alt +]组合键，为“镜头1”层设置出点；将时间调整到00:00:05:24帧的位置，选择“云1”层，在当前位置按Alt +]组合键，为“云1”层设置出点，如图14.95所示。

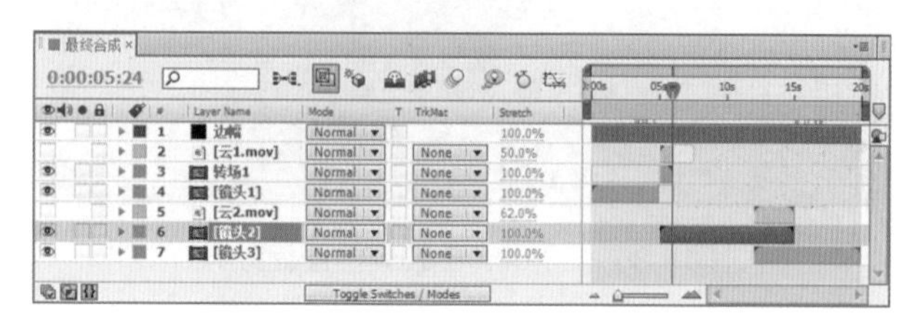

图14.95　为图层设置入点和出点

(10) 选择“转场1”层，在其右侧的Track Matte(轨道遮罩)属性栏中选择Luma Inverted Matte“[云1.mov]”，如图14.96所示。

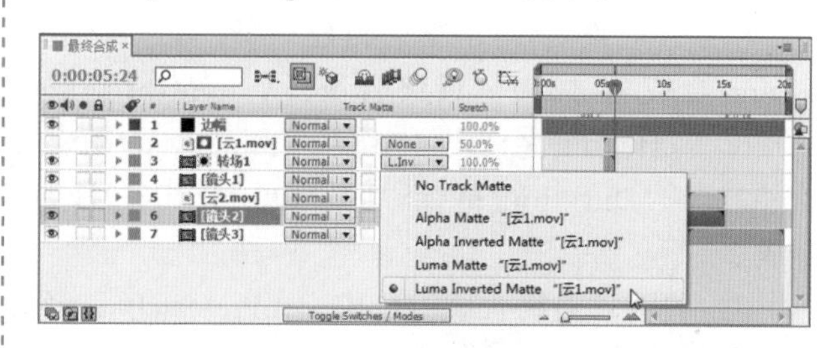

图14.96　设轨道遮罩选项

(11) 将时间调整到00:00:12:00帧的位置，选择“镜头2”层，按Ctrl + D组合键，将其复制一层，并将复制出的图层重命名为“转场2”，然后在当前位置按Alt + [组合键，为“转场2”层设置入点；选择“镜头2”层，按Alt +]组合键，为“镜头2”层设置出点；然后在“转场2”层右侧的Track Matte(轨道遮罩)属性栏中选择Luma Inverted Matte“[云2.mov]”，如图14.97所示。

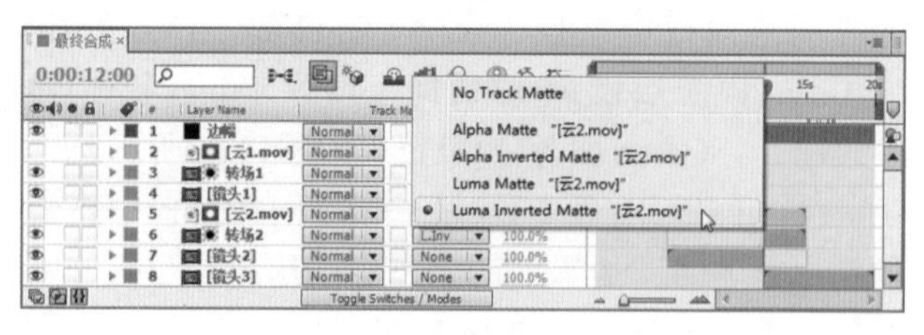

图14.97　为图层设置入点和出点

(12) 这样就完成了“频道特效表现——水墨中国风”的整体制作，按小键盘上的“0”键，在合成窗口中预览动画。

14.2　电视栏目包装——节目导视

实例说明

本例主要讲解利用三维层属性以及利用父子关系绑定制作节目导视动画的方法。本例最终的动画流程效果如图14.98所示。

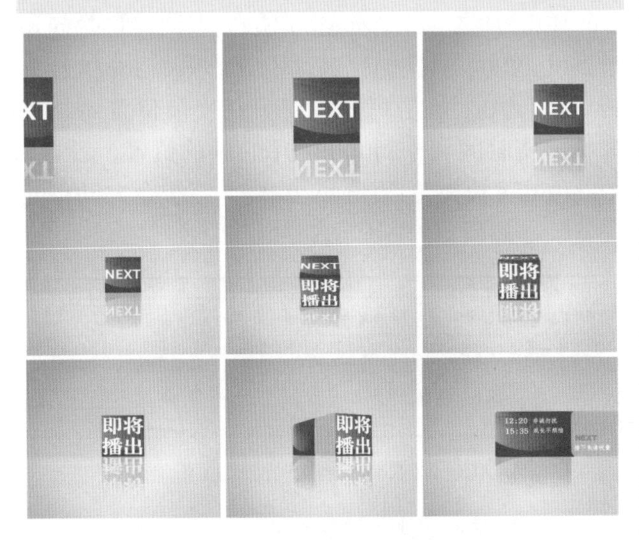

图14.98　节目导视动画流程效果

学习目标

1. 掌握三维层的使用。
2. 掌握Pan Behind Tool(轴心点工具)的使用。
3. 掌握Rectangle Tool(矩形工具)的使用。
4. 掌握Parent(父子链接)属性的使用。
5. 掌握文字的输入与修改。

操作步骤

14.2.1　制作方块合成

(1) 执行菜单栏中的Composition(合成)| New Composition(新建合成)命令，打开Composition Settings(合成设置)对话框，设置Composition Name(合成名称)为“方块”，Width(宽)为“720”，Height(高)为“576”，Frame Rate(帧率)为“25”，并设置Duration(持续时间)为00:00:06:00秒，如图14.99所示。

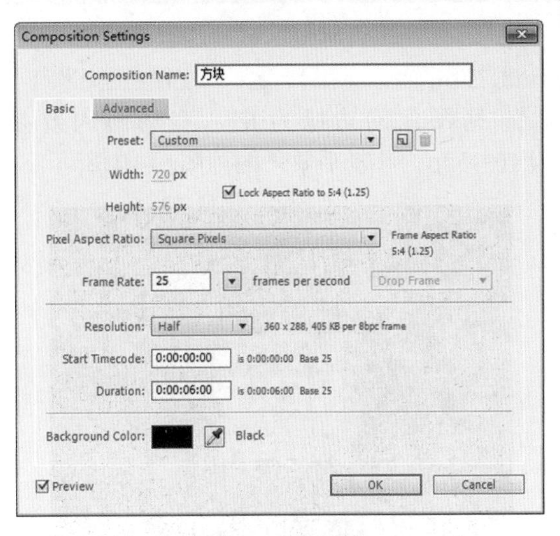

图14.99　合成设置

(2) 执行菜单栏中的File(文件)| Import(导入)| File(文件)命令，打开Import File(导入文件)对话框，选择配套光盘中的“工程文件\第14章\节目导视\背景.bmp、红色Next.png、红色即将播出.png、长条.png”素材，如图14.100所示。单击【打开】按钮，素材将导入Project(项目)面板中。

图14.100　Import File(导入文件)对话框

(3) 打开“方块”合成，在Project(项目)面板中，选择“红色Next.png”素材，将其拖动到“方块”合成的时间线面板中，打开三维层按钮，如图14.101所示。

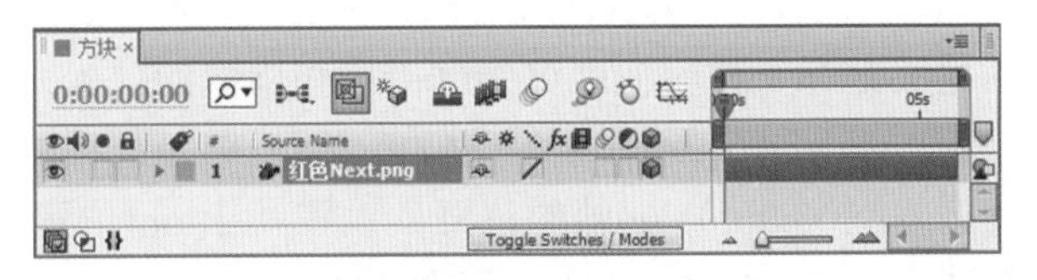

图14.101　添加素材

(4) 选中“红色Next”层，选择工具栏上的Pan Behind Tool(轴心点工具)，按住Shift键向上拖动，直到图像的边缘为止，移动前的效果如图14.102所示，移动后效果的如图14.103所示。

图14.102　移动前的效果

图14.103　移动后的效果

(5) 按S键展开Scale(缩放)属性，设置Scale(缩放)数值为(111，111，111)，如图14.104所示。

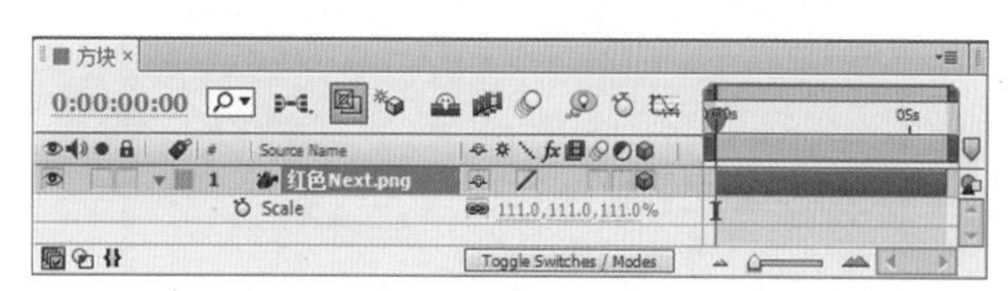

图14.104　Scale(缩放)参数设置

(6) 按P键展开Position(位置)属性，将时间调整到00:00:00:00帧的位置，设置Position(位置)数值为(47，184，-172)，单击码表按钮，在当前位置添加关键帧；将时间调整到00:00:00:07帧的位置，设置Position(位置)数值为(498，184，-43)，系统会自动创建关键帧；将时间调整到00:00:00:14帧的位置，设置Position(位置)数值为(357，184，632)；将时间调整到00:00:01:04帧的位置，设置Position(位置)数值为(357，184，556)；将时间调整到00:00:02:18帧的位置，设置Position(位置)数值为(357，184，556)；将时间调整到00:00:03:07帧的位置，设置Position(位置)数值为(626，184，335)，如图14.105所示。

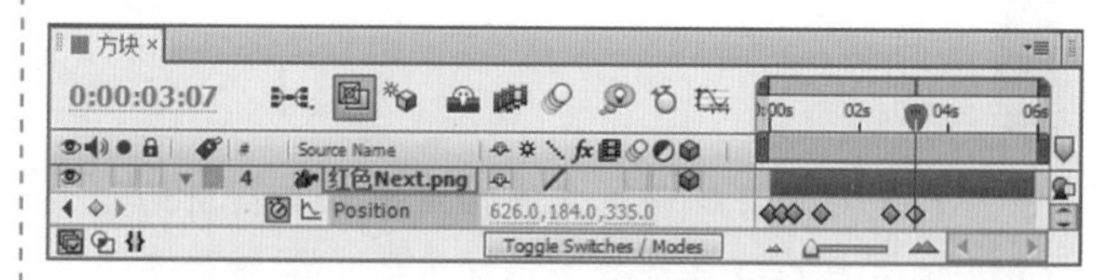

图14.105　Position(位置)关键帧设置

(7) 按R键展开Rotation(旋转)属性，将时间调整到00:00:01:04帧的位置，设置X Rotation(X轴旋转)数值为0，单击码表按钮，在当前位置添加关键帧；将时间调整到00:00:01:11帧的位置，设置X Rotation(X轴旋转)数值为-90°，系统会自动创建关键帧，如图14.106所示。

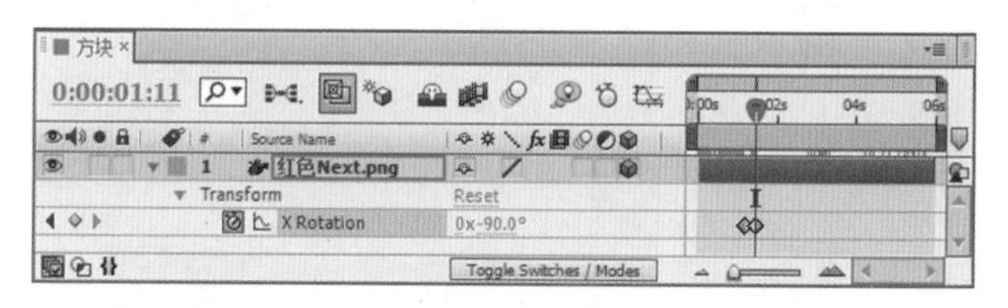

图14.106　X Rotation(X轴旋转)关键帧设置

(8) 将时间调整到00:00:02:18帧的位置，设置Z Rotation(Z轴旋转)数值为0，单击码表按钮，在当前位置添加关键帧；将时间调整到00:00:03:07帧的位置，设置Z Rotation(Z轴旋转)数值为-90°，如图14.107所示。

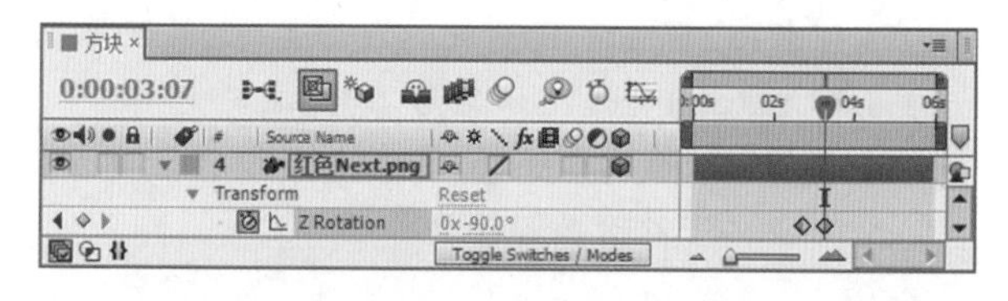

图14.107　Z Rotation(Z轴旋转)关键帧设置

(9) 选中“红色Next.png”层，将时间调整到00:00:01:11帧的位置，按Alt+]组合键，切断后面的素材，如图14.108所示。

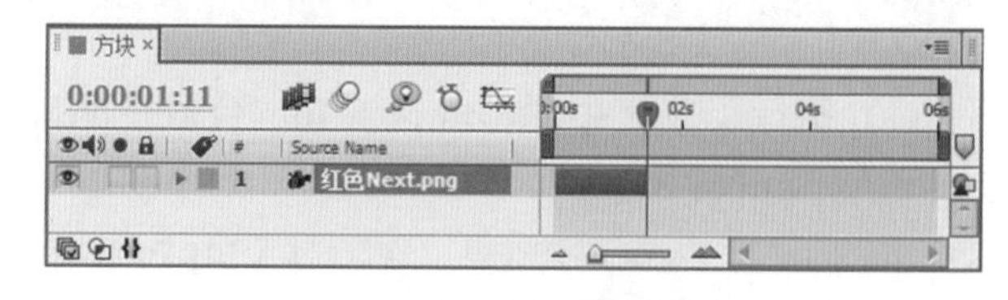

图14.108　层设置

(10) 在Project(项目)面板中，选择“红色即将播出.png”素材，将其拖动到“方块”合成的时间线面板中，打开三维层按钮，如图14.109所示。

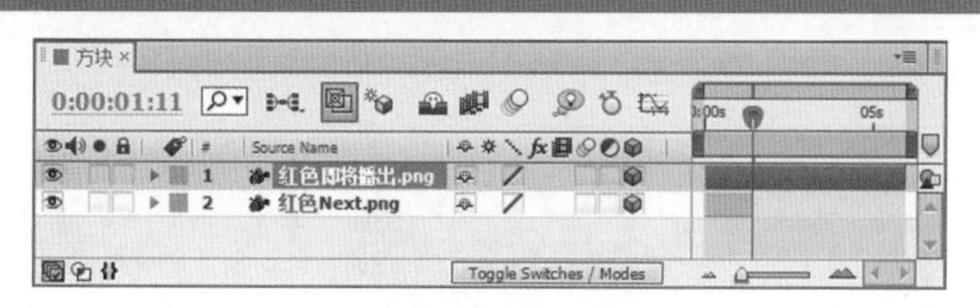

图14.109　添加素材

(11) 选中“红色即将播出.png”层，将时间调整到00:00:01:04帧的位置，按Alt+[组合键，将素材的入点剪切到当前帧的位置；将时间调整到00:00:03:06帧的位置，按Alt+]组合键，将素材的出点剪切到当前帧的位置，如图14.110所示。

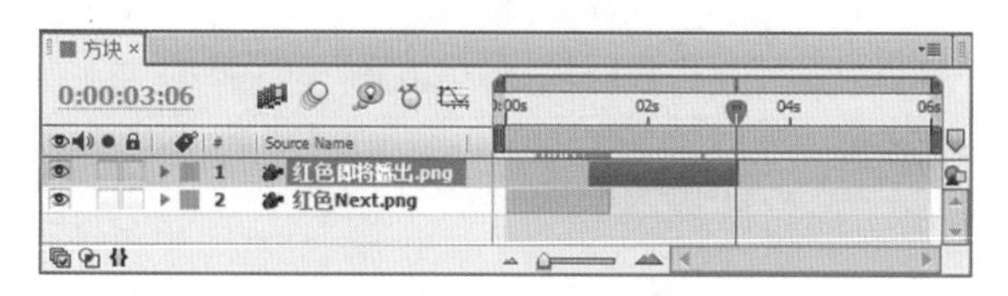

图14.110　层设置

(12) 按R键展开Rotation(旋转)属性，设置X Rotation(X轴旋转)数值为90°，如图14.111所示。

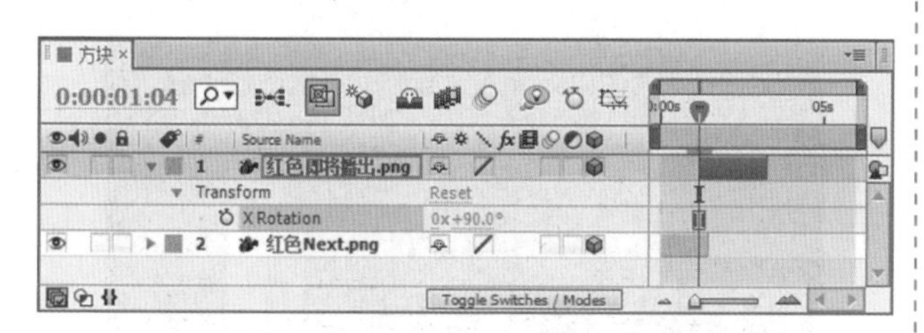

图14.111　X Rotation(X轴旋转)参数设置

(13) 选中“红色即将播出.png”层，选择工具栏上的Pan Behind Tool(轴心点工具)，按住Shift键向上拖动，直到图像的边缘为止，移动前的效果如图14.112所示，移动后的效果如图14.113所示。

(14) 展开Parent(父子链接)属性，将“红色即将播出.png”层设置为“红色Next.png”层的子层，如图14.114所示。

图14.112　移动前的效果

图14.113　移动后的效果

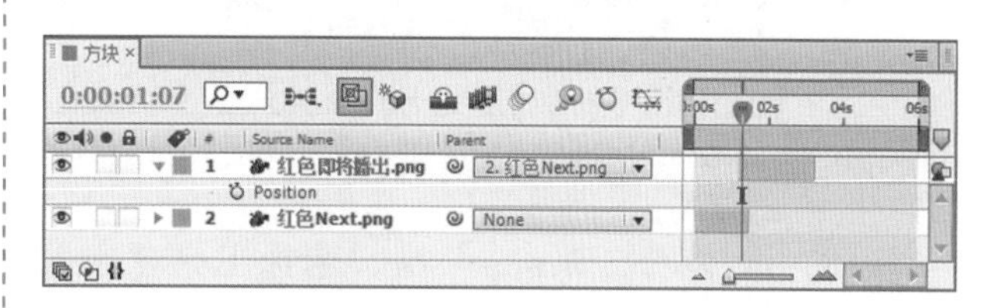

图14.114　Parent(父子链接)设置

(15) 选中“红色即将播出.png”层，按P键展开Position(位置)属性，设置Position(位置)数值为(96，121，89)，设置Scale(缩放)数值为(100，100，100)，如图14.115所示，效果如图14.116所示。

图14.115　参数设置

图14.116　效果图

(16) 在Project(项目)面板中，选择“长条.png”素材，将其拖动到“方块”合成的时间线面板中，打开三维层按钮，如图14.117所示。

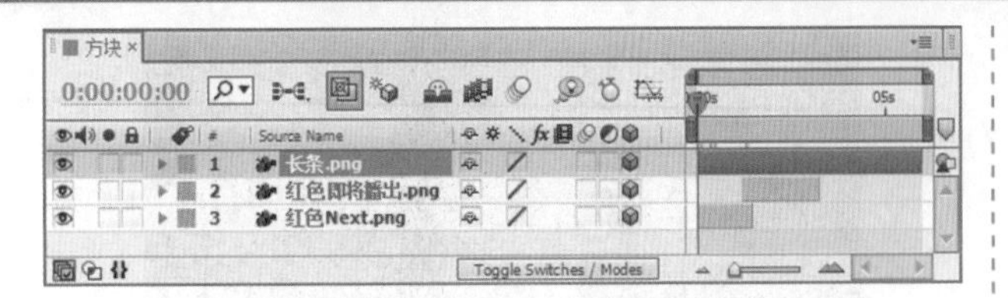

图14.117 添加素材

(17) 选中“长条.png”层，将时间调整到00:00:02:18帧的位置，按Alt+[组合键，切断前面的素材，如图14.118所示。

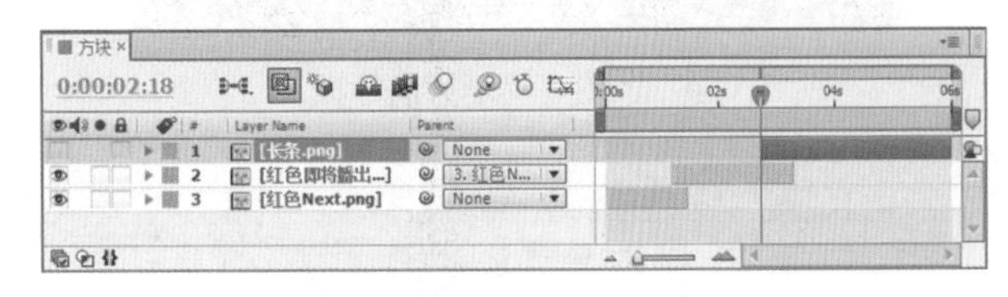

图14.118 层设置

(18) 选中“长条.png”层，选择工具栏上的Pan Behind Tool(轴心点工具)，按住Shift键向右拖动，直到图像的边缘为止，移动前的效果如图14.119所示，移动后的效果如图14.120所示。

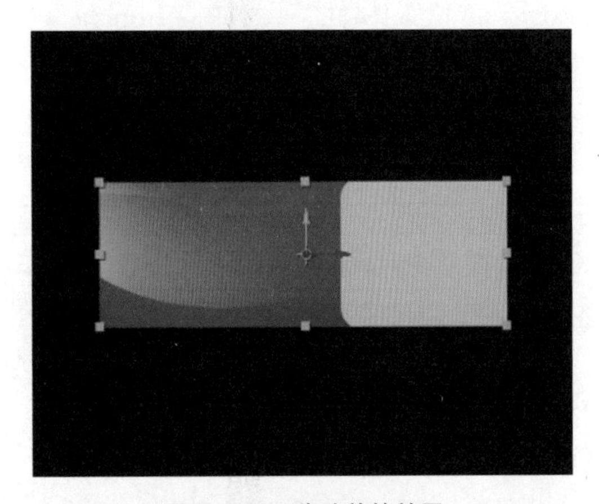

图14.119 移动前的效果

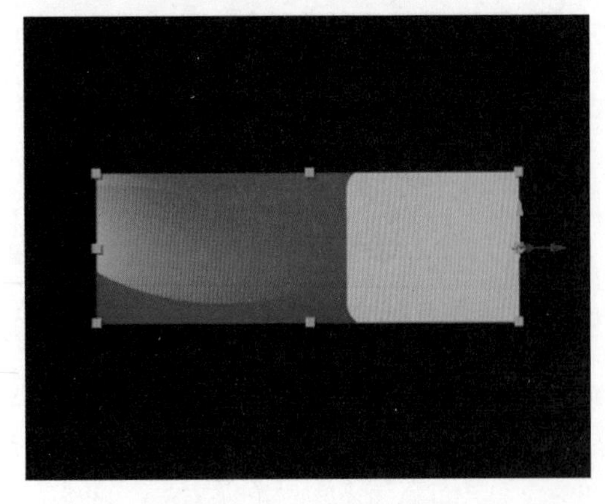

图14.120 移动后的效果

(19) 展开Parent(父子链接)属性，将“长条.png”层设置为“红色Next.png”层的子层，如图14.121所示。

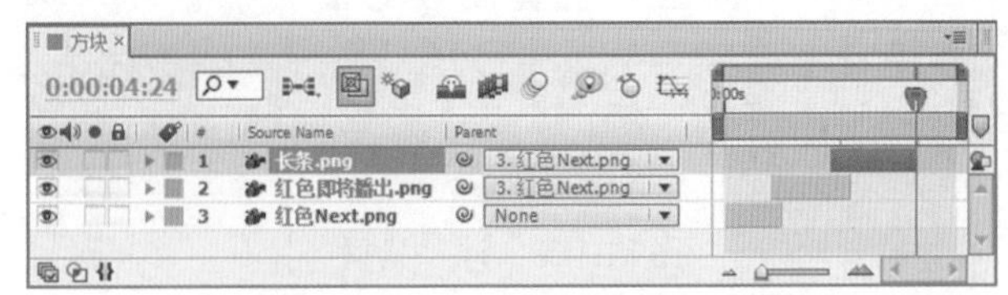

图14.121 Parent(父子链接)设置

(20) 按R键展开Rotation(旋转)属性，设置Y Rotation(Y轴旋转)数值为90°，如图14.122所示，效果如图14.123所示。

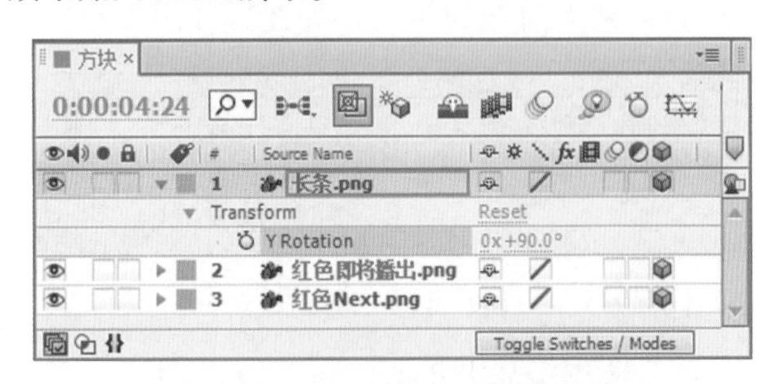

图14.122 Y Rotation(Y轴旋转)参数设置

图14.123 效果图

(21) 按P键展开Position(位置)属性，设置Position(位置)数值为(3，186，89)，设置Scale(缩放)数值为(97，97，97)，如图14.124所示，效果如图14.125所示。

图14.124 参数设置

(22) 在Project(项目)面板中，再次选择“红色即将播出.png”素材，将其拖动到“方块”合成的时间线面板中，打开三维层按钮，如图14.126所示。

图14.125　效果图

图14.126　添加素材

(23) 选中“红色即将播出.png”层，将时间调整到00:00:03:07帧的位置，按Alt+[组合键，切断前面的素材，如图14.127所示。

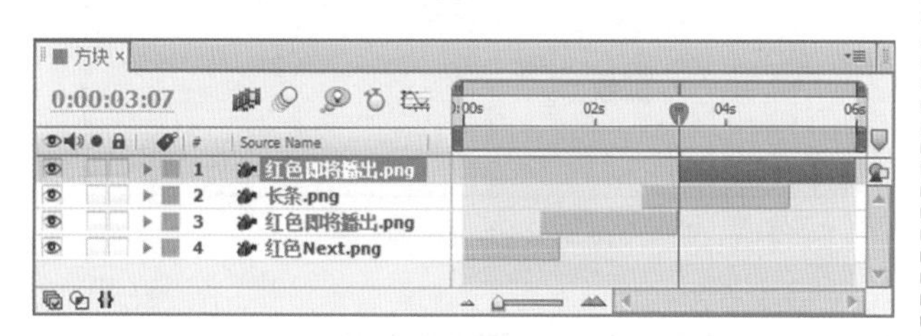

图14.127　层设置

(24) 选中“红色即将播出.png”层，选择工具栏上的Pan Behind Tool(轴心点工具)，按住Shift向左拖动，直到图像的边缘为止，移动前的效果如图14.128所示，移动后效果如图14.129所示。

图14.128　移动前的效果

图14.129　移动后效果

(25) 按R键展开Rotation(旋转)属性，设置Y Rotation(Y轴旋转)数值为-90°，如图14.130所示。

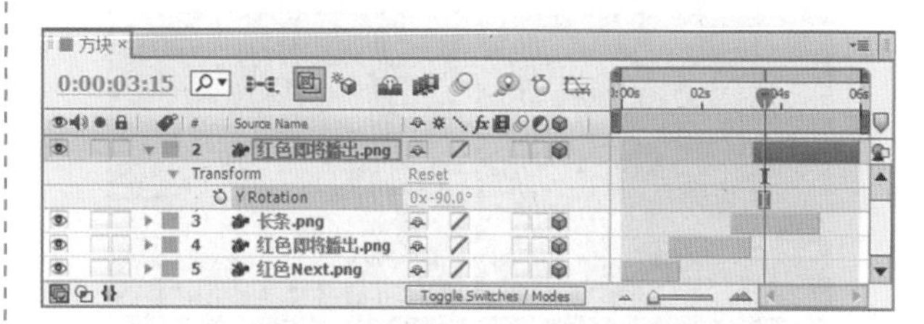

图14.130　Y Rotation(Y轴旋转)参数设置

(26) 展开Parent(父子链接)属性，将“红色即将播出.png”层设置为“红色Next.png”层的子层，如图14.131所示。

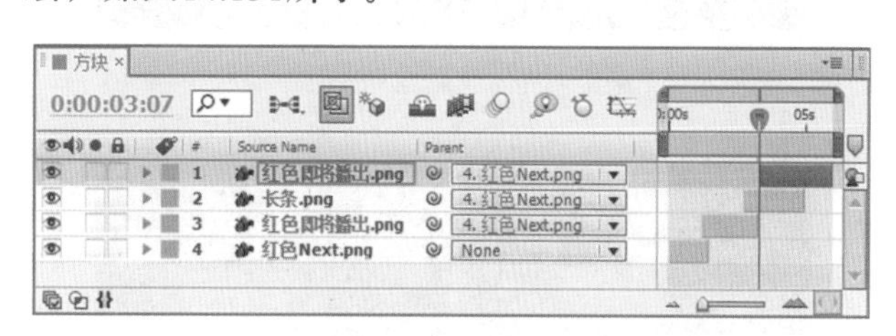

图14.131　Parent(父子链接)设置

(27) 按P键展开Position(位置)属性，设置Position(位置)数值为(3，185，89)，设置Scale(缩放)数值为(100，100，100)，如图14.132所示，效果如图14.133所示。

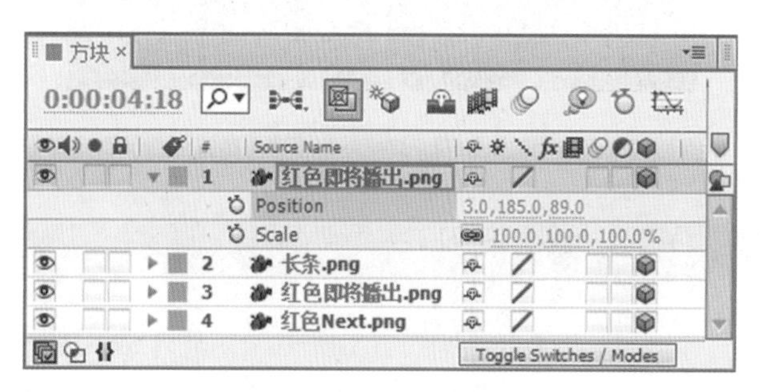

图14.132　参数设置

图14.133　效果图

(28) 这样“方块”合成的制作就完成了，预览其中几帧效果，如图14.134所示。

图14.134　动画流程图

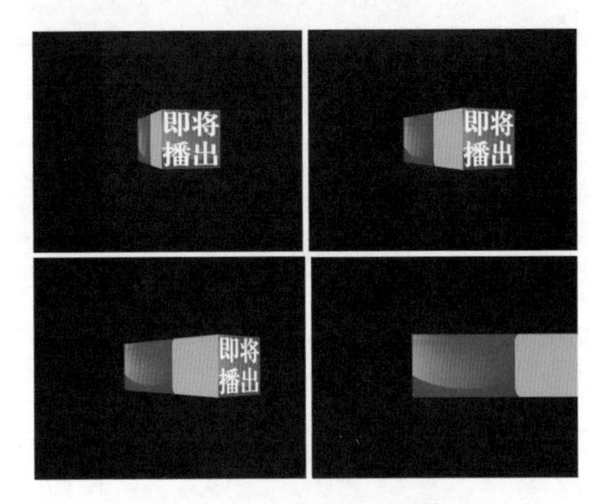

图14.134　动画流程图(续)

14.2.2　制作文字合成

(1) 执行菜单栏中的Composition(合成)| New Composition(新建合成)命令，打开Composition Settings(合成设置)对话框，设置Composition Name(合成名称)为“文字”，Width(宽)为“720”，Height(高)为“576”，Frame Rate(帧率)为“25”，并设置Duration(持续时间)为00:00:06:00秒，如图14.135所示。

(2) 为了操作方便，复制“方块”合成中的“长条”层，粘贴到“文字”合成时间线面板中，此时“长条”层的位置并没有发生变化，效果如图14.136所示。

在制作过程中，是可以使用Ctrl+C、Ctrl+X、Ctrl+V组合键来进行复制层、剪切层等一些操作的。

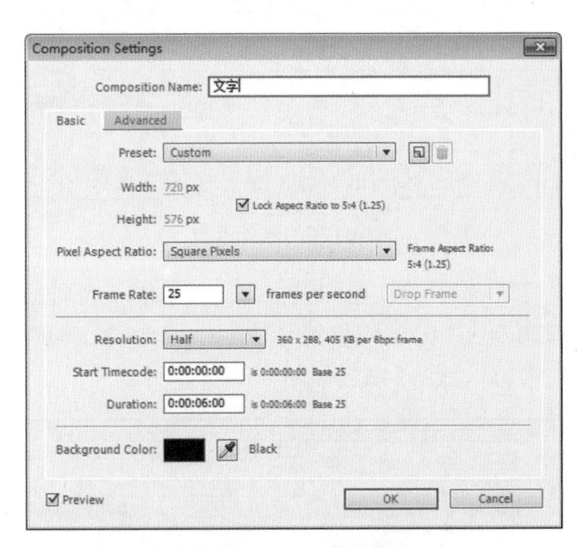

图14.135　合成设置

图14.136　画面效果

(3) 执行菜单栏中的Layer(图层)|New(新建)|Text(文字)命令，在合成窗口中输入“12：20”，选择Window(窗口)|Character(字符)命令，在弹出的字符面板中设置字体为“DFHei-Md-80-Win-GB”，字号为“35px”，字体颜色为白色，其他参数如图14.137所示。

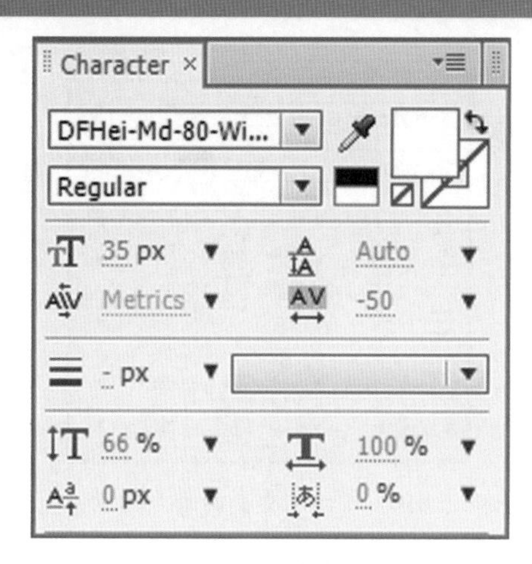

图14.137　字体设置

(4) 选中“12:20”文字层，按P键，展开Position(位置)属性，设置Position(位置)数值为(302，239)，效果如图14.138所示。

图14.138　效果图

(5) 执行菜单栏中的Layer(图层)|New(新建)|Text(文字)命令，在合成窗口中输入“15:35”，选择Window(窗口)|Character(字符)命令，在弹出的字符面板中设置字体为“DFHei-Md-80-Win-GB”，字号为“35px”，字体颜色为白色，其他参数如图14.139所示。

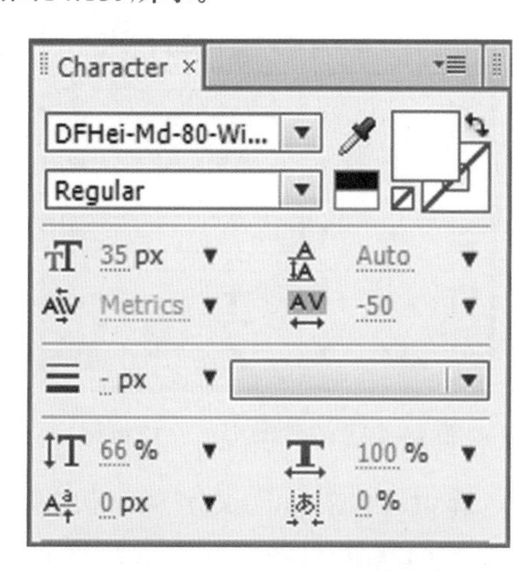

图14.139　“15:35”字体设置

(6) 选中“15:35”文字层，按P键，展开Position(位置)属性，设置Position(位置)数值为(305，276)，效果如图14.140所示。

图14.140　效果图

(7) 执行菜单栏中的Layer(图层)|New(新建)|Text(文字)命令，在合成窗口中输入“非诚勿扰”，选择Window(窗口)|Character(字符)命令，在弹出的字符面板中设置字体为“FangSong_GB2312”，字号为“32px”，字体颜色为白色，其他参数如图14.141所示。

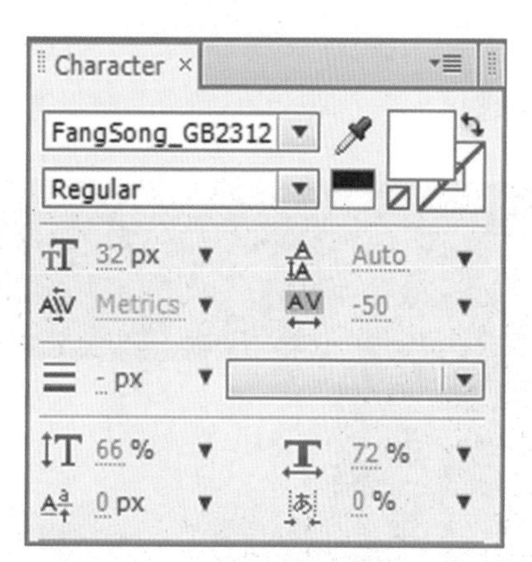

图14.141　“非诚勿扰”字体设置

(8) 选中“非诚勿扰”文字层，按P键，展开Position(位置)属性，设置Position(位置)数值为(405，238)，效果如图14.142所示。

(9) 执行菜单栏中的Layer(图层)|New(新建)|Text(文字)命令，在合成窗口中输入“成长不烦恼”，选择Window(窗口)|Character(字符)命令，在弹出的字符面板中设置字体为“FangSong_GB2312”，字号为“32px”，字体颜色为白色，其他参数如图14.143所示。

(10) 选中“成长不烦恼”文字层，按P键，展开Position(位置)属性，设置Position(位置)数值为(407，273)，效果如图14.144所示。

图14.142 效果图

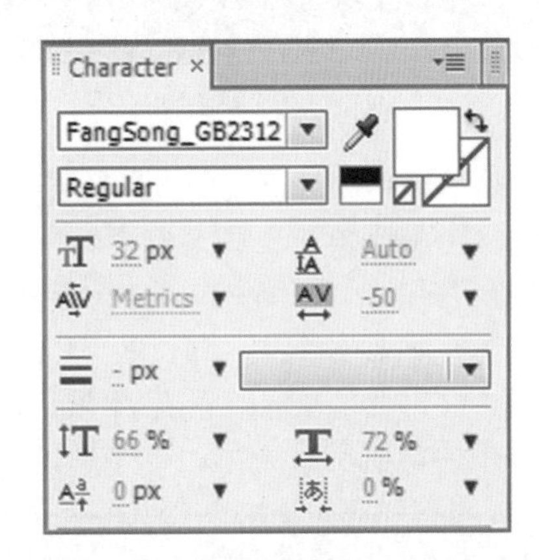

图14.143 “成长不烦恼”字体设置

图14.144 效果图

(11) 执行菜单栏中的Layer(图层)|New(新建)|Text(文字)命令，在合成窗口中输入“接下来请收看”，选择Window(窗口)|Character(字符)命令，在弹出的字符面板中设置字体为“FangSong_GB2312”，字号为“32px”，字体颜色为白色，其他参数如图14.145所示。

(12) 选中“接下来请收看”文字层，按P键，展开Position(位置)属性，设置Position(位置)数值为(556，336)，效果如图14.146所示。

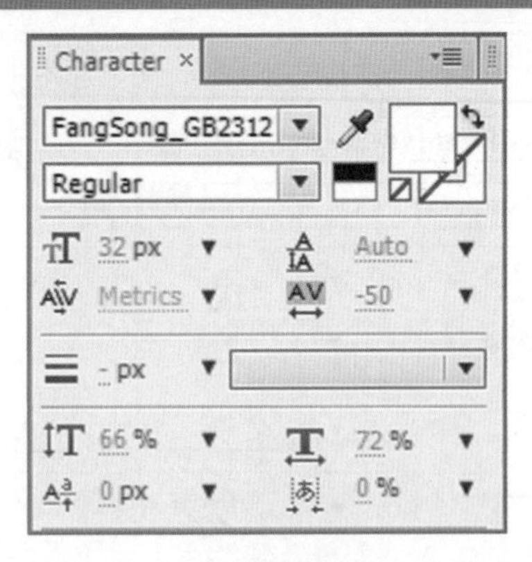

图14.145 “接下来请收看”字体设置

图14.146 效果图

(13) 执行菜单栏中的Layer(图层)|New(新建)|Text(文字)命令，在合成窗口中输入“NEXT”，选择Window(窗口)|Character(字符)命令，在弹出的字符面板中设置字体为“HYCuHeiF”，字号为“38px”，字体颜色为灰色(R：152；G：152；B：152)，其他参数如图14.147所示。

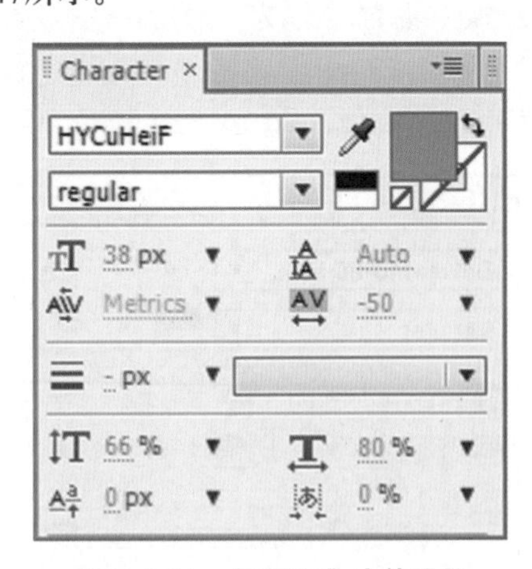

图14.147 “NEXT”字体设置

(14) 选中“NEXT”文字层，按P键，展开Position(位置)属性，设置Position(位置)数值为(561，303)，效果如图14.148所示。

图14.148 效果图

图14.149 层设置

(15) 选中“长条”层，按Delete键删除掉，如图14.149所示，效果如图14.150所示。

图14.150 效果图

14.2.3 制作节目导视合成

(1) 执行菜单栏中的Composition(合成)| New Composition(新建合成)命令，打开Composition Settings(合成设置)对话框，新建一个Composition Name(合成名称)为“节目导视”，Width(宽)为“720”，Height(高)为“576”，Frame Rate(帧率)为“25”，Duration(持续时间)为00:00:06:00秒的合成。

(2) 打开“节目导视”合成，在Project(项目)面板中选择“背景”合成，将其拖动到“节目导视”合成的时间线面板中，如图14.151所示。

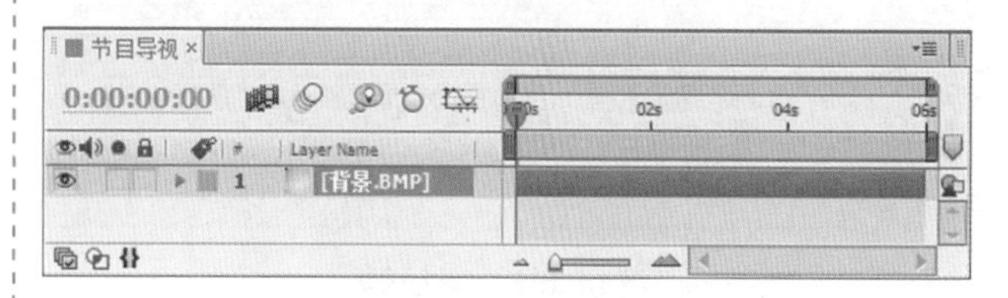

图14.151 添加素材

(3) 选中“背景”层，按P键，展开Position(位置)属性，设置Position(位置)数值为(358，320)，按S键展开Scale(缩放)属性，取消链接按钮，设置Scale(缩放)数值为(100，115)，如图14.152所示。

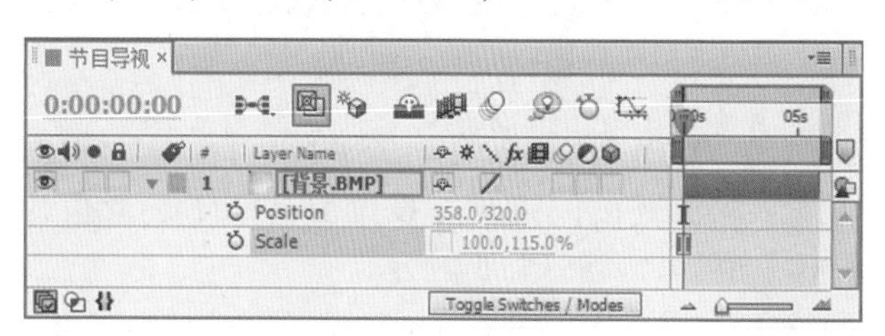

图14.152 参数设置

(4) 执行菜单栏中的Layer(图层)|New(新建)|Camera(摄像机)命令，打开Camera Settings(固态层设置)对话框，设置Name(名称)为“Camera1”，如图14.153所示。

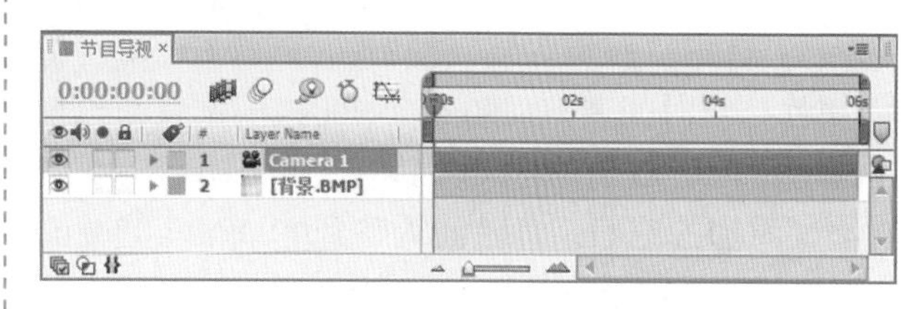

图14.153 层设置

(5) 选中“Camera1”层，按P键，展开Position(位置)属性，设置Position(位置)数值为(360，288，-854)，参数如图14.154所示。

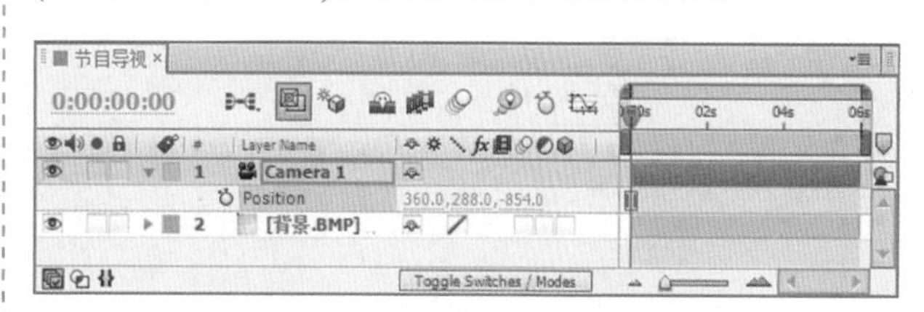

图14.154 Position(位置)参数设置

(6) 在Project(项目)面板中，选择“方块”合成，将其拖动到“节目导视”合成的时间线面板中，如图14.155所示。

(7) 再次选择Project(项目)面板中“方块”合成，将其拖动到“节目导视”合成的时间线面板中，重命名为“倒影”，如图14.156所示。

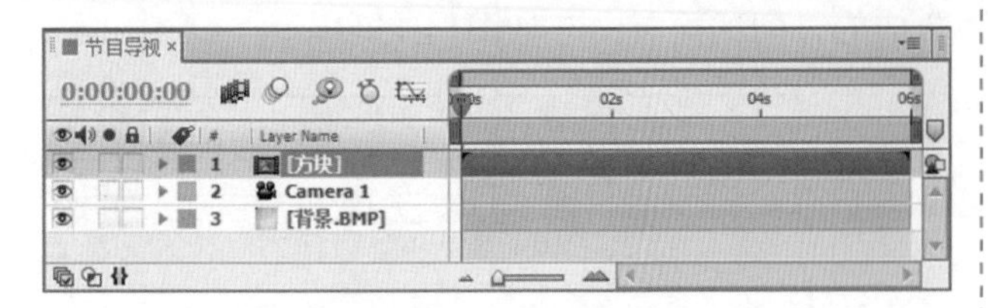

图14.155　添加层

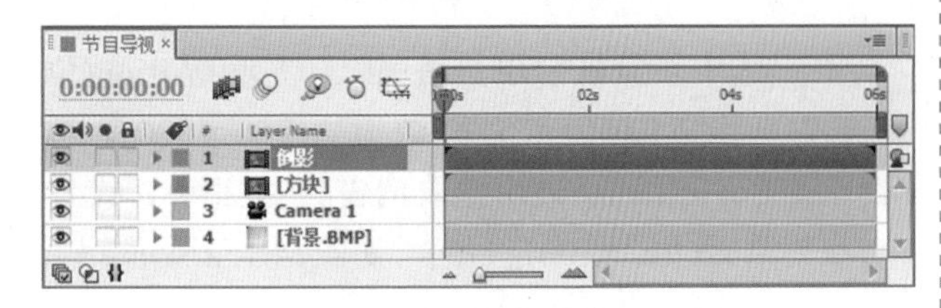

图14.156　倒影层

(8) 选中“倒影”层，按S键展开Scale(缩放)属性，取消链接按钮，设置Scale(缩放)数值为(100，-100)，如图14.157所示。

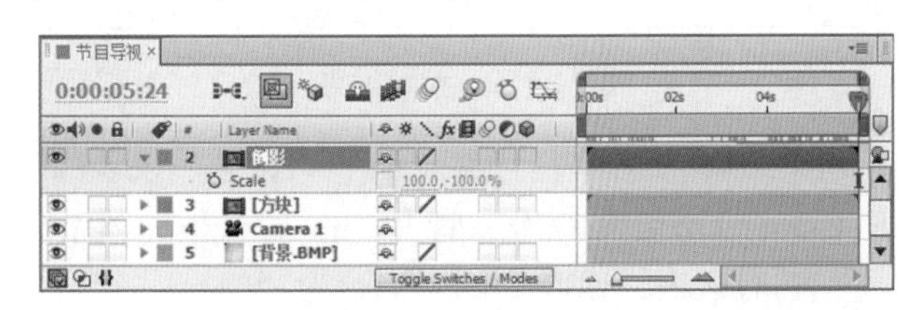

图14.157　参数设置

(9) 选中“倒影”层，按P键，展开Position(位置)属性，将时间调整到00:00:00:00帧的位置，设置Position(位置)数值为(360，545)，单击码表，在当前位置添加关键帧；将时间调整到00:00:00:07帧的位置，设置Position(位置)数值为(360，509)，系统会自动创建关键帧；将时间调整到00:00:00:11帧的位置，设置Position(位置)数值为(360，434)，将时间调整到00:00:00:14帧的位置，设置Position(位置)数值为(360，417)，如图14.158所示。

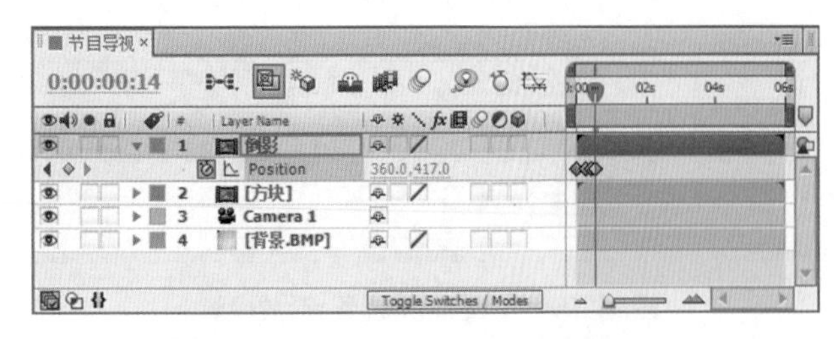

图14.158　Position(位置)关键帧设置

(10) 按T键展开Opacity(不透明度)属性，设置Opacity(不透明度)数值为20%，如图14.159所示。

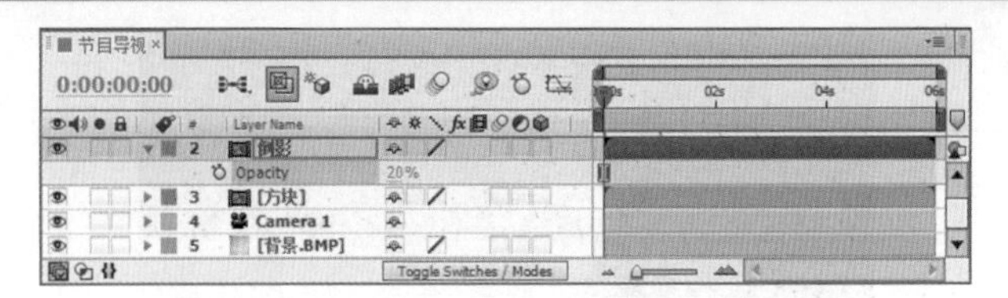

图14.159　Opacity(不透明度)关键帧设置

(11) 选择工具栏中的Rectangle Tool(矩形工具)，在“节目导视”合成窗口中绘制遮罩，如图14.160所示。

图14.160　绘制遮罩

(12) 选中“Mask1”层，按F键，打开“倒影”层的Mask Feather(遮罩羽化)选项，设置Mask Feather(遮罩羽化)的值为(67，67)，此时的画面效果如图14.161所示。

图14.161　遮罩羽化效果

(13) 在Project(项目)面板中，选择“文字”合成，将其拖动到“节目导视”合成的时间线面板中，将其入点放在00:00:03:07帧的位置，如图14.162所示。

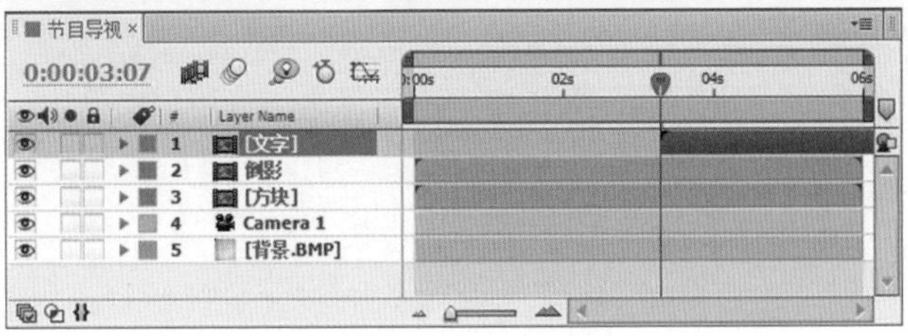

图14.162　添加素材

(14) 选中“文字”合成，按T键，展开Opacity(不透明度)属性，将时间调整到00:00:03:07帧的位置，设置Opacity(不透明度)数值为0%，单击码表按钮，在当前位置添加关键帧；将时间调整到00:00:03:12帧的位置，设置Opacity(不透明度)数值为100%，如图14.163所示。

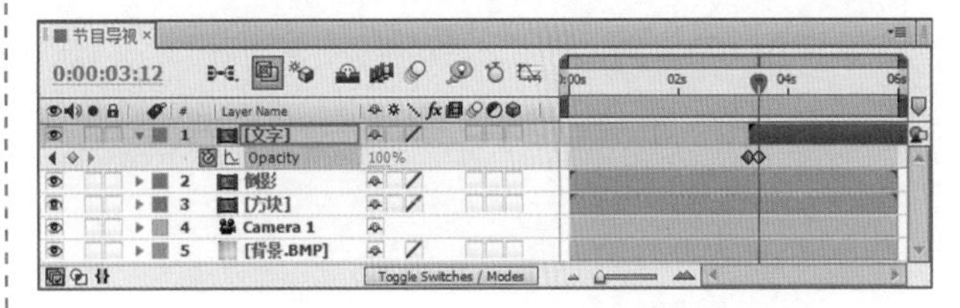

图14.163　Opacity(不透明度)关键帧设置

(15) 这样就完成了“电视栏目包装——节目导视”的整体制作，按小键盘上的“0”键，在合成窗口中预览动画。

AE

第15章

视频的渲染与输出设置

内容摘要

在影视动画的制作过程中，渲染是经常要用到的。一部制作完成的动画，要按照需要的格式渲染输出，制作成电影成品。渲染及输出的时间长度与影片的长度、内容的复杂、画面的大小等方面有关，不同的影片输出有时需要的时间相差很大。本章讲解影片的渲染和输出的相关设置。

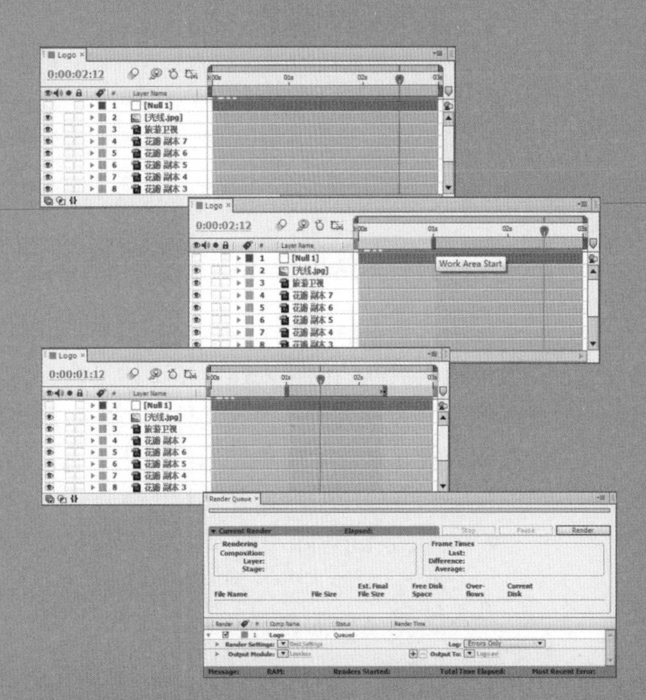

教学目标

- 了解视频压缩的类别和方式。
- 了解常见图像格式和音频格式的含义。
- 学习渲染队列窗口的参数含义及使用。
- 学习渲染模板和输出模块的创建。
- 掌握常见动画及图像格式的输出。

15.1 数字视频压缩

15.1.1 压缩的类别

视频压缩是视频输出工作中不可缺少的一部分，由于计算机硬件和网络传输速率的限制，在存储或传输视频时会出现文件过大的情况，为了避免这种情况，在输出文件的时候就会选择合适的方式对文件进行压缩，这样才能很好地解决传输和存储时出现的问题。压缩就是将视频文件的数据信息通过特殊的方式进行重组或删除，来减小文件大小的过程。压缩可以分为：

- 软件压缩：通过电脑安装的压缩软件来压缩，这是使用较为普遍的一种压缩方式。
- 硬件压缩：通过安装一些配套的硬件压缩卡来完成，它具有比软件压缩更高的效率，但成本较高。
- 有损压缩：在压缩的过程中，为了达到更小的空间，将素材进行了压缩，丢失一部分数据或是画面色彩，达到压缩的目的。这种压缩可以更小地压缩文件，但会牺牲更多的文件信息。
- 无损压缩：它与有损压缩相反，在压缩过程中，不会丢失数据，但一般压缩的程度较小。

15.1.2 压缩的方式

压缩不是单纯地为了减少文件的大小，而是要在保证画面清晰的同时来达到压缩的目的，不能只管压缩而不计损失，要根据文件的类别来选择合适的压缩方式，这样才能更好地达到压缩的目的，常用的视频和音频压缩方式有以下几种。

- Microsoft Video 1：这种针对模拟视频信号进行压缩，是一种有损压缩方式。支持8位或16位的影像深度，适用于Windows平台。
- IntelIndeo(R)Video R3.2：这种方式适合制作在CD-ROM中播放的24位的数字电影，和Microsoft Video 1相比，它能得到更高的压缩比和质量以及更快的回放速度。
- DivX MPEG-4(Fast-Motion) 和DivX MPEG-4(Low-Motion)：这两种压缩方式是Premiere Pro增加的算法，它们压缩基于DivX播放的视频文件。
- Cinepak Codec by Radius：这种压缩方式可以压缩彩色或黑白图像。适合压缩24位的视频信号，制作用于CD-ROM播放或网上发布的文件。和其他压缩方式相比，利用它可以获得更高的压缩比和更快的回放速度，但压缩速度较慢，而且只适用于Windows平台。
- Microsoft RLE：这种方式适合压缩具有大面积色块的影像素材，例如动画或计算机合成图像等。它使用RLE(Spatial 8-bit run-length encoding)方式进行压缩，是一种无损压缩方案，适用于Windows平台。
- Intel Indeo 5.10：这种方式适合于所有基于MMX技术或PentiumⅡ以上处理器的计算机。它具有快速的压缩选项，并可以灵活设置关键帧，具有很好的回放效果。适用于Windows平台，作品适于网上发布。
- MPEG：在非线性编辑中最常用的是MJPEG算法，即Motion JPEG。它将视频信号50场/秒(PAL制式)变为25帧/秒，然后按照25帧/秒的速度使用JPEG算法对每一帧压缩。通常压缩倍数在3.5～5倍时可以达到Betacam的图像质量。MPEG算法是适用于动态视频的压缩算法，它除了对单幅图像进行编码外，还利用图像序列中的相关原则，将冗余去掉，这样可以大大提高视频的压缩比。 目前MPEG-I用于VCD节目中， MPEG-II用于 VOD、DVD节目中。

其他还有较多方式，比如：Planar RGB、Cinepak、Graphics、 Motion JPEG A和 Motion JPEG B、 DV NTSC和DV PAL、 Sorenson、Photo-JPEG、 H.263 、Animation、 None等。

15.2 图像格式

图像格式是指计算机表示、存储图像信息的格式。常用的格式有十多种。同一幅图像可以使用不同的格式来存储，不同的格式之间所包含的图像信息并不完全相同，文件大小也有很大的差别。用户在使用时可以根据自己的需要选用适当的格式。Premiere Pro 2.0支持许多文件格式，下面是常见的几种。

15.2.1 静态图像格式

1．PSD格式

这是著名的Adobe公司的图像处理软件Photoshop的专用格式Photoshop Document(PSD)。PSD其实是Photoshop进行平面设计的一张“草稿图”，它里面包含有图层、通道、遮罩等多种设计的样稿，以便于下次打开时可以修改上一次的设计。在Photoshop支持的各种图像格式中，PSD的存取速度比其他格式快很多，功能也很强大。由于Photoshop越来越广泛地被应用，所以我们有理由相信，这种格式也会逐步流行起来。

2．BMP格式

它是标准的Windows及OS/2的图像文件格式，是英文Bitmap(位图)的缩写，Microsoft的BMP格式是专门为“画笔”和“画图”程序建立的。这种格式支持1～24位颜色深度，使用的颜色模式有RGB、索引颜色、灰度和位图等，且与设备无关。但因为这种格式的特点是包含图像信息较丰富，几乎不对图像进行压缩，所以导致了其与生俱来的缺点——占用磁盘空间过大。正因为如此，目前BMP在单机上比较流行。

3．GIF格式

这种格式是由CompuServe提供的一种图像格式。由于GIF格式可以使用LZW方式进行压缩，所以它被广泛用于通信领域和HTML网页文档中。不过，这种格式只支持8位图像文件。当选用该格式保存文件时，会自动转换成索引颜色模式。

4．JPEG格式

JPEG是一种带压缩的文件格式。其压缩率是目前各种图像文件格式中最高的。但是，JPEG在压缩时存在一定程度的失真，因此，在制作印刷制品的时候最好不要用这种格式。JPEG格式支持RGB、CMYK和灰度颜色模式，但不支持Alpha通道。它主要用于图像预览和制作HTML网页。

5．TIFF

TIFF是Aldus公司专门为苹果电脑设计的一种图像文件格式，可以跨平台操作。TIFF格式的出现是为了便于应用软件之间进行图像数据的交换，其全名是“Tagged 图像文件格式”(标志图像文件格式)。因此TIFF文件格式的应用非常广泛，可以在许多图像软件之间转换。TIFF格式支持RGB、CMYK、Lab、Indexed-颜色、位图模式和灰度的色彩模式，并且在RGB、CMYK和灰度三种色彩模式中还支持使用Alpha通道。TIFF格式独立于操作系统和文件，它对PC和Mac机一视同仁，大多数扫描仪都输出TIFF格式的图像文件。

6．PCX

PCX文件格式是由Zsoft公司在20世纪80年代初期设计的，当时专用于存储该公司开发的PC Paintbrush绘图软件所生成的图像画面数据，后来成为MS－DOS平台下常用的格式。在DOS系统时代，这一平台下的绘图、排版软件都用PCX格式。进入Windows操作系统后，现在它已经成为PC上较为流行的图像文件格式。

15.2.2 视频格式

1．AVI格式

它是Video for Windows的视频文件的存储格式，它播放的视频文件的分辨率不高，帧频率小于25帧/秒(PAL制式)或者30帧/秒(NTSC制式)。

2．MOV

MOV原来是苹果公司开发的专用视频格式，后来移植到PC上使用。和AVI一样属于网络上的视频格式之一，在PC上没有AVI普及，因为播放它需要专门的软件QuickTime。

3．RM

它属于网络实时播放软件，其压缩比较大，视频和声音都可以压缩进RM文件里，并可用RealPlay播放。

4．MPG

它是压缩视频的基本格式，如VCD碟片，其压缩方法是将视频信号分段取样，然后忽略相邻各帧不变的画面，而只记录变化了的内容，因此其压缩比很大。这可以从VCD和CD的容量看出来。

5．DV文件

Premiere Pro支持DV格式的视频文件。

15.2.3 音频格式

1．MP3格式

MP3是现在非常流行的音频格式之一。它是将WAV文件以MPEG2的多媒体标准进行压缩，压缩后的容量只有原来的1/10甚至1/15，而音质能基本保持不变。

2．WAV格式

它是Windows记录声音所用的文件格式。

3．MP4格式

它是在MP3基础上发展起来的，其压缩比高于MP3。

4．MID格式

这种文件又叫作MIDI文件，它们的容量都很小，一首十多分钟的音乐只有几十KB。

5．RA格式

它的压缩比大于MP3，而且音质较好，可用RealPlay播放RA文件。

15.3 渲染工作区的设置

制作完成一部影片，最终需要将其渲染，而有些渲染的影片并不一定是整个工作区的影片，有时只需要渲染出其中的一部分，这就需要设置渲染工作区。

渲染工作区位于Timeline(时间线)窗口中，由Work Area Start(开始工作区)和Work Area End(结束工作区)两点控制渲染区域，如图15.1所示。

图15.1 渲染区域

15.3.1 手动调整渲染工作区

手动调整渲染工作区的操作方法很简单，只需要将开始和结束工作区的位置进行调整，就可以改变渲染工作区，具体操作如下。

(1) 在Timeline(时间线)窗口中，将鼠标放在Work Area Start(开始工作区)位置，当光标变成双箭头时按住鼠标左键向左或向右拖动，即可修改开始工作区的位置，操作方法如图15.2所示。

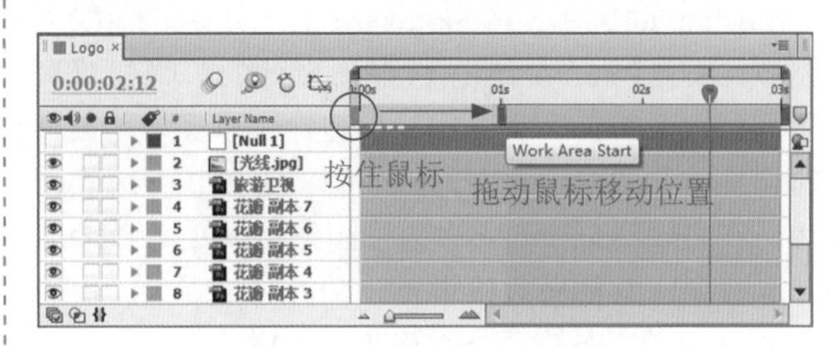

图15.2 调整开始工作区

(2) 用同样的方法，将鼠标放在Work Area End(结束工作区)位置，当光标变成双箭头时按住鼠标左键向左或向右拖动，即可修改结束工作区的位置，如图15.3所示。调整完成后，渲染工作区即被修改，这样在渲染时，就可以通过设置渲染工作区来渲染工作区内的动画。

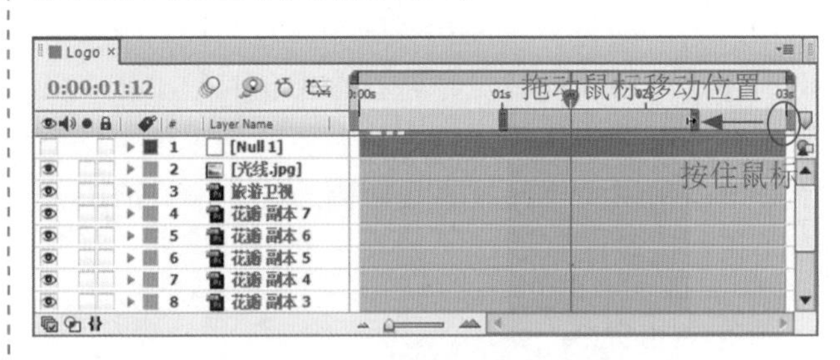

图15.3 调整结束工作区

在手动调整开始和结束工作区时，要想精确地控制开始或结束工作区的时间帧位置，可以先将时间设置到需要的位置，即将时间滑块调整到相应的位置，然后在按住Shift键的同时拖动开始或结束工作区，可以以吸附的形式将其调整到时间滑块位置。

15.3.2 利用快捷键调整渲染工作区

除了前面讲过的利用手动调整渲染工作区的方法，还可以利用快捷键来调整渲染工作区，具体操作如下。

(1) 在Timeline(时间线)窗口中，拖动时间滑块到需要的时间位置，确定开始工作区时间位置，然后按B键，即可将开始工作区调整到当前位置。

(2) 在Timeline(时间线)窗口中，拖动时间滑块到需要的时间位置，确定结束工作区时间位置，然后按N键，即可将结束工作区调整到当前位置。

在利用快捷键调整工作区时，要想精确地控制开始或结束工作区的时间帧位置，可以在时间编码位置单击鼠标，或按Alt + Shift + J快捷键，打开Go to Time对话框，在该对话框中输入相应的时间帧位置，然后再使用快捷键。

15.4　渲染队列窗口的启用

要进行影片的渲染，首先要启动渲染队列窗口，启动后的Render Queue(渲染队列)窗口如图15.4所示。可以通过两种方法来快速启动渲染队列窗口。

方法1：选择某个合成文件，然后执行菜单栏中的File(文件)|Export(输出)| Add to Render Queue(添加到渲染队列)命令，打开Render Queue(渲染队列)窗口，设置好相关的参数后渲染输出即可。

按Ctrl + M组合键，可以快速执行Add to Render Queue(添加到渲染队列)命令。

方法2：选择某个合成文件，然后执行菜单栏中的Composition(合成)| Add to Render Queue(添加到渲染队列)命令，或按Ctrl + M组合键，即可启动渲染队列窗口。

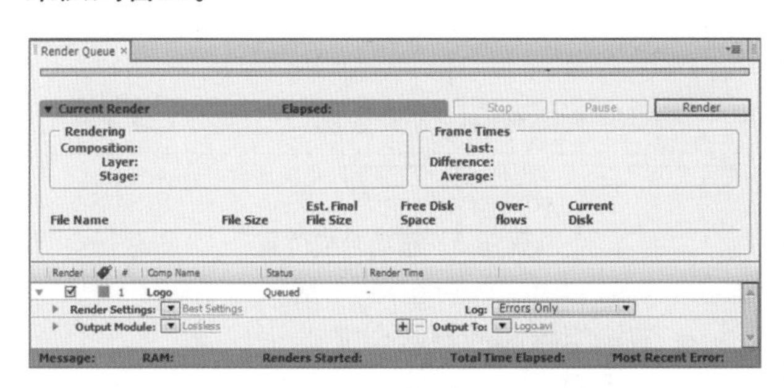

图15.4　Render Queue(渲染队列)窗口

15.5　渲染队列窗口参数详解

在After Effects CS6软件中，渲染影片主要应用渲染队列窗口，它是渲染输出的重要部分，通过它可以全面地进行渲染设置。

渲染队列窗口可细致分为3个部分，包括Current Render(当前渲染)、渲染组和All Renders(所有渲染)。下面将详细讲述渲染队列窗口的参数含义。

15.5.1　Current Render(当前渲染)

Current Render(当前渲染)区显示了当前渲染的影片信息，包括队列的数量、内存使用量、渲染的时间和日志文件的位置等信息，如图15.5所示。

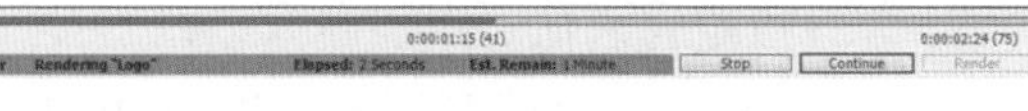

图15.5　Current Render(当前渲染)区

Current Render(当前渲染)区参数含义如下。

- Rendering“Logo”：显示当前渲染的影片名称。
- Elapsed(用时)：显示渲染影片已经使用的时间。
- Est.Remain(估计剩余时间)：显示渲染整个影片估计使用的时间长度。
- 0:00:00:00(1)：该时间码“0:00:00:00”部分表示影片从第0帧开始渲染；“(1)”部分表示00帧作为输出影片的开始帧。
- 0:00:01:15(41)：该时间码“0:00:01:15”部分表示影片已经渲染1秒15帧；“(41)”中的41表示影片正在渲染第41帧。
- 0:00:02:24(75)：该时间表示渲染整个影片所用的时间。
- Render(渲染按钮)：单击该按钮，即可进行影片的渲染。
- Pause(暂停按钮)：在影片渲染过程中，单击该按钮，可以暂停渲染。
- Continue(继续按钮)：单击该按钮，可以继续渲染影片。
- Stop(停止按钮)：在影片渲染过程中，单击该按钮，将结束影片的渲染。

在渲染过程中，可以单击Pause(暂停按钮)和Continue(继续按钮)转换。

展开Current Render(当前渲染)左侧的灰色三角形按钮，会显示Current Render(当前渲染)的详细资料，包括正在渲染的合成名称、正在渲染的层、影片的大小、输出影片所在的磁盘位置等资料，如图15.6所示。

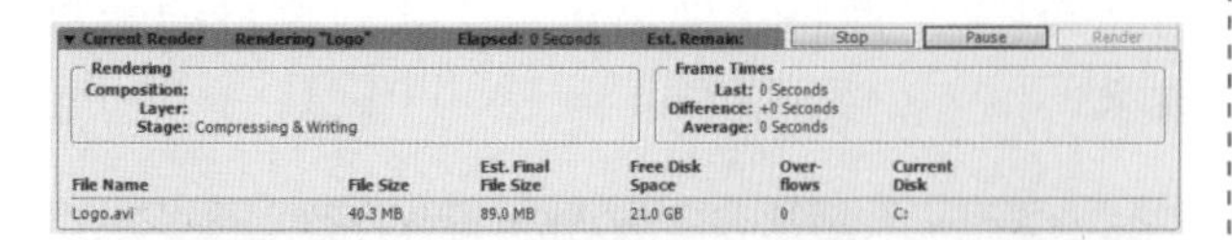

图15.6　Current Render Details(当前渲染详细资料)

Current Render Details(当前渲染详细资料)区参数含义如下。

- Composition(合成)：显示当前正在渲染的合成项目名称。
- Layer(层)：显示当前合成项目中正在渲染的层。
- Stage(渲染进程)：显示正在被渲染的内容，如特效、合成等。
- Last(最近的)：显示最近几秒时间。
- Difference(差异)：显示最近几秒时间中的差额。
- Average(平均值)：显示时间的平均值。
- File Name(文件名)：显示影片输出的名称及文件格式。如“Logo.avi”，其中，“Logo”为文件名；“.avi”为文件格式。
- File Size(文件大小)：显示当前已经输出影片的文件大小。
- Est.Final File Size(估计最终文件大小)：显示估计完成影片的最终文件大小。
- Free Disk Space(空闲磁盘空间)：显示当前输出影片所在磁盘的剩余空间大小。
- OverFlows(溢出)：显示溢出磁盘的大小。当最终文件大小大于磁盘剩余空间时，这里将显示溢出大小。
- Current Disk(当前磁盘)：显示当前渲染影片所在的磁盘分区位置。

15.5.2　渲染组

渲染组显示了要进行渲染的合成列表，并显示了渲染的合成名称、状态、渲染时间等信息，并可通过参数修改渲染的相关设置，如图15.7所示。

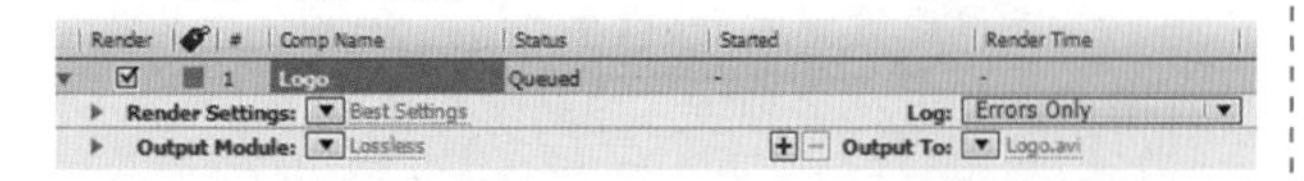

图15.7　渲染组

1. 渲染组合成项目的添加

要想进行多影片的渲染，就需要将影片添加到渲染组中，渲染组合成项目的添加有3种方法，具体的操作如下。

方法1：选择一个合成文件，然后执行菜单栏中的File(文件)|Export(输出)| Add to Render Queue(添加到渲染队列)命令，或按Ctrl＋M组合键。

方法2：选择一个或多个合成文件，然后执行菜单栏中的Composition(合成)| Add To Render Queue(添加到渲染队列)命令。

方法3：在Project(项目)面板中，选择一个或多个合成文件直接拖动到渲染组队列中。

2. 渲染组合成项目的删除

渲染组队列中，有些合成项目不再需要，此时就需要将该项目删除，合成项目的删除有两种方法，具体操作如下。

方法1：在渲染组中，选择一个或多个要删除的合成项目(这里可以使用Shift和Ctrl键来多选)，然后执行菜单栏中的Edit(编辑)| Clear(清除)命令。

方法2：在渲染组中，选择一个或多个要删除的合成项目，然后按Delete键。

3. 修改渲染顺序

如果有多个渲染合成项目，系统默认是从上向下依次渲染影片，如果想修改渲染的顺序，可以将影片进行位置的移动，移动方法如下。

(1) 在渲染组中，选择一个或多个合成项目。

(2) 按住鼠标左键拖动合成到需要的位置，当有一条粗黑的长线出现时，释放鼠标即可移动合成位置。操作方法如图15.8所示。

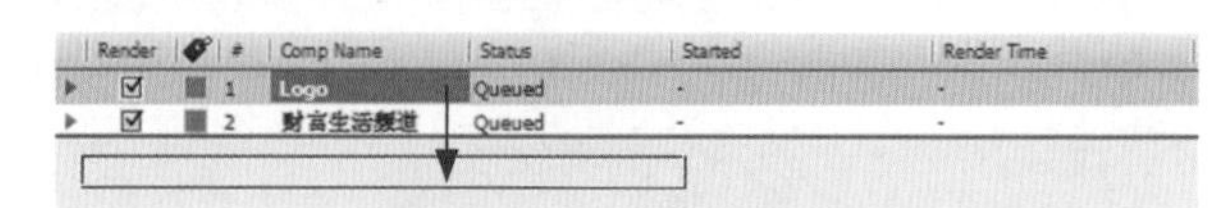

图15.8　移动合成位置

4. 渲染组标题的参数含义

渲染组标题内容丰富，包括渲染、标签、序号、合成名称和状态等，对应的参数含义如下。

- Render(渲染)：设置影片是否参与渲染。在影片没有渲染前，每个合成的前面都有一个□复选框标记，选中该复选框☑，表示该影片参与渲染，在单击[Render](渲染)按钮后，影片会按从上向下的顺序进行逐一渲染。如果某个影片没有被选中，则不进行渲染。

- (标签)：对应灰色的方块，用来为影片设置不同的标签颜色，单击某个影片前面的土黄色方块■，将打开一个菜单，可以为标签选择不同的颜色。包括Sunset(晚霞色)、Yellow(黄色)、Aqua(浅绿色)、Pink(粉红色)、Lavender(淡紫色)、Peach(桃色)、Sea Foam(海藻色)、Blue(蓝色)、Green(绿色)、Purple(紫色)、Orange(橙色)、Brown(棕色)、Fuchsia(紫红色)、Cyan(青绿色)和Sandstone(土黄色)，如图15.9所示。

图15.9　标签颜色菜单

- #(序号)：对应渲染队列的排序，如1、2等。
- Comp Name(合成名称)：显示渲染影片的合成名称。
- Status(状态)：显示影片的渲染状态。一般包括5种，Unqueued(不在队列中)，表示渲染时忽略该合成，只有选中其前面的复选框，才可以渲染；User Stopped(用户停止)，表示在渲染过程中单击Stop按钮即停止渲染；Done(完成)，表示已经完成渲染；Rendering(渲染中)，表示影片正在渲染中；Queued(队列)，表示选中了合成前面的复选框，正在等待渲染的影片。
- Started(开始)：显示影片渲染的开始时间。
- Render Time(渲染时间)：显示影片已经渲染的时间。

15.5.3　渲染信息

All Renders(所有渲染)区显示了当前渲染的影片信息，包括队列的数量、内存使用量、渲染的时间和日志文件的位置等信息，如图15.10所示。

Message: Renderi... RAM: 14% used of 2.0 GB Renders Started: 2010/5/26, 10:05:38 Total Time Elapsed: 1 Seconds Most Recent Error: C:\U...

图15.10　All Renders(所有渲染)区

All Renders(所有渲染)区参数含义如下。

- Message(信息)：显示渲染影片的任务及当前渲染的影片。如图中的“Rendering 1 of 1”，表示当前渲染的任务影片有1个，正在渲染第1个影片。
- RAM(内存)：显示当前渲染影片的内存使用量。如图中“13% used of 2GMB”，表示渲染影片2GM内存使用13%。
- Renders Started(开始渲染)：显示开始渲染影片的时间。
- Total Time Elapsed(已用时间)：显示渲染影片已经使用的时间。
- Most Recent Error(更多新错误)：显示出现错误的次数。

15.6　设置渲染模板

在应用渲染队列渲染影片时，可以对渲染影片应用软件提供的渲染模板，这样可以更快捷地渲染出需要的影片效果。

15.6.1　更改渲染模板

在渲染组中，已经提供了几种常用的渲染模板，可以根据自己的需要，直接使用现有模板来渲染影片。

在渲染组中，展开合成文件，单击Render Settings(渲染设置)右侧的按钮，将打开渲染设置菜单，并在展开区域中，显示当前模板的相关设置，如图15.11所示。

渲染菜单中显示了几种常用的模板，通过移动鼠标并单击，可以选择需要的渲染模板，各模板的含义如下。

- Best Settings(最佳设置)：以最好质量渲染当前影片。

- Current Settings(当前设置)：使用在合成窗口中的参数设置。

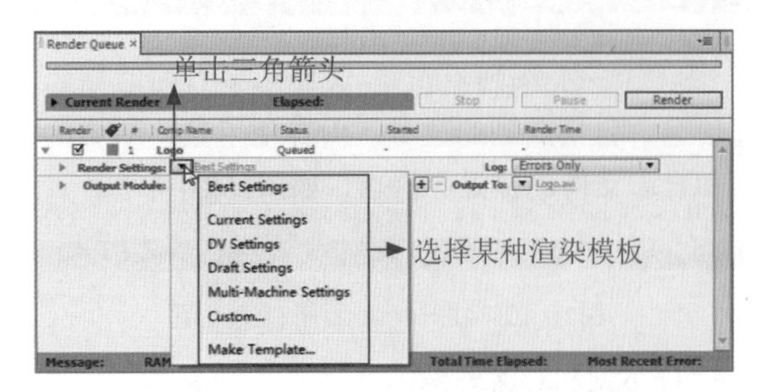

图15.11　渲染菜单

- DV Settings(DV设置)：以符合DV文件的设置渲染当前影片。
- Draft Settings(草图设置)：以草稿质量稿渲染影片，一般为了测试观察影片的最终效果时用。
- Multi-Machine Settings(多机器联合设置)：可以在多机联合渲染时，各机分工协作进行渲染设置。
- Custom(自定)：自定义渲染设置。选择该项将打开Render Settings(渲染设置)对话框。
- Make Template(制作模板)：用户可以制作自己的模板。选择该项，可以打开Render Settings Templates(渲染模板设置)对话框。

Output Module(输出模块)：单击其右侧的▼按钮，将打开默认输出模块，可以选择不同的输出模块，如图15.12所示。

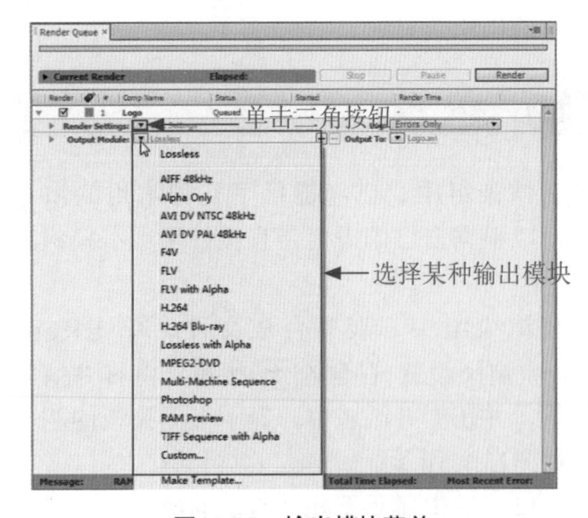

图15.12　输出模块菜单

Log(日志)：设置渲染影片的日志显示信息。

Output To(输出到)：设置输出影片的位置和名称。

15.6.2　渲染设置

在渲染组中，单击Render Settings(渲染设置)右侧的▼按钮，打开渲染设置菜单，然后选择Custom(自定)命令，或直接单击▼右侧的蓝色文字，将打开Render Settings(渲染设置)对话框，如图15.13所示。

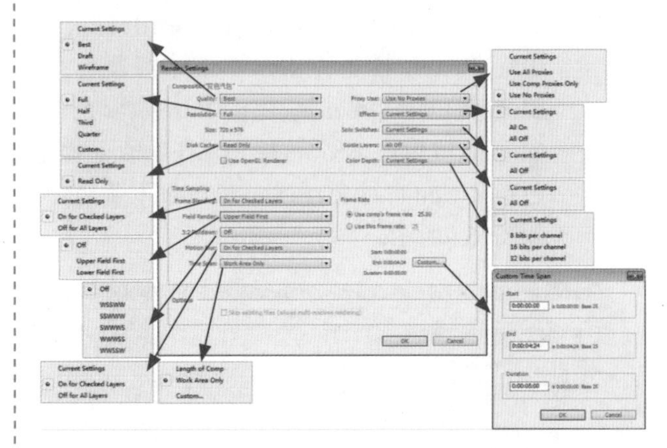

图15.13　Render Settings(渲染设置)对话框

在Render Settings(渲染设置)对话框中，参数的设置主要针对影片的质量、解析度、影片尺寸、磁盘缓存、音频特效、时间采样等方面，具体的含义如下。

- Quality(质量)：设置影片的渲染质量。包括Best(最佳质量)、Draft(草图质量)和Wireframe(线框质量)3个选项。对应层中的设置。
- Resolution(分辨率)：设置渲染影片的分辨率。包括Full(全尺寸)、Half(半尺寸)、Third(三分之一尺寸)、Quarter(四分之一尺寸)、Custom(自定义尺寸)5个选项。
- Size(尺寸)：显示当前合成项目的尺寸大小。
- Disk Cache(磁盘缓存)：设置是否使用缓存设置，如果选择Read Only(只读)选项，表示采用缓存设置。Disk Cache(磁盘缓存)可以通过选择Edit(编辑)| Preferences(参数设置)| Memory & Cache(内存与缓存)命令来设置，前面的章节中已经讲述过，这里不再赘述。
- Proxy Use(使用代理)：设置影片渲染的代理。包括Use All Proxies(使用所有代理)、Use Comp Proxies Only(只使用合成项目中的代理)、Use No Proxies(不使用代理)3个选项。

- Effects(特效)：设置渲染影片时是否关闭特效。包括All On(渲染所有特效)、All Off(关闭所有的特效)。对应层中的fx设置。
- Solo Switches(独奏开关)：设置渲染影片时是否关闭独奏。选择All Off(关闭所有)将关闭所有独奏。对应层中的◎设置。
- Guide Layers(辅助层)：设置渲染影片是否关闭所有辅助层。选择All Off(关闭所有)将关闭所有辅助层。
- Color Depth(颜色深度)：设置渲染影片的每一个通道颜色深度为多少位色彩深度。包括8 bits per Channel(8位每通道)、16 bits per Channel(16位每通道)、32 bits per Channel(32位每通道)3个选项。
- Frame Blending(帧融合)：设置帧融合开关。包括On For Checked Layers(打开选中帧融合层)和Off For All Layers(关闭所有帧融合层)两个选项。对应层中的▣设置。
- Field Render(场渲染)：设置渲染影片时，是否使用场渲染。包括Off(不加场渲染)、Upper Field First(上场优先渲染)、Lower Field First(下场优先渲染)3个选项。如果渲染非交错场影片，选择Off选项；如果渲染交错场影片，选择上场或下场优先渲染。
- 3∶2 Pulldown(3∶2折叠)：设置3∶2下拉的引导相位法。
- Motion Blur(运动模糊)：设置渲染影片运动模糊是否使用。包括On For Checked Layers(打开选中运动模糊层)和Off For All Layers(关闭所有运动模糊层)两个选项。对应层中的◎设置。
- Time Span(时间范围)：设置有效的渲染片段。包括Length of Comp(整个合成时间长度)、Work Area Only(只渲染工作时间段)和Custom(自定义)3个选项。如果选择Custom(自定义)选项，也可以单击右侧的 Custom... 按钮，将打开Custom Time Span(自定义时间范围)对话框，在该对话框中可以设置渲染的时间范围。
- Use Comp's frame rate：使用合成影片中的帧速率，即创建影片时设置的合成帧速率。
- Use this frame rate(使用指定帧速率)：可以在右侧的文本框中，输入一个新的帧速率，渲染影片将按这个新指定的帧速率进行渲染输出。
- Use Storage overflow(使用存储溢出)：选中该复选框，可以使用溢出存储功能。当渲染的文件使磁盘剩余空间达到一个指定限度，After Effects 将视该磁盘已满，这时，可以利用溢出存储功能，将剩余的文件继续渲染到另一个指定的磁盘中。存储溢出可以通过选择Edit(编辑)| Preferences(参数设置)| Output(输出)命令设置。
- Skip Existing Files(跳过现有文件)：在渲染影片时，只渲染丢失过的文件，不再渲染以前渲染过的文件。

15.6.3 创建渲染模板

现有模板往往不能满足用户的需要，这时，可以根据自己的需要来制作渲染模板，并将其保存起来，在以后的应用中，就可以直接调用了。

执行菜单栏中的Edit(编辑)| Templates(模板)| Render Settings(渲染设置)命令，或单击Render Settings(渲染设置)右侧的▼按钮，打开渲染设置菜单，选择Make Template(制作模板)命令，打开Render Settings Templates(渲染模板设置)对话框，如图15.14所示。

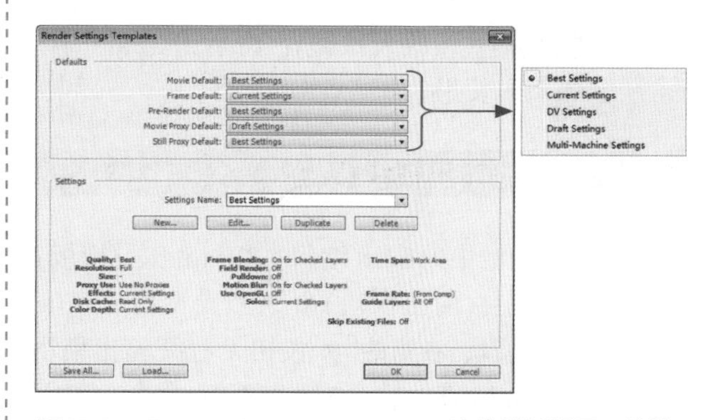

图15.14 Render Settings Templates(渲染模板设置)对话框

在Render Settings Templates(渲染模板设置)对话框中，参数的设置主要针对影片的默认影片、默认帧、模板的名称、编辑、删除等方面，具体的含义如下。

- Movie Default(默认影片)：可以从右侧的下拉菜单中，选择一种默认的影片模板。
- Frame Default(默认帧)：可以从右侧的下拉菜单中，选择一种默认的帧模板。
- Pre-Render Default(默认预览)：可以从右侧的下拉菜单中，选择一种默认的预览模板。

- Movie Proxy Default(默认影片代理)：可以从右侧的下拉菜单中，选择一种默认的影片代理模板。
- Still Proxy Default(默认静态代理)：可以从右侧的下拉菜单中，选择一种默认的静态图片模板。
- Settings Name(设置名称)：可以在右侧的文本框中输入设置名称，也可以通过单击右侧的▼按钮，从打开的菜单中选择一个名称。
- New...(新建按钮)：单击该按钮，将打开Render Settings(渲染设置)对话框，创建一个新的模板并设置新模板的相关参数。
- Edit...(编辑按钮)：通过Settings Name(设置名称)选项，选择一个要修改的模板名称，然后单击该按钮，可以对当前的模板进行再修改操作。
- Duplicate(复制按钮)：单击该按钮，可以将当前选择的模板复制出一个副本。
- Delete(删除按钮)：单击该按钮，可以将当前选择的模板删除。
- Save All...(保存全部)：单击该按钮，可以将模板存储为一个后缀为.ars的文件，便于以后的使用。
- Load...(载入按钮)：将后缀为.ars的模板载入使用。

15.6.4 创建输出模块模板

执行菜单栏中的Edit(编辑)| Templates(模板)| Output Module(输出模块)命令，或单击Output Module(输出模块)右侧的▼按钮，打开输出模块菜单，选择Make Template(制作模板)命令，打开Output Module Templates(输出模块模板)对话框，如图15.15所示。

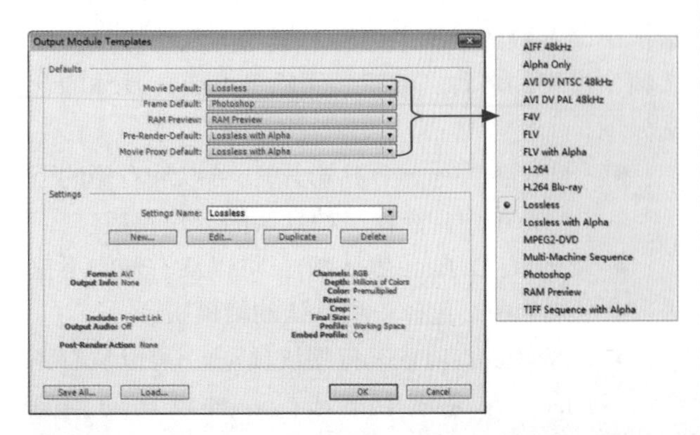

图15.15 Output Module Templates(输出模块模板)对话框

在Output Module Templates(输出模块模板)对话框中，参数的设置主要针对影片的默认影片、默认帧、模板的名称、编辑、删除等方面，具体的含义与模板的使用方法相同，这里只讲解几种格式的使用含义。

- AIFF 48kHz：输出AIFF格式的音频文件，本格式不能输出图像。
- Alpha Only(仅Alpha通道)：只输出Alpha通道。
- Lossless(无损的)：输出的影片为无损压缩。
- Lossless with Alpha(带Alpha通道的无损压缩)：输出带有Alpha通道的无损压缩影片。
- Multi-Machine Sequence(多机器联合序列)：在多机联合的形状下输出多机序列文件。
- Photoshop(Photoshop 序列)：输出Photoshop的PSD格式序列文件。
- RAM Preview(内存预览)：输出内存预览模板。

15.7 影片的输出

当一个视频或音频文件制作完成后，就要将最终的结果输出，以发布成最终作品。After Effects CS6提供了多种输出方式，可通过不同的设置快速输出需要的影片。

执行菜单栏中的File(文件)| Export(输出)命令，将打开Export(输出)子菜单，从其子菜单中，选择需要的格式并进行设置，即可输出影片。其中几种常用的格式命令含义如下。

- Add to Render Queue(添加到渲染队列)：可以将影片添加到渲染队列中。
- Adobe Flash Player(SWF)：输出SWF格式的Flash动画文件。
- Adobe Flash Professional(XFL)：可以直接将其输入成网页动画。
- Adobe Premiere Pro Project：该项可以输出用于Adobe Premiere Pro软件打开并编辑的项目文件，这样，After Effects与Adobe Premiere Pro之间便可以更好地转换使用。

15.7.1 SWF格式文件输出设置

SWF格式文件，在网页中是较常用的一种文件，一般由Flash软件制作。下面来讲解利用After Effects 软件输出SWF格式动画的方法。

(1) 确认选择要输出的合成项目。

(2) 执行菜单栏中的File(文件)| Export(输出)| Macromedia Flash(SWF)命令，打开【另存为】对话框，如图15.16所示。

(3) 在【另存为】对话框中，设置合适的文件名称及保存位置，然后单击【保存】按钮，打开SWF Settings(SWF设置)对话框，如图15.17所示。

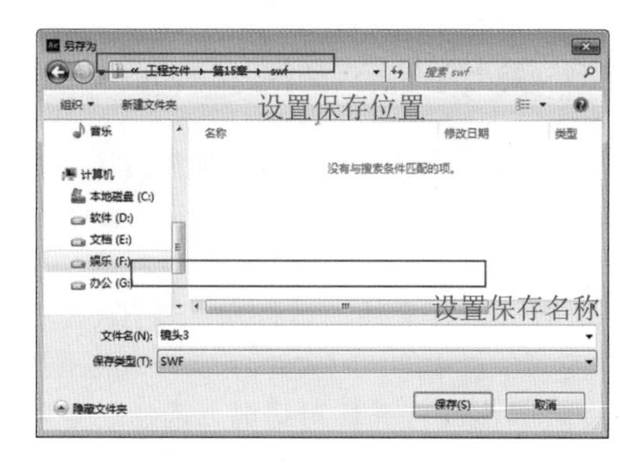

图15.16 【另存为】对话框

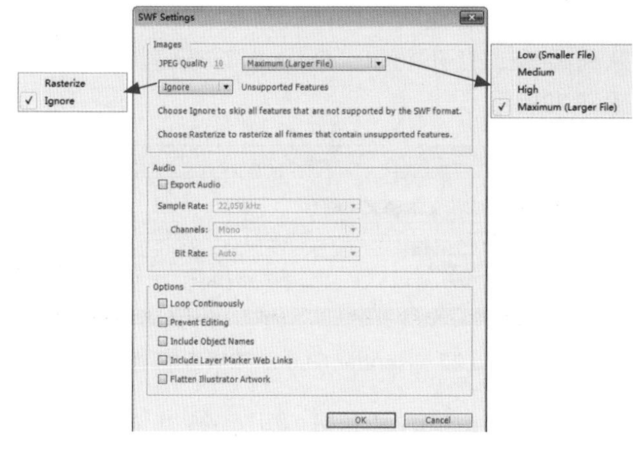

图15.17 SWF Settings(SWF设置)对话框

- JPEG Quality(图像质量)：设置SWF动画的质量。可以通过直接输入数值来修改图像质量，值越大，质量也就越好。还可以直接通过选项来设置图像质量，包括Low(低)、Medium(中)、High(高)和Maximum(最佳)4个选项。
- Unsupported Features(不支持特性)：该项对SWF格式文件不支持的调整方式。包括Ignore(忽略)，表示忽略不支持的效果；Rasterize(栅格化)，表示将不支持的效果栅格化，保留特效。
- Audio(音频)：该选项组主要对输出的SWF格式文件的音频质量进行设置。
- Loop Continuously(循环播放)：选中该复选框，可以将输出的SWF文件连续热循环播放。
- Prevent Editing(防止编辑)：选中该复选框，可以防止编辑程序文件。
- Include Object Names(包含对象名称)：选中该复选框，可以保留输出的对象名称。
- Include Layer Marker Web Links(包含层链接信息)：选中该复选框，将保留层中标记的网页链接信息，可以直接将文件输出到互联网上。
- Flatten Illustrator Artwork：如果合成项目中包括有固态层或Illustrator素材，建议选中该复选框。

(4) 参数设置完成后，单击OK(确定)按钮，将打开Exporting对话框，表示影片正在输出中，输出完成后即完成SWF格式文件的输出。从输出的文件位置，可以看到“.htm”和“.swf”两个文件。

15.7.2 输出SWF格式文件

前面讲解了输出SWF格式的基础知识，下面通过实例将位移跟踪动画输出成SWF格式文件，操作方法如下。

(1) 打开工程文件。运行After Effects CS6软件，执行菜单栏中的File(文件)| Open Project(打开项目)命令，弹出【打开】对话框，选择配套光盘中的“工程文件\第15章\电视台标艺术表现\电视台台标艺术表现.aep”文件。

(2) 执行菜单栏中的File(文件)| Export(输出)| Adobe Flash Player(SWF)命令，打开【另存为】对话框，如图15.18所示。

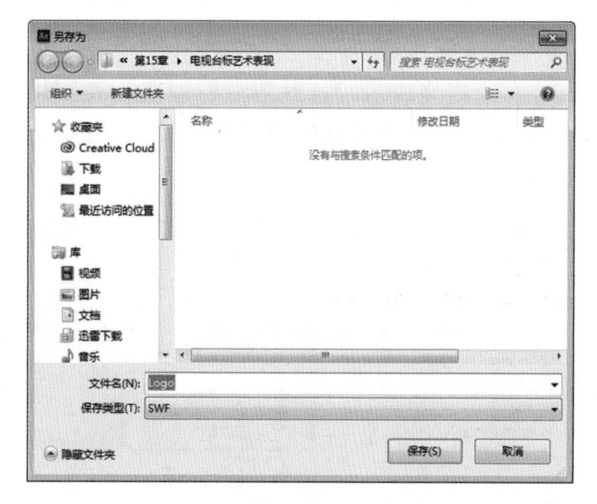

图15.18 【另存为】对话框

(3) 设置合适的文件名称及保存位置，然后单击【保存】按钮，打开SWF Settings(SWF设置)对话框。一般在网页中，动画都是循环播放的，所以这里要选中Loop Continuously(循环播放)复选框，如图15.19所示。

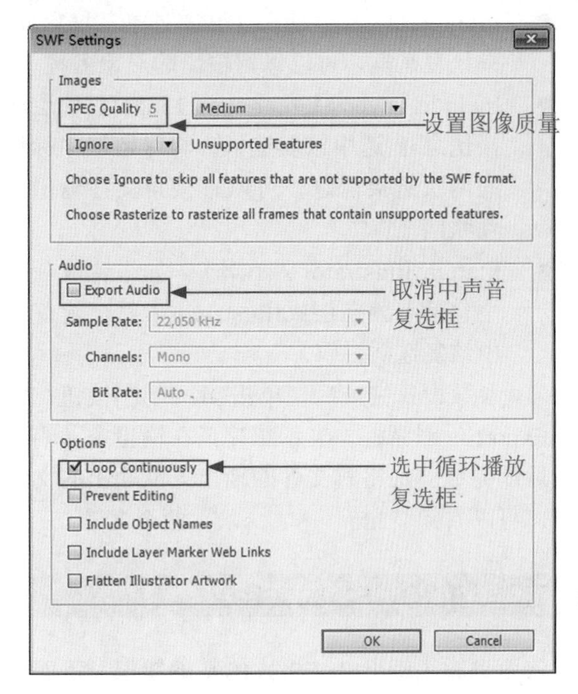

图15.19　SWF Settings(SWF设置)对话框

(4) 参数设置完成后，单击OK(确定)按钮，完成输出设置，此时，会弹出一个输出对话框，显示输出的进程信息，如图15.20所示。

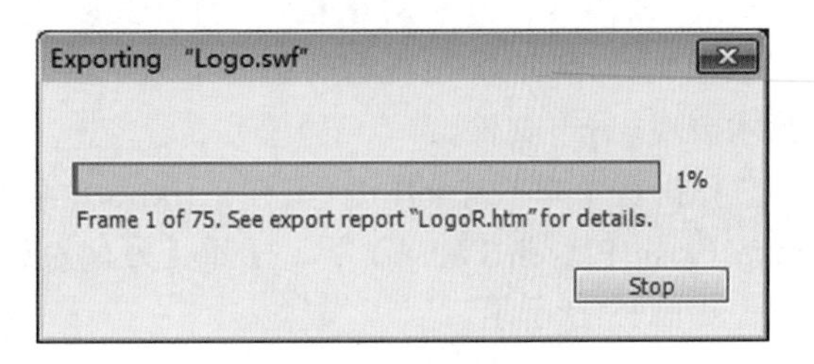

图15.20　输出进程

(5) 输出完成后，打开资源管理器，找到输出的文件位置，可以看到输出的Flash动画效果，如图15.21所示。

图15.21　输出的文件效果

提示

在双击“Logo.swf”文件后，如果读者本身电脑中没有安装Flash播放器，将不能打开该文件，可以安装一个播放器后再进行浏览。

15.7.3　输出AVI格式文件

前面讲解了SWF文件格式的输出方法，下面来讲解另一种常见的文件格式AVI格式文件的输出方法。

(1) 打开工程文件。运行After Effects CS6软件，执行菜单栏中的File(文件)| Open Project(打开项目)命令，弹出【打开】对话框，选择配套光盘中的“工程文件\第15章\财富生活频道.aep”文件。

(2) 选择时间线面板，执行菜单栏中的Composition(合成)| Add to Render Queue(添加到渲染队列)命令，打开Render Queue(渲染队列)面板，如图15.22所示。

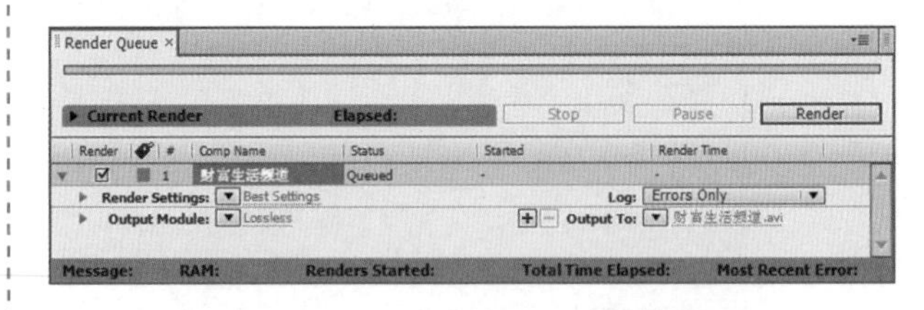

图15.22　Render Queue(渲染组)面板

(3) 单击Output Module(输出模块)右侧Lossless(无损)的文字部分，打开Output Module Settings(输出模块设置)对话框，单击Format(格式)右侧的下拉按钮，在弹出的下拉列表中选择AVI格式，单击OK(确定)按钮，如图15.23所示。

(4) 单击Output To(输出到)右侧的文件名称文字部分，打开Output Movie To(输出影片到)对话框，选择输出文件放置的位置，如图15.24所示。

(5) 输出的路径设置好后，单击Render(渲染)按钮，开始渲染影片。渲染过程中Render Queue(渲染队列)面板上方的进度条会有进度显示，渲染完毕后会有声音提示，如图15.25所示。

(6) 渲染完毕后，在路径设置的文件夹里可找到AVI格式文件，如图15.26所示。双击该文件，可在播放器中看到影片，如图15.27所示。

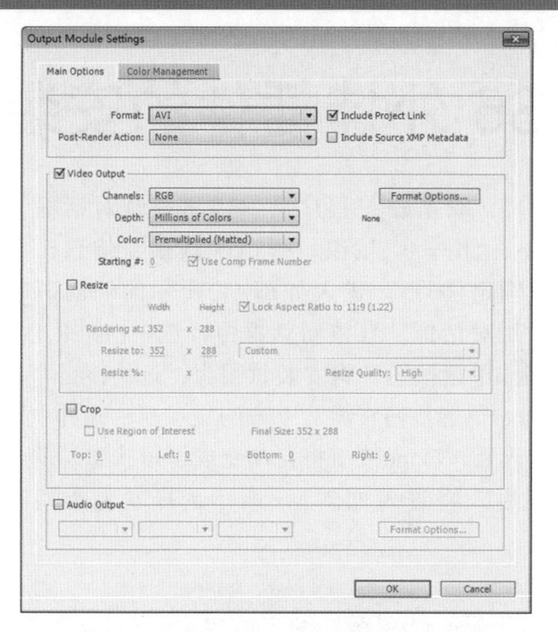

图15.23　输出模块设置对话框

图15.24　输出影片到对话框

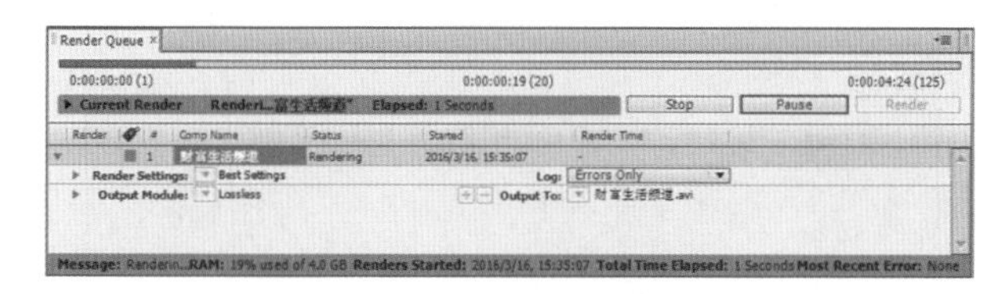

图15.25　影片渲染中

图15.26　输出的文件效果

图15.27　播放效果

15.7.4　输出单帧静态图像

整个影片中，有时可能需要输出其中某一帧的图像，这时，就可以应用单帧输出图像的方法来操作。

(1) 在Timeline(时间线)窗口中，确认选择要输出的合成项目。

(2) 执行菜单栏中的Composition(合成)| Save Frame As(单帧另存为)| File(文件)命令，在渲染队列中设置相应的名称和存储路径。

(3) 单击Render(渲染)按钮，如图15.28所示。

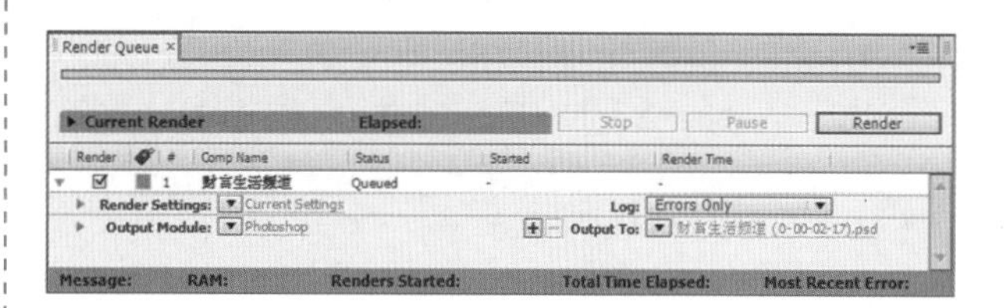

图15.28　渲染单帧

附录A　After Effects CS6 外挂插件的安装

外挂插件就是其他公司或个人开发制作的特效插件，有时也叫第三方插件。外挂插件有很多内置插件没有的特点，它一般应用起来比较容易，效果比较丰富，受到用户的喜爱。

外挂插件不是软件本身自带的，它需要用户自行购买。After Effects CS6有众多的外挂插件，正是有了这些神奇的外挂插件，使得该软件的非线性编辑功能更加强大。

在After Effects CS6的安装目录下，有一个名为Plug-ins的文件夹，这个文件夹就是用来放置插件的。插件的安装分为两种，分别介绍如下。

1. 后缀为.aex

有些插件本身不带安装程序，只是一个后缀为.aex的文件，对于这样的插件，只需要将其复制、粘贴到After Effects CS6安装目录下的Plug-ins的文件夹中，然后重新启动软件，即可在Effects & Presets(特效面板)中找到该插件特效。

如果安装软件时，使用的是默认安装方法，Plug-ins文件夹的位置应该是C:\Program Files\Adobe\Adobe After Effects CS6\Support Files\Plug-ins。

2. 后缀为.exe

这样的插件为安装程序文件，可以将其按照安装软件的方法进行安装，这里以安装Shine(光)插件为例，详解插件的安装方法。

(1) 双击安装程序，即双击后缀为.exe的Shine文件，如图A.1所示。

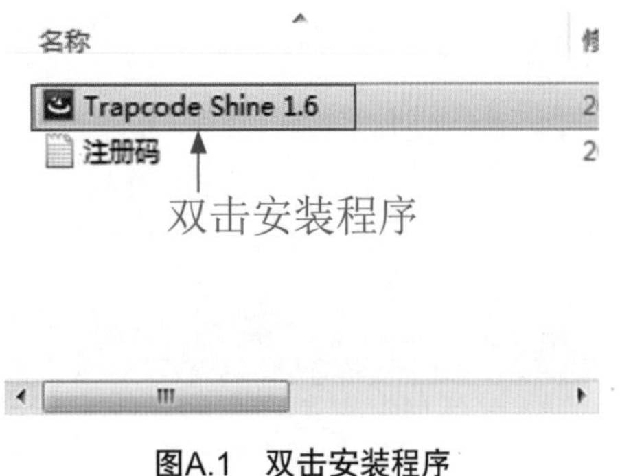

图A.1　双击安装程序

(2) 双击安装程序后，弹出安装对话框，单击Next(下一步)按钮，弹出确认接受信息，单击OK(确定)按钮，进入如图A.2所示的注册码输入或试用对话框。在该对话框中，选中Install Demo Version单选按钮，将安装试用版；选中Enter Serial Number单选按钮将激活下方的文本框，在其中输入注册码后，Done按钮将自动变成可用状态，单击该按钮后，将进入如图A.3所示选择安装类型的对话框。

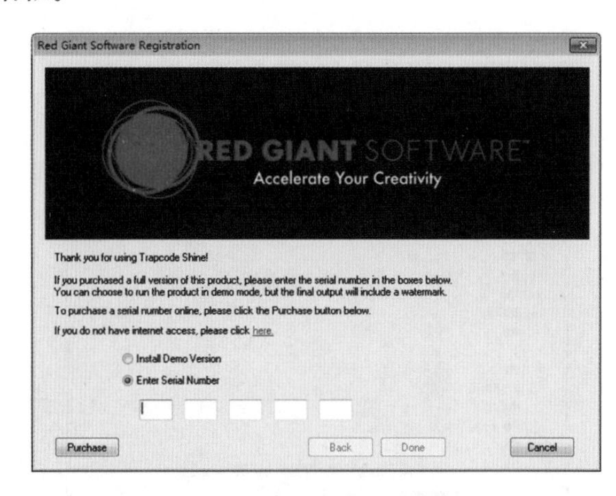

图A.2　试用或输入注册码

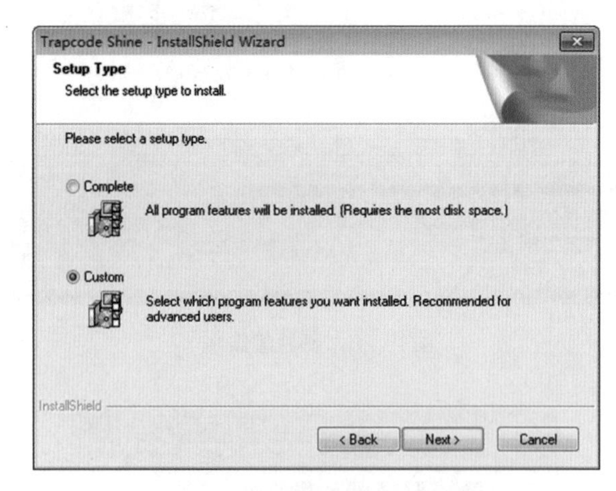

图A.3　选择安装类型的对话框

(3) 在选择安装类型的对话框中有两个单选按钮，Complete单选按钮表示电脑默认安装，不过为了安装的位置不会出错，一般选择Custom单选按钮，以自定义的方式进行安装。

(4) 选中Custom单选按钮后，单击Next(下一步)按钮进入如图A.4所示的选择安装路径界面。在该对话框中单击Browse按钮，将打开如图A.5所示的Choose Folder对话框，可以从下方的位置中选择要安装的路径位置。

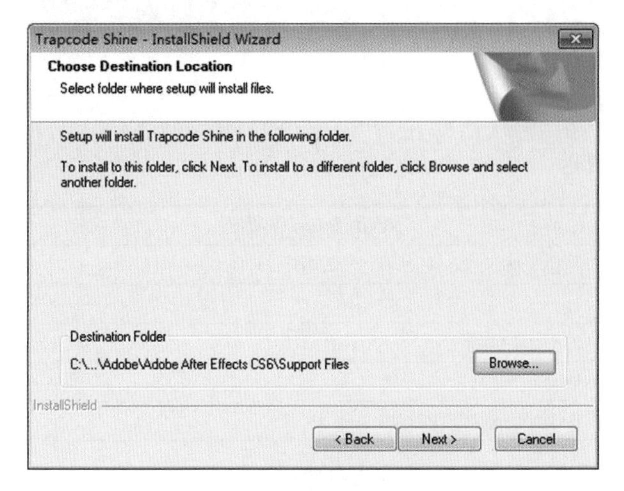

图A.4　选择安装路径对话框

图A.5　Choose Folder对话框

(5) 依次单击【确定】按钮、Next(下一步)按钮，插件会自动完成安装。

(6) 安装完插件后，重新启动After Effects CS6软件，在Effects & Presets(特效面板)中展开Trapcode选项，即可看到Shine(光)特效，如图A.6所示。

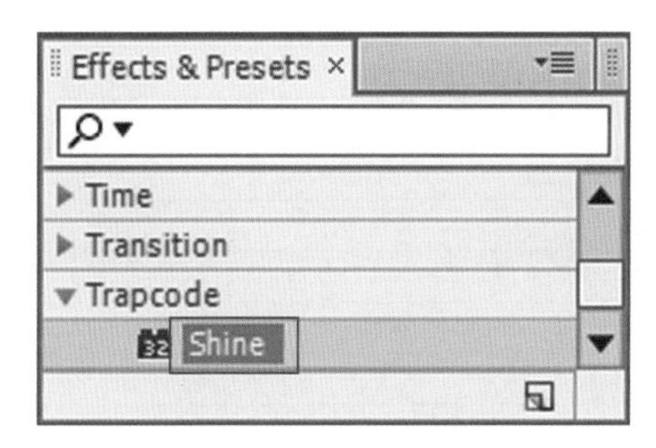

图A.6　Shine(光)特效

在安装完成后，如果安装时没有输入注册码，而是使用的试用形式安装，需要对软件进行注册。因为安装的插件没有注册，在应用时会显示一个红色的X号，它只能试用不能输出，可以在安装后再对其注册。注册的方法很简单，下面还是以Shine(光)特效为例进行讲解。

(1) 在安装完特效后，在Effects & Presets(特效面板)中展开Trapcode选项，然后双击Shine(光)特效，为某个层应用该特效。

(2) 应用完该特效后，在Effect Controls(特效控制)面板中即可看到Shine(光)特效，单击该特效名称右侧的Options选项，如图A.7所示。

(3) 这时，将打开如图A.8所示的对话框。在ENTER SERIAL NUMBER右侧的文本框中输入注册码，然后单击Done按钮即可完成注册。

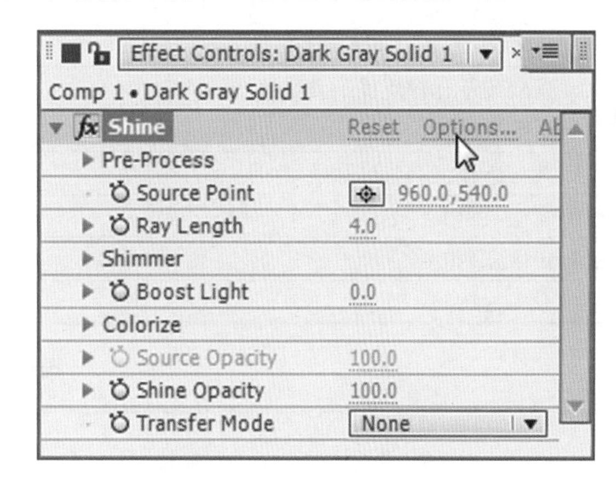

图A.7　单击Options选项

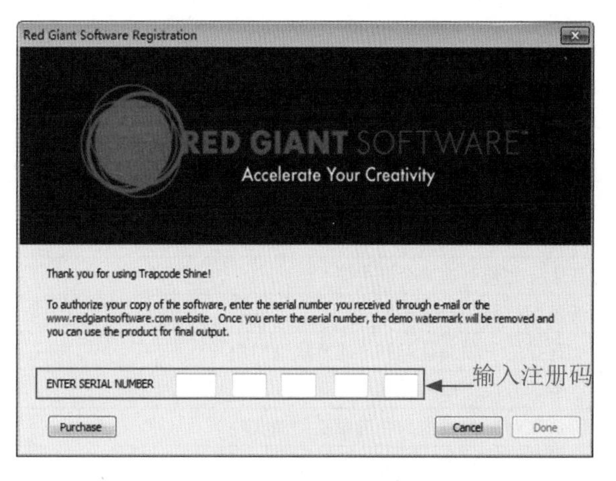

图A.8　输入注册码

附录B　After Effects CS6 默认键盘快捷键

表B.1　工具栏

操　作	Windows 快捷键
选择工具	V
手工具	H
缩放工具	Z(使用Alt缩小)
旋转工具	W
摄像机工具(Unified、Orbit、Track XY、Track Z)	C(连续按C键切换)
Pan Behind工具	Y
遮罩工具(矩形、椭圆)	Q(连续按Q键切换)
钢笔工具(添加节点、删除节点、转换点)	G(连续按G键切换)
文字工具(横排文字、竖排文字)	Ctrl+T(连续按Ctrl+T组合键切换)
画笔、克隆图章、橡皮擦工具	Ctrl+B(连续按Ctrl+B组合键切换)
暂时切换某工具	按住该工具的快捷键
钢笔工具与选择工具临时互换	按住Ctrl
在信息面板显示文件名	Ctrl+Alt+E
复位旋转角度为0度	双击旋转工具
复位缩放率为100%	双击缩放工具

表B.2　项目窗口

操　作	Windows 快捷键
新项目	Ctrl+Alt+N
新文件夹	Ctrl+Alt+Shift+N
打开项目	Ctrl+O
打开项目时只打开项目窗口	打开命令时按住Shift键
打开上次打开的项目	Ctrl+Alt+Shift+P
保存项目	Ctrl+S
打开项目设置对话框	Ctrl+Alt+Shift+K
选择上一子项	↑
选择下一子项	↓
打开选择的素材项或合成图像	双击
激活最近打开的合成图像	\
增加选择的子项到最近打开的合成窗口中	Ctrl+/
显示所选合成图像的设置	Ctrl+K
用所选素材时间线窗口中选中层的源文件	Ctrl+Alt+/
删除素材项目时不显示提示信息框	Ctrl+Backspace
导入素材文件	Ctrl+I
替换素材文件	Ctrl+H
打开解释素材选项	Ctrl+F
重新导入素材	Ctrl+Alt+L
退出	Ctrl+Q

表B.3 合成窗口

操　作	Windows 快捷键
显示/隐藏标题和动作安全区域	'
显示/隐藏网格	Ctrl+'
显示/隐藏对称网格	Alt+'
显示/隐藏参考线	Ctrl+;
锁定/释放参考线	Ctrl+Alt+Shift+；
显示/隐藏标尺	Ctrl+R
改变背景颜色	Ctrl+Shift+B
设置合成图像解析度为Full	Ctrl+J
设置合成图像解析度为Half	Ctrl+Shift+J
设置合成图像解析度为Quarter	Ctrl+Alt+Shift+J
设置合成图像解析度为Custom	Ctrl+Alt+J
快照(最多4个)	Ctrl+F5,F6,F7,F8
显示快照	F5,F6,F7,F8
清除快照	Ctrl+Alt+F5,F6,F7,F8
显示通道(RGBA)	Alt+1，2，3，4
带颜色显示通道(RGBA)	Alt+Shift+1，2，3，4
关闭当前窗口	Ctrl+W

表B.4 文字操作

操　作	Windows快捷键
左、居中或右对齐	横排文字工具+Ctrl+Shift+L、C或R
上、居中或底对齐	直排文字工具+Ctrl+Shift+L、C或R
选择光标位置和鼠标单击处的字符	Shift+单击鼠标
光标向左/向右移动一个字符	←/→
光标向上/向下移动一个字符	↑/↓
向左/向右选择一个字符	Shift+←/→
向上/向下选择一个字符	Shift+↑/↓
选择字符、一行、一段或全部	双击、三击、四击或五击
以2为单位增大/减小文字字号	Ctrl+Shift+</>
以10为单位增大/减小文字字号	Ctrl+Shift+Alt</>
以2为单位增大/减小行间距	Alt+↓/↑
以10为单位增大/减小行间距	Ctrl+Alt+↓/↑
自动设置行间距	Ctrl+Shift+Alt+A
以2为单位增大/减小文字基线	Shift+Alt+↓/↑
以10为单位增大/减小文字基线	Ctrl+Shift+Alt+↓/↑
大写字母切换	Ctrl+Shift+K
小型大写字母切换	Ctrl+Shift+Alt+K
文字上标开关	Ctrl+Shift+=
文字下标开关	Ctrl+Shift+Alt+=
以20为单位增大/减小字间距	Alt+←/→
以100为单位增大/减小字间距	Ctrl+Alt+←/→
设置字间距为0	Ctrl+Shift+Q
水平缩放文字为100%	Ctrl+Shift+X
垂直缩放文字为100%	Ctrl+Shift+Alt+X

表B.5　预览设置(时间线窗口)

操　作	Windows快捷键
开始/停止播放	空格
从当前时间点试听音频	.(数字键盘)
RAM预览	0(数字键盘)
每隔一帧的RAM预览	Shift+0(数字键盘)
保存RAM预览	Ctrl+0(数字键盘)
快速视频预览	拖动时间滑块
快速音频试听	Ctrl+拖动时间滑块
线框预览	Alt+0(数字键盘)
线框预览时保留合成内容	Shift+Alt+0(数字键盘)
线框预览时用矩形替代Alpha轮廓	Ctrl+Alt+0(数字键盘)

表B.6　层操作(合成窗口和时间线窗口)

操　作	Windows快捷键
拷贝	Ctrl+C
复制	Ctrl+D
剪切	Ctrl+X
粘贴	Ctrl+V
撤销	Ctrl+Z
重做	Ctrl+Shift+Z
选择全部	Ctrl+A
取消全部选择	Ctrl+Shift+A或F2
向前一层	Shift+]
向后一层	Shift+[
移到最前面	Ctrl+Shift+]
移到最后面	Ctrl+Shift+[
选择上一层	Ctrl+↑
选择下一层	Ctrl+↓
通过层号选择层	1～9(数字键盘)
选择相邻图层	单击选择一个层后再按住Shift键单击其他层
选择不相邻的层	按Ctrl键并单击选择层
取消所有层选择	Ctrl+Shift+A或F2
锁定所选层	Ctrl+L
释放所有层的选定	Ctrl+Shift+L
分裂所选层	Ctrl+Shift+D
激活选择层所在的合成窗口	\
为选择层重命名	按Enter键(主键盘)
在层窗口中显示选择的层	Enter(数字键盘)
显示隐藏图像	Ctrl+Shift+Alt+V
隐藏其他图像	Ctrl+Shift+V
显示选择层的特效控制窗口	Ctrl+Shift+T或F3
在合成窗口和时间线窗口中转换	\
打开素材层	双击该层
拉伸层适合合成窗口	Ctrl+Alt+F
保持宽高比拉伸层适应水平尺寸	Ctrl+Alt+Shift+H
保持宽高比拉伸层适应垂直尺寸	Ctrl+Alt+Shift+G
反向播放层动画	Ctrl+Alt+R
设置入点	[
设置出点	]

续表

操　作	Windows快捷键
剪辑层的入点	Alt+[
剪辑层的出点	Alt+]
在时间滑块位置设置入点	Ctrl+Shift+,
在时间滑块位置设置出点	Ctrl+Alt+,
将入点移动到开始位置	Alt+Home
将出点移动到结束位置	Alt+End
素材层质量为最好	Ctrl+U
素材层质量为草稿	Ctrl+Shift+U
素材层质量为线框	Ctrl+Alt+Shift+U
创建新的固态层	Ctrl+Y
显示固态层设置	Ctrl+Shift+Y
合并层	Ctrl+Shift+C
约束旋转的增量为45度	Shift+拖动旋转工具
约束沿X轴、Y 轴或Z轴移动	Shift+拖动层
等比缩放素材	按Shift键拖动控制手柄
显示或关闭所选层的特效窗口	Ctrl+Shift+T
添加或删除表达式	在属性区按住Alt键单击属性旁的小时钟按钮
以10为单位改变属性值	按Shift键在层属性中拖动相关数值
以0.1为单位改变属性值	按Ctrl键在层属性中拖动相关数值

表B.7　查看层属性(时间线窗口)

操　作	Windows快捷键
显示Anchor Point	A
显示Position	P
显示Scale	S
显示Rotation	R
显示Audio Levels	L
显示Audio Waveform	LL
显示Effects	E
显示Mask Feather	F
显示Mask Shape	M
显示Mask Opacity	TT
显示Opacity	T
显示Mask Properties	MM
显示Time Remapping	RR
显示所有动画值	U
显示在对话框中设置层属性值(与P,S,R,F,M一起)	Ctrl+Shift+属性快捷键
显示Paint Effects	PP
显示时间窗口中选中的属性	SS
显示修改过的属性	UU
隐藏属性或类别	Alt+Shift+单击属性或类别
添加或删除属性	Shift+属性快捷键
显示或隐藏Parent栏	Shift+F4
Switches / Modes开关	F4
放大时间显示	+
缩小时间显示	–
打开不透明对话框	Ctrl+Shift+O
打开定位点对话框	Ctrl+Shift+Alt+A

表B.8　工作区设置(时间线窗口)

操　作	Windows快捷键
设置当前时间标记为工作区开始	B
设置当前时间标记为工作区结束	N
设置工作区为选择的层	Ctrl+Alt+B
未选择层时，设置工作区为合成图像长度	Ctrl+Alt+B

表B.9　时间和关键帧设置(时间线窗口)

操　作	Windows快捷键
设置关键帧速度	Ctrl+Shift+K
设置关键帧插值法	Ctrl+Alt+K
增加或删除关键帧	Alt+Shift+属性快捷键
选择一个属性的所有关键帧	单击属性名
拖动关键帧到当前时间	Shift+拖动关键帧
向前移动关键帧1帧	Alt+→
向后移动关键帧1帧	Alt+←
向前移动关键帧10帧	Shift+Alt+→
向后移动关键帧10帧	Shift+Alt+←
选择所有可见关键帧	Ctrl+Alt+A
到前一可见关键帧	J
到后一可见关键帧	K
线性插值法和自动Bezer插值法间转换	Ctrl+单击关键帧
改变自动Bezer插值法为连续Bezer插值法	拖动关键帧
Hold关键帧转换	Ctrl+Alt+H或Ctrl+Alt+单击关键帧
连续Bezer插值法与Bezer插值法间转换	Ctrl+拖动关键帧
Easy easy	F9
Easy easy in	Shift+F9
Easy easy out	Ctrl+Shift+F9
到工作区开始	Home或Ctrl+Alt+←
到工作区结束	End或Ctrl+Alt+→
到前一可见关键帧或层标记	J
到后一可见关键帧或层标记	K
到合成图像时间标记	主键盘上的0～9
到指定时间	Alt+Shift+J
向前1帧	PageUp或Ctrl+←
向后1帧	PageDown或Ctrl+→
向前10帧	Shift+PageDown或Ctrl+Shift+←
向后10帧	Shift+PageUp或Ctrl+Shift+→
到层的入点	I
到层的出点	O
拖动素材时吸附关键帧、时间标记和出入点	按住Shift键并拖动

表B.10　精确操作(合成窗口和时间线窗口)

操　作	Windows快捷键
以指定方向移动层一个像素	按相应的箭头
旋转层1度	+(数字键盘)
旋转层-1度	-(数字键盘)
放大层1%	Ctrl++(数字键盘)
缩小层1%	Ctrl+-(数字键盘)

续表

操　作	Windows快捷键
Ctrl+-(数字键盘)	F9
Easy easy in	Shift+F9
Easy easy out	Ctrl+Shift+F9

表B.11　特效控制窗口

操　作	Windows快捷键
选择上一个效果	↑
选择下一个效果	↓
扩展/收缩特效控制	~
清除所有特效	Ctrl+Shift+E
增加特效控制的关键帧	Alt+单击效果属性名
激活包含层的合成图像窗口	\
应用上一个特效	Ctrl+Alt+Shift+E
在时间线窗口中添加表达式	按Alt键单击属性旁的小时钟按钮

表B.12　遮罩操作(合成窗口和层)

操　作	Windows快捷键
椭圆遮罩填充整个窗口	双击椭圆工具
矩形遮罩填充整个窗口	双击矩形工具
新遮罩	Ctrl+Shift+N
选择遮罩上的所有点	Alt+单击遮罩
自由变换遮罩	双击遮罩
对所选遮罩建立关键帧	Shift+Alt+M
定义遮罩形状	Ctrl+Shift+M
定义遮罩羽化	Ctrl+Shift+F
设置遮罩反向	Ctrl+Shift+I

表B.13　显示窗口和面板

操　作	Windows快捷键
项目窗口	Ctrl+0
项目流程视图	Ctrl+F11
渲染队列窗口	Ctrl+Alt+0
工具箱	Ctrl+1
信息面板	Ctrl+2
时间控制面板	Ctrl+3
音频面板	Ctrl+4
字符面板	Ctrl+6
段落面板	Ctrl+7
绘画面板	Ctrl+8
笔刷面板	Ctrl+9
关闭激活的面板或窗口	Ctrl+W